"思想摆渡"系列

# 西学中取：现象学与哲学译文集（上编）

倪梁康 编译

中山大学出版社
SUN YAT-SEN UNIVERSITY PRESS
·广州·

版权所有　翻印必究

图书在版编目（CIP）数据

西学中取：现象学与哲学译文集：全二册/倪梁康编译. —广州：中山大学出版社，2020.11
（"思想摆渡"系列）
ISBN 978-7-306-07001-2

Ⅰ.①西… Ⅱ.①倪… Ⅲ.①现象学—文集 Ⅳ.①B81-06

中国版本图书馆 CIP 数据核字（2020）第 203157 号

| 出 版 人：王天琪 |
| 策划编辑：嵇春霞 |
| 责任编辑：罗雪梅　罗梓鸿 |
| 封面设计：曾　斌 |
| 责任校对：吴茜雅　麦晓慧 |
| 责任技编：何雅涛 |
| 出版发行：中山大学出版社 |
| 电　　话：编辑部 020-84110779，84110283，84111997，84110771 |
|　　　　　　发行部 020-84111998，84111981，84111160 |
| 地　　址：广州市新港西路 135 号 |
| 邮　　编：510275　传　真：020-84036565 |
| 网　　址：http://www.zsup.com.cn　E-mail：zdcbs@mail.sysu.edu.cn |
| 印 刷 者：佛山家联印刷有限公司 |
| 规　　格：787mm×1092mm　1/16　总印张：36.75　总字数：621 千字 |
| 版次印次：2020 年 11 月第 1 版　2020 年 11 月第 1 次印刷 |
| 总 定 价：126.00 元（全二册） |

如发现本书因印装质量影响阅读，请与出版社发行部联系调换

# "思想摆渡"系列

# 总　序

　　一条大河，两岸思想，两岸说着不同语言的思想。

　　一岸之思想如何摆渡至另一岸？这个问题可以细分为两个问题：第一，是谁推动了思想的摆渡？第二，思想可以不走样地摆渡过河吗？

　　关于第一个问题，普遍的观点是，正是译者或者社会历史的某种需要推动了思想的传播。从某种意义上说，这样的看法是有道理的。例如，某个译者的眼光和行动推动了一部译作的问世，某个历史事件、某种社会风尚促成了一批译作的问世。可是，如果我们随倪梁康先生把翻译大致做"技术类""文学类"和"思想类"的区分，那么，也许我们会同意德里达的说法，思想类翻译的动力来自思想自身的吁请"请翻我吧"，或者说"渡我吧"，因为我不该被遗忘，因为我必须继续生存，我必须重生，在另一个空间与他者邂逅。被思想召唤着甚或"胁迫"着去翻译，这是我们常常见到的译者们的表述。

　　至于第二个问题，现在几乎不会有人天真地做出肯定回答了，但大家对于走样在多大程度上可以容忍的观点却大相径庭。例如，有人坚持字面直译，有人提倡诠释式翻译，有人声称翻译即背叛。与这些回答相对，德里达一方面认为，翻译是必要的，也是可能的；另一方面又指出，不走样是不可能的，走样的程度会超出我们的想象，达到无法容忍的程度，以至于思想自身在吁请翻译的同时发出恳求："请不要翻我吧。"在德里达看来，每一个思想、每一个文本都是独一无二的，每一次的翻译不仅会面临另一种语言中的符号带来的新的意义链的生产和流动，更严重的是还会面临这种语言系统在总体上的规制，在意义的无法追踪的、无限的延异中思想随时都有失去自身的风险。在这个意义上，翻译成了一件既无必要也不可能的事情。

如此一来，翻译成了不可能的可能、没有必要的必要。思想的摆渡究竟要如何进行？若想回应这个难题，我们需要回到一个更基本的问题：思想是如何发生和传播的？它和语言的关系如何？让我们从现象学的视角出发对这两个问题做点思考。我们从第二个问题开始。众所周知，自古希腊哲学开始，思想和语言（当然还有存在）的同一性就已确立并得到了绝大部分思想家的坚持和贯彻。在现象学这里，初看起来，各个哲学家的观点似乎略有不同。胡塞尔把思想和语言的同一性关系转换为意义和表达的交织性关系。他在《观念Ⅰ》中就曾明确指出，表达不是某种类似于涂在物品上的油漆或像穿在它上面的一件衣服。从这里我们可以得出结论，言语的声音与意义是源初地交织在一起的。胡塞尔的这个观点一直到其晚年的《几何学的起源》中仍未改变。海德格尔则直接把思想与语言的同一性跟思与诗的同一性画上了等号。在德里达的眼里，任何把思想与语言区分开并将其中的一个置于另一个之先的做法都属于某种形式的中心主义，都必须遭到解构。在梅洛-庞蒂看来，言语不能被看作单纯思维的外壳，思维与语言的同一性定位在表达着的身体上。为什么同为现象学家，有的承认思想与语言的同一性，有的仅仅认可思想与语言的交织性呢？

这种表面上的差异其实源于思考语言的视角。当胡塞尔从日常语言的角度考察意义和表达的关系时，他看到的是思想与语言的交织性；可当他探讨纯粹逻辑句法的可能性时，他倚重的反而是作为意向性的我思维度。在海德格尔那里，思的发生来自存在的呼声或抛掷，而语言又是存在的家园。因此，思想和语言在存在论上必然具有同一性，但在非本真的生存中领会与解释却并不具有同一性，不过，它们的交织性是显而易见的，没有领会则解释无处"植根"，没有解释则领会无以"成形"。解构主义视思想和语言的交织为理所当然，但当德里达晚期把解构主义推进到"过先验论"的层面时，他自认为他的先验论比胡塞尔走得更远更彻底，在那里，思想和句法、理念和准则尚未分裂为二。在梅洛-

庞蒂的文本中，我们既可以看到失语症患者由于失去思想与言语的交织性而带来的各种症状，也可以看到在身体知觉中思想与语言的同一性发生，因为语言和对语言的意识须臾不可分离。

也许，我们可以把与思想交织在一起的语言称为普通语言，把与思想同一的语言称为"纯语言"（本雅明语）。各民族的日常语言、科学语言、非本真的生存论语言等都属于普通语言，而纯粹逻辑句法、本真的生存论语言、"过先验论"语言以及身体的表达性都属于"纯语言"。在对语言做了这样的划分之后，上述现象学家的种种分歧也就不复存在了。

现在我们可以回到第一个问题了。很明显，作为"纯语言"的语言涉及思想的发生，而作为普通语言的语言则与思想的传播密切相关。我们这里尝试从梅洛-庞蒂的身体现象学出发对思想的发生做个描述。首先需要辩护的一点是，以身体为支点探讨"纯语言"和思想的关系是合适的，因为这里的身体不是经验主义者或理性主义者眼里的身体，也不是自然科学意义上的身体，而是"现象的身体"，即经过现象学还原的且"在世界之中"的生存论身体。这样的身体在梅洛-庞蒂这里正是思想和纯粹语言生发的场所：思想在成形之前首先是某种无以名状的体验，而作为现象的身体以某种生存论的变化体验着这种体验；词语在对事件命名之前首先需要作用于我的现象身体。例如，一方面是颈背部的某种僵硬感，另一方面是"硬"的语音动作，这个动作实现了对"僵硬"的体验结构并引起了身体上的某种生存论的变化；又如，我的身体突然产生出一种难以形容的感觉，似乎有一条道路在身体中被开辟出来，一种震耳欲聋的感觉沿着这条道路侵入身体之中并在一种深红色的光环中扑面而来，这时，我的口腔不由自主地变成球形，做出"rot"（德文，"红的"的意思）的发音动作。显然，在思想的发生阶段，体验的原始形态和思想的最初命名在现象的身体中是同一个过程，就是说，思想与语言是同一的。

在思想的传播阶段，一个民族的思想与该民族特有的语音和文字系统始终是交织在一起的。思想立于体验之上，每个体验总是连着其他体验。至于同样的一些体验，为什么对于某些民族来说它们总是聚合在一起，而对于另一些民族来说彼此却又互不相干，其答案可能隐藏在一个民族的生存论境况中。我们知道，每个民族都有自己的生活世界。一个民族带有共性的体验必定受制于特定的地理环境系统和社会历史状况并因此而形成特定的体验簇，这些体验簇在口腔的不由自主的发音动作中发出该民族的语音之后表现在普通语言上就是某些声音或文字总是以联想的方式成群结队地出现。换言之，与体验簇相对的是语音簇和词语簇。这就为思想的翻译或摆渡带来了挑战：如何在一个民族的词语簇中为处于另外一个民族的词语簇中的某个词语找到合适的对应者？

这看起来是不可能完成的任务，每个民族都有自己独特的风土人情和社会历史传统，一个词语在一个民族中所引发的体验和联想在另一个民族中如何可能完全对应？就连本雅明也说，即使同样是面包，德文的"Brot"（面包）与法文的"pain"（面包）在形状、大小、口味方面给人带来的体验和引发的联想也是不同的。日常词汇的翻译尚且如此，更不用说那些描述细腻、表述严谨的思考了。可是，在现实中，翻译的任务似乎已经完成，不同民族长期以来成功的交流和沟通反复地证明了这一点。其中的理由也许可以从胡塞尔的生活世界理论中得到说明。每个民族都有自己的生活世界，这个世界是主观的、独特的。可是，尽管如此，不同的生活世界还是具有相同的结构的。也许我们可以这样回答本雅明的担忧，虽然"Brot"和"pain"不是一回事，但是，由面粉发酵并经烘焙的可充饥之物是它们的共同特征。在结构性的意义上，我们可以允许用这两个词彼此作为对方的对等词。

可这就是我们所谓的翻译吗？思想的摆渡可以无视体验簇和词语簇的差异而进行吗？仅仅从共同的特征、功能和结构出发充其量只是一种"技术的翻译"；"思想的翻译"，当然也包括"文学的翻译"，必须最大限度地把一门语言中的体验簇和词语簇带进另一门语言。如何做到这一点呢？把思想的发生和向另一门语言的摆渡这两个过程联系起来看，也许可以给我们提供新的思路。

在思想的发生过程中，思想与语言是同一的。在这里，体验和体验簇汇聚为梅洛-庞蒂意义上的节点，节点表现为德里达意义上的"先验的声音"或海德格尔所谓的"缄默的呼声"。这样的声音或呼声通过某一群人的身体表达出来，便形成这一民族的语言。这个语言包含着这一民族的诗-史-思，这个民族的某位天才的诗人-史学家-思想家用自己独特的言语文字创造性地将其再现出来，一部伟大的作品便成型了。接下来的翻译过程其实是上面思想发生进程的逆过程。译者首先面对的是作品的语言，他需要将作者独具特色的语言含义和作品风格摆渡至自己的话语系统中。译者的言语文字依托的是另一个民族的语言系统，而这个语言系统可以回溯至该民族的生存论境况，即该民族的体验和体验簇以及词语和词语簇。译者的任务不仅是要保留原作的风格、给出功能或结构上的对应词，更重要的是要找出具有相同或类似体验或体验簇的词语或词语簇。

译者的最后的任务是困难的，看似无法完成的，因为每个民族的社会历史处境和生存论境况都不尽相同，他们的体验簇和词语簇有可能交叉，但绝不可能完全一致，如何能找到准确的翻译同时涵盖两个语言相异的民族的相关的体验簇？可是，这个任务，用德里达的词来说，又是绝对"必要的"，因为翻译正是要通过对那个最合适的词语的寻找再造原作的体验，以便生成我们自己的体验，并以此为基础，扩展、扭转我们的体验或体验簇且最终固定在某个词语或词语簇上。

寻找最合适的表达，或者说寻找"最确当的翻译"（德里达语），是译者孜孜以求的理想。这个理想注定是无法完全实现的。德里达曾借用《威尼斯商人》中的情节，把"最确当的翻译"比喻为安东尼奥和夏洛克之间的契约遵守难题：如何可以割下一磅肉而不流下一滴血？与此类似，如何可以找到"最确当的"词语或词语簇而不扰动相应的体验或体验簇？也许，最终我们需要求助于鲍西亚式的慈悲和宽容。

"'思想摆渡'系列"正是基于上述思考的尝试，译者们也是带着"确当性"的理想来对待哲学的翻译的。我想强调的是：一方面，思想召唤着我们去翻译，译者的使命教导我们寻找最确当的词语或词语簇，最大限度地再造原作的体验或体验簇，但这是一个无止境的过程，我们的缺点和错误在所难免，因此，我们在这里诚恳地欢迎任何形式的批评；另一方面，思想的摆渡是一项极为艰难的事业，也请读者诸君对我们的努力给予慈悲和宽容。

方向红
2020 年 8 月 14 日于中山大学锡昌堂

# 总　目　录

## 上编目录

超越论现象学引论
　　——巴黎讲演（1929 年） ……………［德］埃德蒙德·胡塞尔/1
苏格拉底－佛陀（1926 年 1 月 21 日和 22 日）
　　——胡塞尔文库中一份未发表的手稿（1926 年）
　　　　　　　　　　　……………………［德］埃德蒙德·胡塞尔/30
静态的与发生的现象学的方法（1921 年）
　　　　　　　　　　　……………………［德］埃德蒙德·胡塞尔/50
论形而上学与认识论
　　——莱布尼茨单子论与康德理性批判的意义（1923/1924 年）
　　　　　　　　　　　……………………［德］埃德蒙德·胡塞尔/58
现象学的心理学与超越论的现象学（1927 年）
　　　　　　　　　　　……………………［德］埃德蒙德·胡塞尔/65
与感知表象相对的想象表象问题（1904/1905 年）
　　　　　　　　　　　……………………［德］埃德蒙德·胡塞尔/76
现象学与认识论（1913/1914 年）……………［德］马克斯·舍勒/87
诗中的语言
　　——关于特拉克尔诗的探讨（1953 年）
　　　　　　　　　　　………………………［德］马丁·海德格尔/136
论存在问题（1955 年）………………………［德］马丁·海德格尔/172
科学与思义（1953 年）………………………［德］马丁·海德格尔/202
在俄罗斯战俘营中一个较年轻者和一个较年长者之间的晚间
　　谈话（1945 年）……………………［德］马丁·海德格尔/220

海德格尔与卡西尔之间的达沃斯论辩（1929 年）
………………［德］马丁·海德格尔　［德］恩斯特·卡西尔/249
艺术与绝对现实（1959 年）………………………［德］保罗·蒂利希/265
哲学：世纪末的回顾与前瞻（1992 年）………［美］汉斯·约纳斯/276

## 下编目录

《现象学的方法》导言（1985 年）………………［德］克劳斯·黑尔德/289
《生活世界现象学》导言（1986 年）……………［德］克劳斯·黑尔德/319
胡塞尔的"Noema"概念（1990 年）……［瑞士］鲁道夫·贝耐特/353
胡塞尔与希腊人（1989 年）………………………［德］克劳斯·黑尔德/374
胡塞尔与海德格尔的"本真"时间现象学（2004 年）
　　………………………………………………［德］克劳斯·黑尔德/398
对伦理的现象学复原（2004 年）…………………［德］克劳斯·黑尔德/411
意向性与充实（1993 年）…………………………［德］克劳斯·黑尔德/423
真理之争
　　——哲学的起源与未来（1999 年）………［德］克劳斯·黑尔德/438
海德格尔与胡塞尔的"现象学"概念（1981 年）
　　………………………………………［德］弗里德里希·W. 海尔曼/449
胡塞尔的"未来"概念（1999 年）……［加拿大］詹姆士·R. 门施/475
胡塞尔与国家哲学（1988 年）……………………［德］卡尔·舒曼/497
陌生经验与时间意识
　　——交互主体性的现象学（1984 年）
　　……………………………………………［德］曼弗雷德·索默尔/515
论道德的概念与论证（1992年）…………［德］恩斯特·图根特哈特/530
海德格尔的存在问题（1992 年）…………［德］恩斯特·图根特哈特/544

后　记………………………………………………………………………568

# 目　录

超越论现象学引论
　　——巴黎讲演（1929 年）……………［德］埃德蒙德·胡塞尔/1
苏格拉底 - 佛陀（1926 年 1 月 21 日和 22 日）
　　——胡塞尔文库中一份未发表的手稿（1926 年）
　　　　………………………………［德］埃德蒙德·胡塞尔/30
静态的与发生的现象学的方法（1921 年）
　　　　………………………………［德］埃德蒙德·胡塞尔/50
论形而上学与认识论
　　——莱布尼茨单子论与康德理性批判的意义（1923/1924 年）
　　　　………………………………［德］埃德蒙德·胡塞尔/58
现象学的心理学与超越论的现象学（1927 年）………［德］埃德蒙德·胡塞尔/65
与感知表象相对的想象表象问题（1904/1905 年）
　　　　………………………………［德］埃德蒙德·胡塞尔/76
现象学与认识论（1913/1914 年）………［德］马克斯·舍勒/87
诗中的语言
　　——关于特拉克尔诗的探讨（1953 年）
　　　　………………………………［德］马丁·海德格尔/136
论存在问题（1955 年）………………［德］马丁·海德格尔/172
科学与思义（1953 年）………………［德］马丁·海德格尔/202
在俄罗斯战俘营中一个较年轻者和一个较年长者之间的晚间
　　谈话（1945 年）………………［德］马丁·海德格尔/220
海德格尔与卡西尔之间的达沃斯论辩（1929 年）
　　　　………［德］马丁·海德格尔　［德］恩斯特·卡西尔/249
艺术与绝对现实（1959 年）……………［德］保罗·蒂利希/265
哲学：世纪末的回顾与前瞻（1992 年）………［美］汉斯·约纳斯/276

# 超越论现象学引论

## ——巴黎讲演（1929年）[①]

[德] 埃德蒙德·胡塞尔

能够在这个法兰西科学界最令人尊敬的地方谈论新的现象学，对此我有特别的理由感到高兴。因为在过去的思想家中，没有人像法国最伟大的思想家勒内·笛卡尔那样对现象学的意义产生过如此决定性的影响，现象学必须将他作为真正的始祖来予以尊敬。可以直截了当地说，正是对笛卡尔的沉思的研究，影响了这门成长着的现象学的新发展，赋予了现象学以现有的意义形式，并且，几乎可以允许人们将现象学称为一种新的笛卡尔主义，一种20世纪的笛卡尔主义。

在这种情况下，如果我首先以《第一哲学沉思集》的那些在我看来具有永恒意义的动机为出发点，然后阐释一种具有现象学方法和问题之特色的改造与更新，那么我也许事先便可以肯定，你们会对此感兴趣。

每一个哲学的初学者都了解这些沉思的奇特思路。我们记得，这些沉思的目的在于对哲学进行全面的改造，包括对所有的科学进行全面的改造。因为各门科学只是一门普全的科学的不独立环节，即哲学的不独立环节。只是在其系统的统一中，这些科学才能达到真正的合理性——而在其至此为止的发展中，它们还没有获得这种系统的统一。这就需要一种彻底的重建，它能够**满足**哲学的观念，即满足作为**在一种绝对合理论证的统一之中**的**各门科学之普全统一**的哲学观念。在笛卡尔那里，这种重建的要求在一门朝向主体的哲学中得以实施。这种主体的朝向是在两个阶段上进行的。

---

[①] 德文原文出自 Edmund Husserl, "Pariser Vorträge", in *Husserliana* Ⅰ, *Cartesianische Meditationen und Pariser Vorträge*, Martinus Nijhoff, 1973, S. 1–40. 中译文首次刊载于倪梁康主编《面对实事本身——现象学经典文选》，东方出版社2000年版，第106–142页。——译者

首先，每一个认真地想成为哲学家的人，都必须在一生中有一次回溯到自己本身，并且在自身中尝试一下，将所有现有的科学都加以颠覆并予以重建。哲学是哲思者的完全私人的事情。哲学关系到**他的**普全智性（sapientia universalis），即关系到**他的**迈向普全的知识——却关系到一种真正科学的知识，一种他从一开始并且在每一步上都可以出于**他的**绝对明晰的理由而绝对地负责的知识。只有当我自由地决断要向着这个目标生活时，我才能成为哲学家。如果我做出这样的决断，并从绝对的贫乏和颠覆中选择一个开端，那么我要做的第一件事当然就是思考：我如何在一个缺乏任何现有科学支撑的地方找到绝对可靠的起点与前行的方法。因此，笛卡尔的沉思并不想成为哲学家笛卡尔私人的事情，而是想成为任何一个新开始的哲学家都必然要做的沉思的范例。

倘若我们现在转向对我们今天的人来说是如此陌生的沉思内容，那么在这里立即便在第二层并且是更深层的意义上完成了**一种向哲思着的本我的回溯**。这便是著名的、划时代的向纯粹思维（cogitationes）的本我的回溯。这是发现自己为唯一绝然确定之存在者的本我，而世界的此在则作为无法保证不受到可能怀疑的东西而被判无效。

现在这个本我首先进行一种严肃的唯我论的哲思。它寻找绝然确定的道路，通过这些道路，在纯粹的内部性中可以展现出一种客观的外部性。在笛卡尔那里，这是以一种如所周知的方式发生的：首先被展示的是上帝的存在和真理（veracitas），然后借助于它们而展现出客观的自然、实体的二元论，简言之，展现出实证科学的客观基地以及这些科学本身。所有推理方式都是遵照那些内在的、为本我天生所具有的原则之主线而进行的。

关于笛卡尔就说这些。我们现在要问：究竟是否值得对这些思想的永恒意义进行批判的检验？这些思想还能为我们的时代注入生命力吗？

无论如何需要考虑这样一个问题，实际上是实证科学应当通过这些沉思来获得绝对合理的论证，但实证科学并没有去关心这些沉思。诚然，在我们这个时代，实证科学尽管有了3个世纪的辉煌发展，却仍然感到由于其基础不明而受到很大阻碍。但是它们在对基本概念性的重建过程中绝不会想要回到笛卡尔的沉思上去。

另一方面，极为重要的是，这些沉思在哲学中却以一种完全独一无二的意义开辟了一个时代，并且恰恰是通过它们向"本我思维"（ego cogito）的回溯。笛卡尔事实上开启了一门全新的哲学。这门哲学改变了哲学的总体风格，它完成了从素朴的客体向一门**超越论的主体主义**的彻底转变，这门超越论的主体主义总是在不断重新地但始终不足地尝试着达到一个纯粹的最终形态。因此，难道这种持续不断的取向自身不正承载着一种永恒的意义吗？它对于我们来说不正是一项伟大的、由历史本身赋予我们的、召唤着我们所有人去从事的任务吗？

当前的哲学由于其惘然的忙碌而分崩离析，这种情况引起我们的思考。这难道不正是因为，在哲学之中，由笛卡尔沉思所发出的动力已经丧失了它们原初的活力吗？重新引发这些沉思的唯一有效的复兴运动并不在于接受这些沉思，而是在于，只有在向"本我思维"（ego cogito）的回溯中才能揭示出它们彻底主义的最深刻意义，并且揭示出那些由此而涌现出来的永恒价值，情况难道不正是如此吗？

无论如何，这里所标识出来的是那条导向超越论现象学的途径。

我们现在要一同踏上这条道路。我们要以笛卡尔的方式作为彻底的开端的哲学家来进行沉思，当然，是在一种对旧的笛卡尔沉思的不断批判改造中进行这种沉思。那些包含在这些单纯的胚芽中的东西，应当得到自由的展开。

因此，我们每一个人都自为和自身地从这样一个决定开始：将所有在先被给予我们的科学都判作无效。我们不会放弃那个引导着笛卡尔的目标：对科学进行绝对论证，但首先不应当将它的可能性预设为在先的判决。我们只需进入这些科学的活动之中，并由此而获取科学所追求的科学性之理想便够了。根据科学的意图，凡是没有得到完全明见论证的东西，也就是说，凡是没有**通过向实事和实事状态本身的回溯而在原初的经验和明察中**得到充分验明的东西，都不应当被看作是现实科学的。我们这些初始的哲学家由此而得出一个原理，只在明见性中进行判断并且对明见性本身进行批判的追复的检验（nachprüfen），并且这种追复的检验本身不言而喻地也还要在明见性中进行。如果我们在开端上将科学判为无效，那么我们便处在前科学的生活中，而且在这里也不乏明见性，不乏直接的和间接的明见性。我们首先拥有的无非就是这些。

由此而对我们产生出来的第一个问题是：我们难道就不能证明直接的和绝然的明见性，并且是那种自在地是第一性的明见性，即是说，那些必然先行于所有其他明见性的明见性？

当我们沉思地探究这个问题时，世界实存的明见性似乎首先作为所有明见性中实际上的第一明见性以及作为绝然的明见性而展示出来。所有科学以及在它们之前的行动生活都与世界有关。**先于所有这一切的世界的此在是不言自明的**，而且它是如此的自明，以至于没有人能够想到用一句话将它明确地表述出来。我们不是具有连续的世界经验吗？在这些经验中，世界自始至终无疑地存在于我们眼前。然而，虽然这个经验的明见性有其自明性，但它真的是绝然的吗？而且它真的是自在的第一明见性、真的是先于所有其他明见性的明见性吗？对这两个问题我们都必须做出否定的回答。一些东西个别地看难道不会表明是感官假象？甚至那些完整的、可以统一看透的经验联系也被认定为单纯的梦幻，这种情况不是也会发生吗？我们并不要求进行笛卡尔所做的尝试，即通过对感性经验的仓促批判来证明，虽然世界始终被经验到，但仍然可以设想它是不存在的。我们仅仅坚持一点：为了对科学进行彻底论证，我们无论如何首先需要对经验明见性的有效性和范围进行批判，即是说，我们不能无疑地并且直接绝然地运用经验的明见性。据此，仅仅将在先被给予我们的科学判为无效，将它们视作成见，这还是不够的，我们也必须剥夺它们的普全基地，即世界经验的普全基地的素朴有效性。世界的存在对我们来说不能再是不言自明的事实，世界本身只是一个**有效性问题**。

现在究竟还有没有一个存在基地留存给我们呢？一个对任何判断、明见性而言的基地，以便可以在它上面绝然地建立起一门普全的哲学？世界难道不就是所有存在者之大全的标题吗？难道它最终根本就不是自在第一的判断基地，而毋宁说是用它的实存已经前设了一个自在更先的存在基地？

在这里，我们完全跟随笛卡尔来做一次转向，这个转向如果进行得适当便会导向**超越论的主体性**：这就是朝向"**本我思维**"（ego cogito）的转向，这里的"本我思维"是绝然确定的和**最终的判断基地**，任何彻底的转向都必须建立在这个基地上。

我们思考一下：作为彻底沉思的哲学家，我们现在既不具有一门对我们有效的科学，也不具有一个为我们存在的世界。世界不再是断然地存在着，亦即不再对我们以自然的方式在经验的存在信仰中有效，它对我们仅仅是一个单纯的存在主张。这也涉及所有其他的自我，以至于我们实际上不能合法地谈论交往性的复数。其他的人和动物对我来说只是借助于感性经验、借助于它们的有效性而被给予，它们同样是有问题的，我不能利用它们。随着他人的丧失,我当然也就失去了社会性和文化的全部构成物,简言之,整个具体的世界对我来说不是存在着的,而只是存在现象。但无论这种存在现象的现实性要求的状况如何,它本身对我来说并非什么都不是,而恰恰是那种对我来说使存在和显象处处得以**可能**的东西。再有,如果我像我在自由中能够做并且也正在做的那样去中止任何经验信仰,以至于经验世界的存在对我来说始终是无效的,那么我的这个中止的行为还存在着,它自身连同整个经验生活的河流以及它的所有个体现象、显现的事物、显现的其他人、文化客体等。所有的东西都还保留着,就像它们曾经所是的那样,只是我中止所有对存在和显象的执态。我也中止我的其他那些与世界有关的意见、判断、评价执态,将它们看作是预设了世界的存在。即使对它们来说,我的中止判断也不意味着它们的消失,而意味着它们只是单纯的现象。

因此,普全地中止对所有客观世界做出执态,亦即那种被我们称为**现象学悬搁**的做法,恰恰便成为方法的手段。借助于这种手段,我将自己纯粹地把握为这样的自我和这样的意识体验,在这个体验中并且通过这个体验,整个客观世界对我来说存在着,并且恰恰就像它对我存在的那样存在着。所有的世界之物,所有的空间-时间的存在对我来说存在着,这是因为我经验它们、感知它们、回忆它们、思考它们、判断它们、评价它们、欲求它们,等等。如所周知,笛卡尔将所有这些都冠之以"我思"(cogito)的标题。世界对我来说无非就是在这些思维(cogitationes)中被意识到存在着的并对我有效的世界。**世界的整个意义以及它的存在有效性都完全是从这些思维中获取的**。在这些思维中进行着我的整个世界生活。如果其他的世界不是在我之中并从我本身之中获得意义和有效性,我就无法生活到这个世界中去,我无法经验到、思维到、评价到和行动到这个世界中去。如果我超出这整个生活,并且中止进行任何一种直接将世界作为存在着的世界接受下来的存在信仰,如果我仅仅将我的目光指向这个作为**关于世界的意识**的生活本身,那么我便获得了自己,作为纯粹本我连同我的诸思维的纯粹河流。

我所获得的我不是世界的一个块片,因为我已经将世界普全地判为无效,也不是个别的人,而是这样一个自我(Ich)——正是在这个自我的意识生活中,整个世界和我自己作为世界客体、作为在世界中存在的人才获得他的意义和他的意义有效性。

我们在这里处在一个危险点上。看起来似乎很容易追随笛卡尔去把握纯粹的本我（ego）以及他的思维。但实际上我们就好像站在陡峭的岩壁上，在这里，平静而可靠的前行决定着哲学的生与死。笛卡尔具有对彻底无成见性的最纯粹的意愿。但我们通过近期的研究，尤其是通过吉尔松（Gilson）和克伊勒（Koyré）先生的出色而深入的研究知道，笛卡尔的沉思中隐含着多少作为未经澄清之成见的经院哲学。但不仅如此，我们还首先必须拒绝那些产生于对数学自然科学的目光朝向之中的、几乎不被我们注意的成见，就好像在"本我思维"的标题下所涉及的是一个绝然的基本公理一样，它可以与其他（由此而导出的）公理一同提供一门演绎的世界科学的基础，一门具有几何学等级（ordine geometrico）的科学的基础。与此相关，我们绝不能将以下观点视作不言自明的，即我们在我们绝然纯粹的本我中拯救了一个世界的小末梢（Endchen），对于哲思着的自我来说，它是世界中唯一不受探问的东西，现在的问题仅仅在于，根据本我天生具有的原则，通过合理的推论将其他的世界推导出来。

可惜，在笛卡尔那里，那个隐约的却极为不幸的转折便是如此情况，它把本我变成了思维实体（substantia cogitans），变成了被分离出来的人类心灵（animus），变成了根据因果原则推理的起点环节。简言之，通过这个转折，他成了悖谬的超越论实在论之父。我们可以避开所有这一切，如果我们始终忠实于自身思义的彻底主义并因此而忠实于纯粹直观的原则。也就是说，除了我们在通过悬搁而开启的"本我思维"领域中现实地并首先是完全直接被给予地所具有的东西以外，我们不把任何其他的东西视作有效的，除了我们自己所看到的东西以外，我们不做任何其他的陈述。笛卡尔的失误就在于此，而他也因此在所有发现中最伟大的发现面前止步，他已经以某种方式做出了这个发现，但却没有把握住它的本真意义，即超越论主体性的意义，因而他没有跨过通向真正超越论哲学的入口的大门。

自由地悬搁那个显现着的并且对我作为现实而有效的世界的存在——作为在以往的自然观点中的现实，这种悬搁恰恰表明了所有事实中最伟大的和最奇特的事实，即无论世界是否存在或者无论对此有何决断，我和我在我的存在有效性中的生活始终没有受到触动。如果我在自然生活中说"我在，我思，我生活"，那么这就是说：我，这个在世界中的其他人之中的人的个人，通过我的躯体的身体而处在自然的实在联系之中，现在我的思维、我的感知、回忆、判断等也作为心理物理的事实被纳入其中。如此理解的话，我就是，并且我们、人和动物就是客观科学的课题，就是生物学、人类学和动物学，还有心理学的课题。所有心理学所谈论的心灵生活都是指在世界之中的心灵生活。现象学的悬搁，即我这个哲思者所要求的纯化了的笛卡尔沉思的进程，既把整个客观世界的存在有效性从我的判断领域排除出去，也把自身作为世界事实的世界科学从我的判断领域排除出去。**因此，对我来说没有自我和心理行为，没有心理学意义上的心理现象**，因而也没有作为人的我，没有作为一个心理物理世界之组成部分的我自己的思维。但为此我却获得了我，并且现在的我完全就是那种纯粹的自我连同其纯粹的生活和纯粹的能力（例如那种明见的能力：我可以中止判断），**通过这个自我，这个世界的存在**以及各种如在（So-sein）对我来说便具有意义和有效性。如果说，由于世界的可能不存在并未扬弃我的纯粹存在，甚至前设了我的纯粹存在，因此世界可以称作是**超越的**，那么我的这个纯粹的存在或我的纯粹的自我便可以称作是**超越论的**。借助于现象学的悬搁，自然的、人的自我，也就是我的自我，便还原为超越论的自我，这样，现象学还原的说法便得以自明。

但这里还需采取进一步的步骤才能使这些已经确认的东西获得正当的效用。在哲学上如何从超越论自我着手？当然，它的存在对于我这个哲思者来说在认识上明见地先于所有客观的存在。在某种意义上，它就是所有客观认识——无论好的还是坏的认识——得以形成的根据和基地。但这种先行以及在所有客观认识中的被预设状态因此就意味着：它就是对这个客观认识而言的在通常意义上的认识基础吗？这里显然会出现一个想法、一个诱惑：它就是一切实在论理论的诱惑。但这种在超越论主体性中为主体世界的实存设定寻找前提的诱惑会消失殆尽，只要我们考虑到，纯粹地看，我们所进行的所有推理本身都是在超越论主体性中进行的，而且所有与世界相关的证实都以世界本身为尺度，因为世界是在经验中给予自身并证实自身。我们并非想把伟大的笛卡尔思想，即在超越论主体性中寻找对客观科学和客观世界本身存在的最深刻论证的思想，宣告为错误的。果如此，我们也就不会去追寻他的沉思之路，哪怕是带着批判的眼光。但是，随着笛卡尔对本我的发现，或许一种**新的论证观念**也得以显露出来，即**超越论论证的观念**。

事实上，我们并不把"本我思维"评价为一个单纯的绝然命题，评价为绝对奠基的前提，而是将我们目光转到这个方面：现象学的悬搁用这个绝然的"我在"向我们（或向我，这个哲思者）揭示了一个崭新的无限存在领域，并且是一个新的、**超越论经验**的领域。恰恰因此，一种超越论的经验认识的可能性，甚至是一门超越论科学的可能性也就得到揭示。

一个极为奇特的认识视域在这里展示出来。现象学的悬搁将我还原到我的超越论的纯粹的自我之上，因此至少在开始时，我在某种意义上是"唯独的自己"（solus ipse）：不是在通常的意义上，例如不是指在所有星球都毁灭后一个还留在始终存在的世界上的人。如果我将世界作为从我之中和在我之中获取存在意义的世界而驱逐出我的判断领域，那么我，这个先行于世界的超越论自我，便是**唯一在判断上可设定和被设定的东西**。而现在我应当获得一门科学，一门极为特殊的科学，因为它仅仅为我的超越论主体性所创造并且仅仅在我超越论主体性中被创造，它也仅仅——至少在开始时——对这个超越论主体性有效：它是一门超越论唯我论的科学。因此，不是"本我思维"，而是一门关于本我的科学、一门纯粹的本我论才必定是在笛卡尔的普全科学意义上的哲学的最底层基础，并且它至少必定会为这门科学的绝对论证提供基础部分。事实上，这门科学已经作为最底层的超越论现象学而存在于此；超越论现象学只是最底层的，也就是说，它还不是完善的。显而易见，一门完善的超越论现象学还包含着由超越论的唯我论通向超越论交互主体性的进一步途径。

为了说明这一切，首先需要对本我的超越论自身经验的无限领域进行揭示，笛卡尔错失了这个揭示。如所周知，自身经验在他自己那里起着一定的作用，它甚至被评价为绝然的自身经验，但他没有想到，要在本我的超越论此在和生活的整个具体性中去展开本我，并把它看作一个在其无限性中得到系统探究的工作领域。对哲学家必须提出这样一个切中要害的基本明察：他可以在超越论还原的观点中坚定地反思他的诸思维并反思它们的纯粹现象学内涵，并且同时可以全面地揭示它在其超越论时间生活中和在其能力中的超越论存在。这里所说的东西显然与心理学家在其世界性中称为内心经验或自身经验的东西相似。

而后，最重要的甚至是至关重要的问题就在于关注这一点，不能仓促地掠过——笛卡尔本人有时也注意到了——这样一个情况：例如，对世界之物的悬搁丝毫不会改变这样一个事实：经验仍然是对世界之物的经验，各种意识也仍然是关于世界之物的意识。"本我思维"这个标题必须扩展一个环节：每一个我思都在自身中拥有作为被意指之物的被思者（cogitatum）。即使我中止对感知信仰的证实，对房屋的感知仍然像我所体验它的那样，是对这个并且恰恰是这个房屋的感知，是对这样或那样显现着的房屋的感知，是对带有恰恰是这些规定性的房屋的感知，是对从这个面、或近或远地表现着的房屋的感知。与此相同，清楚的或模糊的回忆是对这个模糊地或清楚地表象出来的房屋回忆，哪怕是错误的判断，也是对这个或那个被意指的实事状态的判断意指，如此等等。**我作为自我生活于其中的意识方式的基本特征就是所谓的意向性**，就是对某物的各种意识到。在意识的这个含义中还包含着各个存在样式，例如，在此存在的、可能存在的、不存在的；但也包含着显象存在的、好地存在的、有价值地存在的等样式。现象学经验作为反思必须拒绝所有建构性的发明，它必须作为真正的经验被接受下来，并且是如此具体地带着那些意义内涵和存在内涵，完全就像它在其中所出现的那样。

如果人们将意识解释为感觉材料的复合，而后可能再把构型质牵扯进来，让它负责整体，那么这便是一种感觉主义的建构发明，这在世界－心理学的观点中就已经是根本错误的了，而在超越论的观点中就更加错误了。如果现象学的分析在其进程中也可以在感觉材料的标题下做出某种指明，那么无论如何它也不是在所有"外感知"的情况中的第一性的东西；相反，在真正的纯粹直观描述中，第一性的东西是"思维"，例如对房屋的直观本身，它可以在对象意义和显现样式方面得到更贴近的描述。任何意识种类的情况都是如此。

在直向地朝向意识客体时，我发现这个客体是某物，它是带着这种或那种规定性而被经验到的或被意指的东西，在判断中作为判断谓项的载者，在评价中作为价值谓项的载者。而在向另一面观看时，我发现的是变幻不定的意识方式，感知、回忆，即所有那些不是对象和对象规定本身，但却是主观的被给予样式、主观的显现方式的东西，诸如角度或模糊和清晰的区别、注意和不注意，等等。

因此，沉思的哲学家自己已经成为超越论的本我，他持续地对自己进行思义，而这就意味着，进入开放无限的超越论经验之中，不满足于模糊的"本我思维"，而是追随思维存在的持续河流，从它所展示的所有方面来观察它，以澄清的方式深入进去，以描述的方式在概念和判断中把握它，并且是纯粹地以那些完全原初地产生于这些直观组成之中的概念和判断来进行把握。

这样便有一个三重标题在引导着这种阐释和描述，这也就是前面所说的"本我思维被思者"（ego cogito cogitatum）。如果我们撇开同一的自我不论，尽管它在一定程度上隐含于每一个思维（cogito）之中，那么，思维的不同之处便很容易在反思中凸现出来，各个描述的类型立即便得以相互区别：在语言中非常模糊地被暗示的感知、回忆，在感知后的仍然被意识到、前期待、愿望、意愿、谓项陈述等。然而，如果我们像它在超越论反思中所具体展示的那样去理解它，那么刚才已经触及的对象意义和意识方式，可能还有显现方式，它们之间的基本区别便立即会被观察到。也就是说，恰恰是那种——在类型中被考察的——两面性才构成了意向性，才使意识成为关于这个或那个的意识。我们始终具有双重的描述方向。

在这里因而需要注意，对存在世界连同其所有被经验、被感知、被回忆、被思考、以判断方式被相信的客体进行超越论悬搁，这种做法并不会改变以下的情况：世界、所有这些客体作为经验现象，但也纯粹是作为经验现象、纯粹作为各个思维的各个被思者，它们必定是现象学描述的主要课题。但在对经验世界的现象学判断与自然-客观判断之间有什么截然不同的区别呢？答案可以是这样的：作为现象学的本我，我成为我自己的纯粹旁观者，对我来说，只有那些被我发现是无法从我自己分离出去的东西才是有效的，只有我的纯粹生活以及那些无法从此生活中分离出去的东西才是有效的，而且它们完全就像原初的、直观的反思对我自己所揭示出来的那样有效，除此之外，其他任何东西都是无效的。作为自然观点中的人，即在进行悬搁之前的人，我素朴地生活在世界之中；在经验过程中，被经验之物对我是完全有效的，而我便据此而做出进一步的**执态**。但是，当这一切都在我之中进行时，我并没有朝向它们；我的被经验之物、事情、价值、目的，这些是我的兴趣所在，但不是我的经验生活、我的兴趣、我的执态、我的主体之物。即使作为自然生活的自我，我也曾是超越论的，但我对此一无所知。为了觉知我的绝对本己存在，我就必须进行现象学的悬搁。我并不像笛卡尔那样想通过这种悬搁来进行一种有效性批判：我是否可以绝然地信赖经验，即信赖世界的存在，而是想学会了解：世界对我来说就是我的诸思维的被思者，并且它以何种方式我的诸思维的被思者。我不仅想确定，"本我思维"绝然地先行于世界的为我存在，而且还想完整全面地了解作为本我的我的具体存在，并且同时看到：作为自然地进入世界之中并生活于其中的人，我的存在就在于一种特别的超越论生活，我在其中以素朴信仰的方式进行经验，继续实施着我的素朴地获得的世界信念，如此等等。所以，现象学的观点连同其悬搁也就在于：**我获得可设想的最终经验立足点和认识立足点，我在这个立足点上成为对我的自然－世界自我和自我－生活的不参与的旁观者**，这个自我和自我生活只是我的被揭示的超越论生活的一个特殊部分或一个特殊层次。我之所以是不参与的，乃是因为我作为哲思者"中止"我为此而具有的所有世界性兴趣，只将自己置身于它们之上并且旁观它们，只把它们当作描述的课题而像接受我的超越论本我一样接受下来。

这样，随着现象学的还原便完成了一种自我的分裂：超越论的旁观者置身于自己本身之上，观看自己，并且将自己看作先于世界而被给予的自己，也就是在自我被思者的自己之中发现作为人的自己，并且在所属的诸思维上发现构成整个世界之物的超越论生活和存在。如果自然的人（其中包括自我，它虽然最终是超越论的，但对此一无所知）具有一个在素朴的绝对性中存在着的世界和世界科学，那么，意识到自己是超越论自我的超越论旁观者所具有的世界便是仅仅作为**现象**，这就是说，作为各个思维的被思者，作为各个显现的显现者，作为单纯的相关项。

如果现象学以意识对象为课题，无论是何种意识对象，那么它所具有的对象仅仅是作为各个意识方式的对象。对诸思维的具体－完善现象所做的把握性描述，必须不断地从对象的方面向意识方面进行回顾，并且探究这里所贯穿地存在着的共属性。如果我例如以对一个六面体的感知为课题，那么我会在纯粹反思中注意到，这个六面体是在多种形态的和特定从属的显现方式之杂多性中连续地作为对象统一而被给予的。这同一个六面体，即同一个显现者，时而从这个、时而从那个方面，时而在这些、时而在那些角度中，时而在近的、时而在远的显现中，时而在较大、时而在较小的清晰性和确定性中（显现出来）。但即使我们看到的是某一个被看到的六面体的面，某条边或某个角，某个色斑，简言之，对象意义的某个因素，我们注意到的仍然是同一个东西：这是不断变换的显现方式的杂多统一，是它们的特殊角度的杂多统一，尤其是主观的这里和那里的杂多统一。直向地看，我们发现始终同一不变的色彩，但在反思显现方式时，我们认识到，它无非就是时而在这些、时而在那些色彩映射中展示自身的东西，否则它是根本无法想象的。我们所具有的统一始终只是产生于展示之中的统一，这种展示是对色彩的自身展示的展示，或者是对边的自身展示的展示。

被思者只有在思维的特殊方式中才是可能的。即是说，如果我们开始完全具体地去理解意识生活，并不断地对两个方面以及它们的意向共属性进行描述的观看，那么真正的无限性便得到揭示，而且会不断有新的、从未预测到的事实显露出来。其中也包括现象学的时间性结构。只要我们滞留在这个叫作事物感知的意识类型之中，那么情况便会是如此。它总是生动地作为感知和被感知之物的一种定向持续、一种时间性的定向流动。这种流动着的不断伸展、这种时间性是一种本质上属于超越论现象本身的东西。我们在其中所设想的每一个划分都重又产生出同一个类型的感知；关于每一个阶段、每一个时期，我们所说的都是同样的话：六面体被感知到。但是，这种**同一性**是这样一个意向体验以及它的各个时期所具有的一个内在的描述特征，它是一个在意识本身之中的特征。这个感知的诸块片和诸时期并不是外在地相互黏连在一起的，它们是统一的，就像意识与意识重又是统一的一样，并且是在对同一个东西的意识中统一。并不是先有事物，而后它们延伸到意识之中，而是意识与意识、一个思维与另一个思维结合成一个联结两者的思维，它作为新的意识重又是关于某物的意识，而这种**综合的意识**的成就也就在于，在它之中被意识到的是"同一个"，是作为一的一个。

我们在这里的一个例子上遭遇了作为意识基本特性之综合的特别之处，与此同时，**在意识的实项（reell）内涵和意项（ideell）内涵、单纯意向内涵之间的区别也表现出来**。从现象学上看，感知对象不是一个在感知中和在其定向流动着的、自身综合联合的角度中以及在其他的显现杂多性中的实项的块片。两个借助于综合而自身给予我的显现作为对同一个东西的显现是实项地被分离开的，它们作为分离的显现并不实项地共有同一个材料，它们至多具有相似的和相同的因素。同一个被看到的六面体在意向上是同一个；那些作为空间－实在之物而自身给予的东西，在杂多的感知中是一个观念－同一之物，是意向的同一之物，它不是作为实项的材料，而是作为对象的意义而内在于意识方式之中，内在于自我行为之中。**这同一个六面体完全可以在各种回忆、期待、清楚或空泛的表象中对我来说是同一个意向之物**，是述谓判断、价值评判等的基质。这种同一性始终包含在意识本身之中并且通过综合而被直观到。**意识与对象性的关系便如此地贯穿在整个意识生活之中**，而这种意识关系表明自身是每一个意识的

· 12 ·

## 超越论现象学引论——巴黎讲演（1929年）

本质特性，它在不断更新的意识方式中表明自身，并且表明自身是多种类型的，它可以综合地过渡为对同一个东西的统一意识。

与此相关，在本我中没有一个个别的思维是孤立的，以至于最终会表明，整个普全的生活在它的波动中、在它的赫拉克利特河流中是一个普全的综合统一。正是借助于这种统一，超越论本我才不仅存在，而且自身自为地是一个可综观到的统一，它统一地生活着：在不断更新的意识样式中生活，但却是统一地，并且是以在内在时间中不断客体化的形式生活。

但还不仅仅如此。与生活的**现时性**（Aktualität）同样本质的是**潜能性**（Potentialität），而这种潜能性不是一个空泛的可能性。每一个思维，例如一个外感知或回忆，等等，在自身中可揭示地承载着一个内在于它的潜能性，即可能的、可与同一个意向对象相关的、可从自我出发而得到实现的体验的潜能性。如现象学所说，我们在每一个体验中都可以发现**各种视域**，并且是在不同的意义上。感知在前进着，并且描绘出一个期待视域，它是一个意向性的视域，向前指示着作为被感知之物的将来之物，即向前指示着未来的感知系列。但每一个感知系列也都带有像"我可以不看这边，而去看那边"这样的潜能性，可以指挥这个感知进程不去朝向这同一个东西，而去朝向其他的东西。每一个回忆都向我指示一个由可能回忆组成的完整链条，直至现时的现在，而且在内在时间的每一处，它都向我指示可揭示的共同当下性，如此等等。

所有这一切都是意向的和受综合规律统治的结构。我可以对每一个意向体验进行探究。也就是说，我可以深入它的各个视域中去，阐释它们，以此方式，我一方面揭示出我的生活的潜能性，另一方面，我澄清在对象方面被意指的意义。

因此，意向分析完全不同于通常意义上的分析。意识生活——这已经对与超越论现象学相平行的纯粹的内心理学有效——不是一个单纯的材料联系，既不是一个由各个心理原子组成的集合，也不是一个通过构型质而得以统一的各个因素的整体。**意向分析是对这样一些现时性和潜能性的揭示，在它们之中，对象作为意义的统一而构造起自身**，而所有意义分析本身都是在从实项体验向在它们之中得到描绘的意向视域的过渡中进行的。

这个后发的明察为现象学的分析规定了一种全新的方法，只要我们想要认真地把握对象与意义、存在问题、可能性问题、本原问题、合理性问题，这种方法都可以发挥作用。每一个意向分析都超越出瞬间地和实项地

· 13 ·

被给予的体验而伸展到内在的领域以外,而且是如此地伸展,以至于意向分析在揭示那些现在实项地和合乎视域地被指明的潜能性的过程中确定出新的体验的杂多性,在这些体验中可以看出哪些东西只是隐含地被意指并以此方式已经是意向的了。如果我看见一个六面体,那么我会立即说:我实际上真正地只看见它的一个面。但仍然明见的是,我现在所感知到的东西要更多,感知自身含有一个意指,尽管是非直观的意指,通过这个意指,被看见的面只是作为单纯的面而具有其意义。但这个更多的意指是如何揭示出来的呢?我所意指的更多,这个情况是如何得以明见的呢?当然是通过向可能感知的一个综合序列的过渡。我只要如我所能地围绕着这个事物走一圈,我便可以获得这个过渡。现象学提出这种意义充实的综合,以此方式来不断地分解意指、分解各个意向性。对在意义相关性中和意义构成中的超越论意识生活的普全结构进行阐释,这便是摆在描述工作面前的巨大任务。

研究当然是在各个不同的阶段进行,它并不会因以下情况而受到妨碍,即这里是主观河流的王国,要想用那种对客观精确的科学来说至关重要的概念构成和判断构成的方法来从事这里的研究,是一种妄想。的确,意识生活是在流动中,每一个思维都是流动的,不具有可固定的最终因素和最终关系。但在此河流中肯定有一个特别的类型学在进行统治。感知是一个一般的类型。回忆是另一个类型。空泛意识,即滞留的空泛意识(也是一个类型),就像我听了一段音乐,而后不再听到它,但**仍然**在意识领域中拥有它,非直观的却是这个音乐段。——这样一些一般的、具有明显特征的类型,它们重又可以相互区分为**对事物的感知**、**对一个人的感知**、**对心理物理生物的感知**这样一些类型。

我可以以一般描述的方式探究每一个这样的类型的结构,并且探究它的意向结构,因为它就是一个意向的类型。我可以探问,这一个类型如何过渡到另一个类型之中,它如何构成,如何变化,它自身必然包含哪些视域的形式,哪些揭示方式和充实方式是属于它的。由此会产生出超越论的感知理论,亦即感知的意向分析,会产生出超越论的回忆理论和超越论的一般直观联系理论,但也会产生出超越论的判断理论、意愿理论,等等。关键始终在于,不要像客观事实科学那样去进行单纯的经验并实项地分析经验材料,而是追踪意向综合的各个线索,就像它们意向地和合乎视域地被描绘出来的那样,与此同时,这些视域本身必须得到指明,而后也必须得到揭示。

由于每个个别的被思者因其超越论－内在的时间段之故已经是一个同一性综合，是一个关于连续的同一个东西的意识，因而这一个对象就已经作为对构造它的各个主观杂多性而言的超越论主线而起到了某些作用。但在综观被思者的最一般类型时，以及在对它们进行一般意向的描述时，这样一个问题仍然是无关紧要的，即在这里，究竟是这个还是那个对象是被感知的或被回忆的对象，如此等等。

然而，如果我们以在感知的综合统一的朝向流动中也被统一地意识到的世界的现象为课题，或者说，以这个"**普全的世界感知**"的奇特类型为课题，并且，如果我们探问，一个世界对我们来说在此存在，这在意向上如何理解，那么我们就会前后一致地坚持，"世界"这个综合的对象类型当然就是被思者，就是**对世界的经验意向性所具有的无限结构之展开而言的主线**。在这里，我们必须深入地研究个别类型学。经验世界在现象学的还原中纯粹是被经验到的世界，它将自己分化为诸多保持同一的客体。那么，属于一个客体的现实的和可能的感知的特殊无限性看起来是怎样的呢？这个问题对每一个一般的客体类型都有效。视域意向性——客体没有它便不成为客体——的情况又如何？它指明着世界联系，就像意向性分析本身所指明的那样，没有一个客体可以离开这个联系而被想象，如此等等。这个情况对任何一个可能从属于世界的特殊客体类型都有效。

我们很快便可以看到，对一个意向对象类型的意念的坚持是在意向研究中的组织或秩序。换言之，超越论主体性不是意向体验的一团混乱，而是一个综合的统一，并且是一个多层综合的统一，不断更新的客体类型和个别类型在其中被构造起来。但每一个客体都标志着**一个对超越论主体性而言的规则结构**。

正是通过超越论的意向性系统，一个自然、一个世界对于本我来说才始终是在此的，它首先在经验中作为直接可见的、可触的世界等而始终在此，而后是通过各种朝向世界的意向性而始终在此；一旦提出关于这个超越论的意向性系统的问题，我们实际上就已经处在理性的现象学之中。从最宽泛的意义来理解，理性和非理性并不标志着偶然的、实际的能力和事实，而是从属于整个超越论主体性的最一般结构形式。

最宽泛的自身显现、自身在此意义上的明见性，即作为对一个实事状态本身、一个价值本身的觉察，如此等等，这并不是在超越论生活中的偶然事件。毋宁说所有意向性都不外乎有两种：或者它本身是一个明见性意识，这也就是这样一个被思者，它具有明见性意识本身；或者它本质上和合乎视域地朝向自身给予。每一个澄清就已经是明见化的活动。每一个模糊的、空泛的、不清晰的意识一开始都只是关于这个或那个的意识，因为它指明一条**澄清的道路**，在此道路上，被意指之物将作为现时性或作为可能性而被给予。我可以探问每一个模糊的意识：它的对象看起来究竟是怎样的。当然，超越论主体性的结构还包括：会有这样一些意指得以构成，它们在向可能的明见性，或者说，在向清晰的表象活动的过渡中，在现实前行的经验中同样也在从一个意指向一个明见的事态本身的过渡中不是将被意指者确定为一个可能的自身，而是确定为另一个东西。而后出现的便不是证实、充实，而常常是失实、扬弃、否定，等等。但所有这一切都作为充实和失实的对立事件的典型种类而从属于意识生活的总体领域。本我始终必然地生活在诸思维中，而任何一个对象或者是直观的（无论是在"它存在着"这样的意识中，还是在"就像它是存在着"的想象意识中），或者是非直观的、远离实事的。我们始终可以从对象出发来探问通向作为现实性或作为可能性的它自身的可能道路，并且可以探问，这个对象是以何种途径将自己前后一致地证明为是存在着的，它以何种途径可以在一致的连续明见性中被达到，或者，它以何种途径确定它的不存在。

  一个对象对我来说存在着，这就是说，它对我是合乎意识地有效的。但这个有效性对我来说只有在我进行预设时才是有效的，这种预设是指：我可以证实这个有效性，我可以为自己制作可行的途径，即自由活动地持续进行的经验和明见性。通过这些途径，我可以达到它自身旁，将它作为"真实在此"地加以实现。即使我关于它的意识是经验，是关于它自身已经在此、已经被看见的意识，上述情况也仍然如此。因为这种看见始终证明着更进一步的看见，指明着可以验证并且可以将已经作为存在者而获得的东西一再回置到不断前行的验证样式之中的可能性。

  在我们立足于本我论的基地上之后，你们可以思考一下这个说明的巨大意义。我们在这个最后的立足点上看到，对我们来说，现实和真理中的此在（Dasein）与如在（So-sein）除了作为出自证明的验证之可能性中的存在以外，不再具有任何其他的意义；但我们也可以看到，这些验证的途径与它们的可达及性属于我这个超越论主体性本身，并且仅仅如此它们才具有一个意义。

## 超越论现象学引论——巴黎讲演（1929年）

**真实的存在者**，无论是实在之物还是观念之物，**因而都具有作为我自己的意向性**——现时的和被描绘为潜能的意向性——**的特殊相关项的含义**。它当然不是一个个别的思维的相关项；例如，一个实在事物的存在不是我现在所具有的个别感知的单纯思维的存在。但这个感知本身和它的在意向被给予性方式中的对象借助于被预设的视域而向我指明一个可能**感知**本身的无限开放系统，这些感知不是被发明的，而是在我的意向生活中被引发的；只有当争执的经验扬弃它们时，它们才会失去其预设性的有效性；它们必定会被前设为**我的**可能性，只要我没有受到阻碍，我就可以在走向前去或围绕着看的过程中制作出这些可能性。

但显然这一切都还只是泛泛而谈。要想阐释与那些特属于每个对象种类的视域相关的可能性结构并且随之而说明各个存在的意义，就必须进行最为广泛的和最为复杂的意向分析。从一开始就明见的只是这样一个引导性的东西：我所具有的作为存在者的东西，对我来说作为存在者而有效；而所有可想象的指明都被包含在我自身之中，被包含在我的直接的和间接的意向性中，因此，所有存在意义都必定一同被包含在我的意向性中。

这样，我们便已经置身于重大的甚至是极端重大的**理性与现实**的问题之中，置身于预设与真实的存在的问题之中，现象学一般将它们称为**构造问题**。它们初看起来是一些有限的现象学问题，因为人们把现实、存在仅仅看作是世界的存在，并且因此而把现象学当作类似于通常叫作认识论或理性批判的东西，后者往往与客观的、现实的认识有关。但事实上，构造的问题包容了整个超越论现象学，并且标志着一个完全一般的系统的角度，所有现象学的问题都在这个角度下而得到整理。一个对象的现象学构造意味着：从这个对象的同一性的观点出发来考察本我的普全性，就是说，去探问现实的和可能的意识体验的系统大全，这些意识体验被描绘为在我的本我中可以与此对象有关的体验，而且它们对我的本我来说就意味着各种可能综合的规则。

对象的某个类型的现象学构造问题首先是它的观念上完善的明见被给予性的问题。在每一个对象类型中都包含着它的可能经验的典型种类。就其本质结构而言，这些经验看起来是怎样的呢？而且，如果我们将它们想象为在观念上完善而全面地被确定的对象时，它们看起来是怎样的呢？与此相衔接的是一个进一步的问题：本我如何能够将这样一个系统作为可使用的财产来拥有，哪怕它的任何一个经验都不是现时的？最后的问题是：

·17·

对象的存在就是为我的存在,即使我现在和过去都对它一无所知,这对我意味着什么?

每一个存在的对象都是一个可能经验之大全的对象,我们在这里只需将经验的概念扩大到最宽泛的概念,即扩大为得到正确理解的明见性概念。每一个可能的对象都有这样一个可能的系统与之相符。如前所述,本我具有一个完全确定地从属于它的普全结构,这个结构的不断前行的对象编目是超越论的,这是就其现时的被思者方面和在潜能、能力方面而言的。现在,本我的本质就在于以现实意识和可能意识的形式存在,而在后一种情况中,是根据本我在自身中包含的主观的"我能"形式和能力形式存在。本我就是它本身在与意向对象的相关时之所是,它始终具有存在者和可能方式的存在者,因而它的本质特性就在于不断地构建意向性的系统并且拥有已经构成的系统,这些系统的编目就是那些为本我所意指、所思考、所评价、所探究、所想象和可想象的对象,如此等等。

但是,本我自身是存在着的,并且它的存在是自为自身的存在(Sein für sich selbst),它的存在连同所有从属于它的特殊存在者也都是在它之中被构造的,并且继续为它而构造自身。本我的自为自身存在是在不断的自身构造中的存在,这种自身构造是所有那些所谓超越的构造、世界对象性的构造的基础。所以,构造现象学(die konstitutive Phänomenologie)的基础也就在于,在内在时间性构造学说以及被归入它的"内在"体验构造的学说中创立一门本我论的理论,通过这门理论可以逐步地说明:**本我的自为自身存在是如何具体可能的和可理解的**。

这里产生出本我这个课题的多义性:它在现象学问题领域的不同层次中是一个不同的问题。在起先的最一般结构考察中,我们发现"本我思维被思者"(ego cogito cogitata)是现象学还原的成就,而我们在这里面临各个被思者的杂多性、面临"我感知""我回忆""我欲求"等杂多性。这里首先需要注意的是,思维的诸多样式具有一个同一点、一个中心化(Zentrierung):在这里,首先进行"我思"行为,而后进行"我评价为显象"等行为的是我,是同一个自我。这里可以注意到一个双重的综合、一个双重的极化(Polarisierung)。在这里完成的许多意识样式,**不是所有**意识样式都综合统一为关于同一个对象的意识方式。但另一方面,所有思维活动,并且首先是我的所有执态,都具有(本我)思维的结构形式,它们都具有自我极化。

超越论现象学引论——巴黎讲演（1929年）

但现在需要注意的是，这个中心化的本我并不是一个空泛的点或极，而是借助于一种发生的规律，随着每一个由它发出的行为，它都经历到一个恒久的规定。如果我，例如在一个判断中对一个如在（So-sein）做出了决断，那么这个匆匆的行为就会消逝。但我现在继续是这个如此做出决断的自我，我发现我自己，并且始终发现，我就是我始终所具有的那些信念的自我。每一种决断的情况都是如此，例如价值决断和意愿决断。

因此，我们所具有的本我并不是单纯空泛的极，而始终是各种固有信念、习性的稳定而持久的自我，正是在这些信念和习性的变化中，**人格的自我和它的人格特征的统一才构造起来**。但与此不同的是完全具体的本我，它只是具体地存在于它的意向生活连同在其中被意指与自为地构造自身的对象的流动多样性之中。对此，我们也把本我说成具体的单子。

由于作为超越论本我的自我在这一个或那一个意义中发现自己，并且可以觉察我的现实的和真实的意义，因此，这也是一个构造问题，甚至是最极端的构造问题。

因而构造现象学实际上包容了整个现象学，尽管它本身不能以此为开端，而是必须首先指明意识的类型学以及它的意向展开，这种指明以后才会揭示出构造问题的意义。

无论如何，对实在客体性对本我的构造进行本质分析，并因此而建立一门现象学的客观认识论，这样一些现象学的问题构成了一个自为的巨大王国。

但在把这门认识论与通常的认识论加以对照之前，我们需要在方法上向前迈进一大步。我之所以现在才提出这个方法步骤，乃是因为我在此前可以更为顺畅地与你们做具体的讨论。我们中间的每一个人，在被现象学的还原回引到**他的**绝对本我之上后，他作为实际的存在者（faktisch Seiender）发现自己处在绝然的确定性中。在进行综观的同时，本我发现诸多在描述上可把握、在意向上可展开的类型，并且自己很快便可以在对其本我的意向揭示中向前迈进。但我一再地脱口说出"本质"和"合乎本质的"这样的表述并非出于偶然，这些表述与一个特定的、只有通过现象学才得以澄清的先天（Apriori）概念是相等的。很明显，如果我们将一个思维类型，如感知与被感知之物、滞留与滞留之物、回忆与被回忆之物、陈述与被陈述之物、追求与被追求之物，等等，将它们作为类型而加以阐释和描述，那么这就会导致这样一些结果，这些结果始终留存着，无

· 19 ·

论我们多么频繁地从事实中抽象出来。对于这个类型来说，范例事实的个体性，例如在现在这个瞬间流动着的桌子-感知，完全是无关紧要的；即使是一般之物，即我这个实际的本我是在我的实际体验中具有这样一个类型，这也是无关紧要的，而对这个类型的描述根本不取决于对个体事实及其实存的确定。这种情况对所有本我论结构都是有效的。

例如，如果我对一个感性的、空间事物的经验类型进行分析，如果我系统地进入构造的考察之中，即考察这种经验是如何能够并且如何必须一致地继续前行，只要同一个事物在所有方面都得到展示，即在那些必定被认作是作为事物的它的各个方面都得到展示，那么一个伟大的认识就会一跃而出：那些对作为一个本我的我来说有可能是真实存在事物的东西，以先天的本质必然性的方式处在可能经验的一个特定相属的结构系统的本质形式中，带有一个特别从属于先天杂多性的结构。

我可以以明见的方式完全自由地构想我的本我。我可以将这些类型看作是这个现在仅仅是可能的本我以及一个可能的一般本我的纯粹观念可能性（作为我的实际本我的自由变化），这样我便获得**本质类型、先天的可能性和相属的本质规律**；同样可以获得作为一个可想象的一般本我的我的本我的一般本质结构，没有这个本质结构，我根本无法一般地或先天地想象我自己，因为对于我的本我的每一个自由变化来说，这些本质结构都必定是同样必然明见地存在着。

这样，我们便把自己提高到了一个方法的明察上：除了现象学还原的真正方法以外，它是现象学的最重要的方法明察：用前人的话来说，**本我具有一个巨大的、天生的先天**，而且整个现象学或哲学家方法上先进的纯粹自身思义便是对这个天生的先天及其无限多样性的揭示。这是天生（Eingeborenheit）的真正意义，那个旧的、素朴的天生概念可以说是已经寻觅到了这个意义，但没能把握住它。

在具体本我的这个天生先天中，用莱布尼茨的话来说，在"我的单子"中，当然包含着**比我们所能讨论的还要多的东西**。只能用**一句话**来暗示：在这里也包含着在特殊意义上的自我的先天，这个特殊的意义规定着"思维"（cogito）这个标题的普遍三重性：自我作为所有特殊执态或自我行为的极，以及作为各个触发（Affektionen）的极，这些触发在向诸多已构成对象的自我行进的同时触发自我做出关注的朝向并做出每一种执态。自我因而具有一个双重的极化（Polarisierung）：向着杂多的对象统一的极化和自我-极化，后者是一种中心化，借助于它，所有意向性都与这个同一的自我极有关。

然而，在本我中，自我的极化也以某种方式间接地通过同感而变得多样化，这种极化成为在本我中以当下化方式出现的对陌生单子连同陌生自我极的"反映"。自我不仅仅是各种出现并消失的执态的极；每一个执态在自我中都论证着某些恒固的东西、它的继续保持下来的**信念**。

一切可想象的东西都被回引到作为绝对存在领域和绝对构造领域的超越论现象学领域之上，对这个领域的系统开启会带来巨大的困难，只是在前十年里，各个方法和各个问题阶段才得到了清晰的规整。

尤其是通向现象学的发生（Genesis）的普全本质规律的通道很迟才得以开启，处在这种发生最底层的，乃是在不断更新的意向性构成中以及在没有自我的任何主动参与的统觉中进行的**被动的发生**。在这里产生出一门联想现象学，它的概念和起源获得了一个本质上全新的面孔。这主要是借助于一个起先是奇特的认识：联想是一个本质规律性的巨大标题，一个天生的先天，没有它，本我本身是无法想象的。另一方面是**更高阶段的发生**问题，在这种发生中，有效性的构成物通过自我行为而产生，并且与此一致，中心的自我接受特殊的自我统一性，诸如习惯的信念、习得的特征。

只是通过现象学的发生，自我才可以被理解为诸多系统共属之**成就**的一个无限联系，而且这些成就是构造性的，它们不断地使相对性阶段中的存在对象的新阶段成为有效的。可以理解，本我仅仅是它之所是，存在于发生之中，通过这种发生，它不断地、暂时地或持久地赢得存在着的各个世界、实在的和观念的世界；这是一种源自本己感性创造的赢得，是在对那些同样作为典型的感性事件而内在产生的虚无、假象等进行先天可能的和可操作的修正、删除的情况下完成的赢得。在所有这一切中，事实是非理性的，但形式、被构造对象的巨大形式系统以及它们的意向构造的相关形式系统则是先天的，是无穷无尽的先天，它在现象学的标题下得到揭示，而本我作为一个一般本我所具有的本质形式无非就在于，通过我的自身思义而得到揭示并且始终可以得到揭示。

在意义构造和存在构造的成就中包含着所有实在性阶段和观念性阶段。也就是说，如果我们计数和计算，如果我们描述自然和世界，进行理论探讨，构造命题，构建作为真理的推理、证明、理论，如此等等，那么我们便因此而不断地创造出对象的构成物,它们在这里是指对那些我们有持久有效的观念对象。如果我们进行彻底的自身思义,即回溯到我们的本我之上,如果每个人都自为地回溯到他的绝对本我之上,那么自由活动的自我-主动性的所有这些构造就都被归入本我论构造的各个阶段中,每一个这样的观念存在者都会是其所是地成为本我构造系统的编目。因此,所有那些我在本己思维和认识中认之为有效的科学均立足于此。我作为本我而阻止它们的**素朴**有效性,但在与我——作为对我创造生活的不参与的旁观者——所做的超越论自身揭示的关系中,这些科学就像经验世界一样重又有效,但却纯粹是作为构造的相关项而有效。

我们现在要转向这样一个工作,即把这个存在构造的本我论-超越论理论——它将所有对本我而言的存在者都确定为在它自己的意向生活之综合动机中产生的被动成就和主动成就的构成物——与通常的"认识论"或"理性理论"联系起来。诚然,这里还缺少现象学理论的一个基本部分,它是对唯我论假象的克服;这种缺失要在进一步的关系中才会被充分地感觉到,而对它的适当补充将会消除这个(唯我论的)动因。

传统认识论的问题是**超越性**的问题。即使它立足于通常的心理学之上,它也并不想成为单纯的认识心理学,而想澄清原则的认识可能性。问题产生于自然观点之中并且也继续在这个观点中被探讨。我发现自己是在世界中的人,同时发现自己是经验着它和科学地认识着它(也包括我自己在内)的人。现在我对自己说,对我来说存在着的所有东西都是借助于我的认识意识而存在的,它们对我来说是我的经验的被经验者、我的思维的被思者、我的理论活动的被理论活动者、我的明察的被明察者。对于我来说,它们只是作为我的思维的意向对象性。意向性作为我的心理生活的基本统一标志着一个就其纯粹心理内在性而言实在地属于我这个人、实在地属于每一个人的特性,布伦塔诺就已经将它移到了人的经验心理学的中心点。因而我们无须对此进行现象学的还原,我们处在并且始终处在被给予的世界之基地上。因此我们也明确地说:**对于人来说,对于我来说,所有存在的和有效的东西都是在本己的意识生活中存在和有效的**,这种意识生活在所有那些对一个世界的意识过程中以及在所有那些科学的成就中都始终滞留于自己本身。我在真正的和欺瞒的经验之间以及在它们中的存在与假象之间所做的所有区分都是在我的意识领域本身之中完成的。与此相同,如果我在更高阶段区分明晰的和不明晰的思维,区分先天必然的东西

# 超越论现象学引论——巴黎讲演（1929年）

和悖谬的东西、经验上正确的和经验上错误的东西，那么这种区分也是在我的意识领域本身中进行的。明见现实的、思维必然的、悖谬的、思维可能的、或然的，如此等等，所有这些都是在我意识领域本身之中出现的在各个意向对象上的特征。每一个对真理和存在的指明、论证都完完全全是在我之中进行的，而它的结局便是在我的思维的被思者中的特征。

现在，人们在这里看到重大的问题。我在我的意识领域中、在规定着我的动机联系中走向确然性，甚至走向强迫性的明见性，这是可以理解的。但这个完全在意识生活内在性中进行的游戏如何能够获得**客观的含义**？明见性（clara et distincta perzeption：清楚明白的感知）如何能够要求比在我之中作为一个意识特征更多的东西？这便是笛卡尔的问题，他认为应当通过上帝的真理（veracitas）来解决它。

那么，现象学的超越论自身思义对此又能说些什么呢？无非就是：这整个问题都是悖谬的，笛卡尔之所以会陷入这个悖谬，乃是因为他没有把握住超越论悬搁和向纯粹本我还原的真正意义。但通常的后笛卡尔观点更为粗略。我们探问：这个能够合法地提出超越论问题的自我是谁？**我是否可以作为自然的人来提出超越论问题？我是否可以作为自然的人来认真地提出超越论问题，并且是以超越论的方式："我如何走出我的意识之岛，在我意识中作为明见体验出现的东西如何能够获得客观的含义？" 只要我把自己统摄为自然的人，我就已经事先统摄了空间世界**，已经把自己理解为是在空间之中的，在这个空间中，我具有一个外在于我（ein Außer-mir）！这个世界统觉的有效性难道不已经是这个问题的意义的前设了吗？而对这个问题的回答又怎么会提供一般的客观有效性呢？这里因此需要有意识地实施**现象学的还原**，而后才能赢得这样的自我和意识生活，**作为超越论认识可能性问题的超越论问题恰恰应当针对它们而提出**。但是，只要人们不是仓促地进行现象学的悬搁，而更多的是想在系统的自身思义中并且作为纯粹的本我去揭示他的整个意识领域，亦即揭示他自己，那么人们就会认识到，所有对此本我存在着的东西都是在他本身之中的构造者；此外，每一种存在，也包括每一个被描述为超越的存在，都具有其特殊的构造。

**超越是一个内在的、在本我之内构造起来的存在特征**。每一个可想象的意义、每一个可想象的存在，无论它叫作内在的还是超越的，都包含在超越论主体性的领域中。一个超越论主体性的之外（Außerhalb）是一个

· 23 ·

悖谬，超越论主体性是普全的、绝对的具体。想要把握在可能意识、可能认识、可能明见之大全以外的某个真实存在的大全，以为这两者只是通过一个僵硬的规律而外在地相互联系，这是一个悖谬。这两者本质上是共属的，并且本质的共属性也是具体同一的，在这样一个绝对的具体中同一，即**超越论主体性**。——它是可能意义的大全，所以一个之外（Außerhalb）是悖谬的。但甚至每一个悖谬（Widersinn）也是意义（Sinn）的一个样式，并且在可明见性中具有其悖谬性。但这并不对单纯的**实际本我**有效，对它来说，这作为一个为它的存在者是可及的。现象学的自身阐释是先天的，因此这一切对每一个可能的、可想象的本我和每一个可想象的存在者都是有效的，因此也对所有可想象的世界有效。

据此，真正的认识论只是作为超越论现象学的认识论才有意义。超越论现象学的认识论不是从一个被意指的内在悖谬地推导出一个被意指的超越，某个"自在之物"的超越，而仅仅是对认识成就的系统启蒙，在这种启蒙中，认识成就作为有效成就而得到完全的理解。但正因为如此，任何一种存在者，实在的和观念的，都可被理解为在此成就中被构造的超越论主体性的构造物。这种可理解性是合理性的最高可想象形式。所有错误的存在解释都产生于对一同规定着存在意义的视域的素朴盲目性。因此，纯粹的、在纯粹明见性中并且同时在具体性中实施的本我自身阐释会导向一门**超越论唯心主义**，但却是一门在根本**全新意义**上的超越论唯心主义；它不是心理学的唯心主义，不是想从无意义的感觉材料中推导出一个有意义世界的唯心主义；不是康德的唯心主义，它以为至少可以将一个自在之物的世界之可能性作为临界概念保留下来；相反，这门超越论现象学是这样一种唯心主义，它无非只是一种在系统本我论科学的形式中得到坚定实施的对各个存在意义的自身阐释，这些意义对我这个本我来说同样可以具有完整的意义。但这种唯心主义不是游戏**论理**的构成物，不能在与实在主义的辩证争论中作为奖励来获取。它就是那种在（通过经验而对本我在先地被给予的）自然、文化、世界的超越性上、在现实的工作中进行的意义阐释，而这是对构造的意向性本身的系统揭示。对这个唯心主义的证明就是现象学本身的实施。

但现在必须让唯一一个真的使人不安的顾虑得到表露。如果我这个沉思的自我通过悬搁而将自己还原到我的绝对本我之上并且还原到在它之中的构造者上，那么我不就成为"唯独的自己"（solus ipse）了吗？而如此一来，这整个自身思义的哲学不就是一门纯粹的、即便是超越论现象学的唯我论了吗？

然而，在人们于此做出决断，甚至试图通过无益的辩证**论理**来进行自助之前，先要充分广泛和充分系统地实施具体的现象学工作，这样才能看到，作为经验被给予性的"他我"（alter ego）是如何在本我中宣示和证实自身，它的此在作为在我意识圈和我的世界中的此在是如何构造起来的。因为我现实地经验到他人，并且不仅仅将它经验为与自然并列的，而是与自然交织在一起的。我在这里是以特殊的方式来经验他人，我不只是将他们经验为在空间中心理学地交织出现于自然联系中的东西，而是将他们经验为我所经验的这同一个世界，这个世界也是经验着的，就像我经验他们一样，他们也经验着我，如此等等。我在自己之中，在我的超越论意识生活中经验到所有这一切，并且我将世界不是单纯地经验为我的私人世界，而是经验为交互主体的、对每个人都被给予的并在他们的客体中可达及的世界，而他人在其中作为他人，同时也作为相互间的、对每个人而言的他人而在此存在。这些事实如何得到澄清？如果一切都始终无可辩驳地是为我的，都只有在我的意向生活中才能获得意义和证实？

这里需要对"同感"（Einfühlung）的超越论成就进行现象学的阐释，并且，只要它仍然是问题所在，这里就还需要将他人以及我的从我的他人经验有效性之中产生的所有周围世界的意义层次抽象地判为无效。正是因为此，在超越论本我的领域中，即在它的意识领域中，特殊的私人本我论存在才分离出来，我的具体的特性作为这样一种特性分离出来，而后我从我的本我的动机中同感到与我的特性相似的东西。我可以直接而本真地将所有本己的意识生活都经验为"它自己"，但不能这样来经验陌生的意识生活：陌生的感觉、感知、思维、感受、意愿。但在我本身之中，陌生的意识生活是在一个第二性的意义上以一种特殊的相似性统觉的方式被一同经验到（miterfahren），被前后一致地指示出来（indizieren），同时一致地得到自身的证实。用莱布尼茨的话来说，在我的原本性中，即在我的绝然被给予的"单子"中，陌生的诸单子得到反映，而这种反映是一种前后一致得到证实的指示。但是，当我进行现象学的自身阐释并在其中对合法的被指示者进行阐释时，这里的被指示者是一个陌生的超越论主体性。超越论本我在自身中不是随意地而是必然地设定一个超越论的"他我"。

超越论主体性正是随此而扩展为**交互主体性**，扩展为**交互主体－超越论的社会性，它是整个交互主体的自然和世界的超越论基地**，而且同样也是所有观念对象性的交互主体存在的超越论基地。超越论还原所导致的第一个本我还不具备对两种意向之物的区分，即对它来说原本本己的意向之物与在它之中作为对"他我"之"反映"的意向之物。要想达到超越论的交互主体性，首先需要一门深入展开了的具体现象学。但在这里还表明，对于哲学沉思者来说，它的本我是原初的本我。而在进一步的进程中，对于每一个可想象的本我来说，交互主体性只有作为"他我"、作为在本我中自身反映着的交互主体性才是可能的。在这种对同感的澄清中也表明，在自然的构造和精神世界的构造之间存在着天壤之别；自然对于抽象孤立的本我来说已经具有一个存在意义，但它还不具有交互主体的存在意义。

**这样，现象学的唯心主义便将自身展示为一种超越论现象学的单子论**，它绝不是形而上学的建构，而是对**这样一个意义的系统阐释**，这个意义对于我们大家来说是在一切哲思**之前**这个世界所具有的意义，这是一个只能在哲学上被曲解（entstellt）但不能被改变的意义。

我们所走过的这整个道路应当是一条带有为我们所坚持的笛卡尔普全哲学之目标的道路，这是一门产生于绝对论证之中的普全科学。我们可以说，笛卡尔实际上可以坚持这个意图，而我们已经看到，这个意图实际上也是可以实施的。

日常的实践生活是素朴的，它是一种向在先被给予世界之中的进入经验、进入思维、进入评价、进入行动。与此同时，所有这些意向的经验成就得以完成，借助于此，事物决然地存在于此，以匿名的方式，经验者对它们一无所知；同样也对造就着的思维一无所知：数字、谓项的事态、价值、目的，这些产品借助于隐含的成就而显露出来，一个环节、一个环节地构建起来，只有它们处在目光之中。实证科学的情况无非就是如此。它们是更高阶段的素朴性，是一种聪明的理论技术的构成物，但所有这些产生于其中的意向成就却并没有得到阐释。

虽然科学要求能够论证它的理论步骤，并且始终立足于批判的基础上，但**它的批判不是最终的认识批判**。最终的认识批判是对原初成就的研究和批判，是对它的所有意向视域的揭示。只有通过这种批判，明见性的范围才能最终得到把握，并且与此相关，对象、理论构成物、价值与目的所具有的存在意义才能得到充分评价。因此，我们恰恰在现代实证科学的高级阶段上才会具有基础问题，具有二律背反，具有含糊性。贯穿在整个科学之始终并规定着科学的对象领域和理论的那些**原概念**（Urbegriffe）是**素朴地形成的**；它们具有不确定的意向视域，它们是未知的、仅仅在粗糙的素朴性中进行的意向成就的构成物。这不仅是针对实证的社会科学而言，也是针对传统逻辑学连同它们的所有形式规范而言。每一个从历史形成的科学出发去达到更好的论证、达到在意义和成就方面更好的自身理解的尝试都是科学家自身思义的一部分。但只有**一种**彻底的自身思义，这就是现象学的自身思义。但彻底的和完全普全的自身思义是不可分离的，并且同时也无法与以本质普遍性形式进行的真正现象学自身思义的方法相分离。但普全的和本质的自身思义就意味着：主宰所有那些对本我和超越论交互主体性而言"天生的"观念可能性。

因此，一门坚定地得到展开的现象学先天地但在直观的本质必然性和本质普遍性中构造着**可想象世界的各个形式**，并且这种构造重又是在所有可想象的一般存在形式及其阶段系统的范围中进行的。但这是原初的构造，它与构造的先天有关，与构造着它的意向成就有关。

由于这门现象学在其进程中不具有在先被给予的现实性和现实性概念，而是从一开始就仅仅从这些成就（它本身是在原初的概念中得到把握的）的原初性中析取其概念，并且通过对所有视域之揭示的必然性也主宰着所有范围的区别、所有抽象的相对性，因而它必须从自身出发去达到那些规定着所有科学构成物之基本意义的概念系统。这些概念描绘出一个可能世界之形式观念的所有形式限界，并因此而必定是所有科学的真正基本概念。对于这些概念不可能存在二律背反。

这种情况也适用于所有的基本概念，即所有那些涉及与各个存在区域相关的各门科学之构建和整个构建形式的基本概念。

现在我们也可以说，以最终的论证的方式并且借助于其相关性研究，所有一般先天科学都起源于先天的和**超越论**的现象学，并且在这个起源中，它们都属于一门普全的先天的现象学本身，是它的各个系统的分支。因此，这个普全先天的系统也可以被标识为一种对普全的、对超越论主体性的本质来说、因而也对交互主体性的本质来说天生的先天的展开，或者说，**对所有可想象的存在的普全逻各斯的展开**。这同样也意味着：这门系统完整发展了的超越论现象学实际上就是**真正的和真实的普全本体论**；但不仅仅是一门空泛的、形式的本体论，而且同时是一门将所有区域存在可能性以及所有从属于它们的相关性都包容在自身之中的本体论。

这门普全具体的本体论（或普全的存在逻辑学）因而就是自身第一的并且出自绝对论证的科学大全。从顺序上看，各个哲学学科中自在第一的学科是"在唯我论上"有限的本我论，在扩展之后才是交互主体性的现象学，它是一门普遍的学说，它首先探讨普全的问题，而后才分支为各门先天的科学。

这样，这种普全的先天便是**真正的事实科学的基础**，并且是**一门笛卡尔意义上的真正普全哲学、一门出自绝对论证的普全科学的基础**。所有的事实合理性都在于先天。先天科学是关于原则的科学，事实科学必须回溯到先天科学之上，而后才会得到最终的、原则的论证。只是这种先天的科学不应是素朴的科学，而必定是产生于最终的超越论现象学源泉之中的科学。

为了避免误解，我最后还想指出，现象学仅仅排斥任何素朴的、从事悖谬的自在之物的形而上学，但并不排斥形而上学一般。先于所有世界客体性并承载着它们的自在第一存在是超越论的交互主体性，是在各个形式中共同体化的单子大全。但那些偶然的事实性、死亡、命运问题，在特殊的意义上作为**有意义的**而被要求的个别主体的和共同的生活之可能性的问题，因而也包括历史的**意义**问题，等等，所有这些问题都出现在实际的单子领域以内，并且是作为在可想象的领域中的观念本质可能性而出现。我们也可以说：这是伦理－宗教的问题，但它们必须在这个基地上被提出来，所有对我们来说应当能够具有可能意义的东西都必须在这个基地上被提出。

**一门普全哲学的观念便这样得以自身实现**——完全不同于笛卡尔以及他的时代从新的自然科学中所导出的那种设想——：不是作为一个演绎理论的普全系统，就好像所有存在者都处在一种计算的统一之中一样，而是作为**一个现象学相关学科的系统**，它的最底层的基础不是"本我思维"（ego cogito）的公理，而是一种普全自身思义的公理。

换言之，通向一种在最高意义上得到最终论证的认识的必然之路，或者同样也可以说，通向哲学认识的必然之路，也就是一种**普全的自身认识**的道路，首先是单子的自身认识的道路，而后是单子间的自身认识的道路。戴勒菲神庙的箴言"认识你自己"（γνῶθι σεαυτόν）获得了一个新的含义。实证科学是在世界丧失性中的科学,必须首先通过悬搁丧失世界,然后在普全的自身思义中重新获得它。奥古斯丁说:"Noli foras ire, in te redi, in interiore homine habitat veritas."(不要向外行,回到你自身;真理寓于人心之中。)

# 苏格拉底-佛陀（1926年1月21日和22日）
## ——胡塞尔文库中一份未发表的手稿（1926年）①

［德］埃德蒙德·胡塞尔

## 编者报告

这里的文字取自鲁汶胡塞尔文库编号为 BⅠ21 的卷宗，页码：第 88 – 94 页和第 79 – 82 页（文库编页；页码的顺序见后）。在这个含有 142 页的卷宗中，迄今为止得到发表的文字只有第 97 页，载于《胡塞尔全集》第 35 卷，第 430 页及后页。根据胡塞尔所标的日期，这里发表的 11 页手稿写于 1926 年 1 月 21 日和 22 日，用钢笔撰写，带有钢笔以及灰色、蓝色和红色铅笔的修改。他（用蓝色铅笔在第 1 页正面，BⅠ21/88a）写下标题［苏格拉底-佛陀（Sokrates-Buddha）］，并用红色铅笔在这页的顶部写下"NB"［注意］。在讨论这份手稿的细节之前，首先需说明它的大背景——1925 年至 1926 年的冬季。

1925/1926 年冬季学期，胡塞尔做了一个题为"逻辑问题选要，高级班"的讨论课。② 他的太太在回顾时写道，1925/1926 年冬是"辉煌的工作时期"（参见《年鉴》，第 295 页）。胡塞尔此时正准备写一部系统的巨著（他自 1922 年之后便计划此事），后来他放弃了这个计划，并且还多次重新开始，直至他的最后著作《危机》。无论如何需要强调一点，这些文本十分接近于 1926 年秋的文本，后者被当作对他的成熟现象学的系统阐

---

① 德文原文出自 Edmund Husserl, "Sokrates-Buddha", in *Husserl Studies* (2010) 26: 1 – 17。中译文首次刊载于杭州佛学院编《唯识研究》第一辑，上海古籍出版社 2012 年版，第 138 – 154 页。香港中文大学姚治华教授阅读了译文的初稿并提出诸多意见和建议，在此深表谢意！——译者

② 卡尔·舒曼：《胡塞尔年鉴——埃德蒙德·胡塞尔的思维历程和生命历程》，马蒂奴斯·奈伊霍夫出版社 1977 年版，第 295 – 301 页。后面引为《年鉴》。

苏格拉底-佛陀（1926年1月21日和22日）——胡塞尔文库中一份未发表的手稿（1926年）

述（发表于《胡塞尔全集》第 34 卷，第 3－109 页）。

正如卡尔·舒曼在随后的研究中所看到的那样，这些手稿是与 1925/1926 年冬季讨论课有关的巨著的一部分。① 我们通过胡塞尔的美国学生多林·凯恩斯的课堂笔记而得知，胡塞尔在他的讨论课上讨论初步的方法论问题，例如，如何发现进入现象学领域的动机，也包括对古希腊哲学起源进行历史反思。1925 年年初，胡塞尔研究了诺曼的《觉者乔达摩语录》译本，并撰写了一篇简短书评发表在 1925 年的《皮泊尔信使》期刊②上（现刊于《胡塞尔全集》第 27 卷，第 125 页及以下），此后他必定始终还在思考佛教思维的奇异特征。因此，他是在这个语境中开始对希腊思维与印度思维的风格与方法进行比较的。

胡塞尔主要是在 1925 年 12 月和 1926 年 1 月撰写了这些与讨论课论题有关的手稿。它们被组合在大卷宗 B I 21 里的一个单独卷宗中，页码为 66－133（虽然这个小卷宗中的手稿并非都出自这个时期）。在这个小卷宗（B I 21，第 66a 页）的封面上，他写了一些文字，其中包括："在一个单纯传统的（'单纯'传统文化的）周围世界中的人。他生活在传统中。人作为'欧洲'人，周围世界作为经过科学改造了的。……希腊人及其科学。印度人。"

舒曼合理地认定，此卷宗 B I 21 第 66－94 页的这些手稿是胡塞尔在 1925 年 12 月与 1926 年 1 月开设的上述讨论课语境中所做反思的一个部分（同样还有 A IV 2，第 9－15 页，参见《年鉴》，第 300 页，以及《胡塞尔与印度思维》，第 149 页，注 46）。可是，关于这里所关注的手稿《苏格拉底—佛陀》，后期舒曼在他另一部细致的研究著作中似乎犯了一个在重构方面的非典型错误，这个错误对他随后就此文本进行的解释造成严重后果。③ 舒曼在其对此手稿（《胡塞尔与印度思想》，第 151

---

① 卡尔·舒曼：《胡塞尔与印度思维》，载《现象学文选》，C. 勒金赫斯特、P. 斯腾贝克斯编，克鲁威尔出版社 2004 年版，第 137－162 页。在 B I 21 与 A IV 2 卷宗手稿之间的联系只能通过多林·凯恩斯的讨论课笔记（文库编号：N I 24 和 N I 25）而得以确定，这些笔记是在《年鉴》出版后为文库所获得，参见卡尔·舒曼：《胡塞尔与印度思维》，载《现象学文选》，C. 勒金赫斯特、P. 斯腾贝克斯编，克鲁威尔出版社 2004 年版，第 148 页，注 41。

② 皮泊尔（Piper）是皮泊尔出版社及其创始人的名字，《皮泊尔信使》（Piperbote）是该出版社出版的一份刊物。——译者

③ 卡尔·舒曼：《胡塞尔与印度思维》，载《现象学文选》，C. 勒金赫斯特、P. 斯腾贝克斯编，克鲁威尔出版社 2004 年版，第 148－153 页。

页，注52）的重构中写道："根据胡塞尔的这些指示，这些（始终未发表）手稿原来由11页组成，但现在在手稿BⅠ21中**只能找到前7页**。"（黑体着重格式为编者附加）无论如何，编者有理由相信，这里是出错了。的确，在保存这个卷宗的案夹中，这份手稿在胡塞尔所标页码的第7页以后就中断了（BⅠ21/94）。然而这里有一份以编号BⅠ21/72开始、日期标明1925年12月2日和3日的较早手稿（"M"），根据胡塞尔在BⅠ21/72a上的笔记，它包含11页手稿。但在胡塞尔所标页码的第6页（BⅠ21/78；BⅠ21/77是独立的一页，标有"ad 5"）之后，手稿也结束了。无论如何，手稿的下一页（BⅠ21/79）是以胡塞尔所标页码的第8页开始，直至第11页（BⅠ21/82）。这份手稿（"M"）的第7页（以及可能包括的其余部分）无法找到（至少在与此卷宗直接相关的范围内无法找到）。对BⅠ21/79-82的文字和胡塞尔所标的页码8-11与《苏格拉底—佛陀》文本的页码1-7所做的比较使得编者相信，这些页张（79-82）实际上就是舒曼曾宣布无法找到的那些页张。这就意味着，可以将这些手稿放回到它的总体之中。①

这个看法同样在内容上得到了证实。胡塞尔对希腊思维与印度思维的沉思的开始后不久，很快便转向对源于一个传统的科学之建构与理论之态度的总体反思，这使人以为，舒曼有理由主张（这是他随后的解释的基础）："对于我们这里的论题而言，这［手稿其余部分的缺失之事实］并不是一个问题，因为胡塞尔在开篇之后事实上就**离开了欧洲与印度哲学之对比的论题**，以便一般地讨论科学与理性的更宽泛论题。"（同上书，黑体着重格式为编者附加）然而，与舒曼（立足于这份手稿不完善的假设之上）的主张相反，印度思维的话题事实上在手稿后面的页张（第8-11页）上得以继续。例如，在第79b页（在胡塞尔所标页码第8页的左页），胡塞尔写道："这位印度人实际上是处在自主的观点中……"（参见这里的第13页）以及在第81b页（在胡塞尔所标页码第10页的左页，"这位印度人说……"（参见这里的第15页）胡塞尔手稿的结尾是对希腊思维

---

① 将第1-7页与第8-11页相比较，看起来像是胡塞尔用不同的铅笔（红色铅笔的标记大都是在第1-7页上），并且也许是在不同时期，对原来的文本做过加工。这表明，将这两个部分分开的是胡塞尔本人，而且也许是故意而为之。无论如何，在第7页与第8页之间的思路是连续不断的，因此，在我看来有理由将这份手稿一同放回到它在1926年1月21日与22日撰写时所具有的原初形式中。

## 苏格拉底-佛陀（1926年1月21日和22日）——胡塞尔文库中一份未发表的手稿（1926年）

（"苏格拉底思维"）与印度思维（"佛教思维"）在比较总结过程中所做的一个总体反思。这样，将这份手稿合在一起，就再构出了一份连贯的文本，胡塞尔在这里先做了一些初步的反思，而后的确回到了在手稿开端提出的问题上："**印度**思维中的认识是怎样一种状况？这种思维与**苏格拉底**思维的关系如何？"

因此，现在看来，胡塞尔在这份手稿中最终没有对印度思维说出多少实质性东西的论点是没有根据的。尽管舒曼合理地总结说，在其反思中，胡塞尔最终坚持"希腊思维［相对于印度思维］的优越性"（同上书，第152页），但他错误地主张，胡塞尔在这份关于印度思维的手稿中只是做了一种开放的姿态（而后便"离开了欧洲与印度哲学之对比的论题"）。相反，这个文本展示出一种相当复杂而私密的对印度思维之本性及其与希腊思维（"欧洲"思维、西方思维）关系的反思——胡塞尔对印度思维特征的了解是通过诺曼的翻译，以及根据他在第14页所说，通过叔本华而完成的。尽管舒曼的本意在于严格地阐释胡塞尔对佛教思维与印度思维有多少了解，但由于他对此手稿的重构不完善，他的这个解释也就无法成立。

＊ ＊ ＊

编者发表这个文本的意图无论如何也不是批评一位前辈解释者的著作。相反，这份手稿——它第一次完整地提供给读者，以往公众只是通过道听途说才知道它——为我们展示了一个机会：重新评定胡塞尔对他自己思维的元反思（meta-reflection）以及他对照欧洲科学与印度思维方式所做思考的路径。这个论题是在胡塞尔的后期著作《欧洲科学的危机与超越论的现象学》中以及在其他发表在《胡塞尔全集》第6卷和第29卷的手稿中才重新露面的。胡塞尔在其对**印度**思维的评估中是否公允，这是另一回事。无论是将这份手稿中找到的对印度思维的看法评判为错误的，还是扭曲的，都只会给我们带来一个消极的结果。更富有成效的做法是将这个文本当作一个自身解释来探讨，胡塞尔在这个自身解释中将他的现象学置于西方思想史中，这个自身解释同样展示着他对西方传统的看法。以此方式来看，这会帮助我们重新评价他后期的其他论题，如现象学还原的动机引发问题（以前这个问题曾被认为是由他的助手芬克引入的），[1] 以及胡塞

---

[1] 胡塞尔最后一位助手欧根·芬克在1928年前尚未为胡塞尔工作。

尔在其最后著作《危机》中提出的那个著名的但引起许多争议的命题：科学所固有的"欧洲"特征。

塞巴斯蒂安·路福特①

---

① 编者在这里要感谢斯特芬尼·路福特帮杜校对这份手稿，同样感谢鲁汶胡塞尔文库的工作人员罗楚斯·索瓦和托马斯·封戈尔帮杜弄清某些难以译解的速记符的精确辨读。为了使语句的文法流畅而做的文字方面的校正与修饰被减少到最小的程度，以便保持胡塞尔用语的地方风格。发表这篇手稿的想法源于科隆胡塞尔文库的迪特·洛玛的一个建议。感谢鲁汶胡塞尔文库主任乌尔利希·梅勒同意发表这份手稿。

苏格拉底-佛陀（1926年1月21日和22日）——胡塞尔文库中一份未发表的手稿（1926年）

# 苏格拉底-佛陀

**印度思维**中的认识是怎样一种状况？这种思维与**苏格拉底思维**的关系如何？印度思维的目的在于解脱，在于通过无情执的认识而获得幸福。因此也可以认为，存在着一种自在有效的真理。因而印度的文化生活也会导向自主，导向自主的认识，通过这种认识而能够获得一条自在真实的通向幸福之路，亦即通向对正确行为而言的自在真理之路、在对理论-宗教规范之认识中的自主真理之路。对于苏格拉底来说，理论，作为真正知识的知识，也具有创造一种真正实践及其规范之知识的功能，而且**只**具有这种功能。他虽然预设了一个客观的宇宙论真理，我们可以更一般地说：一个对于事实存在而言的自在有效的真理，却并不认为它是普全可认识的。只是就一个实践理性行为所需要的范围而言，它是可认识的；而在他看来，这个范围并不很大。可以说，相对的经验真理已经足够了；超出这个范围的东西，实际上是不重要的，因此是根本无所谓的。我们并不会因为这种可认识性的匮乏而有所欠缺。

**印度思维**曾创造了一门存在学，或曾看到了这样一门科学的可能性？它将这门科学视为不重要的，并因此而没有去构建它？它看到了存在学是基础本质的新型事物，尽管它植根于经验之中，就像那门导向幸福的科学的情况一样？但即使在这里，对于印度人来说，解脱论的思维也并没有在形式上（可以说是在逻辑上）与自然思维**区分**开来。将它与自然思维区分开来的是它在排斥自然生活兴趣方面和在对其进行无兴趣的评价方面，以及在本质判断的评价特性方面所具有的前后一致、毫无成见、坚定果断。

但在希腊哲学中，特殊的科学思维与认识由于其原则性的、逻辑的形式和方法而彻底地分离于对生活的认识。在自己并未觉知到这一点的情况下，苏格拉底给出了第一个推动。柏拉图在其辩证过程中创造了观念直观的方法以及关于观念和通过观念的认识方法。他找到了开端，他开辟了通向一种理论认识和科学的道路，这是在一种借助于观念而获得的科学认识之新意义上的认识与科学、一种逻辑学。

在共同体的生活中，理论兴趣即使在希腊人那里，甚至在近代人这里，也不会与实践兴趣分离开来。理论兴趣与实践兴趣的分离只是发生在哲学家的职业生活中。科学家们纯粹为了科学之故而从事科学，也包括关于正确的生活形态的科学。他们听凭其他人、个别人、政治家等对此做可能的运用，但本身并不关心这些，并且也不关心他们自己的"灵魂救赎"。他们从事哲学科学，但本身不是哲学家，而之所以不是，乃是因为他们将其生活规范完全①投入哲学理论之中，而不是投入哲学生活之中（对立于那些古代哲学家）。

在说完所有这些之后，尚未澄清的是：希腊人以及从他们出发的科学发展和普遍的文化发展的真正成就是什么，或者说，它们所特有的观念的成就是什么。

第一，自然的共同体生活具有其普遍的传统，每一个人都会通过教育而生长到这个传统中去。共同体的世界观统一（"普遍"有效的统一）、传习之物（即被所有人认作传习下来的无疑之物），是一个未完全确定的东西，因为它带有个体差异；但它是作为一个无疑的真理而被构造起来的，这个真理超越于各个实际的、个别的"世界观"之上，作为某种对"每个人"而言规定性的东西，这个共同体的个别人或多或少确定地知道它，他可以个别地在规定性的陈述中展开它。这就是作为传统之宣布者的最年长者和最智慧者所说明的东西。人们在做决定之前必须咨询他们。这个奇特的结构必须得到说明。对于儿童来说，父母是知者；对于青少年来说，成年人是知者。年长者是知者。在知识上还可以增加新的东西，增加对于共同体意识而言重要的新经验。**这时，年长者又是知者，他们经历了这些，并且在其中起过作用。**为此而有形态各异的所有那些共同的实践、普遍实践的有效性，同样还有那些普遍有待评价者、有待鄙视者或有待珍视者，等等。

第二，通向自主之路。认识自主——实践自主。② 好奇、认识兴趣。

1. **首先是根据传统来认识"这个"世界。**确定这个认识，固定、展示、发展它，从其中得出结论。实然（存在）认识与应然认识相互交织。什么是天与地，人与民族与神祇，等等。神祇要求什么，人应当如何，习俗是什么，什么是对的。**人作为"无兴趣的旁观者"。**

---

① 文稿中是"包括"（einschließlich）而非"完全"（ausschließlich）。——编者
② 命运的自主。

苏格拉底-佛陀（1926年1月21日和22日）——胡塞尔文库中一份未发表的手稿（1926年）

**2.** 彻底的理论兴趣是如何生成的？首先是在**普全**包含（Umspannung）中的个别好奇与认识欲求及认识喜悦之间的区别。人从他的实践及其习惯的和暂时的要求之交织状态中脱身出来。在其中阻碍他的是那种有可能会要求特殊实践表态的新东西。但这样一种摆脱也发生在游戏中，发生在想象中。实践的紧张（Anspannung）会放松下来，人会对在想象游戏中的宁静感到喜悦。另一种放松（Entspannung）就是好奇的观看、旁观。从这两方面产生出一种新的追求和作用，即紧张、辛苦、忧烦（Sorge）。但首先可以区分"生活忧烦"、生活困苦，以及在和平的宁静中、在摆脱了生活困苦的状态中、在免除了生活困苦的自由状态中的生活。后一种生活是人们为自己安排的休养期，或者是人们作为对义务生活之放弃者而自由创造出的休养期。①

这里可能会产生出**理论兴趣：自由的**、从所有实际兴趣中脱身出来的、从所有"自身维持"兴趣中解放出来的**理论兴趣，即认识游戏**。另一方面是在想象的游戏中，即在想象构成物的客观形态之游戏实践中的自由的和彻底的生活。这个彻底性何在？首先在于，在他的实际上无法从共同体的传统性中以及生活"困苦"中得以造就的生活中、在其始终受束缚的生活内，这个解放者创造出了**一个相关的自由生活**。自由认识的兴趣以及自由现象实践的兴趣成为习惯，而从中产生的实践也成为习惯，在自由行动中对认识构成物以及对游戏实践的想象构成物和客观构成物的创造也成为习惯。

但在这里还缺少对生活传统性的进一步定义。前面谈到人的生活（或传统生活）的困苦、人在传统世界中"自身维持"的困苦，他本身不仅传统地生活在传统人群中，而且——这是特别之处——他服从传统性的规范，并且知道自己处处受到束缚。如所周知，在个体处于被给予的瞬间——无论它如何保持在传统性的范围内——所追求和希望的东西与"超

---

① 严肃与游戏（在最宽泛的词义上）：这里（参见后面从"放松……"到"……最宽泛词义上的游戏主动性"）首先要区分：
1. 在无目的的被动性中的闲暇（旁观）。
2. 在作为无目的的主动性、实践的游戏中的闲暇。由此而区分：
   (a) 在原初的和严肃的忧烦中的严肃实践；
   (b) 游戏实践，"无目的的"：(α) 无目的的认识，(β) 在仿佛（Als-ob）中和在仿佛的构成物中的无目的的行为与构建。

个体的应然"、传统的规范，即"众人"、共同体对它所要求的东西之间，**存在着诸多冲突**。① 人为"工作"所累，为"义务"所累，为他身陷于其中的繁忙所累。只要他从其位置出发而被分派到普遍世界之中，由此出发而发挥作用、进行创造，以此来维持自身、为生活困苦而忧烦，以便"获得某物"，普遍世界便会与他发生联系。这时他完全倚赖于在被共同体世界观所统摄的各种形态中的世界，并且完全依赖于这个人格共同体本身以及它的各种规范。对他就其位置而言，这个共同体具有一种特殊的有效形态。他与这个共同体有特殊的关系、特殊的束缚性，以及对其最近者的依赖性和对较远者或与较远者的间接依赖性。他的追求始终是有条件的。在其特殊的位置上，他具有与其共同体的类结构形式相应的特殊的职业、特殊的习惯生活目标②、特殊的习惯共同体功能。这种在束缚中的生活通过日复一日、年复一年的自由休息，通过本身在传统形式中得到庆祝的节日而保持其力量：人要求"面包与游戏"（panem et circenses），也在一再投入和被要求的紧张面前要求放松，要求一种在共同的节日本身之中具有传统形态的放松。然而，这种放松原初本身作为宗教节日而具有一个应然形式；而且，只有在宗教生活的外化中，节日才采取一种"游戏"的形态。

这里的特别之处在于个体的自身解放：在"自由"行动的习惯性中，在摆脱了义务、摆脱了共同体束缚，而当然也是摆脱了物理困苦与急需的"自由"行动的习惯性中的自身解放。这些困苦与急需已经通过预防措施而得到了充分的满足，这是可能的摆脱的前提条件。脱离了生活忧烦的放松、在时而自由的闲暇中的生活，它们可以具有双重的形态：①被动性。闲暇应当是愉快的闲暇；人们可以在无目的的想象、观看、旁观、好奇（也包括在对游戏的旁观）中感到愉快。②最宽泛词义上的游戏主动性。

认识的构成物和越来越多的认识构成物，这些也在要求紧张、力量的紧张、忧烦，但这是"自由的"紧张和行动，这是摆脱了贯穿在生活中的

---

① 当然，除了"自主的"规范以外，还没有什么绝对的规范已经从传统中脱离开来，甚至与传统相对立。

② 在"特殊的职业"和"特殊的习惯生活目标"上方，胡塞尔各自标上"2"和"1"；可能是指示这里的顺序应当掉换一下。——编者

苏格拉底－佛陀（1926年1月21日和22日）——胡塞尔文库中一份未发表的手稿（1926年）

无休止的义务压迫的自由。① 认识指向真理、指向一个纯粹美的价值王国。人们付出辛劳和忧烦，但这不是负重的辛劳，这是**无忧的忧烦**（sorgloses Sich-Sorgen），以及——在描向目标的过程中——一种为了美的忧烦，无人可以掠夺这种美，无人能够毁灭、贬低、改变这种美，这种美可以得到自由的传诉和馈赠，但仍然是自己拥有的财富，并不因此而有所损失，只会因此而有所获取：恰恰就是在传诉其显现并因此而使他人幸福的过程中。类似于在自由艺术的想象活动和想象创造中的情况。但为了发展和设定目标，这两方面都需要一个中间环节。②

关于想象和想象造型的单纯说法是令人反感的。好奇指向作为事实、作为存在者、作为走向认识之物的新事物。美欲（Schöngier）、爱美（Philokallie）是在实际实在的美的显现方式上所感到的喜悦，这种喜悦对于存在之认识而言不是兴趣所在。这里有可能存在着向更美的显现方式和最美的、而后是实践的造型过渡的自由，例如，对容易得到改造的事物的构造，在那些会表明更美的、特别美的显现方式的可能事物的意义上。因此，对图像性的喜悦与在通过图像化展示而对被给予事物之"模仿"的喜悦可以交织在一起。在这里起作用的是改造性的想象；它做出变动并制造出一个具有最中意形态的想象构成物。最后是在纯粹的和在此意义上在纯粹想象中被制造出的形态方面的喜悦，有可能是对在"单纯思想"中进行的现实之改造的喜悦，它们在语词和话语中得到确定的表达。如果对这种美的事物的爱成为习惯，批判便会苏醒。在美的评价和美的追求中，一个目的（Telos）得以开启自身，这是一个最完美者的观念、一个完善了的美的观念和一个带有诸多此类完善的美的王国，这些完善本身可以展示价值和价值种类的阶段秩序。

因此可以说（如我时常曾认为的那样），唯有认识的自主才必定会导向一种自主的艺术（详后）。认识追求和美的追求都在受束缚的生活范围

---

① "自由"的原初概念："我是自由的"，这就是说，我现在不受我的义务、我今天的、暂时的职责的束缚。它们已经完成了。"我使自己自由了，我使自己不受束缚，或我有意地（自担风险地）摆脱了它们。"

② 可以说，作为"游戏"的认识与实践一般都会在合乎规则的、甚或合乎职业的活动中导向**自由艺术**。在它的各个概念中包含诸如想象作品的造型艺术，也包括认识艺术。自由艺术与通常意义上的艺术相对立，与工匠的艺术相对立，与政治家的艺术、士兵的艺术等相对立。据此也区分出**生活忧烦的职业**和**自由职业**。

内创造出一种特有的自由生活形式，并且在其中创造出一个特有的传统，但它而后便立即与**普遍**传统交织在一起。在新传统产生之后，忧烦的生活形态和自由的生活形态这两者以及这两种传统从一开始就是相互渗透的。但它们并不始终保持这样的形式，即新传统在不改变老传统本身的情况下成为老传统的一个相对独立的层面。认识构成物和艺术构成物包含共同体的意义并且进入生活忧烦和生活义务的领域中。人们通过科学与艺术来养家糊口。艺术形态可以同时成为功用形态，而有用的也应当是美的。庙宇的建造者创造出目的构成物"庙宇"；作为艺术家，他将其生活献给了美的事物，但他也以一种他喜爱的并首先在职业上追求的形式而在传统生活中创造了一个合目的的东西；而这正是共同体现在想要的东西。科学的认识表明自己是有用的。如果对科学认识进行评估，那么功用的目的就会在更完美的有用性中被诉求。科学家可以因此而更纯粹地是科学家，但科学却会在共同体中成为实践的奴婢。另一方面，科学家本身也可以出于"实践的"动机来从事科学，这样一来，纯粹理论的态度便是相对的，并依赖于实践。他作为这个无限朝向纯粹真理的认识共同体之成员进行研究，但他**个**人却是出于个人目的来做此事，出于虚荣心，出于名誉瘾，为了个人的好处。

实践会造成局限——一般说来是如此。名誉瘾具有一个无限的视域。①要是只想解决在有限实践计划中的认识任务，那么科学就永远无法产生。理论兴趣的解放创造出一个无限的视域，无限地引发了认识共同体的构成。但是，这些共同体一旦形成，就有可能发生改变，恰恰是通过一门"自由的"科学——或者我们说，一门迈向无限的、不为特殊的实践目的所束缚的科学——的普遍有用性的经验而发生改变。而后每个人都能够承认科学的观念是实践的观点，并选择科学为其职业，而且每个人都出于个人的目的，这个目的并不与这个观念发生争执。科学变成一个在传统共同体中的实践职业，它已经成为一种职业生活的传统形式，其标志在于，在许多科学家的这种职业生活中构成了一个迈向无限的统一成就，它对共同体及其个别人的无数其他目的而言是有用的。从纯粹科学中产生出培根连同其箴言："科学［知识］就是力量。"

这样，**艺术**也可以接受一种双重性：一方面是纯粹艺术，甚至有可能

---

① 因而存在着无限的触发。

在更高的意义上是出于召唤、至少是出于对美的事物的纯粹的爱而做出的选择；另一方面是作为诸多传统实践职业中的一个职业而被排入传统实践的普遍系统中，排入处在个人共同体之绞缠中的诸多有用性、实践欲求、目的、义务、忧烦的系统中。

在普遍的、已经固化了的传统内部，在实践生活、追求、作用的传统世界观和传统形态内部，一个纯粹的和彻底的认识生活得以形成。在其彻底性的意义中包含着从传统的在先被给予性中越来越纯粹地解放出来，包含着对自由批判的评价，包含着有意识地在对被证实的真理的纯粹明见性中的目标设定。因而这首先发生在个别人那里，而后发生在构建一个新的共同体形式的过程中。它的不断前行的构成物是"哲学"；哲学在"纯粹"认识中创造出如其自在所是的世界之观念；在此观念中应当形成一种超越传统的世界观、一种科学的世界认识。

同样，在艺术家共同体中也构造起一个彻底的审美生活，当然，并不在同样的意义上构造起艺术的统一，它是各种超时间有效的美的一个系统的统一建筑，自身无限地上升，并整合为一个理想的整体，每个个别的构成物都为此整体提供了一个建筑成员。让我们来考察一下科学摆脱传统的途径，考察彻底批判的去束缚过程以及不断进步的自主性之苏醒过程。这个途径是在两大阶段中完成的：第一阶段是作为从偶然传统中的解放，这个偶然传统随共同体的不同而变幻不定，并且就大的时间范围而言也在同一个共同体中变幻不定。科学是超民族的，是所有想要将自己提升到自主认识上的人类的共同财富，即使一切都起源于一个民族个体性的范围之内，都具有其个体的传统形态，就像一个人格个别个体所创造的一切都具有其人格的、个体的形态一样。但这个形态相对于科学的真理内涵而言是第二性的。第二阶段的标志是从这样一种传统中的解放，这个传统作为普遍共同体的东西贯穿在所有特殊人类之中：从全人类的世界概念中的解放，这个世界概念是**所有**世界观、所有特殊传统的必然结构形式的概念。只有现象学的还原才使人从所有传统的这个必然核心形式中解放出来。

处在其普全性中的哲学，就其在普全性中不断进步的认识兴趣而言也包含了人类的实践，既包含实际的实践，也包含观念的实践。

人类的生活是一致的，而且处处都是认识着、评价着、追求着和实现着的生活。传统的生活具有其个别的认识目光，时而也有普遍的认识目光，它们指向事实——指向周围世界的事实：指向自然（即便自然本身现在被统摄为活的)、动物、人、神、社会事实、国家，等等。但它也评价这些事实，而被意指的价值因此本身就是认识客体，并且有可能被表述。与认识活动一般地把握个别性与普遍性一样，在这里也是如此：它把握普遍的有价值之物，它们是在个别主体中的普遍可爱之物，但也把握"普遍有效之物"、传统的有效之物。同样，欲求着、追求着的生活和行动实现是各个认识行为和评价行为以及相应评判的领域。我们还要考虑：那些时而束缚在事实上、时而无拘无束的想象、仿佛－意识（Bewusstsein des Als-Ob）也在生活中发挥其作用。想象的成就也有可能（通过相应的观点变化）为认识的成就提供基础。如果概观所有这些，那么看起来从哲学上对解放的本质可能性进行更为系统并因此而更为完整的思考就是必然的或可能的。

　　认识活动解放自己。它从事实认识开始，而后走向对一切事物和任何事物的认识，因而也走向对价值和价值规范的认识，对善业（Güter）与善业规范的认识，对个别目的和普遍有效目的连同相属的正值和负值以及等级层次的认识。然而，只有评价的功能，而后是目的设定和实现实践的功能，才具有一种与认识的普遍性相等的可能包容之普遍性。人可以不在个别中评价，不在特殊的普遍性中评价，而是在概观其整个世界——作为杂多个别价值与非价值的一个世界——的同时，将它当作**整个世界**来评价，而且他不仅可以评价它的整个美，也可以将它评价为善业世界、评价为实践世界。与此相关，他能够以某种方式不仅在个别中，而且也在对其生活与追求的概观中评价他自己的目的，能够在与其统一地被概观的周围世界的关联中询问他的生活的最高目的，或询问个别目的设定的最佳类型，这些目的设定不仅将在个别情况中次生出最美的东西与实际最有价值的东西，而且还能够在其顺序与结果中产生出整个生活的最美者与最佳者。对于个别人，同样也对共同体而言，并且在顾及偶然与命运的情况下，这些最美者和最佳者是具有价值影响的和摧毁性的"力量"。

　　人在这里是作为"感兴趣者"来发问的，他在**评价活动中**和实践追求活动中发问。他追求最美者和最佳者。但他作为哲学家则将自己从现时的困境中解放出来。禁止所有的决定，并进行概观的价值思考和善业思考，思考对一个世界生活而言普遍最佳的目的设定。然而，如果我们考察这样一种可能情况，即人不是作为哲学家，不是在一种理论的观点中，而是始终在评价的观点中进行这些思考，那么这是怎么回事呢？他在此同时也是

## 苏格拉底-佛陀(1926年1月21日和22日)——胡塞尔文库中一份未发表的手稿(1926年)

普遍认知着的,但这种普遍认知并不仅仅是在普遍评价的和实践的思考活动中以及在对一个普遍最佳者的追求活动中的一个服务层次。

在意欲着的同时,人无法将自己从意愿中解放出来,或者说,在思考意愿的同时,人无法将自己从追求与意愿一般的功能中解放出来。但人会从特殊处境的实际性中脱身出来,并且禁止特殊的评价与意愿。而后,人也能够并且必须禁止这种普全的追求,以便为此而将首先是纯粹认识的普全目光朝向事实世界一般,朝向它的想象变化的可能性,朝向对实践可能性的思考,朝向一个具有尽可能大范围的事实世界的形态,这个事实世界最终能够因为行动者的实践改造而成为这样的世界。似乎是出于意愿观点的动机,重又产生出一门普全科学,首先是一门事实科学(以便事后能够评价事实)和一门关于普全的美与善以及至善的科学。但这显然不是出于一种纯粹理论兴趣的"自由"科学,不是一门"无目的的"科学,不是一门相对于"生活的严肃"而言的闲暇的"游戏"。相反,朝向普遍真理的认识追求现在只是为了想要那个作为最高利益起作用的实践至善者,亦即想要本己的"幸福"。引发这种作为普全追求之幸福追求的,并不仅仅是对个别不幸的觉知,而且还有对自然生活的普遍不幸的认识。

这是印度科学与哲学的方式,它们究竟存在哪些区别呢?

实践的人发现自己处在一个已定向的周围世界中,他只能借助于他的身体性(作为唯有他才直接运动的中心客体)来因果地影响这个周围世界,而且只有他才能通过他的身体性来经验它的效果。① 这里的问题在于,通过人的身体对其他物理客体的作用,人对物理的外部世界产生作用,通过交往,人对其他物理生物产生作用,而后经过这些中介重又对物理的外部世界产生作用,尤其是那些远程作用,即超出身体的直接物理作用所明确达到的狭窄邻近领域而产生的远程作用。

---

① 他将自己看作一个从他出发伸展至无限的周围世界的实践中心。在这里看起来很明显的是,他的作用领域并没有伸展到无限之中,而且并没有考虑到对其福祉与悲苦而言的一切。并非一切都可认识,而只要它不可认识,它也就不能实践地被思考——除非是作为一个对邻近世界的偶然规定者的一种无法认识的可能性。在这个观点中产生的问题是:①在我的价值问题之前的我的周围世界是什么?前价值地被考虑的周围世界存在是什么?②它与世界的价值论关系是什么?是什么赋予了世界以这个对我而言合理的价值论形态?如果生活困苦在驱使着我,即便它现在是从普全概观中产生的普遍生活困苦而非暂时的生计所需,我也不能无穷无尽地进行评价和理论研究。我必须达到一个终点。困苦在逼迫。即使在我受普遍人类之爱感动的同时,与此一致地为我和我的邻人思考解脱的可能性以及各种解脱的途径,我也"必须"达到终点。

普遍认识在这里是出于扩展实践作用领域并因此获得最佳所求的实践原因而被引发的吗？实践者难道不会在重要领域和不重要领域做出区分并因此而限制自身？而他在动机上会被导向一种无神话的认识，一种从传统成见的彻底解放吗？他能够不停留在传统的基地上吗？如何会从前科学的人的实践处境出发，在动机上产生出一个真正普全的和彻底的认识追求：对真实存在和真理的追求，它想在纯粹的彻底性中仅仅通过认识来论证认识，想持守在纯粹明见性的动机引发之中，并且不想让任何情感动机和未经检验的传统一同起作用？一个纯粹的和实际上可如此称呼的理论兴趣是一种对彻底的"论证"的兴趣，对彻底的方法进程的兴趣，这个进程一直持续，直至真理在明见性中如此地被给予，以至于它的终极有效性已然得到了保证。①

一种理论的生活可以叫作**自主的**，只要它在判断的事情上仅仅允许意见的明见性论证，更确切地说，② 只要它是彻底地朝向纯粹满足的判断生活。但一个判断追求是在作为其目的（Telos）的终极有效真理中得到纯粹的满足的；当被判断之物本身在明见性中被给予，而且是以此方式被给予，以至于它的不存在是以绝然的确然性被视为不可能的，它便得到纯粹的满足。一个理论兴趣也可以在如下的意义上叫作"自主的"，即主体将这种在终极有效性意义上的彻底真理研究看作一种绝对实践存在的价值，也许不是唯一的价值，但无论如何也是它纯粹为了自己之故，而非仅仅当作获得其他绝对价值之手段来追求的价值。

区别在于，人们是否预设另一个绝对的价值，而后要求"科学"并且为此之故而要求"科学"，亦即确立一个理论的兴趣并要求将它作为彻底的职业兴趣来对待；或者，人们是否始终追随这种兴趣，不把科学视为获取另一个被抬得更高的绝对价值的手段。认识意愿的意愿根据这一次是在认识领域本身之中，另一次是在自己之外的另一个意愿之中。

人们可以将这样一个意愿称作自主的，它建基于对绝对实践真理的

---

① 另一方面，不能排除这样一种可能性：纯粹理论兴趣的普全科学恰恰就是那个按照普全的意愿而为一种满足的生活（个别生活和共同体生活）所急需的东西。无论如何，事先就可以肯定，一门理论观点中的普全哲学包含了所有的生活问题，然而我们却无法立即看出，生活问题的普全实践地位是否会以及在何种程度上会导向科学，以及它对科学的需求能够有多少。

② 编者注：从"只要它……"到"……不可能的"这句话代替了下面被划掉的段落："而后，理论的兴趣以及一个无限理论前行的生活当然（eo ipso）就是**自主的**（分析命题）。"

苏格拉底-佛陀（1926年1月21日和22日）——胡塞尔文库中一份未发表的手稿（1926年）

明察之上，并且仅仅受这个明察或这个价值的规定。① 这位印度人［佛陀］实际上是处在自主的观点中——这位希腊人［苏格拉底］以自己的方式也是如此，他追求终极有效的真理，并且通过它来论证一个自主的总体实践。这位印度人处在普全的实践观点中。② 他的问题是：我们的实践意愿生活是一种普全的意愿彻底性的生活吗？一个在其中可以彻底地坚持、施行并始终根据施行而在意愿上肯定每个决断的生活吗？或与此相同，实践的意愿生活可以是这样一种生活吗：意欲着的自我在其生活的每个瞬间都具有并且能够具有意愿满足，以至于它在回顾时可以在意志上赞同他过去的决断和行动，而不是将它们当作错误的而加以抹消？此外，它在前瞻时有把握并且能够有把握：将来同样也是如此？不是！这样一种实践的意愿生活是可能的吗？有可能在一个新的、更高阶段的意愿生活中——它的意愿命题就是本己的普全生活——如此地在其意欲和行动中指挥和改造这个本己的普全生活，使它与这个理念相符合，即以一个新生活的形式，它从过去中获得对过去意欲与行动的一个贯穿的重新估价，它在意愿的一致性中与一个新的、未来的、带有普全一致的意愿满足的意愿生活相配合？

这位印度人相信自己明察到：这个目标是不可能的，一个积极的意愿生活的理念、一个积极实践的理念是一个悖谬的理念。一个与偶然事件、疾病、不同种类的命运、死亡等的世界相关联的意愿生活，其本质就在于对意愿生活的扬弃。意愿朝向**充实**，而据说这就是幸福。但个别的充实只能提供短暂的和非终极的满足。只有在意愿设定的普全终极有效性中才会有一种满足的终极有效性，而这样一种终极有效性是悖谬的。

个别价值和意欲设定的终极有效性并未以某种方式被否定。但对一个个别的绝对价值的实践实现却提供了一个相对实践的善，而一个相对的善仅仅是相对终极有效的，并且是在这样一种抽象中终极有效的：不再重新意欲，并且因为过失而使新的意欲成为不幸。过去的善的意欲造就了瞬间的幸福，但新的不幸是确定的，并且使老的瞬间幸福失去价值，或者也使那些产生于回忆和内心认可之中的满足失去价值。但这是

---

① 一个建基于明察上的意愿是自主的，这个明察就是：对其他东西的意欲或不意欲是在绝然-实践上不可能的，它是意欲的不可能的，是实践的错误性，是实践的虚无性。

② 他处在一种朝向实践的普全自主的观点中。

如何进行的呢？如果生活实际上是在其界限以内，并通过谁也不知道的偶然事件，正从一个满足奔向另一个满足？可是意愿生活的不安本身就是不幸；偶然的事件、悖谬的命运、死亡、疾病的开放可能性始终是被给予的，而且始终有某些东西是未充实的，只要它是如此，追求者就是不幸的（叔本华）。

因而需要展示一种澄清与修正。

（1）**意愿终极有效性**的观念（意愿真理）与在实践终极有效性观念下的一种意愿生活的可能性——这里所面对的是实践真理及其单纯"主体性"的"相对性"，不考虑附加的可能性，即实践错误和问题的可能性：一个实践真理如何寓居于这种排斥的和可能修正的相对主义之中。

如果**理论兴趣**曾是对那些可以终极有效证实的判断的兴趣、对终极有效的判断真理的兴趣——其相关项是终极有效的存在者或自在的存在者，那么对那些可以终极有效证实的意愿决断的"**伦理**兴趣"就是对终极有效的"**意愿真理**"的兴趣——其相关项是终极有效的实践的善、自在的善。如果**知识**生活曾是对终极有效的真理一般的彻底朝向，即在普全性中的彻底朝向，因而是对一个普全科学的实践形态的彻底朝向，那么**伦理**生活就是对一种普全实践真理一般的彻底朝向，亦即对实践真理之普全性实现的彻底朝向。两方面都处在一个过程中，这个过程的确可以满足终极有效性观念。正如一方面**每个判断**都服从于矛盾律和排中律，因而每个判断都是可终极有效地决断为真或为假的？如果相同的情况在伦理方面也是正确的，那么每个意愿设定（意愿意见）也是可决断的，并且服从于一个类似矛盾律的原则。**伦理学（伦理实践）的普全性涵括了作为实践的科学的普全性**。只要这一点是正确的，即每个朝向真理的判断活动作为一个实践行动都是一个实践的真理，那么每个认识真理就都会有一个实践真理与之相符合。无论如何，这在何种程度上成立，亦即科学的追求在何种程度上是"伦理的"真理，这个问题是一个伦理问题。反过来，每个关于意愿真理的陈述作为认识必须为真，因而伦理学也必须为真。唯当实践思考在真实的认识判断中进行，并且限定在这些真实的判断中，陈述着实践真理，唯有这时，实践真理本身才在实践上成为可能。

（2）另一种观点是**幸福问题**的观点，而另一种作为"伦理"追求的追求是幸福追求。一种贯穿的理论彻底性是一种在持续的理论满足中的生活，或在满足的确然性中的生活，这种确然性是指：理论充实与证实是可

苏格拉底 – 佛陀（1926年1月21日和22日）——胡塞尔文库中一份未发表的手稿（1926年）

能的，而且即便是累进的，在方法上也是可达到的。① 同样的情况也适用于一种在贯穿的实践彻底性中的、朝向实践真理之观念的生活。如果理论的充实（=真理之证实）、实践的充实（真理之证实）自身包含着终极有效性，它便是"令人满足的"，是有价值的，是一个纯粹被充实的或可充实的评价活动的课题。在终极有效性意义上的全部生活——也包括"被修正了的"不满足（如果这些不满足只是在一个由终极有效性的确然性所承载的生活的框架内并对一个以它为朝向的生活而言的某种中介者，而且有可能必然是中介者）——是一个"绝对的价值"，在它之中，所有价值都被相对化了，都被扬弃了。② 但如果这样一种生活是一个**观念**，这个观念仅仅抽象于那些交织在一起的、相对的价值扬弃、类似偶然事件、命运等干扰，却没有满足它们以及同属于它们的必然性，那么就有一个更高的阶段得以开启自身：绝对要求、绝然律令的问题阶段，以及神的问题。随之也可能就开启了一个"幸福"，一个超越于所有这些满足之上、在其相对性中朝向非理性之物却又实现着这些满足的、在神的庇护下的"幸福"。

这位印度人（佛陀）说，意愿的一致性也许是很美的，但它并不为生活提供它所想要的东西。当然，没有一致性和终极有效性，这是无法达到的；但必须留心避免意愿的非理性的产生。即是说，意愿不仅要能够时而对它做出限制，而且还要能够最终克服它。在一个纯粹自身满足的主体性的实践领域中不可能存在那些使得具有最佳朝向和优越方法禀赋的追求功亏一篑的非理性。科学的观念是与一种文化生活的观念联系在一起的，一种彻底的科学进步就是在这种文化生活中发生的。如果科学是否始终处在生成之中的问题取决于偶然事件，那么科学便失去其实践的意义。因为它只是在直至无限的生成中才是它所是，而且是作为绝对价值的可能实践目标。特别还要说的是：普全实践真理，或者说，一个追求它的或它的自我所向往的伦理意义上的普全性的生活，乃是这样一种生活：将它的周围世界改造成一个好的世界，并且在它之中以及在与它的主体关系中"完善"自己，但尤其是在它本身绝对应当是、意愿是并且必须意欲是这样的生活时，在它能够获取并且获取了这样的生活时。但事先便可以明察到，它对此不可能有把握，到处都潜伏着作为毁灭力量的非理性。我愿意是我绝对

---

① 一种源自彻底的证实、源自对最终有效真理之获得的情感满足。
② 用我们的语言来说就是"一个绝然的（apodiktisch）价值"。

应当所是,如果我听从这个召唤,也是绝对地听从,并且愿意事情变得如此,但事情没有变得如此,那么这就不仅仅是不舒服的,而且作为一个存在中的"悖谬"、作为"**存在的无意义性**"更是无法忍受的。

相对于希腊科学的"理性主义",相对于一门将哲学生活建基于哲学知识之上的伦理学,即以一种在其原则含义中不屈从非理性的方式建基于科学之上的伦理学"理性主义",这位印度人(佛陀)的目光恰恰停留在非理性上。他发现了一条出路:在超越论主义中的出路。世界仅仅是主体性中的现象。尽管(个别)主体不可能真正消除现象的进程与世界现象,但它可以将目光转开;它可以禁止对世界做绝对的存在设定,它可以不把自己置身于这个世界的基地上。在自然世界生活的所有和任一实践中,世界都是绝对被设定的,而且意愿想要进入它,构造它;在它之中据说会达到满足与幸福。但自我可以实施悬搁(Epoché),既可以"在理论上",也可以在实践上,只要它的世界是实践。而后,在理性与非理性之间的所有对立都消失了,自我返回到自己,生活在有意的无意愿性(gewollte Willenlosigkeit)中,生活在理论的和实践的出世状态(Weltentsagung)中。

在这个思路中排除了享乐主义的动机,排除了在持续享受、持续快乐意义上的追求幸福。这样一种印度观念当然不会把一门世界科学当作目标,而真理认识只具有认识的含义,它朝向对超越论立场的确定,即对世界作为现象的立场的确定,因而也朝向普全意愿生活一般的最普遍本质,以及朝向它的可能目标意义。

**世界具有"意义"**——它的相关项是:人的意愿生活具有"意义",而这重又是说,在它之中有意愿的终极有效性。"各种世界观"的对立,或者更确切地说,对作为世界生活的自然生活的各种普全实践观念的对立,是受作为终极有效性的实践真理问题以及为对它论证而做的斗争的规定的。每个朝向绝对价值的意愿,每个意愿,只要它的目标具有绝对被意欲之物的特征,都是终极有效的,且必定是终极有效的——即使这里还有非理性的东西以及还有一个矛盾:这个意愿看起来会在实际偏离目标的情况下被扬弃。**意愿的终极有效性**——不仅是过去意愿及其现实行动在意愿上的可证实性,而且每个被粉碎的意愿的可证实性,以及必须如此被意欲之必然性的可证实性。即使当我知道,非理性最终会使我一无所获,我却**必须**意欲绝对的应然之物。如果我作为科学家而受到召唤,那么我会在纯粹的志向中从事科学,并且不会询问:我所从事的普全科学是否的确会保

苏格拉底 – 佛陀（1926年1月21日和22日）——胡塞尔文库中一份未发表的手稿（1926年）

存自身，地球会不会变为废墟，或者，所有文化和所有对人作为绝对要求所提出的东西会不会也随之都变为废墟。这便是在**其**超越论形态中的**欧洲态度**——与**印度态度**相对，对后者来说只有一个意愿，它是终极有效的并具有真正的真理：普全出世的意愿。每个积极的绝对律令对我们来说都标志着一个绝对的终极有效性，并同时具有宗教 – 形而上学的含义。对于印度精神来说，任何一个这样的律令都不是**真正**绝对的。印度精神被纳入对所有世界动机与所有特殊意欲的废黜之中。剩下的只有一个律令——**出离**（Entsagung）**的绝对律令**。

只是从我们的态度出发，科学也才获得一个意义，而且作为科学基础的对世界真实存在之信仰也获得一个意义：这是一个规范性的观念，同样，一个伦理的人类共同体的观念以及作为伦理自我的我自己的观念也是一个规范性的观念。①

---

① 参见较早的撰写文字。（不清楚这个注释所涉及的是哪些手稿。有可能是指在《改造》上发表的文章。——编者）

# 静态的与发生的现象学方法（1921年）①

[德] 埃德蒙德·胡塞尔

在发生法则（Gesetze der Genesis）的标题下，我们应当区分：

（1）这样一些发生法则，它们意味着对在体验流中的事件的相互接续（Aufeinanderfolge）而言的法则之指明。它们或是对具体的体验而言的直接的、必然的接续法则，或是对具体事件或这些事件的抽象时段和因素而言的直接和必然的接续法则，例如各个滞留与逝去的体验的必然衔接，或滞留的时段与各个印象时段的必然衔接。或者它们也可以是间接的相互接续法则，如联想法则、在一个体验当下中的再造之出现法则，以及类似的期待意向的法则——在最宽泛的意义上的空乏意向、充实了的或未充实的前指与回指。

（2）那些支配着统觉之构成的合法则性（Gesetzmäßigkeiten）。统觉是这样一些意向体验，它们将某个在它们之中并非自身被给予的（并非完善地被给予的）东西意识为在自身中被感知的，而且只要它们具有这种特性，它们便叫作统觉，即使它们也把在它们之中真正自身被给予的东西意识为自身被给予的。统觉超越出它们的内在内涵，而这就合乎本质地意味着，处在连续衔接之片段（Strecke）中的一个充实着的体验有可能在这一个意识流中通过充实的综合而提供它的自身被给予之物②，而在那另一个意识流中，它却提供非自身被给予之物和自同者（Selbige）。就此而论，在这里存在着一个对未来的支配法则，但只是一个未来可能性的法则，关于意识流的一种可能持续、一种观念可能的持续。

因此，在这个一般定义上的统觉，乃是一个包容了任何一个自身给予

---

① 德文原文出自 Edmund Husserl, "Statische und genetische phänomenologische Methode", in *Husserliana* XI, *Analysen zur passiven Synthesis. Aus Vorlesungs- und Forschungsmanuskripten* 1918—1926, Martinus Nijhoff, 1966, S. 336-345。中译文的大部分首次刊载于倪梁康等编《中国现象学与哲学评论》（第八辑）：发生现象学研究》，上海译文出版社2006年版，第3-13页。——译者

② 即是说，并不是实项地、相即地被给予的，而是实际上是被感知的。

## 静态的与发生的现象学方法（1921年）

的意识、任何一个直观意识的概念。① 原本的统觉是感知，而统觉的每一个想象性变化都会在这种变化形态中自身带有统觉。现在我们思考一下，每个当下的意识（意识流的每个现前段）都不仅被意识到，而且还被意识为现在的、当下的、印象的，即被感知到。这也就是说，在每个当下意识中都包含着一个"统觉"。事实上，无法设想一个在其从现前到新的现前的本质河流中不超出本真现前之物的意识，无法设想一个不带有滞留的和前摄的视域的意识，无法设想一个不带有对意识过去的共同意识和对将来意识的前期待（无论它是多么不确定）的意识。因此，只要在意识流中"从某物中产生出"某物，就必然会从统觉中产生出统觉。这里无须考虑，是否有那种可以被提到意识流的"开端"上的原统觉。无论如何，存在着统觉性的视域、这些视域的种类、统觉性意向的种类（我也说，共现着的意向），它们必定是在意识流的每一个位置上按照意识生活的普全合法则性而产生的，前面的例子已经表明了这一点。但同样存在着这样一些体验，它们虽然不是必须，但可以在河流的任何位置上产生。即是说，只要它们束缚在那些在每一个位置上都可能的条件上。在这些条件中包含着通常在联想标题下所讨论的意向。在这条河流的每个位置上都有可能产生出

---

① 要考虑一下如何界定统觉这个概念。统觉——一个意识，它在自身中意识到某个个体之物，而这个个体之物没有在其中自身被给予（自身被给予并非实项地包含在感知之中），而这就是说，只要它具有这个特性，在自身中就可能有某种东西自身被给予了。即是说，可以有某物统摄地被意识到，而在这同一个恰恰比这个统摄活动伸展得更远的意识中，这同一个东西也可以是自身被给予的，例如，如果我们据此而将一个符号意识称之为统觉，那么随着这个符号意识，被标识的东西也可以是在一个意识的统一中自身被给予的。或者在一个六面体的感知中显现出一个六面体的面，并且同时显现另一个面；但这一个面的显现伴随着对另一个面的指明，并且另一个面是自身显现着的面。就一个外部显现着的自身被给予组元来说，都是这种情况。

每一个动机引发（Motivation）都是统觉。一个体验 A 的出现在一个同时统一体中引发一个体验 B 的出现；关于 A 的意识伴随着一个指出着的（hinausweisende）、"指示着"共同此在（Mitdasein）的意向，每一个未充实的视域自身都隐藏着动机引发，隐藏着动机引发的系统。它是一个动机引发的潜能性。如果充实活动形成，这里便有一个现时的动机引发。也可以说，统觉本身就是一个动机引发，它引发出任何可以充实着地出现的东西，它引发到空乏（Leere）之中。但在这里取决于对统觉和动机引发的更确定的定义。然而并不能说，如果一个符号不是一个指号，那么它便在引发例如一个语词符号。但也可以探问，在这里是否会想起统觉。因此，对我们的概念的理解是极为宽泛的。在此需要进一步的研究。如果说的是统觉，那么知觉（Perzeption）并不必然表述一个设定的意识，因为这样一来，一同被知觉的东西（Mitperzipiertes）就不是必然一同被设定的，更不用说是在"被感知的"意义上被知觉的。

对于意识理论来说基础性的，乃是对超出自身（超出它自己）的意识（它在这里叫作统觉）与联想之关系的普全的透彻研究。

与以前的境况①相类似的境况（我选择一个空洞的标题，它还需要在科学上获得一个形态），它们使人回忆起以前的境况，向人回指以前的境况。也有可能将以前的境况直观化，而后指出它们作为充实是以综合的方式与当下境况相一致的，如此等等。因此，只有当此前已经有了其他的、特别种类的统觉时，这些统觉才能够出现，而且同样，这些统觉的联结——它们展示出一个被联结的现象的统一，这个现象的各个联结是以统觉为前提的，并且在自身中一同包含着统觉——才能够出现。

（我们是否也可以这样来定义统觉：它是这样一种意识，这种意识不仅在自身中意识到了某个东西，而且也同时将这个东西意识为对另一个东西的动机引发者，因此，这个意识不仅仅意识到了某个东西，并且此外还意识到另一个并不包含在其中的东西，而且这个意识还指明这另一个东西是一个属于前者的、通过前者而被引发的东西。至少需要对前面的定义做出扩展以及进一步的限定。）

但也有可能会出现复杂的统觉类型，这些统觉一旦在此，便会在进一步的意识流中按照原法则（Urgesetzen）而在一般可制作的条件下重复自己，甚至持续地贯穿在这个意识流的始终，就像所有自然的统觉、所有客观的实在统觉一样，但它们本身就其本质而言具有一个历史、一个根据原法则进行的发生。因而这是一个必然的任务：确定从原统觉中的各个统觉之构成所依据的普遍的、原始的法则，并且系统地推导出可能的构成，即从其起源方面来澄清每一个被给予的构成者。

这个意识的"历史"（所有可能统觉的历史）并不涉及在一条实际的意识流中或在所有实际的人的意识流中对实际统觉或实际类型而言的实际发生——因此没有任何类似于植物种与动物种之发展的东西——，毋宁说，统觉的每个形态都是一个本质形态，并且具有其根据本质法则进行的发生，因而在这种统觉的观念中就已经包含着：它们可以受到一种"发生的分析"。而每个个别统觉（如果它被看作是实际）的必然生成（Werden）并没有被给予；相反，与本质发生一同被给予的只是发生的样式。在这种样式中，这个类型的统觉原初必定是产生于一个个体的意识流中（或者是一次性地，或者是分别地）；而在它（可以说是作为原创造地）

---

① 胡塞尔在这里用的德文概念是"Konstellationen"，可以译作形势、局面、情况、状况等。——译者

产生出来之后，同一类型的个体统觉便可以完全不同的方式产生，即作为以前已经构成的统觉的发生的后作用而产生——根据原始形式的可理解的法则。因而意识理论恰恰就是统觉的理论；意识流是一条持续发生的河流，不仅仅是一个相互接续（Nacheinander），而且是相互分离（Auseinander），是一个根据必然接续而进行的生成。在这种生成中，不同类型的具体统觉从原统觉中或从原始种类的统觉意向中成长出来，其中包括所有那些使得一个世界的普全统觉产生出来的统觉。

每一个统觉都具有一个在意向活动与意向相关项方面的结构。每一个统觉都按其种类在进行着一个意义给予并且进行着一个在信仰样式中的对象设定。为了澄清一个统觉的意向性，为了根据意向活动和意向相关项的结构来描述可能的充实类型以及那些可能的、全面的、完整的和自身连续地完善化的充实之系统，我们需要进行分析，这种分析具有一个特有的形式。在这些描述的过程中、在这些构成描述的过程中，还不存在关于一种说明性的发生的问题。同样，如果我们在描述中从作为一个涉及所有统觉的普遍类型特征的原本印象（感知）过渡到所有那些在滞留、再回忆、期待等中的意识变化上，并因此而遵循一个统觉系统秩序的原则，这个原则与根据最高对象属（现实地和以可能方式实存的对象区域）而对统觉所做的区分相交叉，那么也还不存在关于一种说明性的发生的问题。因此，一门普全的意识学说就是一门普全的统觉学说，相对于一门普全的可能对象之最高范畴及其范畴变化的学说——一门普全的构造现象学，前行于它的是一门最普遍的、包容所有统觉范畴的结构和样式的普全现象学。但此外还有一门普全的发生理论。①

因此，"说明的"（erklärende）现象学以某种方式区别于"描述的"（beschreibende）现象学，前者是合法则发生的现象学，后者是可能的、无论以何种方式在纯粹意识中得以生成的本质形态现象学，以及这些本质形态在"对象"和"意义"的标题下于可能理性的王国中的目的论秩序的现象学。我在各个讲座中没有说"描述的"现象学，而是说"静态的"

---

① 现象学：
1. 一般意识结构的**普全现象学**。
2. 构造的现象学。
3. 发生的现象学。

现象学。静态现象学使人得以理解意向成就，尤其是理解理性成就及其负面。它向我们表明作为对象意义而在更高的被奠基的统觉中并且在意义给予功能中所出现的意向对象的阶段顺序，以及这些对象在这里是如何起作用的，如此等等。但我们在这些研究中一方面涉及统觉的形式、意识的方式，它们如此普遍被思考（即如此不确定地被对待），以至于它们必定属于每个单子都会具有的东西（感知、回忆等）。其他的统觉形式和意识方式则具有其他的普遍性和必然性。如果我们从"自然的世界概念"以及作为认识主体的人之自我出发，那么本质的把捉就提供了一个单子的观念，这个单子恰恰关系到这个相应概念的一个"世界"，由此我们在其中获得一个诸单子的纯粹范围，相应的统觉类型（空间－时间的事物、动物、人）"必然地"出现在这些单子的意识流中，尽管它们也许并不必然属于一个单子一般的观念，这无论如何也不是从一开始就直接先天地是确然的。

此外，在自然观点中，我们在与人相应的单子中实际地发现了在个别形态中的特殊理性事件。我们（试图）根据所有可能的理性联系来系统地研究意向的类型学，并且获取它的本质形态，这种类型学乃是通过对"人"与"世界"之观念的现象学的－本质的把握而为我们所获得的（即是说，我们在最底层上是在对相关对象性的"一致的"、自身证实的经验中来研究它们的联系，并且最终研究这些单子的整个世界）。同样，我们在可能性的自由王国中研究作为形式－逻辑等理性的理性一般的形式合法则性的本质结构。撇开我们在我们之中所构成的相应思想以及所实现的真理不论——我们通过它们来认识，可能的理性主体是如何思维的，我们随之而在不确定的普遍性中构造纯粹理性的主体及其理性活动的形态，它们在这些理性活动中与真实的存在和真理，以及与真实的价值（Werten）与善业（Gütern）相对而生活（entgegenleben），并且以此为目标。但是，我们并没有因为所有这些而获得这样的认识，即一个在完整性中的单子可以说是看上去是怎样，以及这些完整的单子个体性的哪些可能性被预先地显示出来，并且是通过哪些个体化的合法则性而被预先显示出来。

在这里需要注意，我们处在理性领域中，处在活动自我的王国中，而且如果不始终谈及发生，那么活动的（tätige）统觉的形态就是无法描述的，它不是一个活动的构形（Gestaltung）的联系统一（作为意识统一，它是意向的、亦即统觉的构形）。每一个推论活动都是一个活动的统觉，它作为活动的构形是一个判断活动，因为其他已经做出的判断活动已经预先进行了——一个判断是根据其他已经做出的判断而做出的。推论判断是从前提判断中产生出来的，它是从它们之中被制作出来的，这体验是从那些论证的体验中以发生的方式产生出来的，即便其他发生的联系在这里起着一个奠基的作用。这样，每一个活动都是被引发的，而我们在行为领域中具有纯粹的发生，它是这样一种形式的行为发生，即我这个进行行为的人，受到这样一个状况的规定：我已经进行过其他的行为。其次，我们具有这样的行为，它们是通过触发（Affektionen）而被引发的，并且处在与非主动领域的发生关系中。最后，我们还具有纯被动性领域中的发生，即便在这里，那些起源于以前的主动性之中的构成物在起作用；但它们本身仍然只是被动出现。

因此，我在发生的学说中、在"说明的"现象学中具有：

（1）被动性的发生，这是在被动性中的发生生成普遍合法则性，这种被动性始终在此，并且无疑像统觉本身那样具有更为深远的起源。属于被动发生的普遍观念的特殊类型。

（2）自我参与和主动性与被动性之间的关系。

（3）纯粹主动性的联系、构成，作为观念对象的主动成就和实在产物的成就的发生。第二性的感性：习性之物的普遍意识法则。所有习性之物都属于被动性。因而习性地生成的主动之物也属于被动性。

（4）如果所有发生的种类及其法则被获得，那么问题就在于，在何种程度上能够对一个单子的个体性、对它的"发展"的统一、对那个赋予所有个别发生以一个单子之统一的合法则性做出陈述，哪些个体单子的类型是先天可能的和可建构的。

（5）与所有这些相联系的是这样的问题：一个单子的发生可以在何种意义上深入另一个单子的发生之中，并且发生的统一可以在何种意义上以法则的方式联结起多个单子。一方面是被动的发生，在一个人类学世界（或一个动物学世界）之构造的情况中，它指明被构造的生理学过程以及这个过程在物理学世界与对应身体（Gegenleib）之统一中的局限性；另一方面是他人的思维、评价、意愿对我的思维、评价、意愿的引发之形式中的主动发生。即是说，对单子的个体性的考察导向了许多并存的和相互发生联结的单子的个体性问题——就"我们的"世界而言则导向自然的心理-

物理世界与共同体世界的单子论阐释的问题。

（6）与此相关的还有对一个单子的发生说明的问题，在这个单子中，一个统一的自然和一个统一的世界构造起自身，并且从此而始终在它的整个生活中，或在一段突出的生命段中，都始终是被构造了的，而且还有一个连同动物与人的世界是在不断的扩展中被构造的。

先行于此的是对世界统觉的澄清以及对在世界统觉中进行的意义给予的澄清，但看起来，只是通过对个体化的发生考察才可能实施一种绝对的世界考察、一种"形而上学"，才可能理解一个世界的可能性。

（7）我的被动性处在与所有其他人的被动性的联结之中：同一个事物世界对我们构造起自身，同一个时间作为客观的时间构造起自身，以至于通过这个时间，我的现在和每一个其他人的现在，因此，还有他的生活当下（连同所有的内在性）和我的生活当下，客观上是"同时的"。接下来，我的看过的被经验的和被证实的场所与每一个其他人的场所是同地的（gleichörtlich），它们是同一些场所，而这些场所是对于我的和其他人的现象系统的秩序而言的，这些系统并非可分的秩序，而是在"同一个时间"中可排列的秩序。这便是：我的生活和另一个人的生活并不只是两者各自实存，而是一个生活"朝向"另一个生活。并不是说，在我之中以这种或那种秩序出现感觉，以至于按照发生的法则必定有一个自然在我之中构造起自身，并且这个自然必定会得以坚持；相反，是一个典型的固定身体在这里提供了中介；这样一个可能性也实现了自身，即在被给予我的自然中找到了与我的身体相类似的事物。还有，不仅据此而出现了同感，同感也因此得到了证实，即其他自我的内心生活有规则地表达自身，并且我的共现（Appräsentationen）便据此而一再地重新得到规定和得到证实。

发生的原法则是原初时间意识的法则，是再造的原法则，而后是联想的和联想期待的原法则。对此我们具有在主动的动机引发基础上的发生。

如果我们将静态的和发生的联系加以对峙，那么就有这样的问题：是否能够创立一门像意向活动和意向相关项这样的静态联系的系统现象学，亦即发生性的东西是否能够完全被排斥。整个问题在于，应当如何排列这些研究。清楚的是，我们首先要以个别的基本类型为出发点，这些基本类型——我在前面已经说过——一部分将会必然出现，一部分则会将自身展示为可能性。这个问题是关于系统性的主导线索的问题。对象类型便将自身展示为这样的主导线索，即来自本体论的主导线索。随之还有各个构成的目的论。在这里，被编织出来的是一致被给予性的观念可能性、在其中构造起一个成就统一的单子河流的观念可能性，而其他的可能性被看作是对应形式。

另一个主导线索是作为发生统一的一个单子的统一，而后是对可能的单子类型论、即对一个个体单子、一个个体自我之统一的可能类型的研究，以及对这样一些东西的研究，它必定会发现什么，或它必定会怎样发现它自己，或它自身如何承载着一个而后可以（可能是通过其他人）被认识的个体性格特征的规则。

也可以从自然观点开始，以"自然的世界概念"为主导线索。将自然世界提升到本质世界之中，将它分出层次，从中提取出构造对象的类型，并且在不顾及发生的情况下对构造意识进行描述，并且最终对世界这个类型的构造进行描述。

也许我这样来描述会有助于清晰：

开放的体验领域中的必然结果：这样，将来之物便不仅仅是将来的，而且是根据必然结果的明晰法则必然进行的。当然，可以将此称作一个发生的法则。

以此方式，所有"视域"，或者说，所有"统觉"都是自然产生的。但在"静态的"考察中，我们具有"现成的"统觉，统觉出现，并且作为现成的被唤起，并且具有一个漫长的"历史"。一门构造的现象学可以考察那些统觉的联系，同一个对象在这些联系中以本质的方式构造起自身，在其被构造的自身性中表明自身是作为这个对象而被经验到的和可被经验到的。另一门"构造的"现象学，即发生的现象学，探讨历史，探讨这种客体化的必然历史，并因此也探讨客体本身作为一种可能认识客体的必然历史。客体的原历史（Urgeschichte）要回溯到原素的（hyletisch）客体以及内在的客体一般上，也就是要回溯到它们在原初时间意识中的发生上。在一个单子的普全发生中包含着对于这个单子而言在此存在的客体的构造历史，而在普全本质的发生现象学中，这些是对所有可想象的客体而言、与可想象的单子相关的成就；而反过来就可以获得一个与客体阶段相应的单子阶段系列。

我现在必须对"观念"进行一次复查，以便弄清，即使我"构造地"考察所有内在之物，在关于意识结构的学说与关于构造的考察之间还会有何种区别。

# 论形而上学与认识论
## ——莱布尼茨单子论与康德理性批判的意义（1923/1924年）[①]

[德] 埃德蒙德·胡塞尔

据此，我们便可以理解，独断论的唯理主义尽管具有与经验主义完全不同的根据，却仍然永远无法导致一门永恒的哲学。唯理主义无非是对古代柏拉图主义的继承和改造而已；真实的存在是明晰的、概念的思维的相关物，是逻辑判断的相关物，这个重要的原始思想始终还在发挥着作用。但近代的唯理主义的特性则在于：认识着的主体性——作为经验着的和逻辑思维着的，但也在任何其他意义上意指着和决定着的主体性——通过笛卡尔而在其纯粹的内在性中得以明了。它作为绝对的基础而要求人们考虑它，在这个基础上或在这个基础中，对认识着的自我显现出来的真实世界在构造着自身。现在，一切都取决于如何理解这个要求。

我们已经指出，笛卡尔企图将我思变成所有客观科学构造的绝对基础，并且同时为特殊科学和包括特殊科学在内的形而上学提供统一性和永久的论证，这个企图失败了，因为笛卡尔没有能够看到这样一种必要性，即以作为超越论经验（或者说本质直观）领域的我思（ego cogito）王国为一门描述性科学的课题，并且在纯粹内在的研究中指明，在纯粹意识及其本己的本质必然性之中包含着作为认识形态的客观形态的所有可能性。

笛卡尔的后继者，直至康德，他们都始终关注着内在主体性和主观体验过程的明见性，但他们面前有着直观的世界和成熟的客观科学，这个世界和这些科学为他们规定了真理，他们具有他们的宗教和伦理信念，而现

---

[①] 德文原文出自 Edmund Husserl, "Über Metaphysik und Erkenntnistheorie. Die Bedeutung der Monadologie Leibniz' und der Vernunftkritik Kants", in *Husserliana* Ⅶ, *Erste Philosophie* (1923/24), Erster Teil, Martinus Nijhoff, 1956, S. 191–199. 中译文首次刊载于倪梁康编《胡塞尔选集》下卷，上海三联书店1997年版，第1167–1175页。——译者

## 论形而上学与认识论——莱布尼茨单子论与康德理性批判的意义（1923/1924 年）

在他们要对它们进行反思：必须怎样来改变对实在的想法，必须怎样来对实在进行解释，这种反思的目的是满足科学、宗教和伦理的要求，并且也是为了满足那些认识的内在所提出的要求。形而上学作为关于存在之物在其绝对现实性中的一般学说便最终依赖于对在内在中进行的认识的解释。

当然，像制定关于自然和精神的客观科学一样，也可以制定一门普遍的存在论，用直向的方式，即用实证科学的方式来制定。在明确了纯粹数学和应用数学的区别之后，对自然也可以制定一门与经验的、虽然是具有数学形态的科学相区别的纯粹理性的、先天的自然科学，换言之，一门先天的自然本体论，一门不是关于事实自然，而是关于观念可能的自然一般的科学；正如几何学不是关于事实空间及其形态的科学，而是关于观念可能的空间形态和一个观念可能的空间的科学一样。与此相同，也可以尝试制定一门心灵的本体论，最后制定一门关于可能实在性一般的普遍本体论；但所有这些学说都还产生于素朴性之中（数学家们便是在这种素朴性中提出他们的先天真理），它们对所有的认识论都漠不关心。带有这些意向的本体论学科**另一方面**是形而上学的或理性的自然学说和心灵学说，总括地说，理性的宇宙学和目的论。斯宾诺莎的伦理学已经是一门纯粹理性的形而上学了，它把所有特殊的本体论都包含在自身之中。

但是，如果这些企图声称自己是永恒的科学，那么对这些企图来说，素朴性的问题就会变得敏感起来，体验的绝对有效性和形而上学价值正是在这种素朴性中被运用的。形而上学是一个标题，在这个标题下运用的始终是最终有效的存在认识。但随着笛卡尔的沉思，出现了在认识主体的内在之中的客观认识可能性问题，由此，所有客观科学的价值和所有形而上学的价值都成为问题。在认识着的自我的内在中进行着"清楚明白的"认识，进行着理性的科学理论活动。如此被认识之物应当是在真理之中。在真理之中的，就是理性可认识的，而理性地被认识的，也就是真的，也就是作为认识判断概念地规定为"自在"的那种东西。但是，如果认识者以及他所具有的所有认识形态只是在他自身之中、在他的纯粹主体性中建构着他所建构的东西，那么这种作为所有科学基础的理性主义基本信仰如何才能坚持下去并且如何才能得到解释呢？所有科学的明察，无论它们是经验的，还是先天的，尽管在先天的情况中根据它们原则上的一般性和绝对无疑的明见性而被描述为形而上学，它们都需要受到在"意义"和"有效范围"方面的解释，即受到认识论方面的解释。只有在与这些解释相联系的情况中，有关在认识的内在中所完成的认识成就的"认识价值"问题才能得以提出并且得以解决。

只有这时才会有最终的哲学真理。或者说，只有当形而上学永远成为最终哲学真理的标题和最终原则的标题时，才会有一门真正的形而上学。在更广泛的意义上，形而上学还包括所有客观的、通过认识论的解释而摆脱了素朴性束缚的科学。这是方法上的信念。这种信念早已作为笛卡尔的推动作用而贯穿在唯理主义哲学中，它规定了莱布尼茨的哲学思维，而后又以新的和更大的力量在康德理性批判中发挥作用，并且，它在19世纪的新康德主义学派中（尽管大都被肤浅化了）重新活跃起来。

但现在的问题在于，认识论的解释以及在此进行的所有认识论的工作是以什么样的方法进行的。可以理解，人们从一开始起就将科学承认为是有效的，正如生活中自然的人将经验世界作为不言而喻的此在现实性承认为是有效的一样。他在经验的一致的进程中体验到它的自明的明见性，或者毋宁说素朴地运用了它的自明的明见性。而这个经验世界的力量就在于，被经验到的事物具有不言而喻的直接为我的此在。同样，谁自发地明晰地研究过一些科学，谁就会认为理论上被指明的东西和它的真实性是可靠的。但是，如果人们（这种观点很容易导致这种做法）将他们承认为有效的客观科学的陈述与认识论的问题相混淆，如将心理物理的知识作为中间环节而织入认识论的思考中，那么这里便会形成一个危险的和方法上悖谬的混乱。经验主义者洛克在粗糙的形式中犯了这个错误，一些进行哲学思维的自然科学家和进行自然科学思维的哲学家直至今日还在犯着这个错误——这已成为一种普遍现象了。

但是，尽管这个指责并不是针对18世纪的伟大哲学家莱布尼茨和康德而发，他们却仍然可以说是非常缺乏最终的和纯粹的方法意识，而对所有科学的科学上真正的认识论奠基却正依赖于这种方法意识。在这里，必然先于一切的东西在于普遍的、可以说是过分认真的方法上的确定：必须将所有认识，从素朴的经验认识直至所有科学，都作为认识论上可疑的东西来对待，根据这种可疑性的意义，所有认识（它所意指的对象以及被误认为规定着这个对象的真理）都只能被看作现象，而不能作为有效认识被拥有和使用。但是，对于我来说，在超越论主体性中的所有认识都是现象，因此，真正的和纯粹的方法首先要求我们：除了这个事实上自在的、在所有被给予性中的第一性被给予性之外，除了这个"绝对"明见的超越

## 论形而上学与认识论——莱布尼茨单子论与康德理性批判的意义（1923/1924年）

论主体性之外，不去设定任何其他的东西。另一方面，所有如此显而易见的已有的客观事物、感性世界以及规定着这个世界的科学只被设定为经验的被经验之物，被设定为具有这些和那些科学形式的判断体验的判断内容。如果有意识地展示这个主体性及其现象的普遍王国，那么离下一个步骤也就很近了——人们可以从经验主义角度去注意这个步骤，现在要说，这里是一个可能的、特有的、封闭的研究领域，可以并且必须对这个领域进行系统的研究。

但历史上的认识论却不是这样进行的。尽管它们实际上也将它们的有问题的认识，无论是感性经验和经验判断，还是纯粹理性概念和判断，或是整个科学，如数学、精密的自然科学，都作为现象来运用，并且，尽管它们的效用在于表明主观明晰的论证的内在特征，但这种操作过程却不是一种在方法上有意识的操作过程，它没有首先将超越论主体性作为原初基础确定下来，并且也没有将建立在这基础之上的认识形态作为系统的研究课题。仅仅具有作为认识构成物的现象，并对这些认识构成物的客观有效性意义提出疑问，这还不够；人们必须明白：这些现象首先必须作为现象而得到研究，并且，它们作为意向性的现象必须得到一种意向性的分析。

自然，起初带有尝试性的一般思考首先为一些解释提供了某些主导动机。例如，莱布尼茨以下列方式对感性和思维进行反思：在纯粹感性经验中，我受到感性的刺激，感性事物作为异我之物刺激着我；在思维中，我的行为纯粹出于我自身的原因，纯粹的概念摆脱了偶然经验，它产生于我的纯粹本质之中。在所有先天明察之中都表现出一种属于主体性纯粹本质的合规律性，它对于所有主体来说必然都是本质的合规律性。那么感性经验和由它们所决定的经验规律的情况又如何呢？纯粹概念作为我们纯粹智慧本质的原初形式如何在经验科学中发挥构型的作用？进一步说，必须如何来解释感性，再进一步说，必须如何来解释感性经验的自然和自然科学所认识的自然，如果经验认识应当被理解为客观的经验认识的话？

我不想再往下走了。但我们可以看出，无论是纯粹理性式的思维认识，还是对具体的自然客体的经验，在这里都没有得到直接的研究，并且没有得到系统的意向性本质分析，并且，这些考察方式只能被看作是尝试性的预测，却不能被看作是理论。这里缺乏真实的分析，有关的现象始终遥不可及，在这种情况下，这些思维方式对思想的构成进行复制，并且寻找这些或那些认识成就之所以成立的可能性条件，或者寻找一个理性可理解的认识世界的可能性条件，但感性的结构（例如作为混乱的思维）以及思维的结构在这里却并没有得到真正的研究，而仅仅是得到了假定。一个像莱布尼茨那样的直观思想家，当他的天才想象力无法预测相应的直观时，当然也就无从发现任何东西，所以，他的整个单子论是历史上最伟大的预测之一。任何一个完全理解这一学说的人，都会承认它具有伟大的真理内容。在对单子的基本结构的论述中，莱布尼茨在感知、从一个感知到另一个感知的努力连续过渡的标题下，尤其是在实项非当下之物的特殊再现和感知地被意识之物的标题下，把握了意向性的根本特征，并且对它们进行了形而上学的加工。但是，总的说来，他仍然在偶尔的警句中，在预测和构想中停滞不前。

　　同样，尽管康德的目的在于系统的研究，并且实际上已经达到了经过深刻思考的系统性，但他没有看到对于超越论科学来说不可缺少的方法。他的方法与莱布尼茨的方法相似，尽管他自己相信离莱布尼茨很远，但这只是因为，莱布尼茨哲学的真正意义直到今天才根据他在计划、信件、短文中表达的零碎思想的较完善的认识而得以展示出来。当然，人们可以说，事实上，康德的所有研究都是在超越论主体性的绝对基础上进行的。此外，他以无与伦比的直观力量看到了这个主体性中的本质结构，这些结构具有无比重大的意义，在他之前没有任何人猜测到这个结构。在康德的理性批判中，有一连串伟大的发现展现在我们面前——但这些发现不仅不易理解，而且在方法上也建立在一个形态上，我们不得不说，康德的理性批判和莱布尼茨的哲学一样，距离作为最终论证性的和最终被论证的科学的超越论哲学相当遥远。循环性的方法操作在他那里占有最重要的地位：纯粹数学如何可能，纯粹自然科学如何可能，等等；我们必须如何思考感性，以便纯粹几何学的判断成为可能；感性直观的杂多如何达到综合的统一，从而使严格的自然科学，即对经验客体的规定在自在有效的真理中得以可能？康德自己要求并进行"演绎"，进行被他形而上学地和超越论地称为对直观形式、范畴的演绎。但是，这是构造性的思维操作，随之而来的是直观；它不是一种从下而上的、从一个指明向另一个指明直观地进行的对意识的构造成就的阐明，并且这种阐明完全是根据展露在反思面前的所有考察方向上。在康德那里，构造性意识所具有的在某种程度上最内在的方面几乎未被触及；他所研究的感性现象是已经被构造的统一性，具有一种极丰富的意

## 论形而上学与认识论——莱布尼茨单子论与康德理性批判的意义 (1923/1924 年)

向结构,这种结构从未受到过系统的分析。同样,尽管判断起着根本规定的作用,但是,康德从未尝试过去建立一门判断体验的现象学,从未尝试过去阐明在判断体验的变化中公理和其存在的样式如何达到统一的方式。因此,尽管康德已经清楚地看到了包含在纯粹主体性中的各种形态,并且在这些形态中发现了许多重要的层次,但所有这一切都在一种谜一般的氛围中漂浮,一切都是始终神秘的超越论能力的成就。

如果康德不是被《人类理解研究》的作者休谟,而是被《人性论》的作者休谟从独断论的沉睡中唤醒,并且,如果康德仔细研究过这位英国怀疑论者的这部伟大著作,那么情况也许就会两样,也许他就会看到在怀疑主义的悖谬后面的内在直观主义的必然意义,看到超越论意识的初步观念和超越论意识的基本成就的观念,洛克已经具备了这样一个观念。

要想使一门具有充分科学性的关于超越论意识的和理性的理论成为可能,这里有一个至关重要的问题,而在这个问题上,康德落后于莱布尼茨。莱布尼茨的长处在于,他在近代是第一个理解了柏拉图唯心主义的最深刻和最重要意义的人,因而也是第一个认识了观念(Idee)是在特有的观念直观(Ideenschau)中自身被给予的统一性的人。人们可以说,对于莱布尼茨来说,作为自身被给予意识的直观是真理和真理意义的最终源泉。所以对他来说,任何在纯粹明见性中被观察到的一般真理都具有绝对的意义。因此,他也很容易赋予在这种明见性中被观察到的自我的本质特征以绝对的意义。而在康德那里,先天概念却常常使我们陷于窘境。他用普遍必然性的特征来描述先天概念,这个特征指明了绝对的明见性,即如我们不得不看到的那样,它是对绝对自身给予性的表达,对这种自身给予性的否定会导致悖谬。但我们很快看到,情况不是这样,先天的合规律性通过超越论主体性将客观性构造于自身之中(根据其理性形式,这形式恰恰使客观化得以可能),但先天规律性仅仅具有一般人类学事实的意义。所以,康德的理性批判缺乏一门绝对基础科学的观念,这门科学不可能是在他的意义上的先天科学,而只能是在真正柏拉图意义上的先天科学。

因而莱布尼茨已经接近了这样一个思想,尽管他并没有竭力去深究这一思想,这个思想就是:制定一门有关作为意识生活主体的自我和在自身中建立客观性的自我的纯粹的和绝对必然的本质系统科学,即一门直观的，而后是系统推论地揭示出绝对真理、绝对普遍真理的科学；一门先天科学在好的和唯一有价值的意义上是先天的，只要它不提出任何能够无悖谬地加以否定的东西；它是所有认识和一般科学的最终本原科学——是一门关于最深刻的先天的科学，只有在这种先天中，所有其他的先天才能在较高的层次上构造起自身。

# 现象学的心理学与超越论的现象学 (1927 年)[①]

[德] 埃德蒙德·胡塞尔

纯粹心理学的观念不是从心理学本身满足其系统结构之本质条件的要求中产生出来的。它的历史可以追溯到洛克的有思想价值的基本著作上以及追溯到休谟对由这些著作中产生之推动所做的具有重要影响的发挥上。休谟的天才的《人性论》已经具有以严格结论为依据的对纯粹体验领域的结构研究的形态，因而在某种方式上是"现象学"的第一次出现。在这些开端上，已经由心理学以外的兴趣对这个领域做了规定：它将局限在纯粹主体之物上。心理学是为由笛卡尔重新唤醒的、在新形态上的"理智""理性"问题而服务的，或者说，是为真正意义上的存在之物而服务的，这个存在之物是指那些仅仅通过这些主观的能力才可以被认识之物。用我们现在的话来说，心理学关系到一门"超越论的哲学"。一种合理地超越认识主体的认识的普遍可能性由于笛卡尔而受到怀疑，在这个事实中还包含着另一个事实的萌芽，一个作为客观实在的存在者，但只能在主观体验中作为存在着而被意指和显现出来的东西的真正存在意义也变得不可理解。素朴地、合乎存在地被给予的"超越"的世界成为"超越论"的问题，它不能像在实证科学中那样作为认识的基础，笛卡尔认为，它必须得到在超越论的问题中被设为前提的无疑的"我思"的支持，但是对这个我思需要进行纯粹的把握。在笛卡尔的沉思中已经获得了这样的认识，即所有实在之物以及最终包括这个世界对我们来说只是出于我们的经验和认识才存在着，甚至以客观真理为目标的理性成就连同它们的"明见的"特征都是纯粹在主体性中进行的。尽管笛卡尔的普遍怀疑之尝试的方法带有所

---

[①] 德文原文出自 Edmund Husserl, "Phänomenologische Psychologie und transzendentale Phänomenologie", in *Husserliana* IX, *Phaenomenologische Psychologie*, Martinus Nijhoff, 1968, S. 264 – 277。中译文首次刊载于倪梁康编《胡塞尔选集》上卷，上海三联书店 1997 年版，第 327 – 340 页。——译者

有那些草创性,却是第一个向纯粹主体性还原的彻底方法。但后来是洛克首先直观到这里的具体任务的广大领域,并且对这个领域进行了研究。如果理性认识完全只是在认识主体性中进行,那么对认识的超越论有效性的超越论解释就只能作为对在纯粹"内在经验"中显现的体验、行为、能力的所有阶段的系统研究来进行,同时,这种研究受素朴产生的经验世界的基本概念和它们的逻辑加工方式的引导。所以,这种研究需要内向的描述和对纯粹心理学起源的研究。但洛克没有将这个伟大的思想保持在笛卡尔提问的原则高水平上。那个在方法上经过还原的笛卡尔的"自我"——即使经验世界不存在,它也存在着——在洛克那里重又成为普通的自我,成为世界中的人的心灵。在洛克想解决超越论问题的同时,这些超越论问题在他那里变成了心理学问题,即人如何从心灵外存在着的世界中获得认识并论证认识。所以他陷入了超越论心理主义之中,这种心理主义(尽管休谟避开了它)一直延续了几百年。这里的悖谬之处在于:洛克是将超越论的认识研究作为自然实证意义上的心理学认识研究来进行的,他因此始终把经验世界的存在有效性设定为前提,同时,就存在的意义和存在的有效性来看,经验世界连同所有与它有关的实证认识都是超越论的可疑之物。他将实证性中的自然权利问题(所有实证科学的权利问题)与超越论的权利问题混为一谈。在前一类问题中,经验世界是普遍的和无疑的前提;而在后一类问题中,世界本身、任何带有"自在"意义的东西对于认识而言都是受到怀疑的,我们可以对超越论问题做这样一种彻底的理解:这些问题所要问的不是"是否可能",而是要问:这种有效性可能具有什么意义以及具有多大的作用范围。正因为如此,所有在实证性中的认识问题(所有实证科学的问题)从一开始就带有超越论意义的问题。但洛克的心理主义在历史上始终无法被克服,这个事实为我们指明了一个深刻的、可以被超越论地利用的真理意义,在一门认识的和理性的纯粹心理学的任何一个仔细地被实施了的部分之中必定包含着这个意义,即使在这种超越论的要求中含有悖谬。在超越论现象学中(我们在这里追求的是这门现象学的特殊的观念)才表明,相反的东西同样是有效的,即在认识的真正超越论理论的每一个具体的部分中,以及在它的每一个通过具体探讨而得到阐述的部分中都包含着一个可以为心理学所利用的真理意义;一方面,任何真正的但纯粹的心理学都可以"转变"为超越论的心理学(即使它本身并不是一门超越论的理论),而反过来,任何一门真正的超越论认识论(即

## 现象学的心理学与超越论的现象学（1927年）

使它本身也不是一门心理学）也都可以转变为一门纯粹的心理学，并且双方的任何一个命题都可以作为对方的命题而有效。

人们起初无法获得这样一些明察。人们还没有准备去把握笛卡尔在揭示纯粹我思的过程中的所表现出的极端主义的最深刻意义，并通过无情的结论来发挥这种笛卡尔极端主义的影响。实证研究和超越论研究的观点还没有能够得到区分，因此人们还没有对实证科学的真正意义做出限定，没有在积极努力地创造一门科学心理学、一门在成效性和严格性方面不亚于榜样性的自然科学的心理学的同时对这门心理学的要求做出透彻的思考。这种状况一直持续了很久。在这种状况下，超越论哲学和心理学都不能进入"一门科学的可靠进程"之中，进入一门严格的、原初产生于它所特有的经验源泉中的科学的可靠进程中，而且，它们之间两方面的交织状况也无法得到澄清。经验主义者的心理主义在这里占据优势，只要它不管反心理主义的指责而遵循这样一种明见性，即任何一门提出认识问题和认识的所有形态问题的科学，无论如何都只能通过从直接"内在"的直观出发对这些形态的研究才能回答这些问题。如此而获得的关于认识本质的认识不会因为对客观世界的存在意义的质疑而丧失。也就是说，不会因为笛卡尔的观点改变和向纯粹自我的还原而丧失。对心理主义的指责不可能起到正确的影响，因为反心理主义者由于担心自己会落入心理主义之中而避免任何对认识的系统进行具体研究，并且在反对19世纪风起云涌的经验主义的日趋激烈的斗争中最终陷入一种空乏的论证和诡辩之中，它们只能通过隐蔽的借贷而从直观中获得其单薄的意义。另一方面，尽管在洛克的《人类理智论》中以及在此后的有关认识论与心理学的文献中已经有了许多并非无价值的纯粹心理学的前工作，但纯粹心理学本身却始终没有得到真正的论证。不仅它作为"第一心理学"、作为关于心理之物的逻各斯的本质科学的必然意义还始终未被揭示出来，也就是说，它的真正指导性观念还没有得到系统的研究，而且，个别心理学的研究的巨大努力，无论它们是否具有超越论的兴趣，也都没有得出合适的结果。同时，普遍流行的自然主义恰恰无法看到意向性，无法看到心理领域的本质特征，并且因此也无法看到在这个领域中所包含着的纯粹心理学问题和方法的无限广阔性。在原则意义上的纯粹心理学是在一般心理学之外产生的。它是超越论哲学方法上的新发展的最终成果，在超越论哲学中，这门心理学成为一门严格系统的和具体地、从下而上地建构起来的科学。但是，纯粹心理学当然不是作为超越论哲学的目的以及作为属于超越论哲学本身的学科而产生出来的。纯粹心理学的产生使得对心理主义问题的基本解决得以可能，随之，在方法上将哲学改造成为一门严格科学的工作便得以结束，并且，哲学也可以摆脱那些由遗留下来的混乱而造成的持续障碍。这种发展之可能性的前提是由一个伟大的发现所创造的，这个伟大的发现在于，布伦塔诺将中世纪的意向性概念重新评价为作为"内在感知"现象的"心理现象"所具有的一个本质特征。布伦塔诺的心理学和哲学对现象学的产生具有历史性的影响，但绝非内容上的影响。布伦塔诺本人仍然在一般自然主义对生活的误解中不能自拔，他对那些"心理现象"也做了这种误解，他无法把握对意向性的描述的和发生的揭示的真正意义，他没有能够有意识地运用"现象学还原"的方法，没有能够通过这种方法正确地和始终地关注作为思维的思维。对于布伦塔诺来说，在上述意义上的现象学的纯粹心理学观念始终是陌生的。对他来说，同样始终陌生的是超越论哲学的真正意义以及与超越论主体性有关的本质超越论基础学科的必然性。由于布伦塔诺在本质上受英国经验主义的规定，因而在哲学方向上，他采纳了将所有特殊心理学学科建立在一门纯粹出于内部经验的心理学之上的要求；但根据他的发现，这门心理学必须是一门意向性的心理学。在他那里也和在所有经验主义者那里一样，这门心理学是并且始终是一门实证的和经验的关于人的心灵存在的科学。对心理主义的原则性指责仍然未被理解，最初的笛卡尔沉思的意义仍然未被理解，在这些沉思中，通向超越论领域的彻底方法和超越论问题本身已经在最初草创的形式中被发现。在笛卡尔那里已经可以看到，他具备了对实证科学和超越论科学之间对立的明察以及对实证科学进行绝对超越论论证（没有这种论证，实证科学就不可能是最高意义上的科学）之必要性的明察，布伦塔诺没有将笛卡尔所获得的这些明察据为己有。布伦塔诺研究的局限性还在于，尽管他与洛克的旧的温和经验主义一样，提出建立一门先天学科的建议，当然没有说明它作为本质研究的更深刻意义，但他——在他从未超越出的实证性的基础上——没有认识到，对所有本体论领域的超越论研究对于严格科学成为可能的普遍必然性。因此，他也没有认识到关于纯粹主体性的系统本质科学的原则必然性。与布伦塔诺相联系的现象学所受到的推动力不是来自心理学的兴趣，也完全不是来自实证科学的兴趣，而是纯粹来自超越论的兴趣。在对布伦塔诺的批判中，我们已经描述了对现象学发展起决定作用的那些动机；同时我们始终要注意，洛克-休谟哲学的传统动机仍然是决定性的，这个动机便是：认识理性和其他理性的任何朝向的理论必然是从对相应的现象本身的内部直观中产生出来的。所以关键在于对意向性的真正意义内涵和真正方法的揭示，对最深刻的动机、对笛卡尔直观视域的揭示，这种揭示最主要是在"超越论还原"的方法中进行的，在一门首先是自我学的，而后是交互主体性的还原方法中进行的。随着这种揭示的进行，超越论领域作为超越论经验的领域也就得以确定。接下来，我还要提到对实证性和超越论性的划分，提到对各种带有严格实证科学的普遍性观念的实证性的原则内涵的彻底展开，这些实证科学共同组合成为一门关于被给予的世界的总科学，并且与承载这个世界的先天学科的总体性发生联系，它们共同组合成为一个普遍实证本体论的统一。此外，要把握所有这些科学的实证性所提出的超越论问题的具体总体性；认识到超越论哲学根据其第一性的意义是一门本质科学，它与超越论的可能的经验领域有关；还有，一门首先是普遍描述性的而后是发生性的科学，必须在这个基础上得到论证，这门科学是由（在本质意义上的）可能经验所构成的，这些经验是所有与特殊科学有关的但也与社会文化的所有形态有关的超越论问题的源泉。在这个发展过程中，开始时是莱布尼茨的哲学，以后通过他的中介是洛采和鲍尔查诺的哲学，在对先天"本体论"的纯粹提出上起到了推动的作用。与"形式本体论"（作为普遍数学模式的纯粹逻辑以及纯粹逻辑语法学）相联系的意向分析是最初步的教程。

当然，一门先天心理学的特有领域和它的实证构成的必然性很快便被认识到了。但它首先消失在对超越论领域的意向结构的研究兴趣中，所以全部工作仍然是一种纯粹哲学的、在严格的超越论还原中进行的工作。直到很久以后才获得了这样的明察：在随时都开放着的从超越论观点向自然观点的回复中，超越论直观领域内的全部超越论认识都转变成了一种在心灵实证性——个别心灵的实证性和交互个人的实证性——领域中的纯粹心理学（本质）认识。正因为如此，才产生了一个教育学上的想法，其目的在于使人们了解现象学以及它所具有的奇特的超越论观点的困难性，这个想法就是：由于任何哲学从根本上说都必须从实证性出发，并且必须通过一种远离自然生活的动机说明来澄清超越论观点和超越论研究的必然性和意义，因此，作为实证科学之系统构成的纯粹心理学首先可以被用来当作教育的初级阶段。意向性本身的新方法以及包含在主体性本身之中的巨大任务体系［给我们的研究］造成了极度的困难，这些困难可以在先不接触超越论问题的情况下得到克服。然后，建立在实证性基础上的整个科学教义却通过超越论现象学还原的特殊方法而获得超越论的意义，这种还原将全部实证性提高到哲学的基础上。正是遵循了这种方法，我们在第一部分中才把现象学作为纯粹心理学来探讨。也就是说，我们赋予了现象学概念以一种在教育上较低层次的但还不是真正的意义。

在超越论问题的本质意义中还包含着普遍性。只要理论的兴趣转向这样一种意识生活，在这种意识生活中所有实在之物对我们来说都是"现存的"，那么在整个世界上空便布满了不可理解的阴云，这是我们正在谈论的世界，是我们所有理论和实践活动的持久的、作为自明的现实而在先被给予的领域。然后我们看到，这个世界对于我们而言所具有的任何意义，无论是它的不确定的普遍意义还是它的根据个别情况的不同而确定了的意义，都是在我们自身的感知生活、表象生活、思维生活、评价生活等内在性中出现的并且在主观发生中形成的意义；任何存在有效性都是在我们本身之中进行的存在有效性，每个对它进行论证的经验明见性和理论明见性在我们本身之中都是生动的，并且习惯地成为我们行为的动机。这涉及带有任何规定的世界，也涉及带有自明性规定的世界，这个自明性规定是指：包含在这个世界中的东西本身是"自在自为的"，无论我或谁偶然认识它还是不认识。① 如果我们把事实的世界变更为一个可随意想象的世界，那么我们不可避免地也随之变更了这种意识主体性的相对性。因而，一个自在存在的世界的意义便由于它的本质上的意识相对性而变得不可理解。任何一个观念世界，例如，以它自己的方式"自在"存在的数字世界也同样会变得不可理解，也就是说，同样会成为超越论的问题。现象学的纯粹心理学观念的提出指明了这样一种可能性，即在彻底的现象学还原中揭示出在本质普遍性中的心灵主体所具有的本己本质，揭示出这些主体的所有可能形态。这些形态也包括那些合理论证的和证明的理性形态以及所有在意识中显现出来并表明自身是"自在"存在着的世界形态。尽管事实的人的经验心理学不能胜任，但现在这门现象学的心理学却似乎可以做到具体地并且彻底地澄清世界一般的存在意义。如果我们思考现象学心理学还原

---

① 超越论哲学的任务就在于指出这一点，而且在这里必须突出超越论哲学所具有的这一任务。——海德格尔原注

的方式以及做出这种还原的纯粹心灵和纯粹心灵集体的方式，那么在这种还原的进程中显然只包含着这样的东西：如果心理学家的意图在于提出纯粹内在的经验领域和判断领域的心灵主体性，那么他就必须将每个心灵视为存在着的世界"判为无效"，他必须在现象学判断的过程中放弃任何一个与此世界有关的信仰。例如，在我作为心理学家对我自己的作为纯粹心灵事件的感知的描述中，我不能对被感知的事物进行像自然研究者所进行的那种判断，而只能对我的"被感知之物本身"进行判断，它是感知体验本身的不可分割的因素：在各自意义上的显现之物在显现方式的变换中被意识为是同一个、被相信为是存在着的，如此等等。在进行总体的和与要求相符严格彻底的、向我的心灵和其他人的心灵的还原过程中，一种悬搁（Epoche）得以进行，这是对在超越论提问中受到怀疑的世界所做的悬搁，也是一种对始终被这些心灵视为有效的世界所做的悬搁。研究课题仅仅应当是纯粹的心灵本身的存在和生活，它们显现在这些存在和生活中，它们在其中通过相应的主观显现方式和信仰样式而为它们的自我主体保留了意义和有效性。但这涉及"心灵"，涉及心灵之间的联系，涉及始终以心灵为前提、时而置于理论考察之外的躯体之间的联系。① 具体地说，这涉及一个被设定为前提的、存在着的空间世界的存在着的人和动物，人们应当对它们的纯粹心理方面进行明晰而彻底的研究，就像在物理的躯体学中，物理的躯体性在一种方法上前后一致的明晰性中得到研究一样。与所有心理学家一样，我们在纯粹心理学中仍然站在实证性的基础上并且始终是这个世界的或某一个世界的研究者。也就是说，我们的全部研究仍然是超越论素朴的：尽管纯粹心理现象是纯粹的，它仍然具有世界实在的事实的存在意义，即使在对一个被设定为普遍可能性的，但从超越论立场来看仍然不可理解的世界之可能事实的本质考察中也是如此。对于一个本身仍处在实证性中的心理学家来说，彻底的心理学的现象学还原及其对世界的悬搁仅仅是一种手段，这种手段可以在那些对他仍然有效的、对他始终存在着的世界的基础上，将人和动物的心灵之物还原为它们纯粹的本己本质。正因为如此，从超越论角度来看，这种现象学还原不是真正的超越论还原。如果超越论的问题涉及仅仅从意识成就中获得其意义和有效性的这个世界

---

① "置于考察之外"在这里是指什么？是指还原？如果是的，那么我在纯粹心灵中恰恰不会获得心灵一般的先天。——海德格尔原注

的存在意义，那么超越论哲学家必须对它进行现实的无条件的悬搁，即现实地仅仅将意识的主体性设定为有效，并且保持这个意识主体性，这个世界从它之中吸取存在意义和存在有效性。因为对我来说，世界的存在只是由于我的经验生活和思维生活，等等，所以从一开始就必须回溯到我的自身的绝对本己本质性上去，即回复到并且还原到我的纯粹生活上去，就如同它在绝对的自我经验中所经验到的那样。但这种还原的确与那种向我的纯粹心灵的还原不同吗？这正是区分真正的超越论现象学还原与（对于实证的研究者来说必然的，但不是真正超越论的）心理学还原的关键所在。根据超越论问题的意义，我作为现象学家将整个宇宙都完全彻底地置于超越论的问题之中，我在同样的普遍性中禁止任何一个实证问题、任何一个实证的判断，并且禁止作为在先有效的可能判断之基础的普遍自然经验。我的提问一方面要求，避免超越论的循环，这种循环是指：将包含在问题本身一般性之中的东西设定为是在问题之外存在的东西。而我的提问另一方面要求，还原到被这个提问本身设定为前提的那种有效性基础上去，即还原到作为意义和有效性源泉的纯粹主体性上去。因而，我作为超越论现象学家所具有的自我（ego）不是心灵（这是一个作为在其意义上已经将存着和可能的世界设定为前提的语词），而是超越论的纯粹的自我，在这个自我中，我的心灵及其超越论的意义从隐蔽的意识成就中获得了意义和它对我而言的有效性①。当然，作为心理学家，如果我以我自己为纯粹心理学的课题，那么，我将揭示所有纯粹心理之物，同样也会揭示这样一种心理现象，即我如何将我自身"表象"成为一个在世界之中的我的这个肉体所具有的心灵，我将揭示，我如何证明这个表象的有效性，如何进一步规定它的有效性，如此等等。甚至我可以并且必须如此来获得我的心理学活动、我的整个科学工作，简言之，获得所有那些纯粹主观地隶属于我的东西。但被我们称为心理学实证性的心理学观点所具有的习惯性恰恰在于，随着我们向前迈进的每一步，对世界的统觉②都会重新地、潜在地得以进行，或者这种统觉始终就在进行之中，这种统觉将特殊的新生课题都

---

① 世界一般难道不属于纯粹自我的本质吗？参考我们在托特瑙贝格关于"在世之在"（In-der-Welt-sein）的谈话（1926年），（《存在与时间》第1卷，第12节，第69节）以及在这样一个世界"之内"与现成存在（Vorhandensein）的本质区别。——海德格尔原注

② 现成之物（Vorhandenes）！但人类此在"是"这样的：尽管它是一个存在者，但永远不会仅仅只是现成的。——海德格尔原注

# 现象学的心理学与超越论的现象学（1927年）

作为世界性的课题纳入进来。当然，所有这些，所有统摄的成就和有效性都包含在心理学的领域中，但这种包含始终是以这样一种形式进行的包含，即世界统觉仍然具有有效性，新出现的东西再次被统摄为世界之物。对心理之物的揭示是一个无限的过程，但也是在世界性的形式中心灵的自身统摄。超越论还原的原则性特征在于：它带着一种普遍理论的意志，首先并且果断地禁止这种在纯粹心理学中还占主导地位的超越论素朴性，它带着这种意志①来统握整个现时的和习惯的生活：这种意志要求，不进行任何超越的统摄，不承认任何现有的超越有效性，将它们"加括号"并且将它们仅仅作为它们自身所是，仅仅作为纯粹主观的统摄、意指，仅仅作为有效的设定来看待。如果我为我自己这样做了，那么我便不再是人的自我②，尽管我丝毫也没有损失我的纯粹心灵（即纯粹心理学之物）的固有本质内容。被加括号的仅仅是我在"我，这个人"和"我在世界之中的心灵"这种观点中所进行的那种（作为体验行为之结果的）有效设定（Ingeltungsetzung），而不是作为体验行为的设定活动（Setzen）和有效拥有的行为（Ingeltunghaben）。这样被还原了的自我当然还是我的自我，它还具有我的生活的全部具体性，但这个自我是在超越论还原了的内在经验中被直接直观到的自我——而这时它才真正是具体的自我，它是所有那些对"我"来说有效的超越的绝对前提。明见无疑的是，在还原之后，这个自我的特征在于，它是一个自身封闭的经验领域，带有其所有的意向相关物，这样，它便为我提供了超越论研究的最基本的和最原初的经验基础。超越论的经验无非就是超越论还原了的世界，或者可以与此相等值地说，超越论经验无非就是超越论还原了的纯粹心理学经验。现在，我们所具有的不是心理学的"现象"，而是超越论"现象"。如果我们对纯粹心灵的经验补加进行超越论还原，使它从世界意义中纯化出来，那么每一个个别的纯粹心灵的经验都产生出一个内容上相同，但却摆脱了其"心灵"（即世界实在）意义的超越论经

---

① 而这种意志本身呢？——海德格尔原注
② 或者也许正是这样一些东西，即在其最本己的、"奇妙的"生存可能性中的东西。参阅下文第27页（=《胡塞尔全集》第9卷，第276页，第36行），您在那里谈到一种"生活形式的改变"。——海德格尔原注［1］

为什么不？这种活动难道不是一种人的可能性吗，而这恰恰是因为人从来就不是现成的；这种活动难道不是一种行为吗，也就是说，一种存在方式，这种存在方式自己获得它自身，也就是说，它永远不包含在现成之物的实证性中。——海德格尔原注［2］

验。以同样的方式，心灵的自我变成了超越论的自我，只要我们对超越论的自我进行揭示性的反思（超越论的反思），就会发现它始终具有超越论的特征，正如心理学的自我——只要对还原观点加以改变——始终具有心理学特征一样。这样便明见地形成了奇特的心理学之物和超越论之物之间的平行，这个平行延伸到所有那些在这两者各自所坚持的观点中所获得的描述性的和发生性的确定上。同样的道理也适合于下列情况：

  我作为心理学家进行交互主体性的还原，并且通过这种还原而在不考虑所有心理物理联系的情况下发现一个可能的人的团体的纯粹心灵联系；然后我进行第二次的超越论的纯化，这种纯化因而不同于在自然的实证性中心理学家们所坚持的那种纯化，不同于那种在不考虑与纯粹心灵相共存的肉体的情况下而产生出纯粹心灵的联合的纯化。这种纯化在于：对交互主体地存在着的世界进行彻底的悬搁，并且还原到交互主体性上去，交互主体的现有存在正是在这种交互主体性的内在意向性中形成的。这种纯化的结果是，我们大家成为一个超越论交互主体的联合生活的超越论主体，在这种生活中，自然实证性的交互主体的世界成为纯粹的现象。但如果人们（根据历史的道路）从一开始就果断地进行超越论的还原（作为自我学的还原和交互主体的还原），那么就根本不会产生作为中间环节的纯粹心理学，而是立即产生出超越论现象学，这是一门纯粹来自超越论直观的关于超越论交互主体性的科学，并且，借助于必然的本质方法，它也是一门先天可能的并且与作为意向相关物的可能世界有关的科学。所以，心理主义之所以具有如此强大力量的最深刻原因现在便可以理解了。事实上，任何纯粹心理学的认识（例如，逻辑学家、伦理学家等所提出的那种尽管是不完善的对判断认识的心理分析，对伦理生活的心理学分析，等等），从它们的全部内容来看，都是超越论地可利用的，它们只需通过真正的超越论还原而接受纯粹的意义。同时，我们也可以理解，纯粹心理学对于向超越论哲学的上升具有一种引导入门的意义。出于显而易见的本质原因，人类，以及每一个个别的人，首先都仅仅生活在实证性中，所以，超越论还原是对整个生活方式的一种改变，它完全超越于所有至今为止的生活经验之上①，并且因为它的绝对陌生性而在可能性上和现实性上都难以为人

----

  ① 一种仍然是"内在"的上升，也就是说，一种人的可能性，在这种可能性中人恰恰成为它自己。——海德格尔原注

现象学的心理学与超越论的现象学（1927年）

所理解。一门超越论科学的情况也与此相同。尽管现象学的心理学相对而言是新型的，并且它的超越论分析方法也是新型的，但它却具有所有实证科学的一般可理解性。如果在它之中，纯粹心灵的**王国**得到系统阐述，那么人们就蕴含地并且在内容上具有与超越论领域相平行的内容，人们只需要一门能够对它做超越论转释①的关于超越论还原的学说。当然，由于超越论的兴趣是人类最高的、最终的兴趣，因此，也许更好的做法在于，在超越论哲学的体系中历史地以及现实地建构出一门出于最深刻的超越论的原因而具有两重性的主体性理论。心理学家便可以通过相应的观点变化而为了他的目的将超越论现象学"读作"纯粹现象学。超越论还原不是一种盲目的观点变化，它本身作为所有超越论的方法原则可以反思地和超越论地得到澄清。人们可以说，以这种方式，"哥白尼式变革"之谜便完全解开了。

---

① 但这种"重新解释"并不是一种对您在纯粹心理学中不完整地发现的超越论问题的"补充"运用，以至于随着心理之物的加入，所有实证之物都成为超越论的问题——所有的实证之物——心理之物本身和在心理之物中构造起来的存在者（世界）都成为超越论的问题。——海德格尔原注

# 与感知表象相对的想象表象问题（1904/1905 年）[①]

[德] 埃德蒙德·胡塞尔

我们至此为止所讨论的始终是感知现象学。如果不去顾及那些与感知相近的现象，那么这样一门感知现象学是无法以完全充分的方式得到探讨并且自身得到完善的。因此，我们现在将过渡到新的分析，并且用这些分析来对我们以往的论述进行新的说明、新的增补和充实。我们的首要目的在于想象现象学。

一、在日常用语中想象这个概念的多义性
——想象体验作为现象学本质分析和概念构成的基础

我们具有所有那些产生于日常生活之中的关于想象、想象现象、想象表象的概念，而这些概念与所有来自日常生活中的关于心理现象的类概念一样，是含糊的和多义的。很显然，人们时而将想象这个标题理解为某种精神资质或精神能力，时而理解为某种现时（aktuell）的体验、活动或活动体验，它们或产生于那种精神资质之中，或证明了那种精神能力。人们有时甚至在不同的意义上明确地将想象、想象活动、想象作品对立起来，正如人们划分知性、知性活动、知性作品一样，想象因此也意味着一种精神资质、一种能力，就像我们说，一个想象力强或一个想象力弱的人，或者夸张地说，一个没有想象力的人。

但另一方面我们也谈论一个艺术家的想象力，并且我们在这里所指的是这个艺术家在他自身中进行的或者他通过他的作品在我们之中引起的某种心理体验。我们一般不将这些作品——我是指这个外在可见的作品——称为想象，但我们也许会将那些通过想象而显现出来的形态，即作家为我

---

[①] 德文原文出自 Edmund Husserl, "Phantasie, Bildbewusstsein, Erinnerung", in *Husserliana* XXIII, Martinus Nijhoff, 1980, S. 1–13. 中译文首次刊载于倪梁康编《胡塞尔选集》下卷，上海三联书店 1997 年版，第 721–735 页。——译者

与感知表象相对的想象表象问题（1904/1905 年）

们臆造出来的人或神话人物、行为、激情、境况等等，称为想象。这些形态也被标志为想象作品（在第一个意义上的想象），人们也喜欢将这个意义上的作品本身称为想象。

作为能力的想象处在我们的兴趣范围之外，想象活动也是如此，因为我们将它看作一种在心灵客观性中进行的实在的和因果的过程，看作一种在真正意义上的活动，看作一种心灵的行为。当然，这种行为的结果、想象作品本身也不在我们的兴趣范围之内。我们感兴趣的是现象学的材料，它们是我们将要进行的本质分析的基础。也就是说，我们在这里尤其感兴趣的是某些意向的体验，或更确切地说，某些客体化（objektivierend）的体验。人们通常将这些体验归入想象活动这个具有双重意义的标题下面，将它们称为想象表象，或简称为想象。例如，艺术家在直观他的艺术造型时所具有的那种体验，也就是那些特殊的内在直观本身，或者是那些与外在直观、感知直观相对的对半人半马、史诗中的英雄形象、风景等的直观化。在这里，与外在的、作为当下的显现相对立的是内在的当下化，是"在想象中的浮现"。无论那种资质、能力、复合是一种原初的心理气质（Disposition），还是一种后天获得的心理气质，它们都不是现象学的对象。现象学的领域是真正被给予之物的领域，是可以相应地被发现之物的领域，是它们的实项组成部分的领域。而心理境况却是一个客体化地超越真正内在领域的概念。它是一个重要的心理学方法概念，但却与我们毫无关系。相反，想象体验、所谓想象表象则是一个现象学的材料。它显然属于客体化体验的领域；客体性在想象中得以显现，并且在可能的情况下被意指以及被相信。这种客体性本身，例如显现的半人半马，并不是现象学的对象，正如事物感知的显现对象不是现象学对象一样。可以说，它们是仅仅以一定的方式受到我们的考察，因为客体化的体验，即想象体验，恰恰是将这个如此这般地显现着的客体得以显现出来，并且是作为这里的这个而得以显现出来。通过明见的分析，我们可以发现这种体验所具有的一个纯粹内在的因素，它是想象表象的内在规定性，是一个本质特征，因此，在对体验的现象学分析中不仅包含着对体验本身的分析，而且还包含着对这样一种状况的分析，即体验是否与对象之物有关，并且它是以何种方式和以何种形式与对象有关，对象之物在其中显现为什么。

但通俗的想象概念却不只是与我们刚才取例于其中的艺术想象领域有关。至少与这个领域有着密切联系的是另一个极为常见的、狭义上想象概念，心理学将这个概念归在"创造性想象"的标题下面。创造性想象是一种随意进行构造的想象，运用这种想象的主要是艺术家。但我们在这里还要区分创造性想象所具有的广义概念和狭义概念，区分的标准在于：人们是否在一种自由虚构（臆造）的意义上来理解这种构造的随意性。历史学家也在运用随意构造着的创造性想象。但他并不是在臆造。借助于构造性的想象，他在已确定的材料的基础上对人物、命运、时代进行联系的直观，这是对现实的直观，而不是对虚构的直观。

人们在日常用语中对想象概念的使用也已超出创造性想象的领域之外。所以，幻觉、幻想、梦幻也被称为想象。相反，回忆表象、期待表象却不被称为想象，在这些表象中，非当下的对象以现实的方式被评价为以前曾经有过的或肯定将会出现的东西。而希望则意味着，它在激励想象。但在这里，被视为想象的东西却不是确定的期待，而只是虚构。

在想象所具有的通常词义中，有一个因素在起着主要作用：想象活动是与感知活动相对立的，是与对过去之物、未来之物的直观的认之为真（Für-wahr-Ansetzen）相对立。简言之，想象活动与所有那些将个体具体之物设定为存在的行为是相对立的。感知使一个当下的现实显现给我们，这个现实是当下的并且是现实，回忆使我们面对一个不在场的现实，这个现实虽然不是自身当下的，但却是现实。而想象则相反，它缺乏与被想象之物有关的现实性意识。更有甚之，想象这个词，至少是与它相近的虚构一词，通常是表示"非现实"，表示捏造，被想象之物只是虚构，即只是假象。当然，我们注意到，并不是每一个假象，也不是每一个感性直观的假象都被看作虚构、看作想象假象。假象必定来源于主体，假象必须被归诸主体，归诸它的活动、它的功能、它的心理境况。如果假象被归诸物理原因，如果它建立在外在的自然的基础上，例如棍子在水中显得是被折断的，月亮显得是在冉冉升起，如此等等，那么人们就不会将它称为想象显现。

关于想象概念的这些说法也许会引起一些人的兴趣，但它们在现象学上却是不重要的。现象学所涉及的仅仅是内在，是在纯粹相应性之中被直观的体验的内在性质，是体验的本质，也就是说，是那些可以导致本质一般化的东西，从而也是可以导致那种能够相应地被实现的概念构成的东西，因为我们能够在明见的总体化过程中直接地直观到概念本质。

## 二、获得想象表象的本质统一的概念：作为想象立义的想象表象

——对想象立义的特征描述

无论想象表象是一个艺术的还是非艺术的表象，无论它是一个有意的还是无意的表象，无论它是一个臆造的还是非臆造的表象，我们始终发现，除了那些与我们无关的、变动不居的经验和心理学关系之外，除了那些在现象学上自身被给予的、变动不居的意识特征之外，还有一种共同的东西，这种东西我们在回忆和期待的情况中也可以发现：我们所发现的这种东西正是标志表象的东西，并且是在与感知表象的对立中从其封闭的特性中得以突出的东西。但我们在幻觉、幻想、梦幻的情况中却没有发现这种共同的东西。显然，在这些情况中，显现，或者说，作为显现之基础的立义，是感知立义，并且，只要我们确定想象立义与感知立义是不同一的，那么我们就必须违背通常的说法而将幻觉、幻想、梦幻这些现象排除在想象的概念范围之外。

如果我们在感知（在通常意义上的感知）的过程中从质性性质，甚至从意指中抽象出来，那么我们就得到"感知立义"。而如果我们抓住本质之物，那么"感知立义"这个概念的外延要比"本身作为当下的显现"这个具有显著特征的现象的外延更广。这个特征提供了一个本质统一的和现象学的概念。然后，可以有各种各样的意向性质与这个立义相联结：信仰、怀疑、欲望，等等，复合的现象得以产生。但它们之所以联结在一起，是因为它们都以同一种表象为基础，即以"感知表象"或"感知立义"为基础。但我们在所谓幻觉、幻想、梦幻以及在物理自然假象的情况中也可以发现这种表象。

与此相同，我们现在的目的必然在于获得一个作为想象立义的想象表象的本质统一概念。在这里，我们也注意到，或者说，我们也可以明察到，在想象的通俗的标题下，但也在其他例如回忆和期待的标题下，存在着一些意向体验，除了具有变动不居的意识性质之外，它们还表现出具有共同的基础。我们在前面已经注意到，这些行为是自然客体化的行为，并且作为这种行为以客体化立义为前提。无论我们所涉及的是自由出现的想象，还是创造性的想象，无论是直观的期待表象，还是对一个以往我们自身曾体验过的过去的直观当下化，这种立义在这种特殊的本质上是相同的。

我们的兴趣并不在于那些时而被想象的狭义概念所包含、时而被想象的广义概念所包含的那些复合体验，而在于这种我们想称之为想象表象的统一的和本质的立义。当然，我们首先要研究，这种立义是否真的是一种本质特殊的表象，它是否可以被标志为一种相对于感知而言的新的表象。

三、当代心理学研究在感知表象和想象表象之间关系问题上的失误

在感知表象和想象表象之间关系的问题上，人们曾经做过许多严肃的努力。尽管在文献中，这个问题毫无例外地都只是在自己的著述中被探讨，并且因而仅仅是一种肤浅的方式被探讨，但在许多方面，诸多重要人物都接触到了这一问题，并且是以这样一种方式接触这一问题，这种方式表明，他们都认为这个问题不是一个轻易可以回答的问题。然而，有时讲座所提供的东西比文献更为深刻，在这里我想到的是布伦塔诺在其讲座中对这个问题进行探讨时所具有的那种极为敏锐的方式。施通普夫（K. Stumpf）在其讲座中对这个问题的细致探讨也高高地凌驾于文献所提供的研究之上。

我认为，由于缺乏客体化立义的概念以及缺乏相应的对立义内容、立义意义、立义形式的划分，因此，感知表象与想象表象之间的关系问题便显得极为困难，并且使对这个问题的解决变得不可能。即使是最重要的研究者，也始终将感知的感性内容与感知的对象混为一谈。受形而上学成见的迷惑，人们将一个非直观的物自体设定为感知对象，而在理论考察中，现实被直观到的对象却被忽视并且被等同于感觉内容①。

想象表象的情况也与此完全相同。人们将那些在想象表象中被体验到并且作为展现者在想象立义中起作用的感性内容与想象对象混为一谈，人们将它们视为同一。由于这个原因，人们实际上完全忽视了想象立义是一种客体化的方式，正如在感知问题上所出现的情况一样。人们没有认识到，作为感知之特征的当下立义是现象学的特征。这也就解释了为什么在直观表象的行为与内容之区分的问题上会发生争论。很多研究者认为，如果我们表象一个

---

① "感觉内容"（Empfindungsinhalt）在胡塞尔哲学术语中又等同于"感觉材料"，或简称为"感觉"，它与后面将要提到的"想象内容"或"想象材料"（Phantasma）相对立。前者是作为感知立义之基础的立义内容，后者是作为想象立义之基础的立义内容。——译者

颜色、一个声音，如果我们感知这个声音或想象它，那么这个声音便被意识到，但被意识到的不是一个特别的东西，而是这个被听到的声音。所有心理体验都与纯粹自我有一种不可定义的关系，但这种关系并不是一种在一个内容意义上的现存的东西。有些人撇开纯粹自我而干脆说，内容就是所有那些现存的东西。这种现存并不是一个附加在内容上的新内容。如果我们进行感知，那么这个颜色、那个声音便是体验；一个作为看、听等的感知不是一个随此颜色内容、声音内容而一同被给予的新内容，不是一个与颜色、声音相并列的第二体验。如果人们，例如像布伦塔诺那样，将心理行为理解为那种与所谓"物理现象"相区别，与颜色现象、声音现象等相区别的体验，那么这种所谓的心理行为便是臆造。

四、对布伦塔诺"表象"学说的简述和批判

另一方面是布伦塔诺学派和其他一些与他在这点上相一致的思想家。对于布伦塔诺来说，"表象"是"心理现象"，即意向体验的第一个基本种类的称号，他在表象和被表象之物之间做了区分：表象是行为，被表象之物是内容。非常奇怪的是，这位极其敏锐的研究者没有区分被表象之物或内容所具有的不同概念，他从未进行过相应的描述分析，没有对这些划分的基本意义做出应有的评价。他通常将内容看作感知的感觉内容。他没有从中明确地划分出，甚至根本没有划分出那个我们纯粹根据感知的意义而称之为感知对象的东西，即那个被误认为是与我们相对立的东西，被误认为是自身被直观到的东西。布伦塔诺有时也谈到与内容相区别的"对象"，但这个对象对他来说是在绝对的、形而上学的意义上的外在对象，他把这个对象与在感知中被意指的对象混为一谈，他显然忽视了这一点：我们只有在反思中——无论是自然科学的反思还是形而上学的反思——才能够做到，将现象学的客体作为一个单纯显现的客体与另一个不显现出来的客体或另一些不显现出来的客体复合相联系，与原子的复合、与以太波、与能量或与人们所说的其他什么东西相联系。无论如何，这些所谓的实在不属于感知立义的范围，而属于那些只与感知发生间接的概念性联系的科学理论的范围。①

---

① 与此相关的是布伦塔诺关于意向客体本身与现实客体相对立的令人迷惑的说法：感知内容对他来说是意向客体，现实客体则是物自体；就好像在感知中显现的和被意指的不是物理对象，而是感觉一样。——译者

由于布伦塔诺一方面想坚持表象是行为、是意向意识（一部分是根据内在经验，一部分是出于理论原因），另一方面却没有把握住作为客体化解释的立义本质、在真正意义上的感知表象，因此，对于布伦塔诺来说，在表象本身的行为性质中根本不存在差异。只有"内容"才具有差异，表象朝向内容，内容有多繁杂，表象所受到的规定也就有多繁杂。可以理解，这样一种观点是不能令人满意的，这种表象在许多人看来是一个奇怪的东西，是一个无意义的形式；同样也可以理解，布伦塔诺的阐述只会使他的对手更加相信：表象是一个空乏的臆想，只有内容是存在的，此外，还有注意力的强调性功能是存在的。

由于布伦塔诺在现象学分析上的不完善性，因而他遇到了极大的困难。在他看来，表象是无差异的，差异只是在内容上的差异。但是，感知表象、想象表象、符号表象之间的差异又是什么呢？直观表象和非直观表象之间、范畴表象和感性表象之间的差异又是什么呢？它们怎么会像布伦塔诺所说的那样还原为单纯内容的差异呢？布伦塔诺曾经在这方面做过尝试，并且将他所有那些令人赞叹的敏锐性都运用在这项工作上，即说明所有那些在表象方式上的差异都是不存在的。但他有时在最后又承认，在某种程度上必须认为表象具有各种样式：他已经感觉到，在他的分析中缺少些东西。这东西无非就是在意指、质性、立义性质和立义形式之间的差异。当然，如果人们将单纯表象理解为一种单纯的浮现的拥有，一种不做决定的观看，那么这便是一个特殊的性质，人们无法对它再做进一步的划分，它是行为这个属中的最后差异。

但是，如果人们将表象理解为"立义"，理解为那种在意向行为中构成显现的东西，无论这些意向行为是信仰的行为还是非信仰的行为，无论它们是怀疑行为还是意愿行为。也就是说，如果人们认为，在智慧上的不决断性过渡为决断、肯定过渡为否定的情况下，表象始终都是同一的，那么，一些差异就产生了。这种观点使一些非常重要的分析无法得以进行。由于缺乏这些分析（不仅布伦塔诺缺乏这种分析，而且其他心理学家也缺乏这种分析，撇开那些细小的分析萌芽不论），因而也就不可能在方法上正确地把握关于感知表象和想象表象之间关系的争论问题，不可能对这些我们认为显然存在的局部问题做出划分。

## 五、关于感知表象和想象表象之间区别的问题以及对相应的立义内容、感觉和想象材料之划分的特别问题

感知显现和想象显现是如此相近,是如此相似,以至于我们立即就会想到原型(Original)与图像(Bild)之间的关系。在感知显现和想象显现这两方面,我们都具有客体化的立义,同一个对象可以在两方面都可以显现出来,甚至两方面都可以带有完全相同的、属于这个显现的规定性,可以带有属于同一个面的规定性。简言之,这个显现在两方面都是"同一个显现",只是我们一次具有感知,另一次具有想象。这里的区别何在呢?显然有两方面的区别:为立义服务的内容的区别和立义性质本身的区别。没有发现立义性质差异就是现象学差异的人,也就无法对这个基本区别做出可能的说明,这样,困难和混淆便出现了。

就作为立义内容而起作用的内容而言,问题当然首先在于,内容是什么,在感知中和在想象中作为立义内容起作用的是否是同一个内容。

感知的基础是感觉,想象的基础是想象材料。现在我们可以问——当然是在描述的意义上,而不是在发生的意义上——感性想象材料与感性感觉是否是同一个属?这里出现一个问题,这个问题通常可以与感知表象和想象表象的划分问题区别开来。感觉内容是否可以作为感知的立义内容,这个问题现在对我们是无所谓的。立义内容自身还不是感知的解释,感知解释还有待进行。同样,无论立义是对一个半人半马的想象,还是对一间房屋的想象等,想象材料都是一个感性内容,它与想象是完全不同的。

与每一个感性的感觉内容(例如一个被感觉到的红)相符合的是一个感性的想象材料,即在对一个红的直观当下化中现时地浮现在我面前的红。

现在,这一个红和那一个红的情况又是如何的呢?种和属可以是同一个。那么还有其他的本质区别吗?或者,现在我们所涉及是否是一个在新维度上的区别,这个区别在于,一个红可以是感觉,并且这个特别的红完全也可以是想象材料,感觉和想象材料,这些称呼并不会指向发生的区别,也不会指向这样一个立义功能,即同一个内容可以是两种不同的立义的基础,而是表明,这里所涉及的是一个内在的、一个本质的区别。

我们在这里所遇到的是一个特殊的问题。感知立义和想象立义所拥有的是否是两种根本不同的立义内容,但这两种内容从一开始就处在一种令

人惊叹的关系中：这一种内容和另一种内容在重复着同一个种属，或者情况根本不是如此。与这个问题根本不同的是另一个问题，即如何对感知立义和想象立义进行阐释。这两种立义是否是同一种立义？但它们建立在所谓感性内容（作为感觉和作为想象材料）的本质差异性上，还是这两种立义是本质上不同类的立义？设若如此，那么，想象立义的特性何在？它与它的立义内容的关系如何？它能够进行何种变性①，在立义内容变化的情况下，还有哪些共性能够保留下来？并且，对想象表象这整个现象的构造本身究竟应当怎样来理解？对它在与其他相近现象的比较中又应当怎样来理解？

如果人们像许多心理学家那样只看到内容，而对客体化、对被体验的内容和被直观的对象之间的区别视而不见，那么他们就会面临一个最尴尬的困境：是否可以确定在感觉和想象材料之间存在着本质区别。如果这个本质区别像许多人所认为的那样（他们的这一认识与其说是在现象学分析的基础上从真实的测量中所得出的，不如说是出于摆脱这个困境的希望而得出的）是存在着的，那么我们就不能提出这样一个问题，即为什么一个对象在感知中是当下的，而在单纯想象中却是非当下的。我们总不能说，当下和非当下只是对两种对象的口头表述而已；对象和内容一样，也是同一个。但如果感觉和想象材料的区别只是程度上的区别，那么我们要问，当下的感知对象和仅仅被当下化的想象对象之间的区别是否也只是程度上的区别而已，程度性的划分是否是一个悖谬。

## 六、对由心理学家所做的感知与想象之划分的批判性说明

许多心理学家和具有心理学倾向的认识理论家之所以没有看到所有这些问题，是因为他们只对发生性说明感兴趣，即对一个开始时没有意识到其重要性和困难性的心理境况做发生性的说明。他们只是简单地指出起源的不同性便马上结束了：感知表象起源于周围的刺激，想象表象则不起源

---

① "变性"（Modifikation）在胡塞尔哲学中是指行为性质（Aktcharakter）的变化，例如由一个对事物的感知变化为对这个事物的回忆，等等。另一个与此相近的概念是"变式"（Modalisierung），它意味着"行为质性"（Aktqualität）的样式的变化，例如从对一个事物存在的相信转变为对这个事物存在的怀疑，等等。——译者

# 与感知表象相对的想象表象问题（1904/1905年）

于这种刺激。如果人们询问描述性的差异，那么他们会指出感知表象具有更大的活力。休谟仅仅满足于这些划分。人们近年来在努力对这两种表象做出新的划分。亚历山大·贝因（Alexander Bain）已经提到了可以用来区分这两种表象的"充盈"①特征。与相应的感知表象相比，想象表象更为残缺，更缺乏差异、规定、性质。

此外，人们还指出"持续性"或者说"仓促性"这个特征。一个感知（感觉）在充盈和强度不变的情况下能够随着引起这感知的刺激的持续而持续下去。如果刺激是仓促的，那么感觉也会是仓促的。但一般说来情况不会如此，在一般情况下，刺激是足够稳定的，因此感知具有一种持续的、固定的性质。但想象材料却是仓促浮现的，它们是不稳定的。它们在内容上有变化，它们不能恒久地保持颜色、形式，等等。

然后，"随意的变更"也被看作想象所具有的性质，并且，这个性质不建立在随意对外部世界进行干预的基础上。感知只有在我们闭上眼睛或走开时才会消失。如果我们不这样做，那么这些感知就仍然是它们所是，并且它们不会仅仅通过我们的意愿就发生变化。

人们试图通过这些划分而在这个问题上找到出路。除了这些发生性区别之外，还有其心理学作用方面的区别，也就是说，它们仍然是因果性的区别，而不是现象学的区别。

很容易就可以看到，这些区别并没有涉及这个问题的核心。在这里，对感觉和想象材料的划分问题与对两种立义的分析问题以一种含糊的方式被混杂在一起。活力或强度的特征显然属于内容，而不属于立义。在立义那里谈不上强度。尽管建立在立义基础上的兴趣具有程度上的不同，但将客体化标志为强的客体化或弱的客体化是毫无意义的；相反，充盈和仓促性的特征则与立义有本质的联系。对同一个客体的表象这一次会带有众多的立义内容的充盈，另一次会带有微少的立义内容的充盈，时而会带有较大的仓促变化，时而会带有较小的仓促变化。这当然不能论证本质差异，因为在对同一个客体所做的想象的范围内的差异与在对同一个客体所做的感知的范围内的差异是一样大的。这个问题总的说来是不明确的，因为我们首先必须从现象学上说明变化的充盈的关系点，即同一个被表象的客体在现象学上意味着什么。但如果我们考虑一下立义，那么就必须要提出这

---

① "充盈"（Fülle）在胡塞尔哲学术语中与"感觉""感觉内容"等是同义的。——译者

样一个问题：在感知中和在想象中对同一个客体的表象意味着什么，这种同一性是否允许客体化本身（它构成了感知与想象之间的真正区别，这是一种明确的区别，而不只是像充盈或仓促性那样的相对区别，那种相对区别也可以运用在这两种表象本身的范围内）还具有区别和差异。

当然，最后一个特征，即随意变更的特征也无助于描述性的划分：什么叫随意干预"外部世界"？感知是主观的。如果我们具有感知，即具有与想象表象相区别的感知，那么我们就可以用它们来衡量误想的感知。但问题不在于区分假象和现实，而在于区分感知和想象的不同本质，在于感知和想象是否具有本质差异。

如果人们所说的这个区别是指心理学特征上的区别，那么这个区别就不属于现象学的领域。我们实际上具有两种不同的表象，我们在实践中很容易区分它们。我们在心理学上可以有趣地看到，这些表象与我们的意愿的关系是各不相同的，如此等等。但这已经是发生性的和因果性的问题了，它们是心理学的问题。

因此，无论心理学家收集了多少在心理学上有价值的资料，心理学家们所做的那些一般阐述对我们都是无用的。但是，我们对感知的分析已经使我们明确了根本性的问题所在，并且已经从一开始就在对想象表象的具体化中展示出较为粗糙的区别，以至于我们可以略过或者仅仅匆匆地接触一些自明的事实而直接地深入这个问题的核心。

# 现象学与认识论（1913/1914 年）①

[德] 马克斯·舍勒

《精神科学》的编者要求我简短而确定地谈一谈现象学这个年轻的哲学流派，谈一谈它的工作和它的目标，这个流派的倡导者们最近在《哲学与现象学研究年刊》中结成了某种联合，我可以满足这个要求，但有两点保留。

第一点保留在于：在现象学观点中被发现的在所有哲学领域中的那些定律所具有的认识价值，它们完全独立于对"现象学"一般本质问题的澄清，完全独立于对现象学是什么和想是什么的问题的说明。只有那种现象学所反对的唯理论才会在不具有对一门有关科学的先行定义以及在不具有——**先于**对实事之探讨的——关于"方法"的确定公理的情况下就无法想象对一个实事领域的有益的和有效的认识。但实际上这种定义在任何认识展开中都始终是**第二性的**。即使对于数学、物理学、化学来说，更遑论生物学、精神科学，迄今为止仍还没有公认的定义。方法（即在研究方式上的统一意识）总是——关于它的论争已是旷日持久——有益而长久的对实事之研究的**结果**。事实性的，即仅由实事所要求的研究本身之统一绝不依赖于关于这个统一的明晰**意识**，遑论在判断中对此统一的表述。现象学哲学还年轻，因而更没有理由要求它对其在实证研究中所运用的研究方式做出固定不变、信守不渝的陈述，这种陈述就是在最古老的、最无争议的科学那里也无从寻找。

第二点保留在于：以下对现象学之本性与精神（Natur und Geist der Phänomenologie）的说明仅仅要求重现笔者的本意。并不存在一个可以提供公认命题的现象学"学派"，而只存在一个研究者的圈子，这些研究者

---

① 德文原文出自 Max Scheler, "Phänomenologie und Erkenntnistheorie", in Max Scheler, *Gesammelte Werke* X：*Schriften aus dem Nachlaß*, Bd. Ⅰ, Francke Verlag, 1986, S. 377 – 430。中译文首次刊载于刘小枫编《舍勒选集》上卷，上海三联书店 1999 年版，第 48 – 113 页。——译者

一致抱有一种对待哲学问题的共同**态度**和**观点**，但他们对所有那些在此观点中被认为是发现了的东西，甚至对这种"观点"之本性的理论都各自不同地接受和承担责任。

一、现象学的观点（Einstellung）

现象学首先既不是一门科学的名称，也不是哲学的代词，而是精神观视的一种观点，人们在此观点中获得对某物的直观（er-schauen）或体验（er-leben），而没有这个观点，这个某物便隐而不现，它就是特殊类型的"事实"的王国。我说的是"**观点**"，而不是方法。方法是一种目标确定的关于事实的**思维**方式，如归纳、演绎。但这里的问题首先在于那些先于所有逻辑确定新的**事实本身**，其次在于一种**观视**方式。但用这个观点所要达到的各种目标则是由世界的哲学问题所给定的，这些问题绝大部分通过持续了一千年之久的哲学研究而得到表述。这并不是说，通过对这种观点的演练，对这些问题的更确定的表述本身就不再会发生多重的变化。人们也可以将"方法"理解为一种确定的观察和研究的方式，它们或带有或不带有实验手段，或带有或不带有我们感官、显微镜、望远镜等的工具支持。如此而论，那里的问题也在于获得新的事实。但观点在此期间始终是同一个观点，无论被获得的是物理事实还是心理事实：这种观点是一种"观察"。但这里所涉及的是一种根本不同于观察的观点。被体验者（das Er-lebte）和被直观者（das Er-schaute）仅只在**体验**（Er-leben）**和直观行为**（Er-schauen）**本身**中、在此行为的进行中"**被给予**"：它在此行为之中，并且仅仅在它之中显现出来。它并非处于此，让人们去观察（be-obachten）它，以至于实事的这个或那个特征在不改变事实的情况下显露出来。在这里，如何使某物得以显现是无关紧要的。例如，它也可以通过实验而得到显现。但这样一来，这个实验便不具有归纳意义。它类似于数学家的所谓"直观化实验"，他们通过这种实验来确定一个事先被定义的概念的"可能性"。而且还存在着一种在想象表象中的直观。

因而，一门建立在现象学基础上的哲学作为基本特征首先必须具备的东西是生动的、紧凑的、**直接的与世界本身的体验交往**——这正是与这里所关涉到的实事的体验交往。并且是这样来与这些实事进行体验交往，一如它们完全直接地在体验行为的体验中给出自身的那样，一如它们在此行为中并仅在其中"**自身在此**"的那样。怀着对在体验之中的存在的渴望，现象学哲学家到处寻找显示着世界内涵的"源泉"本身，以求畅饮一番。他的反思目光在此仅滞留在体验与对象世界的相接点上——无论这里所涉及的是物理之物还是心理之物，是数字还是上帝或其他东西。反思的光束所应试图切中的只是在这个最紧密的、最生动的接触中"**在此**"的并如此"**在此**"的东西。

在这个意义上——但也仅仅是在这个意义上——现象学哲学是最彻底的**经验论**和实证论：所有概念、所有定律和公式，甚至纯粹逻辑所具有的那些概念、定律和公式，例如同一律，都必须在体验的相应内涵中找到"相合"。并且，在满足这个要求之前，任何定律的真理和有效性都被闲置起来。

这样，现象学哲学便彻底地区别于至此为止**唯理论**的大多数形式，这种唯理论将某些概念、公式，甚至科学作为其操作方式的基础，无论其目的是在于演绎地获得其"前提"，还是在于使"其结论达到一种无矛盾的联系"。对科学及其对象的澄清——当然，这也是现象学哲学的一个主要动机。同样还有对艺术、宗教、伦理的澄清。但如果将科学或它的某个定律前设为有效的，那么这就不再是对其本质的澄清，而是对其本质的模糊了。除此之外，这还意味着使哲学成为科学的婢女（ancilla scientiae）。这个错误与人们合理地指责经院哲学所犯的那个错误是相同的，尽管这里所涉及的不是神学，而是数学的自然科学或历史科学（科学主义）。对此，这样一个"法庭"对个别科学来说已经不具有存在的合理性，因为这些个别科学有权要求自己来确定其前提，但这种确定必定也会在这些科学的不断发展变化中随时改变自身。

但在现象学的彻底经验论与各种类型的唯理论之间仅只存在着一个最窄小的鸿沟，这个鸿沟在于，现象学哲学拒绝将**批判标准**的问题设定为所有问题中的首要问题。做出这种设定的哲学合理地自称为"批判主义"。与此相反，现象学深信，**先行于**所有就一个领域而言——就真正的还是虚假的科学、真实的还是虚妄的宗教、真正的还是无价值的艺术这样一类问题而言，甚至就"一个被意指者的现实的批判标准何在？一个判断的真理的批判标准何在？"这样一些问题而言——之批判标准问题的，是对有关事实的内涵和意义的深入体会。关于批判标准的问题，如一幅画是否为真正的艺术作品，现有的宗教是否是以及它们中间哪些是"真正的"，这些问题总是由一些门外汉首先提出来，他们与艺术作品，与宗教，在科学中与事实领域没有直接的接触。谁不曾在实事领域中付出过劳作，谁就会首先提出这个实事领域的批判标准问题（施通普夫）。

批判标准问题是一个永恒的"他人"的问题，这个他人不愿在对事实的体验、研究中发现这个为真和为假，或发现这些价值为好和为恶，而是超越所有这一切之上——作为一个法官。但这样一种人不明白，所有批判标准都是从与**实事本身**的接触中才引导出来的；"这些"批判标准也必须如此引导出来。因此，现实-非现实、真-假这样一些对立以及其他的价值对立都需要**通过现象学来澄清**其"意义"。只存在着某种与"真"这个词意义相同的东西，它超越那个仅属于定律领域的真-假对立之上：它就是一个被意指者在直接直观明见性中的"**自身被给予性**"。唯此才是斯宾诺莎用伟大而深刻的语词所谈论的那个真理："真理是其对自身的并且是对错误的批判标准。"斯宾诺莎用它来检验其通过直观而获得的认识。它永远无法通过其他学说的批判标准而被获取；而自身被给予又不同于无可置疑、无可辩驳。对于**定律领域**和**判断领域**有效的对立真理，是建立在这个"真理本身"之中。自身被给予性和明见性［明察（Ein-sicht）］因而是**先行于**真与假的认识理想。当然，批判标准类型的人会再提出问题："自身被给予性的批判标准又何在？"他以心理主义的方式去寻找一种"明见感觉"或一种特殊的"体验"，一旦某物是明见的，它就会像一个小小的奇迹或一个信号一样一再地自动重现——这当然是不存在的事情；或者他还会去寻找与判断相符合的规范。但"自身被给予性的批判标准"这样一个想法便已经是悖谬了，因为只有在不是实事"本身"，而只是它的一个"信号"被给予的情况下，任何一个关于批判标准的问题才具有其意义。

尽管如此，现象学的这个真正实证论和经验论的原则与所有那些**至此为止**叫作**经验论**和**实证论**的东西处于同样强烈的对立之中。如此自称的各种哲学学说实际上根本没有素朴地和纯粹地检验过那些在体验中**被给予**的东西，而是在确定了一个完全狭窄的经验概念，即"通过感官的经验"概念之后，它们声明，所有那些被看作被给予的东西都必须回溯到"经验"之上。现象学反对将经验的一个"概念"作为基础，它要求在现象学上证明"感觉""感性的"概念。当然，所有被给予之物都以经验为基础——但所有类型的"关于某物的经验"都导向一个**被给予之物**。感觉论者们所倡导的那种窄小意义上的经验论便误识了最后这个定理。这种经验论简单地将所有那些无法通过印象或其衍生物而得以"相合"的被给予之物都压制下去,或将它"解释"出去。休谟对因果性、事物、自我等便是如此行事。对于康德来说,被给予之物必须是由感觉和思维所组成的。于是,最难以成为自身被给予性以及距离自身被给予性最间接的东西恰恰就是"经验",而伪经验论却如此乐于以经验为始,就好像它是原被给予之物一样。

但现象学哲学还在另一种意义上根本区别于那种经验论。恰恰是现象学的彻底经验原则会导向对先天论的充分论证,甚至是**对先天论**的巨大**扩展**——实证论和经验论是反先天的和归纳的,并且是在哲学的所有领域中。因为所有建立在直接自身直观基础上的东西,即所有"自身"在体验和直观中**在此**的东西,它们对于所有可能的观察以及对于所有源于观察的可能归纳来说,都是**先天**被给予的,即作为纯粹的何物性(Washeit)= 本质性(Wesenheit)。然而,在如此被给予之物中被充实的定律也是先天为真的——在其中被反驳的定律则是"先天为假的"。正如经验不能等同于感觉经验(直观的一个选择式)一样,经验也不能等同于归纳。

现象学的先天论完全可以将隐藏在柏拉图、康德先天论之中的正确东西采纳到自身之中。但仍有一条深渊将前者与后者分离开来。先天并非通过"某种构形的主动性"或一种综合或其他类似的东西而成为经验的组成部分,更不是通过一个"自我"或一个"超越论意识"的行为。相反,**是奠基的次序**,即现象作为直接体验的内涵在其中成为被给予性的那个奠基次序,也就是那个不是建立在"知性"中而是建立在现象的**本质**之中的奠基次序,才使例如所有以"空间性"为基础的定律也适用于物体,使所有对价值有效的定律也适用于那些自身承载着这些价值的财富和行为。这就是说,所有那些对对象的(自身被给予的)本质来说有效的东西(以及所有在**本质联系**上有效的东西),同样也对这个先天本质的对象有效。对一个僵死运动的本质来说有效的东西,同样也对这个可观察的运动有效,对对象本质有效的东西,同样也对这个特定的对象有效。本质联系也与此相似:高贵的东西应当优先于有用的东西,或者 $3+3=6$。但是,除了纯粹逻辑学的直观基本事实的所谓**形式先天**以外,任何一个实事领域:数论、集合论、组论、几何学(颜色几何学和声音几何学)、力学、物理学、化学、生物学、心理学,都可以通过较为仔细的钻研而展示出一整个系统的**质料先天**定律——建立在本质明察的基础上,它们使先天论得以充分扩展①。而逻辑意义上的先天在这里总是**直观事实**之先天的**结果**，这些直观事实构造出判断和定律的对象（例如矛盾律）。

这样，现象学的先天论便与各种学说的组合（所有的唯心主义、主观主义、本能主义、超越论主义、康德的所谓"哥白尼立场"、唯理论、形式主义）区别开来，这些学说以最杂多形式采纳在哲学各个主流学派中的先天学说。

但使现象学共同区别于至此为止的经验论和唯理论的是这样一个事实：现象学所探讨的不只是关于对象的**表象**——表象这个词并不是在与感知的对立中，而是作为"理论"行为的统一被使用——，而且还是在行为意向中、在某种"关于某物的意识中"进行的**完整精神体验**。世界在体验中原则上也直接作为"价值载体"和作为"阻抗"（Wider-stand）而被给予，正如它作为"对象"被给予一样。也就是说，这里同样涉及那些直接在**关于某物的感觉**行为中，例如在关于一个风景的美和可爱的感觉行为中，在**爱**和**恨**、**意愿**和**不愿**的行为中，在**宗教预感**和**信仰**行为中——并且仅仅在它们之中——所包含的和显示出的本质内涵，它们区别于所有那些我在这种"事情"上不是在这种行为中，而是在表象行为中通过对我的自我的内在感知发现为心理状态，例如发现为感觉的东西。即使在这里，先天内涵和本质内涵也应当区别于可能观察和归纳的偶然事物内涵。

恰恰在这里，对许多人来说，最困难的是将体验的内涵以及在那些体验中并仅在体验中——因为它的显现和被给予恰恰束缚在行为上，但并不因此而就不是"客观"的——展示之物的充盈区别于那种仅仅**被生活的生活**，这种生活作为僵死的陪伴现象或作为剩余可以同时地或后补地被看作所谓的"心理体验"。而这不仅是相对的事实，即在所谓现时－当下之物和直接过去之物的意义上的事实，还是**绝对**不同的事实。

## 二、现象学与心理学

**自身被给予**的东西只能是那些不再通过某种象征而被给予的东西，也就是说，它不是那种被意指为对一个在先以某种方式被定义的符号的单纯"充实"。在这个意义上，**现象学**哲学是一种**对世界**的持续**去象征化**。

自然世界观，但也包括，甚至更包括科学——尽管科学拒绝承认自然

---

① 参阅《哲学与现象学研究年刊》：《伦理学中的形式主义与质料的价值伦理学》。

世界观的特殊内涵是其创立的"根据",甚至声明将其从科学的前提中删除并且借助于其事物和力量来解释它的形成,但它同时又坚持自然观点的基本形式——这两者从自身出发都永远无法导向自身被给予性。

在对自然的**自然世界直观**中,例如颜色和声音就从未作为其本身出现,可见的质性在直观中仅只表现为:对于区分和估价事物统一或过程统一,对于这些统一的"特性",它们也具有再现功能。这些统一在这里是某种可用性的统一或实践的含义统一,例如,钟-起床。但这是与所有内涵,譬如与何物性"现实"、与"事物性"等相背离的。事物性作为本质并不显现在自然感知的事物中,反而会在被标识为此物和彼物的过程中被吞噬。与此完全相同,一个心灵波动在这里也只是如此地被给予,并且只是作为这样一种统一而从生命流中突现出来,由此而作为某种可能行为发生变化或与其他行为统一区分开来。所以,自然世界观充满了**象征**并且因此而充满了随之而来的被象征化之物的**超越**。

科学要摆脱在变动不居的物质方面的功利考虑,这种考虑主宰着自然直观内涵的整个划分,也主宰着自然语言及其含义统一,科学也要摆脱自然直观内涵的概念和事物统一的兴趣角度。而在自然科学这里则相反,它在相当大的程度上增强了对在其中还是被给予之物的象征化。例如,颜色和声音对它来说完完全全就变成了**符号**,无论它是对在物理学中某个被当作光线之基础的基质的运动以及此基质在某些实体上的中断而言的符号,还是对在生理学中于视神经内发生的化学过程而言的符号,还是对在心理学中的所谓"感觉"而言的符号。而颜色**本身**并不包含在这些科学中。在自然世界观中,这个在绿树上的红只是在如此必要的程度上被给予,从而使人们所意指的樱桃得以暴露出来。与此相同,颜色在上述三门探讨它的科学中也只是在如此程度上被关注,以便它能够单义地作为各种不同的运动、神经过程、感觉的符号而存在。但颜色**本身**——它的纯粹内涵——在科学面前则已成为一个单纯的 X。人们总是说,这个红的颜色是一个与这个运动、这个神经过程、这个感觉相符合的 X。但 X 不是自身被给予的。所以,红似乎收到了一张又一张的支票。只要我们还停留在科学之中,那么,尽管这些支票会无数次地被用来与其他向红开出的支票相兑换,它们也永远不会被彻底兑现。

现在,现象学原则上是这样一种认识方式,它一步一步地回溯这个复杂的交易过程并且——最终——兑现所有的支票:在其最深刻的沉思中得到兑现的不仅是所有那些由科学开出的支票，而且还包括所有那些由一切文明化的混乱此在和生活及其象征对此在所开出的支票。只有当所有象征和半象征通过自身被给予性者而得到完全"充实"，其中也包括所有在自然世界观和科学中作为理解**形式**而起作用的东西（所有"范畴之物"），并且，当所有超越之物和仅被意指之物对一种体验和直观来说都成为"**内在的**"时，现象学才——在任何一个问题上——达到了它的目的地：在这里不存在任何超越和象征。所有在科学中还是形式的东西，在这里还会成为**直观的质料**。正如对待红的颜色一样，现象学也以同样的方式来对待一个宗教对象或一个道德价值。

因而，使现象学得以成为一个统一之物的并不是一个确定的实事领域，例如物理之物、观念对象、自然，等等，而仅仅是在所有可能实事领域中的**自身被给予性**。

在这里已经清楚地道出：现象学与**心理学**的关系不多不少完全就和现象学与数学、逻辑学、物理学、生物学、神学的关系一样，仅此而已。除非独立的现象学研究得出这样的结果：心理之物在本质上是**直接被给予的**，而物理对象或其他类型的对象则在本质上是间接被给予的。但现在，现象学所能做出的解释却恰恰相反。① 那些只配称为"**心理**"的东西，并不是一个"关于某物的意识"的任意对象，不是一个意向行为的任意对象；天文学的实在太阳也是这样一种对象，同样还有数字 3 和 4，它们都不是心理之物。毋宁说，只有那些作为一个体验-自我的体验而"被给予的"东西才是**心理的**，而本质上属于这些体验被给予性的是"关于某物的意识"或意向行为的一个完全特殊的方向和形式。这便是"**内感知**"的方向和形式，它与外感知的方向和形式的区别既在于其方向——不在于感知的内涵，不在于那种相对于身体来说在内的和在外的东西，而在于那种独立于"身体"章程的东西——，同样也在于在此在彼被给予之物的杂多性：在外感知那里有一种在自我中的时空**相离**（Auseinander），在内感知那里则有一种**在自我中**的时空**相聚**（Beisammen）。除此之外，内感知同样也区别于对"身体"的感知，身体的被给予性绝不能被纳入外（物体）感知和内（自我）感知的事实之中，而是展示着一个完全本己的本质被给予性（身体现象）——它不奠基于物体或自我之上。最后，唯有那种为了

---

① 参阅我的文章《论自欺》，载《病态心理学杂志》1911 年第 1 期。

解释的目的而假设性地被想象到内感知的被给予之物中去的东西，才在解释性的因果心理学意义上是心理实在的。①

当然，心理学也像任何一门科学一样需要一种**现象学的奠基**。在这里，自身被给予的东西也必须与所有仅只象征地和间接地被给予之物相区别。在心理体验中也隐藏着本质性；在心理体验之间也存在着本质联系。在这里也存在着一个广泛的质料先天的领域，它既不能通过内向的观察被证实，也不能通过这种观察被取消，并且它另一方面又是所有对陌生心理生活表述的意义之可能理解的前设。经验心理学的所有基本概念及其前设：一个在客观时间中的体验流的此在，对所谓心理基本类型的设定，再造、联想等概念，它们必须通过心理之物的现象学而得到最终的澄清。②但在这里，有一点是完全明晰的：被心理学所研究的体验也已经是实在过程和事物，它们能够在大多数行为和各个个体的行为中被意指，它们也能够在其进程中具有不被体验到的、更不被注意到和不被重视的标志和特征，它们本身永远不能够"自身被给予"——就像一个外部世界的自然感知的物体事物也不能够做到这些一样。正如在物理领域中，假象和现实之间存在着区别一样——或是像彩虹、海市蜃楼、镜子图像、一根棍子在水中的折影那样受物理学决定，或是像光学错觉的对象，如在视觉事物中较长的垂直线那样受生理学决定——，在这里，同样存在着现实的和虚假的痛苦、现实的和虚假的感情、现实的和虚假的感知（例如真正的幻觉）③之间的区别。

因此，如果谁以为心理领域已经作为心理之物的领域而与**直接**被给予之物相一致，在这方面不可能产生真正的欺骗（区别于单纯的错误，例如在包括体验在内的判断中），或者以为内感知作为"内"在明见性上要优先于"外"，譬如一个自我的存在较之于物质和物体世界的存在要更明见，哪怕是更明见一丝一毫，那么他就大错特错了。毋宁说是存在着一切可能类型的虚假自我，如在演出中演员的"哈姆雷特自我"、社会角色的自我、共有意识的"诸自我"中的这一个自我。任何一个经验感知都是不明见

---

① 因此有三个意识概念：一是"关于……的意识"，二是内感知的现象，三是实在的心灵生活。参阅前一个脚注。
② 参阅在《年刊》中我的论著的第二部分。
③ 参阅我的文章《论自欺》，载《病态心理学杂志》1911 年第 1 期。

的，它始终只是或多或少**象征地**给出它的对象并且是将它作为一个相对于感知内涵而言**超越**的对象来给予。恰恰是现象学与所有类型的唯心主义学说，与笛卡尔、贝克莱、费希特、叔本华的唯心主义学说相决裂，所有这些学说都在某种程度上将现象学的直接性与心理学的被给予性，甚至与自我相关性混为一谈。现象学既拒绝心理学的被给予性，也拒绝自我相关性。另一方面还存在着——在严格意义上的——物理现象，在这物理现象方面，就和在心理现象那里一样不可能出现欺骗（或假象与现实的区别），例如在这样一些纯粹何物性之间的绝对本质区别，在这些何物性中，某物给予作为死的和活的被给予，某物作为物理的和外部世界的被给予，某物作为物质的和非物质的（如影子）被给予。在任何地方和任何时候，物理之物本身——以及在它之中的本质差异——都不表明：它自身是通过一个由那种被误以为**仅只**是直接被给予的心理之物所构成的思想行为才得以被创造或被构形，甚至才得以"被开启"。与此相同，在另一方面，心理存在领域不是作为残余或剩余，即不是作为在那种被误识的"客体化"过程中留存的东西而被保留下来，因而对心理之物的划分以对自然对象及其在它之中被给予的差异性的考虑为前设（纳托尔普、明斯特贝格等）。心理之物毋宁说具有其在内感知中的**本己**被给予方式，我们不能否定它是一种与外感知不同的感知本身的方式，它也不能像那些以为可以通过周围世界内容与一个有机体的关系来创造心理之物的人（马赫、阿芬那留斯和其他人）所想做的那样被还原为外感知。

  心理之物的现象学因而不仅完全和绝对地区别于所有**解释**心理学，而且也完全和绝对地区别于所有**描述**心理学。没有一种描述不带有对个别过程的观察。但在现象学的观点中，一个被意指之物是被直观，而不是被观察。每一个描述都朝向一个个别的经验事实，即朝向一个现象学的"超越之物"，并且，每一个描述对其对象的宣福（seligiert）始终都是根据那些对此对象之可能解释来说具有意义的特征来进行的。

  现象学与心理学以及心理之物的现象学与心理学的这一原则关系排斥了任何一种对现象学的所谓心理主义解释之可能。然而，这并不意味着，现象学不能指明它与所有那些如今作为"心理学"而被从事的东西之间的最丰富的事实性关系。人们可以在各个研究者那里——我指的是柏格森，在其《描述的和分析的心理学观念》中的狄尔泰，W. 詹姆士，在其《心理学导论》中的纳托尔普，以及被明斯特贝格称为"主体化心理学"的东西——找到丰富的和有趣的篇章，它们完全可以包含到现象学之中，尽管这些研究者并没有意识到这个事实，并且常常将这些现象学的结论混同于经验-心理学的结论。在一些研究者那里，例如在柏格森那里，人们甚至可以说，他们在心理之物的现象学的任务面前不再看到经验心理学的本己的和特殊的任务，正如他们另一方面显然完全误识了外部心理的现象学事实并因此而最终仍然陷入心理主义之中。

但现象学与如今那些通常在"**实验心理学**"标志下发表的研究之间的事实性关系要更为丰富和有益。并非所有这些研究，尤其是并非这些研究所包含的所有真实结论，都具有这样一种归纳的意义，即通过实验技术而得出的结果可以作为同一个东西被重复，可以被观察并且可以从这些观察中得出归纳性定理。毋宁说，这些实验往往只是"直观化的实验"，它使有关体验内涵的构成阶段，即那个包含在此体验本质中的阶段被直接直观到，或者，例如在比勒（Bühler）的思想实验中，他试验了对含义相对于仅只被意指者和所有图像表象所具有之本质的现象学明察。① 只需再提几个例子就够了，例如在卡茨（D. Katz）关于颜色的显现方式的研究中，在彦士（E. R. Jeansch）关于视觉空间的研究中，在林克（P. Linke）和魏尔特海谟（M. Wertheimer）关于运动错觉的研究中，在阿赫（N. Ach）关于意志行动的研究中，在米滕茨威（K. Mittenzwey）关于抽象的研究中，在施通普夫和克吕格（F. Krüger），尤其是科勒（W. Köller）关于声音音质的声学研究中可以找到相当多的或属于心理之物现象学，或属于质料现象学，或属于最简单的物理现象之现象学的篇章，它们可以在最大程度上丰富我们的现象学认识。当然，这些研究者——施通普夫是个例外，他将现象学严格区别于心理学，但由于他将现象学限制在被他称为"感性的"现象上，从而过分地束缚了现象学——大都缺乏对现象学研究之统一性的清醒意识，以至于现象学的东西在任何地方都没有能够鲜明地突出于经验确定以及随后对这些确定的解释。而且除此之外，现象学的结论往往看上去好像是归纳意义上的实验结果，好像是顺带地流入研究之中。然而，这种做法并没有妨碍这两个部分深入相互促进。同样不会妨碍这种促进的是，许多属于关于物理现象的感性被给予性现象学（并因此而属于感官生理学的现象学奠基）的东西在这里显现为"心理学"，而被研究的现象却并没

---

① 也可参阅迈瑟（A. Messer）《感觉与思维》，莱比锡1908年版。

有在被体验到的自我关系中被给予。其原因恰恰在于，那些研究者们以为在不引入自我事实和自我概念的情况下就能够划定心理之物的领域，却因此而不仅误识了心理学的特殊任务，而且也误识了一门肉体生物环境的现象学之问题的整个广袤和统一，感性现象的现象学只是这门现象学的极小一部分。

除了这些影响之外，现象学对几位年轻的**精神病医生**所产生的影响尤其令人兴奋，并且它还强烈地反作用于现象学哲学本身。要考虑的正是那些或多或少强烈地偏离了正常的内、外感知和表象之对象以及情感作用和行为的**错觉构成物和幻觉构成物**的对象性，对于相关的正常复合行为及其对象的本质构造以及它们的本质必然建构来说，这种考虑常常会提供最令人吃惊的明察。在这里，陌生心灵生活和陌生行为的**理解**和**解释**之间的本质关系也在很大程度上得以明晰，对陌生人格和陌生意识之被给予方式的现象学的问题解决同样也得到极大的促进和支持。我的研究《论同情感的现象学和理论以及论爱与恨》，雅斯贝尔斯（K. Jaspers）的研究《错觉分析》《在心理病理学中的现象学方向》《早期精神病人的命运和精神病之间的因果关系与理解关系》，施贝希特（W. Specht）的研究《错觉和幻觉的形态学》，此外，还有我的两篇短文《论自欺》《论所谓养老金歇斯底里的心理学》[①]，这些研究都可以被称为对上述关系的更细致的深入探讨。

### 三、"现象学论争"

威廉·冯特（W. Wundt）在几年前曾对埃德蒙德·胡塞尔的《逻辑研究》做过一个有趣的批评。这里只分析这个批评中的一点，因为有关的表述代表了对这些以单行本形式发表的现象学研究很容易产生的一个典型误解。冯特指出，他在读这部著作时常常注意到，它的作者实际上从未说过被研究的对象**是**什么，例如一个判断、一个含义、一个愿望等是什么。毋宁说，它的作者在大段的阐述中首先始终只说它们**不**是什么，也就是这样一类命题："判断不是表象+承认，不是表象联接或表象分解"，等等，而在这些命题之后紧跟着的是一个**同语反复**，例如"判断——就是判断"。

冯特的这个意见本身是一个有趣的现象学例子，它可以表明，一个话

---

[①] 后两篇文字可参阅《病态心理学杂志》1911年第1期，以及《社会科学与社会政治文库》1913年第36卷第2期。

语可以为真,但同时又完全不可理解。的确如此,许多现象学阐述——不仅是胡塞尔的——都具有冯特在这里所描述的进程。由此可以得出什么结论呢?结论是,必须从一种完全**不同的观点**出发来阅读一部现象学著作,这种观点与冯特所持的观点不同,后者对于那些想要传诉观察和描述被观察者,或想要归纳和演绎地证明某种东西的书来说,实际上是必要的。如果在一部具有上述意图的书中存在着如此多的否定并且结论是一个同语反复,那么,人们对它的评价当然不会比冯特对《逻辑研究》的评价更有利:它应当被扔到火里去!但冯特未注意到的恰恰是现象学阐述的可能意义。这个意义仅仅在于:**使读者(或听众)直观到**某物,这个某物就其本质而言仅仅只能被直观到。对于这个某物的被直观,在这部著作中出现的所有命题、所有推论、所有可能深入的暂时定义、所有暂时描述、所有推理环节和证明,都只能具有指针的作用,它们指向被直观者(胡塞尔)。但在这部著作中,被直观者本身却永远不会出现——不会在它的任何一个判断、概念、定义中出现。在这部著作中,这个 X 是必然的,这部著作中的一切都仅只围绕着这个 X 在转圈子,直至"同语反复"向读者指明:如果现在向那儿看,你便可以看到它!这就是被冯特认为是单纯"同语反复"的东西所具有的意义。

同样可以理解,在这个终极指明之前,会有各种**否定**出现。它们的作用在于,通过对一个现象所涉及的诸多可变复合以及对所有涉及这些复合的因素的逐渐排斥,而从所有方面来对这个现象划界,直至没有任何东西留存下来——除了**这个现象本身**:正是它本身在所有可能的定义企图中的不可定义性,才表明这个现象是一个**真正的"现象"**。在一部实证科学的著作中包含作者本人所看到的东西——这是可能的,因为对象在这里并不是自身被给予的,而始终仅仅是作为一个通过**某些**关系而与其他对象相连接的对象才得到研究的。在一部现象学的著作中则永远不会如此——之所以不会,是因为要通过它的所有命题、概念、等等,对象才会被直观到。因此,作者只能进行划界,进行剥离,只能进行纯化并且拒绝所有过早的定义(通过证明这是循环)。即使是那些立即清楚地"作为"图像而给予自身的那些图像,即不是那些在私下遮蔽实事的"隐秘"图像,由于它们相互限制对方,在这里也可以被用来达到直观的目的。

当然,由于现象学研究具有最特殊的认识目的,这样也就产生对如此被认识者之**传诉**的可能性和方法的最特殊问题,被认识者不应在传诉的过程中受到遮掩。一门哲学，如果它公开地或——在大多数情况下——隐蔽地以此前设为出发点，即认识的课题仅仅在于那些可以在单义的象征中"谈论"的东西，可以向任何一个人进行社会传诉的东西，可以对其进行"论争"的东西，或者它甚至以此前设为出发点，即"对象"——这个声音复合——与那个**可以被**许多个体通过象征而"**认同**"的东西是同义的，或者，"对象"就等同于那个有可能对其做出"**普遍有效**"陈述的 X——对于任何一门这样的哲学来说，上述现象学的问题当然是不存在的。但对于这种社会契约论来说，也许会存在着另一个问题：是否在所有这些"说语者"的某一个说话者那里，话语的**意义**都**在一个被给予之物中**得到充实；如此获得的对象世界是否不是一个完全无明察、无认识，然而普遍有效的约定神话（fable convenue）；这个——形象地说——支票生意和大话行当究竟能否兑现！现象学原则上拒绝对对象观念的那种歪曲：这种歪曲首先通过象征而向对象递去那根可认同性的跳绳，然后去证明它就是这样一个对象。这是从对象的本质中推导出可认同性，而不是从可认同性中推导出对象的本质。更不能推导出一个有可能受到普遍有效陈述的对象，或受到所谓在任何情况下"普遍有效的和必然的表象联结"的对象。这是唯一能使一个随意的、无对象的、无结果的契约与一个认识区别开来的东西。哲学命题也具有其特别的道德激情。而真切无疑的是，现象学哲学是所有一蹴而就的大话哲学的对立面。在这里，说得少，沉默得多和看得多——包括世界的或许不再可谈论之物。世界存在于此，它可以通过单义的象征而被标识，借助于这些象征而被排列和被谈论，在它进入这个话语中之前，它是"无"；这些与世界的存在和世界的意义关系甚微。

因此，对象的本质和存在（它也可以是行为存在以及价值存在和对立存在）的本质绝不排斥这样一种可能：例如唯一的一个人在其唯一的行为中使某物成为自身被给予性；它也不排斥这样的可能：一个特定对象只能够被给予**一个人**。它不排斥某物对一个个体而言的真与善。也就是说，它甚至本质上是**个体有效的，但仍然是严格客观的和绝对的**真理和明察。只有主观主义将对象融化在可认同性中、将真理融化在"普遍有效陈述"中、将真正的明察融化在判断必然性（它的本质是否定性的）中的做法才会排斥上述可能。

但同样，在普遍有效的真理问题上，在对个体有效的真理的理解中（尽管这种有效性是个体的有效性，对它的理解也始终是可能的），对现象学问题的阐述之可能也未被排斥。现象学的对手们乐于做出此种声称,不是为了反驳现象学家,而是为了使他沉默。因为很明显的是,如果一个被 A 直观之物是一个**真正的本质**,那么这个被直观之物也应当是可以被任何人直观到的,因为它也本质必然地包含在所有可能经验的内涵之中。问题只能在于,在 A 试图向 B 指明那个某物之后,B 却声称他看不见,那么这该如何解释?这可以有不同的原因:A 认为直观到了某物,而事实上他例如只是自身观察到了它;他在现象学的意义上弄错了,他在不具有明察的情况下误以为拥有明察。此外,他的指明方式可能是糟糕的和不足的。B 可能没有理解 A。B 可能自己在现象学的意义上"弄错了"。这里没有"普遍的批判标准"。这个标准只能随情况而定。

当然,由于"现象学的论争"事关非象征性认识,但对此认识的传递和组构又必须使用象征,因而对这个论争的调解较之于对有关事物的论争的调解要困难得多,后者作为单纯的充实可能性已经受到象征和契约的规定。现象学的论争要更为深入和更为彻底。对象征的使用的意义在这里原则上不同于在实证科学中,实证科学是以或多或少随意性的定义为始的。但现象学论争并不是不可调解的——除非像在个体有效的真理那里一样,论争变得毫无意义,唯一有意义的行为更多地在于**理解**:此为真或为善,这仅仅是对于那个也持此主张的人而言。

## 四、现象学哲学与认识论

### 1. 认识论的界限和任务

在一个本质要点上,在现象学哲学与所谓"超越论"认识论的不同学派之间存在着深刻的相似性。它们的操作方式具有如此的属性,以至于它们的结论完全不依赖于人类本性的特殊组织,甚至不依赖于行为载者的事实性组织,不依赖于他们所研究的"关于某物的意识"的载者的事实性组织。因而,通过对所谓"现象学的还原"(胡塞尔)的进行,我们在任何一个真正的现象学研究那里都可以将两个事物排斥不论:一方面是**实在的行为进行**和它的所有不包含在行为本身的意义和意向朝向中的伴随现象,以及它的**载者**的所有属性(动物、人、上帝);另一方面是**所有对实在性系数之特殊性的设定**(信仰与不信仰),这些系数的内涵是随着这个系数一同而在自然直观和科学中**被给予的**(现实、假象、臆想、错觉)。然而,这些系数本身以及它们的本质在这里始终是研究的对象；被排斥的不是它们，而是在明确的或含糊的判断中对它们的设定；被排斥的也不是它们的可设定性，而仅仅是对它的一个特殊样式的设定。只有那些我们在此之后还能直接发现的东西，即在**对这个本质的体验中**直接发现的这个**本质的内涵**，它们才是现象学研究的实事。

我们在行为本质和在行为的本质"**奠基**"方面所能够分别发现的东西，例如感知和回忆，它们不依赖于它们载者的特殊组织，并且不会随这个组织的变化而变化。在**行为**本质和**内涵**本质之间的本质联系，例如在看与颜色之间的本质联系也是如此。这样，我们便可以发现一个**精神**的结构联系，这个精神从属于任何一个可能的世界，但又——尽管我们可以在人身上研究它，就像能量守恒原理也可以在人身上得到研究一样，甚至我们还可以像罗伯特·迈耶（Robert Mayer）那样在人身上发现它——完全独立于人的组织。例如，它使我们能够创造出一个"上帝"的观念。而在**内涵**方面，我们可以发现从属于一个世界的本质和联系的结构，对于这个结构来说，我们人类世界的或我们经验环境的所有经验事实都只具有实验性的意义。但这个**世界**结构和这个**精神**结构在其**本身**的所有部分中都构成一个本质联系，并且不可能将世界结构看成精神所有进行的一个单纯的"构形"，或者看成我们对一个世界之经验的规律或通过精神一般而进行的经验之规律的单纯结果。在这里，甚至连"自我"也只是世界的一个对象——"内部世界"的构造物，但在任何意义上都不是世界的条件或相关物。

在最仔细地进行了现象学的还原之后，那些作为本质性和作为本质联系而表明和显现出来的东西，通过任何可能的经验研究，通过任何观察、描述、归纳、演绎和因果研究，是无法得到证实和得到反驳的，但它们必定在所有经验确定中受到关注。

但在这里，那种使真正的本质性和本质联系得以被直观的方法是这样一种方法：假如问题在于，一个在先被给予性是否一个**真正的本质性**，那么明见无疑的是，如果在先被给予性是这样一种本质性，那么任何一个"观察"在先被给予性的企图都会因此而是不可能的，因为——为了赋予这种观察以朝向客体及其实事状态的方向——对一个在客体上的在先被给予之物的实验直观已经**被前设**了。"某物是一种颜色""某物是空间性的""某物是活的"——这是无法被观察到的；但可以观察到，**这个**有颜色的

现象学与认识论（1913/1914年）

表面是三角形的，这个物体是卵形的，这个活的生物有四肢。如果我试图观察前者，那么我会发现，为了划定可能的观察客体的范围，我只能这样来进行划定，即我观看这个已经被直观到的**本质**的一切。另一方面，如果问题在于将本质性区别于单纯的"概念"，那么本质就是所有那些不可避免地纠缠在一个定义的尝试之中以及从实事本身出发而纠缠到一种**循环**定义中的东西。一个本质性本身作为纯粹何物性在这里自身**既不是一般的，也不是个体的**——概念才使它获得它与对象的关系的意义，即这个本质性是在许多对象那里显现出来，还是在一个对象那里显现出来。因而在这个意义上也存在着个体的本质。但是，我在确定事实性关系的企图中必然已经在利用对在先被给予的联系的直观，通过这种方式，一个本质联系证明它自身不同于任何其他的事实性联接；任何一个证明的企图都不可避免要将在先被给予之物作为证明"所依据"的规律来加以**前设**，或者说，陷入一个循环证明之中，而在所谓的因果联系那里，是陷入循环解释之中，通过这种方式，一个本质联系又证明它自身不同于因果可推论的联系。

在这个意义上的本质联系和本质性现在始终具有本然的**存在**（ontisch）含义。而在这个意义上，**精神和世界的存在论要先于**所有认识论。

只有当现象学的还原根据确定的次序一部分一部分地重又**受到扬弃**，并且提出这样的问题：现象学的被给予之物或现象学的可给予之物必须根据行为载者的事实性组织以及根据它们的特殊认识目标而经历哪些选择；对于有关的对象种类来说，存在着哪些此在**相对性**和此在绝对性的次序，并且它们建立在行为载者的哪些基本特性的基础上——只有这时，**认识**问题以及**评价**问题才从中产生。只有当行为载者（例如人）本身的基本特性是建立在本质性的基础上（如有限的精神、生物一般），而非建立在经验规定性（如感觉的刺激阀、人可以听到的声言范围）的基础上时，研究才属于认识论——它区别于认识技术和方法论。只有这样，下面这些问题才会属于认识论，例如，相似性是否与同一性和差异性一样从属于绝对此在的对象，或者它仅仅从属于此在相对于（daseinsrelativ）生物而言的对象；空间性是否与纯粹广袤的红的质性一样是绝对被给予的，或者它是此在相对于生物的外感知而言被给予的。

认识论因而是这样一门学科，它不先行于现象学，或者说，它不是现象学的基础，而是一门**后随于**现象学的学科。在其最宽泛的范围中，这门理论也不在"理论"的意义上局限于认识，而是一门**对客观存在内容一般**

· 103 ·

进行把握和思维加工的学说，例如是一门关于**价值把握**和价值评判的学说，即评价和估价的理论。但任何一门这样的学说**都是以现象学对被给予性的本质的研究为前设的**。认识与评价也是"关于某物的意识"的特殊形式，它建立在关于**事实**的直接意识之上，这些事实是在意识中自身被给予的。就此而论，认识——如果对这个词的使用合乎意义——始终与在思想中**对被给予之物**的单纯再造和选择有关，但永远与制造、构形、建构无关。任何认识（Erkenntnis）都不能没有先行的认知（Kenntnis）；任何认知都不能没有**实事的先行自身此在和自身被给予**。任何一门主张对象是在认识方法中才受到规定，甚或才被制造出来的认识理论，都是一种与认识的明见意义相悖的东西。任何一门"认识论"的情况也与此完全相同，只要它在现象学对精神和实事被给予性进行检验**之前**以及在独断论对某一个独立于认识的实在世界之前就想决定一种认识及其如何（Wie）的可能性。那个早已有之、新近又被尼尔逊（Nelson）尖锐地表述出来的指责是无可反驳的：任何一门这样的认识论都包含着这样一个循环，即为了它所须做到的对一个认识能力的认识，它预设了认识的可能性和认识的某一特定种类。

但这样一种做法可以是有意义的，只要认识论仅仅被理解为一门关于在判断意识意义上的思维意识与通过**前逻辑的本质**被给予性及其联系而**已经被结合在一起的**世界统一性之间的关系——同时，这个世界的某个经验现实属性在这里没有被预设。这样，认识论的特殊任务便在于表明，那个在被给予之物中作为逻辑工作之**起点**而起作用的东西，同样适用于所有对象领域和所有认识种类。但被给予之物本身并非仅仅"作为"可能思维的起点而被给予（或作为问题）。而同样不无悖谬的是，一方面承认刚才所说，即思维［例如像海尔曼·科恩（H. Cohen）从他的立场出发所坚持主张的那样］不是简单地发现了一个完全未划分的"非是"（仅仅作为所有"问题"的总和），对被给予性的"描述"必须先行于对问题的提出——但同时又主张：应当受到"描述"的被给予性必须被看作已经处在——尚待获取的——"超越论"思维规律的统治之下。尽管十分令人欣悦的是，像尼古拉·哈特曼（N. Hartmann）、埃弥尔·拉斯克（E. Lask），以及在根本有所偏离的意义上理查德·荷尼希斯瓦尔德（R. Hönigswald）这样一些出色的研究者也愿意承认现象学的一个特有领域，即愿意在认识论本身的范围内予以承认，但他们看上去还没有完全弄清，一旦他们做出这种原初对于他们本己的出发点来说是陌生的承认，他们也就丧失了使批判的认识论先行于现象学的权利。① 因此，这个令人难堪的"非是"（μη ον）仅仅作为一个由对象范畴在它本身之中构造出来并加以排列的东西而被移置到对判断意识的"被给予之物"的领域之中——但它没有被认识为是一个错误起点的荒谬结果；在这里，认识理论仍然作为再造而在判断意识及其对象之间得以保留。只有那种原则性的明察，即所有批判标准问题都至少要以对那些构成批判标准的东西之观看为前设，才能帮助人们摆脱这些半途而废的立场。

可以说，认识论始终是繁复众多的独立问题。它可以转而为各种科学群组提供基础，并且将其被给予性和基本概念时而与自然世界观（科学始终保持着它的"形式"）的相应事实领域相联系，时而与有关事实领域的经过现象学还原的内涵相联系，但在此之前，认识论首先必须一般地澄清在任何一门认识论中得到使用的**认识标准**。

### 2. 认识的标准

任何"认识"的绝对标准是并且始终是事实情况的**自身被给予性**——在被意指者与完全如同被意指的那样在体验（直观）中被给予之物之间的明见相合性中被给予。有关如此被给予的某物同时是绝对的存在，一个仅仅是这样一个存在、这样一个纯粹本质的对象在观念的程度上是**相应地**（adäquat）被给予的。这就是说，所有在自然世界观和科学中作为"形式""作用""方法""选择因素"等，同样作为现时性、行为方向而起作用并因此在这里**永远不会被给予的**东西，在现象学直观中是在一个纯粹的、无形式的直观行为作为部分内涵**一同被给予的**（mitgegeben）。一个对象，它只能在这样一种纯粹行为中被给予，以至于在行为的纯粹观念与对象之间不存在任何形式、作用、选择因素、方法方面的东西，更不存在任何在行为载者的组织方面的东西，恰恰是这种对象，它才是并且才叫作**"绝对此在"**。

与此相反，所有那些本质上只能在一个具有某种形式、质性、方向等的行为中被给予的对象则是相对的，即**此在相对的**。它们就那些本身重又本质地从属于形式的认识行为之载者而言是此在相对的。认识这个概念在与对象概念的对立中已经预设了某个生物组织的载者的存在。认识内涵在

----

① 这一观点在恩斯特·卡西尔（E. Cassirer）对拉斯克的最新论述所做的批评中也非常恰当地显露出来。

完全相应性和最完全的还原的情况下连续地过渡为自身被给予性的内涵。然而，两者始终又是有差异的，因为认识永远不能成为对象在自身被给予性中被给予的自身存在。

但是，尽管对象种类的**此在相对性**绝对有别于此在绝对性，它仍然构成一个可以在对于所有对象种类而言的，尤其是对于知识论的所有对象和各门科学的所有对象而言的认识论中的**阶段区域**。在这个阶段区域的认识中，认识论可以发现一项具有几乎不可估量之范围的巨大任务，这项任务至今为止尚未以精确的方式被探究过。各个阶段的区别在于，较为相对的对象被束缚在越来越不确定，并且根据其本质而单方面受其他本质性奠基的一个组织的载者之上，同时，我们可以将上帝的观念作为对所有绝对对象的相应认识之载者的极限概念来加以运用。我们可以确定，例如哪些对象完全是相对于有限的认识载者的，并且向诸如"相同性"对象、"规律"对象（首先是等同于作用的依赖性的规律，而后是在时间顺序意义上的因果规律）提出这个问题，向那些作为感知事物永远无法自身被给予的事物的形式，向内感知和外感知的形式差异，向空间性和时间性，向真－假差异等提出这个问题。例如，"上帝"也需要"规律"吗？或者，对于一个进行大全直观（allanschauend）的生物来说，这些规律可以被撇在一边，它们只是对于有限生物而言的特殊对象？或者，规律，更确切地说，规律的某个特定变种，例如，机械因果规律的某个特定变种只是对于那些本身是生物并且具有身体的认识载者来说，甚或只是对于人类组织这个类型的载者来说才成为特殊的对象？纯粹唯名论便持此观点，它甚至将这些载者看作一种人类感性感知的积累并且认为它们可以被一批（只是不经济的）感性感知取代。这些例子可以看出：在这些问题之间有着细微和丰富的差异，可惜我们不能用一个例子来说明这些问题应当如何确切地被提出和如何确切地被解决。即使对于每个数学对象，对于集合、群、数，对于几何学对象，我们也只能根据相对性阶段来提出问题，然后才有可能决断柏拉图所说的"神的几何学"是否合理。

在这里将会表明，提出这样一个问题尤为有益，即什么东西对于**生物一般**，并且仅仅对于生物一般，更确切地说，对于某一个是"生命运动"和"生命形式"［身体性（Leibheit）］本质的载者的事物，是**此在相对的**？尽管如此，这样一个对象王国——我们有充分的理由将它们看作机械物理学和严格联想心理学的整个对象领域——仍然可以完全独立于人的生

现象学与认识论（1913/1914年）

存及其事实性组织。由于"生命"本身不是一个经验概念，而是一个可直观的**本质性**，正是在某些对象上对此本质性的直观，才使我们将这些对象归属于有机体王国——因而这种本质性先天地屈从于这个存在领域的质料本质联系——这样一个对象王国也可以独立于所有地球生物和特定有机生物一般。这个对象世界的观念内涵，即这样一种完善的科学可以完全独立于我们的感性组织而存在于此，并且原则上可以翻译成感性组织的所有可能语言——但这整个对象世界并不是决定的存在，也不是就一个在康德意义上的纯粹超越论的知性而言的此在相对的存在，而是就一个可能生命一般的基本活动方向而言是相对的。这整个"世界"不是在上帝的眼前消失，而是在一个有限的认识载者（我们想象已经将它的身体完全还原）的眼前消失。

就对此在相对性各个层次的这一规定而言，在越来越宽泛的此在相对性方向上，原则上不存在确定的界限。所以我们要强调那些**对一个正常的人类组织而言是此在相对的**对象种类，在它们之中包含着人的自然世界观的所有内容：天上的太阳和月亮这些可见事物，或者，所有正常的错觉对象，如四边形中较长的垂直线。我们被迫在这个方向上继续前行。有些对象对于特定的种族是此在相对的，它们建立在对世界内容、对内部世界和外部世界的特殊**理解形式**的基础上，这些理解形式尤其在语言构造现象学中传达给我们；体验的结构局限于特定的文化时代，它们统一地管理着这个时代的文化知识，并且，人们可以在这些文化知识中发现它们。威廉·狄尔泰及其学派以其前瞻性天才希望建立一门作为所有文化科学之基础的**现象学世界观学说**，这种学说只有在与此相关的现象学研究的基础上才能获得其精确的基础。对象和那些与它们相符的相对于男人和女人而言的体验结构，还有那些内感知和外感知的对象也可以如此得到证明。我们最终例如在一个幻觉对象中发现一个对象，它是相对于一个在特定时间内的**唯一个体**而言的对象。我已经在另一篇文章①中指出，这一考察也有必要针对各种价值进行。

很明显，对象的相对性根本与那个通常是"**主观地**"被指称者无关，就像这整个学说也与心理学毫无关系一样。此在相对性的这个阶段序列同样对内部世界和自我观察的对象以及自身体验和陌生体验的对象有效，正

---

① 参阅我在《伦理学中的形式主义与质料的价值伦理学》中的论述。

如它对外部世界的对象或宗教对象有效一样（例如，现实的感觉与感觉幻想和感觉幻觉，臆想的痛苦与现实的痛苦）。心理学家受制于他的文化时代所特有的内部世界的体验结构，正如自然研究者也受制于其文化时代的外部世界体验结构一样。17、18世纪的联想心理学连同机械论自然形而上学的统治一起，都是这个时代的世界体验所具有的、可以从现象学上确切把握的结构的结果，同时又可以表明，与这个结果相符合的是这个时代的机械论-个体论社会观和历史观以及表现着在自然神论者的体验中的宗教对象世界的形态。

因此，十分重要的是，在贯彻对象的此在相对性学说的过程中，对于**人类组织**的相对性并不起特别突出的作用，而仅仅构成一个穿越点。尤其是任何一门将所有可认识之物局限在相对于人类组织，甚至完全相对于所谓超越论知性的对象之上的学说（例如，任何一门不可知论，也包括康德的关于"物自体"和人类直观形式的学说，更确切地说，是建立在此学说基础上的对假象-现象-质料-物自体的划分），都是明见地无意义的。从就其本质而言完全可认识的绝对对象（这里对这些绝对对象在何种相应性程度上可认识的问题置而不论），直至例如被幻想的对象，所有质料实事领域的对象所具有的此在相对性阶段都可以在各种间隔中**得到层次上的划分**。因而在这个意义上，根本不存在"认识的界限"，而仅只存在着相对于某个行为载者的特定认识种类和认识数量而言的认识的界限——在这里，这个认识种类本身在现象学上的可证明性、一个不是在同一意义上和同一阶段上的"相对"认识，最后还有对那些构造着行为载者的本质性的绝对认识，它们都始终已经被预设了。

所以，那些仅仅是"相对的"东西永远不是严格的意义上的认识，而只是认识对象的**此在**和认识的**界限**。它们，即"这些界限"，而非认识，或多或少是相对的。所以人的**自然世界观的"界限"** 从其内涵来看肯定是存在的。它们的对象被我们称为"周围世界"（环境），在这些对象中，例如，不包含着任何一种我们从物理学那里所学到的射线种类。因而这个自然对象世界的特殊内涵永远不能被看作那种必须为科学所关注的被给予性。甚至**科学的"事实"**——不仅是它的"事物"，原子、离子、电子、常量、力、规律——也永远不会包含在自然世界观的事实中，或永远不会像老经验主义所认为的那样，从自然世界观的事实中"抽象"出来。它们是新而又新的"实事状态"，它们从所有那些被还原为实事状态阶段的和现象学的事实中选择出来，这种选择是根据特定的、有关科学所特有的选择原则来进行的。这些选择原则当然永远不会规定那些实事状态的内涵，却可以将这些实事状态作为"观察者"的内部规律加以规定：哪些实事状态会成为这门或那门科学的事实，诸如，哪些与颜色有关的实事状态会成为颜色物理学的事实，哪些会成为颜色生理学的事实，哪些会成为颜色心理学的事实，哪些会成为颜色观看史的事实。科学在任何时候、任何地方都不会以所谓"感觉"为出发点，好像它必须为感觉寻找原因一样；相反，科学始终以**实事状态**为出发点。在这里，感觉本身只是一个唯一归属于科学解释的事实。科学同样也不像老经验主义所认为的那样，以周围世界的内涵为出发点，毋宁说这个内涵对于生物学而言也完全是"问题"和"含糊"。正因为可以解释，我们为何例如恰恰将天上的那个视觉可见事物连同它的所有特殊特征看作太阳，所以，这个自然事物所具有的任何"特性"才不能被看作事实，即作为被给予之物而可以被科学用来进行解释的事实。这个事实相反倒是一个科学所解释的事实，正如科学例如要解释彩虹一样。

如果在将自然世界观内涵以及自然语言（它的特殊性又是历史哲学所要解释的）的统一性作为科学"事实"的容器而加以反驳时，马堡学派的代表人物所指的就是这些，那么他们肯定会得到我的赞同。但他们并不知道，在自然世界观的事实以及相对于特定科学的事实的彼岸还存在着一个**纯而又纯的事实**领域，这些事实构成一个层次分明的王国——它根本不含有"混沌"（Chaos），更不含有"感觉"——，自然事实和科学事实应当被看作从这些事实中挑选出来的。他们错误地认为，科学事实是在研究的进程中才作为任务、作为一个须受到规定的X"产生出来"，它们是研究的"终点"，而它们的整个内涵都取决于一个充实作用，即一个无层次的"混沌"对面临的"问题"（Probleme，Fragen）所行使的充实作用。在这里，问题本身的起源当然还完全没有被理解——但科学的逻各斯披着造物主尊严的外衣出现，原则就是范畴，对"未被规定者"的规定，对那个带有"规定性"而且也缺乏生存的"非是"的生存化（Existentialisierung）和"设定"便是根据这些范畴进行，但它们本身只有在还原的道路上才能表明自身是有关科学的"前设"，甚至是有关科学的"基础"，除此之外，没有其他的证明途径。

这个考察在这里忽略了这一点，即所有这些**结构和形式**都独立于判断意义上的思维以及独立于纯粹逻辑之对象与原则，它们相对于纯粹逻辑的对象和原则来说是完全偶然性的东西，依附于**自然**世界观的对象领域，这些结构与形式同样也进入**科学的**对象世界之中，同时不会对它们的本质有丝毫损失。事物、作用、力量、因果性、现实-不现实、空间和时间，在其中划分出自然直观内容，即周围世界（如生物、死物）的自然语言（它可以在定义的含义内涵发生变化——如天上的太阳和天文学的太阳——的情况下保持不变）语词的意义朝向，所有这些都完全保留下来。而科学永远也无力解释这些形式和结构。它所"解释"的只是**人**的环境的特殊内涵，例如它相对于各种动物种类环境之特殊内涵而言的特殊性——但它永远无法解释恰恰不是相对于纯粹思维和纯粹直观而言，而是**相对于生物**而言的**环境**结构一般。原子与那张椅子一样是"躯体事物"，并且与此物和彼物一样是由这些层次所构成：可见事物、可把握事物、物质性、相斥性、空间性、时间性——完全不依赖于我们是否根据我们的感官界限来感觉它们。这是一个躯体事物，而不是一个概念。生理学所陈述的那种感觉，即感觉具有强度和质性，这种感觉是一个真正的、带有特性的事物，即使对它的设定还是这样一种假设。而科学所具有的最细微的力量概念的对象在自身中所包含的作用现象，与我们在自然世界观中面对坠落在岩石上的瀑布时所看到的作用现象是相同的。任何"规定"、任何概念定义、任何在"假设性地被给予"和"被观察"之间的区别，都丝毫不会改变这两个对象种类的结构和构建的同一性。并且，这种同一性永远不会消解在逻辑学和数学中。实在科学本质上始终区分于观念科学。

但是，对**观念对象**（尺度、连续、数、空间形态）的自然直观和关于这些观念对象的科学、实证数学——它完全不同于数学哲学，即不同于有关数、量、集合、数值等的本质学说——，不仅仅是对**同一种**对象的认识，而且自然直观与科学直观一样，也是根据被给予性的**同一种**本质联系和奠基规律来进行的，尽管数学在规定性和外延方面无限地超过自然直观。从纯粹逻辑学的观点来看，它们的所有对象都是偶然的。与此相同，也存在着建立在"符号"本质和象征作用本质的基础上的严格规律，这些规律在自然语言中同样可以得到充实，并且这种充实并不亚于在学者们以约定为本的术语中所得到的充实——而它们并没有受到任何心理学的"解释"。

因而，自然世界观和科学世界观的对象世界之区别并不在于那些形式和结构，而仅仅在于这两方面对象的**内涵**和它们的**此在相对性阶段**。自然世界观的对象的此在相对性是相对于**人类**组织——根据那些对象的现象学内涵而言的。这正是这个"世界观"的狭隘和有限所在，它本身只是又再给出这样一些东西的框架，这些东西将男人、女人、种族、各个时代文化统一体的体验结构纳入更高的相对性阶段的对象中。但在这种相对性的每个对象的内涵之"充盈"以及在与此相符的认识"相应性"之"充盈"方面，自然世界观要无限地丰富于科学世界观。同时，自然世界观本质上是一个人类"**共同体**"的直观，我们将一个人类团体定义为这样一种共同体，它们之间的相互理解建立在对它们的身体表达的表述统一的单纯直观的基础上，以及建立在奠基于此感知上、对在这种表达中被意指的实事状态的共同意指的基础上，并且，这种建立不依赖于对它们躯体、运动和特性的观察，不借助于从这些被观察者中得出的结论。所有人造的术语和所有关于契约的约定本质上都以此"理解"以及以整个团体生存的共同性为前设。自然语言在这里是这种自然表述的最重要种类，自然语言的语词和语句是自然表述的统一，并且是对这种表述的划分。

与此相反，科学的世界观察朝向那些并非相对于人类（homo）组织而言的对象，而可以——与所有可能的活的组织和其组织差异有关——被看作"绝对的"对象。因而，它们的此在和属性既不依赖于人的特殊感官组织和运动组织，它们对人的躯体的作用对于所有人的感觉和可能的运动意向来说也不具有刺激值，这种作用与对其他躯体、对感觉的作用一样，严格遵循着同一种规律。正因为如此，同一种对象不仅相互作用，而且还根据同一种规律作用于所有其他生物组织的躯体。当然，对于它们的感觉和运动行为而言，这种作用带有完全不同类型的系统和刺激值。它们原则上也可以根据自然世界观的形式原则和结构原则以及根据逻辑学和数学，从**任何一个**组织及其特殊的感官机构和运动机构中被获取，并且可以被翻译为任何一种感官语言。我们原则上可以获得关于太阳和行星的知识，即使天空始终被云层遮蔽。我们今天知道有许多超感性的和潜感性的实在，它们的作用对我们的感觉不具有任何刺激值，例如，力学是建立在电子学的基础上，而电子学所探讨的东西对我们根本不具有刺激值；与此同样确定无疑的是，物理学对象的作用对我们具有刺激值，即使它们偶然不具有刺激值，我们原则上也可以认识它们。但所有这一切都不排斥这样一种可能：这个总的对象领域对于身体和生命，对于一个感觉和一个感性，以及对于生命运动**一般**是此在相对的。但由于这些概念，如现象学所指出的那样，是真正的本质性概念，而不是对世俗有机体的经验抽象，因此，整个物理学和化学世界的此在并不是必然地束缚在这个世俗有机体世界本身的此在之上，但它们始终束缚在关于生命本质的对象的此在之上。

所有这些，构成了科学世界观的广阔性和无限性。科学将我们从人类周围世界的限制中解放出来。但是，科学的世界观在认识的相应性方面和与此相符的对象内涵的"充盈"方面始终是相当落后的。毋宁说，它在何种程度上克服对象的狭隘性，克服对于特殊人类组织的相对性，它也就在同样的程度上是**单纯象征性的**。

我们注意：认识的**相应性**和不相应性是认识的一个尺度，它一方面**不依赖于**认识对象的**相对性**阶段，另一方面不依赖于所有关于对象之判断的**真**与假以及不依赖于在纯粹的和所谓"形式的"逻辑之意义上的判断正确性。任何意指行为之相应性的一个界限以及与其相符的对象的绝对充盈在于对象的绝对**自身被给予性**。这同样也对所有带有图像内涵和含义内涵的行为有效；后一种行为也不是纯粹符号性的，而是能够通过无图像的并常常在此意义上被称为"非直观的""含义"而得到充实的。任何意指行为的另一个界限是这个仅仅是意指性的行为的绝对不相应性，对象作为"**仅仅被意指的**"对象，作为一个符号或象征的单纯所属的充实而存在于此对象之中。所有相应性的可能程度都处在这两者之间。如果这样一个相应性的程度只有通过对许多行为的比较才得以可能，在这些行为中，同一些对象带着不同的充实程度而被给予，那么，每一个行为天生都会获得一个特定的充实和一个特定的充盈。

首先，对象的相对性阶段完全不可能回归为绝对对象在其中被给予的单纯的相对性区别和与此相符的充盈差异上；或者反之，也不可能将具有更丰富之充盈的对象规定为一个在对象的相对性阶段中更接近于绝对对象的对象。这两个认识标准毋宁说是完全**独立可变的**——只有在自身被给予性中，绝对对象与被给予性的完全相应才是一致的。因此，例如一个仅仅对于**一个**个体而言的相对对象，如某个强迫观念或某个幻觉的对象，原则上同样也贯穿于相应性的所有等级，并且在所有充盈等级中都是当下的。①

---

① 直至自身被给予性，在自身被给予性中，"我幻觉这个对象"连同其所有直观特征的充盈都成为完整对象。这样，这个对象便是"绝对对象"。

# 现象学与认识论（1913/1914 年）

幻觉的个体可以在一个被幻觉到的椅子上注意到和关注到这个或那个特征，可以或多或少地从它那里获得直观，甚至还可以在看和摸的过程中或深或浅地进入属于此对象的可见事物与可摸事物之中。在相对性的所有阶段上和在对象领域的所有质料种类方面都是如此。阿波罗和宙斯是相对于希腊民族而言的宗教对象。但在希腊人中，对这些神祇之直观相应性的程度肯定各不相同。对这些神祇之神性的充实相应性的程度也肯定各不相同，也就是说，希腊人的虔诚性是各不相同的。

尽管一个对象在充盈中以及在此在相对性阶段中的变化是独立的，此在的充盈和相对性仍然在另一个方向是相互依附的。此在相对性本身不能提供任何东西，它们说到底只是对绝对对象之现象内涵的**选择**。例如，各种不同种类的生物的周围世界，包括人的周围世界，都可以被想象为是被包含在绝对世界之中的，只要它们被想象为已经受到了完整的现象学还原。它们都体现着从这个经过现象学还原的世界中被挑选出来的王国。因此可以说，一个对象的任何此在相对性阶段与这同一个对象的较小的此在相对性相比，包含着整个世界或世界事物的较少的充盈。对一个更为相对的对象的任何认识，相较于对一个较少相对的、较为接近于绝对对象的认识，都作为是对此世界的较为不相应的认识。就此而言，整个此在相对性的阶段序列可以还原为世界认识和世界充盈的各种相应性差异和与其相符的充盈差异。①

但一个认识的相应性和不相应性同样独立于对一个对象所做**判断之真与假**的认识（更独立于"正确性"）。因此，我们不能像斯宾诺莎所做的那样，在真与假这样一个绝对的对立中划分等级，并且将相应对象的真实认识与不相应对象的虚假认识等同起来。因为很明显，认识的某个随意大的相应性和对象的充盈既可以与真实判断联接在一起，也可以与错误判断联接在一起。判断不是对那些出自对象而被给予的东西所进行的判断，而是对对象本身连同它的所有特征所进行的判断。只有在自身被给予性的情况下，判断才不仅仅为真，而且是明晰地为真。此外，判断也可以为假，

---

① 一个对象的充盈不能被还原为我们对它进行观察的次数，毋宁说，观察的内容与次数取决于对象在其中被给予的那个充盈。充盈更不能被还原为我们对对象的感觉，毋宁说，充盈，例如一个具体的躯体事物在被给予时所带有的那种充盈，共同规定着在此事物的充盈上进入属于此事物的可见事物、可摸事物、可听事物之中的东西，并且与此充盈相符，对此事物（或过程）的看与听在感觉相同的情况下重又可以是或多或少相应的。

甚至在相应性程度很高的情况下也可以为假。反之，即使对象作为只是被意指的和在充盈上完全空泛的对象而存在于我们面前，判断也可以为真。一个计算器的运算结果和人根据他的计算而得出的判断一样为"真"。但同样不能据此而将对一个对象之认识的增长着的相应性回归为一批对这个对象的真实判断。我们只能说，对一个对象的较为相应的认识与一个与其相符的对此对象的真实与虚假判断所具有较大的充盈会提供较大的可能性。更确切地说，在这种情况下，会"有"更多的关于这个更具充盈之对象的真实和虚假的"自在定律"（在鲍尔查诺的意义上）。

几乎无须说，真与假也与对象的相对性阶段毫无关涉。一个幻觉者，如果他幻觉一张棕色的椅子并对它做出"这张椅子是黄色的"的判断，或者将它归属于"桌子"的概念，那么他是在做一个虚假的判断；相反，"这张桌子是棕色的"或"这是一张桌子"，这样的判断则是真实的。因为在每一个判断中，对象的实存，即它的主体的实存都一同被设定，但它的相对性阶段却绝没有被一同设定。谁会去怀疑，在一篇关于宙斯和阿波罗的神话学论文中既可以做真实的也可以做虚假的判断？不言而喻，对那些相对于人类组织而言的自然世界观的事物，同样也可以做真实和虚假的判断，正如可以对不是相对于人类组织而言的物理学事物做真实和虚假的判断一样。谁如果在太阳尚未升起时说，"太阳已经升起"，他就是在做一个虚假的判断；而如果他说，"太阳尚未升起"，那么他就是在做一个真实的判断。尽管如此，在自哥白尼以来的科学世界中就不再有落下和升起的太阳，而只有一个地球围绕旋转的轴心。因而，如果说"真"与"假"这两个词的意义只能通过对科学及其对象和方法的观察才能澄清，那么，这种说法就显然是荒谬的！

由此而得以明晰的还有，如果我们具有 $A = B$、$A = $ 非 $B$ 这种形式的两个相互矛盾的定律，那么只有在这样的条件下，才必然有一个定律为假，这个条件即是，在这两个定律中的 $A$ 标志着在**同一个**相对性阶段上的对象。否则这两个定律都可以为"真"，并且都可以为"假"，同时并不因此而损害矛盾律以及作为其基础的一个对象的存在和不存在之不相容性的本质联系。这是一个对认识论具有最为重要意义的公理，而且也是一个已被康德在其二律背反中正确运用的公理。

我们最后要区分三种谬误（Täuschung）：误以为一个对象 $A$ 处在相对性阶段 $R$ 上，而实际上它是处在相对性阶段 $R_{-1}$ 或 $R_{+1}$ 上（在这里，$-$ 代表递增的阶段，+代表锐减的阶段），任何一个这样的误认都被我们称为**形而上学的谬误**；而将一个非相应地被给予的东西误以为是自身被给予的，任何一个这样的误认都是一个**认识论的谬误**；误以为一个对象 A 在被给予时所带有的充盈与一同被给予的对象 B 完全相同，尽管它是以减少的或增多的充盈被给予的，任何一个这样的误认都是一个**通常的谬误**。

但是我们将整个谬误领域区别于那些仅只存在于判断和实事状态的关系之中的可能的错误（Irrtum）。与错误相反，谬误始终发生在实事如何被给予的方式中。

人们现在可以注意到，只有当①在对象方面不发生谬误；②判断所指的实事状态存在；③判断是"正确"的情况下，判断才是绝然为"真"的。而如果这三个条件中的一个——无论哪一个——在判断中未得到满足，那么判断便为"假"。只有当最后两个条件不成立时，人们才能有意义地谈论"错误"。更确切地说，在缺乏第二个条件的情况下，所涉及的是**质料错误**，在缺乏第三个条件的情况下，所涉及的是**形式错误**。因而，一个判断以及与它相符的"定律"既可以根据一个**错误**为假，也可以根据一个**谬误**而为假。但一个谬误永远不会建立在一个定律的虚假性之上，更不会建立在一个错误之上，它同样也不会被对一个定律的错误认识和虚假认识所扬弃。所有谬误都在这个意义上是**前逻辑的**，并且完全独立于判断领域和定律领域。但在**一种**意义上，所有虚假性都建立在谬误之上，所有真实性，甚至包括"真实性"这样一个真实性，都建立在明察的基础上。与此相同，任何一个错误都建立在自身谬误的基础上，即建立在这样一个自身谬误的基础上：对于一个判断来说，存在着被它所意指的实事状态，而这个实事状态却并不存在（质料错误）；或建立在这样一个谬误的基础上：这个不正确的判断是正确的（形式谬误）。

如上所述，现在只有相对的相应性的"通常谬误"才会导致虚假判断。形而上学的谬误——例如认为力学物理学的对象是绝对对象——根本不会在**这个**意义上影响这门科学的定律的真实性和正确性，即如果谬误被看出，它的逻辑内涵就必然会改变。因此，无论物理学家将他的对象归属于哪一个绝对性阶段，无论他是否例如相信——用彭加勒（H. Poincaré）的出色比喻来说——世界对于上帝是一盘"弹子球游戏"，或者无论他是否像马赫那样（他的错误并不小一些）将他的对象看作用来简化感觉复合的纯粹象征，这在物理学上始终是无关紧要的。在这点上，实证科学的代表人物会因为他们的结论独立于哲学论争而由衷地感到高兴。但他也不会看不到他的定律的真实性局限在他的对象的相对性阶段之内,即局限在他的谬误所涉及的那些对象的相对性阶段之内,这种定律的真实性不会扬弃他对世界所犯的基本谬误,而且这种真实性和一致性原则上并不能将他与那个对其幻觉世界中的对象做出真实和正确判断的幻觉者区别开来。人可以是一个无比伟大的学者,同时又是一个智者的反面,即一个哲学傻瓜。因此,我们不得不说,这样一个物理学家的定律在形而上学方面完全是虚假的,即使它在科学上可以是完全真实的。他的"科学"本身在他赋予此科学的认识作用中是一门虚假的科学,并且只有通过对那些错误的扬弃才能成为一门真实的科学。

另一方面,任何**质料**错误本身都建立在一个**形而上学**谬误的基础上,即这样一个谬误:被意指的实事状态现存于(bestehen)对象的一个相对性阶段上,判断者实际上与这个阶段有关,无论他是否知道这个阶段本身。在被意指之物存在的意义上,所有实事状态都**是**在谬误本身之中的实事状态;但并非所有实事状态都"现存",而唯有它们的"现存"——它们的存在或不存在的不相容仅仅是对于**同一**个相对性阶段而言,无论是哪一个相对性阶段——才构成判断的质料真实性。因而这个作为任何质料错误之基础的谬误在于:人们在判断中意指一个实事状态,这个实事状态"是"在一个精神上可见的存在层次上并在这个层次上被意指,然而,这个实事状态却并不在这个层次上。

而在**形式**意义上的错误则是建立在一种**认识论**谬误的基础上。对于有关定律的真实性一般而言,逻辑原理和定律在概念、判断、推理中的实现是一个独立于质料真实性的条件,所以这些原理和定律本身不又在同样的意义上被称为"真",正如它们的现存对于真实定律来说是条件一样,正如它们在思想中的实现对于判断的真实性来说也是条件一样。但它们仍然在"真"这个词的坏意义上为"真"——这个意义要先于对一个定律的质料真实性(=那个被它所意指的实事状态)和正确性(纯粹逻辑定律在有关逻辑构成物的所有统一中的可实现性)的区分:它们是"明晰为真的"。也就是说,它们的真实性是在它们之中自身被给予的。

### 3. 科学论的两个基本原理

我们现在回到"**科学**"及其对象上。我们看到,科学的对象是在一个与自然世界观不同的相对性阶段上。它们是"绝对在此的",即在人的组织方面是"绝对在此的",但它们在生命一般方面是相对的。科学克服人－周围世界的内涵,甚至根据那些不包含在生命之中的事实来解释这些内涵。但科学所做的解释是相对于生命的,并且坚持一个周围世界一般的形式规律和结构规律。因而我们恰恰可以这样来定义科学:

科学是**周围世界认识**。它与哲学处于对立之中,后者是**世界认识**(或"世界智慧")。

现在可以理解我所说的话:科学认识的相应性必然会根据被阐述的认识标准关系而**减弱**,其减弱的程度与它的对象独立于人的周围世界内涵的程度是完全相同的。也就是说,科学认识的相应性在完全相同的程度上是**借助于象征的认识**。由于对象的此在相对性完全可以回溯到世界事物的充盈和认识相应性上,并且由于自然对象更含有充盈,因此,**自然世界观**原则上比科学更接近于世界事物及其充盈:相对于世界事物的进入科学内涵之中的整个充盈而言,世界事物是更大的**充盈**——当然,前一个充盈是根据单纯人类组织的选择规律挑选出来的。自然观点的对象是人的周围世界——但是在这个周围世界中的世界的内涵。科学的世界是独立于人及其组织而存在的世界——但仅只是在其充盈中的一个周围世界**一般**的结构。在科学中可以看到一个狭窄而有限的"日景",在自然观点中可以看到一个宽广而无限的"夜景"——这两者显然都不是**哲学**所追寻、世界智慧所追寻的东西。因为它所追寻的东西是一个宽广而无限的日景,当然,也只是限制在世界的**本质性**和世界存在的**本质结构**上。绝然世界在其绝对对象性中和在其充盈中对于有限的和切身的本质之认识来说始终是超越的。它是——上帝的世界。

但在"科学"中还包含着其他的东西。正如它的事实不是产生于自然世界观的事实领域一样,它的概念设置也不产生于自然语言及其统一和句法的含义领域。毋宁说,科学的本质在于,**人造的符号**和关于其含义的约定(契约)被制造出来,对它们的选择要满足以下两个要求:一方面,可以通过它们来**单义地标识**所有对它来说重要的事实(所有事实可通过符号而被规定的原则);另一方面,对它的这种符号和约定形式的选择要**尽可能少**,但同时它们所标识的事实数量和它们的联接的数量则要最大(经济原则)。根据这些被我们称为"科学"的团体之状况的**基本原则**,一些学者做出上述约定。这些学者本身不构成任何一种共同体,而只构成一个人造的社会，我将它理解为这样一个集团，它的成员相互间不具有自然的理解（在前面所规定的意义上），只是根据特定的符号才进入对他们的判断的相互理解关系之中。因而，为了使一个事实成为科学的事实，第一，要根据自然世界观的结构形式；第二，要根据有关科学的特殊"原则"来选择事实；第三，还要根据科学团体的上述基本规则，通过符号来**单义地规定**事实。

在确切意义上的认识与自然世界观的认识这一方面，以及它与哲学（它很少受到充分的观察）另一方面的本质区别也正在于此。哲学认识就其本质而言是一种**非象征性**的认识。哲学追寻一个本身就是如其所是的存在，而不是那个作为单纯的充实因素而对于分配给它的象征所展示出来的存在。因而哲学在实事上既不能预设自然语言及其概念划分的现存，更不能为其研究预设某个人造符号系统的现存。哲学的对象不是可**讨论**的世界，即不是一个已担负起如下责任的世界：关于这个世界，必定有一种单义的理解是可能的，必定存在着在一个或多个个体的多个行为中进行的对此世界内涵的单义规定。哲学的对象也不是在获得一个"普遍有效的"可认识性的目标之后，并根据这个目标的获得而已经被选择和被划分的世界内容——哲学的对象是**被给予之物本身**，连同所有可能的符号对它的影响。当然，哲学在获得这个目标之后也需要运用语言，无论是在启迪学的意义上，还是在阐述的意义上——但永远不是为了借助语言来规定它的对象，而只是为了使那个本质上无法通过任何可能象征而被规定，因为其自身已经通过自身而得到规定的东西被直观到。哲学运用语言是为了在研究的过程中从其对象中删除所有那些仅只作为一个语言象征的充实的 X 而起作用，因而不是自身被给予的东西。对于**自然世界观**来说，世界恰恰可以说是仅只作为对可能的语言象征的充实而被给予。因为哲学家绝然地反对那种将被给予之物仅仅作为这样一种"充实"来被给予的趋向，所以他找到那个可以说是尚未与语言接触过的**前语言被给予之物**；并且他还看到，在这个被给予之物中哪些东西作为单纯语言充实而起作用。恰恰通过这种方式，他发现语言的权力及其充实性的和划分性的力量。但哲学家不能在科学的意义上运用科学的人造语言，不能运用可以通过一个人造符号系统对事实进行单义的规定这样一个前设。

现在我们应当明白，所有事实的单义可规定性定律，以及科学团体心态的第二定律，与我们至此所知道的那些**认识标准**处在什么样的关系之中。这些认识标准是：①自身被给予性；②认识的相应性；③对象此在的相对性阶段；④素朴的真实性-真；⑤质料的真实-虚假性；⑥正确性-不正确性。以此顺序排列的各标准构成了一个序列，它具有这样一个特性：后续的标准的各个意义**预设**了先行标准的意义，相应性和充盈的概念只有通过认识对自身被给予性的接近才获得意义。一个对象的此在相对性可以回归为世界事物的增长与削减的充盈。素朴单义的真就是在判断中被意指、在定律中被设定的事实状态与现存的事实状态之相合的自身被给予性。质料的真-假预设了素朴"单义的真"，并规定着素朴真实定律与各个判断对象之间的关系。而"正确性"则归属于主体的操作过程，即归属于判断行为，只要它能够导向素朴真实之物。

但现在很明显，被给予的认识可以根据所有这些标准而得到规定，而在此期间，在这个认识中，被认识之物却可以不受到**单义的规定**和尽可能**经济的规定**。这就是说，根据这些标准，通过可能符号（因为在谈到明晰性的地方总会有符号作用，它本身建设一个现象学的材料并具有它自己的本质规律）得出的规定性所具有的单义性和多义性在实事上丝毫不会改变认识的勘查性价值。因此，那些定律严格地看根本不是认识理论的定律，而是建立在关于符号本质的哲学学说基础上的**科学团体基本信条**。也就是说，它们不属于认识论，而属于**科学学**——认识论的一个实用领域。因而原则上可能存在着一个根据所有这些标准而被完善了的对此世界的认识，同时却连一个有关的对象、连一个事实也未受到单义的规定。概念、规律判断也与对其对象的单义规定和表述丝毫无关——只有错误的唯名论才不断地混淆对概念的尽可能节省和单义的标识与用这些概念对规律所做的表述；混淆尺度的标准方法、被运用的标准统一和对它们的计数方式与实事本身的尺度规定性；混淆一个逻辑原理例如在象征逻辑学中所披的外衣与这个逻辑本身①；混淆对我们在很少的原理、很少的尺度并在很多复杂的推理中，或在较多的独立原理和较简单的推理中得出的机械认识的阐述与独立于这些阐述的认识内涵和真理内涵。

当然，另一方面，在一个巨大的符号系统中，根据约定的符号联接规则和复合符号因素的联接规则，也可能存在着对世界内容的一个严格单义的排列，以至于我们通过这些符号的联接可以单义地规定事实以及事实之

---

① 尤其不能认为"事实可以通过符号而被单义规定的原理"与同一律是同一的。

间的所有联系。同时，在如此获得的（在数学"反映"的意义上的）事实"图像"中却无须包含任何根据某个上述标准来衡量的"认识"。单义的规定和经济的排列恰恰本来就**与认识毫无关涉**。如果世界内容在这个意义上受到单义的规定，并且如果每一个复合事实以及事实之间的每一个复合相关性都借助于这些符号的组合以及借助于它们的例如类似于象棋游戏规则起作用的操作规律而得到阐述，那么对世界的认识并不会因此而以任何方式得到扩大。但也许会随之而产生这样一种可能性：针对每一个实际提供的复合事实及其结果，预先筹划出一个象征的**模式**，并且在这个模式上——正如工程师和建筑师在他们计划上所做的那样——将所有那些应当部分属于此方案实施的东西直观化，并且可以预见这个模式将如何起作用。这就是说，这里产生一个怪论：对于**统治事物**这一**实践**目的来说，甚至对于所有可想象的统治目的来说，这样一种理想单义的对世界内容的排列以及对内在于它的各种借助于符号的联系的排列是完全足够了的；就像正常起作用的信号已经足以使扳道工在看到这个或那个颜色的信号时扳这个或那个道岔，他无须知道驶入的是这辆还是那辆列车。因而，一个彻底的"实用主义者"可能会满足于对这一任务的解决。因为很明显，纯粹的认识（根据上述标准）本身对于所有技术行为而言都是毫无意义的。只有当相同性和相异性，或者被认识的对象的其他关系设定了相同的和相异的行为反应，确切地说，设定了与这些关系相符的被分派的各种**行为**反应时，纯粹的认识才会有意义。因此，如果被认识的对象及其关系被某些单义地分派的对象象征和关系象征所取代，那么这就是一个可能的实践目的所能要求的一切。但这个象征系统根本不含有任何认识。当然，这样一个对世界单义排列的符号系统只是作为理想而存在。但这里的问题不在于此。这里需要表明，这两个任务原则上是多么**根本不同**和多么相互**独立**：**认识世界**和单义地**排列**世界。

在现象学家看来，所有错误中最大的错误就在于：像马堡学派的最坚定的代表人物所做的那样，将科学团体心态的两个信条置于**认识论**的顶端，并且最后把世界本身的存在等同于通过科学可单义被规定的东西。这种做法的结果无非是科学团体的一个基本信条被看作**存在本身**的条件。那些在认识标准的序列中最后才出现，并且对于认识价值来说实际上无作用，而只对有关认识对于**科学**的相属性起作用的东西，现在被排在了第一位，而那些不能被证明是可以单义规定的东西，也就不能被看作是存在。

这样也就不奇怪,这里竟会谈及在思维中对存在的制造,而康德的命题——"知性为自然规定法律"又被大大地抬高了一番。因为不仅"制造"取代了"规定",而且康德将其作为被给予而与思维相对置的东西,即认识的直观形式和质料要素,被看作一个可以通过思维而被规定的东西。但如果我们注意一下这些说法,我们就会得出对这些关系的根本不同的另一种理解。一个规定所能赋予的唯一东西,并不像康德所说的那样是"自然"和对象与事实,而仅仅是我们运用于它们的**符号**。所有其他的东西都必须被看作是"被给予的"。"知性"——用康德的话来说——不创造任何东西,不制造任何东西,不构造任何东西。

### 4. 先天与被给予性次序

被康德称为"直观和知性之形式"的东西,对于现象学经验来说还是**可证明的被给予性**。当然,这种被给予性永远不会在自然观点中和在科学中"被给予",但却可以作为**选择**原则和**选择**形式而在它们之中**起作用**。

这意味着什么?这意味着,存在着一个固定的**奠基次序**,根据这个次序,现象在两种经验中成为被给予性,以至于如果现象 A 不"在先"——在时间顺序中——被给予,现象 B 就不会被给予。因而,空间性、事物性、作用性、运动、变化等不是通过作为其联系活动之综合形式的所谓"知性"而被附加给一个被给予之物,同样不是被抽象出来的;相反,所有这些都是特别种类的**质料现象**:每一个对象都是仔细而严密的现象学研究的对象。任何思维与直观都无法"制造"或"构造"它们,所有这些对象都是作为直观材料而**被在先发现**的。但自然经验是这样一种经验,这些现象在它们之中必然**已经被给予**,然后才有**其他的**现象被给予,如颜色、声音、气味质性和口味质性。所以,空间性的被给予要先于和独立于空间中的形态,先于和独立于某个事物的地点和状态,更先于和独立于质性。所以,某个物体事物的事物性、质料性、物体性要先于它的何物性和它的在质料上充实的特性。所以,直接的运动现象要先于地点的差异性和对运动物体的间接认同,甚至先于对运动物体或仅作为物体,或作为事物,或作为可见物(如运动着的影子、光带)的把握。所以,形态(Gestalten)是独立于那些进入它之中的质性的相互关系,并且先于和独立于这些质性本身作为同一的、不同的、相似的等而被给予(比勒);所以,直观性的相互关系,如"相似的",要先于和独立于相互关系的载体,但却是对那些进入对这些载者之直观内涵中去的东西的选择原则,也就是对那些可以作为这个被直观的相似性之基础的东西的选择原则。在这里展现出一个关于自然感知被给予性之内在构成规律的巨大研究领域,它远远超出康德所做的那些部分正确、部分错误的确定,并且更深地进入质料之中。例如,我们将颜色物理学与光学相结合,这种做法的最终根据在于:在被给予性的次序中,关于亮度值和亮度值差异的经验,要**先**于对颜色质性的经验,对一个固体事物之统一(颜色只是作为象征而作用于这个统一)的经验,以及最后,对空间广袤(不是广袤本身),即对一个面积的经验,要**先**于对颜色质的经验。所以才有可能——我对所有这些前设的列举并不严格——将物理学中的颜色现象看作是一种带有各种不同部分成分的各种不同折射光线的固体介质和各种不同光束的附属物。

假如这个选择次序已经被确定,那么,只要一个认识质料是**在这个被给予性的次序中被给予**,这个认识就是"先天的",在这个对象方面的认识就是先天的。

**几何学和数学**对于所有关于自然现象的认识是先天的,故而也就对于整个物体世界来说是先天的,因为这两门科学(超越出纯粹逻辑学的被给予性之外)为构造其对象而预设的直观质料在每一个对物体的可能感知、表象还有想象的构成中都具有一个明确被规定的层次。**集合论**相对于几何学和数学而言是先天的,因为在其直观被给予性中,研究的对象是处在时空上尚未确定的纯粹相互分离中的较多数之间的单纯的关系,但这种被给予性也以某种特殊的相互分离方式,根据被给予性的次序,隐藏在诸因素的所有多数中,并且,时间流型的次序一同构造着数。

**力学的诸原理**之所以不会通过对处在运动中的物体的观察而受到更改和反驳,并且对于此物体来说是先天的,是因为这些原理已经通过纯粹的**现象(死的)运动**——对这个运动的把握并不需要一个物体或一个事物,而只需要在空间充实的**可逆**转换中对"某个固定的东西"的认同——而得到了充实,但这个数据要**先**于任何可观察的物体运动的被给予性。某个固定的东西的**不可逆**转换提供了**变化**的图像。因而我在想象中也无法表象对任何可能的物体运动的观察,即这样一种观察,它的进行可以为取消那些叫作"力学原理"的命题提供根据。

**死的运动**之本质在于包含在所有运动中的因素:①趋向和充实;②对逻辑对象的直接认同;③地点更动的连续性,它们的被给予都奠基于一个

（亦即已被给予的）地点更动之上。在这里，就像在生命运动的情况中一样，我们没有看到任何地点更动的差异性都建立在一个在先被给予的趋向更动之上；相反，任何趋向更动和方向更动都建立在一个已被给予的地点更动上。对象趋向于从 A 点到 $A_1$ 点，因为它（作为直接被认同的）在经过一段时间之后在 $A_1$ 上。所有方向规定和趋向规定都可以说是事后（post festum）进行的或在对短暂被给予的地点的回顾中进行的。相反，在生命运动的情况中，我们在直观中**原本地**跟随趋向，并且还可以看到它将对象引向何处。在这里，地点更动作为直观是"自身运动者"之运动的"结果"。由于我们的精神，在死的运动的情况中仿佛是先行于运动者，它首先看到的是在下一个阶段中将被充实的那个点，因而，即使那个身处运动中的事物实际上是静止的，这个对死的运动之理解的内在规律也没有界限。这就是说，对于静止来说，必然存在着一个肯定的理由：一个阻止继续运动的原因。在这个原因中，惯性原理的一个组成部分已被给予：不需要一个新的动因就可以使一个处在运动中的物体保持运动状态，但需要新的动因来使它过渡到静止。因此，导致这个定律的不是充分理由的原理，更确切地说，不是匮乏理由的原理，而是对这个原理的被给予的**现象学明察**。这个原则所陈述的运动的直线性也是明晰的：如果一个运动经验建立在被给予的某个固体事物的**地点更动**之上，那么运动趋向就必然在任何时刻、任何阶段都是直线的；因为两个不同的地点必然是并且始终是可以由一条直线相连接的，即由这个直线性的线相连接。因而，无论物体根据我们的观察实际上如何运动：由于死的运动这个现象的本质在于，轨道是直线的轨道，而物体统一的本质在于，是一个固体物体的统一，因此，每个可能的物体运动都必定是可分解的，从而使这个定律始终能得到充实。类似的东西也对死的运动的方向同一性有效，这种同一性始终建立在所经过之距离的平行性上。最后，相似性，即在相同时间内所经过之距离的相同性，也可以从一个死的运动的本质图像中明见明晰地得出。我们可以将每个直线距离划分为相同的部分。这在几何学上是明见的。如果我们使这些相同部分所标出的轨道的点距与不同的时间间距相符合，那么，同一个运动就不再是同一个通过"固体"这样一个质而得到空间充实的变换的基础。但所有运动现象都奠基于一个在相互分离的杂多性中可逆变换更动的现象之中。而在相互分离中，被给予之物，即那个在不可逆的变换过程中成为一个空间块的时间性的质的**变化**，在可逆的变换过程中成为空间中的一个某物的**运动**的被给予之物,它还没有在空间杂多性和时间杂多性中得到区分。每一段同一的距离都还可能成为空间距离和时间距离。但这意味着:运动建立在变换之上,每一个变换阶段都至少有一个运动阶段与之相符。在这个运动阶段的各个部分中,相同的空间距离必然与相同的时间距离相连接。

我们甚至还可以从一个死的运动的本质图像中看出很多东西,我不打算继续探讨。始终有效的是:对于死的运动本身的**本质**来说明见真实的东西,**对于所有可能可观察的物体运动来说是先天真实的**,因为这些运动的可能被给予性是与死的运动的这个本质的被给予性相连接的。

因此,我们已经看到,先天原则上不是附属物,不是我们精神的联接产物,而仅仅是这样一个原因的结果:包含在世界中的事实——所有这些事实都被想象为经过了现象学的还原——**在一个确定的次序中被给予我们**。

### 五、现象学与科学

现象学哲学要求能够提供**纯粹的**、**无前设的**和绝对的认识。恰恰因为实证科学不这样做和不能这样做,所以现象学哲学作为一种独立的认识方式与实证科学相对立。

然而,不可避免的是,现象学现在也指明,如何达到实证科学的问题和认识论目的。我必须诚实地承认:现象学至此为止还缺乏对这个任务的解决。由此而产生这样一个状况,就好像对任何一个问题都有一个现象学的真理和一个实证科学的真理,即**两个真理**。仅仅说实事在"生成"上是这样或那样的,但现象学家恰恰对此不感兴趣,这是不够的。最后还存在着一个完全天真的问题:**谁有理**?究竟在现象学上被完全还原了的对象世界是最终的、绝对存在的和真实的世界,还是对于自然来说,物理学、化学、生物学所声称的那些东西,对于心灵来说,经验心理学、发生心理学所陈述的那些东西才是最终的、绝对存在的和真实的世界?如果现象是绝对存在者,那么所有其他的东西都可以回溯到它们之上——现象学怎么能够逃避这一任务?而相反,如果现象只是"显相"(Erscheinung),实证科学和一门包容它的理性主义形而上学可以在这些"显相"后面发现或构造所谓真实之物和现实之物,那么,现象学也是一种世界的表面观(Vordergrundansicht),而现象只是事物和力量的绝对实在因果联结的表面现象。

现象学家当然坚信第一个立场。但仅仅坚信是不够的。如果他不能从他的立足点出发去包容科学及其世界，并表明它们的意义，那么，他也就不必惊异别人会说：你们"只是"与"现象"打交道。也就是说，在"现象"这个词中已经放进了"单纯显相"的意义。但现象学恰恰想成为"现象主义"的对立面，即成为这样一种学说的对立面，这种学说声称我们的认识只是关于所谓在现象后面存在的实在之"显相"的认识。现象学甚至想指明这种区分是如何形成的（歌德的颜色学）。但它也需要**指明**，从它的事实出发如何达到解释科学的基本概念，例如，达到力学的自然解释的概念，实证生物学的基本概念：生命、周围世界、刺激、反应、死亡、生长、遗传，达到描述心理学和解释心理学、文化科学和精神科学的基本概念。

在这里需要简单地考察一下**力学自然观**的问题——大致地说明它的基本思想。

如所周知，对于力学自然观的意义和认识有效性有各种极为不同的哲学见解，我们可以有选择地列出以下类型：

（1）一些哲学家，新近有冯特、明斯特贝格、纳托尔普，他们认为根据**逻辑学**就已经设定了自然科学的理想：所有自然现象和自然变更都可以回归到那些依赖于运动的东西之上。他们认为，力学观点就等于自然的唯一"**无矛盾的观点**"。一个特定的声音、一个特定的颜色对于两个听到和看到它们的人来说，要想得到严格的认定，只有通过以下方式，即用对此声音和颜色的力学定义来取代这声音和颜色。思考自然和力学地思考自然，对于那些研究者来说是同义的。因而对于他们来说，质料、价值和形式的所谓主体性，尤其是有机体形式的主体性，不是通过物理学和生物学的结论才被要求，而是在逻辑上就已经被要求的。他们在这个前设下将哪些实在特征归属于这些对象，这是另外一个问题，这个问题取决于人们是否相信思维具有设定一个实在之物的能力。但如果人们认为思维有这个权利，那么人们就必须把这个力学过程也看作一个**绝对实在**之物。屈尔佩（Külpe）和施通普夫的意向便最终在于此——与冯特相反，后者由于他的唯名论而未摆脱这一结论（物理学家中的普朗克）。

（2）康德没有走得如此远。对于他来说，力学自然观是这样两个前设的结果：第一，空间和时间是直观的形式，这些形式及其规律要先于质性；第二是超越论逻辑学的构造原理的结果，这些原理严格地看已经将这个自然观所导致的一切都包含在自身之中了，尤其包含了一个在空间中持存之物的守恒原理以及时间顺序和相互作用规律的原理。不难指出，力学自然观在自身中包含着这两者。因为只有在运动现象中，贯穿在这个顺序中的对象的各个阶段的时间顺序才被给予，同时它的空间规定性和同一性的严格连续的、有规律的时间顺序也才被给予。这个时间顺序不具有质性顺序所包含的那种状态变化，质性顺序既可以间断地，也可以——在状态变化的情况下——无规律地进行。对于康德来说，质性、价值、形式也始终是主观的。但由于他认为空间和时间不同于人的感性自然组织，而是人的直观形式以及人的超越论组织的直观形式，因此，力学过程始终是**此在相对于人的**。"物自体"的领域独立于人，实践理性将其假设对象置于这个"物自体"领域之中。

（3）还有一种与第一种类型相对立的哲学见解，它将力学自然观仅仅看作一种**历史的偶然**，因而这种自然观令人感动的地方在于，它首先研究运动现象，然后用较为熟悉的东西来"解释"相对不熟悉的东西。但仅只是"解释"而已。这里没有对存在根据和对（在实在之物中的）原因的发现。据此，如果人们首先研究声音和颜色现象——也可以说如果惠更斯和牛顿早于伽利略出生——那么，这样一种声学的和光学的自然观也是可能的。在这种自然观中，颜色变化和声音变化是独立的可变现象。根据这种见解（马赫），质性就像数量一样客观，状态变化就像运动一样客观。但物理学的理想在于从原则上去除认识的偶然、历史－心理学的生成过程，并以在公式（这些公式表述着现象的功能依赖性、尺度变更和质性变更的依赖性）中对现象的单纯**象征化**来取代所有对现象的力学还原。这似乎是一个较为客观的自然图像。与此相对立的是力学自然观的图像，这种图像据此而须受到心理学很多历史的解释，并因此而只具有经济的价值。在这个前设之下，如果将质性等同于感觉内容，那么人们就会走向心理主义的形而上学；而如果将质性区分于感觉内容，那么人们就会走向一门同时也是实在论的形而上学，犹如亚里士多德的形而上学。前者是恩斯特·马赫的做法，后者是法国物理学家皮埃尔·迪昂（Pierre Duhem）的做法，他自称为一个形式主义的亚里士多德学派成员。但必须注意，对于这些研究者来说，生命现象不构成一个特殊规律的领域，不构成新的质性和形式领域。

(4) 我还要提到第四种见解,这种见解正在缓慢形成,在物理学家中,甚至劳特·凯尔文(Lord Kelvin)、麦克斯维(Maxwell)和奥利弗·洛奇(Oliver Lodge)也已经持此见解。这一见解在波尔茨曼(Boltzmann)那里获得了明确的陈述,并且在哲学方面从所谓**实用主义**那里〔詹姆士、席勒(Schiller)、柏格森〕得到扩充。与第三种类型相反,这些研究者声称,只有力学还原才能提供一种"对自然的理解","我觉得,我们理解还是不理解,这个问题的真实意义在于一个物理学的问题:我们能否为自己制造出一个与事实一致的力学模式?如果我能够,那么我便理解,如果我不能,那么我便不理解。"因此,这些研究者同意第一类见解和第二类见解,反对第三类见解;他们认为在力学的自然观中包含着理解。但在他们与前两种见解之间仍有巨大的差异。因为他们立即补充说,很明显,人们可以对每一个现象制造出**无限多的模式**来单义地规定它们。导致力学自然观的不是逻辑学和数学,而是其他的东西。据此,力学模式永远不具有一个真实的、与实在对象相一致的自然图像的意义,同样也不具有一种通过象征进行单义规定的意义,这些象征根据第三类见解不可能不带有这种模式。"模式"所提供的是另一种东西:它表明,如果我们受委托制作有关现象,那么我们应当根据哪一种"方案"和哪一种画好的建造图样来行事。所以,既不是"理论",也不是"假设",而是一种对自然现象的一般**可能技术制作的图像**。我在这里说的是,一种一般可能的技术的制作——无论我们是否将这种制作视为值得期待的,无论它对于我们实际上是否可能。

因此,在这里根本没有谈到,当自然研究者在研究时,他在其意向中必须考虑某个特定的技术、可用性和效益。这里的看法恰恰相反:他的理解**本身**,这种理解的范畴和内在规律,研究者的精神设置是这样一种类型,以至于人的运动、人的行为可以根据一个图像、一个模式来制作被研究的现象,这种可制作性恰恰构成他的这一陈述的条件:他在理解。由此出发,实证主义要走得更远。从威廉·詹姆士、席勒的极端实用主义,到著名的实用主义真理概念和认识概念:如果思想导致相同的反应,它们便是相同的;如果思想导致不同的反应,它们便是不同的;如果思想导致预期的反应,它们便是真实的。而柏格森则试图将力学的所有逻辑范畴(甚至包括同一性),如空间、时间,都回归为生命需求,即回归为一个本身不再能够借助于产生于它之中的范畴而被理解,而只能够被一个极不明晰的直觉和同感所把握的生命的需求。

我在这里只能大致地说明我对这个问题的态度以及我对现象学应当如何解决这个问题的看法。与这个问题有关的四种观点在这里也都只是非常大略地提到。

我认为前三种观点是完全错误的。这样一种主张是完全没有根据的，即在原初对感知内容、质性、价值、形式的实在设定过程中所产生出的**矛盾**会导致人们将除了力学自然论的材料以外的一切事物都主体化。导致这种主张的原因在于人们在同一律和矛盾律中或在对这些原理的运用中已经默默地承认，同一之物必须：①是一个事物；②是一个固定的事物；③是在空间和时间之中。生存定律既不可能在纯粹质性方面，也不可能在纯粹价值方面和纯粹形式方面自相矛盾；甚至即使人们将这些质性等看作事物的特性，这些生存定律也不可能自相矛盾。只有当人们不是**直观**它们本身，而是将它们看作在空间和时间中的固定事物的**单义符号**（这在自然直观中已经有所准备），并且同时预设颜色和广袤之间的本质联系，这种联系排斥了在空间同一点是蓝并且又是绿的可能——只有在这种情况下才会导致矛盾。也就是说，矛盾并不导致力学还原，而是以此为前设，即只有**力学还原**的被给予性才是真实的。

我们举一个较为详细的例子。人们说，如果人们把温度感觉的各个质性看作是客观存在的，就会产生矛盾，而要想设定**客观温度**存在于一个物体的空间广延（部分运动）中（而非例如只是通过空间广延而被测量），人们就要穿过这个**矛盾**。因为，人们说，在质性领域中，$a = b$，$b = c$，并且 $a < c$，这是自相矛盾的。而如果我将感觉质性设定为客观的，那么情况便正与此相符。因此，质性只可能属于感觉。但实际上这个矛盾只会提供将质性及其连续的强度增长与对质性的感觉区分开来的理由，永远不会提供将质性客观化的理由。其次，对于广延来说，在它未被主观化的情况下，同一个矛盾也成立。在这里，广延与削减和增长也区别于对它们的把握。再次，在温度感觉之间也不存在矛盾。只有当感觉作为对某个不断生长的客观之物的单义象征而被看作客观温度时，矛盾才会产生。甚至感觉质性自身也构成一个连续的序列；只有当它们被看作某个客观存在者的象征，而这个存在者在其状态中不断变化，但同时又作为一个具有不断变化内容的客观温度之特性的固定事物而被预设时，这些感觉质性才会是跳跃性的和分立性的。最后还存在着现象的区别："我觉得热""我感到冷"，

以及"这里热或冷",等等;温度感觉与客观温度在现象学上是有区别的。甚至比这更多:在客观的较热和较冷与广延的增长与减少之间的联系不是归纳性的、以观察和测量为基础的确定,而是这种确定的**前设**,它已经在"较热和广延较大""较冷和广延较小"的递增关系中,即在这个"实事状态"的关系中被给予了——这种被给予不依赖于一个具有特定体积的物体的被给予或被预设。正如任何一个多彩颜色的质性实事状态,例如一个蓝、黄,在广延本身减少的情况下会缩小直至完全黯淡消失,并且随一个面积的增亮(Hellersein),这个面积的增大(Größersein)也随之被给予——也正如所有较大的东西本来是作为较重的东西被给予,较小的东西作为较轻的东西被给予——,与此相同,在现象学上广延的增长是与"更热"的增长相联结的。正因为如此,一个客观较小的、具有与一个较大物体相同温度的物体会显得比这个较大的物体热。与此完全相同,一个客观较大的物体要显得比一个具有相同重量的较小物体轻。特征感觉与温度感觉不是这些现象和递增关系的基础;相反,**它们**的变更恰恰**依赖于**这些现象。因此,促使我们选择广延为温度之标准的东西,既不是对物体和测量的观察,也不像马赫所以为的那样是纯粹的约定。

同样的情况也适用于任何将**矛盾方法**运用于**颜色**的做法。只有当我们将颜色预设为对固定事物特征的相同性、相似性、相异性的**单义象征**(再现功能)时,才会导致矛盾。也就是说,当我们预设了我们想要通过矛盾方法加以**证明**的东西时。而认为两个个体永远不可能明见地听到同一个声音,看到同一个颜色,或认为一个个体不可能明见地回忆一个他在五分钟前听到的声音,这样一种主张也是无根据的。我们在进行力学还原时恰恰预设了这种可能性,这种还原向我们做了最高的保证:声音和颜色的象征功能对于同一个固定事物来说是同一的。即使是诸如色盲的概念和确定,也不是对我们的命题的指责,而是预设了严格的同一性。

此外,恰恰是赫巴特(Herbart)的错误才表明,这种虚假的矛盾方**法同样可以用来反对力学观点本身的材料**,即同样可以用来反对物体事物连同其特性、运动、变化的客观生存(马赫)。这之所以是错误,是因为恰恰是现象学对事物性和物质性、对"变换""运动""变化"这些现象——不同于单纯被想象的和被推断的变换、运动、变化,更确切地说,不同于单纯被推断的事物——的指明,才取消了一个矛盾。如果没有这些物质现象,这个矛盾反倒会存在。这就是说,这些材料在逻辑的意义上是

**特殊的物质的某物**,根据赫巴特的前设——感觉和逻辑。但所有这些都是**物质的非感觉的现象**。例如,在赫巴特看来,运动包含着这样的矛盾,即同一个运动既在这个地点又不在这个地点,并且是在同一个时间里。但是,第一,运动现象并不奠基于同一之物的地点变化上;运动还在点与点之间被给予,这些点如果没有在它们之间的运动便无法再被区分。第二,如跳跃运动所表明的那样,运动并不奠基于连续性的被给予性之上。第三,运动并不奠基于某种直接的同一之物上〔魏特海姆(Wertheimer)〕。

如果力学自然观的这个原理既不能被逻辑学,也不能被数学,既不能被根据现象学还原所发现的本质联系,也不能被通过观察而获得的经验所充分论证,但如果科学又需要根据这个原理来将自然世界观的内涵解释为仅仅与人有关的东西,那么这个问题就变得更为紧迫:这个"原理"究竟具有什么样的全权和什么样的意义。

科学团体的两个基本信条本身不会导致力学自然观的原理,也不会导致:①实在普遍有效的因果原理;②实事逻辑普遍有效的关于它在的充足理由或匮缺理由的原理;③表述在相互分离领域中所有变更的本质必然依赖性的并且对于第一"自然"来说是先天的和普遍有效的作用原理。那两个基本信条除了规定那些在科学交往的世界中得到运用的符号及其联结的单义性和目的性之外,永远无法规定其他东西。尽管力学自然观也可以说是象征性的,因为从现象被给予之物的领域中,只有极少的因素(固定的事物、运动、空间和时间中的接触因果性和这些基本事实的尺度变化的功能依赖性)被取出,并且所有剩余的东西都因此而且仅仅因此而被象征化,但"被给予之物"在这里也随之进入其对象之中,并且这个被给予之物就是那个随所有其他被给予之物一起**被象征化**的被给予之物。但这时还有一些问题:这是如何可能的?为什么所有其他的东西恰恰能够随**这些**被给予性一起被象征化?为什么不是随另一些被给予性?这绝不可能建立在一个自由选择或一个约定的基础上。因为我们根本不能自由地决定,是否要通过固定事物的运动以及它们的相互接触作用对被观察事实进行单义的规定。相反,只有这个规定才使我们——根据劳特·凯尔文的确切用语——"理解"被观察之物。

但"单义的"规定在这里意味着什么?它意味着,被观察之物的**全部**内涵都通过**力学模式**而得到单义的规定?这是理性主义学说的看法。根据这种学说,在力学自然理论中,被规定和"被想象的"唯一的世界是独立于观察的事实并且隐藏在这些事实"后面"的;只有当这些实在对象作用于心理-物理有机体时,观察的事实才会得以——也是单义地——表露出来。但这个前设恰恰是错误的。英国物理学派的卓越贡献就在于,他们一方面坚持认为,我们只能力学地理解自然,然而又明察到并且证明了,即使我们只能想象制作唯一的一个力学模式,并且借助它来理解事实,但我们仍能制作**无数其他的**力学模式,并且借助它们同样能够很好地理解事实。显而易见,如果在我们用来进行理解的模式和被观察的事实之间存在着一个单义的顺序,即这样一个顺序:每一个模式都与一个事实复合体相符,并且这个事实复合体的所有部分都与这个模式的特定部分相符,反之亦然,那么上面那种说法就是不可能的。然而,通过无数多模式中的任何一个模式对这个事实复合体的规定都是严格单义的规定;这并不是指,在事实中的所有实证直观内涵都得到规定(遑论单义的规定),而仅仅是指,事实复合体的任何一个其他存在或事实复合体的各个部分中的任何一个也都要求具有不同序列的无限不同的"理解"模式。

这便是"单义规定"在这里所具有的特殊意义。现在——根据前面所做的阐述——这种特殊的关系在认识论上应当如何理解呢?我的回答是:对它的理解一方面要通过确定而坚实的**选择次序**,生物便是根据这个次序而作用于能够被想象为经过现象学还原的世界,以及通过那个由此次序所奠基的次序,在这个被奠基的次序中,纯粹事实及其本质联系**送达给**(zugehen)这个生物的本质上是感性的和受身体决定的直观。而对这个次序本身的理解,又要通过它对于作为生命一般之生命的目的追求和目的趋向所具有的那种价值,即凌驾于所有那些能够从世界生成为它的**周围世界**的东西之上的、不断增长着的**权力和统治**。

以下情况大致已经明了。定律一:力学理论单义地规定着被观察的自然。定律二:然而存在着无数进行着这种规定的理论。在这两个定律的同时有效中包含着悖谬。如果某些对于观察事实而言的力学**实事**条件(对它们而言的实事根据和实在根据)同时也是对于有关事实的可能感知和观察的**认识**条件,那么这个悖谬便可以得到消除。如果在现象学上有效的是:撇开生物的所有特殊的功能性的和解剖学的感性组织不论,任何可能的感性感知内涵的诸要素的构造关系都是这样一种状况,即尽管在任何感知中都有一个随相应性而变换的直观自在的事实之充盈被送达给我们,这些事实与固定生物的运动以及它们在时空相互分离中的接触作用毫无关系,但同时**这种"送达"的次序**又是这样一种状况：某物的固定性、某物的事物性、某物的运动性、某物的时空接触（以及其他一些应属于此但在这无法尽数列出的东西）这样一些实事状态必须"首先"被送达，并且必须首先在对纯粹世界内容的选择次序中"被给予"，尽管某些其他的具有这些或那些形式的实事状态，例如蓝、有价值，会被送达，并且是在同一个世界场所被送达——那么在这种形式和方式中被给予的当然就不会是其他的东西，而只能是那些通过固定事物运动的规定性，通过在相互分离中的接触和先天统治着这些杂多性的数学概念世界的规定性而被单义规定的东西。因为否则就会同时意味着一个在通道次序和选择次序中的断裂。但另一方面也不言自明，在显现于感知之中的完整内涵上，所有超越出固定事物的时空运动方面的东西永远不会在其存在（Sein）和如在（Sosein）中受到这些"方面"规定，而只能被规定为：恰恰是"这个东西"，而不是"其他的东西"对于一个身体的运动将会有"作用能力"，并且对于它所具有的为一个身体所特有的本质趋向来说将会是有价值的和有意义的。因此，用一个力学模式来取代这个内涵的方式永远不会只有一个，而必定会有无限多，而这种"取代"将会完全独立于认识的相应性，它就是这个内涵在哲学认识中所达到的认识相应性，直至自身被给予性的极限。但所有那些具有这种认识的对象都始终必然是**生命相对的**：一个对生物一般的可能抵抗的王国。但这同时意味着：这是一些完全独立于人及其组织而实在生存着的模式，但对于一个纯粹有限的精神而言，对于它的理性和它的纯粹直观而言则是非实在的模式，而且对于这个精神来说仅仅是可能的模式，根据这些模式，生物为了统治它们的可能周围世界以及为完成可能的、可为它们所用的实事而制定出它们的可能技术行为的**计划**。

由此表明，除了关于死的自然的科学心态的基本信条之外，即除了单义地和最节省地规定事实这些信条以外，这门科学无疑还具有这样一个任务：寻找并给出**真理**，而且仅仅寻找和给出真理。它的任何一个定律都必须与在这些定律中"被意指的"实事状态相一致。也就是说，它必须是**在质料上为真的**；它所有定律、推论、演绎、归纳必须是**正确的**，即符合一个正常的、奠基于纯粹逻辑学之中的立法。撇开它的心态的基本信条不论，这些信条对于哲学是无效的，它当然与任何认识一起，同样也与在自然世界观中活跃着的那种认识一起共有这些认识标准。它显而易见也与哲学一起共有这些标准。因而在这个意义上，科学是一个**认识真理的团体**。

如果一个研究者在其研究中所从事的不是对真理的探讨，而是追求其他的东西，例如可使用性、他的结果的可运用性，那么他就违背了研究者的第一伦理，他就配不上这个崇高的名字。

但正因为研究者与许许多多的其他人一起共有这个认识真理的目的，**他的认识目的才仅仅由于这个原因而仍然是完全不确定的**。只有当他说出他的判断所进入的定律意指的是**哪些事实**时，他的认识目的才得到确定。对哪些事实的问题可以有如下回答：第一种事实，它们可用通过象征而**被单义规定**，并且对它们来说不存在个体有效真理，而只存在**普遍有效**真理；第二种事实，它们的对象是**生命相对的**；第三种事实，一种可能的生命运动在对它们起作用时能够产生出某种作为被想象为具有生命价值的**周围世界变化**。

这意味着：尽管**科学**所提供的真理像任何"真理"一样是绝对真理，但这个真理所涉及的认识对象即使不是相对于人的对象，却也是在其此在**中相对于生命的对象**。这便使科学一方面区别于自然世界观，这种世界观只具有相对于人的对象，另一方面又区别于哲学，哲学的目的只在于绝对对象。但其次，对被称为科学事实和真理的那些事实和真理的选择已经处在一个原理的统治之下，这个原理已经不再与世界**知识**有关，我们现在只能将它称为"**一种可能的技术的目的设定原理**"。这个原理在一个选择顺序中发挥着选择作用，这个选择是指对那些从现象上被还原的世界进入**自然世界观**的内容中去的东西所进行的选择，但这种选择是在人这个种类的周围世界的局限之内进行的选择。根据其生命意义的各个层次，那些束缚在其可能的对人类活动的反应作用上的事实，即人的种类的环境内涵，会有层次地显现在任何一个感知、回忆、期待之中。**科学将自己从对于人的此在相对性限制中解脱出来**——当然是以这样一些认识的相应性为代价，这些认识现在仅只朝向一个可能的**周围世界一般**的一个"方面"，这个周围世界的知识仅仅满足于：统治所有那些不属于人的环境，然而还包含生命-此在相对的此在领域中的东西。

相反，**哲学**则寻找一种尽可能**相应的**认识，这种认识在**自身被给予性**中得到理想的完善。不言自明，哲学与科学的这些认识目的永远不会相互干扰，另一方面，同样明白无疑的是，哲学的认识目的要高于科学的认识目的。

因此，受数学规定的关于自然的机械论为我们提供的东西，就充实这门科学之基本概念的那些事实而言,**实际上已经包含在这门科学之中**了。它们并非借助于某些知性的立法,或者通过某些"已处在主体中"的知性形式和直观形式而从这门科学中挤压出来并"规定给"这门科学的。这些基本概念的直观质料也不像恩斯特·马赫以及纯粹象征主义学派如所亨瑞·彭加勒所认为的那样,是从其他质料中被自由地选出的。它们在任何自然感知建构关系中,甚至在一个生命环境的结构中就已经作为原初"被给予之物",因而也是独立变化的事物而存在了。我们用这些质料并且根据包含在它们直观本质中的并通过此本质而可被明察的原理来阐述各种特殊的机械论,但所有这些特殊的机械论都是我们精神的自由构想,它们并不能切中或反映在事物"之后"的某种东西,而只能在其总体性中提供一个"计划",根据这个计划,**原则上有可能**为了某个可以随意变更的目的而不通过我们人和我们的实际力量,而是通过自由的,但生动的人格来运动自然和引导自然。一个可能引导自然的计划必然不"同于"那个须被引导的东西,或不是对须被引导的东西的反映,甚至可以说,这样的计划必定不会只有一个,而是会有**无限多**——这也是显而易见的。

  但另一方面,通过一个生物来本质可能地运动和引导自然,这样一个计划的想法显然不同于一个为某个特定的目的,甚至为效益的目的而由人设想出来的制作一个实事的计划,例如制作一间房屋、一座桥梁、一台机器的计划。这里有着天壤之别——一个**科学**与**技术**的差别。我们的计划本来就不是此在相对于人及其组织的。它规定和划定了所有可能的技术性目的设定,因而它不是从某**一个**或某一组目的设定中产生出来的。不是某个须待完成之事业的效益价值,而是包含在生命对自然之统治中的**生命权力价值**——它完全独立于为了这个或那个技术目的而对这个权力的使用——在引导着那个提出此计划的精神。根据以上所说,我们可以理解:通过这种观念而被用来服务于某个目的,或甚至被用来服务于效益目的的东西,并不是那个"给人以自由"的"知性"——康德将它错误地看作一种"纯粹的"和"超越论的知性",而是这个知性本身的从纯粹精神中的起源。另一方面,知性还起源于生命的本质趋向,即扩大它的环境,并在它最本己的运用权力之趋向的意义上来统治这个环境。伦理学教导说,权力优于效益。但伦理学也教导说,对于研究者来说,研究的动机不是也不能是权力,而只能是对真理的认识。它还教导说,对真理的认识作为一种纯粹精神的价值是一种比任何权力都"更高的价值"。

但这里所谈的不是研究者的动机,也不是他的结果,即科学定律必须为真。问题恰恰在于,"知性"是如何产生的,也就是说,不是"能力",而是力学物理学的建构用来阐述的那些基本观念和原理的总和,它们是如何产生的以及它们的对象是如何产生的。通过研究者来对知性进行主观运用,这种动机是一种**伦理学的**事情,而不是认识论的事情。而问题恰恰就是:在力学本身之内为真的定律为何不仅提供在与它们的被给予性关系之中的真,而且还提供完全不同的东西;借助于这些定律为何能够单义地规定死的自然的所有现象和事实。我们在这里所涉及的不是作为个别科学的力学,而是力学的自然观。

# 诗中的语言
——关于特拉克尔诗的探讨（1953年）①

[德] 马丁·海德格尔

探讨，在这里首先是指：指出"场所"。其次是指：关注这个"场所"。指出"场所"和关注"场所"，这两者是一项探讨的准备性步骤。然而，如果我们在下面仅满足于这两个准备性步骤，那我们就过于冒险了。按照某种思路，探讨是以一个问题为结束的。它询问的是这"场所"的位置。

这次探讨只是以下列方式谈及格奥尔格·特拉克尔，即思考他的诗歌的"场所"。这种方法对于一个在历史学、生物学、精神分析学、社会学方面倾向于赤裸裸的表露的时代来说，即使不说是一条歧途，也始终具有明显的片面性。探讨思考的是"场所"。

"场所"一词起初意味着矛尖。一切都归结到这个尖端上。"场所"进行的是最高度和最极端的集中。这种集中渗透了一切。"场所"这个集中者进行收集并且保存这些收集到的东西，但它并不像一个封闭的豆荚那样进行保存，而是透明着这些被集中之物，并因此而把握住它们的本质。

现在就需要探讨将格奥尔格·特拉克尔的诗意的说集中为他的诗的这个"场所"，他的诗的"场所"（或尖端）。

每个伟大的诗人作诗都出自唯一的一首诗。衡量其伟大的标准在于，这位诗人对这唯一的一首诗是否足够信赖，以至于他能够将他的诗意纯粹地保持在这首诗的范围之内。

诗人的这首唯一的诗始终未被讲述过。个别的诗歌（但不是诗歌的总

---

① 德文原文出自 Martin Heidegger, "Die Sprache im Gedicht", in Martin Heidegger, *Unterwegs zur Sprache*, Neske, 1965. 中译文原刊载于刘小枫编《二十世纪西方宗教哲学文选》下卷，上海三联书店1991年版，第1236–1281页。——译者

# 诗中的语言——关于特拉克尔诗的探讨（1953年）

和）无法说出一切。尽管如此，任何一首诗歌所讲的都出自这一首诗的整体，并且每次说的都是它。从这一首诗的"场所"中涌出一股巨流，它每每推动着说作为诗意的说。但是，这巨流却几乎不离开这诗的场所，以至于它的涌出更多的是使说的所有运动又流回到这个愈趋隐蔽的起源之中。作为这运动着的巨流的源泉，这首诗的"场所"包藏那些被形而上学和美学的想象最初可能看作是韵律的东西的隐蔽本质。

由于这首唯一的诗始终未被讲述过，因此我们只能以下列方式来探讨它的"场所"，即我们试图从个别的诗歌中讲述出来的东西出发来指出这一"场所"。但在这里，任何个别的诗歌已经需要解释。这种解释使贯穿在所有诗的吟说中并在其中闪光的纯粹之物得以首次显现。

在这种探讨和解释之间的交互联系中，始终包含着与诗人的这首唯一的诗的思索性对话。与诗人的这首诗的真正对话纯粹是诗意的对话：在诗人之间的诗意的交谈。有时也可能是甚至必须是思与诗的对话，这是因为这两者与语言之间有一种特殊的尽管是各不相同的关系。

思与诗的交谈的目的在于揭示语言的本质，以便使凡人重新学会寓居于语言中。

思与诗的对话很长。它几乎尚未开始。相对于格奥尔格·特拉克尔的诗而言，这种对话特别需要节制。思与诗的对话只能间接地服务于这首唯一的诗。因此，这种对话很有可能不是让这首诗在它自己的安宁中歌唱，而是干扰了这首诗的说，这是潜在的危险。

对这首诗的探讨便是思与诗的对话。它既不阐述一位诗人对世界的看法，也不考察诗人的工作环境。首先，对这首诗的探讨永远不能代替，更不能指导对诗歌的听。思的探讨至多只能启发人们对诗歌的听，在最好的情况下也只能使听更富于思索性。

考虑到这些局限性，我们最初只能试图指出这首未被讲述过的诗的"场所"。这里，我们必须以被讲过的诸诗歌为出发点。剩下的问题在于：从哪些已被讲过的诗歌出发？尽管特拉克尔的每一首诗歌的形式各不相同，但它们都同样无一例外地指明了这首唯一诗的"场所"，这表明，他的诸诗歌所具有的独特的和谐是由他那首唯一的诗的基调所来的。

如果我们试图指明这首诗的"场所"，那么我们势必就得选出少量的章节、段落和句子。这样就不可避免地造成一种假象——好像我们的做法带有随意性。然而实际上这种选择是由下列意图决定的，即几乎是用跳跃

· 137 ·

性的目光来将我们的注意力集中在这首诗的"场所"上。

一

这些诗中有一首诗这样说:

灵魂,这个大地上的异乡者。

这一句诗会使我们即刻产生一种惯常的想法:地上的是稍纵即逝的凡世的东西,相反,灵魂则是恒久的、超凡的。自柏拉图学说产生以来,灵魂就始终被视为超感性的。倘若它出现在感性事物之中,那只能说是它被放错了地方。这里的"大地上"与灵魂是不合拍的。灵魂不属于大地。灵魂在这里是一个"异乡者"。躯体至少是灵魂的囚狱。在柏拉图的观点看来,感性的东西只是非真实的存在物,只是行尸走肉,因此,灵魂显然只有尽快地离开感性领域,此外别无出路。

但是,十分奇怪!

灵魂,这个大地上的异乡者。

这一诗句出自题为《灵魂的春天》这首诗。这首诗只字不提不朽灵魂的超凡家园。我们要反复思考,密切关注这位诗人的语言。(在这里,诗人说,)灵魂:"异乡者。"而在其他诗歌中,特拉克尔常常喜欢使用一些其他的同类词:"尘世之物""昏暗之物""孤独者""衰亡之物""病者""俗物""苍白之物""死者""沉默者"。抛开这些词各自内容上的差异不论,它们的意义也不尽相同。"孤独者"和"异乡者"可以指个别的东西,这个个别之物在任何情况下都是"孤独的",而只是在偶然的情况下,从某种特殊的、有限的意义上看才是"异乡的"。这种"异乡者"可以归入所有异乡者一类。如果这样设想,那么灵魂仅仅是异乡者的各种情况中的一种情况。

但什么叫作"异乡的"?人们通常把异乡之物理解为不可信赖的、不受欢迎的东西,它更多的是给人带来烦恼和不安。"异乡的"一词在古代高地德语中被称为"fram",它实际上仅仅意味着:向某个方向去,在去某地的途中……它的含义与土生土长之物的含义正好相反。异乡者总是在

## 诗中的语言——关于特拉克尔诗的探讨（1953年）

流浪中。然而，没有任何定义表明异乡者的流浪是踌躇不决的徘徊。异乡者是在流浪中寻找一个它作为流浪者能够安居的地方。"异乡者"自己几乎还未发觉，它在寻找它自己家园的道路上已经追随着这种呼唤。

诗人将灵魂称为"大地上的异乡者"。灵魂的流浪至今尚未达到的地方，恰恰便是大地。只有当灵魂不再逃避时，它才能找到大地。灵魂的本质在于，在流浪中寻找大地，以便能够通过诗而在大地上落脚和安居，最后拯救作为大地的大地。所以，灵魂绝非首先是灵魂。此外，出于任何一种理由都可以把灵魂看作是非尘世的。

　　灵魂，这个大地上的异乡者。

这一句诗毋宁说说出了名曰"灵魂"之物的本质。它并没有包含任何关于这个其本质已被了解了的灵魂的陈述，就好像（这里做一补充）这里仅仅确定了，灵魂遇到了一些与它不相符的，因而是意外的事情，即它在大地上既找不到藏身之处，也得不到同情安慰。与之相反，灵魂作为灵魂的本质之最根本特征是"大地上的一个异乡者"。所以，它始终是在流浪的途中，并且在流浪中，仍遵循着它的本质特征。这期间产生了一个我们急需回答的问题：在这个意义上的"异乡者"是被召唤到哪里去呢？《梦中的塞巴斯蒂安》一诗第三节中的一段回答了这一问题：

　　噢，路，顺着这蓝色的沙，暗暗而下，
　　思索着那被忘却了的，此刻，在那茵绿的枝叶间，
　　画眉鸟呼唤着异乡者走向没落。

灵魂被召唤走向没落。原来如此！灵魂要结束它在尘世间的流浪，要离开大地。上面的诗句中虽然不曾这样说过，这些诗句却提到了"没落"。确实，仅仅根据这里所说的"没落"，还不能推出这个没落意味着灾难，或者意味着在衰败中的消逝。但是，谁顺着蓝色的沙流而下，就意味着：

　　它在安宁与沉默中没落。

在何种安宁中？在死者的安宁中。但死者又是什么样的死者呢？并且

· 139 ·

又是在何种沉默之中呢？这便是：

灵魂，这个大地上的异乡者。

紧接着这句诗之后，诗人又写道：

……莽莽丛林上，
笼罩着的宗教的蓝光渐渐变成朦胧一片……

前面一句说的是太阳。异乡人继续走向朦胧之中。"朦胧"首先意味着渐渐的昏暗。"蓝光渐渐变成朦胧一片"。难道是晴日的蓝光变暗了吗？难道是因为夜的到来，这蓝光在傍晚消失了吗？其实，"朦胧"不仅仅是白日的没落，不仅仅是指白日的光在黑暗中衰亡。朦胧根本上并不必然是指没落。我们也说晨光朦胧，随着早晨的到来，白天升起了，朦胧同时也上升。在荆棘丛生的"莽莽"丛林上笼罩着的蓝光逐渐变成朦胧一片。夜的蓝光在傍晚升起。

"宗教"的蓝光逐渐变成朦胧一片。"宗教"一词表明了朦胧的特征。这个多义的"宗教"指的是什么，是我们必须深思的。朦胧是太阳行程的尽头。这其中包含着，朦胧既是一日之末，也是一年之末。一首题为《夏末》的诗的最后一段这样唱道：

这绿色的夏夜变得如此轻柔，
异乡人的脚步声回荡在银白色的夜空。
一只蓝色的兽怀念它那羊肠小径，
怀念它那宗教之年的悦耳之声。

在特拉克尔的诗中常常出现"如此轻柔"一词。我们认为，"轻柔"只是意味着：几乎听不到什么。在这个含义上，这里所说的东西与我们的想象有关。但是"轻柔"又叫作"缓慢"，"gelisian"叫作"滑行"。轻柔便是滑过。夏天滑入秋天，滑入这一年的傍晚。

……异乡人的脚步声

诗中的语言——关于特拉克尔诗的探讨(1953年)

回荡在银白色的夜空。

这个异乡人是谁?"一只蓝色的兽"所怀念的那条羊肠小径又是什么呢?怀念又叫作"思索那被忘却的"。

……此刻在那绿茵的枝叶间
画眉鸟呼唤着异乡者走向没落。

"一只蓝色的兽"应在何种程度上思索这个走向没落者呢?这兽是否是在夜色升起的时候,从那种"渐渐变成朦胧一片"的宗教的蓝光中获得它的蓝色的呢?尽管夜是昏暗的,但昏暗并不一定是漆黑一片。在另一首诗歌中,诗人对夜发出这样的祈祷:

噢,这夜的温和的蓝芙蓉花束。

夜是一束蓝芙蓉花,是一束温和的蓝芙蓉花。据此,蓝色的兽也叫作"羞怯的兽""温和的兽"。蓝色的花在它花束的根部集中了圣物的深邃。圣物被蓝光照映,但同时又被这蓝光本身的昏暗所遮掩。这种情况一直持续到圣物退去。它在抑制性的退去中保存自己,这样它就放弃了它的到来。隐藏在昏暗中的光亮是蓝光。光亮也叫响亮,最初是指声音,这声音是从寂静的隐蔽处唤出的,因而可说是照亮了自己。蓝光鸣响,在它的光亮中发出响声,在蓝光发出的光亮中,蓝光的昏暗发着光。

异乡人的脚步声回荡在这发出银白色闪光和音响的夜空。另一首诗歌唱道:

在神圣的蓝光中,闪光的脚步声继续作响。

在另一处还谈到蓝光:

……蓝光圣物……感动了赏花人。

另一首诗歌说:

>……一张兽脸
>为这蓝光，为它的神圣所惊呆。

蓝并不是对圣物的感觉的形象说明。蓝光本身尽管有着它那在遮掩中刚刚显现出的集中的深邃，却仍然是圣物。面对这蓝光并且同时被这纯粹的蓝光所克制，这张兽脸惊呆了，并且现出了野兽的相貌。

兽脸的惊愕不是已经消亡之物（Abgestorbenen）的惊愕。在这种惊愕中，这兽脸畏缩了。它看上去似乎全神贯注，克制着自己，在圣物面前观看着"真理的镜子"。观看是指陷入沉默。

>石块之中，蕴藏着巨大的沉默。

这便是紧接在后面的诗句，石块是痛苦之山（Ge-birge）[①]。岩石将镇痛之物集中蕴藏在石块中，它从根本上消止了痛苦。"在蓝光面前"，痛苦沉默了，面对蓝光，这野兽的面貌变得柔和了，因为根据词义，柔和是指恬静的关注。它在平静的痛苦中抑制住了对荒野的掠夺和焚烧，因而它改变了仇视的态度。

谁是诗人所呼唤的蓝色的兽？它在怀念着异乡人？它是一个动物？当然是，但仅仅是一个动物？绝非如此。因为，据说它在怀念。它的脸在期待向着异乡人张望。蓝色的兽是一个动物，它的动物特征可能不在于那种残暴性，而在于那种观看的怀念，诗人呼唤的正是这种怀念。这一动物性离得很远，几乎无法为人发现。所以，这里所说的动物的动物性是动摇不定的。人们尚未发现它的本质。这个动物，即思维动物、理性生物，人，用尼采的话来说，是尚未确定的动物。

这一论述并不是指人尚未"被断定"为事实。实际上毋庸置疑，人是一事实。这句话是指：这个动物的动物性尚未确定。就是说，人们尚未发现它的被遮盖了的本质的所在。柏拉图以来的欧洲形而上学都在努力做出这一确定。也许形而上学的努力都是徒劳的。也许，它们通向"途中"的道路是一条歧途。这个本质尚未被确定的动物就是当今的人。

在"蓝色的兽"这个诗意的名字中，特拉克尔呼唤着那样一种人，他

---

① 又可译为"痛苦的蕴藏地"。——译者

诗中的语言——关于特拉克尔诗的探讨（1953年）

的面貌，即他的脸孔在对异乡人脚步的沉思中被夜的蓝光所发现并且被圣物照亮。"蓝色的兽"这个名字是指那些怀念异乡人并且想随着异乡人流浪到人的家园去的世俗之物。开始进行这种流浪的是谁？如果本质性的东西被抑制住而很少表现出来的话，那么开始这种流浪的可能只是少数几个无名之士。诗人在他的诗《一个冬天的傍晚》中提到这些流浪者，这诗的第二段是这样开始的：

　　几个流浪者，
　　在昏暗的小道上来到了门前。

蓝色的兽无论在何时何地获得本质，都会抛掉至今身上的人的本质形态。至今为止的人，只要它丧失了它的本质，就是说，只要它开始腐烂①，它便崩解了。

特拉克尔将他的一首诗命名为《死亡七唱》。七是神圣的数字。唱则唱的是死亡的神圣。在这里，死亡并没有被不确定地和泛泛地想象为尘世生活的完结。"死亡"在这里是带有诗意的，它是指"没落"，异乡者正是被召唤走向这种没落，因此，这个被召唤的异乡者也叫作"死者"。他的死亡不是腐烂，而是离开人的腐烂的形态。所以，《死亡七唱》一诗的倒数第二节这样说：

　　噢，人的腐烂了的形态：充满了冷漠的金属，
　　充满了黑夜和沉沦的森林的惊恐，
　　还有那动物的焚烧者的荒野；
　　灵魂的寂静无声。

人的腐烂了的形态在听任火烤剑刺的折磨。它的野性没有被蓝光穿透。这个人的形态的灵魂并没有受到神圣之风的吹拂。因而它没有行驶。风本身，即上帝之风，因而仍然是孤独的。有一首诗提到了蓝色的兽，但这兽几乎无法从"荆棘丛中"挣脱出来，这首诗的结尾是这样的：

---

① 腐烂："verwesen"，又可译为"失去本质"（wesen）。——译者

· 143 ·

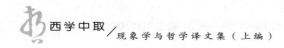

> 孤独的风始终在
> 上帝的黑墙旁发出鸣响。

"始终"是指：在此期间，年和其太阳的行程仍然停留在阴郁的冬天，并且仍然没有人怀念异乡人在上面发出响彻黑夜的脚步声的那条小径。这个黑夜本身只是对太阳行程的暗中遮掩。"行"在印欧语言中叫作"ier-"，就是"年"。

> 一只蓝色的兽怀念它那羊肠小径，
> 怀念它那宗教之年的悦耳之声。

年的宗教性是由黑夜的宗教的朦胧蓝光所规定的。

> ……噢，朦胧中雅桑特①的面容是多么严肃。

宗教的朦胧是根本性的本质，所以他自己的一首诗歌被冠以"宗教的朦胧"的标题。在这首诗歌中也出现了这兽，但这是一只昏暗的兽。这只兽在走向昏暗，同时又趋向于那寂静的蓝光。在此期间，诗人本身在"乌云上空"驶入了那个"夜的池塘""那片星空"。

这首诗歌如下：

**宗教的朦胧**

> 在森林的边缘，有一只昏暗的兽
> 杳无声息地出现。
> 轻柔的晚风在山丘上安息。
>
> 山鸟的悲叹沉寂下来，
> 于是，柔和的秋笛
> 变得无声无息。

---

① 希腊神话中阿波罗神的爱人。——译者

# 诗中的语言——关于特拉克尔诗的探讨（1953年）

  在乌云的上空
  罂粟使你陶醉，
  于是你驶入了这个夜的池塘，

  驶入了这片星空。
  姐妹①的如月光般阴冷的声音
  始终在宗教之夜回响。

  在夜的池塘这一充满诗意的形象比喻中，这星空得以说明。这是指我们习惯的想象而言。但是，夜空就其本质来看就是这个池塘。相反，此外我们所说的夜，仍然毋宁说是一个图像，即对夜的本质的苍白、空洞的摹写。在诗人的那首唯一的诗中，不断地出现这个池塘和池塘的水镜。时而黑色、时而蓝色的池水向人们显出它的本来面目，它的外观。但宗教之夜的朦胧蓝光出现在这星空的夜的池塘中。它的闪光是冷光。
  这冷光是月亮女神所发出的光。正如古希腊诗歌所说，在他的光线的映照下，甚至群星都变得苍白而冷漠。一切变得"如月光般阴冷"。这个穿过黑夜的异乡者叫作"如月光般阴冷的人"。姐妹们"如月光般阴冷的声音"始终在宗教之夜回响，当兄弟坐在他那仍然是"黑色"的并且几乎没有受到异乡人的金光所照耀的小船上，企图在驶向夜的池塘的道路跟随异乡人的时候，他听到了姐妹们的声音。
  如果世俗之物跟随着被召唤走向没落的"异乡者"，去流浪，那么他们自己也就变异，他们自己也成为异乡人和孤独者。
  在驶入夜的星池，即大地之上的天空的过程中，灵魂才感受到大地是浸在"冷的汁液"中。灵魂滑入了宗教之年的暮色朦胧的蓝光中。它逐渐变成"秋天的灵魂"，并且作为后者，它逐渐变成了"蓝色的灵魂"。
  这里提到的少数几个诗行和段落为人们指出了宗教的朦胧，将人们引到了异乡人的羊肠小径上，表明了那些怀念着异乡人并追随他走向没落之物的方式和它们的行程。在"夏末"之季，流浪中的异乡者变得秋天一般，变得昏暗。

---

① 此处的"姐妹"和后文中的"兄弟"是宗教意义上的。——译者。

特拉克尔将他的一首诗称为《秋天的灵魂》，它的倒数第二段唱道：

鱼和兽疾速地一滑而逝。
蓝色的灵魂，昏暗的流浪。
很快使我们与爱人，与他人分离。
夜晚变换着意义和图像。

这些追随着异乡人的流浪者很快便发现他们与"爱人"分离，爱人对于他们来说是"他人"。他人——这是人的腐烂了的形态的类型。我们的语言将这种带有一种类型并且被这类型所规定的人称为"种类"。这个词既意味着在人类意义上的人种，也意味着在种族、民族、家族意义上的诸族类，这一切便体现了种类的两重性特征。诗人将人的"腐烂了的形态"的种类称为"腐烂的种类"，它取自它的本质的方式，因而是"取出的"种类。

这个种类的类型是什么呢？即是说，它受到什么样的诅咒呢？诅咒在希腊语中叫作"πληγή"，我们称之"类型"。对这腐烂的种类的诅咒在于，这个古老的种类已被分裂并且诸种类处于敌对之中。出于这种敌对，每个种类都渴望着投入带有野兽的那种个别的和赤裸裸的兽性的骚乱中去。诅咒不是针对两重性本身，而是针对那种敌对。这种敌对在那种盲目的兽性的骚乱中将这种类分裂为二并因此而将它变成一盘散沙。于是，这个"衰亡了的种类"被分裂为二，被粉碎，它自己无法再找到它真正的类型。只有当一个种类的二重性摆脱了敌对并且流浪到一个单纯的双重性的温柔之乡，即是说，只有当此种类是"异乡者"并且追随异乡人时，它才具有真正的类型。

在与那个异乡人的关系上，腐烂的种类的所有后裔都仍然是他人。即便他们也受到爱和尊敬。然而，追随异乡人所进行的那种昏暗的流浪却将人们带入了黑夜的蓝光之中。流浪的灵魂逐渐成为"蓝色的灵魂"。

但同时这灵魂离开了这里。它到哪里去了？它到异乡人所去的地方，这异乡人在诗中至今为止只是被诗人以指示代词称为"那人"。"那人"在古代语言中叫作"ener"，它意味着"他人"。"Enert dem Bach"，这是指小河（Bach）的另一边。"那人"，异乡人，这是指对于那些他人，即腐烂的种类而言的他人。那人是被唤离开那些他人的人。异乡人是分离出

# 诗中的语言——关于特拉克尔诗的探讨（1953 年）

来的人，是孤寂者（Ab-geschiedene）①。

这个本身接受了异乡者的本质的东西：流浪的人被引向了何方？异乡者被唤向何方？唤向没落。这没落是指在宗教的朦胧蓝光中的自身丧失。这没落发生在宗教之年的末日。如果这样一个末日必须经历对临近的冬季，对十一月的摧毁，那么，那个自身丧失仍然不意味着落入虚构之物，落入毁灭之中。毋宁说，自身丧失根据其词义而意味着自身解脱和缓慢地滑离。自身丧失者尽管是在对十一月的摧毁之中消失，却不是消失到对十一月的摧毁之中去。他经历着这种摧毁，脱离它而滑入宗教的朦胧蓝光之中，滑向"晚间"，即滑向傍晚。

> 晚间，异乡人在黑色的对十一月的毁灭中丧失了自身，
> 在腐烂的枝丛中，在城墙旁，瘴气弥漫，
> 神圣的兄弟曾来过这里，
> 沉醉在他的癫狂的和缓弹奏中。

傍晚是宗教之年的白日之末。傍晚完成了一项变换。趋向于宗教之物的傍晚提供了另一些供观看和思考的东西。

> 夜晚在变换着意义和图像。

发光物（诗人们说的便是它的外表——图像）由于这夜晚而显得异样。本质之物（诗人们思考的便是它的不可见性）由于这夜晚，而成为另外一词。由于这异样的图像和异样的意义，这夜晚使诗的说与思的说以及它们之间的交谈有了改变。夜晚能够这样做是因为它自在进行变换。白天由于它而走向末端，但末端不是结束，而仅仅是倾向于没落，由于这没落，异乡人开始了他的流浪。夜晚在变换着它自身的图像和自身的意义。在此变换中隐含着：至今为止对日和年的时间管理已一去不复返了。

然而这夜晚要将蓝色的灵魂的昏暗流浪引向何方呢？引向其他所有一切都聚集、藏匿的地方，在那里可以另有一个开端。

至此为止，所提到的段落和诗句为我们指明了一个集合部，即一个

---

① "Ab-geschiedene"一词，作者在"孤寂者"和"分离出来的"两重意义上使用。——译者

"场所"。这是一个什么样的"场所"呢？我们应当如何命名它呢？也许应当根据诗人的语言来进行命名。格奥尔格·特拉克尔诗歌的所有言说都始终集中在流浪的异乡人上。他是"被分离开的人"，他也叫作"被分离开的人"。所有的诗意的说都贯穿着这个异乡人并围绕着他展开，因而所有的诗的说都以唯一的一首歌为基调。由于这位诗人的诗歌集中在孤寂者之歌中，因此我们将他那首唯一的诗的"场所"命名为"孤寂"。

现在，探讨可以进入第二步，即试图对被指出的"场所"进行更明确的关注。

## 二

是否可以将这种作为唯一的那首诗的"场所"的孤寂尤为突出地在沉思的目光中显现出来呢？如果可以，那么只能是这样地显现，即我们现在用更明亮的目光来注视异乡人的羊肠小径，并且讯问：谁是孤寂者？他的那些羊肠小径风光如何？

这些羊肠小径延伸着穿过黑夜的蓝光。映照着他的步伐的光亮是冷光。有一首《孤寂者》的诗歌的结尾提及"那些孤寂者的如月光般阴冷的羊肠小径"。对我们来说，孤寂者也叫死者。但异乡人的死是何样的死呢？在《赞歌》这一诗歌中，特拉克尔说：

癫狂者已经死去。

下面的段落又说：

人们埋葬了异乡人。

在《死亡七唱》中，他被称为"白色的异乡人"。《赞歌》的最后一段说：

白色的魔术师在他的坟墓中玩耍着他的蛇。

死者在他的坟墓中活着。他在他的小屋里如此寂静无声地活着，在玩耍着他的蛇。这些蛇无法伤害他。它们没有被杀死，但它们的凶恶有所改

诗中的语言——关于特拉克尔诗的探讨（1953年）

变。与此相反的是《被诅咒的人》一诗：

> 一窝猩红色的蛇
> 懒散地盘踞在它们那被掘开的窠中。

死者是个狂人（Wahnsinnige）。狂人是指一个精神病人吗？不。癫狂（Wahnsinn）不是指对无意义之事的思索。"Wahn"在古高地德语中是"wana"，意味着：无。狂人在思索，并且甚至没有人像他那样思索过。但他始终不具备其他人那样的思想（Sinn）。他的思想是异样的。"Sinnan"起初意味着：向某处旅行、追索……，选择一个方向；印欧语言的词根是sent，而set意味着道路。孤寂者是狂人，因为他正在走向他方。从那方面来看，他的癫狂可以称为一种"柔和的"癫狂，因为他的思索是对较宁静之物的思索。有一首诗歌简单地将异乡人作为"那人"，作为他人来谈论，这首诗歌唱道：

> 但那人走下僧山的石阶，
> 面露蓝色的微笑，奇特地被裹在
> 静静的童年里死去。

这首诗歌的标题是《致早逝者》。孤寂者死到早先之中去，因此，他是"一具柔软的尸体"，被裹在那个静静地保藏着所有荒野之火的童年中。所以这个早逝者显露出一个"冷漠的昏暗形象"。关于这个形象，题为《僧山脚下》的诗歌这样唱道：

> 这冷漠的昏暗形象，始终跟随着流浪者
> 走在骨制的小路上，少年那雅桑特般的声音，
> 轻轻地诉说着那被忘却了的森林的传说，……

"冷漠的昏暗形象"不是跟在流浪者之后。它走在流浪者之前，只要少年的蓝色的声音追回了那被忘却的，并且先说出那被忘却的。

这个早逝的少年是谁？他的

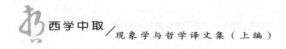

> ……额头静静地流着血
> 古老的传说
> 飞鸟的昏暗痕迹

这个骨制小路上的行人是谁？诗人这样呼唤他：

> 噢，爱利斯，你逝去已有多久。

爱利斯便是被招呼着走向没落的异乡人。爱利斯绝不是诗人用来暗指自己的一个形象。爱利斯与诗人有着根本性的区别，正如思想家尼采与查拉图斯特拉这个形象之间有着本质区别一样。但这两个形象在一点上是一致的，即它们的本质和流浪都是以没落为始。爱利斯的没落发生在古老的早先，这个早先较之于已衰老的腐烂的种类要更早，因为它较之于后者更富于思维，更寂静，更能满足自身。

在少年爱利斯的形象中，少年和少女并不对立。少年是寂静的童年时代的一种表现。童年在自身中隐含和保存着种类的柔和的两重性，即少男和"少女的金色形象"之间的两重性。

爱利斯不是一个在衰亡之物的后期腐烂者。爱利斯是一个早先失去了本质的死者。这个异乡人事先将人安放在那些尚未被孕育之物（古高地德语：giberan）的最初开端中。那个在世俗之物的本质中安宁而寂静的未被孕育之物被诗人称为未出生者。

早逝的异乡人便是未出生者。"未出生者"和"异乡者"指的是同一个东西。在《晴朗的春天》一诗中有这样一句：

> 未出生者在休息。

它保护着寂静的童年，直到将来的人的种类苏醒。就是说，早逝者还安静地活着。孤寂者并不是在衰亡之物意义上的死者。相反，孤寂者先看到了宗教之夜的蓝光。白色的**眼皮**照管着他的看（Schauen），它们在新娘的首饰中闪光，这首饰允诺，会有更柔和的种类的二重性。

"在死者白色的眼皮上，桃金娘花静静开放。"这一句诗和下面一句诗属于同一首歌：

诗中的语言——关于特拉克尔诗的探讨（1953年）

灵魂，这个大地上的异乡者。

这两句诗直接相连。"死者"便是孤寂者、异乡人、未出生的人。但是，

未出生者的小径
路过黑暗的村庄旁，路边孤独的夏日向前伸展。

他的路从那里绕过（他已无法作为客人进入那里），但已不再穿越那里。尽管孤寂者的行程是孤独的，但这种孤独的原因在于"夜的池塘，星空"的孤独性。狂人不是在"黑色的云"中进入这池塘，而是在金色的小船中进入这个池塘。金色是怎么一回事？
《森林中的角落》这首歌用这样一句诗作为回答：

温柔的癫狂时常显得金黄而真实。

异乡人的小径穿越了"宗教之年"，"宗教之年"的白日都被导向真实的开端，并由这个开端所制约，即是说，它们成为合理的。他的灵魂之年集中在合理之物中，

噢！爱利斯，你的所有白日是如此合理！

在《爱利斯》一诗中这样唱道。这个呼唤只是另一个我们已听到过的呼唤的回声：

噢！爱利斯，你逝去已有多久。

异乡人向其中逝去的早先，隐含着未出生的人的本质合理性。这个早先是一种特殊的时间，是"宗教之年"的时间。特拉克尔将他的一首诗歌简单地称为《年》。它的开头是："童年的昏暗的寂静。"与此相对，早先则是明亮的童年，因为这童年更寂静，所以它是第一个童年，孤寂者正是在这个没落中走向这个童年。这首诗的最后一句将这个寂静的童年称为

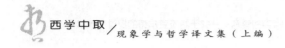

开端:

> 开端的金色的眼睛,结尾的昏暗的耐心。

结尾在这里不是指开端的结果和开端的消逝。结尾作为腐烂的种类的结尾,要先于未出生的种类的开端。但开端作为过去的早先已经超越了结尾。

这个早先还保存着始终被掩盖了的原初的时间本质。只要那种自亚里士多德以来普遍起着决定作用的对时间的看法仍然有效,那么当今的思维在今后将仍然无法认识时间的本质。根据亚里士多德以来对时间的看法,无论人们是从力学,还是从运动学,或是从原子分解的角度来看待时间,它都是对在先后顺序中延续着的对绵延的量和质方面的计算尺度。

但真正的时间是指已有之物(Gewesenen)的到来。这个已有之物不是过去之物(Vergangenen),而是对本质之物的集中,这集中要先于所有的到来,因为它作为这种集中将自身回到它更远的早先之中去。"昏暗的耐心"适合于结尾和完成。这耐心将藏匿之物摆到它的真理面前。它的忍耐将一切都置于向宗教之夜的蓝光的没落之中。但观看和思索则适合于开端,它们发出金黄色的闪光,因为它们受到"金黄色的,真实的东西"的照耀。当爱利斯在他的行程中对黑夜开启了自己的心扉时,这些金黄色的真实之物便映现在黑夜的星池中:

> 一只金色的小船,
> 爱利斯,它将你的心荡向孤独的天空。

异乡人的小船在摇晃,但这是在玩耍,并不像早先的那些追随异乡人的后继者所乘的小船那样"胆怯"。他们的船还没有达到池塘水面的高度。它沉没了。但沉没于何处?是在衰落中沉没吗?不。它沉到哪里去?沉到空洞的虚无中去吗?绝不是。后期诗歌中有一首叫作《怨》的诗是以这样的几句诗来结尾的:

> 姐妹怀着深深的忧伤,
> 望着那胆怯的小船沉没在

# 诗中的语言——关于特拉克尔诗的探讨（1953年）

　　群星之中，
　　黑夜摆出一副沉默的面容。

　　这一由群星的闪烁所映照着的夜沉默隐含在什么之中呢？这黑夜本身又包含在什么之中呢？包含在孤寂中。这种孤寂不仅仅在于那种少年爱利斯活在其中的死的存在状态，还包括更寂静的童年的早先，包括蓝色的黑夜，包括异乡人的夜的小径，包括灵魂在夜间的飞翔，还包括作为没落之门的朦胧。

　　孤寂集中了这些相互关联的东西，但这种集中不是以一种追加补充的方式，而是这孤寂将自身投入已经进行着的集中之中去。

　　诗人将朦胧、黑夜、异乡人的年，他的小径都称之为"宗教的"。孤寂是宗教的。这个词指的是什么？它的含义和用法都是旧的。"宗教的"意味着某种在精神意义上的东西，它是从精神的意义中产生出来的，并且追随精神的本质。在习惯的用法中，"Geistliche"一词被限制在与宗教之物，与僧侣的宗教状况和他们的教会的关系中。特拉克尔似乎在写《在明亮的井里》一诗时也是指这种关系，至少粗听起来如此：

　　……在死者被忘却了的小径上，
　　橡树披上一层宗教般的绿色。

　　在这之前谈到了"主教，贵妇的身影"，谈到了仿佛在"春天池塘"上才飘动着的"早逝者的身影"。但是，当这位在这里又唱着"傍晚蓝色的怨"的诗人说橡树"披上一层宗教般的绿色"的时候，他想到的不是宗教，他想到的是早逝者的早先，这个早先允诺了"灵魂的春天"的到来。较早期的诗歌《精神之歌》唱的无非也是这些内容，尽管它唱得更含蓄，更犹豫些。这首《精神之歌》具有一种罕见的双重性，其中的精神在最后一个段落中更明显地表现出来。

　　古老的岩石旁有个乞丐，
　　仿佛已在祈祷中死去，
　　小山上缓缓走下一个牧人，
　　树丛中传出天使的歌声，

树丛旁,
孩子们已进入了梦乡。

但是,如果诗人用"Geistliche"一词并不是指宗教的话,那么,他完全可以用另一个与精神有关的词"Geistige",他可以说精神的朦胧,精神的黑夜。为什么他避免使用"Geistig"① 这个词呢?因为精神之物(Geistiges)是用来称呼"物质之物"的对立面的。这个对立展示了两个区域之间的差异性,并且意味着——用柏拉图主义的西方语言来说——在超感性事物与感性事物之间的鸿沟。

如此理解的精神之物在此期间已经成为理性之物、智慧之物、思想之物,它连同它的对立一并包含在腐烂的种类的对世界的看法中。但是"蓝色灵魂"的"昏暗流浪"却离开了这个腐烂的种类。异乡者在没落中所进入的夜色的朦胧以及异乡人的小径几乎都不能被称为"精神的"。孤寂是宗教的(geistlich),即受到精神的规定,但同时不是"精神的"(geistig),即在形而上学意义上的精神。

但精神又是什么呢?特拉克尔在他最后一首诗歌《格罗德克》中谈到了"精神的炽热火焰"。精神是燃烧之物,并且也许只有作为燃烧之物,它才是一个漂浮之物。特拉克尔首先不是把精神理解为圣灵、理解为心智,而是理解为火焰,它熊熊燃烧,奋力向上,不断运动,变化不息。火焰是炽热的闪光。燃烧便是脱出自身,它发光并映亮他物,同时它也可以不断地吞噬并把一切都化为白色的灰烬。

"火焰是最苍白者的兄弟",这是《恶的转变》一诗中的一句。特拉克尔是从"精神"一词的原初含义的本质上来理解精神的,因为"gheis"意味着不断向上,不断变动,脱出自身。

如此被理解的精神在柔和之物和毁灭之物的可能性中达到本质性的存在。柔和之物绝不会阻止燃烧者脱出自身,而是将它在友好的安宁中集中保存。毁灭之物产生于无拘束之物中,这些无拘束之物是在它们的骚乱中耗尽了自身,并且因此而从事恶端。恶始终是精神的恶。恶和其恶性不是感性之物、物质之物。恶也不仅仅是"精神的"本性。恶在宗教上是指变

---

① 德文中"geistlich"和"geistig"都是由名词"Geist"转化而来的形容词,但前者指"宗教的、僧侣的",后者指"精神的、思想的"。——译者

# 诗中的语言——关于特拉克尔诗的探讨（1953年）

动之物的炽热炫目的骚乱，这些变动之物置身于未集中的灾祸之中，并且有将柔和之物的集中开放烤焦的危险。

但是，柔和之物集中在哪里呢？什么是它们的约束？何种精神在控制着它们？人如何是和如何将是"宗教的"？

只要精神的本质在于燃烧，精神就打开了道路，照亮了这道路并且踏上了这道路。精神作为火焰，是"涌向天空"并且"追逐着上帝"的狂风。精神驱赶灵魂进入途中，从这里开始流浪。精神置身于异乡者中。"灵魂，这个大地上的异乡者。"精神将灵魂用来馈赠。它赠予灵魂。但灵魂又保护着精神，这一点是如此根本，以至于如果没有灵魂，精神可能永远不成其为精神。灵魂"在接近"精神。以什么方式？是否和其他的东西一样，是通过这种方式，即灵魂将属于自己本质的火焰交由精神支配？这火焰是忧郁的迸发，是"孤独灵魂的温柔"。

孤独并不在那种排除了各种纯粹的被遗弃状态的分散之中个别化。孤独将灵魂带给个体，把灵魂集中在一起，并因而使灵魂的本质开始流浪。孤独的灵魂是流浪的灵魂。它的炽热的感情必须负着沉重的命运进行流浪——灵魂走向精神。

> 你的火焰将燃烧着的忧郁赋予精神。

这是一首名为《致启明星》的诗的开头。致启明星是说致一个发光体，它投下了恶的阴影。

在灵魂的忧郁炽热燃烧的地方，灵魂在流浪中深入它自己的本质，即深入流浪本质的最广范围中。当灵魂看着蓝光的面容并且看到这蓝光中所显现的东西时，上述情况便发生了。就是说，灵魂看上去是"伟大灵魂"。

> 噢，痛苦，你是伟大灵魂燃烧的观看！

灵魂是否伟大的衡量标准是，它如何能够进行燃烧的观看，并以此方式在痛苦中找到自己的家园。痛苦具有一种在自身中对立的本质。痛苦在燃烧中不断撕扯。它的撕扯标明了流浪的灵魂在向天空的冲击和对上帝的追逐中产生的裂痕。所以，这种撕扯似乎应当征服它在撕扯中遇到的一切，而不应在它的遮蔽性的光芒中统治它们。

· 155 ·

但"观看"能够这样做。它不是熄灭燃烧的撕扯，而是将它变为在看的过程中可驾驭的东西。观看是回扯到痛苦之中，而痛苦则因此得以缓和，并由此得到妥善的控制。

精神是火焰。它发出炽热的光。它是在观看的目光中发光。这种观看关注着显现者的到来，在这些显现者之中存在着所有的本质之物。这种燃烧的观看就是痛苦。任何从感觉出发来想象痛苦的做法都无法理解痛苦的本质。燃烧的观看决定了灵魂的伟大。

作为痛苦，提供了"伟大灵魂"的精神是赋予灵魂者。但伟大灵魂却是起死回生者。因此，所有在灵魂的这个意义上活着的东西，都完全处于灵魂自身的本质的根本特征，即痛苦的统治之下。一切活着的东西都是痛苦的。

只有这些富于灵魂的活物才能实现它们的本质规定。借助于这种能力，它们可以达到相互忍受的和谐，通过这种方式，所有活物得以相互依属。就合用这方面来看，所有的活物都是合用的，即善的。但这善是痛苦的善。

所有被赋予灵魂之物，与伟大灵魂的根本特征相符，都不仅仅在于是痛苦的善，而且同样也只可是痛苦的真。因为根据痛苦的对立性，活者可以它的各种方式将它的共在之物悄悄地揭示出来，现出它们的真相。

有一首诗的最末一段的开头是：

　　活着的事物是如此痛苦的善和真。

人们可能会以为，这句诗仅仅稍稍涉及痛苦。实际上，它引来了整段的言说；这一段的基调始终是痛苦的沉默。为了能够倾听到它，我们既不能忽略那些精心安排过的句子符号，更不能去改动它。这一段诗的后一句是：

　　一块古老的岩石轻柔地触摸着你。

这里又出现了这个"轻柔"，从这个词将引出许多本质的联系。并且这里又出现了"岩石"，如果可以计算一下的话，这个词在特拉克尔的诗中出现过三十多次。岩石中隐藏着痛苦，痛苦化为岩石，并且将自己封闭

## 诗中的语言——关于特拉克尔诗的探讨（1953 年）

在岩石中。在这岩石上，闪映出那早先的宁静炽火的古老源头，这早先作为先行的开端导向所有的生成者、流浪者，并使之永不可达及它的本质。

古老的岩石便是痛苦本身，只要这痛苦将目光关注在世间的尘世之物上。在这句诗的末尾"岩石"一词后面是一个冒号，这表明，在这里是岩石在讲话。痛苦本身在说话。在长时间的沉默之后，它对追随着异乡人的流浪者仅仅说出了自己的统治和延续：

　　真的！我将永远在你身边。

那些听见早逝者走进了枝叶丛中的流浪者在下一句诗中这样回答痛苦的上述格言：

　　噢，嘴唇！你的颤抖穿透了白杨。

这首诗歌的整个这一段与另一首诗，即《致早逝者》第二段的结尾相符合：

　　花园里留下了朋友的银色面容，
　　在落叶中，或在古老的岩石中倾听。

以"活着的事物是如此痛苦的善和真"为开头的那一段落同时正好与这首诗歌的第三部分开头相呼应：

　　然而所有生成者却显得如此病弱！

被困扰者、受阻碍者、不幸者和无可救药者、病患者的所有这些困苦实际上仅仅是一些表面现象，在它之中隐藏着"真实之物"：贯穿在这一切之中的痛苦。因此，痛苦既不可恶，也不有益。痛苦是所有本质之物的根本利益。它的对立本质的纯朴决定了从隐蔽的最早的早先中的生成，并且使这生成完满了伟大灵魂的欢快。

　　活着的事物是如此痛苦的善和真；

· 157 ·

> 一块古老的岩石轻柔地触摸着你：
> 真的！我将永远在你身边。
> 噢，嘴唇！你的颤抖穿透了白杨。

这一段诗纯粹是痛苦之歌，它使这首由三个部分构成的名为《欢快的春天》的诗得以完善。所有开端性的本质的最早的早先欢快性从隐藏了的痛苦的宁静中突出出来。

通常的见解往往会把痛苦的对立本质，即它作为向后的撕扯实际上是在向前撕扯着，看作是悖谬的，但在此表面现象中隐藏着痛苦的本质性基础。这种本质性基础在观看中持守自身，保持为最深切的，而同时在燃烧中又走得最远。

所以痛苦作为伟大灵魂的根本特征始终纯粹地与蓝光的神圣相符合。因为只有当灵魂逃避到它自己的深处时，它的面容才能为蓝光所照亮。圣物在其获得本质性存在的同时延续着，而它的这种本质性存在仅仅在于它处于逃避的状态之中，并且为观看指明易于驾驭之物。

痛苦的本质，它与蓝光的隐藏着的联系在一首叫作《神化》的诗的最后一段中得到了表达：

> 蓝色的花，
> 在变黄了的岩石中轻轻地发出鸣响。

"蓝色的花"是宗教之夜的"温和的蓝芙蓉花束"。这些话唱出了特拉克尔的诗由之而出的源泉，话音一落，它们就获得了"神化"。这首诗歌将歌曲、悲剧、史诗集于一身。在他所有诗歌中，这首诗是独特的，因为在其中以一种不可言传的方式深切地表现了看的广度、思的深度和说的简单。

痛苦只有在为精神的火焰服务时，才是真正的痛苦。特拉克尔的最后一首诗歌叫作《格罗德克》。人们将它赞誉为战争诗。但它并不是战争诗，它远远地超出了战争诗。它的最后几句诗是这样的：

> 未出世的孙子，
> 如今，这一巨大的痛苦接近了精神的炽热火焰。

# 诗中的语言——关于特拉克尔诗的探讨（1953年）

　　这里所说的"孙子"，绝不是指产生于腐烂种类中的死去的儿子们的未出生的儿子们。如果这里仅仅是针对迄今为止的种类的连续繁衍的中断而言，那么这位诗人一定会为这样一个终结而欢呼的。但他却在悲伤。当然，这是一种自豪的悲伤，这悲伤在燃烧中观看着未出生者的安宁。

　　未出生者叫作孙子，因为他们不可能是儿子，就是说，不可能是这个崩溃了的种类的直接后裔。在他们和这个种类之间还生活着另一代人。他们是另一种人，因为他们具有产生于未出生者的早先的其他本质出生。"巨大的痛苦"是在一切之上燃烧的观看，它看到了那个死者还在逃避着的早先，正是在这个死者面前，早先的逝者的"精神"死去了。

　　但是，是谁在驱使这巨大的痛苦接近精神的炽热火焰的呢？这一驱使便是精神的本性。精神的本性便叫作"geistlich"①，所以诗人不得不首先并且同时将朦胧、黑夜、年统称为"宗教的"。朦胧使黑夜的蓝光升起，将它点燃。黑夜作为星池的闪光镜子燃烧着。年只有置身于太阳行程，即它的升起和没落的道路上，才能燃烧。

　　这种"宗教之物"所关注和追随的是一种什么样的精神呢？这便是在《致早逝者》诗中被称为"早逝者的精神"的那种精神。这精神将《宗教之歌》中的那个"乞丐"置于孤寂中，以至于他像《在村庄里》一诗所说的那样，始终是一个"在精神中孤独地死去"的"穷人"。

　　孤寂本质上是更纯粹的精神。它是在精神的深处更宁静地燃烧着的蓝光的显现，这蓝光，在金黄色的开端上点燃了一个更宁静的童年。爱利斯的形象的金黄色面容在向这早先观望。在它的观望中，它保护着孤寂的精神在黑夜中的火焰。

　　因此，孤寂既不仅仅是早逝者的状况，也不是早逝者停留的不确定的空间。孤寂者以其燃烧的方式本身便是精神并且作为精神因而是集中者。这个集中者将尘世之物的本质重又赋予它的更宁静的童年，将童年作为尚未成熟的种加以保护，这个种构造出来的种类。孤寂的集中者使未出生者省去了正在衰亡者这段过程而直接进入早先的人种在未来的复活之中。集中者作为柔和的精神同时镇定着恶的精神，在恶的精神从种类的对立爆发出来并且侵入同胞情谊中去的地方，恶的骚乱在那里便达到恶的顶峰。

　　但同时，在童年的更宁静的基础中还隐藏着在那里被集中的人的种类

---

① 隐喻"宗教的"。——译者

的同胞的两重性。在孤寂中,恶的精神既没有被消灭和否定,也没有被释放和肯定。恶发生了变化。灵魂只有转入它本质的伟大之中,才能经受这种变化。这种伟大的程度受孤寂的精神所制约。孤寂是指集合,通过这种集合,人又重被隐藏到人的更宁静的童年和另一个开端的早先之中。孤寂作为集合拥有"场所"的本质。

但这孤寂在何种程度上是指在特拉克尔诗歌中表现出来的那首唯一的诗的场所呢?孤寂难道与作诗有什么联系吗?并且,即使存在着这种联系,孤寂又应当如何将诗意的说收集到作为其"场所"的自身这里,并从这里出发去规定这些诗意的说呢?

难道孤寂不是一种独一无二的静寂的沉默吗?孤寂如何能进行说话和歌唱?然而,孤寂不是死亡的荒漠。在孤寂中,异乡人与迄今为止的种类告别。他走在一条小径上。这是什么样的小径呢?在《夏末》一诗着重引用的最后一句诗中,诗人已说得很清楚了:

> 一只蓝色的兽怀念它那羊肠小径,
> 怀念它那宗教之年的悦耳之声。

异乡人的小径是"它那宗教之年的悦耳之声",爱利斯的步伐在作响。作响的步伐在黑夜中闪光。这步伐的悦耳之声传入了虚无之中吗?那个早逝者是在被分割意义上的孤寂吗?或者它是在被挑选出的意义上被提取出来的吗?就是说,被聚合在一个集合之中,这集合在进行更柔和的集合和更宁静的呼唤?

《致早逝者》这首诗的第二段和第三段给我们的问题以一个暗示:

> 但那人走下僧山的石阶,
> 面露蓝色的微笑并且奇特地被裹在
> 静静的童年里,死去;
> 花园里留下了朋友的银色面容,
> 在落叶中,或在古老的岩石中倾听。
> 灵魂歌唱着死亡,歌唱肉体的绿色腐烂,
> 林涛的澎湃声,
> 野兽的强烈的抱怨。

诗中的语言——关于特拉克尔诗的探讨（1953 年）

　　在朦胧的钟楼里不断传出傍晚蓝色的钟声。

　　一个朋友在倾听着异乡人。就是说，他一边倾听，一边追随着异乡人并因此自己也成为流浪者，成为异乡人。朋友的灵魂在倾听着死者。朋友的面容是"死去的"面容。它在倾听，同时它在歌唱着死亡。因此，这个歌唱的声音是"如死者般的鸟的声音"（《流浪者》）。它与异乡人的死，与他向黑夜的蓝光的没落相符。在孤寂者死的同时，他歌唱那个种类的"绿色腐烂"，昏暗的流浪使他与这个种类"分离"。

　　歌唱叫作赞美，并且在歌中保护被赞美者。这个倾听的朋友是一个"赞美着的牧人"。但是，只有当追随着孤寂者放歌，只有当追随者听见孤寂的声音，只有当那里响出的悦耳之声，只有"当（如在《傍晚之歌》中所说）昏暗的悦耳之声传到了灵魂那里"时，"喜欢倾听白色魔术师的童话"的灵魂才能跟在被孤寂者后面歌唱。

　　如果情况真的如此，那么早逝者的精神便在早先的闪光中显现。早先的宗教之年是异乡人和朋友的真正时间。在这闪光中，以往的乌云变成了金色的云彩。它现在好比是"金色的小船"，它把爱利斯的心荡向孤独的天空。

　　《致早逝者》一诗的最后一段唱道：

　　　　金色的云彩和时间。在孤独的小屋里
　　　　你时常邀死者做客，
　　　　在亲切的交谈中，沿榆树下绿色的小河漫步而下。

　　随异乡人的步伐而来的悦耳之声是与朋友邀请交谈相符的。交谈所说便是沿河而下的歌唱着的流浪，便是追随者向黑夜的蓝光的没落，早逝者的精神赋予这黑夜以灵魂，在这种交谈中，歌唱着的朋友观看着那孤寂者。通过他的观看，他在与异乡人的对视中成为兄弟。在随异乡人的流浪中，兄弟在早先中达到了更宁静的落脚处。他可以在《孤寂者之歌》中呼喊：

　　　　噢，寓居在黑夜的赋予了灵魂的蓝光中。

· 161 ·

但是，由于倾听着的朋友在歌唱着《孤寂者之歌》，并因此而成为他的兄弟，因此，异乡人的兄弟是通过异乡人才成为他的姐妹的兄弟，这姐妹的"如月光般阴冷的声音在宗教之夜回荡"，这便是《宗教的朦胧》一诗的结束语。

孤寂是那首唯一的诗的"场所"，因为异乡人的作响，发光的步伐的悦耳之声把对这一声音的追随者们的昏暗流浪燃放成倾听着的歌唱。这流浪是昏暗的，因为它才开始追随，但这流浪却使它的灵魂放射出蓝光。歌唱着的灵魂的本质因而仅仅是对黑夜的蓝光的事先观望，这黑夜中包含着那个更宁静的早先。

《童年》这首诗中这样说：

    灵魂，这仅仅是一个蓝色的瞬间。

这里，孤寂的本质便完成了自身。孤寂只有作为对更宁静的童年的集中，同时作为异乡人的坟墓而将那些人聚向自身，这些人倾听着早逝者，将他的小径的悦耳之声变为讲述出来的语言从而本身成为孤寂者，这样，他们便追随着这个异乡人走向没落。他们的歌唱便是作诗吗？在何种程度上？什么叫作诗呢？

作诗是指：跟随说①，亦即跟随那孤寂的精神所劝说的悦耳之声。作诗在成为倾听意义上之说之前，在很长时间里只是一种听。孤寂使它的听早已得到了悦耳之声，借此，这悦耳之声就响彻了它那在其中反复披露着的说。宗教之夜神圣蓝光的月光般的冷漠贯穿在所有的看和说中。所以，这些看和说的语言便成为跟随着说的语言，成为诗歌。诗歌所说出的话将那首唯一的诗作为说出来的话加以保护。以此方式，被唤入听之中的跟随说在小径的劝说面前更加"虔诚"，就是说，更加驯服，异乡人在这条小径上从童年的昏暗中走出，进入更宁静、更明亮的早先中去。因此，倾听着的诗人能够对自己说：

---

 ① 德文中，"nachsagen"原意为"跟着说""模仿说"，但海德格尔在此将此词拆开，写成"nach-sagen"，这样，就把"说"（sagen）变成了"nach"（跟在……之后）的宾语，因此译成"跟随说"，以示其双义性。——译者

# 诗中的语言——关于特拉克尔诗的探讨（1953年）

> 你更虔诚地认识了昏暗之年的意义，
> 认识了在孤独的屋中的冷漠与秋；
> 而在神圣的蓝光中，闪光的步伐响个不停。

歌唱着秋天和年末的灵魂并没有沉没在衰败之中。它的虔诚为早先的精神之火点燃并因此而燃烧：

> 噢，灵魂，轻轻地歌唱着发黄的芦苇的歌；
> 如火的虔诚。

这是《梦和迷乱》这首诗所唱的。这里所说的迷乱，不是指精神的阴沉，正如癫狂不是精神错乱一样。使异乡人的歌唱着的兄弟迷乱的那个黑夜仍然是那个死亡的"宗教之夜"。倾听的朋友在观看着这个死者的同时，还观看到了更宁静的童年的冷漠。这种观看在此期间仍然是一种与早已出生了的种类的分离，这个种类已经忘却了作为被保存的开端的更宁静的童年，并且从未孕育过未出生者。《阿尼夫》是萨尔茨堡附近一座水上宫殿的名字，这首诗唱道：

> 出生者的罪过极大。可悲呵，他们对死亡的
> 金色的战栗，
> 因为灵魂在梦想更阴冷的花朵。

但是与旧的种类的分离不仅仅处于痛苦的"悲叹"之中。这种分离（Scheiden）命定着这样一层意思，即它是决然的（ent-schie-den）告别（Abschied），这告别自然是从孤寂（Abgeschiedenheit）① 中唤出的告别。在被分离的黑夜中的流浪是一种"无限的折磨"。这不是指一种无止境的苦痛。无限是指摆脱了任何有限的限制和萎缩。"无限的折磨"是指完成了的、完善了的、达到了其本质的丰富性性的痛苦。在穿过宗教之夜的流浪中，只有当流浪告别了非宗教之夜，统治着痛苦的对立物的基础才会完全

---

① 作者在这里指出了"孤寂"（Abgeschiedenheit）与"分离"（Scheiden）、"决然的"（ent-shieden）、"告别"（Abschied）等词之间的词源联系，中译很难表达出这一点。——译者

出场。精神的柔和之物被召唤追逐上帝,它的胆怯之物被召唤去冲向天空。

《夜》这首诗这样说:

> 无限的折磨,
> 柔和的精神,
> 你追逐着上帝,
> 在急流中,在起伏的松涛中
> 发出叹息。

这种冲击和追逐的燃烧着的不断撕扯并没有撕毁"陡峭的堡垒";没有杀死追逐者,而是让他在对天空景象的观看中苏醒,这种景象的纯粹冷漠掩盖了上帝。这种流浪的歌唱着的思索刻在一个渗透了已完成的痛苦的脑袋的前额上。所以《夜》这首诗以下列诗句为结束:

> 一个变成岩石的脑袋
> 向着天空冲击。

《心》这首诗的结尾与此相符:

> 陡峭的堡垒。
> 噢,心,
> 在雪一般的冷漠中闪烁。

这三首后期的诗歌——《心》《暴风雨》《夜》的三和弦是如此隐蔽地被规定在对孤寂的歌唱的唯一的和同一的基调上,以至于人们认为,如果放弃对上述三首诗歌的歌声做充分的解释,那么,现在正试图进行的对那首唯一的诗的探讨会得到更进一步加强。

在孤寂中的流浪、对不可见之物的观看和完成了的痛苦,它们是三位一体的。耐心人连接了它们的裂痕。只有他才能跟随回到种类的最早的早先,这个种类的命运保存着一本古老的纪念册,诗人在《在一本古老的纪念册中》一诗里写道:

# 诗中的语言——关于特拉克尔诗的探讨（1953年）

> 耐心人恭顺地服从于痛苦，
> 悦耳之声和温和的癫狂在鸣响。
> 看！天色已开始朦胧。

在这些说的悦耳之声中，诗人将上帝为躲避癫狂的追逐而藏身于其中的发光的景象显示出来。

因此，诗人在《下午的低语》中所唱的，确实只是下午的低语：

> 前额梦想着上帝的色彩，
> 感受到癫狂的柔和的翅翼。

那个早逝的癫狂者出于他的孤寂而用他的步伐的悦耳之声呼唤着跟随他的兄弟，只有当作诗者追随着这个癫狂者时，他才成为诗人。所以，朋友的面容观看着异乡者的面容。这个"瞬间"的闪光触动了倾听者的说。在这个从那首唯一的诗的"场所"发出的闪光中，起伏着那种使诗意的说成为其语言的波涛。

那么，据此说来，特拉克尔的诗歌的语言是哪一种方式呢？当这种语言与异乡人所走的路途相符合时，这种语言便表述出来。异乡人所走的小径是一条离开的、蜕变了的种类的道路。它导向未出生的种类所保存的早先的没落。这首在孤寂中有其"场所"的唯一的诗的语言与这个未出生的人的种类向其更宁静的本质的开端的返归相符合。

这首诗歌的语言从过渡中讲出。它的小径从向衰败者的没落中过渡到向圣物的朦胧蓝光的没落中。这首唯一的诗的诗言从这过渡中讲出并且穿越了宗教之夜的夜池塘。这语言在唱着被分离的还乡之歌，还乡是从腐烂的后期返回到更宁静的、尚未出现的早先。在这个语言中，路途得到了表述，通过这路途的显现，孤寂的异乡人的宗教之年的悦耳之声也有声有色地表现出来。《孤寂者之歌》，用《启示和没落》一诗的话来说就是在歌唱"一个还乡的种类的美"。

由于这首唯一的诗的语言讲述了孤寂的路途，因此，它始终同时也讲述了它在分离中所留下的东西以及这分离的方向：这首唯一的诗的语言本质上是多义的，并且是以其独特的方式多义。如果我们总是只从一种单义看法的呆板意义上来理解这首诗，那么我们就永远也听不到诗歌在说些

· 165 ·

什么。

朦胧和黑夜，没落和死亡，癫狂和野兽，池塘和岩石，鸟的飞翔和小船，异乡人和兄弟，精神和上帝，同样，也包括色彩的词：蓝和绿，白和黑，赤红和银白，金黄和昏暗，它们说的总是多义。

"绿"是指腐烂的和繁盛，"白"是指苍白和纯粹，"黑"是指黑暗的封锁和昏暗的掩蔽，"赤红"是指朱红的肉色和玫瑰色的柔和。"银白"是指死亡的惨淡和星斗的闪烁。"金黄"是指真实之物的闪光和"金黄的可怕笑声"。现在所说的多义性，起初仅仅是双重性。但这种双重性本身作为整体只是一个方面，另一个方面则是受那首唯一的诗的最深切的"场所"规定。

这首诗歌表述了一种双重的双重性。诗意的说的这种多义性本身无法再分解为不确定的歧义性。① 特拉克尔这首唯一的诗的多义的声调是来自一种集合，即来自一种协调，这种协调就其自身而言始终是不可说的。这种诗意的说的多义性不是随意的不确定，而是参与者的严格，这些参与者加入仔细的"合理观看"并且服从这种观看。

我们常常能够将这种特拉克尔的诗歌所特有的、自身完全可靠的多义性的说与其他诗人的语言严格区分开来，后者的歧义性产生于诗的摸索的不可靠的非确定性中，因为它缺乏那首真正的唯一的诗和其"场所"。特拉克尔的本质上多义的语言的独特严格性是在更高意义上的单义性，即较之于纯科学单义概念的所有技术上的精确，它始终具有无比的优越性。

在这种由特拉克尔那首唯一的诗的"场所"规定的语言多义性中，常常表述出一些属于圣经和教会的想象世界的话语。从旧的种类向未出生的种类的过渡穿越了这个区域，并且穿越了它的语言。特拉克尔的诗歌是否表述了，并且在何种程度上以及在何种意义表述了基督教的教义；这位诗人是以什么方式成为"基督徒"的；这里，"基督教的""基督教徒""基督教义"指的究竟是什么。这些问题都是一些根本性的问题。但是，只要那首唯一的诗的"场所"尚未被关注，那么对这些问题的探讨便始终还悬在空中。此外，对上述问题的探讨还需要沉思，对于这种沉思，无论是形而上学神学的概念，还是教会神学的概念，都是不够的。

---

① 歧义性（Vieldeutig）与多义性（Mehrdeutig）在德文一般用法中并无区别，但作者这里分用两个词，意在强调其区别。——译者

# 诗中的语言——关于特拉克尔诗的探讨（1953 年）

关于特拉克尔那首唯一的诗的基督教义的判断，首先必须考虑他后期的两首诗——《怨》和《格罗德克》。必须问这样的问题：如果诗人是一位如此坚定的基督徒，那么，为什么他在这里，在他最后的说的极端困境中不呼唤上帝和基督？为什么他在这里不提上帝和基督，而只提"姐妹的摆晃的身影"并把姐妹称为"问候着的"姐妹？为什么这首诗歌不是以对基督解救的充满信心的展望为结束，而是以"未出生的孙子"的名字为结束？为什么姐妹也出现在后期另一首诗歌《怨》中？为什么"永恒"在这里叫作"冰冷的波涛"？这难道是基督教式的考虑吗？它甚至连基督教的绝望都不是。

但，这首《怨》唱的是什么呢？在这些"姐妹……看……"的诗句中，难道不是针对"人的金黄色的面容"，唱出了一种深切的基础吗？这种基础是那些尽管遭受健康者的最极端的禁止的危险而仍然坚持流浪的人的安身立命之地。

特拉克尔的诗歌所表达的多基调的语言具有严格的协调，这同时是指：沉默，与作为那首唯一的诗的"场所"的被孤寂相符合。这就已经考虑到了要对这个"场所"加以适当的关注，但我们在结束本文之际几乎还不敢去询问这个"场所"的位置。

## 三

《秋天的灵魂》这首诗的倒数第二段为我们对这首唯一的诗的"场所"的第一步探讨提供了最后的指明，即对作为那首唯一的诗的"场所"的孤寂的指明。这段诗提到了那些为了"寓居在被赋予了灵魂的蓝光中"而追随异乡人在小径上穿过宗教之夜的流浪者。

> 鱼和兽疾速地一滑而逝。
> 蓝色的灵魂，昏暗的流浪，
> 很快便使我们与爱人、与他人分离。

我们的语言将提供并保证寓居的自由区域称为"土地"。向异乡人的土地的行进发生在傍晚的宗教的朦胧中。所以这段诗的最后一句说道：

> 夜晚在交换着意义和图像。

早逝者在没落中进入的土地是傍晚的土地。将特拉克尔那首唯一的诗集中于自身中的那个"场所"的位置便是被孤寂的本质并叫作"傍晚的土地"。① 这片傍晚的土地比柏拉图-基督教的土地以及欧洲观念的土地更古老,即更早,因而也更有希望。因为被孤寂是一个上升的世界年的开端,而不是衰败的深渊。

隐蔽在孤寂之中的傍晚的土地并没有没落,它作为向宗教之夜没落的土地期待着它的寓居者,这样,它便保留下来。没落的土地是指向在它之中隐含的早先的开端的过渡。

一旦考虑到这一点,那么,如果特拉克尔的两首诗特意提到傍晚的土地,我们还能说这是巧合吗?这两首诗中的一首以《傍晚的土地》为题,另一首叫作《傍晚的土地之歌》。这首诗唱的内容和《孤寂者之歌》相同。这首诗歌以令人惊异的、向着自身的呼唤为开头:

噢,灵魂在夜里飞翔:

这句诗是以一个冒号为结束的,这个冒号包括了它后面的所有东西,直至从没落向升起的过渡。在诗的另一处,即在最末两个诗句之前,还有第二个冒号。接着是简单的一个词:"**一个种类**"。这个"一"是加了着重号的。就我所看到的而言,这是在特拉克尔的诗歌中唯一一个加着重号的词。这个加着重号的"**一个种类**"包含着一个基调,而这位诗人的那首唯一的诗将此当作秘密缄口不语。这**一个种类**的统一性是由这样一个特征所规定的,这个特征是从孤寂出发,从在它三种占据统治的更宁静的宁静出发,从它的"森林的说"出发,从它的"标准和规矩"出发,通过"孤寂者的如月光般阴冷的小径"而将诸种类的对立统一地集中在更柔和的二重性中。

在"**一个种类**"一词中的"一"并不是指用"一"代替"二"。这个"一"也不是指一种单调的相同性的单一性。"**一个种类**"一词在这里根本不是指某种生物学的事实状况,既不是指"一个种类",也不是指"同一种类"。在这个加了着重号的"**一个种类**"中,隐含着那个在宗教之夜集中的蓝光中统一起来的一体之物。这个词是在那首歌唱傍晚的土地

---

① "傍晚的土地"——"Abendland",又可译为"西方"。——译者

## 诗中的语言——关于特拉克尔诗的探讨（1953年）

的歌中表述出来的。根据这一点，"种类"一词在这里具有上述的充分而又多方面的含义。它首先是指历史的人的种类，即人类，区别于其他的生物（植物和动物）。其次是指这个人的种类的诸种族、部族、氏族、家族。"种类"一词同时是指种类的双重性。

使这些种类打上"一个种类"的统一性标志并因此将人的种类本身及其他各氏族带回到更宁静的童年的柔和中去的那个特征，是通过它使灵魂踏上进入"蓝色的春天"之路而发挥作用的。

灵魂对春天沉默不语，以此来歌唱春天。《在昏暗中》这首诗以这样一句为开头：

> 灵魂对蓝色的春天沉默不语。

"沉默"一词是在及物的含义上被使用的。特拉克尔的诗歌在歌唱傍晚的土地。它是唯一的对合理特征的呼唤，这个特征在柔和中讲出了精神的火焰。在《卡斯泊尔·豪塞之歌》中是这样说的：

> 上帝对他的心道出柔和的火焰：
> 噢，人呵！

"道"（sprach）这个词在这里和前面所说的"沉默"，《致少年爱利斯》中的"流血"，以及《僧山脚下》最后一句诗中的"沙沙作响"一样，都是在及物动词的意义上被使用。

上帝的道说是劝说，它为人指明了一个更宁静的本质，并且通过这种劝说召唤他进入适应，使他从向早先的没落中复活。"傍晚的土地"包含着这"**一个种类**"的早先的开端。

如果我们以为《傍晚的土地之歌》的歌唱者是个衰落的诗人，那么我们的思想就太浅薄了。如果我们始终只是引用特拉克尔的另一首叫作《傍晚的土地》的诗的最后一部分，即第三部分，并且固执地对这个三部曲的中间部分以及作为它的准备阶段的第一部分充耳不闻，那么我们听到的就极为残缺和无味。在《傍晚的土地》一诗中又出现了爱利斯的形象，而在最后期的诗歌《海利安》和《梦中的塞巴斯蒂安》中则没有再提到他。异乡人的脚步在作响。是森林的古老传说中的"静静的精神"规定这些步伐的基调。在这首诗的中间部分已经缠绕着最后一部分的内容，而在最后一部分提到了"巨大的城市""由石块建成的这块平地！"它们已经有了自己的命运。这命运和那个"在变绿的山丘上"所说的命运不同。在那里，"春天的暴风雨在吼叫"，这山丘具有"公正的尺度"，并且它也叫作"傍晚的山丘"。人们曾谈论过特拉克尔的"最深切的无历史性"。在这个判断中，所说的"历史"是指什么？如果这个名称是指历史学，即对过去的事物的观念，那么特拉克尔就是无历史的。他的诗歌创作不需要历史学的"对象"。为什么不需要呢？因为他的那首唯一的诗是最高的意义上的历史的。他的诗歌在歌唱着特征的命运，这特征使人的种类仍然保留它的本质，就是说，拯救了人的种类。

特拉克尔的诗歌在唱着灵魂之歌，灵魂是"大地上的异乡者"，大地是还乡的种类的更宁静的家园，灵魂在大地上流浪。

这是浪漫主义在现代的集团性存在的技术、科学世界旁所做的美梦吗？或者——这是那个所看和所思与采访现实的记者们截然不同的"癫狂者"的清晰的认识吗？这些记者们不断重复着现今的历史，而他们所估测的未来仅仅是对当今之物的延长而已，这种未来始终是无命运的未来。命运只是在人的本质的开端上才与人发生关联。

诗人看到灵魂这个"异乡者"命定是在一条小径上，这条小径不是通向衰落，而是相反，导向没落。没落屈从于强大的死亡，在早逝者死亡之前死去。对于早逝者来说，作为歌唱者的兄弟死在其后。在渐渐死去的同时，朋友追随着异乡人度过了孤寂的年的宗教之夜。孤寂的歌是一首《被捕获的山鸟之歌》。诗人以此标题来命名一首他献给勒·维·费克尔（L. v. Ficker）的诗歌，山鸟便是那只呼唤爱利斯走向没落的鸟。被捕获的山鸟便是与死者相同的人的鸟音。山鸟是被囚禁在黄色步伐的孤独之中，这些步伐与金黄的小船的航程是相符合的，爱利斯的心正是坐在小船上流浪着穿越了蓝色的夜的星池，并且向灵魂指明了它的本质的轨道。

灵魂，这个大地上的异乡者。

灵魂流浪着走向傍晚的土地，这块土地由孤寂的精神统治，由于这种精神，它又是"宗教的"。

所有的套式都是危险的。它们迫使说出的东西停留在一些疾速形成的

## 诗中的语言——关于特拉克尔诗的探讨（1953 年）

看法的肤浅，表面并且很容易败坏深思。但它们也可能带来帮助，至少能带来一些推动以及提供某种依据使持久的思考得以进行。既然有这些益处，那么我们也可以以一种套语的方式说：

对特拉克尔那首唯一的诗的探讨向我们表明，特拉克尔是那个尚隐蔽着的傍晚土地上的诗人。

> 灵魂，这个大地上的异乡者。

这句话写在《灵魂的春天》这首诗最后的几个段落中。而下面的诗句就是向这最后几个段落的过渡：

> 强大的死亡和心中歌唱着的火焰。

尔后，这首诗歌便上升到宗教之年的悦耳之声的纯粹共鸣中，异乡人流浪穿越了宗教之年，兄弟则跟随着异乡人并开始在傍晚的土地上居住：

> 鱼在昏暗的水中欢快嬉戏。
> 悲哀的时刻，太阳沉默的面容；
> 灵魂，这个大地上的异乡者。莽莽丛林上，
> 笼罩着的宗教的蓝光逐渐变成朦胧一片，
> 村庄里，长时间回响着昏暗的钟声；和平的护卫。
> 在死者白色的眼皮上，桃金娘花静静开放。
>
> 在逐渐西沉的夕阳下，水声潺潺，
> 岸边的荒野变得茵绿而昏暗，玫瑰般的风呵，
> 带来欢快；
> 傍晚山丘上传来兄弟的柔和的歌声。

# 论存在问题（1955年）[①]

[德] 马丁·海德格尔

## 前　　言

　　这篇文字最初是为恩斯特·恽格尔纪念文集[②]（1955年）而作，这里对它未做改动，只是（在第25、26页）增加了几行而已。有所变动的是标题。原先它叫作"论线"。这里的新标题应当表明：对虚无主义之本质的思考起源于对存在之为存在的探讨。哲学按其传统将存在问题理解为关于存在者之为存在者的问题。存在问题就是形而上学问题。对这个问题的回答总是要依据对存在的释义，这种释义始终被视为无疑的，并且为形而上学提供了根据与基础。形而上学并不回溯到它自己的根据上去。《什么是形而上学》一书的"引论"便是对这个回溯所做的解释，这个引论从此书的第五版（1949年）起便附加在《什么是形而上学》这个讲演之前（第七版，1955年，第7 – 23页）。

---

　　[①]　德文原文出自 Martin Heidegger, "Zur Seinsfrage (1955)", in Martin Heidegger, *Wegmarken*, Vittorio Klostermann, 1976, S. 385 – 444。中译文首次刊载于孙周兴编《海德格尔选集》下卷，上海三联书店1996年版，第607 – 645页。——译者

　　[②]　恩斯特·恽格尔（Ernst Jünger, 1895—1998年），德国作家。一般认为，他带有强烈的民族主义倾向。在第二次世界大战前后，他与 A. 希特勒、C. 施密特一起被称为"新民族主义的无可争议的精神领袖"。其代表作除本文所谈及的之外，还有《枪林弹雨》（1920年）、《冒险的心》（1927年）、《战争与战士》（1930年）、《在大理石危岩上》（1939年）、《世界国家》（1960年）等。——译者

## 论"线"

亲爱的恽格尔先生!

我对您六十寿辰的祝词采用了您在同样场合惠赠于我的一篇文章的标题,只是略有更动而已。您的文章《论线》在此期间已经作为单篇论文发表,在几处做了扩充。它不仅仅是一份对局势的描述,而且是一份对线之纵横交错状况的"局势评论"。线也被称为"零度子午线"(第29页)。您谈到(第22页和31页)"零点"。零的意思在于虚无,也就是在于空乏。当一切趋向于虚无时,虚无主义便是主宰者。它在零度子午线那里趋近于自身的完善。您通过对尼采的解释而将虚无主义理解为这样一个过程:"最崇高的价值在丧失着自身的价值。"(尼采:《权力意志》,2,写于1887年)

零度线作为子午线有其自己的区域。完善的虚无主义的领域构成了两个时代的分界线。标志这个领域的线是临界线。这条线决定了虚无主义运动究竟是葬身于无之虚无(nichtiges Nichts)之中,还是过渡到一个"新的存在朝向"的领域之中(第32页)。因此,虚无主义的运动从其自身来看必定具有各种不同的可能性,并且就其本质而言是多义的。

您的局势评论在探讨一些信号,这些信号表明了我们是否以及在何种程度上横穿过线并且因此而步出虚无主义的区域之外。您的文章的标题"论线"(Über die Linie)中的"论"字(über)也正意味着"超"线,意味着"trans""μετά"。与此相反,我在下面的说明则只在"de""περί"的意义上使用"über"一词。① 这些说明,仅仅"论"及线本身,论及正在完善的虚无主义的区域。只要我们考虑一下"线"这个形象用语便可以看出,"线"活动于一个空间之中。这个空间本身是受一个场所(Ort)规定的。场所在进行聚集。聚集将被聚集之物隐藏到它们的本质之中。从线

---

① 德文中的"über"一词具有"关于……"和"超出……"两种含义。海德格尔在后面用的两个词则分别为拉丁文和希腊文中单义的"超出"以及"关于"。——译者

的场所中，虚无主义的本质得以产生并得到完善。

我的这封信想对线的这一场所做出前思，并借此而对线进行探讨您所做的以"超线"（trans lineam）为题的局势评论和我所做的以"论线"（de linea）为题的探讨是互属的。前者包含着后者，后者依赖于前者。我并没有因此而告诉您一些特别的东西。您知道，要想对有关虚无主义运动的人的局势以及在这个运动之内的人的局势做出评论，就需要一种可以提得出的本质规定。然而，许多人并不知道这一点。这一无知使人们在评论我们的局势时陷入茫然。它使人们对虚无主义做出轻率的判断，使人们看不见"这个所有来客中最可怕的客人"之来临（尼采：《权力意志》，关于计划，WW XV，第141页）。它被称为"最可怕的"（unheimlichst），因为它作为对意志的绝对意志所意图的正是无家性本身（Heimatlosigkeit als solche）。① 因此，要想将它赶出门外是无济于事的，因为它早已无形地在家中徘徊了。应当看到这个来客并且看透这个来客才是。您自己写道："要想对虚无主义做出确切的定义，就好比要想使癌症的起因变得可见。它并不意味着治愈病症，但却肯定意味着治愈的前提，只要人们还在一起做着这种努力。因为这里事关一个远远跨越出历史的过程。"（第11页）

因此，如果可以将"超线"这个引言比喻为人类为治愈所做的可能努力，那么从对"论线"的探讨中便可以获得"对虚无主义的一个确切定义"。尽管您强调，虚无主义并不能等同于疾病，也不能等同于混乱和邪恶。虚无主义本身并不像癌症起因那样是一种有病的东西。就虚无主义的本质而言，它是无望的和无可救药的。您的文章的风格可以说是一种医生的风格，这从文章的"预诊""诊断""治疗"三分结构中便可以看出。尼采年轻时曾将哲学家称为"文化医生"（WW X，第225页）。但现在所关系到的不再仅仅是文化。您说得有理："整个世界都处在危险之中"，"这里所关系到的是整个地球"（第28页）。能够得到治愈的只是恶果和这个地球运动的有害的伴随现象。这样，我们就更加需要对起因，即对虚无主义的本质有所了解和认识。我们也就更需要思，如果对本质的充分经验是在相应的思中发生的话。然而，随着直接有效的治愈可能性的减少，思的能力也在以相同的程度缩小。虚无主义的本质既不是可治愈的，也不

---

① 德文中的"unheimlich"一词原义是"非家的""非寻常的"。海德格尔在这里加入此原义，于是可以引出后面的"heimatlos"，即"无家"。——译者

是不可治愈的。它是无治之物（das Heil-lose），但作为无治之物而独特地指明完好之物（das Heile）。如果思接近了虚无主义的本质领域，那么思就必然会变得更为暂时，并因此而变成另一种样子。

对线的探讨是否能够提供"对虚无主义的确切定义"，它甚至是否被允许追求这样一种定义，一个暂时的思者会对此产生疑问。对线的探讨必须做其他的尝试。这里所陈述的这种对定义的放弃，似乎是在牺牲思的严格。但是，这种放弃也有可能将思导向一种努力，它使我们认识到，什么才是思的合乎实事的严格。这种思永远不允许自己高居于理性的法官席上，做出高高在上的决断。理性根本不是公正的法官。它肆无忌惮地将所有那些与它不相符的东西都看作臆造之物，并且还将它们排挤到由它自己划定的非理性主义的泥潭之中。理性以及对它的想象只是思的一种，它绝不是通过自身而得到规定，而是通过那种以理性的方式进行着思并因此被称为思的东西而得到规定。理性的统治是作为对所有秩序的理性化、作为规范化、作为平均化而在欧洲虚无主义发展的过程中建立起来的，这是思。同样，与此相属的还有向非理性主义遁逃的企图，这也是思。

然而，最令人担忧的是这样一个过程：理性主义和非理性主义以同样的方式纠缠在一起，它们不仅无法从这个过程中脱身出来，而且也不想从这个过程中脱身出来。因此，人们否认这样一种可能性的存在，即思能够达到一个指令，这个指令执着地置身于理性和非理性的非此即彼范围之外。这样一种思正在进行之中，它是通过历史探讨的方式、通过思义的和说明的方式在摸索性的尝试中进行的。

我的探讨想与由您展示的医生的局势评论相交遇。您直观并且超越出线之外；我首先只观察由您描绘的线。这两者可以互助，从而使经验得以广博和清晰。这两者可以互助，唤起"精神的充足力量"（第28页），使之能够穿越线。

为了能够看到在其完善时期的虚无主义，我们必须深究它的行为活动。尔后，如果对此行为的描述作为描述本身参与行为，那么这种描述就会尤为有力。但这样一来，描述也会面临着一个极端的危险并且同时也面临着一个极为巨大的责任（Verantwortung）。谁坚持以这种方式来参与，他的责任就必须汇集在这样一种回答（Ant-wort）之中，这种回答产生于一种在虚无主义的最大可能的可问性范围之内的不懈的提问中，并且作为对这种可问性的对应（Ent-sprechung）而被采纳和被传布。

您的著作《工人》（Der Arbeiter）（1932 年）描述了在第一次世界大战之后的欧洲虚无主义。它是由您的论文《总动员》发展而来。《工人》属于"积极的虚无主义"时期（尼采）。这部著作的**行为**曾经在于——并且在功能有所改变的情况下，它的行为现在仍然在于——它从工人的形象中阐明了所有现实之物的"总的工作特征"。因而，开始时只是欧洲性的虚无主义，现在显示出它的全球性趋势。同时，一种能够揭示自在现实之物的自在描述是不存在的。每一个描述都是这样：它越是深刻敏锐，也就越坚定地以其特有的方式进入一个特定的视域之中。看的方式与视域——您称之为"光学"——屈从于人的观念，这种观念是从对整体存在者之基本经验中产生出来的。但是，在您之前已经进行着一种由人永远无法做出的澄明（Lichtung），即对什么"是"存在者的澄明。承载着并且贯穿在您的观念和阐述中的基本经验是在第一次世界大战的物质战役中形成的。而整体存在者却是在尼采以价值论形式解释的权力意志形而上学的光与影中展示给您的。

1939 年至 1940 年冬季，我在一个大学教师的小范围内对《工人》做了探讨。人们惊异地发现，在几年前就有了这样一本目光敏锐的著作，但人们却没能够去尝试一下，以《工人》的光学去观察一下当下并且做出全球性的思考。人们感到，即使是对世界史进行普遍历史的考察，也还是不够的。人们当时热衷于阅读《大理石危岩》①（Marmorklippen），但我觉得，这种阅读不具有足够广阔的，即全球性的视域。但人们并不感到惊异的是，对《工人》进行探讨的企图受到监视并且最终受到禁止。因为权力意志的本质就在于，它不让它所强占（be-mächtigt）的现实之物在它本身所是的那个现实中得到显现。

请您允许我在这里重复一段我在上述探讨之企图中所做的笔记。这样做的原因在于我希望可以在这封信中对一些事情说得更清楚一些和更自由一些。这段笔记是这样的：

"恩斯特·恽格尔的《工人》之所以重要，是因为它以一种与施本格勒（O. Spengler）不同的方式做出了所有尼采文献至今为止无法做出的东西，即它提供了一种对存在者的经验，并且是在尼采所做的存在者就是权力意志的设想之光中提供了这种经验。当然，尼采的形而上学绝没有因此

---

① 即恽格尔写于 1939 年的作品《在大理石危岩上》。——译者

论存在问题（1955年）

而在思想上得到理解；甚至连通向这门形而上学的道路也还不存在；恰恰相反，这门形而上学没有在真正意义上成为可问的，而是变得自明并且显得多余起来。"

您可以看到，在这个关键性的问题上所做的思考显然不是在《工人》中所实施的描述任务范围内进行的。今天，所有的人都看到并陈说着您的描述所展示的和第一次表述出来的东西。此外，《工人》一书的描述还给《探问技术》一书带来持续的推动。这里应当对您的描述做一附注：它们不仅仅是对一个已知的现实的陈述，而且使人们能够达到一个新的"现实"。在这里，这个现实所指的"不是新的思想或一个新的体系……"（《工人》，前言）

您的言说之硕果至今也仍然——又怎么会不是这样——聚集在这个被理解了的"描述"之中。但引导着这个描述的光学和视域却不再受到或还没有受到与当时相符的规定。因为您现在已经不再参与那种积极的虚无主义的活动，早在《工人》一书中，这种活动就已根据尼采的意义被思作是在一个克服的方向上所做的努力。但不再参与绝不意味着置身于虚无主义之外，尤其是当虚无主义的本质不是虚无主义之事实时，这个本质的历史较之于虚无主义本身要更年迈，并且始终比虚无主义的不同形式所具有的、可以历史地加以确定的各个阶段要更年轻。因此，您的《工人》和随后产生的、更向前跃进了一大步的论文《论痛苦》也不属于虚无主义运动的分支活动。恰恰相反，我觉得这两篇著述是恒久的，因为，只要它们所说的是我们这个世纪的语言，那么从它们那里就能够重新引发那种根本还没有进行过的、对虚无主义之本质的分析。

在我写下这些的同时，我回想起我们在前一个十年末①所做的一次谈话。在一条林中路上漫步时，我们在一个林中小路（Holzweg）的分叉处停下。当时我鼓动您将《工人》不加修改再次出版。您对是否采纳此建议犹豫不决，理由与此书的内容有关，但更多的是与它再版的时机适当与否有关。我们关于《工人》的谈话中断了。我自己当时也未专心致志地对我建议的理由做出充分的表述。在此期间，时机已经更为成熟，可以对此做些言说。

一方面，虚无主义运动以各种形态不可抑制地遍及全球、吞噬万物，

---

① 即40年代末。——译者

这一点已经日趋明显。任何明察者今天都不想否认：具有最不相同和最为隐蔽形态的虚无主义是人类的一个"正常状态"（尼采，《权力意志》，23）。对此的最好证明就是那些仅仅以再－活动（re-aktiv）的方式来反对虚无主义的尝试，这些尝试不是去深入分析虚无主义的本质，而是对现今已有的东西进行修修补补。它们在遁逃中寻找拯救，也就是逃避去看到人的形而上学位置的可问性。人们在哪里表现出放弃所有形而上学，并用逻辑斯谛、社会学和心理学来取而代之的迹象，这种遁逃也就在哪里涌现出来。在这里率先冲出的知识意志及其可控制的总体组织表明了权力意志的增强，它与尼采所标志的积极虚无主义是完全不同的。

另一方面，您自己的创作与追求现在正在思考，如何帮助人们从完善的虚无主义的领域中脱身出来，同时您又可以不放弃《工人》从尼采的形而上学出发而开辟的视角所具有的基本轮廓。

您写道："《总动员》进入了一个在历史上最具威胁性的时期。德国人显然已经不再是此威胁性的主体，由此而产生出一个危险，即德国人被理解为是此威胁性的客体。"（《论线》，第 36 页）您现在仍然将并且是正确地将《总动员》看作现实的一个突击特征。但这个现实对您来说现在已不再受到"总动员的意志（黑体着重格式为我所加）"（《工人》，第 148 页）的规定，并且，这个意志也不应再被思作那种论证着一切的"意义给予"（Sinngebung）的唯一源泉。因而您写道（《论线》）："毫无疑问，我们的存在（Bestand）（根据第 31 页，这是指'人、作品和机构'）作为整体是在临界线上方运动。危险与安全因此而发生改变。"在线的领域内，虚无主义接近于它的完善。只有当"人类存在"（Bestand）的整体步出完善的虚无主义领域，这个存在才能穿越这条临界线。

据此，对线的探讨必须探问：虚无主义的完善何在？答案似乎近在咫尺。当虚无主义把握了所有存在时，当虚无主义已经无处不在时，当无物可以声称自己是例外时，当虚无主义已经成为正常状态时，虚无主义便已得到完善。然而，在正常状态中得到实现的只是完善而已。正常状态是完善的一个结果。完善是指对虚无主义所有本质可能性的聚集，它们作为整体和个体始终是难以看穿的。虚无主义的本质可能性只能被思索，倘若我们回思虚无主义的本质。我之所以说"回"，是因为虚无主义的本质存在于个别的虚无主义现象之前，并且因此而先于它们存在，并且将这些现象聚集在完善之中。虚无主义的完善却并不是它的完结。随着虚无主义的完善,它的终极阶段才刚刚开始。这个阶段的范围有可能异常广泛,因为一个正常状态以及对此状态的固定主宰着这个范围的始终。所以,完善达到终止的那条零度线最终还是根本不可见。

那么,穿越这条线的前景又如何呢?人类的存在是已经在进行着超线(trans lineam)的过渡,还是才刚刚踏上线的广阔前沿区?但也许我们也正在被一种不可避免的幻象所迷惑。也许零度线正以一种全球性灾难的形式突然出现在我们面前。这时谁还会去穿越它呢?而灾难又能够做些什么呢?两次世界大战既没有阻止虚无主义运动,也没有使它偏离自己的方向。您关于总动员所说的(第36页),恰恰证实了这一点。现在,临界线的情况如何呢?无论如何,对临界线之场所的探讨可以引起这样的思义:我们是否能够,并且在何种程度上能够想到穿越这条线。

即使在与您的通信交谈中对论线(de linea)进行言说,就已经涉及一个特殊的困难。这个困难的原因在于,您在超线的超越过程中,也就是在线的这边和那边的空间中,所说的是相同的语言。看起来,通过对线的穿越,虚无主义的立场似乎已经以某种方式被取消了,但它的语言还始终存在着。我在这里所说的语言,不是指那种单纯表达手段,它们可以像伪装那样被卸下和替换,同时却对那些被表达的东西无所妨碍。在语言中首先显现出来的,是我们在运用关键词语时好像只有在事后才能陈述出来的东西,并且是在这样一些表达中陈述出来的东西,这些表达被我们看作可以随意被放弃和替代的东西。在我看来,《工人》中的语言便具有这种表达的主要特征,它首先显示在这部作品的副标题中。这个副标题叫作"主宰与形相"(Herrschaft und Gestalt)。它标识出这部作品的基本轮廓。您首先是在当时的形相心理学①的意义上理解"形相",即把它看作"一个大于其各部分之总合的整体"。人们会想,这个形相的标志始终还在通过"大于"和"总和"而依赖于相加的表象,并且使那些有形相之物本身变得不确定。但您给予形相以神圣的尊严,并且由此而合理地将它脱离出"单纯观念"的。

这里谈到"观念"。如今,人们是在"感知"(perceptio)的意义上,在通过一个主体进行的表象的意义上理解"观念"的。此外,对您来说,只能在一种看中获得形相。这是一种被希腊人称为"ἰδεῖν"的看。柏拉

---

① 即完形心理学或格式塔心理学(Gestaltpsychologie)。——译者。

图用这个词来表示一种不是观注感性可感知到的变化之物，而是观注不变之物、观注存在、观注观念的观察。您也将形相称为"静的存在"。形相不是现在所理解的"观念"，因而也不是在康德意义上的一种对理性的调节性表象。对于希腊思维来说，静的存在始终区别于（有异于）可变的存在者。当人们将目光从存在者转向存在时，存在与存在者之间的这种差异便显现为超越，即显现为元－物理的东西（das Meta-Physische）。这仅仅是一种区分，而不是绝对的分离，因为在场者（存在者）就是在在场（存在）中被提取（her-vor-gebracht）的，但它又不是在一种有效的因果性的意义上被引起的（verursacht）。提取者常常被柏拉图看作印证者（参阅《泰阿泰德》，192a、194b）。您也将形相与形相所"构形"（gestaltet）者的关系看作印章与印证的关系。诚然，您现在也将印证理解为一种对无意义之物的赋予"意义"。形相是"意义给予的源泉"（《工人》，第148页）。

这种对形相、观念（ἰδέα）和存在之互属性的历史指明并非想对您的著作做历史性的清算，而是想表明，您的著作始终以形而上学为家。根据形而上学，一切存在者，变化的和运动的、机动的和被动员的，都是从一个"静的存在"出发而被表象的，甚至在黑格尔和尼采那里也是如此，"存在"（现实之物的现实性）被思作纯粹的生成和绝对的可动性。形相是"形而上学的权力"（《工人》，第113、124、146页）。

从另一方面来看，在《工人》中的形而上学观区别于柏拉图的形而上学观，甚至区别于近代的形而上学观，尼采是近代形而上学观中的一个例外。意义给予的源泉、事先到场并且印证一切的权力，它们就是那个作为某一种人类之形相的形相——"工人的形相"。形相奠基于一种人类的本质构架中，这个构架作为基质（Subiectum），是所有存在者的基础。单个人的自我性（Ichheit）、利己性的主体并不构成那个在近代形而上学的完善中产生出来并通过形而上学思想而被展示的最外在的主体性，而是一个人种（属）的前构的形相性到场。

在工人的形相以及在这形相的主宰中，人之本质的主观的主体性已经不再可见，更不用说人之本质的主观主义的主体性了。对工人形相的形而上学的看，符合在权力意志形而上学的范围内对查拉图斯特拉本质形相的设想。在这种主体类（存在者的存在）的客观主体性之显现中隐藏着一些东西，它们被认为是人的形相，而不是一个个别的人，这些东西是什么呢?

将人的本质的主体性(不是主观性)说成任何一个主体类的客观性的基础,这种说法从所有方面来看都是悖谬的和虚假的。这种假象的原因在于,我们几乎还未开始探问,在近代形而上学范围内,被查拉图斯特拉视为形相的那种思维为什么是必然的,并且以何种方式是必然的。对此常做的回答是:尼采的思维已经不幸地陷入诗作之中。这种回答本身就是对思维问题的放弃。我们在这里甚至无须回思到康德对范畴之超越论演绎上就可以看到,只要我们将形相看作意义给予之源泉,那样这里的问题就在于将存在者之存在的合法化。如果有人说,人作为存在者之存在的创始者在一个世俗化了的世界中取代了上帝的位置,那么这种解释也实在过于粗糙了。自然,人的本质也参与其中,这是毫无疑问的。但人的本质(动词的)、"在人中的此在"(参阅《康德与形而上学问题》,1929年第一版,第43节)是非人的。要想使人的本质的观念能够达到这样一种地位,具有这种地位的东西是所有在场者的基础,是在存在者中才得以"再现"出来,并因此而使存在者"合法化"的在场,那么我们首先必须在一个决定性的奠基者的意义上来想象人。但决定性是对何而言的决定性?是对存在者在存在之中的保证而言的决定性。如果问题在于保证存在者在存在之中,那么,"存在"是在什么意义上显现?在随时随地可确定之物的意义上,即在随时随地可想象之物的意义上。笛卡尔在理解存在的同时发现,主体类的主体性是在有限的人的我思之中。人的形而上学形相显现为意义给予的源泉,这种显现是将人的本质设定为决定性的主体类的最终结果。据此,奠基于所谓超越(Transzendenz)之中的形而上学的内在形式发生了变化。超越在形而上学的范围之内由于本质的原因是多义的,如果不注意这种多义性,一种无可救药的混乱便会滋生,它可以被视为今天流行的形而上学观的标志。

超越首先是在存在者和存在之间的那种从存在者出发向存在过渡的关系。但超越同时也是那种从可变的存在者导向静止的存在者的关系。最后,与对"至高无上者"(Excellenz)这个称号的使用相符,超越还意味着那个最高的存在者本身,这个最高的存在者也被称作"存在",它与前两个含义合在一起,就形成了一个奇特的混合物。

我为何要指明这些今天被人们过于粗糙地对待,即在其差异性和互属性方面没有受到透彻思考的区别,以此来使您厌倦呢?为的是从这里出发来表明，如果在形而上学的元－物理事物、在超越的这个差异性领域中，人的本质的形相作为意义给予的源泉，那么，这些形而上学的元－物理事物、这种超越会发生什么样的变化。超越，即在多种意义上被理解的超越，回复到相应的回越（Reszendenz）之中，并且消失在这个回越之中。这种形式的回升是通过形相而发生的，其发生的方式在于，它的到场再现出自身，在其印证的被印证者中重又成为在场的。工人形相的在场是权力。到场的再现是他的作为"新型的和特殊的权力意志"（《工人》，第70页）的主宰。

您在"工作"中将这种新型之物和特殊之物经历为和认识为现实之物的现实性总特征。这样，形而上学观便在权力意志之光中更为决断地从生物学－人类学的区域中转出来，这个区域曾经过于强烈地扰乱了尼采的道路，下面的引文可以作为例证："哪些人可以在此时证明自己是最强者？（在希腊人的永恒回归说传布之时）……——那些能够确定其权力的人和那些带着自信的骄傲再现出人所能达到的力量的人"（《权力意志》，第55条结尾处）。"主宰"（《工人》，第192页）"在今天只能是工人形相的再现，它具有全球性的有效性。"在最高意义上的和在贯穿于所有动员之中的意义上，"工作"是"工人形相的再现"（《工人》，第202页）。"但是，工人形相开始穿透世界的方式方法就是总的工作特征"（《工人》，第99页）。此后还有一句几乎与此同义："技术就是工人形相动员世界的方式方法。"（《工人》，第150页）

随后直接便是这样一个主张："为了具有一种与技术的现实关系，人们必须不仅仅是技术者。"（《工人》，第149页）我只能这样来理解这句话：您所说的"现实"关系是指真实关系。那样与技术之本质相符合的才是真实性的。这种本质关系是永远无法通过直接的技术成就，即通过各种特别的工作特征来达到的。它建立在与总的工作特征的关系的基础上。但如此理解的工作与在权力意志意义上的存在是同一的（《工人》，第86页）。

可以得出什么样的对技术的本质规定呢？技术是"工人形相的象征"（《工人》，第72页）。技术"作为通过工人形相而对世界之动员"（《工人》，第154页）显然建立在那种回转的基础上，即超越向工人形相之回越的回转，由此，工人形相的到场便在对权力的再现中展开自身。因此您能够写道（同上）："技术……一如那个毁灭一切信仰者，是迄今为止出现过的最绝断的反基督力量。"

您的著作《工人》已经通过它的副标题"主宰与形相"而在先展示出那些全部显示出来的权力意志的新形而上学所具有的基本特征，因为这个权力意志现在已经整个地作为工作而到处在场。在初读这部著作时就曾有一些问题触动我，并且直到今天我仍然必须将它们提出来：工人形相从何处得到对自身的规定？如果不是工作的本质贯穿在这个形相中，那么它是通过什么而成为工人形相的？这个形相是从工作的本质中获得其人类的到场的吗？您赋予形相及其主宰以高的地位，在这个高地位上的工作与工人的意义是从何而来的呢？这个意义是否产生于工作在这里被思为权力意志的印证？这种划分是否甚至就产生于技术的本质之中，此技术乃是"通过工人形相对世界的动员"？最后，如此定义的技术本质是否还指明了一个更本原的领域？

人们会过于轻易地指出，在您对总的工作特征和工人形相的论述中，有一个循环缠绕着规定者（工作）和被规定者（工人）的相互关系。我并非把这个循环看作非逻辑思维的证明，而是将它视为一个符号：在这里，始终要思考整体的圆，当然，是在这样一种思考中，对于这种思考来说，一种以无矛盾性为尺度的"逻辑学"永远不能成为标准。

如果我这样来理解前面提出的那些问题，就像我不久前在慕尼黑所做讲演（《探问技术》）之后而向您提问的那样，那么，这些问题就会获得更尖锐的可问性。如果技术是那种通过工人形相而对世界的动员，那么这种动员是通过这个特别人类的权力意志之印证的到场而发生的。在到场与再现中显露出在西方思维中作为存在展现出来的东西的基本特征。"存在"，早自古希腊，晚至我们这个世纪，都意味着：在场（Anwesen）。任何一种到场和体现都来源于在场性的事件（Ereignis）。但"权力意志"作为现实之物的现实性则是存在者之"存在"的一种显示方式。工人形相从"工作"中获得意义，这个"工作"是与"存在"同一的。这里仍然需要思考，"存在"的本质自身是否是以及在何种程度上是与人的本质的联系（《何谓思？》，第73、74页）。形而上学地被理解的"工作"与"工人"之间的关系必定建立在这种联系之中。我觉得，下列问题几乎是无法绕开的：

我们是否还能够更本原地根据其本质起源来思考作为形相的工人形相，思考作为"埃多斯"（eidos）的柏拉图"理念"（idea）？如果不能，那么是哪些原因阻碍着我们做此思考,并且要求我们放弃这种思考而简单地将形相和理念看作对我而言的最终之物和自在的最先之物?如果能够,那么对理念和形相之本质起源的探问可以通过什么途径来进行?通俗地说,形相的本质是否产生于我称之为"构架"(Ge-Stell)之物的那个起源领域?理念的本质起源是否因此也属于这个领域,即这个与它相近的形相本质产生于其中的那个领域?或者,构架只是一个人种的形相的功能而已?如果确是如此,那么存在的本质,尤其是存在者的存在,都是一个人类观念的创造物。欧洲思维执此意见的那个时代还在我们身上投下最后的阴影。

对形相和构架的这些探问最初始终是些古怪的考虑。它们不会被人们强烈地感受到,甚至它们本身还在暂时性状态中挣扎。就是在这封信中,这些问题也不是作为那些在《工人》中必然会被提出的问题而被提出的。要求《工人》提出这些问题,意味着对《工人》之风格的误识。《工人》的职责在于:根据其总的工作特征来解释现实,并且,这种解释本身分有这种特征,并显露出在这个时代的一个作家所具有的特殊工作特征。因此,在此书结尾处的"概要"中有这样的话:"请注意,所有这些概念(形相、类型、有机构成、总的)都是为了便于理解才存在于此。我们的目的并不在于这些概念。它们是把握某个在任何概念的彼岸存在着,并且不顾所有概念而存在着的特定现实的工作尺度,一旦这些概念被用过之后,我们就可以忘掉它们或把它们搁在一边;读者可以看透这些描述,就像透视一个光学系统一样。"

在这段时间里,我每次读您的著述时都关注着这个"请注意",并且每次我都问自己,概念、语词含义,并且最主要是语言,对您来说是否只能是一个"光学系统",与这些系统相对是否存在着一个自在现实,这些系统就像被拧接在这个现实上的仪器一样,可以重新被卸下并且可以用其他的仪器来替换它们。"工作尺度"的意义是否就已经在于,它一同规定了现实、规定了所有现实之物的总的工作特征,就像它本身已经受到这个特征的规定一样?诚然,概念(Begriffe)是为了理解(Begreifen)而存在于此的。唯有近代对现实之物的表象、那种首先有理解活动于其中的对象化,始终是并且处处是一种对现实之物的进攻(Angriff),因为现实之物被要求在表象性把握的视域中显露出自身。这种要求在近、现代的理解范围内所造成的后果在于,被理解的现实不可忽视地,但起初仍然长时间未被注意地过渡为反进攻,现代科学虽有康德,但仍然对此反进攻突然感到惊异不已,并且不得不通过自己在科学过程之内的诸多发现来使自己了解,这种惊异是一种可靠的认识。

当然,从康德对物理自然的超越论解释中永远无法直接推导出海森伯的不确定关系。但对这种关系的想象如果不首先回溯到主-客体关系的超越论领域中去,那么对这种关系的想象,即对这种关系的思考也是不可能的。只有在回溯到主-客体关系的超越论领域之后,才会开始探问对存在者之对象化的本质起源,也就是说,探问"理解"(Be-greifen)的本质。

然而,在您那里和在我这里一样,问题并不仅仅在于一门科学的概念,而在于像形相、主宰、再现、权力、意志、价值、保证这样一些基词,在于到场(在场)和虚无,后者作为缺席(Absenz)而给到场造成中断("无化"),却从不毁灭到场。虚无在"无化"时,反而更多地证实自己是一种突出的到场,它将自己作为到场本身遮蔽起来。在上述基词中,起作用的是一种与科学**陈述**不同的言说。尽管形而上学观也有其自己的概念,但这些概念不仅在普遍性程度上有异于科学概念。康德首先最明确地看到了这一点(《纯粹理性批判》,A843,B871)。形而上学的概念在本质上是另一种概念,因为它们所理解的东西以及这理解本身在一种本原的意义上保持不变。因此,在思维基词的领域中,这些问题至关重要,人们是遗忘它们,还是不加检验地继续使用它们,尤其是在我们应当迈出区域的地方,这区域是指您所说的"概念"在其中言说关键之物的那个区域,也就是完善的虚无主义的区域。

您的文章《论线》论及作为"基本力量"的虚无主义(第60页);它探问未来的"基本价值"(第31页);它又谈到"形相",也谈到"工人形相"(第41页)。这已经不再是唯一"蕴含着宁静"(第41页)的形相,如果我没有看错的话。相反,您说(第10页),虚无主义的力量领域是这样一种领域,在这里,"缺乏人的丰富显现"。或者,工人形相还是那种"新的"形相,在其中隐藏着丰富的显现?就是在被穿越的线的领域中,关键也在于"保证"。就是现在,痛苦仍然是试金石。"形而上学之物"也在新的领域中起作用。"痛苦"这个基本词所陈说的含义就是您在《论痛苦》的论文中所划定的那个含义?就是那个使"工人的"位置得以向前大大推进的含义?形而上学之物在线的彼岸也保持着与它在《工人》所具有的同样的意义,即"合形相之物"的意义吗?或者,对一个人种本质的形相的再现，作为对现实之物的合法化的唯一形式，会不复存在，现在取而代之的是向一个不是人种而是神种的"超越"（Transzendenz）和至高无上者（Excellenz）的"超越"？在所有形而上学中，起作用的神学之物是否得以显露？（《论线》，第32、39、41页）。如果您在您的著述《沙漏书》（1954年）第106页说，"形相在痛苦中经受考验"，那么在我看来，您还保持着您的思想的基本构架，然而，却在一种变化了的，但尚为得到特别说明的意义上来陈说"痛苦"和"形相"这两个基词。或者是我弄错了？

现在是探讨您的论文《论痛苦》以及澄清"工作"与"痛苦"之间内在联系的时候了。这个联系指明了形而上学的关系，它们从您的著作《工人》的形而上学位置出发展示给您。为了能够更清楚地描画承载着"工作"与"痛苦"之联系的那些关系，最为必要的是对黑格尔的形而上学基本特征、对《精神现象学》和《逻辑学》的集合统一进行透彻的思考。这个基本特征就是作为对现实的"无限力量"，即对"生存概念"的"绝对否定"。在否定之否定的同一的（不是相同的）相属性中，工作与痛苦展示出它们的最内在的形而上学相近性。这个指明已经足以说明，这里需要一些什么样的详尽解释才能与实事相符合。如果有人甚至敢于对作为存在者之基本特征的"工作"与"痛苦"之间的关系做出回归到黑格尔《逻辑学》的透彻思考，那么希腊文中的痛苦一词，即"ἄγος"，才能够为我们所陈说。"ἄγος"很可能与"ἀλέγω"相近，它作为"λέγω"的强化动词，意味着密切的集聚。这样，痛苦就意味着最密切的集聚者。黑格尔的"概念"这个概念以及对概念的正确理解的"努力"所言说的就是这种痛苦，只是绝对的主体性形而上学的基地有了变化而已。

您通过其他途径被引入工作与痛苦的形而上学关系中，这极好地证明了，您以自己的形而上学观的方式试图倾听从那些关系中发出的声音。

构画出对线之穿越的思的纲要是以怎样的语言来言说呢？权力意志的形而上学语言、形相的和价值的语言应当被拯救，让它渡过临界线？怎样才能救渡呢？如果形而上学的语言和形而上学本身，无论它是活着的还是死了的上帝的形而上学，就作为形而上学而构成了那种阻碍向线之过渡，即阻碍对虚无主义之克服的栅栏？如果情况如此，那么对线之穿越是否就不一定会成为言说的变化，并且不会要求与语言的本质改变关系？您自身与语言的关系是否也在要求对科学概念语言做出另一种标识？如果人们常

## 论存在问题（1955年）

常将这种语言想象成唯名论，那么人们就仍然还缠绕在对语言本质的逻辑-语法的理解之中。

我将所有这些都以问题的形式提出；因为就我看来，今日之思只能对这些问题所做之呼唤进行不懈的思考，此外别无其他能力。也许有一天，虚无主义的本质会通过其他途径在更明亮的光线中得到更清晰的展示。在此之前，我只能满足于这样一个猜测：我们只有事先开辟一条通向对存在本质之探讨的道路，以此方式来思义虚无主义的本质。只有在这条道路上，对虚无之探问才能得到探讨。**如果由于形而上学观阻止人们思考对存在本质的探问，因而对存在本质的探问不放弃形而上学的语言，那么这种探问就会逐渐衰死。**

对追思存在本质之言说的改变与对新旧术语的更换有不同的要求，这可以说是明白无疑的。进行这种言说改变的努力有可能还会长时期地劳而无功，但这并不是放弃这种努力的充分理由。今天的人们尤其趋向于按照计算和计划的速度来估价思之悠闲，前者通过经济成就向每个人论证它们的技术发明的合理性。对思的这种估价以一些思所不知的标准来苛求于思。同时，人们对思提出傲慢的要求，即要求它知道谜底并提供拯治。与此相反，您指出，有必要流动所有完好的力量源泉并使每一个救助都发挥效用，以便能"在虚无主义的漩涡中"得以立足，您的这一见解应当得到全力的支持。

但我们并不能因此而小视对虚无主义**本质**的探讨，仅出于以下原因便不能小视：虚无主义极力想伪装自己的本质，并以此来逃避那种分析。只有这种分析才能帮助人们开辟并扩大一个自由的领域，一个在其中可以经验到您称之为"存在的新朝向"的东西（《论线》，第32页）的领域。

您写道："穿越线的那个瞬间给存在带来新的朝向，真实之物随之而开始闪烁。"

这个命题易读却难思。我首先要问，是否恰恰相反，存在的新朝向才带来了穿越线的瞬间？这个问题似乎颠倒了您的那个命题。但单纯的颠倒每一次都是棘手的事情。它所提供的答案仍然缠绕在它所颠倒的问题之中。您的命题说，"真实的东西"，即真实之物，也就是存在之物开始闪烁，因为存在有了新的朝向。因此，我们现在更合适地是要问，"存在"是否是某种自为之物，并且它是否此外也常常朝向人？也许这种朝向本身——以隐蔽的方式——就是那种我们尴尬地和不确定地称之为"存在"

· 187 ·

的东西。只是这种朝向并不以一种奇特的方式发生在虚无主义的主宰之下,这种奇特的方式是指:"存在"进行回避并逃入缺席之中?但回避和逃脱并不是虚无。它们甚至更紧逼地压迫人,拽开他,吸住他的所求所为,并且最终将他吸入那个逃遁的涡旋之中,以至于人以为,他所遭遇的只有他自己而已。然而,他的自己实际上无非只是一种在您所说的总的工作特征的主宰中对他的生存(Ek-sistenz)的消耗。

自然,只要我们仔细关注对存在的朝向与回避,我们就可以发现,它们不表象自身,就好像它们只是不时地和短暂地接触到人一样。人之本质不如说在于,它在不同的时候这样或那样地在朝向和回避中滞留和安居。如果我们在言说"存在"时撇开人之本质的在场,并且因此而误以为,这个本质本身一同构成了"存在",那么我们始终对"存在本身"言说得太少。如果我们在言说"存在"时将人设定为自为的,并且然后才将此被设定之物置于与"存在"的关系之中,那么我们始终也对人言说得太少。但是,如果我们以为存在是包罗万象的,同时将人仅仅看作其他存在者(植物、动物)之中的一个特殊存在者,并且将这两者置于关系之中,那么我们对存在就言说得太多了。因为在人之本质中已经包含着关系,这个关系是指与那个通过关联、通过通常意义的关联而被定义为"存在",并由此而从其所谓的"自在和自为"中获取的东西的关系。对"存在"之言说将表象从一个窘境驱赶到另一个窘境,而这种尴尬的源泉究竟何在却无从展示。

然而,如果我们不是故意地将早已所思之物,即主-客体关系置之度外,那么一切就似乎会立即达到最佳状态。这个关系表明,每一个主体(人)都包含着一个客体(存在),反之亦然。当然,只要这个整体——关系、主体、客体——不是已经建立在我们完全不充分地想象为存在和人之间关系的那种东西的本质之中。主体性和客体性已经建立在一种"存在"与"人之本质"的特殊显露性的基础上。这种显露性根据对这两者之为主体和客体的区分来确定表象。这种区分此后便被视作绝对的区分,并将思引入绝径。一种想从主-客体关系出发来指称"存在"的"存在"设定没有考虑到,它已经忽略了可疑之物。所以,关于"朝向存在"的言说始终是一种权宜之计,并且完全是可疑的,因此,存在就建立在朝向之中,以至于这种朝向永远不可能走向"存在"。

在场("存在")作为在场,常常是人之本质的在场,只要在场总是呼唤人之本质的指令。人之本质是倾听着的，因为它属于呼唤的指令、属于在场（An-wesen）。那么这个始终同一之物、这个呼唤与倾听的互属关系就是"存在"吗？我说什么呢？如果我们试图透彻地想象"存在"，想象它如何支配命运，即将它想象为在场，想象我们通过什么途径才能符合它的命运本质，那么，"存在"也就不再存在了。

这样，我们就必须像对待"人"这个名称一样，坚定地放弃"存在"这个个体化的和分离性的词。对这两者关系的探问表明自身是不充分的，因为它从未打倒那个它想探问的领域。在这种情况下，我们实际上甚至无法说，"存在"和"人"在它们互属的意义上"是"同一个东西。因为，如果我们这么说，那么我们就始终还让它们是自为的。

但我为什么要在一封关于完善的虚无主义之本质的信中提到这些复杂而抽象的事情呢？一方面是为了说明，言说"存在"绝非比言说虚无更为容易；但另一方面也是为了再次表明，在这里，一切都无法回避地关系到正确的言说，关系到那些 Λόγος（言语），那种源于形而上学的逻辑学和辩证法永远没有能力经验到它的本质。

我们的言说无法与存在相符，并且因此而始终是那种被人们过于草率地怀疑为是"神秘主义"的东西，这里的原因是否在于"存在"——"存在"一词现在暂时指称那个可疑的、互属地包含着存在和人之本质的同一之物？或者，我们的言说还未做陈说，因为它还不能适应与"存在"之本质的符合，这里的原因是否在于我们的言说？在穿越线的瞬间，即在跨越完善的虚无主义的临界区域的瞬间，言说者是否自己可以随意决定用哪一种基本词的语言来陈说？如果这种语言可以普遍被理解，这是否就够了？或者在这里还有其他规律和标准在起作用，它们与虚无主义的全球性完善的世界史瞬间以及与对虚无主义之本质分析一样，都是独一无二的？

这些问题对我们来说几乎还没有开始变得如此可问，以至于我们在这些问题中能够获得居家之感，并且不再想离开它们。哪怕我们面临这样的危险，即不得不放弃在形而上学意义上的思之固有习性，并且被指责为蔑视所有健康的理性。

这些问题在迈步"越线"的过程中还会显现出特别的尖锐性；因为这种迈步是在虚无的领域中活动。随着虚无主义的完善，或者至少随着对虚无主义的克服，虚无也消失了吗？或许，只有当无物的虚无之假象不再出现，取而代之的是以往曾与"存在"近似直至相合（ins »Sein« verwandt

的虚无之本质时，人们才能达到对虚无的克服。

这个本质从何而来？我们应当在何处寻找它？虚无的场所何在？如果我们寻找这个场所，并且探讨线之本质，那么我们并非不加思考地提出如此之多的问题。但这并不是您所要求的那种尝试，即这不是"对虚无主义的一个确切定义"？看起来，思似乎是在一个神秘的圈子中持续地围绕着同一个东西被牵来牵去，或者说被要来要去，同时却无法接近这个同一之物。但也许这个圈子是一个隐蔽的螺旋。也许这螺旋在此期间已经缩小。这就意味着：我们接近虚无主义的方式、方法在发生变化。对合理地被要求的"确切定义"所具有的仁慈之证实在于，我们放弃定义的意愿，因为这种意愿必须在陈述句中得到确定，而思会衰亡在这些陈述句中。但是，只要我们学会注意到，在陈述句的形式中不可能伸手可及地包含着因而也无法提供那种关于虚无、关于存在、关于虚无主义及其本质、关于本质（名词的）之本质（动词的）答复，那么，这还是一个微小的收获，因为它只是一个否定性的收获。

之所以这仍然是一个收获，只是因为我们经验到"确切定义"的对象，即虚无主义的本质，给我们指明了一个要求另一种言说的区域。如果朝向属于"存在"，以至于"存在"就建立在朝向之中，那么"存在"就在朝向中消融了。这个朝向现在成为可疑之物，回到其本质之中并在其中展示出来的存在，从此以后就被思作这种可疑之物。与此相应，对此领域的思的前观只能以下列方式来写"存在"。这个打叉的涂画首先只是在做抵御，也就是抵御那种几乎无法消除的习惯，即将"存在"想象为一个自为的、只是时而走向人的对立面。根据这种想象产生一种假象，似乎人已经被从"存在"中排除出去。然而，人不仅没有被排除出去，也就是说，人不仅被纳入"存在"中，而且，"存在"需要人的本质，它依赖于对自为假象的放弃，因此，它是另一种本质，不同于那种对包含主-客体关系的总体之想象所要觉知的本质。

诚然，这个打叉符号根据以上所述并不是一个单纯否定性的涂画符号。毋宁说这个符号指出了分为四等分的这四块区域，以及它们在打叉场所的聚集（《讲演与文章》，1954年，第145-204页）。

在场本身朝向人之本质，朝向在此本质中才得以完善，只要人之本质在回想此朝向。人在其本质中是对存在之记忆，但却是对存在的记忆。这是指：人之本质同属于思在对存在的打叉涂画中根据开始的指令所要求的东西。在场建立在朝向之中,朝向本身将人之本质移入它之中,以至于人之本质为了朝向而耗费自身。

虚无的写法和思法也必须与 存在 一样。这是因为,在虚无中包含着那个在进行回想的人之本质,它不仅仅只是附加物。如果虚无因此而在虚无主义中以一种特殊的方式成为主宰,那么人就不仅仅是被虚无主义所涉及,而且还根本性地参与了虚无主义。这样,整个人的"存在"也就不处在线的此岸的某一处,以便能够穿越线,并且在线的彼岸安居于存在旁。人之本质本身属于虚无主义的本质,并且因此而属于虚无主义的完善阶段。人作为这样一种被用到 存在 之中去的本质构成了 存在 的区域,并且也就同时构成了虚无的区域。人不仅处在线的临界区中,他本身就是这个临界区,并且因此就是这条线。但他并不自为地(für sich),并且尤其不自因地(durch sich)是这个临界区。无论如何,被思作完善的虚无主义之区域符号的线并不是一种在人面前可超越的东西。但这样一来,超线的可能性以及穿越线的可能性也就不复存在。

我们对"线"思考得愈多,这个直接明了的图像消失得也就愈多,而由它所点燃的那些思想却并不因此而丧失意义。在《论线》的著述中,您提供了对虚无主义场所的描述,并且在被描述的、通过线之图像被标识的场所方面,您提供了对人的处境和运动可能性的评判。人们当然需要有一门关于虚无主义、关于它的过程和对它的克服的地形测量学。但在这门地形测量学之前必然还要有一门地形测量学,这就是对那个场所的探讨:这个场所聚集着存在与虚无之本质、规定着虚无主义之本质,并且因此而使标识着可能克服虚无主义之方式的那些途径得以认识。

虚无主义游戏于存在和虚无之间,并在那里展开其本质,那么存在与虚无属于何方呢?在《论线》的著述中(第22-24页),您将虚无主义思潮的一个主要标志称为"还原":"剩余(der Überfluss)胜利了:人感到自己不仅在经济方面,而且还在许多方面是被剥削者。"但您又合理地补充说:"这并不排除这样一种可能性:它(还原)在很大程度上是与变动不居的力量发展以及突破力相结合的",就像损耗(der Schwund)也"不仅仅是损耗"一样(第23页)。

这无非就是说,在存在者整体之中所发生的充盈和本原日趋减少的运动不仅为权力意志的生长所伴随,而且还受这种生长所规定。权力意志是意欲自身的意志(Wille, der sich will)。作为这种意志,并且在此意志的秩序显现出来的东西，就是从存在者出发而被想象的那些东西，它们事先便已形成，并且以多种方式在起作用；存在者在越超，而且在此超越的范围内反过来作用于存在者，无论这种作用是以存在者为根据，还是以存在者为原因。那个在存在者之中可确定的还原建立在一种对存在的生产的基础上，也就是建立在权力意志在绝对的为意志之意志（Wille zum Willen）中所得到的展开的基础上。损耗、缺席是从一种到场出发并且通过这种到场而得到规定的。到场先于所有损耗者，超越它们。所以，在存在者损耗处，不仅损耗者在自为地起着作用，而且在此之前还有一个他物在以决定性的方式在起作用。到处都是那个向存在者回溯的超出、那个"绝对的超越"（《存在与时间》，第7节）、"那个存在者的存在"。超出就是形而上学本身，这个名字现在在这里不是指哲学的一种学说或学科，而是指"有"（es gibt）那种超越（《存在与时间》，第43节及以后）。它被给予，因为它被带到了它的统治之路上。作为超越而展示出来的那些东西所具有的丰富和险峻，就叫作形而上学的命运。

据此命运，人之想象本身也成为形而上学的想象。人对存在者的想象尽管可以按其顺序历史地展示为一种发生。但这种发生不是存在的历史；相反，存在作为超越的命运在起作用。"有"以及如何"有"（es gibt）存在者的存在，这就是在上述意义上的形而上学（Meta-Physik）。

即使我们是在完全非在场的意义上意指虚无，虚无也作为一种在场的可能性而不在场地属于在场。如果虚无因此而在虚无主义中起作用，如果虚无的本质属于存在（但存在却是超越的命运），那么形而上学的本质便展示为虚无主义的本质场所。只有当我们经验到形而上学的本质就是超越的命运，我们才能做出此种言说。

那么对虚无主义之克服又基于何处呢？基于形而上学的消失。这是一个令人反感的想法。人们试图避开它。因而很少有人想去平息它。然而，如果我们注意到虚无主义的本质并不因为这种想法而是虚无主义的东西，并且形而上学的古老尊严并不因为这种想法而受到损害，如果在形而上学的自身的本质中就隐含着虚无主义，那么对此想法的采纳便只会遇到较少的抵抗。

因此，人们应当在形而上学展开其最外在的可能性，并将自身聚集于这种可能性之中的地方以及寻找那个临界线的区域，即寻找完善的虚无主义的场所。这种展开和聚集所发生的地方，也就是为意志之意志仅仅在其

论存在问题（1955年）

持续的普遍单一的可预定性中意欲所有在场者的地方，这里的意欲是指要求、提出。作为对此提出的绝对聚集，**存在**并没有衰退。它在一种独一无二的可怕性中显示出来。在损耗和还原中仅仅表现过去在场之物，为意志的意志尚未把握住它，它还留在精神意志中以及留在精神意志的总体运动中，这也是黑格尔思维的活动范围。

过去在场者的损耗不是在场的消失。也许在场在进行逃避。这种逃避对于受虚无主义影响的想象来说始终是含而不露的。看起来就好像在场者已满足于自身持续的意义。只要言谈有所涉及，这种持续性和在此持续性中所提出的东西，即在场者的在场便显现出来，它们显现为一种对扫视的思的发现，这种思不再能够在纯"存在"面前看到存在者、看到那个被误认为唯一的"现实"。

在虚无主义的完善阶段，看起来似乎没有那种像存在者的**存在**一样的东西，似乎存在无所事事（在无效虚无的意义上）。**存在**以一种奇特的方式未到位（ausbleiben）。它遮蔽自己。它滞留在一种遮蔽性中，这遮蔽性又遮蔽着自身。然而，被希腊人经验到的被遗忘性（Vergessenheit）的本质便是建立在这种遮蔽性之中。这种被遗忘性最终并不是否定性的东西，也就是说，它从其本质的一开始就不是否定性的东西，而有可能是一种作为遮蔽（Ver-bergung）的掩护（Bergen），它对尚未被去蔽之物（noch Unentborgenes）加以保藏。对于流行的观点来说，遗忘很容易给人造成丧失、匮乏、尴尬的印象。我们习惯将遗忘和健忘性（Vergesslichkeit）仅仅看作一种放弃，这种放弃常常作为一种自为地被想象的人的状态而被人们遭遇到。我们始终还远离对被遗忘性的本质的定义。但只要我们看到了被遗忘性的本质所具有的范围，我们自己就很容易陷入一个危险之中，即将遗忘仅仅理解为一种人的所作所为。

人们对"存在的被遗忘性"也有多种想象，形象地说，存在被想象为一把由于哲学教授的健忘而丢在某处的伞。

然而，被遗忘性作为一种看起来与存在相分离的东西不仅**侵袭着**存在的本质。它属于存在的实事本身，作为存在的命运而起作用。合理地被思考的被遗忘性、对尚未被去蔽的**存在**本质（动词的）的遮蔽，它们掩护着尚未被发掘的宝藏，并且是对一个仅只期待着合适寻找的发掘物的允诺。为了对此种寻找做出猜测，人们不需要具备先知的才能，也不需要具有公布者的姿态，而只需要那种已经操练了几十年的对在西方形而上学思维中

· 193 ·

显露出来的已存在者（das Gewesenen）的关注。这个已存在者处于在场者的无蔽性（Ἀλήθεια）的符号之中。无蔽性以在场的遮蔽性为基础。这种为无蔽性提供基础的遮蔽性应当得到纪念。纪念是对那个已存在者的纪念，这个已存在者并没有消逝，因为它在所有那些提供了存在本然的延续中都始终是永恒之物。

对形而上学的征服（Verwindung）就是对存在之被遗忘性的征服。这种征服朝向形而上学的本质。它用这个本质本身所要求的东西来缠绕这本质，因为这本质在呼唤那个将它提取到其真理旷野里去的领域。因此，为了与对形而上学的征服相适应，思必须事先说明形而上学的本质。在这样一种尝试看来，对形而上学之征服首先是一种克服，它只是将唯形而上学观置之身后，而后伴随思进入形而上学的被征服的本质之旷野。然而，在征服中，看起来已被驱逐的形而上学的恒久本质又作为形而上学的已然合适的本质回到自身。

这里所发生的事情并不仅仅是形而上学的修复。此外，那种只能像一个人捡起掉落的苹果那样接受传统的修复也是不存在的。任何修复都是对形而上学的解释。如果今天有人以为他更清楚地看穿了形而上学问题的整个方式和整个历史，那么，当他如此自负地在畅亮的空间里运动时，他有一天应当思考一下，他从何处才能得到那束使他能看得更清楚的光。最大的怪诞在于，人们宣告说，我的思之尝试是对形而上学的摧毁。同时，人们借助于这些尝试而纠缠于那些从所谓摧毁中获得的——我并不说那些归功于（verdanken）所谓摧毁的——各种思路和想象。这里不需要致谢（Dank），但需要思义（Besinnung）。然而，无思义性（Besinnungslosigkeit）却早已开始，它可以追溯到人们对在《存在与时间》（1927年）被探讨的"解构"所做的浮浅误释，这种"解构"所要求的仅仅在于，在对流行和空乏观点的拆除过程中重新赢回对形而上学的原本存在经验。

但为了拯救形而上学的本质，凡人这一部分（Anteil der Sterblichen）在此拯救中应当满足于先提出这样一个问题：什么是形而上学？尽管会有过于烦琐和一再重复的危险，我仍想利用这封信的机会，对那个问题的意义和范围再次做一陈述。为什么呢？因为您的要求也在于，以您的方式参与对虚无主义的克服。但这种克服是在对形而上学的征服的范围内发生的。我们带着"什么是形而上学"这个问题进入此范围。如果我们深思熟

## 论存在问题(1955年)

虑地提出这一问题,那么这个问题就包含着这样一个猜测,即这个问题所特有的提问方式由于此问题本身而陷入动摇之中,"什么是……"表明了人们常用的探问"本质"的方式。然而,如果问题在于将形而上学当作对存在者的超越来探讨,那么,那个区分所区分的东西便立刻随着超越的"存在"而成为可疑,形而上学的学说自古以来就是在这个区分中活动,它们也正是从这种区分中获得其语言的基本轮廓。这个区分就是对本质和生存的区分,对什么在(Was-sein)和这个在(Dass-sein)的区分。

"什么是形而上学"这个问题首先轻信地运用这一区分。然而很快便表明,对存在超越存在者的思义是一个击中心脏的问题,思并不死于此次打击,而是因此打击而改变了生活。当我探讨"什么是形而上学"的问题时——这发生在您的论文《总动员》发表的前一年,我事先并没有去追求对学院哲学一门学科的定义。我更多地是就形而上学的定义来探讨一个将另一些东西思考为存在者的问题,根据这个定义,在形而上学中,对存在者的超越是朝向存在者本身的。但这个问题的提出也并非出于偶然,并且这个问题也并非问得不确定。

在经历了四分之一个世纪之后,也许是指出一个事实的时候了,人们至今对此事实仍然熟视无睹,就好像这是一种外在的状况。"什么是形而上学"这个问题是在一个哲学就职讲座中面对所有到会的师生而被探讨的。因此,它是在所有科学的圈子中被提出并且面向所有科学做言说的。但这是如何进行的呢?提出和言说这个问题的动机并不在于狂妄地想改进所有其他科学的工作,或者甚至贬低这些工作。

科学的表象总是以存在者为目标,并且是以存在者的各种分别区域为目标。人们以往不得不从这种对存在者的表象出发,并且根据这种表象而屈从于一种与科学相近的意见。科学以为,这种对存在者的表象穷尽了可研究和可探问之物的整个领域,除了存在者之外,"别无他物"。对形而上学本质的探问,试图接受科学的这种意见并且似乎在参与这一意见。然而,每个深思者也必须知道,对形而上学本质的探问只能看到形而上学(Meta-Physik)突出标志,这就是超越:存在者的存在。科学表象仅仅熟悉存在者,在这种表象的视域中,那些根本不是存在者的东西(即存在)就只能表现为虚无。因此,就职讲座探问"这个虚无"。它并非随意地、不确定地探问"这个"虚无。它问道:所有那些其他的东西、那些不是存在者的东西,它们与各种存在者如何相处?在此表明,人的此在是"被放在"（hineingehalten）"这个"虚无、这个与存在者完全不同的东西"之中"的。换言之，这意味着并且只能意味着："人是虚无的占位者（Platzhalter des Nichts）"。这句话是说，人把场所空给那些与存在者完全不同的东西，以至于在这种空敞性中可以有某种类似于在场（An-wesen）（存在）的东西。这个不是存在者并且可以说是给予了存在者的虚无，它并不是一个虚无的无物（nichts Nichtiges）。它属于在场。存在与虚无并非相互并列地有（es gibt）。它们可以在一种相似性中相互支持，我们几乎还未考虑到这种相似性的丰富本质。只要我们仍然放弃探问：在这里进行着"给予"（gibt）的"它"（es）是什么①？它在什么样的给予中给予？那个通过对此给予（Gabe）的保藏而交付给此给予的东西在何种程度上属于这个"有（es gibt）存在和虚无"？那么我们就仍然没有考虑这种相似性。我们轻率地说：有。存在与虚无"是"一样地少，但两者皆有（Es gibt beides）。

列奥纳多·达·芬奇写道："虚无没有中心，它的边界就是虚无。"——"在那些可以在我们之中找到的大事情中，虚无的存在是最大的事情"（《日记与笔记》，由特奥多尔译自意大利文并出版，1940年，第4-5页）。这位伟人的话语不能也不应证明什么，但它指明了这样的问题：以何种方式有（es gibt）存在，以何种方式有（es gibt）虚无？这种给予（Geben）从何而来，走向我们？只要我们作为人之本质而在，我们就在何种程度已经被赠给（vergeben）这种给予？

由于"什么是形而上学"的讲座根据当时的情况有意做了限制，只是从超越的角度，也就是从存在者的存在的角度探问了虚无，即探问了那个首先对科学的存在者表象而言的虚无，因此，人们抓住这个讲座中的虚无不放，把它看作虚无主义的证据。在经过较长时间之后，现在终于可以被允许提出这个问题了：在何处、在哪一句话、哪一个措辞中曾有过这样的话：在讲座中所说的虚无（Nichts）就是在无物的虚无（nichtiges Nichts）意义上的虚无，并且它作为这种虚无是所有表象和生存的最初的和最终的目的？

这个讲座以这样一个问题结束："为什么存在者在（ist）而虚无却不

---

① 德文中的"es gibt……"是一个固定词组，通常表示有什么，但原义是："它给予……"海德格尔在两种意义上使用此词组。——译者

论存在问题（1955年）

在？"这里有意与习惯相悖地将"虚无"做了大写。诚然，这里的发问原本由莱布尼茨所提出并为谢林所接受。这两位思者都将这个问题理解为对所有存在者的最高根据和最初存在原因的探问。今日修复形而上学之企图乐于接受这个问题。

但"什么是形而上学"的讲座是根据其穿过不同领域的不同途径在一种变化了的意义上来思此问题的。现在的提问是：存在者总是处于领先地位，而被思考的不是存在者的无（das Nicht），不是"这个虚无"，即存在的本质，原因何在？如果有人将这个讲座透彻地思考为由《存在与时间》导出之路的一部分，那么他就只可能是在上述意义上理解这个问题。这种尝试起先是一种令人不解的苛求。所以，这个变化了的问题在"引论"中得到了明确的说明（第20页），这个"引论"被放在《什么是形而上学？》的第五版（1949年）之前。

做此指明的目的何在？它应当说明，思（Denken）是如何艰难、踌躇地参与一种思义（Besinnung），这种思义是对您在《论线》的著述中也要求达到的东西的意义追思（nachsinnen）：虚无主义的本质。

"什么是形而上学"这个问题只想达到一个目标：使科学能够对此做出思考——它们必定会并且因此随时随地会接触到完全不同于存在者的，接触到存在者中的虚无。它们已经不知不觉地处在与存在的关系之中。它们只有从各指其能的存在真理那里获得光，然后才能看到和观察到被它们所表象的存在者本身。"什么是形而上学"的探问，即从这个问题引出的思不是科学。现在对思来说，超越本身，即存在者的存在就其本质而言成为可疑的，但永远不会因此而成为无用的和无效的。在这里，这个看似空乏的语词"存在"，始终是在这样一些定义中被思，这些定义从自然（φύσις）到语词（Λόγος）直至权利意志，它们都相互引证，并且处处展示出一个总的特征，这个特征被试图称为"在场"（《存在与时间》，第6节）。只是因为"什么是形而上学"这个问题从一开始便在对超越、对存在者的存在运思，它才能运思于存在者的无、运思于那个虚无。虚无与存在原初是同一个东西。

当然，如果有人从未对形而上学之探问的主要方向、它的道路的出发点、它的发展机遇、它所面对的科学圈子做出严肃的、相关的考虑，他就会得出这样的答案：在这个就职讲座中所提出的是一门（在消极虚无主义意义上的）虚无哲学。

· 197 ·

对"什么是形而上学"这一问题的看似尚无法删除的误释以及对它位置的误识只有一小部分是对思之厌恶的结果。它的起源隐藏得更深。它们属于那些能够阐明我们历史进程的现象:我们连同所有这些组成都还在虚无主义的区域之内活动,当然,前提在于,虚无主义的本质建立在存在之被遗忘性的基础上。

那么,穿越线的情况又如何呢?这种穿越会将我们带出完善的虚无主义的区域吗?穿越线的企图始终还沉醉在一种观念中,这种观念属于存在之被遗忘性的主宰领域。因此,穿越也还在用形而上学的概念(形相、价值、超越)进行言说。

线之图像能够充分地说明完善的虚无主义的区域吗?区域之图像是否更好一些?

这里会产生怀疑:这些图像是否适合用来说明对虚无主义的克服,即对存在之被遗忘性的征服。然而,每一个图像或许都会受到这种怀疑。可以说,它们无法动用图像的昭示力量,无法动用它们的原本的和直接的当下。这样一些思考只是表明,我们在思之言说中是多么生疏,对思之言说的本质了解得多么微少。

虚无主义的本质最终在权力意志的主宰中得到完善,这个本质建立在存在之被遗忘性的基础上。如果我们忘记了存在的被遗忘性,这在这里是指,如果我们对存在的被遗忘性无动于衷,那么我们似乎就与存在之被遗忘的状况最为相符了。但这样一来,我们就不会注意到,被遗忘性作为存在的被遮蔽性意味着什么。如果我们注意到了这一点,那么我们就会经历这个令人惊愕的必然性:我们不是要去克服虚无主义,而是必须进入它的本质中去。进入它的**本质**才是我们渡过虚无主义所要迈出的第一步。这种进入具有一种回归的方向和方式。回归当然不是指返回到过去的时代,然后企图以一种人为的形式来重温这些时代。回归在这里是指朝向那个场所的方向(存在之被遗忘性),形而上学就是在这个场所中获得并保持了它的起源。

根据这个起源,形而上学被禁止去经验它作为形而上学的本质。因为在形而上学观点看来,存在者的存在是为了超越而展示自身,并且是在超越之内展示自身。当存在以这种方式显现时,形而上学观点自己便会来占有存在。毫不奇怪,形而上学观反对这样的思想:它是在存在的被遗忘性中活动。

论存在问题（1955年）

尽管如此，充分的和持续的思义可以获得这样的明察：形而上学按其本质永远不会允许人定居于那个场所，即定居于存在之被遗忘性的本质之中。因此，思与诗必须回到它以某种方式一直存在过的但可以说是从未建筑过的地方。但我们只有通过建筑才能居住在那个场所。这种建筑几乎已经不能对上帝之家的设施和凡人的居室做出思索。它必须满足在路途上建筑，这条路途回归到形而上学之征服的场所，并因此而能够穿踱过对虚无主义之克服的命运。

谁敢于做这些言说，甚至是在公开的著述中，他就非常了解，人们是如何仓促、轻率地将这些意欲引起思义的言说或是仅仅当作含混的窃窃私语而加以排斥，或是当作蛮横的宣言、布告加以拒绝。尽管如此，不断的学习者必须想到对纪念着的思的言说进行更原本、更仔细的检验。总有一天，他会做到将这个言说作为最高的礼物和最大的危险、作为罕见的成功和失败存放在神秘之中。

在这里，我们发现所有这类言说为什么要继续做这种笨拙的努力。这些言说始终渗透着语词及其用法的多义性。言说多义性的原因绝不仅仅在于那些随意出现的含义的堆砌。它的原因在于一种游戏，这种游戏展开得愈是丰富，它就愈严格地被束缚在一个隐蔽的规则中。多义性正是通过这个规则而在平衡中游戏，我们极少经验到这种平衡的动摇。因此，言说始终受到最高的规律的束缚。这个最高的规律是一种释放到永不停息的变化所具有的处处游戏的构架中去的自由。那些语词，如"像花儿形成"（荷尔德林，"面包和葡萄酒"），是荒芜的花园，在这里，生长与栽培出于一种不可思议的亲密性而相互配称。您不会感到惊奇，对虚无主义本质的探讨必定处处要接触到那个被我们笨拙地称为思之言说的东西，它是启发性的和值得思的东西。这种言说不是对思的表述，而就是思本身，是思的步履和思的歌唱。

这封信想说什么？它试图将"论线"这个标题，也就是将所有那些在您的和我的意义上书写的以及在书写的言说中可以证明的东西，提升到一个更高的多义性中去。这种多义性可以使人们经验到，对虚无主义之克服在何种程度上需要进入虚无主义的本质中去，这种克服的意愿要借助于何种进入（Einkehr）才能完成。对形而上学的征服将思唤入一个更起始的指令中。

您对超线的局势评论和我对论线的探讨是相互依照的。它们始终都收

· 199 ·

到指令：不放弃在一段尽管很短的路途上练习全球性思的努力。这里不需要先知的才能和神情就可以思考到，全球性建筑将会面临一些遭遇，遭遇者今天还根本无法应付它们。这种情况适用于欧洲语言，以同样的方式适用于东亚语言，它首先适用于它们的可能的双语领域。这两种语言中的任何一种都无法从自身出发开辟和创立这个领域。

今天的每一个人都在尼采的光与影中做出"赞成他"或"反对他"的思与诗。尼采听到了一个指令，它要求人们准备接管对地球的统治。他看到了并理解了为此统治而燃起的战火（XIV，第320页，XVI，第337页，XII，第208页）。这不是"Krieg"，而是"Πόλεμος"①，它才使神与人、自由人与奴隶以其各自的方式显现出来，并引出一场对存在的分析（Auseinander-setzung）。与它相比，世界大战永远是浅显的。世界大战在装备上愈是技术化，它们的决定能力也就愈小。

尼采听到了那个对全球统治之本质进行思义的指令。他听从了这个呼唤，从而踏上一条对他来说简朴的形而上学思之路，并且在途中摔倒。至少对于历史性考察来说是如此。但也许他并没有摔倒，而是达到了他的思所能达到的那个境界。

尼采之思留下的是沉重与困惑，这一点更严格并且与以往不同地提醒我们，他对虚无主义本质的探问具有多么漫长的起源。这个问题对我们来说并没有变得容易起来。因此，它必须限制在一个较为暂时性的目标上：思考那些古老而威严的语词，它们的言说将虚无主义的本质领域和对它的征服指示给我们。还有比这种纪念更为努力的对我们的命运的拯救以及对在命运中的传统的拯救吗？我不知道。但在一些人看来，这似乎是一种颠覆，这些人始终把传统的东西看作无起源的。天真的显现之物也被他们当作绝对有效之物。他们要求这显现之物在一个被夸大了的体系中显现出来。与此相反，如果思考只能是对思的语言用法进行关注，那么它就毫无用处。但有时它会服务于那些为被思者所需要的东西。

很快就会表明，这封信所阐述的东西是无法被人们理解的。但它想要培养思义与探讨，对此，这封信可以用歌德的一句话来结束："如果有人将语词和表达视之为神圣的证明，不只是将它们当作像硬币或纸钱一样的

---

① "Πόλεμος"是古希腊文和古希腊意义上的战争，带有"动乱""战斗"的意思。德文的"Krieg"（战争）带有"攫取"的意思。——译者

东西，用它们用来进行快速的、短暂的交往，而是能够在精神的行为与变化之中将它们作为真正的等价物来进行交流，那么，人们就不能为此而抱怨他，如果他提醒人们注意，传统的表达会带来有害的影响，会使观点阴郁，会使概念扭曲，并会使所有学科误入歧途。"

我衷心地问候您。

# 科学与思义（1953年）①

[德] 马丁·海德格尔

按照一种流行的观点，我们用"文化"这个称呼来标志人的精神活动和创造活动的范围。科学、对科学之促进与组织也被看作文化的一部分。科学于是便被划归到那些人所珍惜的、出于不同动机而感兴趣的价值之中。

然而，只要我们在这种文化的意义上来看待科学，我们就永远无法测量出它的本质的有效范围。同样的情况也适用于艺术。至今人们还将乐于将两者并提：艺术与科学。艺术也可以被看作文化领域中的一个区域。但这样一来，人们对它的本质就永远一无所知。就艺术本质来看，艺术是神力和宝藏，在这里，现实之物将它始终隐蔽着的闪光每一次都崭新地馈赠于人，以便他在这光亮中能更纯地看到、更清地听到属于它本质的东西。

艺术与科学一样，它们都不仅仅是人的一种文化活动。科学是所有那些存在之物借以展现自身的一种方式，并且是一种决定性的方式。

我们因而必须说：就其基本特征而言，今人活动于其中并试图坚守于其中的现实在日益增大的程度上受到那个被称为西方－欧洲科学的东西的共同规定。

对这个过程的意义追思（nachsinnen）会表明，科学在西方世界的范围之内以及在西方历史的各个时代中发展出了一个在全球范围内无可比拟的力量，并且，它正在将此力量最终覆盖于整个地球。

科学是否只是一种人造之物，它被抬举到如此高的主宰地位，以至于人们会认为，有一天应当通过人的意愿、通过委员会的决定来对它加以削减？抑或在这里起作用的是一个更大的运命？在科学中起主宰作用的是否

---

① 德文原文出自 Martin Heidegger, "Wissenschaft und Besinnung", in Martin Heidegger, *Vorträge und Aufsätze*, Vittorio Klostermann, 2000, S. 37-65。中译文首次刊载于孙周兴编《海德格尔选集》下卷，上海三联书店1996年版，第955-978页。——译者

# 科学与思义（1953 年）

是一种与人之单纯求知欲不同的他物？事实正是如此。一个他物在起作用。但只要我们沉湎于对科学的习常看法，这个他物对我们就始终隐而不现。

这个他物是一个作用于所有科学、但对科学本身也隐而不现的实事状态。然而，为使此实事状态能进入我们的目光之中，我们必须足够清晰地了解科学是什么。我们怎样才能知道这一点呢？最可靠的似乎是通过我们对今日科学活动的阐述。这样一种阐述可以表明，科学长期以来是如何以一种愈来愈决然但愈来愈不引人注目的方式楔入生活的所有组织形式之中：楔入各种工业、经济、课堂、政治、战争、政论之中。对科学之楔入的认识极为重要。然而，要想对它进行阐述，我们必须事先经验到科学的本质所在。我们可以用简单扼要的一句话来陈述科学的本质。这句话便是：**科学是现实之物的理论**。

这句话既不想提供一个业已完成的定义，也不想提供一个可供运算的公式。这句话所包含的仅仅是问题。只有当这句话得到探讨时，这些问题才会苏醒。我们首先必须注意，在"科学是现实之物的理论"这句话中，"科学"这个名称始终是并且仅仅是指近-现代科学。"科学是现实之物的理论"这句话既不适用于中世纪科学，也不适用于古代科学。中世纪的"doctrina"（教理）一方面始终与现实之物的理论有着本质差异，另一方面也始终与古代的"ἐπιστήμη"（知识）有着本质的差异。作为欧洲科学的现代科学在此期间已经全球化了，它的本质可以说是建立在那个自柏拉图以来便叫作哲学的希腊人之思的基础上。

这一指明并不应以任何方式削弱这种近代知识的变革特征；恰恰相反，近代知识的突出特点就在于对这样一个特征的提取，这个特征仍然隐蔽在被希腊人经验到的知识之本质中，并且它恰恰利用希腊知识来使自己成为另一种与之相对的知识。

如果有人在今天敢于以探问、思考并因此而已经共同行动着的方式来应合我们每时每刻都经验到的世界动荡的沉沦，那么他就不仅必须注意到，现代科学的知识欲彻底地主宰着我们的今日世界，而且他也要并且首先要考虑到，对现存之物的任何思义要想生长、繁荣，就只有通过与希腊思者及其语言的对话才能植根于我们历史此在的基础之上。这个对话还在期待着它的开始。它几乎还未被准备，并且它始终是那个不可避免地与东亚世界之对话的先决条件。

· 203 ·

然而，这种与希腊思者、与诗者的对话并不是指对古代文化的现代复兴。它同样不是指一种对已经过去的，但可以为我们从历史学上解释现代世界之形成特征的事物的历史学好奇心。

古希腊早期的所思（Gedachtes）和所诗（Gedichtetes），在今天仍然是当下的，它们是如此地当下，以至于它们所具有的那些对其自身也遮蔽的本质处处都在等待着我们并向我们走来。在我们最意想不到的地方，它们出现得最多，即在现代技术的主宰中，现代技术对古代来说是完全陌生的，但它的本质起源可以说是在古代。

为了经验到历史的这种当下，我们必须从始终流行的历史学、历史观中解脱出来。历史学的观点将历史看作一个对象，在这个对象中，一个发生（ein Geschehen）进行着，同时由于它的可变性而消失。

在"科学是现实之物的理论"这句话中，早期的所思、早期的所遇（Geschicktes）始终是当下的。

我们现在从两个方面来阐述这句话。我们一方面探问：何谓"现实之物"（Wirkliches）？另一方面我们探问：何谓"理论"（Theorie）？

这个阐述同时表明，现实之物和理论这两者是如何从本质上相互接近的。

为了弄清在"科学是现实之物的理论"这句话中"现实之物"这个名称所指的是什么，我们以这个词为依据。现实之物（Wirkliches）充实着起作用者（Wirkende）① 的领域，即充实着那些起作用的事物的领域。什么叫"起作用"？对这个问题的回答必须以语源学为依据。但如何以语源学为依据这个问题始终是决定性的。单纯地对语词所具有的旧的和不再言说的含义做出确定，把握住这些含义，以便能够在一种新的语言用法中使用它们，这些做法不会带来任何结果，它只能带来专断。需要做的毋宁是，依据早先的语词含义以及这些含义的变化，观看到这个语词所说入的（hineinspricht）那个实事领域。需要做的是，将这个本质领域思考为那个语词所指的实事活动于其中的领域。语词的言说与含义有关，语词所指的实事穿透思与诗的历史而展开到这些含义中去。

"起作用"（wirken）意味着"做"（tun）。什么叫"做"？这个词属

---

① "现实之物"与"起作用者"所含词根相同，即"wirk"。——译者

科学与思义（1953 年）

于印度日耳曼语的词干"dhē"；希腊语中的"θέσις"（放置）① 也起源于此。但这个"做"不仅仅是指人的活动，首先不是指在行动（Aktion、Agieren）意义上的活动。自然（φύσις）的生长与活动也是"做"，并且是在确切的放置（θέσις）意义上的"做"。"自然"（φύσις）和"放置"（θέσις）这两个称号的对立是后来的事情，而这种对立之所以可能，则又是因为同一个东西在规定着它们。自然（φύσις）就是放置（θέσις）：从自身中提出、带来、产生某物（von sich aus etwas vor-legen、her-stellen、her- und vor-bringen），也就是提出、带入在场（Anwesen）之中。在这个意义上的做者就是起作用者，就是在其在场之中的在场者。于是，如此理解的"起作用"一词，即产生（her- und vor-bringen）②，便是指在场者在场的一种方式。起作用就是取出（her-bringen）、带来（vor-bringen），无论是某物从自身中将自身取出带入在场中，还是人将它取出带入。在中世纪的语言中，我们的德语词"wirken"（起作用）还意味着房屋、器具、图像的产生（Hervorbringen）；"起作用"一词的含义后来变窄了，它只意味着在缝纫、刺绣、编织意义上的产生。

现实之物就是起作用者、被作用者：进入在场的产生者和被产生者。如果思得充分广泛，那么"现实性"便是指：进入在场的被产生的提出（das ins Anwesen hervor-gebrachte Vorliegen）、自身产生者的在自身中完善的在场（das in sich vollendete Anwesen von Sichhervorbringenden）。"起作用"（wirken）属于印度日耳曼语的词干"uerg"，因而我们的词"Werk"（作品、事业等）和希腊词"ἔργον"（工作、作品等）也起源于此。但我们需要不断提醒人们注意："wirken"和"Werk"的基本特征不在于"起因"（efficere）和"效应"（effectus），而在于某物进入无蔽之物中并安置于那里。但是，当希腊人，即亚里士多德，说到拉丁人称之为"causa efficiens"（原因效应）的东西时，他们指的从来就不是一个效果的功用。在"作品"（ἔργον）中得到完善的就是进入完善在场之中的自身产生者；"ἔργον"就是那个在本真的和最高意义上的在场之物（an-west）。因此并

---

① 海德格尔在这里所用的德文相应词是"Setzung""Stellung""Lage"。这三个词难以译成中文。它们均指放置，但分别代表不同方式的放置，如将某物放在那里，或使其坐着，或使其站着，或使其卧着。这里暂且统译作"放置"。——译者

② 海德格尔在这里用的是"her-undvor-bringen"一词。它的基本含义是"取出"，最常用的含义是"产生"。——译者

且仅仅因此，亚里士多德将本真在场者的在场性称为"ἐνέργεια"，或者称为"ἐντελέχεια"：保持在完善（即在场的完善）中。这两个被亚里士多德用来标识在场者之在场的名称所言说的东西与它们后来获得的近代含义有天壤之别，"ἐνέργεια"在近代的含义是"Energie"（作用力），"ἐντελέχεια"在近代的含义则是"Entelechie"，即作用性能和作用能力。

只有当我们对"wirken"之思是希腊式的，即在这样的意义上来运思"her-"带入无蔽之物，"vor-"带入在场，亚里士多德用于在场的基本词"ἐνέργεια"才能合乎实事地被翻译成"现实性"（Wirklichkeit）。"本质"（Wesen）与"持续"（währen）、"恒久"（bleiben）是同一个词。我们将在场（Anwesen）思为那些进入无蔽性中并在留在那里的东西的持续。但自亚里士多德时代以来，"ἐνέργεια"的这个含义，即在作业中持续，被抛弃了，取而代之的是其他含义。罗马人从作为行动的操作（operatio als actio）出发来翻译或思考"ἔργον"，他们不说"ἐνέργεια"，而说"actus"，这是两个完全不同的词，并且具有完全不同的含义领域。被产生之物现在显现为从一个操作中形成（er-gibt）的东西。成果就是从一个行动之中和在行动之后出现的东西——成功（Er-folg）。现实之物现在就是成功之物（Erfolgte）。成功是由一个先于它发生的实事、一个原因（causa）带来的。现实之物现在显现为原因效应的因果性。即使是上帝，也在神学中，不是在信仰中，被想象为第一原因（causa prima）。最后，在因果关系的进程中，先后顺序成为中心，时间过程也随之成为中心。康德认为，因果性是时间顺序的规则。在 W. 海森伯最近的研究中，因果问题纯粹是一个数学计量问题。仅仅与这个现实之物的现实性变化相联系的就还有另一个东西，一个同样本质性的东西。在成功之物意义上的被作用之物表明自身是一个已经在"做"中，即在工作、劳动中，被提出的东西。在这种做的活动（Tat）中获得的成功就是事实之物（Tatsächliches）。"事实上"（Tatsächliches）这个词在今天是在确定的意义上言说的，它相当于"确然"和"肯定"。我们不说"确然如此"，而说"事实上如此""实际上（wirklich）如此"。然而，随着近代的开始，也就是自 17 世纪以来，"现实的"（wirklich）这个词现在与"确然的"基本同义，这一情况既非出于偶然，也非由于单纯语词含义的随意变化所致。

在事实之物意义上的"现实之物"现在构成与那种不保持确定并且仅仅表现为假象、表现为意见的东西的对立。即使在这个变化多端的含义

科学与思义（1953年）

中，现实之物仍然含有那个从自身中展示出来的在场者的原先的但如今已有所削弱和改变的基本特征。

然而，在场者现在展现在成功中。成功表明，在场者通过成功而达到了一个可靠的状态（Stand），并作为这种状态而遭遇。现实之物现在表现为对象（对立的状态：Gegen-Stand）。

"对象"（Gegenstand）这个词到18世纪才产生，并且是作为对拉丁文"客体"（obiectum）的德译。歌德之所以对"对象"和"对象性"这两个词尤为重视，其原因是深邃的。但中世纪的思和古希腊的思都不把在场者看作对象。我们现在将那种在中世纪显现为对象的在场者的在场性称为对象性（Gegenständigkeit）。它首先是在场者本身的特征。

然而，只有当我们探问与理论有关的现实之物是什么，以及因此而以某种方式穿越理解的现实之物是什么时，我们才会看到在场者的对象性如何显示出来，并且，在场者如何成为表象（Vor-stellen）的对象。另一方面，我们现在要探问在"科学是现实之物的理论"这句话中，"理论"这个词意味着什么。"理论"这个名称起源于希腊语的动词"θεωρεῖν"。相属的主词为"θεωρία"。这两个词具有一种很高的和神秘的特别含义。动词"θεωρεῖν"是由两个词干词所组成："θέα"和"ὁράω"。"θέα"（参考：Theater戏剧）是指在其中表现出某种东西的外貌、外观，在其中展示出某种东西的外形。柏拉图将在场者在其中表明自身所是的这个外观称为"埃多斯"（εἶδος）。看到这个外观"εἰδέναι"，就是知识。"θεωρεῖν"一词的第二个词干"ὁράω"意味着观看某物、看到某物、观察某物。这样就可以得出"θεωρεῖν"就是"θέανὁρᾶν"：观看到在场者在其中显现的那个外观，并且通过这种看而保持对此外观的看。

从"θεωρεῖν"之中获得自身的规定并献身于这种"θεωρεῖν"，这样一种生活方式（βίος）被希腊人称为"βίος θεωρητικός"、观看者的生活方式，这个观看者在观看在场者的纯粹显现。与此不同，"βίος πρακτικός"则是一种献身于行动和生产的生活方式。然而，在做此区分时我们必须确定这样一点：对于希腊人来说，"βίος θεωρητικός"、观看着的生活（das schauende Leben），尤其是在它最纯的形态中作为思，是最高的"做"。"θεωρία"无须借助于一种附加的有用性才成为人类此在的完善形态，它自身就是这样一种完善的形态。因为，"θεωρία"就是与在场者的外观的纯粹关系，这些外观照射着（be-scheinen）诸神的当下，从而通过

·207·

其显现（Scheinen）而涉及人。在这里无法给出对"θεωρεῖν"的另一个标识，即它使在场者的"ἀρχαί"和"αἰτίαι"被听和被看；因为这需要我们对此做出思义：希腊经验怎样理解那些被我们长期以来看作原则与因果（principium und causa）、根据与原因（Grund und Ursache）的东西（参阅亚里士多德《尼各马可伦理学》，Ⅵ c. 2, 1139 a sq）。

与希腊生活方式（βίος）之中的"θεωρία"的最高等级相关的是：仅仅以从其语言出发运思，即仅仅从语言中获得其此在的希腊人可能在"θεωρία"这个词中还一同听到了其他的东西。"θεα"和"ορωα"这两个词干词的重音可以变化："θεά"和"ὥρα"。"θεά"是女神。早期的思者巴曼尼德将女神看作"Ἀλήθεια"，即在场者从其中和在其中在场的无蔽性。我们用拉丁词"veritas"和我们的德语词"Wahrhcit"来翻译"ἀλήθεια"。

希腊词"ὥρα"意味着我们所做出的顾惜和我们所赠予的敬意与尊重。如果我们现在从最后被提到的语词含义出发来思考"θεωρία"这个词，那么，"θεωρία"就是对在场者的无蔽性的敬重。在旧的意义上，也就是在早期的但绝未过时的意义上理论就是对真理的守看（das huetende Schauen）。我们的古高地德语词"wara"（真、真知、真理）与希腊词"ὁράω"和"ὥρα"具有相同的词干——"Foρα"。

当我们今天在物理学中谈到相对论、在生物学中谈到进化论、在历史学中谈到循环论、在法学中谈到自然权利论时，希腊人思考的理论所具有的多义的和在各方面看都崇高的本质始终遭到摒弃。可以说，早期的"θεωρία"的影子还始终贯穿在现代所理解的"理论"中。后者产生于前者，并且这不仅仅是一种在外在可确定的历史依赖性意义上的发生。如果我们现在探问"现代科学是现实之物的理论"这句话中，"理论"与早期的"θεωρία"的区别何在，那么这里发生的事情便会更清楚些。

我们选择一条看似外在的道路，这样可以做出必要的简略回答。我们要注意到"θεωρεῖν"与"θεωρία"这两个希腊话语是如何被译成拉丁语和德语的。我们有意说"话语"（Worte）而不说"语词"（Wörter），这是为了表明，在语言的本质和统治中起决定作为的每一次都是一个命运。

罗马人用"contemplari"（观察）来翻译"θεωρεῖν"，用"contemplatio"来翻译"θεωρία"。这种起源于罗马语言精神，即起源于罗马此在精神的翻译一下子便使这两个希腊词所言说的东西的本质消失殆尽。因为

## 科学与思义（1953 年）

contemplari 意味着将某物划分成一块并在其中造起围栏。"Templum"的希腊词是"τέμενος"，它产生于一种与"θεωρεῖν"完全不同的经验。"τέμνειν"意味着切割、分划。不可分割之物是"ἄτμητον""ἄ-τομον"，即原子。

拉丁语的"templum"原初意味着天上、地下被分割出来的那块：太阳升起的那个方位。鸟占卜者在这个方位之内进行观察，然后从鸟的飞翔、鸣叫和捕食中对未来做出确定（参阅埃诺特 - 迈勒特《拉丁语语源学辞典》，1951 年第三版，第 1202 页）。

在已成为"contemplatio"的"θεωρία"之中，那个已经在希腊之思中得以准备的切入的、分割的观看的因素显现出自身。针对眼睛所看到的东西所做的那种有安排的干预性过程的性质在认识中得以显示。甚至在这时，"vita contemplativa"（观察的、理论的生活方式）也仍然与"vita activa"（行动的、实践的生活方式）有所区别。

在基督教 - 中世纪的虔诚语言和神学语言中，这个区别重又获得了另一个意义，它将静观 - 寺院的生活突出地区别于世俗 - 活动的生活。

德语对"contemplatio"的翻译是"观察"（Betrachtung）。希腊语的"θεωρεῖν"，即对在场者的外观的观看现在显现为观察。理论是对现实之物的观察。然而，何谓观察？人们谈到一种在宗教冥想和沉醉意义上的观察。这种观察属于刚才所说的"vita contemplatio"（观察的、理论的生活方式）的领域。我们也谈及对一幅画的观察，我们在观看它时放松自己。在这些用语中，"观察"一词与"观看"相近，并且它的所指似乎还与希腊人用早期的"θεωρία"所指相同。如果我们用"观察"来翻译"理论"，那么我们就赋予"观察"以另外的意义，它不是一种随意发明的意义，而是原本产生于它自身的意义。如果我们因此而严肃地对待德语词"观察"所指称的东西，那么我们就可以认识到在作为现实之物理论的现代科学之本质中有哪些新东西。

何谓"观察"（Betrachtung）？"Trachten"（追求）就是拉丁语的"tractare"，即处理、加工。对某物的追求就是朝向某物的工作，观注、追踪某物，以便确定某物。据此，作为观察的理论应当是对现实之物的追踪性和确定性的加工。然而，对科学的这一标识显现与科学的本质相悖。因为科学作为理论恰恰是"理论性的"。它的目的根本不在于对现实之物的加工。它竭尽全力来纯粹地把握现实之物。它不干预现实之物，不想改变现实之物。人们宣告说，纯粹科学是"无疑的"。

尽管如此，现代科学作为在"观察"（Be-trachten）意义上的理论，是对现实之物的一种极端干预性的加工。正是通过这种加工，它与现实之物本身的一个基本特征相符合。现实之物是自身表明的在场者。这一点自近代以来便以这样一种方式而得到表现，即现实之物将它的在场纳入对象性之中。科学便与这种对在场的对象性管理相符合，因为科学作为理论，尤其根据对象性来要求现实之物。科学调节着（stellen）现实之物。它使现实之物自身在各种情况下各自展示为受作用物①，即展示在被设定的原因所造成的各种可预测的结果之中的受作用物。现实之物在其对象性中被确定了，由此产生出对象的区域。科学的观察可以以它的方式来追踪这些对象。这种追踪性表象在现实之物的可观注的对象性中确定所有现实之物，它是表象的基本特征，这一特征使近代科学得以与现实之物相符合。但是，这种表象在每一门科学中所进行的最关键的工作是对现实之物的加工，它才将现实之物特别地提取到一个对象性中，这样，所有现实之物从一开始就被改造成可以被追踪确定的杂多对象。

在场者，例如，作为现实之物的自然、人、历史、语言，在其对象性中表明自身，科学与此相一致地成为一门根据对象之物和在对象之物中对现实之物进行确定的理论。以上这些肯定会使中世纪的人感到闻所未闻，同样会使希腊之思感到惊异不解。

因此，现代科学作为现实之物的理论并非不言自明。它既不是人的一个单纯创造物，也不是因为被现实之物所逼而产生。恰恰相反，当在场在现实之物的对象性中表明自身的那一时刻，科学的本质为在场者的在场所利用。这一时间与所有这类时刻一样，是非常神秘的。不仅最伟大的思想在这里杳无声息地出现，而且首先是所有在场者之在场的变化会在此时发生。

理论将现实之物的区域确定为各种对象领域。对象性的领域特征表现为：它事先标画出提问的可能性。任何一个在科学领域内出现的新现象都受到加工，直到它可以合适地被纳入理论的关键性的对象联系之中。这种

---

① 海德格尔在这里用的是"Gewirk"，原意为针织物，但他在这显然首先是在"wirken"（作用）的被动态的意义使用该词，因此这里译作"受作用物"。当然，读者也不应忘记该词的原意，这是典型的海德格尔式双关。——译者

## 科学与思义（1953年）

联系本身时而会发生变化。但对象性本身的基本特征是不变的。根据严格地被思的概念，对一个行为、一个过程的事先被表象的规定基础是那种被称为"目的"的东西的本质。如果某物自身始终受一个目的的规定，那么它就是纯粹理论。它通过在场者的对象性而受到规定。一旦这种对象性被放弃，那么科学的本质也就遭到了摒弃。这一点例如就是下面这句话的意义所在：现代原子物理学绝不是对伽利略传统物理学的排斥，而是对其有效性领域的限定。这种限定同时证实了对于自然理论来说具有决定作用的对象性，根据这种对象性，自然将自身作为一个时－空性的、以某种方式可预测的运动联系展示给表象。

由于现代科学是在这种意义上的理论，因此，在科学的所有"观察"（Be-trachten）中，占有决定性优先地位的是科学的"追求"（Trachten）方式，也就是追踪－确定的过程方式，也就是方法。经常被引用的一段马克斯·普朗克的话是："现实的就是可测的。"这意味着：要想决定哪些东西可以被科学、在这里是可以被物理学看作已确定的认识，关键在于那个在自然的对象性中被设定的可测性以及根据这种可测性而进行的测量过程的可能性。但马克斯·普朗克的这句话之所以为真，只是因为它陈述了不仅属于自然科学，而且属于现代科学之本质的东西。所有现实之物理论所进行的追踪－确定的过程是一种测算。诚然，我们不应在数字运算的狭义上理解这个名称。广义上的、本质意义上的计算是指：估计到某物、将某物列入观察范围、指望某物，也就是期待着某物。所有对现实之物的对象化都以此方式而是一种计算，无论这种对象化是一种对原因所造成之成果的因－解释性的追设，还是一种对对象的词法学的想象，或是一种对一个结果联系、顺序联系之根据的确定。数学也不是一种在数字运算意义上的、以数量结论的确定为目的的计算；恰恰相反，它是这样一种计算，这种计算通过方程式来期待顺序关系的平衡，并因此而"计算出"一个对所有可能的顺序而言的基本方程式。

由于作为现实之物理论的现代科学以方法的优先地位为基础，因而它作为对对象领域的确定必须对这些领域做出相互划分，并将划分的各个领域纳入各个专业之中，即划分专业。现实之物的科学必然是专业科学。

对一个对象领域的研究，必须在其工作中深入分析相属对象的各个特别种类。这种对特别事物的分析使专业科学的进程成为专门研究。因此，专业化绝非现代科学的盲目退化或者甚至现代科学的衰亡征兆。专业化也不是一件被误认的坏事，它是现代科学本质的一个必然结果，也是它的积极结果。

划分对象领域，将它纳入专业区域，这种做法不但不会分裂科学，反而为科学提供了区域间的边界交流，它使边缘领域得以显现出来。从这些边缘领域中产生出一股特殊的推动力，从而引发出新的、常常是决定性的提问。人们了解这事实。它的原因始终是一个谜，就像现代科学的整个本质就是一个谜一样。

我们现在是根据理论和现实之物这两个主题来阐释"科学是现在之物的理论"这句话，以此来标识现代科学的本质。它是对第二步的准备。在迈出第二步时，我们要探问：在科学的本质中隐蔽着何种不可显现的实事状态（Sachverhalt）？

只要我们以几门科学为例，特别地关注科学的对象领域的对象性各自处于一种什么样的情况中，我们就可以注意到那个实事状态。粗略说来，物理学如今已将宏观物理学和原子物理学、天体物理学和化学都包含在自身之中，它观察自然（φύσις），因为自然被看作无生命的。自然在这样一种对置性中表现为物质物体的运动关系。物体事物的基本特征是不可穿透性，它又体现着基本对象所具有的一种运动关系。这些对象和它们的关系在传统物理学中被看作几何的点力学（geometrische Punktmechanik），在今日物理学中则通过"核"与"场"而得到表现。据此，对传统物理学来说，充实空间的物体的任何运动状态随时都既可以在地点上，也可以在运动量上受到规定。这就是说，它可以明确地被预测；与此相反，在原子物理学中，一个运动状态只能或是在地点上，或是在运动量上受到规定。传统物理学主张可以对自然做出明确、完整的预测，而原子物理学则只承认对对象关系的确定才具有统计学的特征。

物质自然的对置性在现代原子物理学中展示出与在传统物理学中完全不同的基本特征。传统物理学也许可以被纳入原子物理学中，但反之则不可，核物理学无法再撤回到传统物理学之中。然而，尽管如此，现代核物理学和场物理学也还是物理学，即仍然是科学，仍然是这样一种理论：它追踪在其对置性中的现实之物的对象，以便在对置性的统一中确定它们。即使是现代物理学，它的任务也在于确定这些基本对象，它们构成了整个领域的所有其他对象。即使是现代物理学的观点，也始终要求："能够记

# 科学与思义（1953年）

录一个唯一的基本方程式，从这个方程式出发导出所有基本粒子的特性，并且因此而导出物质一般的状况。"（海森伯：《原子物理学的当前基本问题》，参阅《自然科学基础中的变化》，1948年第八版，第98页）

这个对近代物理学内部的时代差异的粗略指明可以使我们看清从一个时代到另一个时代的变化是在何处发生的：在对自然所表明的对置性的经验与规定之中。然而，在从几何物理学到核物理学、场物理学的变迁中保持不变的东西是：自然从一开始就受到作为理论的科学所进行的追踪性确定。但在这里无法更详细地探讨，在原子物理学的最新阶段上，甚至对象在何种程度上也消失不现，并且因此，首先是主–客体关系作为单纯的关系而占据了优先于主体、事件的地位。

［对置性变成了从座架（Ge-stell）出发而被规定的组成（Bestand）所具有的稳定性（Beständigkeit）（参阅《技术的迫问》①）。主客体关系于是首先成为一种纯粹的"关系特征"，即预定特征（Bestellungscharakter），在这种特征中，作为组成被吞并的不仅有主体，而且也有客体。这并非说主–客体关系消失了，而是恰恰相反，它现在达到了它最极端的、从座架出发而在先被预定的主宰。它成为一个可以预定的组成（ein zu bestellender Bestand）。］

我们现在来关注那个包含在对置性主宰之中的不可显现的（unscheinbar）实事状态。

理论将现实之物确定在一个对象领域之中，物理学理论则将无生命的自然确定在一个对象领域之中。然而，自然始终就已经从自身出发而在场了。对自然的对象化始终依赖于在场的自然。即使理论像在现代原子物理学中那样出于本质原因而必然是非直现性的，它也依赖于原子对于感性直观的可显示性，即使这种基本粒子的显示是通过一种非常间接的以及在技术上有杂多中介的途径而完成的（参考用于确定介子的威尔逊云室、盖革计数器、气泡室）。理论永远不会避开已经在场的自然，并且它在此意义上也永远不会绕着自然打转。尽管物理学可以从物质与能量的同一性出发

---

① 海德格尔在这里运用的是一组以"Be-"为前缀、以"stand-"或"stell-"为词干的语词，如"Bestand""Beständigkeit""Bestellung"，等等，用它们来强调与另一组以"gegen-"为前缀、同样以"stand-"或"stell-"为词干的语词的差异。前者标识现代物理学的立场，后者体现传统物理学的观点；而"stand-"或"stell-"的词干也包括"sicherstellen""nachstellen""erstellen"等则显示出物理学的共同本质。——译者

来设想自然所具有的最一般的和普遍的规律性，尽管对这种物理学的设想就是自然本身，但这里的自然却无可否认地只是作为对象领域的自然，它的对置性是通过物理学的加工才得到规定，并且是在物理学中被特殊地制造出来的。对于现代自然科学来说，处在其对置性中的自然只是**一种**方式，即自古以来被称为"φύσις"的在场者如何启示自身、如何受到科学加工的方式。即使物理学的对象领域自身是统一的和封闭的，这种对置性也永远不可能包容自然的本质充盈。科学的表象永远无法改变自然的本质，因为自然的对置性从一开始就仅仅是**一种**自然表明自身的方式。所以，对于物理科学来说，自然始终是不可回避之物。这句话有两重含义。首先，自然不可回避，因为理论永远无法避开在场者，它必须始终依赖于在场者。其次，自然不可回避，因为对置性本身不允许与它相符的表象和确定去改变自然的本质充盈。歌德在他与牛顿物理学所进行的那场不成功的论辩中所想到的基本上就是这些。歌德还未能看到他本人对自然的直观表象就是在对置性的中间态之中、在主-客体的关系中活动，因此，他的直观表象与物理学的直观表象在原则上没有区别，在形而上学方面是完全同一的。科学的表象从它那方面永远无法回答这个问题；由于自然的对置性，自然是否不仅不会将它隐蔽的本质显现出来，反而会得以逃脱。科学甚至无法提出这个问题，因为它作为理论已经被固定在由对置性所划分的领域之上了。

作为对象化的物理学与自然的对置性相符合，在这种对置性中起作用的是那个在双重意义上的不可回避之物。只要我们有一次在一门科学中看到了这个不可回避之物，并且哪怕只是大致地思考到它，我们就可以在任何一门其他科学中更轻易地看到它。

精神病学观察（be-trachtet）人类心灵的病态的并且同时又始终是健康的现象。它设想这些由整个人的身体、心灵、精神之统一的对置性所组成的现象。各个已经在场的人的此在在精神病学的对置性中表现出来。人作为人而生存（ek-sistiert）于其中的这个此在（Dasein）始终是精神病学不可回避之物。

越来越迫切地向普遍历史学发展的历史学（Historie）所做的追踪性确定是在这样一个领域中进行的，这个领域被历史学理论看作是历史（Geschichte）。"历史学"（ίστορείν）这个词意味着探查和澄清，因而它意指一种观点。相反，"历史"这个词则意味着某种发生的事情，只要这

## 科学与思义（1953 年）

事已经这样或那样地被引发，处于这样和那样的情况中，也就是说，只要它具有这样或那样的内涵和命运。但历史本身并不是通过历史学才创造出来的。所有历史学的东西、所有以历史学的方式被表象和被确定的东西都是历史的（geschichtlich）。这就是说，它们都建立在发生的（Geschehen）命运之中。但历史从来就不必然是历史学的（historisch）。

历史学最终无法回答这样的问题：历史的本质究竟是只能由历史学以及对历史学展示出来，抑或历史学的对象化毋宁说是遮蔽了历史。但已经得到回答的是：在历史学理论中起作用的是作为不可回避之物的历史。

语言学以各个国家和民族的文学为解释和释义的对象。文学的文字是一种语言所言说出来的东西。如果语言学探讨语言，那么它对语言的处理就是从各个对象方面来进行的，这些方面从语法学、语源学和语言史学、风格学和诗学得到固定。

然而，语言在言说，同时它并不需要成为文学，并且最终它也无须依赖于这一点，即文学是否达到了与文学科学的确定相符合的对置性。在语言学理论中起作用的是作为不可回避之物的语言。

自然、人、历史、语言对于这些科学来说始终是在其对置性之内就已经起作用的不可回避之物，这些科学依赖于它，但这些科学永远不能够通过它们的表象来改变它的本质充盈。科学之所以无法做到这点，其原因并不在于它们的迫踪性确定永无止境，而在于在自然、人、历史、语言所展示的对置性本身的原则中始终只有一种在场的方式，在场者尽管能够以这种方式显现，但永远不必一定要以这种方式显现。

上面所说的这种不可回避之物主宰着任何一门科学的本质。这种不可回避之物是否就是那个我们想看到的不可显现的实事状态？是，又不是。是，是因为本可回避之物属于这个实事状态；不是，是因为这个不可回避之物自身还不足以构成那个实事状态。这一点已经表现在这个不可回避之物本身还会引发一个本质问题。

不可回避之物主宰着科学的本质。因此，人们会认为科学本身可以在科学之中发现不可回避之物，并且也就能够将它规定为不可回避之物。但这个想法并不正确，因为这种情况从本质上来说是不可能的。我们如何能认识到这一点呢？如果科学本身能够在它们自身之中发现上述不可回避之物，那么它们就应当最早具有表象它们自己的本质的能力。然而，它们在任何时候都始终不具有这种能力。

物理学作为物理学无法对物理学做出陈述。物理学的所有陈述都以物理学的方式言说。物理学本身不可能是一个物理实验的对象。语言学也是如此。它作为语言和文学的理论永远不可能是语言学观察的对象。这里所述的情况适用于任何一门科学。

然而，人们可能会提出异议。历史学（Historie）作为科学，与所有其他科学一样具有一个历史（Geschichte）。因此，历史科学（Geschichtswissenschaft）本身可以在其课题和方法的意义上观察它自身。确实如此。历史学通过这种观察来把握它自身所是的这门科学的历史。但历史学通过这种方式永远把握不了它作为历史学即作为科学的本质。如果人们想对作为理论的数学做出陈述，那么他就必须离开数学的对象领域和数学的表象方式。人们永远不能通过一种数学的计算来构成数学本身之所是。

事实的确是如此，科学没有能力借助于它的理论的手段并通过理论的操作方式来将自身表象（vor-stellen）为科学。

如果科学根本无力科学地探讨它自己的本质，那么科学最终也无法达到那个主宰着它的本质的不可回避之物。

因此，有一种令人不安的东西展示出来。在科学中的各种不可回避之物——自然、人、历史、语言，它们作为不可回避之物对于科学来说并且由于科学的缘故而是不可接近的。

只有当我们同时注意到不可回避之物的这种不可接近性时，那个主宰着科学本质之始终的实事状态才能为人们所看到。

我们为何要将不可接近的不可回避之物称为"不可显现的实事状态"呢？不可显现之物不会引人注目。它可能会被看到，但没有引起特别的注意。这个在科学本质中显示出来的实事状态之所以不被注意，是否是因为人们对科学的本质思考得太少、太微？要说思考得太微几乎是不合理的。恰恰相反，许多事实证明，今天，一种奇特的不安不仅贯穿在物理学中，而且贯穿在所有科学之中。但在西方的精神科学史和自然科学史的过去的几百年中，人们曾经不断地尝试对科学之本质做出界定。这种强烈而持续的努力因而首先是近代科学的基本特征。那个实事状态为何还始终未被注意到呢？如今人们谈及科学的"基础危机"，它当然不仅涉及个别科学的基本概念，它绝不是科学本身的危机。科学本身在今天的步履比以往任何时候都更坚定。在此期间，与那种在对为科学提供领域的基本概念的设定中所产生的不可靠性相比，那个主宰着科学之始终并使其本质变得神秘莫

## 科学与思义（1953年）

测的不可接近的不可回避之物要广泛得多，也就是说，后者与前者有着本质差异。所以，科学中的不安要远远超出科学基本概念之不可靠性的范围。人们在科学中感到不安，在经过对科学的多种阐释后仍然不知道这种不安从何处而来，对何物而发。人们今天从各种立场出发对科学进行哲思。在这种来自哲学的努力中，我们可以遇到一些试图由科学本身以扼要概论的形式发出的以及试图通过对科学史的解释而进行的自身说明。

尽管如此，那个不可接近的不可回避之物仍然不可显现。实事状态的不可显现性因此不仅在于它不引起我们的注意以及我们不注意到它。实事状态的不可显现性毋宁说是在于它自己从本身出发未显现出来。不可显现之物之所以始终被忽视，其原因在于那个不可接近的不可回避之物。只要不可显现之物是上面所说的实事状态本身的一个基本特征，那么要想对它做出充分的规定，我们就必须说：

完全主宰着科学本质，即现实之物的理论之本质的实事状态就是那个始终被忽视的不可接近的不可回避之物。

不可显现之物隐蔽在科学之中，但它并不像苹果在篮子中那样处在科学之中。我们毋宁说科学宁息于不可显现的实事状态中，就像河流宁息于源泉中。

我们的目的在于指明这个实事状态，以便它自己能够向人们示意科学本质的发源地所在。

我们获得了什么呢？我们开始关注那个始终被忽视的不可接近的不可回避之物。它在对置性上展现给我们，现实之物就产生于这种对置性中，对象理论就通过这种对置性来进行追踪，从而为表象确定在各门科学的对象领域中的对象与对象关系。不可显现的实事状态主宰着对置性的始终，在这种对置性中摆动着的不仅有现实之物的现实，而且还有现实之物的理论，因而近－现代科学的本质都在其中摆动。

我们只要指明这个不可显现的实事状态就够了。它本身是什么，这构成一个新的问题。但对此实事状态的指明引导给我们一条达到这个可问之物（Fragwürdige）的征途。与有疑之物（Fragliche）和无疑之物（Fraglose）不同，可问之物从自身出发才提供了一个清楚的理由和一个自由的支点，从而使我们能够将属于我们本质的东西召唤到我们面前和我们身边。在朝向可问之物的征途上所做的游历不是历险，而是归家。

在我们的语言中，踏上一条由实事本身出发而选择的征途就叫作

"sinnan", 即思义 (sinnen)。思义的本质在于讨论意义 (sich auf den Sinn einlassen)。这意味着比单纯意识到某物更多的东西。如果我们只是有意识，那么我们还没有在思义。思义比这更多。它是对可问之物的泰然处之 (Gelassenheit)。

通过如此理解的思义，我们尤其可以达到那个我们未曾知晓、未曾看透却长期滞留的地方。在沉思中我们走向那个场所，从这里出发，一个贯穿在我们各种所作所为之中的空间才得以开启。

思义的本质与科学意识以及科学知识的本质不同，也与教育 (Bildung) 的本质不同。"bilden" 这个词首先意味着：提出一个榜样 (Vorbild) 并做出一条规则。然后它还意味着：使已有的设施成形。教育将一个榜样带到人的面前，他根据这个榜样来构造他的所作所为。教育需要一个事先确定的范型和一个全面稳固的立足点。一个教育理想的制作和这个理想的统治预设了一个无疑的、在任何方向上都已确定的人之状况的前提。这个前提必定建立在一种对一个不变理性及其原则所具有的不可抗拒力量的信念之中。

相反，只有思义才能带我们踏上通向我们滞留场所的道路。这个场所始终是一个历史性的场所，也就是说，一个划归给我们的场所，无论我们是从历史学上表象它、分割它、编排它，还是认为可以通过一种对历史学的一厢情愿的抛弃来人为地摆脱历史。

我们的历史滞留是如何以及通过什么来建造和扩建它的居所的，思义无法对此做出直接的回答。

教育的时代已经结束，这并非因为无教育者登上了统治地位，而是因为一个时代的象征已经清晰可见，在这个时代中，可问之物重又打开了通向所有事物和所有命运之本质的大门。

如果我们探讨那条已经由实事状态所选择、在科学的本质中但也不仅仅在科学本质中展示给我们的道路，以此来开始我们的思义，那么，我们与这个时代的广度和行为要求就是相符合的。

在与其时代的关系上，尽管思义始终比以往习常的教育更暂时、更宽容、更贫困，但思义的贫困是对一种富足的允诺，它的宝藏在那些永远无法算清的无用之物的光芒中闪烁。

随步履开始之处的路段不同，随步履所踏过的路途不同，随途中对可问之物所做的远眺不同，思义之路在不断地变化。

## 科学与思义(1953年)

尽管科学在它们的道路上以及借助于它们的方式永远无法达到科学的本质,每一个科学研究者和每一个科学教师、每一个穿越一门科学的人却可以作为思维生物运动于思义的各种层次之上并保持清醒的思义。

然而,即使人们特别有幸地在某次达到了思义的最高阶段,这种思义也只能满足于为我们今天的人种所需要的鼓励(Zuspruch)提供准备。

思义需要这种鼓励,但不是为了应付偶然的困境或为了粉碎对思的敌意。思义需要作为应合(Entsprechen)的鼓励,这种应合自身遗忘在对不可穷尽的可问之物所做的不懈探问的清晰性中,由此出发,应合在适当的时候失去探问的特征,成为简单的言说。

# 在俄罗斯战俘营中一个较年轻者和一个较年长者之间的晚间谈话（1945年）①

[德] 马丁·海德格尔

**较年轻者**：今天早晨我们列队去工地时，从广袤森林的簌簌声中突然有某种救治性的东西（Heilsames）攫住了我。我一整天都在追想这个救治性的东西究竟会是什么。

**较年长者**：也许这就是那自身遮蔽的广袤所具有的无穷尽者，我指的是这个在我们周围的俄罗斯森林中徘徊着的广袤。

**较年轻者**：你大概是说，这个主宰着广袤的巨大之物会给我们带来某种解脱性的东西。

**较年长者**：我不仅仅指这个在广袤中的巨大之物，而且还指：这样一种广袤会引导我们出去，并引导我们继续前行。

**较年轻者**：森林的这个巨大之物晃荡到被遮掩的远方，但同时又晃回到我们身边，却没有在我们这里中止。

---

① 德语原文出自 M. Heidegger, *Feldweg-Gespräche*, GA Bd. 77, hrsg. von I. Schüßler, Vittorio Klostermann, 1995, S. 203 – 240（《海德格尔全集》第77卷《田间路－谈话》）。中译文首次刊载于倪梁康等编《中国现象学与哲学评论（第五辑）：现象学与中国文化》，上海译文出版社2003年版，第170 – 205页。

全书由三篇对话组成，本文是其中最后一篇。编者在《后记》中就此对话做了以下说明："第三篇对话被安置在一个俄罗斯战俘营中，海德格尔的思绪在这里寻找他的两个失踪的儿子。出发点是一个较年轻的战俘面对周围的荒芜而经验到的某种救治性的东西，他试图在与一个较年长战俘的对话中澄清它们。"

耐心读完全部对话的读者会发现，在这里汇集和融合了海德格尔的各方面思想：哲学、政治、历史、民族，如此等等，而且是以一种相当奇特的方式。它显然可以有助于我们厘清在海德格尔的哲学理念、历史实践以及民族情感等因素之间的复杂关系。

本文的翻译和研读是笔者于1999年第二学期在南京大学哲学系为研究生所举办的"哲学原著选读"课程的内容。相关的同学实际上不仅参与了此次课程，也以各自的方式参与了此次翻译，在此特致谢意！——译者

# 在俄罗斯战俘营中一个较年轻者和一个较年长者之间的晚间谈话（1945年）

**较年长者**：几乎就好像是从这个开放的但被遮蔽的广袤中永远不会有任何东西突入进来似的，没有什么东西突入进来阻止我们的存有（Wesen）并封锁它的进程。所以，并没有发生什么事情使我们的存有回到自己本身，并将它关入一个狭窄之中，从而使它自己在其自身旁爆发叛乱。

**较年轻者**：这广袤将我们带向无对象之物，然而却在保障着我们，使我们不会化解于其中。它将我们的存有解脱到开放者之中，并同时又将它们聚合到单一者之中，就好像它的耽搁就是纯粹的到达，而我们就是对这个到达而言的入口。

**较年长者**：这样一种广袤赐予我们以自由。它在解脱我们，然而我们在这里，在铁丝网后面的棚营的墙壁间，不停地奔向对象之物，并在上面撞得头破血流。

**较年轻者**：当然，我今天早晨一开始也以为那个救治性的东西仅仅来自对这个战俘营之狭窄的对立情感；似乎它只不过是一个匆匆的降福幻象，它的确可以短时间地满足这样一种自欺。然而，自今晨以来这个广袤便滞留于此，它是如此使人解脱，如此进行解释，如此聚合在我的周围，以至于我不能把它所具有的救治性的东西再当作一个单纯的欺瞒。

**较年长者**：这个救治性的广袤并不是森林的广袤，相反，森林自身的广袤被放入这个救治性的东西之中。

**较年轻者**：可是森林并没有成为这个救治性广袤的单纯感官图像；但森林不单是这个广袤之显现的引发者，而且或许还可以是其他的东西；尽管这个引发之谜已足以让人思考，使我们不致过快地从习熟的东西出发来解释这种经验，但可以肯定，我只能就森林所引发的东西来谈论被经验的东西。

**较年长者**：但你总能说出某个符号，而这个救治性的东西便是在这个符号中向你证明着自己。然而，我并不想继续深入你的内心，因为我知道你是如何严格地将这几个月来我们的遭遇深埋在你的缄默之中。但是为了领会这个已经对你生成的救治性的东西，我就必须了解在你心中的创伤是什么。而对于我们这些需要感叹自己民族之迷惘偏误的人来说，如果在我们心中一切都已受到创伤并被撕毁殆尽，那么我们就不必再去浪费我们的悲叹，即使在家乡土地以及它的无助的人们上空还笼罩着荒芜。

**较年轻者**：唯有你还想到我们在向战俘营的行进途中就已经决定在长时间内不再谈论这个荒芜。但一旦我们无法避免这种谈论，那么这种谈论每次都必须只是集中性的、根据最高的尺度并且不带任何错误的激情来进行。因为我们所说的荒芜并非只是自昨天起才存在。它也不是滋生于可见的和可触的东西之中。它也永远无法通过对人类生活的摧毁次数以及对人类生命的毁灭次数的统计来估算，就好像它们只是荒芜的结果一样。

**较年长者**：由于这种荒芜是更深刻的并且不断来临的存有的荒芜，我们的思考就会一再地回溯到它之上。在这里，我们始终可以更清楚地认识到，大地的荒芜以及与它相关的人之存有的灭绝可以说就是恶（das Böse）本身。

**较年轻者**：我们所说的恶当然不是指道德上的败坏，也不是指可鄙弃的东西，而是指恶性的东西（das Bösartige）。

**较年长者**：然而，若我们清楚地思考一下，那么我们是否可以说，恶就是恶性的东西？倒不如说，恶性的东西从名称上看就是恶的种类，并且是恶的分泌物。

**较年轻者**：只要人们还把"恶"仅仅理解为习俗上可鄙弃的东西，那么"恶就是恶性的东西"这句话就很可能具有一个意义，假定我们认为恶性的东西不是来自习俗，而是来自其他方面。

**较年长者**：那么我们应当认为恶性的东西来自哪方面呢？

**较年轻者**：来自"恶性的东西"这个词所指示的方面。恶性的东西就是寓于痛愤之中的叛逆，而且这种狰狞以某种方式遮掩着它的愤懑，但同时又不断地以此来威慑。恶的存有就是这个叛逆的痛愤，它从未完全迸发出来，而且，当它迸发出来时，它还会伪装自己，就好像它常常不具有隐蔽的威慑。

**较年长者**：因此，当我们说"恶是恶性的东西"时，这句话便具有一个深刻的意义。

**较年轻者**：存有于（wesende）恶之中的痛愤释放出叛逆和混乱，每当我们遭遇到一种似乎是不可阻挡的解脱时，我们便可以预想到这种叛逆和混乱。

# 在俄罗斯战俘营中一个较年轻者和一个较年长者之间的晚间谈话（1945 年）

**较年长者：** 如果恶就寓于恶性的东西之中，而这种恶性的东西自身在对它自身的愤怒并通过它自身的愤怒而愤怒，并且日趋痛愤，那么我几乎就要认为，恶性的东西是一种合乎意志的东西（Willensmäßiges）。

**较年轻者：** 或许意志本身就是恶。

**较年长者：** 我不敢对如此贸然的东西哪怕是仅仅做出猜测。

**较年轻者：** 我也只是说"或许"，而且我所说的并不是我的思想，尽管我自从听到它以来它便不曾再放开我，尽管这个思想无论在任何场合都只是作为猜测而被表述出来。

**较年长者：** 这个对恶的指示帮助我在我们所说的荒芜中更清楚地看到了一些东西；这首先是就我们如何能够遭遇荒芜这个方面而言，我指的是，我们如何能够决然地避开荒芜。

**较年轻者：** 我不清楚你现在想的是什么。

**较年长者：** 我们所说的荒芜，即我们还需慢慢地加以更严格思考的这个荒芜，并不是在其被误认的始作俑者之道德败坏意义上的恶。毋宁说恶本身作为恶性的东西在造成荒芜。因而一种道德上的发怒并不能够反抗荒芜，即便它使世界公众成为它的扬声筒。

**较年轻者：** 但为什么不能呢？

**较年长者：** 因为道德的优越永远无力攫住恶，遑论去扬弃它，抑或只是去减弱它。

**较年轻者：** 因为很可能情况是这样的：甚至道德本身，以及它的所有那些有望为各民族制定一个世界秩序并确定一个世界安全的特殊尝试，也都只是恶的坏胚而已；正如一再被诉诸的世界公众，就其存有与其产生方式而言，很可能就是那个被我们称作荒芜的过程的构成和产物。

**较年长者：** 虽然我还没有完全看透这些联系，但就道德的起源而言，我觉得尼采已经说过类似的东西。

**较年轻者：** 但你也知道，对于他的形而上学，在我们心中活跃着何种对其形而上学的疑虑。当然，尼采将道德，即柏拉图 – 基督教的习俗论（Sittenlehre）连同它们日后世俗化的形式，例如启蒙运动的理性伦理学和社会主义，都解释为权力意志的显现。他将其思维移植到了一个"善与恶的彼岸"。但尼采没有认识到，这个"彼岸"作为纯粹的即回到自身的权力意志的王国，必定始终只是一个与柏拉图所思世界相对立的世界。因此，他关于"培植与培育"（Zucht und Züch-tung）的学说①也就仅只是对道德的最高肯定。但假定意志本身就是恶，那么纯粹的权力意志就绝不会是一个"善与恶的彼岸"，如果还可能有一个恶的彼岸的话。

**较年长者**：我看得出来，我现在提及尼采的名字是一个不慎之举。我们已经一再对此做过思索：只有在最高的严格性中，并且从对西方思想总体最丰富的宽阔目光出发，才能表达出对尼采哲学的一种思想。面对尼采哲学与面对荒芜的进程一样，道德的发怒和道德的自负都是无能为力的。

**较年轻者**：但它以一种方式涉及我们自己的存有及其世界，而对此方式，我们还只是开始有所察觉而已。

**较年长者**：因此，我也一再觉得有必要把语言引到这上面去，虽然似乎有一种反感在阻止我这样做，因为它会迫使我以一种不再关注荒芜的态度去寻找一个更为优越的立足点。

**较年轻者**：但只要我们还听任这种反感的摆布，我们就会从道德上评价荒芜。

**较年长者**：我们尚未真正自由地处在荒芜的存有之中。

**较年轻者**：只有当我们能够真正地思考荒芜时，我们才能做些什么。

**较年长者**：也就是说，你认为这种思考首先还必须准赐（vergönnen）给我们。

**较年轻者**：也许我们两个在此战俘营中进行着这样的谈话就是为了迎接这样一个恩惠。

我们以前就已经在这样一个思想中达到了一致：荒芜或许是一个远远前握（weit vorausgreifend）的事件（Ereignis），它将所有那些在它的统治区中萌生并绽开存有之物的可能性都在根基上予以窒息。

---

① 对此可以参阅尼采：《善与恶的彼岸》，第 188 节（Nietzsche, *Jenseits von Gut und Böse*, Reclam 1988, §188）。——译者

# 在俄罗斯战俘营中一个较年轻者和一个较年长者之间的晚间谈话（1945年）

**较年长者**：而这个窒息者就隐藏在一个可疑物（Verfänglichem）之后，这个可疑物以所谓最高人类理想的形态宣示其自身在此：进步、在所有创造领域中的无可阻挡的效率提高、对每一个人而言的同等工作机会，以及在这所有之上的所谓最高使命根据：所有工作者的平均福利。

**较年轻者**：这里的本真荒芜者亦即恶性的东西就在于，这种人类目标使得各种不同的人属（Menschentümer）都执迷于运用一切手段来实现这些目标，因此而决然地推行着荒芜，并愈发确立了荒芜的本己结果。

**较年长者**：当我们的战俘队在一个老村井旁歇脚时，我们曾说，这个荒芜绝不是由世界大战带来的结果；相反，世界大战已经是并且仅只是这个几百年来就吞噬着大地的荒芜的一个结果而已。

**较年轻者**：因此，个别的人和人群——尽管他们必定会煽起并继续这种荒芜的结果现象，但永远不会煽起并继续这个荒芜本身——每一次都仅仅只会具有后列的等级。他们是愤怒的自身平庸的行政者，这种平庸在等级方面要比那些在其真正界限中的微小和穷乏的东西更加低微。

**较年长者**："对于我们来说，"荒芜"就意味着所有的东西——世界、人、大地都变成了一个荒漠。

**较年轻者**：诚然，在这里，这个荒漠不是逐渐地作为荒芜扩展的结果才生成的。荒漠于此前就已经在此了，我想可以说，在一个瞬间中，而后把一切都扯入自身之中，而这就是说，荒漠－化（ver-wüsten）。

**较年长者**：但荒漠又是什么呢？我们用这个名字来联结对无水沙漠地带以及不断加强的沙化的想象；尽管人们也谈及海洋的水的荒漠，并以此来意指一望无际的无生命平面。

**较年轻者**：荒漠就是荒凉之处（Öde）：遗弃了所有生命的荒寂广袤；此种遗弃之所及是如此深入，以至于此荒凉处不再允准任何从自身中升起、在其升起中自身展开并在其展开中呼唤他者一同升起的东西。这种荒凉化（Verödung）之所及是如此深入，以至于它也不再允准任何一种没落。

**较年长者**：这样我们就把对一个荒漠，例如对撒哈拉沙漠的地理学想象，转用到了对世界以及人的此在之荒凉化的进程之上。

**较年轻者：** 看起来就是如此。但我觉得，荒漠的地理学概念还只是一个未充分展开的荒凉化想象，它展示给我们的首先是并因此也主要是大地表面的特殊状况和形态。

**较年长者：** 因此我们把荒漠看作遗弃了所有生命的荒寂广袤。荒漠是本真的荒芜化的东西。这种荒芜因而就在于，所有一切——世界、人和大地都完成了对所有生命的遗弃。

**较年轻者：** 就像在西方思想中由来已久并经常发生的那样，我们在这里把"生命"一词思考得如此宽泛，以至于它的含义圈是与"存在"一词相合的。

**较年长者：** 但由于现在荒芜就在于遗弃存在，它就不再会允准任何存在者，以至于根本没有什么东西能够被荒芜所涉及。这样，我们仍然可以把一个"生命"形态无论是以何种方式主宰于其中的历史时代称为荒芜时代吗？

**较年轻者：** 如果我们可以这样称呼或者甚至必须这样称呼，那么，世界、人和大地就能够存在，并且它们在达到荒芜时仍然始终是被存在所遗弃的。

**较年长者：** 这样一来，一个荒芜时代的存在就恰恰在于存在的遗弃性。这样的事情当然是很难想象的。

**较年轻者：** 无论如何，在开始时并且对于今天的人来说是很难想象的。今天的人几乎不去思考：在一个有保障的、上升着的生命的外表下面，有可能会发生对生命的荒置，甚或是对生命的禁阻。

**较年长者：** 如果我们允准这样的思想，那么我们就必须思考这一点：存在着的万物的存在始终以最内在的方式具有双重含义。

**较年轻者：** 但我们起先并不知道，这种双义性是建立在什么基础上，并且用这个对存在的标识是否说出了丝毫有关存在本身的东西。也许我们在这里只是说出了人对有关存在之解释的一种尴尬，但不是存在本身。它是谜。

**较年长者：** 也就是说，比习见的理智通常所认为的要更神秘。习见的理智只是疾速地根据上升和衰落来评估历史和历史时代，并且按照值得期望的和不值得期望的东西来结算所有的历史现象。

**较年轻者**：这种历史结算甚至已经成为一个结果，而它的原因就在于，人在他的存有中被荒芜化了，而这对我们来说现在就意味着被存在遗弃了。

**较年长者**：而他，即被遗弃的人，仍然可以说是存在着，但却如此地存在，以至于他连同其所作与所有都滚入虚无之中。

**较年轻者**：你以此而言简意赅地说出存在者被存在所遗弃，但这种遗弃还使存在者仍然可以说是存在着。只有当这样的事情发生时，虚无主义才可能在历史上成为某种现实的东西。

**较年长者**：因此，尼采虽然瞥见了虚无主义的现象，但他并没有理解虚无主义的本质（Wesen）。

**较年轻者**：因为他还根本不能从本质根据出发来思考这个本质。

**较年长者**：因此他自己的思想也就始终束缚在虚无主义之中。

**较年轻者**：而且是如此彻底地处在这个束缚之中，以至于正是尼采的形而上学才将虚无主义的完善预先放置到绝对者之中。

**较年长者**：因此它本身就从属于荒芜的进程。

**较年轻者**：当荒芜在一个有保障的世界状况之浮躁外表中建立起自身，以便向人表明，一个令人满意的生活标准是此在的最高目标，并保证对这个目标的实现，这时，这个荒芜的恶性便达到了极致。

**较年长者**：这样，凭借一个在道德上得到论证的世界秩序的建立，荒芜的进程既不会被阻碍，也更不会被中止。

**较年轻者**：因为无论人的"措施"有多么大的"规模"，它们在这里也是无能为力的。因为这种恶性的东西——荒芜就是作为这种恶性的东西而发生的——或许一直就是存在本身的一个基本特征。

**较年长者**：或者说，这种荒芜就在于存在者对存在的遗弃，而且这种遗弃是从存在本身之中产生的。但你难道不认为"存在在其本质基础上就是恶性的"这个思想是对人的思维的一个过分苛求吗？

**较年轻者**：的确如此，而且这个说法还可以得到完善，只要人的思维不去把"恶性的东西就寓居于存在的本质之中"这个想法当作并且甚至以某种方式评价为"悲观主义的"。

**较年长者**：所有这些当然都并非易事。

**较年轻者**：以为思考本质的东西是轻而易举的事情，这也是一种只会产生于荒芜精神的无理要求。

**较年长者**：荒芜由于起源于存在而成为一个笼罩在大地上的世界事件，因此，人永远不可对此擅加判断。因为日常意见的视野无论是在单个人还是在许多人那里，不仅在任何时候都过于狭窄，而且判断的人在这里也太容易成为他所深切感受到的某次争执或某个恼怒的俘虏。或者，人也会成为一种自身正义性的奴隶，除了那些在自身周围匆忙建立起来的表壳以外，这种正义性再也看不到其他的东西了。

**较年轻者**：而现在，由于已经有太多的不幸成为我们的负载，因此我们自己就想让我们的精神与心避开那些从所有误思中悄悄升起的骚扰之烟云。一个明见愈是本质，它就必定会以愈大的节奏在同人（Mitmenschen）中唤起发自于它的知识。

**较年长者**：我不完全理解你为什么现在偏偏要强调这一点。

**较年轻者**：因为我们总有一天会从对荒芜之本质的清晰明见中认识到，荒芜也将会在那些土地与人民没有受到战争摧毁的地方实行统治，甚至恰恰就会在那里实行统治。

**较年长者**：因此，也就会在世界于上升、优势以及幸运财富的辉煌中发出炫目光彩的地方，在人权受到尊重的地方，在市民秩序被遵守的地方，并且首先是在可以确保提供舒畅愉快之持续充分享受的地方，以至于所有一切都始终是一目了然地被兑换为和化解为有用之物。

**较年轻者**：首先是在无用之物从未妨碍日子（Tage）的进程，并且是从未带来那种自觉百无聊赖的可怕空虚时刻（Stunden）的地方。

**较年长者**：然而，我们所说的这种大地之荒芜究竟会以何种方式在那里实施主宰，甚至是在最高的程度上实施主宰，这是很难知道的，而且是更难思考的。但最难的事情还在于，不具傲慢地向那些相关者指明这种荒

## 在俄罗斯战俘营中一个较年轻者和一个较年长者之间的晚间谈话（1945年）

芜，并且不带丝毫监护痕迹地忠告他们进行必需的长思，这样才能了解荒芜是一个在人的罪过与罪孽以外发生的事件。

**较年轻者**：因此，我们永远不能成为这样一种浅显诱惑的牺牲品，只需知道这个荒芜就是命运，而后就可以了结这个荒芜，因为我们所要慎防的首先就是了结某事。

**较年长者**：我们毋宁说要学会单纯地等待，直到我们自己的本质变得足够高尚和自由，而后去适宜地顺从这命运的秘密。

**较年轻者**：单纯地等待，就好像这种顺从性就在于等待一样；并且长久地等待，就好像这种等待必定会超出死亡而持续一样。

**较年长者**：死亡本身就像是某种在我们之中的等待者。

**较年轻者**：就好像它在等待着我们的等待一样。

**较年长者**：而我们等待的是什么呢？

**较年轻者**：当我们真的在等待时，我们难道还可以这样发问吗？

**较年长者**：只要我们在等待着什么，我们就将自己黏连在一个被期待者（Erwartetes）上面。我们的等待（Warten）这时便只是一种期待（Erwarten）了。纯粹的等待就被干扰了，因为我觉得，我们在纯粹的等待中什么也不等待（nichts）。

**较年轻者**：如果我们所等待的真的是虚无（Nichts）①，那么我们便又已坠入期待之中了。此期待在此情况下就自系于这样的局面，即永远也不会有什么东西被期待到。只要我们是以此方式在什么也不等待（nichts），那么我们的等待就还是不纯的。

**较年长者**：既不等待某个东西（etwas），也不什么也不等待（nichts），但依然等待，这是奇异不凡的。

---

① 这里的"Nichts"和前面的"nichts"有大小写之别，前者译作"虚无"，后者则是对等待的否定，译作"什么也不等待"。海德格尔在这里通过对"nichts"大小写的改变而变换了语句的意思，他想说明，纯粹的等待同样有别于对"虚无"的等待。——译者

**较年轻者**：也就是说，等待［照管（warten）①］与纯粹的等待相应合的东西。我们更确切地说，等待（照管）为纯粹的等待所回应的东西。

**较年长者**：你说等待（照管）这些，并因此而联想到的是对它们的照料，如守护和照理，这样便留下了一个问题，即如果"等待"不能与守护相等同的话，那么它还意味着什么？

**较年轻者**：等待——我只是自今晨以来才能够告诉你这一点——就是听任来（Kommenlassen）②。

**较年长者**：听任什么来？

**较年轻者**：除了来（Kommen）以外，我们在纯粹的等待中还能听任什么来呢？

**较年长者**：即是说，并不是一个来者（Kommendes），虽然我们也思考它的来，但只是在等待中顺带地思考。

**较年轻者**：是的，不是一个来者。我们在听任来中所思考的就是来。对来的思考，这是一个谜一般的怀念（Andenken）。

**较年长者**：如果听任来（kommenlassen）就凸现了等待，那么等待便是那种指向未来的并因此而反转的怀念，假定我们在怀念中所指首先是与过去东西的关涉。

**较年轻者**：但或许这种意指是一个专擅（Willkür）。或许也需要先思考一下纯粹的等待是否指向未来。这种状况估计只适用于期待。而作为怀念的等待之谜就在于，它始终既不指向未来的东西，也不指向过去的东西，但显然也不始终指向一个已经在场的东西。

**较年长者**：我们几乎要猜测，等待乃是在一个仍然遮蔽着的时间维度

---

① 这里的"warten"和前面的"Warten"（等待）不同，作及物动词用，故其含义应为"照管"。——译者

② "Lassen"一词在德文中有两个基本对立的含义：一是"让"做什么，如"tun lassen"；二是"不"做什么，如"tun oder lassen"。海德格尔常常在后一个含义上使用"lassen"的动词和它的名词"Gelassenheit"（泰然任之）。这里根据情况的不同而分别译作"让"或"任"。"Kommenlassen"的例子是个极端，它可以理解为"让来"，但海德格尔的确切意思是指"听任来"。——译者

## 在俄罗斯战俘营中一个较年轻者和一个较年长者之间的晚间谈话（1945年）

中——我不知是否该说——延伸进来还是延伸出去。

**较年轻者**：而与此同时，等待作为对来（Kommen）的听任来（Kommenlassen）而在守护的意义上等待着。

**较年长者**：然而，我们只能守护那些已经托付给我们保护并因此而在场的东西。

**较年轻者**：但它有可能是虽然被托付给我们，却仍然被保留着。

**较年长者**：你关于等待所说的这一切是如此简单，又如此神秘，因此我必须问你：你是怎么能够如此清楚地并且是自今天早晨以来才知道这些的。

**较年轻者**：因为，在对来的经验中，以及在经验到，这就是我们所等待（照管）的东西，以及我们的本质只是在这种等待中才会自由，因为，在对所有这些的单朴经验中，那个对我们成为救治性的东西也就同时临近了。

**较年长者**：你说"我们"，但这个救治性的东西毕竟只是为你所获。

**较年轻者**：但我今天还在同一天里就想与你分享它，因为自我们在交战休息中、在宿营和行军时以及此时此地在战俘营里进行我们之间常被打断的对话以来，我就已经十分清楚地感受到，同样的创伤也在使你痛苦。

**较年长者**：而我自己现在却并不知道，在你心中的特别创伤是什么。

**较年轻者**：自从我今天早晨能够经验到这个救治性的东西以来，我就可以向你说出这个开始痊愈的创伤。在战争服役的所有这些年代，甚至以某种方式此前在我的大学读书时代，对我来说，我的本质就好像被封砌了起来，并且整个地从思维的自由广袤中被排斥出去。我在此同一时代可以察觉到并且学会了察觉到这个思维，就像察觉一个遥远的国度一样。

**较年长者**：许多年来，我们当中不是有许多人无法停留在精神世界之中吗？还有多少人则永远地被剥夺了精神世界？

**较年轻者**：我所指的与其说是放弃从事精神事业，不如说是脱离建基于思维上的此在。焦灼的痛苦就在于我们无法为无用之物而此在。

**较年长者**：我们未被允准年轻。

**较年轻者**：尽管人们信誓旦旦地告诉我们，我们应当利用青春的权利，但所有这一切最终结果只不过是将未成年人的幼稚无知煽动起来反对成年人的知识。

**较年长者**：而后这些未成年人在一夜之间同时又被宣告为"男人"。

**较年轻者**：以至于所有概念和语词都颠倒了过来，因为一切都已经从混乱中产生。

**较年长者**：在毁灭开始之前，荒芜就已经在运作了。

**较年轻者**：否则毁灭也就不可能开始。

**较年长者**：尽管如此，我们中间的许多人仍然曾有过真正的青春，他们与任何真正的青春一样，只要可以是青春，就随时能够做出超越较年长者的思考。

**较年轻者**：而这就是指若是他们被允准进行纯粹的等待的话。虽然人们说青春是急切的并且不能等待的，我却觉得这种对来者的青春急切仅仅产生于不羁的等待之中，并且是这种等待的原初绽放，而较年长者应该保护它免受突至严寒的侵袭，只要他们去净化青春的等待者并将它引导上路，而不是去绞杀它并将它篡改为单纯的期待而加以滥用。

**较年长者**：单纯期待的嗜好和攫取的贪婪始终只依附于所谓的有用的东西。

**较年轻者**：它们使我们的生物（Wesen）的眼睛看不见无用之物。

**较年长者**：而且看不见无用之物在任何时候都始终是所有东西中最有用的东西。

**较年轻者**：只有能够知道无用之物的必然性的人，才能至少是大致地估量由于禁止人进行思维而产生的痛苦。

**较年长者**：因此，思维就是无用之物。尽管如此，你仍然赋予思维以人之本质中的高度尊严。

# 在俄罗斯战俘营中一个较年轻者和一个较年长者之间的晚间谈话（1945年）

**较年轻者：**甚至是最高的尊严。你不也知道，西方的智慧自古以来就把人看作思维生物（Wesen）①。

**较年长者：**这我知道。但我并不十分了解这个做法的根据是什么。我也永远无法领悟这种智慧为什么会在持续了几百年，却仍然以匆忙草率（Übereilung）的方式将思维的本质误置于"ratio"（理性）和理性（Vernünftigkeit）之中。

**较年轻者：**就好像西方不能等待，直到思维在其原初的本质（Wesen）中找到自己，而这种原初的本质或许就在于纯粹的等待和能够等待。

**较年长者：**或许思维的本质也恰恰就因此而在任何一种匆忙草率面前变得尤为脆弱和无力。

**较年轻者：**即是说，我们只能通过我们的等待来经验纯粹的等待，并且在这种等待中保存我们的本质。想在匆忙草率中把握住纯粹的等待，就像是一个人试图用筛子来汲水一样。

**较年长者：**但既然你已经如此清晰地警告不要匆忙草率，那么我就想借这个最佳的时机告诉你长期以来令我感到不安的是什么。

至此为止，每当我们论及人的本质，也就是说，论及西方式的对人的本质定义时，你都只看到人是思维生物这个标识。尽管这种定义在希腊时期就已十分流行，但在最古老的希腊时期，对人的思考则有所不同，即人被看作凡人（όθνητός），被看作有别于不死者、有别于神祇的必死者。我觉得，与前一个对人之定义相比，这后一个对人的标识要深刻得多，前一种定义是通过对自为的（für sich）② 人的观看所获取的，人被隔离于并且脱离他实际所处的那些重大关系。而在这些关系中，先于一切的首要关系恰恰就是与神祇的关系。③

**较年轻者：**你指出这些究竟想说什么呢？

**较年长者：**我想承认我有一种担忧，即你匆忙草率地掠过了对人作为

---

① "Wesen"一词带有"本质"和"生物"的含义。这里的"Wesen"较少指"本质"，较多指"生物"，即后面提到的"Lebwesen"。——译者

② 如何自为？作为在生活（ζωή）中与其他在场者一起的一个生物（ζωον）。

③ 但在必死者（θνητός）和不死者（ά-θνητός）那里也还是在场者。

必死生物这个更为古老和更为深刻的定义，偏好于那种将人领会为思维生物的较为新近和较为平庸的标识。我相信，我也理解这种匆忙草率的原因何在。

**较年轻者**：而你认为它的原因何在呢？

**较年长者**：原因就在于，哲学以及对它历史的历史学阐释似乎是自发地只看到后一种对人的定义，这种定义对思想家们来说是流行的。当然，我并不知道流行的根据何在；相反，人作为必死者这个更为古老的标识对诗人而言却更多是流行的，这你从荷尔德林的诗作中也可以看出。

**较年轻者**：你所说的这些已经触及了我所欠你的回答。但我现在也想向你承认，我有一种担忧，即哪怕我们只想粗略地澄清人的这两个本质定义以及它们的关系，我们大概就必须为此而牺牲我们的夜息和今晚开始的谈话。

**较年长者**：我的本意并不想把我们晚上的谈话突然转到关于人的本质这个多层次的和多含义的问题上。我只是觉得，这是一个把我长久以来所惦念的东西作为问题摆到你面前的好机会。

**较年轻者**：也许连你插入的这个问题都属于我们的谈话，因此我也想从几个方面来回答你。而且我也许在某种程度上是有能力做此回答的，因为当我思维时，我几乎始终在对此进行省思。

**较年长者**：你只要告诉我，你是如何看待那个更为古老的，并且如我所说，更为深刻的人之本质定义的，即把人思作凡人（ϑνητός）、思作必死者，我就已经满意了。

**较年轻者**：我很了解这个定义。但这个更古老的定义只有在那个较新近的定义被思考透了以后才能得到澄清。这个较新近的定义与那个更古老的定义相比是否始终更平庸，对此我表示怀疑。我觉得，只有那种流行的人的本质定义的解释，即把人看作具有逻各斯的生物（ζωον λόγον ἔχον），才是平庸的。一旦我们终于学会想到逻各斯（λόγος）原初就意味着聚集（Sammlung），那么从逻各斯（λόγος）方面所做的人之定义也就表明：人的本质就在于，在聚集中存在，即是说，聚集到那个原初统一万物的太一（das Eine）之上。

# 在俄罗斯战俘营中一个较年轻者和一个较年长者之间的晚间谈话（1945年）

**较年长者**：在你说这些的同时，这个定义与那个更古老定义之间的内在联系对我来说就已经更敞亮了。也许你根本就没有匆忙草率地偏好那个较新近的定义，而是更仔细地思考了这个较新近的定义，从而能够因之而更纯粹地等待那个更古老定义的真理。

**较年轻者**：的确如此。因为那个更古老的定义像所有起始的东西一样，是更难以思考的。

**较年长者**：如果人被经验为有别于不死者的必死者，那么他显然是在神祇以及神性的东西方面而被思考。而如果逻各斯意味着聚集到那个原初统一万物的太一之上，并且这个太一意味着神性的东西本身，那么，两个起先看起来像彼此不相容或至少彼此陌生的本质定义，在根本上思考的就是同一个东西。

**较年轻者**：你对这两个最古老的西方人之本质定义的共属性的阐释虽然漂亮，但在我看来，它却匆忙草率地掠过了那个所谓更古老的定义，即经验着人的必死性的那个定义。

**较年长者**：何以见得？

**较年轻者**：因为你把"人是必死者"这个人的定义仅仅看作一个将他的本质区别于不死者的标识。但在"ό ϑνητός"——人们通常将它译作"必死的"（sterblich）——这个定义中并没有特别提到人与不死者的关系，而是更多地提到人与死的关系。"ό ϑνητός"就是能够死亡的生物。

**较年长者**：但动物也能够死亡，因此必死者这个标识根本没有凸现人的本质。

**较年轻者**：但如果它的确是这样一种凸现，那么我们就必须注意，动物是不能够死的。即是说，如果死（sterben）意味着走向死亡（Tod），**具有**死亡，那么动物便是不能够死的。

**较年长者**：唯有亲历死亡的人才有此能力。

**较年轻者**：或者至少是能够知道死亡的人。而能够做到这一点的只会是这样的人：他能够按其本质去等待（照管）那些像死亡一样等待着我们整个本质的东西，如果死亡不是等待着我们的东西的话。

较年长者：人作为能死的生物就是等待的生物。

较年轻者：我就是这样想的。

较年长者：你倒是想得挺漂亮。而恰恰是在对更古老的本质定义的**这个解释**上，我现在才真的看不到与那个较新近本质定义的联系。

较年轻者：但如果你考虑到，在作为向原初统一万物的太一（das Eine）之聚集的逻各斯（λόγος）中有某种像关注力（Achtsamkeit）一样的东西在起作用，并且如果你一度自问，这种关注力是否是一种与我们曾称作纯粹的来（Kommen）的持续等待（照管）相同的东西，那么有一天你或许会察觉到，在那个所谓较新近的本质规定中，人的本质也被经验为等待者。当然，人的这种等待的本质在这里和那里都还始终未被说出。而我也不想声称，现在所说的已经受到古人的特别思考，就像我不想决定这两个本质定义就其真理而言哪一个更古老一样。我觉得它们两个一样古老，因为它们是一样原初，并且在其起源中是**一样地**被遮蔽。但你还是把这些所说的东西看作猜测吧。

较年长者：你……

较年轻者：怎么了？

较年长者：我很高兴向你承认了我的担忧，即担心你偏好那个被误认为较新近的人之本质定义。

较年轻者：而我则要感谢我能够对此做出一些澄清，昨天我对此还无能为力。

较年长者：因为那个救治性的东西今天早晨才对你产生出来，它开始救治你，并且如我所经验，它也开始救治我，因为它使我们成为等待者。

较年轻者：对于等待者来说，所有远的东西在持存者的近旁都是近的，并且所有近的东西在妩媚者的远处都是远的。

较年长者：因此，对于等待者来说，近与远是同一个东西，尽管近者与远者的区别还是最纯粹地保留给他们。

较年轻者：故而等待者也要防止恰恰对此发问：这个救治者本身究竟是什么？还在今天这一整天里，我就急于做这样的发问。而现在我看到，

# 在俄罗斯战俘营中一个较年轻者和一个较年长者之间的晚间谈话（1945 年）

对我们所等待（照管）的东西来说，这样的发问始终是不合适的。

**较年长者**：我觉得，等待者先要学会适当知足。

**较年轻者**：这样他们才能够是大贫之师。①

**较年长者**：他们知道救治之物，而不去研究它。

**较年轻者**：这个救治之物无非就是那个听任我们的本质等待的东西。在等待中，人的本质被聚集到对这样一个东西的关注性之中，人的本质属于它，但并没有从那里脱离出去，而且也没有消解在其中。

**较年长者**：但是，在等待中以及作为等待者，我们出而听到（hinaushören）不确定者之中，并且因此而可以说是离开我们自己。而你现在认为，在等待中，并且作为等待者，我们毋宁说是处在那条导向我们本己本质的道路上。

**较年轻者**：等待是一条承载着我们步履的小径，在这条小径上，我们成为我们所是，而并不已经是它们，即等待者。

**较年长者**：因而，如果有一个人能够进行纯粹的等待，那么这种等待就像是纯粹的来的回音。

**较年轻者**：然而，这种来随时随地都在改变我们的本质（umwest），即使我们不去关注它。等待是一种超越出所有活动力量的能力。谁置身于能够等待之中，他就超越了所有的作为及其成果，而等待永远不会去指望一种赶超。

**较年长者**：它根本无法设想一种像竞赛那样的东西。作为等待者，我们是对来的听任入内（Einlaß）。我们的存在是这样的，就好像我们在听任来（Kommen）入内的同时才走向我们自己，即走向那些只有在离开自己时才存在的人，而这种离开是通过向着来的等待而进行的。

**较年轻者**：我们在等待中是纯粹的向着的等待（Gegenwart）②。

---

① 这应当是指苏格拉底式的智慧：我只知道我一无所知。——译者
② "Gegenwart"的原意是"当下"。所以这句话也可以译作："我们在等待中是纯粹的当下。"但海德格尔在此分别取其"向着"（gegen）的前缀和"等待"（wart）的词干意思而用之。——译者

较年长者：仅此而已，别无他哉。我们如此纯粹地是这样一种向着的等待，以至于在任何地方都不再有什么东西向着我们而立，我们没有任何东西可以附着，我们不要想在任何东西那里还得到拯救。

较年轻者：我们如此等待着，就好像我们无影无踪、无声无息地过去了一样。这并不包括所有那些始终只是在期待这个和那个并且始终只是为自己而对这个和那个有所期待的人。等待在本质上不同于所有的期待，期待在根本上是不能等待的。

较年长者：我们在等待的同时也已经完全走开了，即走向我们的本质，它被纯粹的来所使用，作为回答着来（Kommen）的听任入内。

较年轻者：作为这样一种被使用者，我们就像是一种最古老的弦乐器，在它的琴声中，古老的世界乐章得以回响。

较年长者：因而这个乐器或许也——想一想那个最古老的人之定义——命定地被保留在遮蔽者中。此外，如果你说，我们在本质中对于来是一种回答着的入内允准，即回答，那么"回答"难道不也在语词上是和"当下"同一的东西吗？

较年轻者：是的，但不只是像你所说的"也在语词上"，而是正在并且事先就在语词上。

较年长者：如果现在当下与时间相亲近，但回答则与语词相亲近，那么时间与语词本质上就是两个比人们至此为止所预想的要更为亲密的姊妹。

较年轻者：只要我们有理由做此揣想，我们就必须学会根据现在想到的当下来思考时间的本质，并且按照回答来思考语词的本质。

较年长者：也许我们已经学会了这些，因为我们是等待者，有时间来等待真实者在长时间中的首次发生。

较年轻者：对于这些等待者来说，长长的来的滞留不会是无聊的。

较年长者：其原因可能是什么呢？

较年轻者：原因之一可能在于，我们在对来的等待（照管）的同时已经为任何事物提供了入内允准的保证。

# 在俄罗斯战俘营中一个较年轻者和一个较年长者之间的晚间谈话（1945年）

**较年长者**：这种入内允准是指向着哪里的入内呢？并不是入我们的内部。因为这样的话我们就会把自己放在一个与事物相对立的位置上，我们会去主宰事物的本质，并使它们成为对于主体而言的客体，然后作为主体出场。

**较年轻者**：但如果我们是等待者，那么我们就恰恰不是主体并且不再是主体。我们在等待时更多的是允准事物到我们允准作为等待者的自己所去那些地方去，即我们所属于的那个地方去。

**较年长者**：而这些事物属于哪里呢？

**较年轻者**：属于它们静居（beruhen）的地方。

**较年长者**：那么它们静居于何处呢？

**较年轻者**：静居于向着自身的回返之中。

**较年长者**：如果人因此而把事物仅仅作为对象分派给自己，并且使它们仅仅作为对象而站立并在这个意义上存有，那么他就没有听任事物安宁。

**较年轻者**：人在一种为事物所不熟悉的骚乱不安中将事物驱来赶去，因为他只是把事物变成他的需求的手段并且变成他的算计的项目，并因此而变成单纯地提升和维持他的奔忙活动（Umtriebe）的机会。

**较年长者**：由于人不听任事物安宁，而是在痴迷进步的同时越过事物而前行，因而他便成为荒芜的前导者，它早已是世界的混乱了。

**较年轻者**：然而，若我们是等待者，那么我们就不要任事物向我们走来。这样我们会由等待者变成只想从事物那里获取什么的期待者。

如果我们听任事物回返它们自身，我们就是等待者。如果我们等待（照管）纯粹的来（Kommen）并且不总是只去期待一个来者，那么出于这种向它们自身的回返，事物就会发自自身地将它们的本己当下带向我们，并因此而从一开始就填实了那个似乎在我们周围打着呵欠的空泛（Leere）。

**较年长者**：我们实际上必须说，当下事物事先根本不允准一种空泛，因而也才没有可能去填实这个空泛。

· 239 ·

**较年轻者**：我们所等待（照管）的纯粹的来也不是某种流动的和不确定的东西。它就是我们将自己自然而缓慢地送交进入其中的那个唯一者和单一者本身，因为我们很少能够任某物留在它静居的地方。

**较年长者**：但只要我们能够任某物留在那个地方，也就是它被允准作为进入它的本质而进入的地方，那我们就真正地自由了。自由是在能够听任（Lassenkönnen）之中，而不是在支配和统治之中。

**较年轻者**：唯有这种自由才是真正的优越，它并不需要有某种在它下面的东西，并必须以此为依据才能保持它在上面的位置。

**较年长者**：但也许自由的本质要比我们所认为的更神秘。

**较年轻者**：只要我们还是从主宰和作用出发来思考它。

**较年长者**：即使如此，我也已经学会了更清楚地察觉到，那个解脱性的东西怎样从森林之广袤的滞留中被引发给你，而在这个解脱性的东西中，那个救治性的东西可以怎样接近你。

**较年轻者**：它在救治着，因为它安抚着痛苦，但永远不会消除痛苦。

**较年长者**：但如你自己所说，痛苦就在于，你被禁止思想。然而现在我却觉得，痛苦毋宁说在于，你不再能够知道你在何种程度上是一个思想者，在我们讨论了所有这些之后，这便意味着，你不再能够知道你在何种程度上是一个等待者。而以往每当荒芜的事件在逼迫你时，你都是一个等待者。如果我们本质上不已经是等待者，我们又如何能够有一天去成为等待者。

**较年轻者**：按照一句老话来说就是，我们只成为我们之所是。

**较年长者**：而按照一句新话来说就是，我们只是我们之所寻。

**较年轻者**：而我们所寻的就是我们所等待（照管）的。

**较年长者**：而我们所等待（照管）的就是我们所属于的。

**较年轻者**：但我们属于作为**这样一个**当下的来，这个当下以回答的方式允准这个来入内。

**较年长者**：作为这样一种当下，我们听任来，因为对它来说我们的本

在俄罗斯战俘营中一个较年轻者和一个较年长者之间的晚间谈话（1945 年）

质已经是泰然任之。

**较年轻者**：因而在听任的同时，我们才成为我们自己。

**较年长者**：这些相互呼应的话语中的每一句都诉说着同一个东西。

**较年轻者**：并且每一句都是无法充分思考的，因为它预先地思考到来（Kommen）之中。

**较年长者**：这种来可能是那种东西，对它来说，根本没有什么是可以预先思考的：无法预先思考的东西。

**较年轻者**：因此，那个救治性的东西也永远无法在陈述句中得到阐释。

**较年长者**：而只能以谈话的方式被猜测，就像现在对我们所发生的这样。

**较年轻者**：或者，就像我首先试图就我自己的情况所要说的那样，兴许也可以以这样的方式，即下列的话语不由自主地向我道出：

唯有在等待之中
我们才成为自己，
听任万物
回返静居。

听任乐器于柜中深藏，
恰似古老名琴
奏出柔和乐章，
未为人闻已绝响。

**较年长者**：我已经考虑过许多次，你的运思（Denken）是否就是一种隐藏的作诗（Dichten）。

**较年轻者**：你认为我在作诗，因为我现在在试图言说时借助了诗句和韵律来陈述。

**较年长者**：我并不是指这个。因为我完全知道，诗句和韵律并不是诗作的证明，并且一个真正的诗人甚至可能成为诗句和韵律的牺牲品。我们常常一同阅读雅各布·布克哈特的信，他有一次写了一句话，这句话我还清楚地记得并且已经深思过多次。所以我可以根据记忆来引用它。它是这样的:"有些极有名气的诗人所写的东西,骨子里是空乏无物的,它们只是在支着韵律的拐杖蹒跚前行而已。"

**较年轻者**:但我也是在韵律中言说啊。

**较年长者**:但我猜测,你的思之诗更多的是在于,这种思是一种等待,并且从根本上说,它在今天对你而言被提升为清楚的知之前就已经存在了。

**较年轻者**:也许一个民族的诗人和思者无非也就是那些在以最高贵的方式等待着的人,语词穿过他们向着来的等待(Gegenwart)[①]而进入对人之本质的回答,并因此而被带入语言。

**较年长者**:这样,诗人和思者的民族就是在唯一的意义上等待着的民族。

**较年轻者**:这个民族必须先等待,而且可能还要长期地等待它的这个本质的来临(Ankunft),这样它就会为了这个来而变得更加等待(wartender),而在这个来之中,荒芜已经作为某种过去的东西而被越过了。

**较年长者**:这个等待的民族恰恰会因为这个还是幼稚的等待之本质而比任何一个其他的民族更会受到损害,尤其是在这个它尚未把握到自己本质的时代。

**较年轻者**:并且不仅是通过外来的威胁,而且也会因为它以自己无知的焦躁来折磨自己,并因此而刺激自己不断地做出失误之举。

**较年长者**:甚至在做所有这些时,它还会以为是在遵循自己的本质,以为这个本质必须通过战斗才能最终为其他民族所承认。

**较年轻者**:然而,这种仓促的假象本质始终只会是陌生者的永无止境的笨拙模仿。

**较年长者**:如果这个民族终会等待,那么对它来说,他人是否听得到它,始终是无关紧要的。

---

① 参见前文第264页注。——译者

# 在俄罗斯战俘营中一个较年轻者和一个较年长者之间的晚间谈话（1945 年）

**较年轻者**：只要这个民族知道它的本质，它也就不会吹嘘它的等待的本质，就像吹嘘一个特殊的委任和表彰一样。

**较年长者**：由于它的更纯本质被发现，它可能永远不再有多余的时间去与其他人相比较，无论是在高估的意义上，还是在低估的意义上。

**较年轻者**：对于其他人来说，等待的民族甚至必定就是完全无用的，因为一个始终只是等待着并持续地照管着来的东西，不会提供任何可把捉的利润，不会提供任何对进步和成就曲线的扬升以及对生意的蒸蒸日上有益的东西。

**较年长者**：而这个完全无用的民族必定会成为最年长的民族，因为没有人会去关心它，没有人会运用它的奇特的不为之为（Tun, das ein Lassen ist），从而将它损耗并提前用尽。

**较年轻者**：如果它还关心荣誉这类东西的话，那么它的荣誉就在于，它能够将它的本质纯粹地耗费在无用的东西上。因为，还有什么比等待（照管）着来的等待更无用呢？还有什么比在所与者之中的攫取、对现存之物的改造和对迄今状况的推进更有用的呢？

**较年长者**：这也就是指那种事实意义，他们对此声言：是这种意义才使人坚定地立足于大地之上。

**较年轻者**：它驱使各民族在大地上确保自己的一个位置，它们可以贴近事实地立足于其上并进行创造，以便发挥其影响和效用。尽管如此，没有无用之物，这些对它来说的有用之物也就永远不能存在。

**较年长者**：以至于始终要考虑无用之物的必要性。

**较年轻者**：我们难道不正是在等待中思考吗？进入到来（Kommen）之中的等待难道不正是这样一种思考，并且甚至是本真的思考吗？因此，按照我的可靠无误的感觉，驶向我们的这个救治性的东西并不在于它把我们个人从一个内在的困境中解放出来，而在于它使我们知道：先要作为等待者来开始进入我们这一受打击民族的始终还被扣压着的本质之中。

**较年长者**：你认为，只有当我们成为等待者，我们才成为德意志人？

**较年轻者**：我不仅认为如此，而且自今天早晨以来便知道如此。但是，只要我们企图通过对我们的所谓"本性"（Natur）的分析来探寻"德意志的东西"，我们就还不是德意志人。如果束缚在这些意图中，我们就只会去追逐民族性的东西，而这种东西在语词上就已经表明，它是依赖于自然所与的东西。

**较年长者**：你为何如此激烈地反对民族性的东西？

**较年轻者**：在我们谈论荒芜的事件之后，已经没有必要再去激烈地反对民族性的东西了。

**较年长者**：我还不明白这里的究竟。

**较年轻者**：民族的理念是一个表象，在它的视野中，一个民族使自己立足于自身，就像立足于一个从某处给出的基底一样，并且，这个民族使自己成为主体，对此主体来说，一切都显现为客观之物，即是说，一切都仅仅显现在它的主体性的光亮之中。

**较年长者**：民族性无非就是一个民族的纯粹主体性，它诉诸它作为现实（das Wirkliche）之物的"本性"，一切影响（Wirken）都应当出自这个现实，并且回归这个现实。

**较年轻者**：主体性的本质就在于，人、个别人、群体和人属，他们站起身来①，使自己立足于自身，并声称自己就是根据和现实的尺度。随着这种向主体性之中的站起，向劳动之中的站起便作为一种成就形式而产生出来，大地的荒芜便是通过这种成就形式而被处处得到准备，并且最终被建立在绝对之物之中。荒芜的唯一法则就是，有用之物是最有用的东西，并且是唯一有用的东西。

**较年长者**：因此，在各民族向国际（das Internationale）统一之处，民族性的东西始终是至关重要的。

**较年轻者**：民族与国际是一回事。群山（Gebirge）是一个处在与单个的诸山（Berge）之关系中的东西。只有当这种东西真正展开了自身，国际才存在。然而，群山曾几何时能让个别的山超出自己本身？

---

① 海德格尔在这里用的是"aufstehen"一词。此后还使用它的名词"Aufstand"。它们除了具有"起身"的基本含义以外，还带有"起义""反叛"的意思。海德格尔是在双重的意义上使用这个概念：人的起身与人的起义。对此，可参见本篇对话的最后一句。——译者

# 在俄罗斯战俘营中一个较年轻者和一个较年长者之间的晚间谈话（1945年）

**较年长者：**如果群山崛起，那么它最多会将单个的诸山按其各自的本己意愿聚合在一起。群山就其种类而言虽然并不只是它的诸山的总和，然而它只是诸山的本质者（das Wesende）。

**较年轻者：**民族与国际如此决然地是一回事，以至于只要它们诉诸主体性并且依赖于现实，它们两者就同样地不知道，并且首先是同样地不能知道，它们不断经营着的究竟是什么行当。

**较年长者：**荒芜的行当，亦即为了提高劳动可能性而进行的劳动的行当。因此，只要我们还在民族的意义上追逐德意志的东西，我们就不会是德意志人，亦即不是诗人和思者，亦即不是等待者。

**较年轻者：**但如果我们是德意志人，我们也就不会在一个含混的国际主义中丧失自身。

**较年长者：**我们根本无法进一步说，就民族和国际而言，我们此时究竟是什么。

**较年轻者：**也没有必要说。因为，本质的东西最安宁地静居于无言之中。或许正因为如此，我们才能知道，我们作为等待者，此前已有了最漫长的历史时期。

**较年长者：**你瞧，我觉得好像我现在也感受到了这个救治性的东西。你刚才所说的东西只是暗示，一个民族的历史此在以及它的延续之基础并不在于人这种出生种类只是逃过灭绝，继续生存，并且也许如人们所说，重新再次崛起，以便用改变了的方式使至此为止的东西再一次发挥效用。命运的纯粹延续只有通过等待着（照管着）来（Kommen）的等待才获得好的基础。

**较年轻者：**因此我们所能做的无非也只是泰然任之地进行等待而已。

**较年长者：**并且学会知道困苦，无用之物正是必须在此困苦中坚持。

**较年轻者：**由于我们对无用之物的必然性知之甚少，因此看起来就好像无用之物被推入了荒芜冷寂之中。

**较年长者：**你说"看起来"或许是有所考虑的。因为事实上无用之物并不处在荒寂（Verlassenheit）之中，而是我们这些没有将它当作必然之物加以关注的人才是被荒置的（Verlassenen）。

**较年轻者**：你是有道理的，或许也没有道理。无用之物需要我们并且需要我们的本质，就像那乐章，虽然未为人闻便绝响的乐章，却也需要有乐器来赐予奏出。

**较年长者**：因此我们必须学会知道无用之物的必然性并且作为学习者将它教授给各个民族。

**较年轻者**：也许在很长一段时间里，这就是我们学说的唯一内容：无用之物的困苦（Not）和必然（Notwendigkeit）。

现在我也可以更清楚地对你说随今天对我们形成的救治性的东西一起宣示出来的是什么。只要学与教的基本成分始终只能在等待之中，那么这样一种学与教就必须在肩头承载那些黑暗与沉重的东西。

**较年长者**：你这是什么意思？

**较年轻者**：如果学是一种寻找，那么它最始终是等待着的；如果教是一种劝告，那么它就始终是等待着的。

**较年长者**：我们太喜欢带着被找到的东西而匆忙地掠过寻找，带着愿有影响的傲慢而匆忙地掠过劝告。

**较年轻者**：但我并不是担忧学教（lernendes Lehren）的负担。我知道，会有亲近者来相互承载这种负担。

**较年长者**：曾有几个晚上我们在这个战俘营中思索：如何去劝告那些在我们这里及其他人那里只知有用之物的人，同时被劝告者又不会想要从这样的学说中匆忙地创造并颂扬一种信仰和一种世界观。

**较年轻者**：所有"世界观"按其本质都属于荒芜的时代和荒芜的统治域，无论它们在内容上是否有所教益。

**较年长者**：这并非一个冷静的主张。

**较年轻者**：我所说的听上去可能如此。而我所想的则可以通过对近代思维的思考而为我们所领悟。

**较年长者**：对此我们还须更加训练有素地进行思维方可。

# 在俄罗斯战俘营中一个较年轻者和一个较年长者之间的晚间谈话（1945年）

**较年轻者**：而自今晚以来这就意味着我们必须学会等待。

**较年长者**：并且必须试图告诉朋友们，什么东西长期以来就一再重新地给予他们，使他们去思考。然而，对于这种以无穷无尽的方式给予他们、使他们思考的东西，我们始终必须事先自己经验到和检验过。

**较年轻者**：只有这样，恒久的东西才会进入我们的学与教之中。但我想，我们今天已经超时地分享了我们对救治性的东西的喜悦。明天我们还有单调的劳动。

**较年长者**：但为了祝你晚安并且或许也是为了感谢你，我还想向你讲述在两个思者之间的一段对话，这段对话是我在上大学期间从一段对中国哲学的历史阐述中抄下来的，因为它触动了我，虽然我以前并不完全理解它。今晚我才感到周围的光亮，为此我想到了这段对话。两位思者的名字我已记不得了。

对话是这样的：

一个人说："君所言之，乃无用之物。"

另一个说："若欲言有用之物，则需先思无用之物。地虽广而大，而欲立则只需寸土以供立足即可。然若足之侧生裂隙，直达深渊，此立足之地复有何用？"

一个人说："不复有用。"

另一个说："无用者之必然便明了于此。"①

**较年轻者**：感谢你与我做了这次谈话。

**较年长者**：而我要感谢你的诗，在它之中或许的确隐含着某些诗化了的东西（Gedichtetes）。

**较年轻者**：让我们去思考这些诗作（das Dichtende）吧。

**较年长者**：祝我们两人以及战俘营中的所有人晚安。

---

① 这段文字出自《庄子·外物》七，原文为："惠子谓庄子曰：'子言无用。'庄子曰：'知无用而始可与言用矣。天地非不广且大也，人之所用容足耳。然则厕足而垫之致黄泉，人尚有用乎？'惠子曰：'无用。'庄子曰：'然则无用之为用也亦明矣。'"

海德格尔的译文出自卫礼贤的德译本，基本没有改动（参阅 Dschuang Dsi, *Das wahre Buch vom südlichen Blütenland*, übersetzt von Richard Willhelm, Diederichs, 1994, S. 281）。

这里特别要感谢萧萐父先生对此段引文在中国哲学文献中具体出处的示明！——译者

**较年轻者**：并为家乡的命运祝福。

＊ ＊ ＊

多瑙河谷的豪森宫，1945年5月8日。①

这一天，世界正在庆祝它的胜利，并且尚未认识到，它自几百年以来就是它自己起义（Aufstand）② 的战败者。

---

① 1945年5月8日是第三帝国崩溃的日子。德国在此日宣布投降。在此之前约一个星期，即4月30日，希特勒自杀身亡。——译者
② 参见前文关于"aufstehen"的译者注。——译者

# 海德格尔与卡西尔之间的达沃斯论辩（1929 年）①

[德] 马丁·海德格尔　　[德] 恩斯特·卡西尔

**卡西尔**：海德格尔是怎样理解新康德主义的？谁是针对海德格尔的对手？我认为，几乎没有一个概念像新康德主义这一概念那样得到如此不明确的说明。当海德格尔用他自己的现象学批判来取代新康德主义的批判时，浮现在海德格尔眼前的是什么呢？新康德主义是**新近**哲学的替罪羊。但对我来说，并不存在什么实存的新康德主义者。我欢迎对此做出澄清，因为在这里本真地存在着一种对立。我相信这根本不会导致本质的对立。人们切不可对"新康德主义"这一概念作实体性的规定，而必须作功能性的规定。这并不涉及一种作为教条的学说体系的哲学，而涉及一个提问的方向。我不得不承认，我在海德格尔这里已经发现了一位新康德主义者，尽管我在他之中并不曾料想到一个新康德主义者。

**海德格尔**：如果我首先应当指名道姓的话，那么我会说科亨、文德尔班、李凯尔特、埃尔德曼、里尔。人们只有从其起源中才能理解新康德主义的共同点。它的生成就是与"在认识整体中究竟还留给哲学一些什么东西"这一问题相关的哲学窘境。1850 年前后是这样一种情况：精神科学

---

① 在马丁·海德格尔与恩斯特·卡西尔之间的著名的"达沃斯论辩"是在 1929 年 6 月于瑞士小城达沃斯进行的，当时共有大学生约 200 人、教授 30 人在场。一些日后有影响的哲学家如波尔诺夫（O. F. Bollnow）、里特尔（J. Ritter）等都见证了这场思想的交锋。它被看作 20 世纪哲学史和精神史上的一个重要事件。这个论辩不仅涉及卡西尔和海德格尔从认识论和生存论出发对康德的相同的和不同的理解，而且也涉及海德格尔"新哲学"的登场：在相对于康德"纯粹理性批判"而言的"人类生存批判"的意义上的新哲学。德文原文出自 Heidegger, *Kant und das Problem der Metaphysik*, Vittorio Klostermann, 1991, S. 274–296。

本文是笔者于 2001—2002 学年第一学期在南京大学哲学系开设的"西方哲学原著选读"课所选用的教材。开课的时间为每周五晚。几个年级的博士、硕士研究生参与了这门课程的讨论，并最终共同完成了本文的中文翻译。此后由张廷国和笔者对译文做了通读和校对。中译文署名"辛启悟"首次刊载于倪梁康等编《中国现象学与哲学评论（第五辑）：现象学与中国文化》，上海译文出版社 2003 年版，第 206–229 页。——译者

和自然科学支配着可认识之物的所有领域，以至于产生出这样一个问题：如果存在者大全在科学之下得到了划分，那么，留给哲学的还有什么？留下来的就只还有对科学的认识，而非对存在者的认识。在这种观点之下，回到康德便成为使命。因此，康德就被看作是数学-物理学的认识论的理论家。认识论是那个观察康德的视角。甚至胡塞尔在 1900 年和 1910 年之间也在某种意义上落入了新康德主义的怀抱。

我把新康德主义理解为对《纯粹理性批判》所做的这样一种理解：它把一直导向超越论辩证论的那个纯粹理性部分解释为与自然科学相关的认识论。在我看来，重要的是要指出，在此作为科学理论而被提取出的东西，对康德来说并不重要。康德并不想提供任何一种自然科学的理论，而是想指出形而上学的问题，也就是存在论的问题。在我看来，重要的是康德把《纯粹理性批判》中积极的主要部分的核心内容建设性地引入了存在论之中。基于我对作为存在论的辩证法的解释，我相信可以指明，超越论逻辑中的假相（Schein）问题——这个问题在康德那里如其首先显现出来的那样只是消极的——是一个积极的问题。需要探问的是，倘若假相只是我们断言的一个事实的话，或者，倘若理性的整个问题必须被这样把握的话，从现在起，人们就理解了假相必然属于人的自然。

**卡西尔**：只有当人们历史地理解科亨，而非单纯地把他理解为认识论者时，人们才正确地理解了他。我了解我自己的发展并没有脱离科亨。当然，对我来说，在我的研究进程中会得出许多不同的东西，并且尽管我首先承认了数学自然科学的地位，但是它只能作为一个范例，而不能作为问题的全部。这同一种情况对于纳托尔普也是适用的。现在深入讨论一下海德格尔体系的核心问题。

实际上我也认为创造性的想象力对康德而言已显示出中心的意义，在这一点上我们之间是一致的。我是通过对符号性的东西的研究而被引向此点的。如果符号性的东西不回溯到创造性的想象力的权能上，人们就不可能对它做出解释。这个想象力是全部思维与直观的联系所在。康德把类综合（Synthesis speciosa）称为想象力。此综合是纯粹思维的基本力量。但对康德来说，问题并不在于绝然综合（Synthesis schlechthin），而首先在于应用于类的那种综合。但这个类的问题却引向图像概念和符号概念的核心之中。

# 海德格尔与卡西尔之间的达沃斯论辩（1929年）

如果人们看到了康德著作的整体，那么那些重大的问题就将迎刃而解。其中有一个问题就是自由问题。这个问题对我们来说永远是康德的真正的根本问题。自由是如何可能的？康德说，这个问题不能如此理解。我们只是理解了自由的不可理解性。与此相反，我现在想提一下康德的伦理学——绝然命令（kategorische Imperativ①）必须是这样一种情况，即这个被建立起来的法则，不仅例如对人是有效的，而且对所有的一般理性生物来说都是有效的。这里突然出现的是这个奇特的过渡。一个确定领域的有限性突然消失了。伦常本身超出了现象世界。但这毕竟是决定性的形而上学的东西，而今在这个点上就出现了一个突破。它关系到向悟性世界（mundus intelligibilis）的过渡。它对伦理的东西有效，并且是在伦理中达到这一点的，这个点不再与认识着的生物的有限性相关联；相反，现在于此被设定的则是一个绝对之物。这个绝对之物不可能通过历史得到阐明。人们可能会说，这是康德不该迈出的一步。但我们不能否认这个事实，即自由问题正是以这种方式提出来的，它突破了源始的领域。

将此与海德格尔的论述联系起来。人们不能对模式论（Schematismus）的不寻常的含义估计过高。在这点上出现了在康德的解释中的最大的误解。但在伦理之物中康德却禁止模式论。因为他说，我们的自由概念等是明察（Einsichten）（不是认识），它不再允许被模式化。存在一个理论认识的模式论，但不存在实践理性的模式论。无论如何存在着其他一些东西，即被康德命名为实践理性的范型论的东西。并且他在模式论和类型论（Typik）之间做出了一个区分。必须理解，如果在这里不重又放弃模式论，人们就不能穿透它。即使是对康德而言，模式论也是开端（terminus a quo），而不是终点（terminus ad quem）。在实践理性批判中呈现出来的则是一些新的问题，虽然康德始终坚持模式论的这个起点，但它被扩展了。康德是以海德格尔所提的问题为出发点的。但这个范围对他来讲已经扩展了。概言之，这个扩展之所以是必不可少的，是因为在这中心出现了

---

① 这是康德伦理学中的一个主要原则，国内学界一般都把它译为"绝对命令"。这里译为"绝然命令"主要是考虑到"kategorisch"和"absolut"之间的细微区别。在德文中，"absolut"是指"绝对的""完全的""纯粹的"，与它相对应的是"relativ"："相对的""有条件的""相关联的"；而与"kategorisch"相对应的则是"hypothetisch"，"hypothetisch"是指"假定的""假设的"。由此可见，"kategorisch"应当译为"绝然的""断然的"，而不能译为"绝对的"。——译者

一个问题:海德格尔已经强调,我们的认识能力是一种有限的能力。它是相对的和受束缚的。但由此出现了这个问题:一个如此有限的生物究竟是如何获得认识、理性和真理的?

现在探讨实质性的问题。海德格尔曾提出真理的问题并且说:一般说来,不可能有自在的真理或永恒的真理;相反,如果有真理的话,那么它们始终是相对于此在的真理。由此便得出:一个有限生物根本不可能拥有永恒真理。对人而言,并没有什么永恒的和必然的真理。而在这里,整个问题重又突现出来。对康德来说,恰好是这样一个问题:尽管存在着康德自己已经指明了的那种有限性,怎么仍然还会有那些必然的和普遍的真理?先天综合判断如何可能?即这样一些不仅在其内涵中是有限的,而且在其内涵中也是普遍必然的判断如何可能?这正是康德以数学做例证来回答的问题:有限的知识将自身置于一个与真理的关系之中,这是一个不能重新用"仅仅"来说明的关系。海德格尔说过,康德并没有给出任何一种关于数学可能性的指明。我认为,这个问题或许是在《导论》中提出来的,但这并不是且不可能是唯一的问题。然而,即使是这种纯粹的理论问题,即这种有限的生物是如何获得对其本身并不受有限性束缚的对象之物的规定的问题,也必须首先得到澄清。

现在我的问题是,海德格尔是否愿意放弃这整个客观性,放弃康德在伦理、理论和在《判断力批判》中所倡导的那种绝对性形式?他是否愿意缩回到有限的生物?或者,如果不是这样,那么对于他来说,向这个领域的突破在何处?我之所以问这个问题,是因为我确实还不知道。因为在海德格尔那里,首先要确定一个贯穿点。但是我相信,海德格尔并不能够而且并不愿意停留在这一点上。他本人必须提出这些问题。然后,我才相信,一些全新的问题会浮现出来。

**海德格尔**:首先是关于数学自然科学的问题。人们可以说,对于康德而言,作为一个存在者区域的自然并不是一个随意的自然。在康德那里,自然从未意味着数学自然科学的对象;相反,自然的存在者就是在手之物意义上的存在者。康德在关于原理的学说中真正想给出的并不是一种关于数学自然科学对象的范畴结构学说,他想给出的是一种关于存在者一般的理论(海德格尔引证了这一点)。康德寻求的是一种关于存在一般的理论,而没有去假定那些已被给予了的客体,没有去假定一个特定的存在者区域

## 海德格尔与卡西尔之间的达沃斯论辩（1929年）

（既非心理学的区域，也非物理学的区域）。他寻求的是一种普遍存在论，这种存在论先于作为自然科学之对象的自然的存在论和作为心理学之对象的自然的存在论而存在。我想要指明的是，这种分析论并不只是一种关于作为自然科学之对象的自然的存在论，而是一种普遍存在论，一种以批判的方式得以奠基的一般形而上学（metaphysica generalis）。康德自己说过，他所如此描述的《导论》的论题，如自然科学是如何可能的，等等，并不是中心动机；相反，这是关于一般形而上学之可能性的问题，或者说，是对它的阐释。

现在则是关于想象力的另一个问题。卡西尔想要指明，在康德的伦理学著作中，有限性成为超越的——在绝然命令中包含着某种超出有限生物的东西。但是，这个命令概念本身恰好指明了与一种有限生物的内部联系。即使是那种向一种更高级东西的超出，也始终只是一种向有限生物、向被造物（天使）的超出。这种超越仍然停留在被造性和有限性之内。当康德说到作为自身持守者（Selbsthalterin）即一种理性的人的理性时，包含在命令本身中的内部联系和伦理学的有限性就在某个位置上凸现出来了。理性纯粹是自立于自身的，它既不能遁入一个永恒的、绝对的东西之中，也不能遁入物的世界之中。这个此间（Dazwischen）是实践理性的本质。我相信，如果人们事先就定位于伦常行为所指向的东西，并且很少看到法则本身对此在的内部功能，那么人们在对康德伦理学的理解中就会出现偏差。如果人们没有提出这样一些问题：法则在这里意味着什么，对于此在和人格性来说的法则性本身如何是构造性的，那么人们就不可能讨论伦常生物的有限性问题。不可否认的是，在法则中存在着某种超出感性的东西。但问题是，此在本身的内部结构如何是有限的或无限的？

在超越有限性这个问题中包含着一个极为中心的问题。我说过，这是一个特殊的问题，这是一个要追问有限性一般的可能性的问题。因为人们可以在形式上轻易地论证：当我对有限的东西进行陈述时，并且，当我要把有限的东西规定为有限的东西时，我必定已经拥有了无限性的一个观念。对此暂时还说不出许多东西。但毕竟还是有这么多东西，以至于在这里出现了一个中心问题。我想要澄清的是，现在就内容而言，在人们将之作为有限性的构造物（Konstitutivum）而提出来的东西中，无限性这一特征也就显示出来了，因为我说过，康德曾经把模式论的想象力称为一种本源的演示（exhibitio originaria）。但是，这种原本性就是一种展示，即一种表现的展示、一种关于自由的自身给予的展示，而这也就意味着对一种接受活动的依赖性。尽管这种原本性在某种方式上是作为创造力的权能而在那里的。作为有限的生物，人具有一种存在论上的无限性。但是，人在对存在者本身的创造中绝不是无限的和绝对的；相反，他只是在领悟创造的意义上才是无限的。但是，如果正如康德所说的那样，对存在作存在论的领悟只有在存在者的内部经验中才是有可能的，那么这种存在论上的无限性在本质上就是与存在状态上的（ontisch）经验结合在一起的，以至于人们一定会反过来说，在想象力中凸现出来的这种无限性恰好就是对有限性做出的最明确的证明。因为存在论就是对有限性的一种指示。上帝并不具有有限性。人具有这样一种展示，正是对其有限性的最明确的证明。因为存在论只需要一种有限的生物。

于是，这就产生了与真理概念相关的卡西尔的相反问题。在康德那里，存在论的知识是普遍必要的认识、是预先规定了一切实际经验的认识，在此我可以指出的是：康德在许多地方都说过，凡是使经验成为可能的东西，即存在论认识的内部可能性，都是偶然的——真理本身是与超越性的结构最密切地（Innigste）相一致的，正因为如此，此在才是一个既向其他存在者又向自身敞开的存在者。我们是能使其自身保持在存在者之无蔽状态（Unverborgenheit）中的一个存在者。因此，我就把这种使其自身保持在存在者的敞开状态中称为在真理中存在（In-der-Wahrheit-sein）。我还要进一步讨论下去并且说，在人的这种在真理中存在的有限性的基础上，同时有一个在非真理中的存在（In-der-Unwahrheit-sein）。这个非真理就属于此在结构的最密切的核心。并且，正是在这里，我才相信能够发现，康德的形而上学"假相"在形而上学上得到了论证。

现在就来讨论一下卡西尔关于普遍有效的、永恒的真理的问题。如果我说真理是相对于此在的，那么，这并不是在如此意义上的一个存在状态的陈述，以至于我会说，真实的东西始终都只是个别的人所想到的那种东西。相反，这个命题是一个形而上学的命题：真理一般来说只能作为真理存在，而且作为真理一般，它只具有一种意义，如果此在生存着的话。如果此在并非生存着的，那么就没有什么真理，进而一般说来，就什么东西都不存在。相反，正是借助于像此在那样的某种东西的生存（Existenz），真理才会落入此在本身之中。但现在的问题是，真理永恒性的有效性究竟是怎样一种情形呢？人们总是把这个问题定位为有效性的问题，定位为被

## 海德格尔与卡西尔之间的达沃斯论辩（1929 年）

表述的命题，而由此出发，人们首先就要回溯到某个产生效用的东西。然后人们又借此发现价值或诸如此类的东西。我认为，这个问题必须以其他的方式加以展开。真理是相对于此在的。这并不是说不存在这种可能性，即对每个人如其所是地敞开那个存在者。但我会说，真理的这种超主体性（Übersubjektivität）、这种超出作为在真理中存在的个别人本身而对真理的突现，就已经意味着它被交付给了存在者本身，被置入了塑造存在者本身的可能性之中。在此，凡是作为客观知识可以解决的，按照其每一次实际的个别实存，就都具有了一个真理内容，作为关于存在者的内容，真理内容就是对某种东西的言说。假如我们说，与体验之流相对，还有一个持存的东西，即一个永恒的东西、一个意义和一个概念，那么，归诸存在者的那种本真的有效性就得到了拙劣的解释。我要反问：在这里，究竟什么是真正永恒的？我们究竟是由何处才知道这种永恒性的？这种永恒性难道只是时间的永恒（ἀεί）这一意义上的持存性吗？这种永恒性难道只是那种在时间本身的一种超越性的基础上成为可能的东西吗？我对时间性的整个解释都具有这样一个形而上学的意图，即追问：超越论形而上学的所有那些标题"先天"（A priori）、"永恒的存在"（ἀείόν）、"实是"（οὐσία），难道都是偶然的吗？或者，它们都来自何处呢？如果它们谈论的是永恒，那么，它们是如何被领悟到的呢？它们只有通过以下方式才能被领悟，并且才成为可能，即在时间的本质中就包含着一种内部的超越性；时间不仅是那种使超越性成为可能的东西，而且时间本身在自身中就具有某种视域性的特征；在将来的、回忆性的行为中，我总是同时具有关于当下、将来和曾在之整体上的一个视域；在这里，一种超越论存在论上的时间规定性就被找到了，在这种时间规定性中，如同实体（Substanz）的持存性一样的某种东西就首先被构造出来。从这个方面出发，我对时间性的整个解释就可以得到理解了。为了表明时间性的这种内部结构，为了指明时间并不只是诸体验在其中得以进行的一个框架，为了使时间性的这种最内部的特征在此在本身中成为可敞开的，就需要我的书（《存在与时间》）做出努力。这本书中的每一页都仅仅根据如下情况而写成，即自古希腊罗马时期以来并且一直到目前为止，存在问题都是在一种完全不可理解的意义上得到解释的，而且时间始终是被归诸主体的。就这个问题与时间的关系而言，就关于存在一般的问题而言，我们首先需要去澄清此在的时间性，但这并不是在用现在某种理论来进行的意义上，而是相反，只有在一个完全

· 255 ·

确定的问题域中，关于人的此在的问题才可以被提出——在论及人的此在的《存在与时间》中，这一整个问题域并不是什么哲学人类学。在这一点上，哲学人类学太过于狭窄、过于短暂了。我相信，在这里存在着一个迄今为止它本身为何没有被展示出来的问题域，即存在着一个通过如下问题而被规定了的问题域，这个问题就是：如果存在领悟的可能性、人的超越性的可能性，以及对于存在者的塑造行为的可能性和在人本身的世界历史中的历史演历的可能性都应当是可能的，如果这种可能性建立在对存在的一种领悟的基础上，如果这种存在论上的领悟在某种意义上是指向时间的，那么任务就在于：就存在领悟的可能性而言，必须突出表明此在的时间性。并且，所有的问题都要指向这一点。对死亡的分析具有在某个方向上能把此在的极端的将来展示出来的功能，但它并不具有把关于死亡本质的终极的和形而上学的整个主题都展示出来的功能。对畏的分析所具有的独一无二的功能并不在于使人的某个中心现象显露出来，而是为如下问题做了准备：在此在本身的这种形而上学意义的基础上，人之一般能被带到类似虚无的东西面前，这是可能的吗？对畏的分析是针对如下情况提出来的，即像虚无那样的东西只能作为观念来思考的可能性，同时也是在畏的现身情态（Befindlichkeit）的那种规定性中才得以奠基的。如果我现在领悟到了虚无或者畏，我就具有了领悟存在的可能性。如果虚无是不可领悟的，那么存在也是不可领悟的。只有在统一地领悟到存在和虚无时，关于为什么的起源问题才会跳出来。人为什么能够询问为什么？他为什么一定要询问？关于存在、虚无和为什么的这个中心问题，既是最基本的问题，也是最具体的问题。这些问题是整个此在分析所朝向的问题。而且我相信，人们从这种先行掌握（Vorgreifen）中已经看到，这整个假定——《存在与时间》的批判就是以这个假定为基础的——并没有触及该意图的真正核心；而且我另一方面完全可以承认，如果人们在某种程度上把《存在与时间》中的这种此在分析完全看作关于人的一种研究，并进而提出这样的问题：在这种对人的领悟的基础上，对文化构成以及文化区域构成的理解如何可能。如果人们如此这般地提出这个问题，那么就绝对不可能从这里所包含的东西出发来说些什么了。所有这些问题都与我的中心问题没有关系。我同时要提出一个更进一步的方法论问题：这样一门此在的形而上学是从那个为形而上学可能性问题获得一个基地的问题中获得其规定性根据的，必须怎样来启动这门此在的形而上学呢？难道它不是以一个确定

# 海德格尔与卡西尔之间的达沃斯论辩（1929年）

的世界观作为其基础的吗？如果我说我给出的是一种无观点的哲学，那么我就会误解我自己。在这里显露出这样一个问题：哲学和世界观的关系问题。哲学并不具有给出世界观的任务，但世界观也许是哲思（Philosophieren）的前提。而由哲学家给出的世界观，并不是直接在一个学说的意义上的世界观，也不是在一种影响的意义上的世界观；相反，由哲学家所给出的世界观在于，在哲思的过程中做到使此在本身的超越亦即这个有限生物的内部可能性与整体上的存在者发生关系，使它变得彻底。换一种说法：卡西尔说，我们不理解自由，而只是理解自由的不可理解性。自由不可理解自身。"自由是如何可能的"这个问题是荒谬的。但由此并不导致，在某种程度上说，这里还保留了一个非理性的问题；相反，因为自由并不是理论把握的一个对象，而毋宁说是哲思的一个对象，因此我们只能说，自由只是在解放之中并且只能在解放之中。与人类自由的唯一相合的关联就是人类自由的自身解放（Sich-befreien）。

进入哲思的维度中，这并不是一种学识上的讨论的事情，而是个别哲学家对之一无所知的事情，而且哲学家要屈从于这样一个任务。为了进入哲思的维度之中，在人之中此在之解放必定是作为哲思的哲学所能实现的唯一的和中心的事情。而在这个意义上我相信，在卡西尔那里有一个在文化哲学意义上的完全不同的目的（terminus ad quem），文化哲学这一问题只有在人类历史的演历（Geschehen）中才会获得其形而上学的功能，如果它不始终是和不是关于各种不同区域的一种单纯描述，而是同时如此地扎根于它的内部动力之中，以至于它从一开始而不是事后就在此在本身的形而上学中作为基本演历而明确可见。

我要问卡西尔的问题是：

（1）人们通向无限性的道路是哪一条？人们能够分有这种无限性的方式是哪一种？

（2）这种无限性是作为对有限性的褫夺的规定性而被获得的吗？或者，这种无限性是一个独特的领域？

（3）哲学在多大程度上具有一项可以使人摆脱畏的任务？或者，它并不具有把人恰好彻底地交付给畏的任务？

**卡西尔**：关于第一个问题，无非是通过形式的媒介。形式的功能就在于：由于人在形式上改变他的此在，也就是说，由于他现在必须将在他之中作为体验的全部东西都转换为某种客观的形态，他在客观的形态中也就被如此地客体化，以至于他现在虽然并不因此就彻底地摆脱了出发点的有限性（因为这的确还涉及他的本己有限性）。但由于这个出发点产生于有限性之中，它也就把有限性带进了某种新的东西之中。并且，这是内在的无限性。人不可能从其固有的有限性跃入一种实在论的无限性。但他可以并且必须具有能将他从其生存的直接性中引入纯粹形式的区域中去的越度（die Metabasis）。而且他只能以这种形式来拥有其无限性。"从这个精神王国的圣杯中流向他的是无限性。"这个精神王国并不是一个形而上学的精神王国。真正的精神王国恰好是从它本身之中创造出来的精神世界。它可以创造精神世界，这就是其无限性的印记。

关于第二个问题，这不仅是一种褫夺的规定性，而且是一个特有的领域，但不是一个仅仅纯粹否定性地争取达到有限东西的领域。一种有限性的冲突不仅是在无限性中被构造出的，而且在某种意义上，总体性恰好就是对有限性自身的充实。但对有限性的这种充实恰好就构造出了无限性。歌德说过："若你想迈入无限，就只要在有限中走向所有方面！"当有限性使自身得到充实时，也就是说，当它走向所有方面时，它就迈进了无限性。这是褫夺的对立面，是对有限性自身的完美的满足。

关于第三个问题，这是一个极为彻底的问题，人们只能用一种信奉的方式来回答它。哲学在一定程度上让人变得自由，人只有在这种意义上才能成为自由的。当哲学这样做时，我相信，它自然就在某种意义上将人从作为单纯现身情态的畏中解放出来了。我相信，即使按照海德格尔今天早先的阐述，自由也真正只有在不断进步的解放的道路上才能被发现，即使对于海德格尔来说，这条道路也是一个无限的过程。我相信，他能够同意这种理解。尽管我看到了这里有一个最困难的问题。我想，这种意义、这个目的实际上就是如下意义上的解放："请抛开你们尘世的畏吧！"这正是我所始终信奉的唯心论立场。

珀斯[①]：语言学的评论，两位先生说的是两种完全不同的语言。对于我们来说，这就涉及必须在这两种语言中抽取出某种共同的东西。卡西尔在其"活动空间"（Aktionsraum）中已经完成了一种翻译的尝试。我们必

---

① 即 H. J. Pos，达沃斯会议和达沃斯论辩的参与者之一。——译者

海德格尔与卡西尔之间的达沃斯论辩（1929年）

须从海德格尔那里经验到对这种翻译的肯定。这种翻译的可能性伸展得如此之远，直至浮现出某种不可翻译的东西为止。这都是一些展示着每一种语言特征的术语。我曾经试图把这些术语中的一部分汇集到这两种语言中去，关于这些术语，我怀疑它们能够转译为另一种语言。我把海德格尔的表述称为：此在、存在、存在状态上的东西。与之相反，卡西尔的表述却是：精神中的功能性的东西和原初的空间向另一个空间的转变。倘若我们发现，对这些术语从两方面来看没有任何一种转渡，那么在这些术语中，卡西尔哲学和海德格尔哲学的精神就得到了区分。

**海德格尔**：卡西尔在第一个报告中使用了这样一些表述：开端（Terminus a quo）和终点（Terminus ad quem）。人们可以说，在卡西尔那里，终点在对构形意识之形式整体性进行揭示（Aufhellung）的意义上就是文化哲学的整体。在卡西尔那里，开端是完全有问题的。我的立场则与之相反：这个开端正是我要发展的中心问题域。这个问题是：终点在我这里难道就是如此清楚的吗？对我来说，终点并不存在于一种文化哲学的整体中，而是在于这样一个问题：何为存在（τί τό ὄυ）？或者说，什么叫作一般存在？从这个问题出发，去为形而上学的基本问题获得一个基地，这对我来说就已经产生了一种此在形而上学的问题域。或者，为了再一次达到康德解释的核心：我的意图并不是要引入与一种认识论的解释相对立的某种新东西，并不是要使想象力获得敬重，相反，应当弄清楚的是纯粹理性批判的内部问题域，即关于存在论之可能性的问题，都要回推到对传统意义上的那种概念的彻底摧毁，这种概念对康德来说曾经是出发点。在为形而上学奠基的尝试中，康德被迫将一个真正的基地变成一个深渊。如果康德说，三个基本问题都要回溯到第四个问题上："人是什么？"那么，这后一个问题在其问题特性中就已经是成问题的了。我试图指明的是，从一个逻各斯的概念出发，这根本就不是那么不言自明的；相反，形而上学之可能性的问题就要求此在自身的形而上学作为一个形而上学问题之基础的可能性，以至于"人是什么"这个问题并不必须在一个人类学体系的意义上来回答，而必定只是在它想被提出的那个角度方面才会得到真正的澄清。

在此我就回溯到了开端和终点的概念上。这难道只是一个启发式的提问吗？或者，哲学自身的本质就在于，这个提问具有一个开端，它必须被当作问题，而且这个提问还具有一个终点，这个终点与此开端处在一种关联之中？在我看来，这个问题域在迄今为止的卡西尔哲学中还没有清楚地凸现出来。对卡西尔来说，关键首先取决于对不同的构形形式的确认，而后再就这些构形来后补地阐述这些塑造力量本身所具有的某个维度。现在人们可以说，这个维度归根到底还是与我称作此在的东西相同一的。但这是错误的。区别最明显地表现在自由这一概念上。我曾经谈到过如下意义上的一种解放，即此在的内部超越性的解放是哲思活动自身的基本特性。在这里，这种解放的真正意义并不在于：在某种程度上对于意识的构形图像而言以及对于形式王国而言成为自由的，而在于：对于此在的有限性而言成为自由的。恰恰是要进入此在的被抛状态之中，进入那种包含在自由本质中的冲突之中。我并没有给我自己赋予这种自由，尽管只有通过这种自由我才可能是我自己。但是，"我自己"并不是在一种中性的阐释根据的意义上，而是说，此在是真正的基本演历。在这种基本演历中，人的生存以及随之而来的生存本身的所有问题域就成为本质性的了。

由此出发，我相信，人们就能够对珀斯关于翻译的问题做出回答了。我相信，我借助于此在所表明的那种东西是不可以用一个卡西尔的概念来翻译的。倘若人们说的是意识，那么它恰好就是我已经反驳过的东西。我称为此在的东西，本质上并不仅仅通过人们称为精神的东西而被共同规定了，也不仅仅通过人们称作生命的东西而被共同规定了，而且，它还取决于一个人的相关性的源始统一和内在结构，这个人在一定程度上束缚于身体之中，并且在这种束缚性中以特有的方式与存在者结合在一起，因而处在存在者之中。这种"处在"并不是指一种在此之上的精神的俯视，而是指，这个被抛入存在者之中的此在作为自由的此在而实现了向存在者之中的突入，这种突入始终都是历史性的，而且在最终的意义上也是偶然的。如此偶然，以至于此在生存的最高形式只能回溯到生命与死亡之间的此在延续的极少几个瞬间上；人只是在极少几个瞬间中才生存在本己可能性的顶端上，但除此之外，他就只是在他的存在者中间活动了。

关于那种处于其符号形式哲学中的东西的存在方式问题，即关于内部的存在基态（Seinsverfassung）的中心问题，就是此在的形而上学所规定了的东西——它并不规定关于文化领域和哲学学科的一个事先被给予的系统学的意图。在我的全部哲学工作中，我把哲学学科的传统形态和划分完全搁置起来，因为我相信，按这些哲学学科来定位是最大的厄运，因为这样的话，我们将不会再回溯到哲学的内部问题域中去。不管是柏拉图还是

# 海德格尔与卡西尔之间的达沃斯论辩（1929 年）

亚里士多德，对于哲学的这样一种（学科）划分都一无所知。这样一种划分曾是哲学学派的事情，也就是说，是那种已经失去了追问的内在问题域的哲学的事情，而这就需要做出努力去突破这些学科。而这乃是因为，当我们穿越审美学等这样一些学科时，我们就又回溯到了相关区域的特殊形而上学的存在方式上。艺术不仅是构形意识的一种形式，而且艺术本身在此在本身的基本演历中也具有一种形而上学的意义。

我有意强调了这些区别。如果我们达到一种平均化，这就无益于实质性的工作。毋宁说，因为只有明确的确认才会使这个问题得以清晰，所以我还想再次把我们的整个讨论带入康德的《纯粹理性批判》的符号之中，并且再一次把"人是什么"的问题作为中心问题确定下来。但同时又是作为这样一个问题，我们并不是在某种孤立的伦理学的意义上才提出这个问题；相反，这个问题只有从双方立场的问题域出发才是清楚的。对于哲学家来说，人的问题只有在如下方式上才是根本性的，即哲学家绝对没有考虑到他本人。这个问题不可以人类中心主义的方式被提出来；相反，它必须被指明为：因为人是超越的生物。也就是说，人是向存在者整体和自身敞开的，因为人通过这个离心的（exzentrisch）特征同时也被置于一般存在者的整体之中——而且仅仅因为如此，哲学人类学的问题和观念才有意义。既不是在人们把人经验地当作被给予的客体来探究的意义上，也不是在我勾画出的关于人的人类学的方式上；相反，关于人的本质问题只是唯一地具有这样一种意义和权利，即它是由哲学本身的中心问题域引发的，这个问题域既能够使人超出其自身，又能够使人返回到存在者整体中，从而使人在其一切自由中明显地成为其此在的虚无性（Nichtigkeit），这种虚无性并不是悲观主义和忧郁的诱因，而是理解如下情况的诱因，即真正的影响只是在有抗阻的地方才存在，并且这种哲学具有一项从某个单纯利用精神劳作的人的腐朽观点出发、在一定程度上能把人抛入其命运的艰辛中的任务。

**卡西尔**：我也反对一种平均化。凡是我们想要和必须努力争取的以及能够达到的东西，都是指，当每一个人都停留在他的位置上的时候，他毕竟不仅看到了他自己，而且也看到了他人。这必定是可能的。在我看来，这就包含于一般哲学知识的观念中，即存在于海德格尔也会承认的一种观念中。我并非试图使海德格尔脱离他的立场，从而迫使他进入另一个目光方向中去，而只想弄清楚他的立场。

我相信，对立究竟何在，现在已经变得更加清楚了。但是，一再地凸现这种对立并不会产生成效。我们处在这样一个立场上，在这里，通过单纯的逻辑论证很难获得效果。任何人都不能被强迫去接受这个立场，而且这样一种纯粹逻辑的强迫也无法迫使某个人以一个在我本人看来是本质性的立场来开始。因此，在这里，我们仿佛注定具有一种相对性。"一个人选择什么样的哲学，取决于他是什么样的人。"但是，我们不可滞留在这种相对性上，这种相对性将把经验性的人设定为中心。海德格尔最后所说的是非常重要的。

即使他的立场不可能是人类中心主义的，并且，如果它不想成为这种东西的话，那么我就要问，在我们对立中的共同中心究竟在哪里？非常清楚的是，它不可能存在于经验性的东西中。我们必须恰好在这个对立中重新寻找共同的中心。而我要说的是，我们并不需要去寻找。因为我们具有这个中心，而且之所以具有这个中心，是因为有一个共同的客观的人类世界，在这个世界中，个体之间的差异现在虽然是绝对不可被放弃的，但要借助于如下条件，即在这里，从个体到个体的桥梁现在已被摧毁。这一点对我而言总会在语言的原现象（Urphänomen）中再次出现。每个人都说他自己的语言，而不可思议的是，一个人的语言却可以被转译为另一个人的语言，并且我们也是通过语言的中介来理解我们自己的。因此，这就有了与**这种**语言一样的某种东西，并且是某种与关于不同的言说方式（Sprechweisen）的无限性统一相同的东西。这其中也包括对我来说是决定性的一点。也正因为如此，我才能从符号形式的客观性出发，因为在此被给定的正是那不可理解的东西。语言是最明晰的例子。我们主张，我们在这里就踏上了一个共同的基地。我们首先将它作为假设来主张。并且，尽管有所有这些错觉，我们对这一要求仍不表示怀疑。这就是我可能称之为客观精神世界的东西。由此在出发就引出了一个线索，而这个线索通过这样一种客观精神的中介就又把我们与另一个此在联结在了一起。而且我认为，除了通过这个具有各种形式的世界之外，并不存在从此在到此在的另一条道路。这个事实是存在着的。如果没有这个事实，那么我也许就不会知道，怎么可能会有像一种自身理解那样的某种东西呢。即使这种认识只是这个主张的一种基本情形：一种客观的陈述可以对一个实事做出表达，并且，它具有那种不再考虑个别主体性的必然性特征。

# 海德格尔与卡西尔之间的达沃斯论辩（1929 年）

海德格尔正确地说过，他的形而上学的基本问题就是柏拉图和亚里士多德所规定的同一个问题：何为存在者？并且他还进一步说过，康德同样是以这个所有形而上学的基本问题作为出发点的。我不用考虑就可以承认这一点。但在我看来，这里似乎存在着一种本质的差异，而且是在康德称之为"哥白尼式变革"的意义上。在我看来，通过这个转变，尽管存在问题绝不会被排除掉。这将会是一种完全错误的解释。但是，存在问题现在通过这个转变就包含了一个比它在古典时代曾有过的更为复杂的形态。这个转变在哪里？"迄今为止人们一直认为，认识必须朝向对象……但现在人们却尝试着相反的问题是否可行。倘若不是我们的认识必须朝向对象，而是对象必须朝向认识，那么情况将会怎样呢？"这就意味着，先行于对象的规定性这一问题的是关于一般对象性的存在构造的问题。并且，凡是对这个一般对象性有效的东西，现在也一定是对存在于这个存在结构内部的每一个对象都有效的。处于这个转变中的新的情况在我看来似乎就在于，现在已不再具有唯一的这样一个存在结构了，也就是说，我们拥有完全不同的存在结构。每一个新的存在结构都具有其新的先天的预设。康德指出，他是束缚在经验可能性的条件上的。他还指出，每一种新的形式是如何每一次都涉及一个新的对象性的世界，这个感性对象是如何不再束缚于经验对象，它是如何具有它自己的先天的范畴的，甚至艺术是如何建立起一个世界的，然而这些规律又是如何不同于物理学的规律的。由此，一种全新的多样性就进入了一般对象问题中去。并且由此，现在恰好就从旧的独断论形而上学中产生出了新的康德式形而上学。旧形而上学的存在曾是一个实体，是一个奠基者（Zugrundeliegende）。新形而上学中的存在用我的话说就不再是一个实体的存在，而是从功能性规定和意义的多样性出发的存在。在我看来，在这里就存在着一个可把我的立场与海德格尔区分开来的本质之点。

我保留康德对超越论的问题提法，正如科亨一再表达的那样。他认为超越论方法的本质性就在于：这种方法是以一个事实作为开端的。只是他重又使这个普遍的定义变得狭隘：从一个事实开始，而后去追问该事实的可能性，因为他一再地把数学自然科学当作真正成问题的东西提出来。康德并没有受到这种限制。但是，我要询问的则是语言事实的可能性。我们可以在这种中介中从此在到此在地相互理解，这是如何发生的？这是如何可设想的？我们完全能够把一件艺术品看作一种客观地规定了的东西、看

· 263 ·

作客观的存在者、看作这种在其整体上富有意义的东西，这究竟如何是可能的？

这个问题必须解决。也许由此出发并不能解决所有哲学问题，也许由此出发人们并不能走进广阔的区域，但首先提出这个问题却是有必要的。并且我相信，只有在提出了这个问题之后，人们才能打开导向海德格尔所提问题的通道。

**海德格尔**：在把康德与古代作对比时，卡西尔的最后一个问题又一次给我提供了去标示总体事业的机会。我说，柏拉图的问题必须得到重复。这并不意味着，我们就回归到希腊人的回答上。得以表明的是，存在本身已被分散在了一种多样性之中，并且其中的一个中心问题就在于能够获得基地，而后可以理解那种出自存在观念的存在方式的内部多样性。而我的兴趣就在于去获得作为中心的一般存在的那种意义。并且，我所有研究的唯一努力的方向就在于去获得一个关于存在问题的视域，即一个关于存在结构及其多样性问题的视域。

单纯的调和永远不会导致创造性。这就是作为人的一种有限事业的哲学的本质。在人的有限性中，哲学与人的任何一种创造性的成就一样，是有局限的。因为哲学所指向的是人的总体和至上，所以，有限性必须在哲学中以一种完全彻底的方式指明自身。

这里的关键在于，你们从我们的分歧中一同接受了一点：不要以进行着哲思的人的各种立场的差异性为方向；而且，你们不要研究卡西尔和海德格尔，而是如此地前行，直至你们感受到，我们已经处在重新认真探讨形而上学中心问题的途中。而且我想向你们指明一点：你们在这里小规模地看到的东西，乃是在问题域的统一性中进行着哲思的人的区别，而这在很大程度上也可以通过完全不同的方式表达出来，而在对哲学史的分析中根本性的东西恰恰在于：能够摆脱各种立场和观点的区别，能够看到对各种观点的区分如何恰好就是哲学工作的根源所在，这便是进入哲学史的第一步。

# 艺术与绝对现实（1959年）①

[德] 保罗·蒂利希

我能在可爱的纽约城中这个多年来已成为我最喜欢的地方进行讲演，这对我来说是一个莫大而又意外的荣幸。这个荣幸之所以意外，是因为我既不是一个表现艺术领域的行家，也不是一个其他任何艺术领域的行家。我接受邀请在这里做讲演，只是因为"现代艺术博物馆"计划举办一系列关于"艺术与××"的讲演，而这些讲演的第一个便是关于"艺术与宗教"。于是我应邀从宗教的立场来观察艺术，也就是说，我作为神学家和哲学家应邀来谈论艺术。

显而易见，这样一种观察方式有其不足之处。它意味着用一般而抽象的概念来谈论一些首先必须通过向个别艺术作品的直观移情才能够把握到的东西。当艺术家们的艺术作品被强制性地纳入某些范畴去时，大多数艺术家都会感到不满，这是一个众所周知的事实。但艺术批评与文学批评一样是必不可少的。它将观察者引向一个关节点，对个别艺术作品的直接直观的理解便从这里开始。类似以下所要做的那些概念定义的目的就在于使艺术批评最终成为多余，对概念定义的评价标准因而在于，它们在何种程度上达到了这个目的。

关于"艺术与××"的讲演系列原来应当以一个关于"艺术与宗教"的讲演为始，但现在情况将会有所更动，因为我在这里所要讲的不是"艺术与宗教"，而是"艺术与绝对现实"。这个论题虽然也包含了宗教，但远远超出了人们通常所理解的宗教的范围。绝对现实之物是所有现实事物的基础，而且它将整个现象世界都标志为相对的、暂时的、易逝的和有限的。这些都是哲学概念，但导致这些概念构成的经验却是普遍的。它也就

---

① 德文原文出自 Paul Tillich, "Die Kunst und das Unbedingt-Wirkliche", in Paul Tillich, *Gesammelte Werke*, Bd. Ⅸ, Evangelisches Verlagswerk, 1967, S. 356 – 368。中译文首次刊载于《艺术潮流》1994年夏季号，第3–11页。——译者

是对所有那些事物的欺骗性表层的认识，这些事物为我们所遭遇到，并且，这些事物促使我们去寻找在这表层下面的东西。但我们很快便确定，即使我们穿透了一个事物、一个人或一个事件的表层，我们也会遇到新的欺骗。于是我们竭力想更深地向低层穿透，去把握那些在表层下面最后的东西，去把握那些不再能欺骗我们的绝对现实。我们在寻找最终的、绝对的现实，我们在寻找易逝和有限之流中的恒久之物。所有哲学家都在寻找它，即使他们将变化本身也看作在所有存在者中的恒久之物。他们赋予绝对现实以不同的名称，这些名称表达了他们的恐惧、他们的向往、他们的勇气，但也表达了他们对现实事物的本质的认识与发现的问题性。翻开哲学史上的各种著作，其中到处都充满了哲学家试图用来把握绝对现实之物的那些概念，充满了哲学为获得绝对现实之物而运用在所有现实事物上的那些方法。这是一部引人入胜的历史，它与用艺术形式来表达绝对现实的艺术史一样令人赏心悦目。确实，哲学史与艺术史所描述的是两种不同的发展。表达对绝对现实之体验的哲学形式和艺术形式是相互符合的。但对这两个平行发展的描述将会超出我们论题的范围。

"最终的或绝对的现实"这个概念并不简单地就是在宗教中的"上帝"的代名词。但如果上帝不首先就是绝对的现实之物，那么宗教的上帝也就不是上帝了。尽管宗教的上帝要大于绝对现实之物，但只有当上帝是绝对现实时，宗教才能谈论"神的神性"。如果宗教的上帝小于绝对现实之物，例如，是一个生物，哪怕是一个最高的生物，那么宗教的上帝就与其他的生物处于同一层次上，就与其他的存在者一样受到存在结构的规定——他也就不再是上帝了。

由此我们可以得出一个重要的结论：如果在上帝这个观念中包含着绝对现实，那么在所有绝对现实得到表达的地方，上帝也就表达出自身，无论这种表达是有意的还是无意的。没有什么东西能被排斥在这个可能性之外，因为所有存在之物都是存在本身、绝对现实的一个表达，尽管这只是一个暂时的和易逝的表达。

我们需要对"表达"这个词做更详尽的定义。首先必须指出，一个事件的表达——例如语言是思想的表达——与这个事件本身并不同一。在表达和被表达之物之间存在着一段距离。但也存在着一个点，在这个点上，表达与被表达之物是同一的。所有表达形式的谜和深刻性就在于，它们既在揭示着什么，同时又在遮掩着什么。因此，如果我们说，宇宙是绝对现

# 艺术与绝对现实（1959年）

实之物的表达，那么我们是指，宇宙和在宇宙中的所有事物既在揭示着绝对现实之物，同时又在遮掩着绝对现实之物。这个事实应当阻止人们将世界神圣化，也应当阻止人们将世界世俗化。绝对现实、存在本身就在这块石头、这棵树、这个人之中。就绝对现实之物而言，它们是透明的。但它们也是混沌的，并且阻碍着绝对现实去穿照它们，它们极力想排除这种穿照的可能性。

表达始终是一个对某人而言的表达，这个人能够将表达理解为表达，能够在表达中看到对被遮掩之物的揭示，能够在表达与被表达之物之间做出区分，在我们所熟悉的这个世界中，只有人才能在绝对现实之物和它显现于其中的东西之间做出区分。只有人才能有意识地区别表层与深层。

人可以通过三条途径来认识和表达绝对现实之物：在现实之中、通过现实以及超越现实。前两条途径是间接的，第三条途径是直接的。两条间接的道路是哲学——更确切地说是形而上学——和艺术。它们之所以是间接的，是因为它们的直接目的在于，在认识概念或艺术画面中把握现实。

哲学——在传统词义上的哲学——追求对宇宙的探讨，但在这种追求中，它不得不对绝对现实之物做出或明确或含蓄的陈述。我们已经指出哲学概念的双重性质，而绝对现实本身就是这样一个概念。艺术画面的情况也与此相似——"画面"这个词也被运用在语言和音乐形象上。在这些画面中，艺术在极力展示现实事物的同时，也在启示着绝对现实之物。我的讲演的目的就在于用具体的事例来证明这一点。许多艺术家告诉我们，他们的意图在于表达现实本身，我相信他们的自白证实了我的观点。

但还存在着第三条直接的途径，人们可以通过这条途径来认识和接受绝对现实，这就是在传统意义上的宗教。在这里，绝对现实表露在那种心醉神迷的体验中，这些体验具有具体天启的性质，并且在象征与神话中得到表达。神话是象征的复合体；它们是表达对绝对之物之经验的最原初的和最基本的形式。哲学和艺术是从这些神话的深层中汲取其财富的。神话有力地表达了人与他们的世界与绝对之物的关系，这种力量证明了神话的有效性。人和他们的世界与绝对之物之间的特殊关系是神话产生的发源地，而一旦这种特殊关系消失，神话也就不复存在。神话既不是原始科学，也不是原始艺术，尽管这两者都包容在神话之中，犹如婴儿包容在母体之中一样，直至科学与艺术开始独立并追寻自己的发展。在这个发展的过程中，贯穿着一个内在的冲突，这个冲突就像我们所有人都经历过的那种冲突一样，是在这两者之间的冲突：一方面是与我们产生于其中的创始基础的联结；另一方面是在我们成熟时期我们自身的自由实现。这是在神圣与世俗之间的冲突。

世俗哲学通常被简称为哲学，世俗艺术通常被简称为艺术，而以神圣之物和绝对现实的直接象征为对象的哲学和艺术则被称为神学和宗教艺术。在神圣和世俗之间冲突所产生的创造性和毁灭性结果在人类历史的许多阶段都留下了深刻的烙印，人类最近五百年的历史最清楚地向我们证明了这一点。如果我们在以下考察中坚定地把握住一个关键点，那么，在这神圣与世俗之间的紧张关系便会得到缓和，它们的冲突所造成的破坏性影响便会得到消除。这个关键点在于：在宗教与哲学、宗教与艺术之间的关系问题绝不仅仅局限在神学和宗教艺术上；只要绝对现实之物通过哲学概念或艺术画面得到表达，宗教与哲学、宗教与艺术的关系问题就会出现，并且它表现在一种思想或一个画面的风格中。

风格必须得到解释，为此我们必须具备解释风格的钥匙，这些钥匙取自于艺术与现实的接触方式所带有的特殊性质。我在这里的任务并不是指出那些可以一般地导致对艺术风格之理解的钥匙，或者指出那些可以导致对在历史进程中突出表现出来的无数集体风格和个体风格之理解的钥匙。我在这里毋宁是指出那些在自身中表达出绝对现实之物的风格。如果我们考察这样一些主要类型，在这些类型中，绝对现实在人的宗教经验中表现出来，那么我就可以最清楚地看到这些风格。它们是对人与绝对之物的基本关系的直接表达，它们贯穿在所有的艺术形态中，并且本身可以在这些形态中被直观。

在这个基础上，我想区分五种风格因素，这五种风格因素以无数的组合形式表现在东西方艺术的伟大历史风格中，并且通过绝对现实而表露在艺术中。在对各个风格因素进行描述之后，我将以各种画面为例来加以证明，但我不准备进一步分析具体的画面，对这些画面的选择出于实际的原因而受到一定限制并且或多或少带有偶然性。

宗教经验的第一种类型，而且同时也是最普遍的和最基本的类型，是圣体（sakramental）型。在这种类型中，绝对现实之物显现为一种在各种对象、个人和过程中都当下的圣物。我们在世界中所接触到的东西，在宗教史上几乎都在某个时候曾经是圣物的载体，也就是说，曾经是圣物的现实。即使在最低贱、最丑陋的东西那里，圣物的特征也不会消失，在此时

## 艺术与绝对现实（1959年）

此地表达绝对现实的力量也不会消失。因为，圣物的本质正是在于这种力量之中，它不像那些偏执于道德主义学说的宗教所声称的那样，在于道德的善之中。实际上，在任何一门真正的宗教中，在此时此地对具有当下性的圣物的圣体经验都构成宗教生活所有其他形式的基础。

这一点引导我们发现了第一种风格，在这种风格中，对绝对现实的经验得到表达。绝对现实首先显现在那种通常被称为神秘现实主义的东西中。由于语词的含义是神秘的，但又是非宗教的，因此，我宁可采用"圣事现实主义"这个词。"Numinos"这个词来源于拉丁文"numen"，原意为带有神-魔特征的神圣事物的显现。圣事现实主义作为现实主义，所表现的是通常的对象、人和过程，但它作为圣事现实主义则以一种特殊的方式来表现它们，使它们看上去显得陌生、神秘并且具有双重意义的力量。为此，圣事现实主义利用空间关系，利用对物体的艺术风格化和恐怖的画面。这种圣事现实主义对我们既有吸引力，同时又有拒斥力。我们被它所控制，绝对现实之物以一种神秘的方式穿照在它的始终。

原始艺术通常带有这种性质，这种性质并不排斥其他的风格因素，但它统治着其他的风格因素。我们这个时代的艺术家重又发现了它的伟大性，他们的内在发展和他们的艺术样式驱使他们形成了与这种性质相似的风格形式。人们曾用不同的名称来称呼这些风格形式。在从塞尚（Cezanne）到布拉克（Braque）的立体派的发展中，圣事现实主义至少是一个因素。在德契里科（de Chiricos）的形而上学风格中和在夏加尔（Chagalls）的超现实主义中，圣事现实主义也是当下的。它显现在这样一些画家和雕塑家的当代作品中，这些画家和雕塑家将他们对细节之爱与他们赋予细节的宇宙含义的意义结合在一起。

这种艺术与宗教的圣体主义是相符合的，它指明绝对现实就当下地存在于此时此地的一个特殊对象中。尽管这种艺术的创作与艺术要求相一致，但它——有意或无意地——并不仅仅只是对艺术要求的满足：它将一个特殊对象中的绝对现实表达出来。但它无论在宗教方面，还是在艺术方面，都面临危险。

所有圣体宗教的危险都在于，它们会堕落成为偶像崇拜，这是一种把以圣体的方式被神圣化了的现实变为神本身的企图。这是一种向魔鬼信仰堕落的危险。在艺术上，这种危险就在于：对象仅仅被当作象征来使用，对象本身的威力被丧失殆尽。一方面是感性化了的象征主义，另一方面是作为绝对现实载体的一个对象的象征力量，要想在这两者之间划分一条界线是很困难的。也许可以这样说，错误的象征主义将我们的目光从它的对象引开，引向它所象征的另一个对象，而一个艺术作品的真正的象征性表达力量则在于向我们揭示出它本己的深刻性并随之而揭示现实本身的深刻性。

与圣体宗教类型相近，但同时超越它的另一个宗教类型是神秘型。在这种宗教类型中，宗教经验试图不依赖特殊对象的中介直接达到绝对现实。这种宗教体现在印度教、佛教、道教和新柏拉图主义中，并且在经过一些修正之后，也体现在犹太教后期以及伊斯兰教和基督教的某些流派中。它有可能成为一元论的自然神话。在这种神话中，上帝与自然（即超越所有单独事物的自然创造基因）被等同为一。我们既可以在古代的亚洲，也可以在现代的欧洲和美洲发现这种宗教类型。与这种宗教类型相符合的风格因素是那种将事物的单独性融合为一种视觉统一的风格。但这种统一并不是灰色画法（Grau in Grau）；它将单独事物的所有潜能都包含在自身之中，就像印度教中的"梵"，新柏拉图主义中的"一"，基督教中的"创世主－上帝"，它们在自身中承载着整个世界的可能性。在这个统一中包含着紧张、冲突和运动；但单独事物尚未构成，它们还处在潜能的状态中。它们尚未现实化，尚未成为可以相互区分开来的对象。或者，即使它们已经成为对象，它们也显得似乎非常遥远，就像是在创世之前的对象一样。这种风格因素体现在中国的山水画中，气与水在这里象征着宇宙的统一，单个的岩石和树枝几乎没有从它们个体的生存中显露出来。我们在亚洲绘画和西方绘画的背景中也可以找到相同的东西，即使在那些用人物来充实前景的绘画中也可以找到这种东西。在印象派将所有个别事物都消融在光与色的效果之中的做法里面，这是一个关键性的因素。

这种风格因素最明显地贯穿在这样一种艺术中，我们今天将这种艺术称为无对象－艺术，它曾统治了前十年的美国绘画。当然，绝对当下是无法直接地被表现出来的，但它可以通过现实的主要结构因素，如线条、立体、平面、色彩而被象征性地表达出来。它们是为那个超越出所有现实事物的东西服务的，这正是非对象－艺术的目的所在。在亚洲神秘主义挤入美洲的同时，美国的艺术家剥夺了现实的丰富多彩，剥夺了事物和人的生动具体，他们试图用那些通常仅仅在具体对象和在现实的表层显现出来的因素去表达绝对现实。

# 艺术与绝对现实（1959年）

这种艺术同样面临着危险：神圣的空乏有可能成为单纯的空乏，而且某些画面的空乏恰恰表达了艺术的空乏。如果人们试图用消融现实的方法来表达绝对现实，那么由此而产生的作品就可能什么也表达不出来。可以理解，这些作品激起人们对非对象-艺术的强烈反感，而在宗教中，相应的状况也激起人们对神秘宗教类型的反感。

与神秘型宗教相同，先知-批判型的宗教也超越了圣体型宗教，超越了这个作为所有宗教之基础的宗教。先知-批判型宗教以个人正直和社会正义的名义对一种恶魔般地被歪曲了的圣体主义进行批判；它指责那种无正义的神圣。在这种类型的宗教中，绝对现实不是表露在自然中，而是表露在历史中；它表露为一种个人的意愿，这种意愿提出要求，进行抗争，给予惩罚，发出诅咒。自然不仅丧失了它的魔力，而且也失去了它的神力；它成为事物，成为对人的目的而言的工具。正是在这个宗教的基础上，我们今天生活于其中的工业社会才得以建立起来。

如果我们现在问，哪一种艺术风格因素与这种对绝对之物的经验相符合，那么我们必须回答，现实主义的艺术风格因素。现实主义在这里既是指科学描述的形式，也是指伦理批判的形式。当自然被剥去了其圣事力量的外衣之后，它便可以成为科学分析和技术操作的对象。虽然对这种现实的艺术把握本身并不是科学的，但它与那些已被科学变为单纯事物的对象有关。如果现实主义这个概念所涉及的是艺术作品，那么它就不是指一种对自然的模仿。但它可以指明现实性中的可能性，可以丰富我们在日常生活中与现实的交往，并且它有时还可以预见科学发现。

艺术风格中的现实主义因素似乎并不要想去表达绝对之物，它似乎是在遮掩绝对之物，而不是在启示绝对之物。但这种现实主义可以通过这样一种途径来提供对绝对之物之经验的中介。它可以使我们睁开眼睛，看到我们在日常与现实的交往中所看不到的真理。它使我们对一些我们自以为通过日常生活而已经认识了的东西感到陌生。在对现实所进行的冷静、实际、准科学的观察中，有无穷无尽的财富启示给我们，这些财富就是绝对现实之物的表露，即使它不带有直接圣事的性质。人们带着一种屈辱来接受现存事物，正是这种屈辱赋予现实主义的艺术风格以宗教的表达力量。

批判现实主义首先探讨的是人、社会和历史，尽管在它对现存现实之丑恶的艺术表现中也常常涉及自然中的苦难。艺术现实主义，即我们在波许（Bosch）和勃鲁盖尔（Brueghel）那里，在卡洛特（Callot）和戈雅

(Goya)那里，在杜米埃（Daumier）和恩索尔（Ensor）那里，在格罗兹（Grosz）和贝克曼（Beckmann）那里所看到的那种艺术现实主义，面向现存的现实，从而表达了绝对现实之物。这些艺术家在作品中首先对世界的不公正进行抨击。但他们是在其艺术作品中表达他们的批评，因而批判现实主义要超出纯粹的否定之上。他们通过艺术造型而将自身与那种仅仅借助于丑恶才产生的吸引力区别开来。艺术因素一旦丧失，绝对现实便不复存在，取而代之的是被歪曲的现实。这正是这一风格因素的危险所在。我们可以将这种危险与纯粹理智的伪批判主义所具有的危险相比较，后者的危险在于堕落成为一种无望的否定。

先知－批判的宗教类型自身还包含着一个希望的因素，这是它的强盛的基础。一旦希望的因素与对现实的现实主义看法相分离，一种将当下看作对未来之完美性的预见的宗教类型便会出现。艺术家在其图像世界中可以表现这种完美，在完美性的形式中，先知的希望所期待的东西被视为已经实现。当文艺复兴将自己理解为社会的再生时，这种理解正好为这种宗教观提供了极好的生长基地。但这种宗教观也有自己的先驱，例如在古希腊。在当代，这种宗教观仍然试图使这样一种风格因素重新复兴。

我们可以将这样一种宗教观称为"宗教人道主义"，它将人视为上帝，将上帝视为在此时此地的人，尽管人具有所有那些人的弱点。宗教人道主义期待着在历史中实现这种统一，而艺术创作预见到了这种统一的实现。

表达这种宗教观的风格通常被称为理想主义。理想主义一词已经如此声名狼藉，以至于人们几乎不再去使用它。今天，作为一个理想主义者，差不多就是一种罪行。但人们不仅仅是在批判这个词，而且也在批判这个概念。在一个圣事的、描述的和批判的因素占据统治地位的时代，理想主义传统遭到的是鄙视和谴责。尽管理想主义传统曾奉献出无数宗教图画，人们却认为它不能提供对绝对之物的中介。我原先曾持这一观点，直到我清楚地看到，理想主义是对人类最高可能性的预见，它意味着对已丧失的天堂的追忆和对重新获得的天堂的预见，这时我才改变了我原来的看法。由此看来，理想主义风格是经验绝对之物的最清楚的媒介体：它表达了人和他的世界中的神圣事物，它具有本质的、不变的、天生的完美性。

然而，我们的当务之急在于强调艺术理想主义所面临的危险，这项工作比我们强调其他风格因素所面临的危险更为急迫：它的危险在于被人们与一种浮浅地和感伤地进行美化的理想主义混为一谈。这种情况在许多领

## 艺术与绝对现实（1959年）

域已经发生，尤其是在宗教艺术领域，并且，这也是理想主义——无论是这个词，还是这个概念——声名狼藉的原因。真正的理想主义在一个本质的深度中或在一个过程的深度中展示其潜能，并且在艺术中赋予这些本质和过程以造型。美化的理想主义展示已有的对象，但在展示过程中附加给它们一些不真实的、理想化的东西。如果我们试图创造一个新的经典，我们就必须避开这一危险，这是一个在今天显得十分必要的警告。

现在我要讨论第五种，也是最后一种风格因素。对现实主义（圣事现实主义除外）和理想主义最强烈的反对运动是表现主义运动。与表现主义相符合的是哪一种宗教形式呢？我想将它称为心醉神迷型、精神灵感型。这种类型在《旧约》中已经被预言，它就是《新约》的宗教和在后期教会史上于诸多运动中表现出来的宗教。它现在又在许多异端组织中表现出来，在早期的新教中和在宗教浪漫派中。它与其他宗教类型一同出现并且常常与其他宗教类型发生冲突。它的突出特征在于它的活跃性，这种活跃性既表现在它的破坏活动中，也表现在它的创造活动中。它让单独的事物与人物发挥效用，但它又超越它们。它既是现实主义的，同时又是神秘主义的；它既是批判性的，同时又是幻想性的。它不停地运动，却又指向永恒的静止。作为新教神学家，我坚信，这种宗教因素将会在基督教中充分发挥其效用，它是所有宗教中的活动因素并且在许多情况下都得到了极为广泛的发展。

但我们的问题在于，这种宗教类型在艺术中如何表达自身。与它相符合的是哪一种风格因素？我相信，这就是表现主义的因素。绝对现实在这种因素中显现为一种"穿透我们造型之牢笼"的东西，一种类似于在圣歌中所说的精神的东西。它粉碎了我们本己生存的表层和我们的世界的表层。这就是表现主义的"精神"特征——"精神"这个词的意义在这里要比德国表现主义艺术运动所指的意义更为广泛。

以往教会曾对心醉神迷的运动始终感到不安，它认为这种运动会对（圣礼基础）造成威胁。今天，社会对过去和当前的表现主义艺术大运动感到不安，因为它突破了现代工业社会的现实主义和理想主义的基础。但这恰恰就是绝对之物的表露。在过去和目前的许多风格中，都包含着表现主义的因素，并且，在过去和目前的许多风格中表现主义都占据着主导地位。在西方历史上，表现主义的因素规定了地下墓穴艺术、拜占庭艺术、罗马艺术，规定了哥特以及巴洛克艺术的大部分领域，并且它还规定了自

·273·

塞尚以来的现代绘画。

在这些风格中,其他的风格因素与表现主义的因素结合在一起,但表现主义因素始终是决定性的。即使表现主义艺术不运用传统的宗教象征,绝对现实也在这种艺术中以一种极有力的方式启示着自身。但历史表明,那些受表现主义因素规定的风格特别适合于以传统宗教象征为对象的艺术作品。

但我们在这里必须提到艺术风格的表现主义因素中所包含的危险。表现主义可以被理解为一种对艺术家的主体性的表现和表达,正如在宗教领域中,"精神"被理解为一种对宗教主体性的心醉神迷、杂乱无章的表达一样。一旦出现这种情况,心醉神迷便被混同于歇斯底里,但歇斯底里不突破任何形式并且不创造任何新事物。一部仅仅表达艺术家主体性的艺术作品始终停滞于偶然之中,无法突进到绝对现实。

我们这里所解释的这五种风格因素能够成为绝对现实的中介者,这五种风格因素的重点在于:绝对之物在艺术中的表露并不束缚在那些通常被称为宗教艺术的作品上。在讲演结束之际,我想谈谈宗教艺术以及它与这五种风格因素的关系。

如果艺术在画面中表达现实,宗教在象征中表达绝对现实,那么,宗教艺术则在艺术画面中表达宗教象征。表达人与绝对现实之间特殊关系的宗教内涵,首先在宗教象征中被表现出来,然后这些象征便成为艺术画面的对象,如圣母马利亚、耶稣十字架。就宗教内涵和艺术形式之间的关系而言,有可能是它们两者之间的一个在艺术作品本身中或在这个作品的影响中占据主导位置:艺术形式有可能吞噬宗教内容,或者在艺术作品本身中吞噬,或者在与艺术作品的个人接触中吞噬。许多宗教团体之所以反对宗教艺术,尤其是在与礼拜有关的问题上反对宗教艺术,原因之一就在于上述危险的存在。或者,宗教实体有可能激发起一种艺术,这种艺术几乎已经不能被称为艺术,但却具有重大的宗教影响。这种可能性就是艺术在教会中轻度蜕化的原因之一。对于宗教艺术的创作者来说,既要避免前一种危险,又要避免后一种危险,这是一项困难的任务。我们对这五种风格因素所做的分析也许可以在这方面提供一些帮助。

被我们称为圣事现实主义的风格因素对于宗教艺术来说显然是一个合适的基础。在原始艺术占统治地位的地方,人们常常无法辨认宗教和世俗之间的区别。在圣事现实主义的新形式中,带有这种风格烙印的作品所具

# 艺术与绝对现实（1959年）

有的宇宙含义是清晰可见的。但对那些隶属于先知类型的宗教的极为人格化的传说和神话而言，这种圣事现实主义几乎是不可取的。

神秘主义-泛神论因素在其中占据统治地位的那些风格无法被用来表现具体的宗教象征。非对象艺术和与它相符合的神秘主义一样超出具体的世界之上，在非对象艺术中所能够表达的仅仅是对这种超出具体象征世界之上的超越的象征。

如果描述的和批判的现实主义规定了一种风格，那么我们就会面临一种相反的困难：描述的和批判的现实主义能够在其具体性中表现所有具体的宗教事务，但它只能在与其他的风格因素的结合中将这些具体的宗教事务表现为宗教性的，否则它会把宗教事务世俗化并且例如将耶稣或者变为一个乡村教师，或者变为一个宗教狂热分子，或者变为一个政治殉道者，同时，它常常会从理想主义那里汲取一些伤感而虚假的美化的特征。这是宗教庸俗的主要来源。

第四种风格因素意味着宗教艺术的另一个问题，它预言最终的实现状态。这种最终实现状态通过宗教传说和神话而得到最好的表达。但这里缺乏一个关键因素，即从人与神的本质统一中人的生存的异化，这也就是十字架的现实。相反，批判现实主义在其整个具体的残酷性中表现这一现实，而表现主义则表达它的悖谬意义。由于在那些带有理想主义烙印的伟大作品中缺乏这一因素，因此，这种风格也有可能导致庸俗。

如前所述，表现主义因素与宗教艺术具有最内在的联系。它不仅突破了现实主义接受现存事物的做法，而且也突破了理想主义先取实现状态的做法。它超越了这两者，并且达到了绝对现实的深层。在这个意义上，它是一种心醉神迷因素，这种因素表达了与绝对现实相接触的心醉神迷性质。在所有伟大的宗教艺术中都可以看到这个因素，无论它与哪些别的因素相伴出现。指出在所有伟大的宗教艺术中所包含的这种心醉神迷的、受精神引发的性质，是一项任务，这里所阐述的观念只是在为这项任务奠定基础。只要这里所阐述的观念奠定了这个基础，只要它们已经指明，在所有艺术作品的各种组合中所包含着的这些不同的风格因素都表露出绝对现实之物，那么，对这些观念的阐述便达到了自己的目的。

# 哲学：世纪末的回顾与前瞻（1992年）[1]

[美] 汉斯·约纳斯

我应邀来向你们谈谈本世纪以及世纪之交的哲学。我这里有意地不说"这门"哲学。因为究竟是否存在这样一种可认同为一的哲学，这是值得怀疑的。我们可以将哲学与自然科学做一对比。物理学、化学、天文学、地质学，这些学科都各自具有其明确定义的**对象**，而哲学则可以延伸到任意和所有的东西上去。其次，那些关于自然的科学在总体上都有它们一致认可的**方法**，每个人都不得不严谨地遵循这个方法。与此相反，哲学喜欢追思（nachdenken）每一其他知识的方法，自己却没有产生任何有束缚力的哲思方法，而且可能永远不会有这样一种方法。

但首要的是，每一门自然科学随时都可以声称，在其自身中什么是有效的，什么是一劳永逸地被解决的，而且带有这样一种确定性：最晚近的恰恰也是迄今为止最正确的。过去最多只在历史学上是有趣的。今天没有哪个物理学家会重拾已过气的"燃素说"。可是对于哲学家来说，柏拉图和亚里士多德、斯多亚主义者和伊壁鸠鲁主义者、休谟和康德、黑格尔和尼采还会一再地被争论和被选择。不会再有被认真对待的炼丹术士或占星术士，但完全会有被认真对待的亚里士多德追随者或黑格尔追随者。在哲

---

[1] 德文原文出自 Hans Jonas, *Philosophie. Rückschau und Vorschau am Ende des Jahrhunderts*, Suhrkamp, 1993。

汉斯·约纳斯（Hans Jonas，1903—1993年）是当代著名的生态哲学家和责任伦理学家。20世纪20年代，他曾是胡塞尔和海德格尔的学生，因此，他的思想的现象学背景也较为明显。本文是他于1992年5月25日在德国慕尼黑摄政王剧院所做的一个报告，该报告属于"世纪之末"的报告系列。这篇报告充满了这位世纪哲学老人的经历与感想、明察与希望、警示与告诫，而且基本上是在与现象学家的对话中完成的。约纳斯于一年之后辞世。这份报告可能是他生前的最后一次讲演。

本文是笔者于2004年第二学期在中山大学哲学系开设的"西方哲学德语原著选读"课所选用的文本。开课的时间为每周五下午。几个年级的博士、硕士研究生参与了这门课程的讨论，并最终共同完成了本文的中文翻译。笔者对译稿做了最后的统一修改校对。中译文署名"辛启悟"首次刊载于《世界哲学》2005年第6期，第2-27页。——译者

# 哲学：世纪末的回顾与前瞻（1992 年）

学中，我们不可能有一个关于正确或错误的有束缚力的一致性，甚至我们都不能去期望这种一致性，因为那将会是哲学的死亡。

因此，我们根本不会像报告例如有关物理学的"现状"那样，能够在同一的、明确的意义上来报告当前哲学的"现状"。有多少哲学家，就有多少的哲学，就有多少的哲学观点，这是一个令人略感遗憾又略感愉悦的事实。对此，邀请我来做这个演讲的人肯定不会不清楚，因而他们必定会同意我保留一个预先已描画好的、对刚流逝的世纪的"这门"哲学以及对未来世纪的哲学所面临任务的图像，这个图像是非常私己的，或许完全没有代表性。无论如何，我所提供的与其说是对永无止境的哲学谈论的补充，不如说是记录，归根到底则是对本己实事的一个告白。优势在于，我从七十年前就开始"参与其中"；而与此相对的劣势则在于，这种在场是有选择的，我和一些重要的思潮——首先是与有强大影响的分析哲学思潮——保持距离。因此，我的综览（Tableau）也并非历史完备的，因为我的谈论仅仅是从自己的思考经验出发。现在言归正传。

对于哲学——在其经典之邦德国——来说，新世纪在没有那些类似在物理学中与普朗克和爱因斯坦的名字相连结的定音锤（Paukenschläge）就开始了。尽管恰好在 1900 年开始出版的胡塞尔的《逻辑研究》产生了重大影响，但这仍不能与之相比。尼采的影响开始彰显自身，克尔凯戈尔被发现，柏格森的声音从法国穿透到这边来，而逻辑实证主义则在维也纳苏醒。但是在学院哲学中，认识论兴趣仍完全占有统治地位。这门学科几乎是与"认知意识理论"相同一的，例如在新康德主义的各种活动方式中。对于**自然**哲学，因为迫于自然科学的强力，所以人们早已做出了放弃。

只是作为第一次世界大战的后果，哲学中才发生了一场地震。这里可以用我自己的经历来说话，因为我由于年龄的恰合而立即身陷其中。当 1921 年我 18 岁去弗莱堡学习哲学时，那里的主宰仍是已到花甲之年的埃德蒙德·胡塞尔。他满怀激情所布道的"现象学"是一项意识——作为一切只要可想象的事物一般的显现演示场的意识——自身探究的计划。一门"纯粹"意识的"纯粹"现象学应当成为哲学的基本科学。从什么东西中"纯粹"出来呢？从实际之物和个体之物的一切偶然性中纯粹出来，与此同时，一种内本质直观能够分离出对一切主体同样有效的东西。在这里，一种柏拉图化了的特征是清楚无误的，但恰恰是一种新型的与主体性领域相关的特征。据此，方法便是观看并描述，而非像在心理学中的因果解释。重点在于意识的创造对象的、认识的并且最终是直观的功能，这些意识的功能本身也可以最佳的方式被直观到。胡塞尔近乎宗教式地坚信：根据他的规定来施行的现象学最终会使一门"作为严格科学的哲学"成为可能，并使自笛卡尔以来近代哲学理论上的主要冲动得以实现。

没有时间来详细探讨这一学说了，但就其精神而论，下面这个二手的记忆或许是标志性的。某人——一个圈外人——有一次问胡塞尔本人，现象学对上帝是不是也该说些什么，据说他的回答是："如果我们在意识中遭遇到作为素材的他，我们同样可描述他。"这听起来近乎轻率，但事实上，对不少人而言，胡塞尔的现象学成为一条通向上帝的道路，主要在天主教方向上。我在这里想到的是艾迪·施泰因，还有马克斯·舍勒。

就个人而言，我心怀感激地承认，对于成长中的哲学家来说，现象学是一所训练其手艺的奇妙学校。对现象的尊重、对现象之直观的练习、对现象之描述的严格恪守——所有这些都设定了需要努力才能满足的高标准。但是，即便是现象学，也无法使哲学成为"严格的科学"，这是一个从胡塞尔的数学开端中带出的梦想，一个必须得到谅解的梦想。但直观的教育却使现象学的初学者们终身受益，而且这种直观将直观的实事从其在神秘主义那里所沾染的非理性气息中摆脱出来。另一方面，我却对这一教义的充分性产生了怀疑，尤其是对那种限制在纯粹意识上的做法。我自问，在现象学这里，我们**身体**的实存是怎么一回事？我们也能在不剥夺其意义的有待描述的感觉素材的情况下，把身体的实存还原为"意识素材"吗？而这里涉及的恰恰是主体本身的存在与非存在。

作为报告人，此刻我有义务告示，"身体性"这一题目确定了我们全部进一步考察的主旨，它远远超出了现象学的特殊案例，并将伴随我们直至结束。对于"把我饿坏了"这样一个陈述，带有胡塞尔印记的现象学能够说些什么呢？假定有一门关于饥饱感觉的现象学，它能告诉我，这里所关涉的是什么吗？它能告诉我：人**为什么**必须吃饭？吃**多少**？与物理学和化学相联合的生物学向我们解释了这个为什么，这个无情的"必须"。至于吃多少，天呐，具有数量性质的问题，全然质性的本质直观甚至连提都无法提出。但我们的身体所具有的实在的、完全经验性的尺寸却与此有关。并且，一旦弄清了要吃多少，就又会引向类似"到底够不够"以及"如何获得"这样的非哲学问题。而这些问题重又导向公正与非公正的财富分配、好的与坏的社会秩序的问题——导入这个时代的迫在眉睫的问题

哲学：世纪末的回顾与前瞻（1992年）

之中心。对于这些问题，现象学依照其自身的定义必须敬而远之。因此，现象学无法说明，在那个年代，贝尔特·布莱希特"先填饱肚皮，才好讲道义"的打油诗中是否可能含有真实的东西。当时，在非哲学专业的同学中，马克思主义者在此方面走在我们的前面，他们曾严肃地对待这类问题。

但是，我们这些非政治的哲学青年并非从他们那里学到这样一个认识：对于这个世界而言，那个"纯粹的意识"太纯粹了，而且"直观"并不是世界关联以及自身关联的首要模式。从与现象学本身相邻最紧密的圈子中出现了这个新的语词：马丁·海德格尔的生存哲学。1927年《存在与时间》的发表，标志着此前已提到的那场在我们这个世纪的哲学中的地震，它导致一个主要是**认识**意识的整体的、准视觉的模型之倒塌，取而代之的是愿欲的、疲惫的、贫乏的和会死的自我得以显露出来。而这并非发生在例如心理学的范围内，而是发生在那个古老的、被从遗忘中抢夺回来的关于"存在"之意义的追问之上。

在这里，没有人会期待我给出一个关于海德格尔哲学的概述。但是，还是要谈一下对当时的这个转折的体验。我们以《存在与时间》的**语言**为例，撇开其醒目的形象性，先谈论那种概念性教义的纯粹语法。立即引人注目的是用动词不定式来充当主词的偏好：在世界之中存在、被抛存在、共处同在、上手的存在、领先于自身的存在、向死前行……它们大都是与不定式"存在"的组合。该书标题的"时间"在正文中变成了"时间性"和"时间化"，并且把过去和将来称作"曾在性"和"将来性"。所有这些都不是对象概念，而是发生概念和施行概念：它们所标识的不是事情，而是存在的方式；实体模式消失了，所有东西都可以说总是"在运行之中"；而以往称为"主体"的东西，现在叫作"此在"。这个非常普遍的和抽象的不定式被用来从技术上标识特别的**人**的存在，也就是个别具体的人，一如它从其内部所自身经历的那样。凡出现"此在"的地方，"你"或"我"都可以被置入，但始终是作为某个特定种类的实施者。即便是此－在（Da-Sein），也还是一个组合："此"表明，这个特殊的存在者从自身出发开辟了一个视域，它生活到这个视域之中。借助于这个动词形式，一种独特的动力（Dynamik），甚至是戏剧性（Dramatik）便挤入对自我与世界的每一关联的描述中。而这样一种在语法已被唤起的对动态状况的期待，乃是通过具体的形象性来兑现的，此在的属性便是以此形象性而

·279·

得到几乎诗一般的描述。例如，此在"被抛到"（geworfen）这个世界中，同时将自身"筹划到"（entwirft）未来中。

在从语言出发而于此达到实事之后，我们来看一看具有了新含义的"此在"**定义**。这个新含义在于：此在是一个在其存在中恰恰关涉这个存在的存在。"对它来说事关某个东西"：这的确已不再是观念论的超越论意识。所有主体存在的**最终**特征出现在首要的位置上：它在本质上朝向目的，而它的第一个目的就是它本身。这个"为了……意愿"（um…willen）主宰着此在的所有世界关联。意识的"意向性"在胡塞尔那里完全中立地标识着对客体之拥有本身，而现在它却表明自身是浸透了**兴趣**的；意愿的分量超过了直观，而世界对于此在而言是以原本实践的方式"在此"的。在这里存在着某种与盎格鲁撒克逊的功利主义和实用主义的亲缘关系，这一点并非始终未被注意到。

然而，为何对于此在而言，必须始终与某物有关，并且最终与它自己有关呢？回答是：因为它没了这个东西就会毁灭，因为它总是受到虚无的威胁。因此，随着这个终极之物、随着一般的目的拥有，此在的困境、它的被威胁的状况也就同时在这个定义中得到了表达：由于此在是**会死的**，因此，对它来说总是关系到生存活动本身。这个生存活动必须以各自的方式从随时面临的死亡那里赢取。据此，此在的存在的基本模式就叫作"烦"。

带着作为此在第一存在样式的烦，我们便处在海德格尔的所谓的"生存主义"（他自己并未使用这个表述）的核心处。就烦的角度来看，世界作为"上手之物"的整体与我们遭遇，世界事物则是作为潜在的"器具"与我们遭遇，即作为在目的—手段—关系中可以有用的东西。这种本己的存在是烦的通透对象，这并不意味着，它是唯一的，或者哪怕是处在前景中的对象。许多其他稍纵即逝的东西也一同被烦，例如，其他人是在"烦神"的样式中被烦，直至自我否定，甚至还包括非灵魂的东西，比方说需待完成的作品，艺术家为此而献出他的生命。即便在这里所关涉的仍然是本己存在。这意味着，这种本己存在恰恰能够在为其他存在者的极度献身中完善自身。

显然，这里是由此在本体论朝向一门行为伦理学的一道门槛。海德格尔在《存在与时间》中并未真正地跨越过它，并且就我所知，以后也没有跨越。虽然海德格他在生存的"本真性"和"非本真性"之间做出了区分,而且很明显,在这个区分中隐含着评判性的东西,隐含着应当(Sollen)与避免(Vermeiden)的潜在命令,但是,海德格尔在这里只是使它们成为对每一此在的可供选择的存在方式与状态的描述。每个人首先并且通常不是作为他自身而生活,而是在说、想、做,一如"常人"的说、想、做。只有"向死的先行",也就是说,只有对本己会死性的反思,才会把每个人各自带到本己的自身存在的,也就是"本真的"生存的决断性中。无疑,这种本真的生存要比平乏的"日常性"胜出一筹,可是海德格尔并没有说出这种决断性决定支持什么或反对什么。但也许他说出了一点:"烦"笼罩在这个决断性上。而在这里正如也在其他地方一样显露出克尔凯戈尔的影响,正是从克尔凯戈尔那里,"生存"这个词才获得了一种新的、只是与人有关的意义。

以上这些必定足以使我们回忆起《存在与时间》的精神,而这部著作,他的最著名的和最有影响的著作,必定代表着整个海德格尔,尽管他后期的巨大事业在许多方面已超出了这本书。

我在这里有必要做两点评论。第一点评论要重提已经被胡塞尔提出的问题。完全可以确定,与胡塞尔的纯粹意识相比,作为"烦"和作为终有一死的此在,要离我们存在的本性关联更为贴近。尤其是"死的"这个谓项强制性地指明了在其完全的、显著的和诉求着的物质性中的身体**实存**。而只有对于一个有手的生物来说,世界才可能是在手的。但在这里曾已何时提到过身体?"烦"曾几何时被回溯到身体上,例如,作为饮食之烦,作为**物理的**迫切需求?除了一切内部的东西之外,我们生物的一面得到表达了吗?正是由于这一方面,我们本身才完全外在地属于被体验的世界,并且以大致客体的方式是世界的一个部分。我不知道海德格尔是否提出和回答过这些问题。总之,德国哲学连同其观念论传统太高贵了,它不屑于讨论这些问题。

因此,即便海德格尔没有把"我饿了"这样一个陈述带入哲学的把握中,在他那里,最终应当得到思考并用来坚持生存之真诚的是一种非常抽象的终有一死性。由于忽略了它的具体的基础,因此,对内部性的解释阻断了一条通往**伦理学**的重要而又富于内容的通道。由于缺乏这样一条通道,因此,伦理学便始终滞留在空泛的抉择主义中。

然而,在这之后隐含着一种超出海德格尔所有特征之上的陈旧片面性,哲学正是在此片面性上患病,这便是自觉高于自然的精神对自然所做的某种蔑视。这曾是形而上学**二元论**的遗产，它从柏拉图－基督教的开端起就使西方思想发生两极分化。灵魂与身体、精神与物质、内心生活与外部世界，就是在它们不相互敌对的时候，它们也仍然是相互陌生的，并且在理论上只有费心竭力才能被聚合在一起。这种一分为二彻底地贯穿于人，但思想家们在人究竟属于哪一边的问题上却意见一致。目光指向这一边，而在这里，有一个眼睛看不到、手摸不着的世界需要得到发现。正是由于二元论的长期统治连同这种目光指向，我们在西方才能开启灵魂王国，甚至通过不懈的反思来深化灵魂本身——这是一个珍贵无比的收获，它已经通过诸如奥古斯丁和帕斯卡尔的名字而得到了验证；但它的代价很高：一个整体的各个部分相互异化。它的最新形式就是笛卡尔把现实分为"广延"和"思维"的做法，而这种广延的东西连同其可数学化性质——亦即被从任何一个内在性中剥离出来的整个物体世界——就被托付给了成长中的自然科学，成为它的独有财产。这恰好是哲学的一个行动。但随着这个行动，哲学放弃了在自然实事中继续一同发言的权利，并为自己仅仅留下意识领域建构的任务。在这个被拯救的二元论遗产的一半之上，德国的观念论得以成长壮大。而从此以后，哲学便与总体无关。知识之大全以学院的方式分成自然科学和精神科学，而哲学不言自明地属于后者。然而，就其权利而言，哲学本来必定要超越这个差别。因此，就我的德国经验而言，哲学的年轻人现在无须去接受自然科学发展的知识。只是在我流亡的盎格鲁－撒克逊的世界中，我才在哲学家中发现一种对自然科学的活生生的兴趣，以及一种把自然科学成果整合到人文学科中的活生生的兴趣（这里只要提一下伟大的怀特海的名字即可）。倘若我没弄错，对于海德格尔来说则相反，自然科学只不过是他所抱怨的失魂的技术之母。

然而，这个纷繁复杂的"此在"，是从所谓由科学为我们所揭示的这个外部世界的中性"在手之物"中产生出来的，它在种类发展中一旦形成，就会一再地处于孕育和诞生之中。这就必定可以对客观的自然做出某种陈述，正是这个自然，使这些——使我们——得以发生。可以说，自然必须针对我们而得到探问。海德格尔本人将他在《存在与时间》之后对存在问题的这样的一种回转看作必要的并称其为"转向"。这个转向不再询问：对于处在世界之中的此在来说，世界意味着什么？而是询问：对于包含着你我这样的人于自身中的世界来说，"此在"——即人——意味着什么？在前一种情况中，"人"是关系的基础，而在后一种情况中，"存在"

哲学：世纪末的回顾与前瞻（1992年）

是关系的基础。但这个对存在的提问：它如何包含人以及如何获得人，以及它以此来告示哪些关于自己的信息——海德格尔从来没有把这些问题与物理学—生物学—进化论的证据放置在一起。这个纯然材料性的基础才是谜之所在。但海德格尔召唤了一个极为精神性的巨物来取代它，这个巨物被称为"存有"（Seyn），并被当作承载性的根据。但这就无非意味着，就像绕开了肉体的做法一样，存在问题始终还没有受到人与自然的整个交互关系的触动，而这个关系恰恰在那个时代便以一种还不被注意的方式进入一个新的和紧要的时期。关于我的伟大老师的思想，我的第一个保持一定距离的评论就是这些。

我的另一点评论还需要维护它在这个考察中的地位。它涉及海德格尔在1933年的所作所为。这与哲学有关系吗？我认为是的。哲学自古以来就与任何一门其他科学不同，它服从于这样一种理念：对哲学的服务不仅塑造了哲学服务者的知识，而且塑造了哲学服务者的行为，并且是善的意义上，知识所关涉的正是这个善。至少，哲学中进行价值区分的学派应当防止大众意见对哲学服务者的传染。从启程之始就照亮了哲学之途的苏格拉底形象，永远不会让对那种高贵力量的信念得以熄灭。当时，最深刻的思想家加入棕色军团的轰鸣的正步走的行列中，这样一个事实不仅仅是一个非常苦痛的个人的失望，而且在我的眼中还是哲学的一个惨败：在这里，失灵的不只是一个人，而是哲学。难道哲学的声望始终就是错误的？它是否还能够从那种古老期待的辉煌中重新获得些什么？这一类角色把原罪变成了历史事件。

我现在举一个反例，它会提出一个新的问题。在我的导师中，尤利乌斯·艾宾格豪斯是一位敏锐而又固执的康德主义者，在重要性上与海德格尔无法同日而语。他光荣地经受了考验。我听说了以后便于1945年去马堡拜访他，为的是向他表达我的敬意。他带着绝对信念的古老激情看着我的眼睛说："但约纳斯，您要知道，没有康德，我是做不到的。"就在那时，我感到了一种震撼。在这里，学说与生命成为一体。因此，哲学在谁的手里得到了更好的保存呢？是在关键时刻深刻思想无法防止其不忠但有创造力的大师手中？还是在非原创的但正直的、始终保持了纯洁的人手中？直至今日，我仍然不敢回答这些问题。但我相信，这些问题——无可摆脱地——包含在对哲学的这个世纪的回顾中。

对于哲学，如同对于许多其他事情一样，第二次世界大战是个分水

· 283 ·

岭。所历经之现实以及它遗留下来的任务得到了广泛关注。受到干扰的考察从延续着的思想的天空下降到了各种好战力量的尘世，并渗入事情的进程中。与日常琐事保持高贵距离的方式一去不复返了。政治和社会踏上哲学旨趣的前台。道德介入贯穿在理论研究中。马克思主义以迟到的方式也终于在哲学上发言了，而此前在西方的讲堂里，它是一直被拒绝谈论的。在德国，这种转向一个受到惊骇而又带有负罪感的社会的问题之趋向的主要例子，就是流亡归来的法兰克福学派连同其批判理论。由此出发，在以哈贝马斯和阿佩尔为代表的第二代人物中，伦理的因素也无法被忽视。类似的现象在法国也存在。当然，除此之外，伴随着英美胜利者一同回归的是产生于维也纳的分析哲学连同其纯粹知识理论的装备，它们成为欧洲大陆的新的力量。它们的极为专业化的分支从根本上讲是具体科学，并且像数学那样很少触及时代进程。这里需要提到的最伟大的名字是路德维希·维特根斯坦。

但是，在时代的事件中也包含着"广岛"，而这个事件带来的震惊又被随即开始的核军备竞赛而持续化了，它最先在西方世界引发了一种对技术的新的、充满忧虑的深思。借助于技术，人类虽然成为胜利者，但也置身于集体自我毁灭的长期危险中。因此，如今处在开始阶段的哲学技术批判（如京特·安德斯的）最初也处在这种惊恐的影响下，它具有一种启示录的特征，并且后来也没有失去这种特征。但是，随着这种对突如其来的灾难的担忧，很快便越来越多地产生对技术凯旋的不利一面的认识，并且还带有对哲学提出的异乎寻常的问题。例如，生物学和医学的进步导致一种在哲学家与生命科学之代表之间的新合作，目的在于澄清从新程序中凸现出来的问题。这里的问题不同于核武器问题，它并不是一个简单的"是"或"不"所能解决的；相反，这是一个流动过渡的领域、细致的价值思考和有争议的决断的领域。这里没有发生摩尼教式的善恶间对抗；这里起作用的不是伤害的意志，而是帮助的意志。然而，服务于人类幸福的技术发明常常会表明自己有悖于人类的尊严。全新的困境、更高的复杂性、对细微差异的精致化，这些都通过生命技术而被引入伦常的王国中，并且必须经受哲学的思考，而哲学往往只能在这些彼此冲突的原则之间提供妥协。在这里开启的完全是一个技术综合症的重要视角：恰恰是那种借助于思维而获得的、事先未被认识到的强力，把一个新的、事先未被认识到的任务放置到了这个思维面前。

## 哲学：世纪末的回顾与前瞻（1992年）

在今日人类整个技术对自然环境所造成的撞击中，这种情况正日益增强。事实上，正因为这个现象——亦即被我们所威胁的行星生态系统——在本世纪的后半叶日益明显地显现出来，并最终进入哲学的视野。哲学的最古老的问题之一，即人与自然的关系问题，甚至是精神与物质的关系问题——因而是二元论的元问题——便突然被全新地提了出来，而且不再是在沉思着的理论之静谧的幻象中，而是在逼近着的危机的告警闪电中被提了出来。阻止这种危机，正逐渐成长为该危机的无意始作俑者——即我们自己——的世界范围的义务。带着这个如此巨大的实践视角，我们狂妄自大的特殊存在与我们生活于其中的那个整体之间的和解，也就回到了哲学忧虑的中心。我在这里看到了一个在眼下以及在即将到来的世纪中的紧迫哲学任务。为此，请允许我把我这篇阐述的剩余部分贡献给这个课题。

可以确定，哲学只有在与各种自然科学的最亲密的接触中才能把握到这个新的使命，因为这些自然科学告诉我们，我们的精神应当与之缔结新的和平的那个物体世界是什么。因而我们追问，对于哲学来说，当问题涉及精神在存在整体中的位置的时候，哲学必须把物理学、宇宙论、生物学中的哪些学说置于眼前？对此，我将仅限于做几个扼要的提示。

自哥白尼以来，我们认识到，生命的居所已不再是整个宇宙，而只是地球。在其余的茫茫寰宇中没有什么可以保证必定会有这样一种居住地。因此，我们必须把我们自己，以及所有围绕我们的生命当作宇宙的一种罕见的幸运，它让一种在物质怀抱中隐藏着的、在各方面都始终隐藏着的**可能性**例外地得以实现。另一方面，达尔文曾教导我们，那个通过行星特殊条件的厚爱而得以实现的东西，在一种长达亿万年、毫无计划且变化多端、没有目标、创造着并毁灭着的生成中，证明着它的存在论的力量。这种生成用它的各种不可预言的形式而使那个可供使用的生物圈变得适于栖息。与这出地球剧及其无比复杂的产物相比，整个宇宙所显露出来的其他部分都是原始而单调的。但正是这同一个原始实体——它穿过太空已经扩展到星系、恒星和行星——从自身中产生了生命、喜悦和悲伤、意愿和害怕、观看和感受以及爱和恨。这一点，是单纯物理学观点的唯物主义永远无法领悟的。

不过，这种进化的一元论的证明与任何一种二元论相对立。而这种证明在我看来似乎还没有在任何一种哲学的存在学说中得到充分的评价。这不可能是物理科学自己的事情，物理科学恰恰被束缚在物理考察的结果上。仅就其自身来看，这种物理考察之结果并不要求超出其机械因果性的极简主义以外的任何东西，它不要求特殊的活力或诸如此类的东西便可以解释有机结构和功能的微妙的复杂性以及它们的种族史的发生。为此，随着物理史的发达阶段而显现出来且言说着一种完全不同语言的主体性之谜，就变得越发大了。自然科学家对此种语言必定是充耳不闻的，甚至根本就指责它谎话连篇，因为它说的是目标和目的。但是这种谜却应当使哲学不得安宁，哲学必须倾听两种语言：外部的语言和内部的语言，二者联合成一种关于存在的陈述，这种陈述与现实的心理－物理整体恰相匹配。我们离这样一种被期盼的存在学说还相距甚远。我们也不知道它是否有朝一日会成为我们的存在学说。对此的追求已然意味着，敢于从笛卡尔式的精确知识之可靠性中走出来，进入形而上学猜测的不可靠性中。我不相信这种追求会被长时间地回避。

其次，我们在生物演化中遭遇我们人自身。只是在不久前的后期，人类才出现。在这个过程中，人的入场是一个生命史事件，带有巨大后果，而且至今还无法断定人自身能否胜任这个后果。随着人的出现，思维的力量干预了进一步的发展，并且使得迄今为止的生态系统的生物平衡机制失去了效用。不再是那些发生上已确定的行为模式在为每一个其结果大致相同的生命空间中的份额而战斗，而是自由的、对瞬间做出回应的创造者之发明才华在单方面地、新颖而快捷地决定着进一步的共生条件。从旧石器时代到科学技术时代虽然是一段很长的人类历史，但在演化史上却是一段极为短暂的道路，而且自从17世纪现代自然科学的兴盛以来，这个过程就是一个以指数方式加速的过程。我们今天所经历的是太多成功的悖谬，这种成功通过毁坏其本己的基础而面临进入灾难之中的危险。

哲学与此有何关系呢？至此为止，它所探问的是关于个人的善的生活、关于善的社会和善的国家的问题。它自从那时起就琢磨人的行为问题，只要这种行为是一种人与人之间的行为；可是它几乎从不琢磨作为自然中的一种行动力量的人。但现在是时候了。为此，人必须在他的精神－身体的统一中重新得到领会。正是由于这个统一，他一方面是一个自然生物，另一方面又超出自然之上。在此我们不必隐瞒，对这种精神的实际使用，亦即精神对肉体的支配，从一开始并几乎长期以来都仅仅是服务于肉体的：将肉体的欲求变为可满足的，以此方式来更好地满足此欲求，更丰富地服务于此欲求，更长久地保证此欲求，并持续更新地增加此欲求。在

哲学：世纪末的回顾与前瞻（1992年）

为肉体的服务中，精神折磨着自然。此外，精神还日益增长地把自身的欲求再附加上去。这些欲求在尊严方面胜于肉体的欲求，但同肉体欲求一样在材料方面如饥似渴：更高文化的物质消耗，加重了一个在数量上过多的人类对已然缩小的自然的打击。事实上，精神把人变成最贪食的生物。而这是在一个累进的过程中发生的。在此过程中，整个人类今天都已被驱赶到了这个地步：消耗的不再是可再生的收益，而是一次性的环境资本。

这种认识是新的，如同这个状况本身是新的一样。但是，在此进行认识的精神与导致这种状况产生的精神却是同一的。也就是说，未来还没有被决定。尽管精神的管理仍然存在着一些令人心烦的可怀疑性，我们依然要这样说。对此还要做如下陈述：

从几百年的技术掠夺和胜利陶醉连同对整个种类的幸福乌托邦的美梦中清醒过来，我们发现，在创世第六日的馈赠中，即在赋予一个具有基本需求和欲望的生物以精神的做法中包含着一个始料未及的悲剧。在精神中，高贵与厄运相遇。在精神于其自身价值中将人的存在提升到形而上学的领域里的同时，它在其功用价值中成为最残暴的生物学成就的工具。精神在其自身中实现人的使命，但在其周围传布腐败。在精神中，存在之"是"（Ja）达到自身的顶峰，它随着感受的和会死的生命的第一个萌动而被宣告出来，而它正在葬送那个承载着它的基础。在这个外在的凯旋的顶端，它把用此凯旋粉饰起来的人类置于一个深渊面前。然而，它已开始看到这个深渊，这个状况提供了一个避免坠入深渊之契机的星星之火。因为这个在这里已自认作厄运的精神并不只是那个任意支配事物之力量的工具性智慧。毋宁说，它的原本动机是从对价值的感知中获得的。在精神中，善、义务和罪责的概念得以形成。它以选择的自由为荣，并且宣称对自己的行动负责。而由于它的活动现在威胁到整体，因此，它也就能够认识到它对这个整体的继续生存所承担的责任。

培育和发展这种认识将成为哲学的任务之一。首先是充当牛虻的角色，苏格拉底曾将其喻为他的作用：对于这些问题，我们一刻也不能保持沉默了，良知必须始终处于不安之中。而后则要为精神和自然之间的一种**和解**的理念而工作。为了它，人的狂妄必须放弃很多看起来已由习惯赋予了权利的东西。此外，还必须有一种真正哲学的尝试，即在一种全面的存在阐释中对这种责任的义务进行尽可能理性的论证，并使得这种律令的绝对性如同创世之谜所允许的那样令人信服。

这个可能和解的条款本身只能由专门领域来制定，也就是说，不能由哲学来制定。所有关于自然与人，关于经济、政治与社会的科学必须进行合作，以便能够提出一份全球决算表，连同一份人与自然之间的平衡预算的建议。我不知道是否能够达成一种哪怕是理论上的一致性，更不知道是否有可能将一个即便在实事上最佳奠基了的理论一致性转化为行动。也许事情根本不取决于设想，而是取决于即兴发挥，恰如多重增长的危机会让人类的创造才能一次次地做出的那样。我不知道，也许没人知道。对我来说，无比清晰的只有这个伟大的**应然**（Soll），并且只有精神——这个危机的伟大创造者——才可以成为这个危机的可能拯救者。没有什么拯救之神可以为精神免去这种义务，这个义务是它在事物秩序中的位置所赋予的。

从这个已然变得可见的深渊中，升出了此前几乎从未提出的问题。在即将结束这个报告之际，我选择其中的几个问题：自然还能够承受从其自身派生出的精神吗？自然会因为过于受到精神的挤迫而必须再次从其系统中消除精神吗？或者，如果精神看到了自然的无法忍受状况，精神最终会使自己变得可以被自然忍受吗？当争斗是各种关系的原始法则时，和解还会是可能的吗？或者，也许悲剧从一开始就是精神的原初意义？即使结局悲惨，这出戏仍然由于其情节而值得演出吗？无论其结局如何，我们如何能够使这出戏自身是有价值的？在这种价值中，我们可以付出多少才可能避开毁灭？为了让人在地球上继续生存，我们可以成为非人吗？如此等等。

所有这些问题都是维特根斯坦禁止发问的那类问题，因为它们没有可证明的回答。但是，这可以让我们认识那个把这些问题逼向我们的境况，并且我们自己同时就是真正的被询问者。我们在这里发现，这些问题的最内在灵魂不是形而上学的奇思冥想（毫无疑问，它有自身的权利），而是充满恐惧地为这种危险境况负起责任。从责任中会产生行为的回答，而非知识的回答。所以，最后一个问题——为拯救人性而非人化的问题——所引起的惊骇，可以加强哲学所具有的对不可放弃之物的守护者的角色。然而，哲学本身必须逐渐成为赞同者，即赞同做出伟大的放弃。

在对责任理念的重新思考中，以及在对此前从未想到的向整个人类与整个自然之关系之延展的重新思考中，哲学在承担这样一个责任方面迈出了第一步。值此告别之际，我期望哲学在这个方向上继续前进，不受所有那些对它这样做是否会有用的合理怀疑的困扰。即将到来的世纪有权要求如此。

# 目 录

《现象学的方法》导言（1985年） ………… ［德］克劳斯·黑尔德/289
《生活世界现象学》导言（1986年） ………… ［德］克劳斯·黑尔德/319
胡塞尔的"Noema"概念（1990年） …… ［瑞士］鲁道夫·贝耐特/353
胡塞尔与希腊人（1989年） ………………… ［德］克劳斯·黑尔德/374
胡塞尔与海德格尔的"本真"时间现象学（2004年）
　………………………………………… ［德］克劳斯·黑尔德/398
对伦理的现象学复原（2004年） ………… ［德］克劳斯·黑尔德/411
意向性与充实（1993年） ………………… ［德］克劳斯·黑尔德/423
真理之争
　——哲学的起源与未来（1999年） …… ［德］克劳斯·黑尔德/438
海德格尔与胡塞尔的"现象学"概念（1981年）
　………………………………… ［德］弗里德里希·W. 海尔曼/449
胡塞尔的"未来"概念（1999年） …… ［加拿大］詹姆士·R. 门施/475
胡塞尔与国家哲学（1988年） ……………… ［德］卡尔·舒曼/497
陌生经验与时间意识
　——交互主体性的现象学（1984年）
　………………………………… ［德］曼弗雷德·索默尔/515
论道德的概念与论证（1992年） ……… ［德］恩斯特·图根特哈特/530
海德格尔的存在问题（1992年） ……… ［德］恩斯特·图根特哈特/544

后　记 ……………………………………………………………… 568

# 《现象学的方法》导言(1985年)①

## [德] 克劳斯·黑尔德

### 一、今日的胡塞尔现象学

埃德蒙德·胡塞尔(1859—1938年)是当代最重要的哲学流派之一——现象学的创始人。对于20世纪初期的德国哲学和20世纪中期的法国思想来说,现象学具有决定性的意义。我们这个时代的基本哲学著作,如:马克斯·舍勒的《伦理学中的形式主义与质料的价值伦理学》(1913—1916年)、马丁·海德格尔的《存在与时间》(1927年)、让-保罗·萨特的《存在与虚无》(1943年)以及莫里斯·梅洛-庞蒂的《知觉现象学》(1945年),它们都在纲领上将自己理解为现象学的研究。

此外,在一些不受现象学主导的哲学中,在一系列科学中,如文学或社会学,主要是在心理学中,各种现象学的动机在发挥影响。现象学的影响在今天已远远超出了德语和法语地区。首先必须提到的是拉丁美洲和日本。然而在南斯拉夫、捷克斯洛伐克和波兰的非正统马克思主义中,在意大利乃至越来越多地在英美的思维中(胡塞尔起初在英美的思维中没有很大的影响),现象学的思想观点也受到讨论。因此,人们完全有理由将此称为一个世界性的"现象学运动"。

专家们将这个运动的发起人埃德蒙德·胡塞尔算作20世纪的古典哲学家。德国一些对哲学感兴趣的门外汉几乎只知道他的名字。其原因首先在于,尽管胡塞尔的现象学不同程度地构成了海德格尔和萨特上述早期著作的最重要前提,但由于胡塞尔是犹太人,所以他晚年的著作在"第三帝

---

① 这是克劳斯·黑尔德为他选编的胡塞尔文选《现象学的方法》撰写的导言。德文原文出自 Klaus Held, "Einleitung", in Edmund Husserl, *Phänomenologische Methode: Ausgewählte Texte* I, Reclam Verlag, 1985, S. 5-51。中译文首次刊载于[德]埃德蒙德·胡塞尔《现象学的方法》,上海译文出版社1994年版,第1—39页。文中所说"本书"即指该卷《胡塞尔文选》。——译者

国"不能出版。从而，当人们在五六十年代的德国大学内外重新热烈地讨论海德格尔与萨特时，却中断了对胡塞尔的思想的争论。

对胡塞尔的避而不论实际上是民族社会主义遗留下来的一项胜利，它始终是德国在经济奇迹时期文化事件中的一个耻辱，尽管人们必须承认另一方面的因素：讲坛哲学家胡塞尔的晦涩文体从一开始就无法像存在哲学那样以易于把握的表述方式适合公众讨论；此外，不幸的是，自1950年以来被整理发表的《胡塞尔全集》并未在德国出版①。

在60年代后半期和70年代，胡塞尔的现象学比以往更为沉默，因为人们对海德格尔的后期哲学、对存在主义以及伽达默尔的解释学——它同样在最重要的动机上与现象学密切相连——的兴趣迅速衰减；而法兰克福学派的"批判理论"，后期维特根斯坦的追随者们的语言分析，所谓法国的结构主义，科学理论和科学史则时起时落地吸引着哲学界以及公众的注意力。直到最近几年里，胡塞尔的名字才出现得较多，甚至出现在学院外的讨论中，是因为"生活世界"②这个胡塞尔未完成的后期哲学的中心概念越来越引起人们的注意。

从所有这些历史背景来看，人们可以赋予《现象学的方法》及其姐妹篇《生活世界现象学》这两卷文卷的出版以特殊的意义。这两卷中收入的众多选文第一次在德国被提供给较广泛的读者阶层。同时，这本书为大学生和中学生在大学的专业课学习或改革后的文科高年级课程学习提供了胡塞尔著作的中心部分。迄今为止，这些著作大部分只为那些不惧专业文献高额价格的读者所购。每一份选文都探讨一个在课题上自身封闭的问题范围，因此，这些选自胡塞尔巨著的部分并不要求事先必须研读相应的著作。大部分选文未被删略。被舍去的部分仅仅是一些非必需的段落，即一些与有关著作的其他文字相关的附录、设想或过渡。

## 二、生平与著作

埃德蒙德·胡塞尔的不引人注目的学者生涯并无"轰动"一时的事件。他在1859年4月8日出生于摩拉维亚地区的普罗斯捷耶夫。1876—

---

① 这并非是对荷兰奈伊霍夫出版社所创的伟大功绩的诋毁。
② 生活世界问题请参阅《生活世界现象学》"引论"的第7节与"生活世界问题"部分的选文。

## 《现象学的方法》导言（1985年）

1882年，他先后在莱比锡、柏林学习数学与哲学。在1882年和1883年的冬季学期里，胡塞尔获得数学博士学位，随即在维也纳跟随弗朗兹·布伦塔诺深入研究哲学。在哈雷，胡塞尔以"论数字概念·心理学分析"为题获得在大学任教资格。在这里，胡塞尔作为编外讲师从1887年起任教至1901年。1900—1901年胡塞尔发表了他的第一部主要著作——两卷本的《逻辑研究》①。由于这部著作，胡塞尔于1901年受聘前往哥廷根任副教授。直到1906年他47岁时，才在那里担任正教授。从1916年起，到1928年退职止，胡塞尔一直在布来斯区的弗赖堡教授哲学，这个教授席位以后为海德格尔所接替。胡塞尔于1938年4月27日去世。②

在哥廷根时，胡塞尔周围已形成了一个由他的学生和朋友组成的圈子，即现象学"哥廷根学派"。很快在慕尼黑也形成了一个与之并列的学派。1913年，胡塞尔与慕尼黑的哲学家莫里茨·盖格尔和亚历山大·普凡德尔，他的哥廷根学生阿道夫·赖纳赫（后在第一次世界大战中阵亡）和当时在柏林任教的马克斯·舍勒一同创办了《哲学和现象学研究年鉴》（以下简称《年鉴》），它很快成为现象学研究的喉舌。在《年鉴》上出版了已经提到过的舍勒和海德格尔的著作，还有其他一些在这个世纪前30年中哲学方面的杰出著作。特别著名的——包括独立于《年鉴》之外的——人物有：胡塞尔的第一个女助手埃迪·施泰因，她是一个犹太人，改信天主教，以后成为加尔默罗会白衣修士并死于集中营；极富影响的波兰哲学家罗曼·英加尔登；著名的捷克斯洛伐克哲学家让·帕托茨卡，他后来作为《七七宪章》人权宣言的发言人而享有盛名；阿隆·古维奇和阿尔弗雷德·舒茨，他们在第二次世界大战以后任教于美国。胡塞尔将他的一部纲领性著作——《纯粹现象学和现象学哲学的观念》刊登在《年鉴》第1期上。胡塞尔原先打算出3卷本，然而他生前只发表了第1卷③（以下简称《观念Ⅰ》）。在这部继《逻辑研究》13年之后才发表的第二部主要著作中，胡塞尔赋予现象学以一个转折。这个转折无法为他的哥廷根和慕尼黑的同道们所接受。我们以后将谈及现象学的新、老形态，早期的"本质论"和在弗赖堡时期胡塞尔思想所受超越论哲学的影响。

---

① 本书的第1部分选文取自这部著作。
② K. 舒曼对胡塞尔生活有更详细的介绍，参阅《胡塞尔年表》，海牙1977年版。
③ 本书的第2部分和第3部分选文取自这部著作。

在这以后，又过了很长时间，胡塞尔才开始继续发表其他的重要著作。1928年，他让海德格尔出版了一份由埃迪·施泰因从他的以往讲座稿和研究手稿中整理出来的文献，即著名的《内时间意识现象学讲座》①。1929年，胡塞尔自己发表了一部引论性著作《形式的和超越论的逻辑》②。同年，胡塞尔在法国的巴黎大学举行了两次时间较长的讲演。在这两份讲稿的基础上，他进行了扩充，使之成为又一部现象学引论性著作《笛卡尔的沉思》，于1931年以法文发表。德文版直到1950年才作为《胡塞尔全集》第1卷③出版。最后，胡塞尔在1936年只能在德国以外发表他的最后一部著作的一部分，这部著作再次以一种新的方式引导读者进入现象学，这部著作便是《欧洲科学的危机与超越论的现象学》（以下简称《危机》）。完整的著作在1954年才作为《胡塞尔全集》第6卷④出版。1938年，胡塞尔的助手路德维希·兰德格雷贝受其委托整理发表了胡塞尔的研究手稿，题为《经验与判断》⑤，这部著作也只能在国外出版。

除了《逻辑研究》和《内时间意识现象学讲座》之外，胡塞尔生前出版的只是一些纲领性的引论著作，并且这些著作——如前所述——有的只是部分发表，有的根本不是以德文发表。然而，胡塞尔真正的工作并不集中在这些引论上，而是集中在他的具体的现象学分析上。胡塞尔随时记录下他的思想。他每天不知疲倦地工作，在1890年至1938年期间他用加贝尔斯贝格速记法写下了约45000页的手稿。他的创造力和对事业无限的献身精神甚至不为纳粹的阴谋所中断——纳粹禁止他进入大学。这份禁令现存于胡塞尔遗稿中。他像对待其他所有他手边的纸张那样，在这份禁令的反面也写下了他的研究笔记——"一个'继续工作'的范例，其尊严丝毫不逊于'别碰我的圆圈'这句话的尊严"⑥。胡塞尔去世以后，他的研究手稿，他一生工作的真正成果有落入纳粹之手的危险。一个比利时的方济各派教徒海尔曼·列奥·范布雷达，在一次冒险的行动中抢在纳粹分

---

① 《生活世界现象学》的第2部分选文取自这部著作。
② 本书的第5部分取自这部著作。
③ 《生活世界现象学》的第3部分选文取自这部著作。
④ 《生活世界现象学》的最后一部分选文取自这部著作。
⑤ 本书的最后一部分选文取自这部著作。
⑥ H·吕贝：《历史中的意识：主体性现象学研究》，弗赖堡1972年版，第32页。（"别碰我的圆圈"是阿基米德在被杀前所说的话。——译者）

《现象学的方法》导言（1985年）

子之前拯救了这些遗稿。① 1939年，他在比利时鲁汶大学建立了一个胡塞尔文库。自1950年以来，鲁汶的胡塞尔文库与以后建立的科隆大学胡塞尔文库合作出版了已经提到过的《胡塞尔全集》。这套历史—考证的全集包括那些由胡塞尔本人发表的或为发表所准备的著作，包括最重要的、未发表的讲座稿、讲演稿和文章，以及——作为附录或作为独立的一卷——按课题分类的、有选择的研究手稿。

要想深入胡塞尔的思想世界中去必须花费气力。因此，对读物做些指明也许会受到读者的欢迎。这里把《不列颠百科全书现象学条目》推荐给那些想从胡塞尔原文中获得对现象学的简练介绍的读者，在这本书中，它作为第4部分被付印。从胡塞尔的奠基性的现象学引论《观念Ⅰ》中选出的"现象学的基本考察"所包含的内容更深一些，它作为第3部分被收在这部书中。关于知觉的这部分包含了对特别典型的具体现象学分析的简短概述，这一部分被收集在《生活世界现象学》中。细致分析的著名例子包含在该书中有关"内时间意识"和有关"交互主体性"的部分。该书的最后一部分则提供了导向上述胡塞尔的生活世界问题的通道。

如果谁在读完《现象学的方法》和《生活世界现象学》这两本书的选文之后想继续深入地研究胡塞尔，那么他首先可以读一下1913年、1927年和1936年的纲领性的引论著作：《观念Ⅰ》《笛卡尔的沉思》和《危机》。胡塞尔在1907年和1925年做的另外两次讲座也是很好的引论（《胡塞尔全集》第2卷和第9卷）。对于刚刚开始的现象学的激情具有代表意义的是1911年的一篇文章，这篇文章使胡塞尔获得极大的声誉，并且，这篇文章的标题成为20世纪哲学中一个引起争论的关键问题："哲学作为严格的科学"。要想进一步深入超越论现象学的奠基问题中去，那么1923—1924年的《第一哲学》的讲座稿是极富启发性的。至于具体分析的研究，除了《生活世界现象学》中的那些部分以外，《逻辑研究》第二卷是必不可少的。其他的对这些相对来说可做鸟瞰的课题分析，包含在《胡塞尔全集》的《纯粹现象学和现象学哲学的观念》（第4卷）、《事物与空间》（第16卷，取自1907年的讲座）和《被动综合分析》（第11

---

① 参阅H. L. 范布雷达《对胡塞尔遗稿的拯救与胡塞尔文库的建立》，载《胡塞尔与近代思想》，由范布雷达和J. 塔米尼奥出版，海牙1959年版，第42页以后。

卷，取自1926年的讲座①）之中。此外，还有已提到的胡塞尔与兰德格雷贝的合作著作：《经验与判断》。

再看一下第二手著作：对胡塞尔思维的中心问题的引论著作出自他最后的两个助手路德维希·兰德格雷贝和欧根·芬克之笔，它们已成为经典著作，这两位作者以其各自的继续研究工作在国内外赢得了很高的声誉。他们的，以及其他现象学专家的重要文章被收集在各个集子中，在文献索引中可以找到关于这些文章的更详细说明。海德格尔在1925年的一次讲座中提供了一个值得一读的早期现象学引论，现在它作为《海德格尔全集》第20卷发表。最近几年中，必须提到的是保罗·扬森的引论，它提供了对胡塞尔思维的各个课题可靠的总的说明；此外是安东尼奥·阿吉雷对最著名的新胡塞尔批评家们的批评分析，在这部著作中，他纠正了这些批评家们在某些方面对胡塞尔思想的歪曲。《现象学研究》和《胡塞尔研究》这两份杂志则提供了对胡塞尔和整个现象学的现实研究的概观。在近30年中，许多解释胡塞尔的重要文献发表在《现象学文集》中，它是由（荷兰）奈伊霍夫出版社出版的系列专论性文集。所有详细的目录可以参阅"文献索引"。此外，这个索引还包含一些有选择的、最重要的书目。这些著作探讨的是胡塞尔在这部文选的文字中所分析的那些问题。

三、现象学的基本问题

本书选择以"现象学的方法"为标题。它意味着使现象学最初得以成名的立场。胡塞尔起初的目的在于建立一门哲学的方法。"哲学方法"——指通向认识真理的一条道路，一个过程。认识的道路通过目的而事先被标明。胡塞尔对他的目的在已提及的1911年的文章中做了纲领性的描述："哲学作为严格的科学。"胡塞尔在这里反驳了在19世纪末、20世纪初广为流行的观点：哲学不是科学，而是"世界观"。同时，他反对哲学"历史主义"的那种放任自流，即认为哲学的根本任务仅仅在于对其自身历史的撰写。哲学要反思其科学特性——对于胡塞尔来说，这当然并不意味着：如当时一些有影响的哲学流派所期望的，并且在今天仍有人期望的那样将哲学还原到科学理论上。同样，它也不意味着使哲学符合于现代自然科学的方法。胡塞尔在他的纲领中提出的东西，绝不是哲学的新理

---

① 这个讲座收在《生活世界现象学》的第1部分选文中。

想,即彻底的没有成见的认识。哲学要通过它的无成见性将自己区别于自古以来的纯意见。正如最先由柏拉图所表述的那样,真正的认识(Episteme)应当取代意见(Doxa)。意见在两方面落后于真正的认识:一方面,意见受情况制约而始终产生某些动摇。真正的认识应当摆脱在变化着的生活情况中的主观束缚并因而在这个意义上是"客观的"和恒久的。另一方面,只要我们仍然停留在纯意见上,我们就会提出一个无法实现的认识要求。例如,有人说,"我的意见是,八月的意大利炎热无比",或者说,"我的意见是,毕达哥拉的定理是可证明的",那么,他会表示:"我的观点可能是可证实的,只要我夏天到意大利去或者只要我真的提出对这个定理的证明。"这样,纯意见就其意义来说要依据情况,在这些情况中,意见的内容被证明、被实现、被证实。这些情况可以说是使我们接近实事,而我们在提出意见时,这个事实还只是遥远地被给予我们。

就这点来看,我们将意见导向真实的认识,这里,我们置身于经验状况,或更一般的体验状况中,这些状况使我们接近实事。然而,起初提到的对真实的认识的要求却恰恰就是真实认识的恒久性和客观性,即是说,相对于各种体验状况的独立性。于是,如果人们通过给意义的划界来规定真实认识的话,便会产生某种在对客观性的要求与对接近实事的要求之间的紧张关系。可以说,胡塞尔的哲思基本上是由这种紧张关系引起的,并且它始终是被关注的问题。胡塞尔对一门"严格的科学"的无成见性的追求正是在于,并不是单方面地解决这种紧张关系。对接近实事的要求相对于客观性的要求来说有一个有利条件:我只能谈论一个实事——无论这个谈论是客观的还是纯意见的——因为我设定,以一种接近实事的方式,可以说是"直观地""真实地"体验这个实事,这个可能性从根本上是可以实现的。如果没有这种可能性,那么我就根本不知道这个实事,它对我来说是不存在的。所以我可以依据情况来对待我在经验、体验或思想中所遇到的一切,在这些情况中,被经验、被体验、被思考的对象原初地——胡塞尔说,"本原地"——在我的经验、体验、思维的范围内显露出来,或者可能以本原的方式显露出来。无论实事怎样显现给我,任何一个某物的显现都回涉或前涉到对我来说**本原的被给予性**上,并因而最终还涉及这个某物的意义内涵。

在本原显现的情况中我与实事发生关系,实事作为在世界舞台上的可经验、可体验、可认识之物显现**给我**。在这个意义上,所有原本的显现者都具有一种**主观－相对**的特征，如胡塞尔所说的，这是指，它的显现在于将自身展现给一个处于一种特定情况中的主体。另一方面客观认识则要求不被束缚在变动着的主观认识情况上；客观的认识之物恰恰应当不仅仅是主观—相对"为我的"，而应是"自在的"，即独立于主体和主体认识的情况性关系，因此，即使对对象的认识是"自在的"，它也必须以本原的被给予性的主观情况的方式为前提。

从这个问题的状态中已经产生了哲学问题，在哲学问题中人们可以看到胡塞尔哲思的内在开端：在对象的**被给予方式**中，我们将对象理解为某种自在的、客观的存在之物。然而，对象的被给予方式如何会回缚在原本的、主观－相对的被给予方式上呢？在对象的自在存在与对象的主观束缚在情况上的被给予方式之间存在着一个交互关系，一种相关性，它的具体特征依赖于对象性的种类。我们仍举上述的例子——一个国家的气候与一个数学定理的内容是以完全不同的方式原初地作为被给予性展现给我，而这两个实事显现的原本方式是不可互换的。相关性的两个方面是不可相互替代的：被给予的对象——如胡塞尔在《观念Ⅰ》中所说的"意向活动"①（Noesis，即经验、体验、认识进行的相应的多样性）与"意向相关项"（Noema，即自身被给予过程中的对象）相吻合，在这些意向相关项中，某一类确定的对象原本地显现给我，并且只能显现给我；我似乎不能越过这些多样性去观察对象。对象的种类与被给予的方式之间的相符性是一个规律，它可以预先被表述为所有经验的绝对普遍性，也就是"先天的"。在加入的被给予方式自身显现过程中的对象是"现象"（Phänomene，Erscheinungen）时，探讨这些现象的科学便叫作现象学。现象在胡塞尔的意义上仅仅是指在世界中"自在"的存在之物，而这个存在之物纯粹是在主观的"为我"的各种情况中所显示的那样。

关于客观对象与本原的、主观的被给予方式之间的**相关性**问题构成胡塞尔思维的内在开端，这一点在《危机》中得到证实，胡塞尔在这部著作中曾回顾了他一生的工作："以为每个人所看到的事物和世界都像它们展示给他的那样，这种单纯的自明性，如我们所认识到的那样，遮盖住了一个巨大的、特别的真理的视域（Horizont），这些真理从未在它们的特性和系统联系中进入哲学的视野。"世界（我们所谈论的世界）与主观被给予

---

① 《生活世界现象学》的引论第 7 节有对这些概念的进一步解释。

方式之间的相关性从未［即在《逻辑研究》中"超越论现象学"的第一次突破发生之前］引起过哲学的惊异，尽管这个相关性在前苏格拉底的哲学和诡辩论中已经明确地显现出来，但它仅仅作为怀疑论论证的动机而显示出来。这个相关性从未引起过特有的哲学兴趣，以致它从未成为一门特有的科学课题。人们始终停留在这种自明性上，即"每个事物在每个人看来都是不同的"①。并且，在一个注释中，胡塞尔以一种在他那里极罕见的主观直言的口吻补充说："这个在经验对象与被给予方式之间的、包罗万象的相关性先天的第一次突破（在我写作《逻辑研究》期间，约在1898年）使我深受震撼，以致此后我整个一生的工作都无法摆脱这样一个任务，即系统地探讨这个相关性的先天。"②

至此为止被称为接近实事或**原本性**的东西早已被哲学的传统公认为哲学认识的基础或规范，传统哲学将它称为"明见性"。胡塞尔接受了这个概念，因为他也前后一致地将每个世界经验都依据于原本的被给予方式这个思想运用于哲学认识本身。现象学在做陈述时，其意义内涵也依赖于被陈述之物的原初的"真实的"显现。如果没有那种通过对实事的接近和把握而得以明了（"明见"）的认识（"直觉""直观"），那么哲学的思维便始终只是空洞的论证和推断。胡塞尔将这种概念游戏看作现象学描述，是在明见性基础上描述的对立面。康德的断言始终有效："概念无直观是空的。"因此，胡塞尔在《观念Ⅰ》中将所有哲学的"原则之原则"描述为"任何本原地给予的直观都是认识的合理源泉，所有在'直觉'中本原地（可以说是在其真实的现实中）展现给我们的东西都可作为自身被给予之物接受下来，但仅仅是在它们自身给予的范围内［……］"③。胡塞尔还补充说，依靠这种原则，"那么我们就不会为任何可想象的理论所迷惑。我们必须看到，任何理论最终只能从本原的被给予中获得其本身的真理"④。

哲学能断言的只应当是在**本原地给予的直观**基础上对它来说可能的那些东西，不比这更多，也不比这更少。因此，明见性成为哲学认识的样板，但这是因为哲学认识本身服从于"任何体验都必须依据原本性"这一

---

① 胡塞尔：《危机》，第48页。
② 胡塞尔：《危机》，第49页。
③ 胡塞尔：《观念Ⅰ》，第43、44页（摘自原版）。
④ 胡塞尔：《观念Ⅰ》，第44页（摘自原版）。

规律。在这个意义上，世界在被给予方式中的显现是建立在明见性上的。只要这个显现重新成为现象学哲学的基本课题，人们在形式上便可以说：现象学作为方法是一种获得关于明见性的明见性之尝试。明见性在这里成为哲学认识的种类和哲学认识的对象的基础。本书第5部分（"心理主义和逻辑学的超越论基础"，第4至第7节）表明，胡塞尔自己意识到，明见性的概念在这里获得了它迄今在哲学中从未有过的中心意义。

方法上明见性的基本要求和"相关性研究"之任务的提出，这是同一个基本命题的两个方面。因此，现象学还不能满足于对对象与被给予方式之间的包罗万象的相关性先天作出总的陈述。如果这样一些陈述不是通过它们的普遍性而始终远离实事，那么它们就必须依靠对各个对象种类的特殊显现方式的具体研究。像胡塞尔常说的那样，哲学必须有能力将它普遍命题的大面值钞票兑换成接近实事的细致分析的小零钱。于是以现象学为方法的哲学便成为"操作哲学"——这也是胡塞尔的独特之处。

## 四、对心理主义的反驳

胡塞尔认为，将人们导向作为严格科学的哲学这个目的的方法是建立在具体的明见性上的现象学相关性研究。这个方法如何得以发展呢？

在《逻辑研究》中，胡塞尔反思自身，这些研究使胡塞尔闻名于世。尤其是第1卷"纯粹逻辑学导引"（下面简称"导引"）引起极大轰动。这个"导引"的绝大部分是对当时极度统治着哲学并被称为"心理主义"的观点的批判。胡塞尔本人在他获得大学任教资格的论文《论数字概念》中曾倾向于这个观点，副标题"心理学的分析"具有代表意义。首先是数学家和哲学家戈特洛布·弗雷格的批判给了胡塞尔以思想上的推动，导致他在"导引"中对心理主义做了经典性的反驳。心理主义以各种面目出现，但根据我们前面所做的对胡塞尔思维的基本问题的考察，人们可以说：心理主义的基本倾向在于，从有利于主观-情况的实行出发单方面解决在对真理理解中的紧张关系。

在胡塞尔看来，《逻辑研究》是为一门作为规范的"科学学说"的逻辑学奠定了基础。我们今天会说"科学论"，是因为在他看来，逻辑学就是一般科学认识的基础。真正认识的情况独立性首先表现在"客观有效"的逻辑结构中，它们规定了思维。此外，真正的认识还表现在所有以其他方式"客观地有效"的规范中，人们的行为服从于这些规范。这些规范是

## 《现象学的方法》导言（1985年）

普遍规律。普遍之物，尤其是逻辑规律存在的"场所"是什么？我们可以使这些规律成为我们的思维对象，然而，它们相对于思维来说占据一个独立的存在吗？心理主义对这个问题的回答是否定的。心理主义认为，逻辑规律无非是一种对心理过程的自然调整，我们将此心理过程称为"思维"，就像在物质世界中的过程也具有自然规律一样。

在"导引"中胡塞尔对这种观点做了令人信服的反驳，以致心理主义在哲学史上可以最终被归入档案了。胡塞尔论证的核心部分被收录在本书的第1部分。胡塞尔当时的思维成就的结果在于使我们今天觉得心理主义的无根据性是纯粹显而易见的事情。而反驳在当时绝非显而易见，这一点通过胡塞尔在选文中与众多作者的辩论就已得到表明。为了真实地说明这一点，胡塞尔的许多注释在这里也一并付印。

数学家出身的胡塞尔用计算器的效能等例子①说明了心理主义对思维规律之理解的无根据性。在今天，这类计算器已经发展成为电子计算机了。计算器的力学，或者说电子计算机的电子学是服从于完全另一类规律的，即物理学规律，它们作为符号链而被人用机器计算出来。心理主义无法说明这一区别。它将关于正确的思维的问题与用现代临床心理学语言来说明思维过程，以及对我们大脑中神经生理学板块构造的自然科学经验的描述混为一谈。

从根本上说，心理主义是"思想"这个概念的双重意义的牺牲品。规定着我们思维逻辑规律的一般之物是思想——"思想"被理解为在思维的进行中被思维的东西。但人们也可以把"思想"理解为心理过程的思维。心理主义将被思维的一般之物的存在还原到思维的事实性意识过程上。因此，它从心理学出发，来解释逻辑学，并且将心理学抬高为基础科学而排斥哲学。与此相对，胡塞尔提出：规定着我们思维的一般之物是不依赖于主观认识情况事实的、经验可把握的变化而始终有效的，它具有"客观""自在"的成分。

此后，这个思想，在独立于胡塞尔的情况下，在逻辑学发展中成为"数学化的逻辑斯谛"（Logistic），成为"符号的"或"数理的逻辑学"。但在这里，胡塞尔在展开其基本命题时不断强调的问题的另一方面却被忽视了。具有不依赖于事实的主观进程之内涵的客观有效之物、自在存在之

---

① 参阅胡塞尔"导引"，第68页（摘自原版）。

物,恰恰只有通过向相应的主观相应的原本被给予方式的回涉才能为我们所得。这也适用于逻辑规律。逻辑规律并不飘浮在世俗的柏拉图的理念天空中,而是作为思想回缚在思维进程的情况性上。如果人们将它们从这里解脱开来,那么,这在逻辑学中就会导致对规则体系的提出,这些体系只能是对真实陈述提出的技术说明而已,别无其他——在生活情况中,每个人都可以确信,某物是真实的或虚假的,这些说明与此生活情况的内容毫无联系。人们把这个主观被给予方式的领域留给了经验心理学。这样便产生了心理学和逻辑学的"分工"——"逻辑学"在这里被理解为提出计算的纯粹技术。胡塞尔所看到的同一个真理问题,即对客观普遍的自在与在情况的被给予方式中进行的为我之间冲突的裁决,在这里分崩离析了。

针对这一发展,胡塞尔在后期曾反对将他早期的心理主义批判做单方面客观主义解释的做法。这些可以在本书第 5 部分读到。在他对"导引"倾向的后期解释中,胡塞尔同时还表示反对在由他所倡导的现象学运动之内的一个发展倾向。人们把通过胡塞尔的心理主义批判而对客观的、自在存在的对象性的拯救看作一种解放,以致他的早期追随者们将他的伟大成就仅仅看作"为哲学夺回了它的对象性方位"。他们将现象学理解为"转向客体",并将"面对实事本身"的格言视为他们的战斗口号。在他们看来,遵循这一格言就可以将哲学从其近代的、主观主义的束缚中解放出来。一种反主观主义的客观主义得以形成,它或多或少地轻信,可以设定有哪些自由飘浮的,逻辑、数学、伦理或其他的"有效性"的存在。

胡塞尔本人并不在这个意义上把他的反心理学理解为反主观主义。在这里刊印的《形式的和超越论的逻辑学》部分内容中的后期自我解释表明了这一点,不仅如此,实际上在《逻辑研究》的第 5 和第 6 项研究中它已经有所显示,最后,这个观点在 1913 年的《观念Ⅰ》中最终得以明了。胡塞尔也要"回到实事本身"。然而,实事本身只能在直观性的自身给予的主观进行中原本地表现出来,而这个进行是在人的意识中发生的。因此,在 20 世纪的最初 10 年中,**意识便已成为胡塞尔现象学的研究领域**,然而在 1913 年,《观念Ⅰ》才从文字上作为纲领将它宣告给人们。

五、现象学作为本质论

有什么东西能够防止这个将自己理解为意识研究的现象学不返回到心理主义上去呢?这里首先要提到的是胡塞尔的中心概念:意识的意向性。

## 《现象学的方法》导言（1985年）

胡塞尔首先在理论判断的领域中发现了相关性先天的哲学作用，因为在《逻辑研究》中他首先涉及的是逻辑的奠基问题。这个奠基问题一直为他所关注，在1929年的《形式的和超越论的逻辑》中，他又再次明确地陈述了这一问题。但在20世纪的最初10年中，他已经将相关性研究扩展到所有体验性意识上。所有可谈论的有意义的东西都必定可以在某种特殊的方式中成为我可以得到的原本的被给予性。不仅在理论认识中，而且在所有"行为"中，在所有知觉、感觉、欲望、追求、爱、信仰、实践的评价等之中，随着我们相应的意识进行而涉及的那些东西或者可以"真实直观地"，以"自身给予"的方式为我地显现出来，又或者，它们可以这样显现，即意识仅知道自身依据于某种"充实"或"证实"，同时却并没有现实地实现它们。在这个意义上，意识在其所有的游戏种类中所涉及的是一个"对象"，它在最广泛的词义上是指，确定的意识进行所涉及的一个极点。每个知觉都具有被知觉之物，每个思维都具有被思维之物，每个爱都有被爱之物；每个行为都有一个对立面。胡塞尔在这里与他的哲学老师弗朗茨·布伦塔诺所论述的——他经受了经院哲学的思想——意向性理论紧密相连。意识是"意向的"，这是指：意识在其所有的行为中都是**关于某物的意识**。

"意识是关于某物的意识"这个思想自胡塞尔以来已成为哲学的常用语，但是它在这个形式中既没有包含相对于笛卡尔或德国古典唯心主义对意识之理解的方式而言的实事性的新东西，也没有表达出胡塞尔意识论的特殊性。胡塞尔的特殊在于这样一个思想，即意识依据于原本的被给予方式，就是说，依据于"明见性"这个已提及的概念的广义。如果意识不是依据性意识，即具有使空洞的、间接的、不确定的"被意识之物"得以充分的能力和"才能"的意识，那么就不会有任何对象意向地被给予意识。意识必须首先知道它自己使有关的"禁物"对自己显现出来的可能性——胡塞尔在这里运用了一个恰当的概念"权能性"（Vermöglichkeit）——尔后才是关于某物的意识。因此，意识于一个意识的意向不是一种与某物的静态联系，而是一种活的、朝原本性的趋向。胡塞尔对"意向"和"意指"这两个词的运用与在日常语言中这两个词的含义完全相仿，它们表明一种有意图的追求。意向意识在其所有形式中都以此为目的，即在对被体验之物的直观的占有中寻求满足。意识想达到明见性，它制定它的目标、它的目的。在这个意义上，所有意识生活，如胡塞尔后期所述，都服从于"目的论"的规律。与对意识的这个特征描述紧密相连的是，作为胡塞尔意向概念第二个特征的相关性先天的思想：人们不能把意识想象为一片空泛的海滩，大海可以把随意的内容推送给它；意识不是一个容器，对它被何物充实抱无所谓的态度；意识是由多种多样的行为组成的，这些行为的特征都各自受到对象的相应种类的规定，而这对象仅仅在与它相适合的被给予中显现给意识。这一点是不依赖于有关的对象是否事实地存在而始终有效。例如，即使我只是在视觉中臆想一个被知觉的事物的存在，意识的进行种类在这个情况中仍然受到对象的规定：这里的意识进行是透视地看，这里的对象是空间中的事物。行为是关于某些对象的意识，没有了对象，行为便是无，因此，人们可以说：意向意识自身包含了与对象的联系。这样，意向性的概念原则上便解决了近代"认识论"的古典问题，即一个起初无世界的意识如何能够与一个位于它的彼岸的"外部世界"发生联系。

对意识的意向的理解不再允许将自在存在的对象，将意识进行的对立面心理主义融化在这个意识进行之中；因为，行为的特征恰恰是受这个对立面规定的。这里的关键在于，这一点是独立于意向的被意指的对象的事实存在而有效的。意识进行的特征不依赖于偶然出现的经验被给予性，而是依赖于"本质"，即对象种类的一般规定性。因此，如胡塞尔所述，存在着对象范围，"存在区域"，它们通过它们的本质，它们的"埃多斯"，即通过对象性在相应的原本的直观中所展示的精神外观的特征而得以相互区别。**本质**的对象规定性各依其相关性先天而符合于与相应的对象相联系的意向行为的普遍、本质的状况。

行为和其对象可以不依赖于经验上可确定的事实而受到本质的特征描述，因此，它们的相关性——如已暗示了的那样——是一种**先天**；对象种类和其被给予方式的多样性将自身作为一个前经验认识的领域提供给哲学研究。正如胡塞尔在本书的第 2 部分中所阐述的那样，现象学不是以事实，以在个别人那里可经验地确定的意向体验及其对象的个别情况为课题。它们从偶然的、事实的意识过程和对象中抽象出来，并把它的目光指向规定了行为以及在行为中显现的存在区域的结构的本质规律。这些规律首先是**必然**有效的，即任何意向体验的个别情况都无法摆脱这些规律；其次，它们是**普遍**有效的，即它们包含了所有个别情况。将意向体验和其对象的事实特征还原到作为它们基础的本质规定性——事实特征对于这些本

## 《现象学的方法》导言（1985年）

质规定性来说仅仅是一些可互相替代的事例——上去，这被胡塞尔称为**本质还原**。

心理主义将某种普遍之物即规定着思维的逻辑规律解释为一种仿佛是对思维过程的自然规律的调整，以此否定这种规律的存在。随着胡塞尔对心理主义的反驳，普遍之物在哲学中赢得了新的荣誉。因此，人们为胡塞尔的成就而庆祝的"向客体的转向"，主要被人们理解为对普遍之物的客观性的拯救。在现象学研究的内部，普遍之物首先作为本质的普遍性而成为探讨的课题。在胡塞尔的哥廷根和慕尼黑的同道们看来，现象学的任务在于研究对象区域和与其相联系的意向行为的本质状况。他们细致的本质分析使现象学首先作为本质认识的方法而闻名于世。如哥廷根和慕尼黑的现象学家们所一再强调的那样，现象学，它意味着向对本质实事状态的原本精神直观、"直观""观念化""本质直观"挺进并在这个意义上达到"实事本身"。

胡塞尔始终把本质还原看作现象学的方法工具。胡塞尔在《年刊》——所有现象学家共同出版的刊物——的第1期上所发表的《观念Ⅰ》是以"事实与本质"这一章为开端，这并不是偶然的。这一章在这里作为第2部分被付印。在本质学说这个从对心理主义反驳中得出的第一个结论中，胡塞尔与哥廷根和慕尼黑学派是紧密相连的。但在《观念Ⅰ》的后一章——在本书作为第3部分——胡塞尔便和他们分道扬镳了。在这里，胡塞尔从对意向意识的课题探讨中得出了彻底的结论，它远远超出了本质直观现象学的范围，因而被他的哥廷根和慕尼黑的朋友视为向近代主观主义的回复。

这一步骤的结果在20年代是对本质直观学说的一次批判性考验。如果任务在于为所有客观存在之物探寻它们在意识中显现的主观条件，即原本的被给予方式，那么这也必须对本质的实事状态的被给予性有效。因此，现象学面临这样一个任务：对它自己的认识方式，即本质直观的现象学进行论述。胡塞尔希图在他的"本质变更"的学说中解决这一任务。在由兰德格雷贝所编校的关于《经验与判断》的研究中，人们第一次从文字上了解到这一学说。这些研究履行了胡塞尔在《形式的和超越论的逻辑》中所许下的纲领性诺言的一部分。从《经验与判断》中抽出的有关部分在这里作为最后一部分选文被付印，其位于《形式的和超越论的逻辑》中胡塞尔后期对心理主义批判的回顾之后，是因为这个回顾在某种程度上将反

· 303 ·

心理主义与本质学说联成了一个圆圈。

所有的——包括经验的——科学所涉及的都是普遍陈述。经验科学从它们借助于观察和实验所确定的特殊之物和实事之物出发，通过归纳达到普遍，就是说，通过对观察结果的方法上有步骤的普遍化而达到普遍。这样获得的经验普遍性，如康德所说，始终是"比较性"的，因为人们只能达到与进展较慢的普遍化过程之结果相比较而言的相对普遍化的陈述。就是说，比较级的普遍性始终是可校正的。而必然的、本质规定的普遍性则从一开始——"先天地"——包含了所有可想象的情况；它既不能，也不需要被校正。本质变更的理论解释了这个绝对的普遍性如何原本地被给予思维。

现象学的意识，本质的普遍之物也必须和进行经验操作的科学家的思维一样，从个别情况出发。感性经验、经验最终建立在知觉之上。经验操作的研究者只能有步骤地、归纳地进行普遍化，因为他束缚在他对事例的事实知觉之上；他必须等待，他在对事实的知觉中会表现出些什么。而本质现象学家则可以达到绝对的普遍性，这只是因为他不依赖于这样一种对被知觉的事实结果的等待。虽然他是以个别的事例为出发点，但却并不束缚在对它们的知觉上。这个不束缚在事实知觉上的关于个别事例的意识便是想象，它可以随意地设想各种事例。

在想象中，我们有可能一再地对一个意向体验或一个在其中被给予的对象进行不同的想象：我们可以在自由的变更中随意地，如胡塞尔所述，"假造"它的规定。但在这种随意性意识中，本质的普遍性可以成为原本的被给予性，即我们有可能在假造的同时注意我们可以走到哪条界限为止，而被想象的对象，或者说，把握这个对象的行为不会变成另一个对象或行为，即不丧失它的同一性。以这种方式，某些在所有可以想象的事例中间同一的，在事例的变更中不变的规定便显露出来，而就是这些规定性构成了问题的行为或对象的本质。这样，我们在"本质变更"中，即在想象中进行的对实事的思考界限的反思便原本地把握了一个实事的本质。

显然，在此理论中还有一个问题未解决：意识在假造的过程中所发现的界限显而易见是在意识之前就已有的。意识不是发明了这个界限，因为它触及这个界限，它们是假造所不能超越的限制。是什么对想象在它的自由游戏中做了这些限制，是什么束缚住了变更着的意识，以至于反思在其中可以使常项得以显示出来？这个关键的问题在胡塞尔的本质变更理论中没有再得到回答。对此问题的一个可能的答案——在胡塞尔那里并不能找到这样的回答——或许是这样的：作为常项的本质在对象化的形式中使视域意识的依赖关系的构造规则得以显露①。至于什么是视域意识，将在下面得到解释②。

六、世界信仰和悬搁

在某种意义上，现象学作为本质直观方法尚停留在哲学的大门之外。哲学从一开始就把自己理解为总体的认识。亚里士多德因而将它的特征描述为一门根据万物的共同特征来考察存在者的科学，这个共同特征便是存在。③ 胡塞尔始终把这个总体称为"世界"。在他看来，必须达到彻底的无成见性。因此，他认为哲学必须是对世界的认识。因为只要我们的认识仍然限制在可认识的部分上面，尚未被认识的世界的存在领域便会产生出这样一个危险，即尚未被看清的成见仍然受到维护。所以胡塞尔必须一再地探讨哲学关于总体的原初问题。

本质直观本身还不是对作为总体的世界的认识；因为本质直观可以被用来根据其本质规定对世界的部分领域，即一定的存在区域和与此相联系的行为种类进行说明。对存在区域的规定也不是对存在之物总体的规定，即对哲学真正对象的规定。如果现象学是彻底无成见的哲学方法的话，那么胡塞尔必须提出这样的问题，即现象学是否并且如何使对世界的认识得以可能。由于胡塞尔对无成见性的追求，他从与自然意见的对比中获得了他关于哲学真理的概念。因此，他现在面临的问题是：也许人在他的自然前哲学的生活中已经与总体打交道了，或者只是哲学的认识才为他打开了通向"世界"的通道？胡塞尔的基本回答是：在所有哲学之前，人已经具有关于世界的意识。哲学所改变的因而只能是对世界的观点。世界的总体如何能成为现象学的课题，这个问题因而被修订为："人对世界的**自然的观点**"如何能过渡到一个新的哲学的观点中去？

但在这之前的问题是：人怎么会在所有哲学认识之前就已有了世界意

---

① 这个可信的命题可以在 U. 克莱斯格的著作《胡塞尔的空间构造理论》中找到，海牙 1964 年版，第 29 页以后。
② 参阅下列各节及《生活世界现象学》"引论"的第 6 节。
③ 参阅亚里士多德《形而上学》，1003a。

识？从相关性思想出发，胡塞尔对自然观做了如下说明：在我的世界中的对象以受情况制约的被给予方式与我相遇。一个知觉事物，如这张桌子对我的显现只能是每次显现它的一面。为了看到"整个"这张桌子，我必须围绕它转一圈，在此同时，它不中断地"透视地"被给予我。但是每当我对它进行某种作为被给予方式的透视——如胡塞尔所说的它的"**映射**"——时，我同时意识到，这张桌子的存在不是从它恰恰现实地展现给我的这个角度中得到的。对象所指的是比在任何被给予方式中显现之物"更多"的东西。① 就是说，我在我的意向体验中赋予这张桌子以一个存在，这存在超越了它的所有随情况变化而改变的被给予存在。透视的映射是主观相对的。而根据我的信念，对象的存在则超越出它的主观情况的显现而"自在""客观"地存在着。于是，自然观点中的意识在某种程度上始终默默地对对象做出存在的判断；它说，对象存在着，就是说，对象具有不依赖于主观和情况的存在。

意向体验在通常情况中将它的对象想象为存在着的，它在这个意义上包含着一个"**存在的设定**"。人在自然观点中与对象的关系是一种对对象的存在的自明的信念。这种"存在的信仰"起初只涉及个别意向体验的个别对象，在进一步的观察中，这个信仰包括了所有这类对象的总体，即"世界"。

意向意识不断地进行存在设定，即一定的对象或其特征对意向意识来说是作为存在着的而有效的。但这种"**存在有效性**"在根本上是不稳定的东西。意向的意识生活在寻求对它或多或少"模糊的"，或"空泛的"意向进行充实和证实的道路上向前迈进。与此同时，始终有新的、不可避免的、被意识至此为止看作存在着或具有这样那样状态的对象，证明自己是不存在的，或者至少是具有另一种状态的东西。于是我们必须一再地"**删去**"存在的有效性。通过我们的不确定的前意见向原本的被给予性的过渡，我们不仅达到充实或证实，而且同样也达到"失实"。但一个基本的信念却并不因而受到触动，即这样一个信仰：世界是作为一个**基地**而存在着的，我们在某种程度上将所有对象都放置在这个基地上。每个失实都导致这样一个结论："不是这样的，而是那样的"，但从未导致一个完全的

---

① 关于对这整个关系的详细分析请参阅《生活世界现象学》的"引论"第 2 节和选文"感知分析"。

无。因此，世界的存在始终具有"**终极有效性**"，即使我们必须在这个或那个对象的存在和如此存在上排除这个世界的存在对我们的有效性。胡塞尔将这个与世界有关的存在信仰称为**自然观点的总命题**。

对世界的存在的不明确的信念伴随着每个个别的对象意识。每个意向体验都具有将注意力从一个正在被给予的对象出发转向其他的对象的可能性。例如我在知觉这张桌子正面的同时具有这样的意识：我可以绕着它走并看到它的背面；我可以使我的目光扫过它所占据的空间；我可以从这个屋子的窗户望去并发现其他的对象；等等。我的具体的意向体验向我预示了一个确定的可能性游戏场，即有步骤地将新的对象作为我的课题。我虽然可以自由地支配这个游戏场，但却不是完全随意地支配它。我**如何能够**进一步地确定我的课题，这是受一个规则支配的，我以一种不明确的方式信任这个规则。以此方式，我具有从一个体验对象出发去依据更新的对象的意识。

在这个受规则支配的依据关系之内，我可以继续我的具体经验，胡塞尔将人们对这个依据关系的信任称为"**视域意识**"，而将可能经验的游戏场称为"**视域**"。胡塞尔将"视域"这个词的日常语义接受下来并加以扩展。视域在广泛的意义上是指我的视力圈，指一个以我为中心点而指向世界的圆圈，它随着主体位置的变化而移动。它作为我的经验可能性的游戏场是某种主观的东西。我虽然发现了这些"可能性"，但仅仅是这样发现的，即支配这些可能性的是我：我具有"我能够……"这样的意识。在我自己所期望的方向上追随这个依据关系，这是处于我的权力、我的"能力"范围之内的事情，因此，胡塞尔将视域意识的特征描述为我的"**权能性**"意识——这个概念在前面已经提到过了。

但我的权能性包含这样的意识，即能够一再地继续将新的对象作为我的课题，就是说，一个无穷尽的意识。借助于这个意识，我们拥有上述信任，即我们的意向体验永远不会遇到完全的空无，即使个别的失实体验会取消个别对象的存在有效性。因此，我们在视域意识的无限性中具有对一个无法删去的最终的视域的信念，即一个视域将自己展现在所有的视域面前，这便是：世界。

随着对世界作为普遍视域的规定，总命题的学说开始具体化，正如个别的对象拥有其被给予方式一样，个别的对象意识也被置于**世界信仰**之中。对象、我的行为所指向的对立面，我的注意力之极，是某种同一的东西，相对于被给予方式的多样性，即相对于对象在其中展现给我的那些变化着的映射而言，对象始终是同一的东西。与此相符，世界相对于个别的对象体验而言也是某种保持同一的东西；对象的存在有效性可以在原本的被给予性中证实或失效，但这一个世界始终具有终极有效性。

人的自然观点是一个总命题：世界信仰。这与世界的关系如何才能被引导到一个新的、哲学的与世界的关系中去呢？胡塞尔使我们注意到，对对象在被给予方式中的显现的分析已经要求有一个确定的态度。在我们以自然的观点所进行的意向体验中，对象是我们的"**课题**"。我们尽管或多或少地知道，它们只能在被给予性的方式中——例如，知觉表象只能在"映射"中——显现给我们，但我们通常并不特别将我们的注意力放在这个情况的和主观的显现上，或者，即使我们把注意力放在这上面，也是漫不经心的。因此，在被给予方式中的显现是**非课题性**地进行的。胡塞尔说，这显现是作为媒介而"起作用"的，通过这个媒介我们与对象发生联系，而这对象对我们来说是作为存在着的而有效的。这个情况的和主观的显现在我们注意力的阴影中发挥作用，并且它的作用始终有利于光明的一面，即被理解为存在着的对象在其中展现自己的光明面。世界信仰也就像这些被给予方式一样，非课题性地发挥着作用。如果我们在某个方向上追随这个依据关系，那么在课题上引起我们兴趣的始终是我们在此期间所遇到的对象和对象范围；而尽管有个别的失实体验出现，意向体验却从未导致空无，这样一种信任本身却从未成为课题。

就这样，自然观点中的意向意识，如胡塞尔所描述的那样，被"射入"作为课题的对象中。这个意识"**直向地**"——这也是胡塞尔的一个具有特征的用语——生活在对被理解为存在着的对象的献身之中。现象学把被给予方式和世界视域的作用这些在自然观点中始终未成为课题的东西当作自己的分析课题。但它不再进行直向的生活。直向生活的注意力方向以及对对象的存在有效性的兴趣被打断了。现象学家意向的"目光束"不再是对准被理解为存在着的对象，而是对准那些在其非课题的如何显现之中的对象，以及这个显现在视域意识中的置入。目光束于是返回到被给予方式的进行以及视域的依据意识这些主观之物上去。简言之，现象学分析具有**反思**的特征。

反思的基本态度在于，现象学家要摆脱这种由于存在信仰而被射入课题对象之中的状态。他不是在直向生活的大河中顺流而下，而是要将自己升高到河流之上；他不再对被意指的对象的存在发生兴趣，而是因而成为"不感兴趣的""不介入的观察者"。在作为自然体验着的人的他本身与作为存在着的而显现给这个人的对象之间有某种联系，现象学家将自己置身于这联系之外。可以说，他将这个联系置于**括号**之中，并且从外面来观察处于括号之中的意向生活。用体育的形象说明来表述：直向生活的目标在于在不断的新的中间冲刺中达到存在着的对象，它不断地向前奔。但反思的观察者对此的态度则是"中立化了的"。

在直向生活中，意识承认它所遇到的对象的存在：只要一个存在的有效性不被删去，意识就肯定、确认这个存在；一旦它失效或以某种方式受到怀疑，意识便转向否定或转向某种在对存在的确认与否定之间的态度，转向"可能""或许"等。不介入的反思的观察者必须放弃所有这些态度。他让这些态度以自身为根据，并且使它们飘浮在空中；因为他不这样做，他就会始终被射入对象的存在之中，而在自然观点中的非课题之物，即被给予方式和视域意识，便无法进入他的视野。

对任何**存在态度的放弃**，对所有可能的存在态度的变种所持的中立性，在胡塞尔那里得到了一个取之于古希腊怀疑论的概念："中止判断"。这个称呼的词义是"抑止"，即抑止住对存在的态度。中止判断的态度是一种被寻求的对世界的新态度，通过这种态度，哲学将自身与自然的观点区别开来。对它的发现包含着对这样一个问题的回答的开端：现象学的方法如何能够成为哲学，成为对总体的课题探讨。世界的总体——"世界"在此被理解为所有视域的视域——对于自然观点来说始终未成为课题。恰恰是这个非课题的东西通过中止判断，并且只有通过中止判断而成为课题。因此，只有中止判断才能使本质直观的现象学有可能转变为一门严格的、无成见的**哲学**方法。

## 七、现象学的还原

存在区域的本质规定为本质直观所揭示，这些存在区域——用哲学的传统说法——是存在之物的种和属。那些与存在之物的总体有关并因而跨出、超越了种和属的规定，被经院哲学称为超越之物（Transzendentalien）。康德之前的思维作为超越之物的学说已经是**超越论哲学**了。只是为了与哲学这个前康德的超越论性相适应，现象学就可以不局限在仅仅成为关于一定的存在区域和相应的意向体验的本质学说。康德给**超越论**这一概念以新的含义，因为他用这个概念来标志所有这样一些认识，"它们不是与对象有关，而只是与我们认识对象的方式有关，只要这种认识方式是在先天可能的范围内"①。于是哲学之所以是普遍知识，是因为它把普遍的存在之物放在这存在之物的存在与意识的先天相关性中来研究。

在《观念Ⅰ》的"现象学的基本考察"中，胡塞尔将现象学置于康德所创立的超越论哲学的传统中。他之所以能这样做，是因为现象学的相关性研究与康德对超越论哲学的定义中的两个条件相符合：根据它的中止判断反思态度，现象学是在对象对意向意识的如何显现之中来考察对象的，就是说，现象学不仅直向地询问对象，而且询问对象的"认识方式"。而作为本质直观的方法，现象学从这个意识关系中揭示出先天之物。现在，意识是以何种方式进入现象学注意力的焦点中的呢？即现象学是如何在康德的意义上成为超越论哲学的呢？

一种仅仅在于个别意向体验中，对存在态度持中立化立场的中止判断是可能的。然而通过这种对存在信仰的部分放弃，作为总体的世界还没有进入人们考察的视野中。为了使现象学方法成为哲学，中止判断必须成为**普遍的**中止判断。它不能放过任何一个对存在的态度。但这里产生一个困难的问题：现象学家们所做的关于对象的意向显现的陈述也包含着一种对存在的态度。关于在被给予方式中的显现的判断恰恰是把这些被给予方式理解为存在着的。如果现象学也放弃这个存在设定的话，那么它就无法提出任何论断。中止判断的最终结果是放弃所有认识要求并因而放弃作为科学的哲学。在古希腊怀疑论中，它的作用恰恰是如此。作为科学的现象学，需要有一个在受到中止判断之后仍保留下来的论断的领域。

现象学的论断与意识的意向行为有关。因此，被寻求的领域只能是意识。但是，意识对存在有效性的保留是如何与普遍的中止判断的严格性相一致的呢？普遍的中止判断是对自然观点总命题的放弃；它将**世界**的存在有效性中立化。如果意识的存在与自然的世界信仰所涉及的世界中的对象的存在是同一类的话，那么现象学就不可能谈论意识的存在。意识的存在因而必定是与世界中对象的存在根本不同的一种存在。这命题起先会令人感到生疏，因为根据我们的前哲学的信念，意识寓居于人之中，而人这一方面则是世界的一个部分。因此，为了反对这个自然的假象，必须证明意

---

① 康德：《纯粹理性批判》，B25。

向的意识不是属于世界的，如胡塞尔所述，它的存在方式不是"世间的"（mundane）。

同时还产生出第二个任务：如果世界是整个的总体，那么，就没有任何东西与它"并列"或在它"之外"；因为对整个的总体的定义恰恰在于，没有什么东西对它来说是在外的，是他物。黑格尔将它称为总体性（Totalität）。因此，意识就绝不可能是某种与世界"并列"的东西，而是某种与世界不同的"他物"，就是说它不可能是与世界同一的。但这个命题只能是以一种方式得到有意义的现象学的具体化：世界是所有意向地显现的对象的总体。在自然的观点中，人们将这些对象的客观存在，自在存在和与它们的主观相对的、在被给予方式中的合意识的显现区别开来：自在存在是对象的、主观上非相对的、与意识无关的存在，在自然观点中，人们对这个存在坚信不疑。世界与意识的同一性只能意味着：世界的自在存在——与自然观点的存在信仰相对立——无非只是它对意识的意向显现而已。

胡塞尔以此命题将现象学作为近代唯心主义的一个变种而提出。现象学哲学的态度与自然观点的真正区别是在唯心主义的立场上。自然观点认为世界以及在世界中的对象的存在作为非课题的世界信仰独立于其合意识的显现。这种自然的信念的具体形态表现在：显现始终未成为课题。对自然观点来说，问题仅仅在于独立于意识的、主观上非相对的自在存在，而不在于它的主观相对的被给予存在。这种观点是"直向生活"的基本态度。与此相反，现象学的相关性研究者则将那个被误认为非主观相对的、与意识无关的存在和主观相对的显现联系在一起。此外，他还将那个存在回溯到这个显现之上。

这个回溯被胡塞尔称为**现象学的还原**。它无非是对中止判断的彻底普及化。在普遍的中止判断中被剥夺了其有效性的世界存在，暴露出自身是为意识的显现。随着这个还原，现象学的方法在康德所形成的传统意义上成为超越论的方法。在本质的相关性研究中，对象尽管已经在它对意识的如何显现中被考察，但关于意识本身的存在问题却可能仍未得到回答。直到现在，对象的存在才被解释为意识—存在。现象学的还原被理解为彻底的普遍还原并且以唯心主义为目标，在这个意义上，胡塞尔在他所做的《观念Ⅰ》的笔记以及他20年代的写作中，将现象学还原称为超越论现象学的还原。

将存在重新超越论地建立到意识的主观显现的进行之中，这个做法被胡塞尔在哥廷根与慕尼黑的朋友视为向主观主义的回复而加以拒绝。他们将自己限制在被胡塞尔称为本质还原的东西上，即为了本质普遍性而排除事实。这个还原也包含着一种中止判断，即使事实的存在的假设飘浮在空中，本质的实事状态的存在并不依赖于它是否拥有某些事实的事例。在胡塞尔的意义上，人们必须严格地区分现象学还原与本质还原，因为现象学还原是从中止判断，即放弃**任何**存在态度的立场中得出的结论，而对于事实的个别体验，我也可以采取这种态度，同时不去询问它的本质结构。将一般对象还原到使这对象得以显现的我的意识上，这完全不同于将事实还原到其本质上的做法。

现象学家中有一些胡塞尔的批评者认为，超越论现象学的还原之结果是贫困化。他们认为，向意识的回复削弱了哲学在对象存在方面的丰富性；向"实事本身"的突破在主观主义中使自身枯萎。但这是对"还原"这一概念的误解。现象学的还原本不是"还原主义"的缩写。不参与自然观点对对象存在独立于意识这种信仰，这不是意味着不去注意对象；相反，只有通过还原，对象的内涵才能得到如实的分析，就像它原本地、不加缩减地展现给意识那样，并且只有通过中止判断和现象学的还原，反思才能无成见地对原本的被给予方式进行分析。超越论现象学并不会为了意识而将目光从世界上移开，相反，它的兴趣恰恰在于对世界的意识现象的说明。超越论现象学家的兴趣最终在于作为世界的显现场所的意识。

## 八、通向还原之路

如前所述，如果现象学方法应该成为哲学的话，那么有两个任务要解决。胡塞尔首先必须证明，意向意识是非世间的，即与世界中的对象不同的另一种存在种类。其次，它必须现实地实施超越论现象学的还原，就是说，必须走一条思维之路，在这条路上可以看到，对象的被误认的自在存在无非只是主观相对的显现而已。胡塞尔在《观念Ⅰ》中设计了一条通向还原之路，他为这条道路提供了第一个证明。但胡塞尔后来对这个证明不再满意，所以他自20年代以来一直在勤奋的思索中寻求一条更令人信服的通向还原之路。

如果人们首先不去考虑对意识的非世间性的有疑问的证明，那么在"基本考察"中，胡塞尔用下列思索论证了现象学的唯心主义：自然观点的存在信仰包含着对世界存在的意识独立性的信念；世界中的对象是主观上非相对地存在着的；它们超越了在被给予方式中的显现并在这个意义上是超越的。真正的现象学的问题只能是这样的：意向意识是如何进行这个在其原本形态中的超越体验的？对象和世界要比在各种受情况制约的显现中的被给予之物"更多"，这个信念原初是如何产生的？

对胡塞尔来说，对象经验的典型例子是对一个事物的知觉。① 它表明：在映射的进行中，例如这张桌子的映射，我同时意识到在视域中有进一步知觉的权能性。现实的被给予方式，例如，这张桌子正面的外观，通过它特有的意义内涵向我指明可能的经验，在这些可能的经验中，对我来说有比这桌子更多，或者超出这桌子，有比整个世界更多的东西成为被给予性。在这个意义上，每个对象经验都包含着超出这个经验的"**动机**"。关键在于在现实地被给予之物和通过对具有动机的权能性的现实化而可被经验之物之间的差异。在这个差异的基础上，每个对象都作为存在之物而被意识到，而存在却不在相应的、已进行的被给予方式中出现。这个在存在内涵部分中的突出物便是原本被经验到的对象和世界的超越。

这个超越原初并不具有总体地独立于意识的意义，它恰恰表示某种相反的东西；它意味着，超越之物对于意识尽管不是当下地被给予的，但原则上，它在权能性的依据关系中，在某种程度上准备有动机地向现实的显现过渡。简言之，超越的体验的原本形态是对象经验被置于视域意识中。对象的超越尽管原本上处于一种现实的与意识的无关性中，但这个与意识无关性仅仅是一个隐蔽的、可为动机遮盖的意识相关性的反面，而"意识相关性"则意味着，情况的、主观的显现。因此，事实上，任何超越的存在都自身表明为显现。

但在这个证明中包含着某种模糊性。根据已有的解释，超越的对象所"超越"的东西，是它们显现在各自现实的被给予方式的情况上的束缚性。胡塞尔所说的"超越"原本是指对各种情况的超越。但胡塞尔不仅仅把在被给予方式中的显现理解为情况的，而且还理解为主观的。"主观的"意味着，寓居于意识之中。因此，胡塞尔同时还必须将对情况的超越解释为对意识的超越。

但是，这样一种解释设定了意识在它被超越之前具有一个固有的存

---

① 关于对事物感知的详细分析请参阅《生活世界现象学》中的"引论"第 2 节和第 1 部分选文。

在，只有在自身中已具有某些东西的事物才能被超越。所以意识本身必定具有某些在它被超越之前就寓居于它之中的特征。意识首先与这些"内在"于它的特征有关，它的基本特征是内在于它的与自身的联系；尔后，超越则在于，它与某种不同于它本身的内在性的东西发生联系并因而向非内在的被给予性跨越。在这个意义上，胡塞尔将在世界中的**超越**对象与意识的**内在**被给予性区别开来。然而，随之对意识的非世间性的至今为止跳跃性的证明，对于还原来说便具有一个中心的意义：这个证明必须表明，被世间对象的超越性所超越的"内在"处于何处。

在《观念I》的"基本考察"中，胡塞尔通过一个比较说明了意识的非世间性：他将物质空间的事物作为在世界中的超越的对象例子。这些事物的存在根据普遍的相关性先天而以它们原本的显现方式表现出自身。这对意识的存在方式也同样有效。意识是所有意向体验的总体。这些体验是由被给予方式的进行具体构成的，在这些被给予方式中，对象显现给意识，在胡塞尔所举的一个去知觉事物的事例中，这些被给予方式是**映射**，这事物在映射中成为被给予性。我们在反思中将这些对于自然观点来说非课题的映射作为课题。在反思中，我们可以使这些映射变得原本、直观和当下，并且在这个意义上，我们可以内在地"知觉"我们的意识。通过对一个事物的外部知觉与对它的非课题的映射的反思、内部知觉的比较，必定可以发现意识的存在方式与世间对象的存在方式之间的区别。

比较表明：事物只是通过映射才成为被给予性，然而在反思中被知觉的映射则不需要这样。非课题地进行的被给予方式在反思中并不重新通过非课题的被给予方式而被给予；它对反思意识的显现不是主观**相对的**映射，而是**绝对的**。因此，意识在反思中是无投影地自身被给予的。根据相关性的先天，被给予之物的存在方式与它的被给予方式是相符合的。据此，意识具有不同于世界中对象的主观相对存在的绝对存在。

为了说明意识的绝对性，胡塞尔回溯到笛卡尔的"沉思"中的古典方法怀疑上：我可以对所有被我所想象的事物进行怀疑，但是，只要我仍在想象，我就不能对我自己怀疑。想象能力的存在，意识的存在是不可怀疑之物的剩余，即使是一个最全面的怀疑也无法对这个剩余提出疑问。胡塞尔的做法与此相类似：世间的对象是主观相对地被给予的，因此，它们的存在有效性随时可能被删除，主观性意味着迷惑的可能性。由于我们的可迷惑性，原则上可以想象，整个世界信仰会崩溃。而意识的存在有效性则

## 《现象学的方法》导言（1985年）

由于其绝对的被给予性而无法删除，就此而言，它是绝对的。

即使整个世界的存在失去了它的有效性，并在这个意义上，世界对于意识来说被"毁灭"，也仍然还有东西剩余下来：意识作为"世界之毁灭的剩余"。现象学的反思保证了这个剩余。它的目光深入到意识这个绝对之物的内部，以此方式它发现了作为意识的"内在"组成部分的被给予方式。它们作为无可怀疑的"实项"部分而保留在意向体验的河流中。与此相区别的是，作为"实在之物"的世界中的对象，它们只具有在意识内在的体验流之彼岸的、不受保证的超越的存在。

这样，还原的方法便转入传统的笛卡尔的意识与"外部世界"的二元论的轨道上去了。出于各种原因，胡塞尔始终对这一点不满意。在这里提一下其中的三个原因：首先，随着"内在"与"超越"的概念的出现而产生了一个令人迷惘的游戏。只要世界的超越存在回复到它在被给予方式中的显现上去，并且只要这些被给予方式是内在的，那么对象存在的超越就表明自身是内在的。但是，如果超越是"内在的超越"的话，那么究竟怎样才能合理地理解超越呢？

其次，意识超越了自身但同时却仍在自身之中，这个悖谬此外还从根本上与相关性研究的精神发生矛盾。随着胡塞尔意向性设想的提出，古典笛卡尔的意识内部与外部的问题在原则上已经解决。现在这个问题又回来了，因为胡塞尔的解释过于强调了被给予方式的主观特征。被给予方式无疑是主观的，只要它们由于其自然的非课题性而只能通过反思得到澄清的话。但它们对于胡塞尔来说也在下列意义上是主观的，即它们的进行仅仅在意识的内在性中发生。然而，这是一种片面的解释。当然，被给予方式是意向意识如何进行它的体验方式，与此相符，它们又是某物的显现，即存在之物自身表现、自身展示的方式。如果人们提出笛卡尔的沉思的问题，应当把意识的"外部世界"归之于被给予方式呢，还是把"内部世界"归之于它们，那么，被给予方式的特性就无法得到恰当的理解。被给予方式炸毁了这个二元论；因为被给予方式是中间，它原初地展现了意向显现的维度，在这个维度中，意识和世界在所有主体－客体分裂之前就已经相通了。① 胡塞尔借助于他对在真理的理解中的主体－客体分裂的非单方面化解而发现了这个中间，并因而第一个为20世纪的哲学打开了通向

---

① 这一整个问题在《生活世界现象学》"引论"的第3节中将再次得到更具体的探讨。

整个新的思维可能性的大门。

再次,在《观念Ⅰ》中,笛卡尔方式上的对意识的非世间性证明也与中止判断的方法相抵触。在"基本考察"的开始,胡塞尔明确地使中止判断的方法远离笛卡尔的怀疑。胡塞尔认为,笛卡尔也在寻求一条通向取消自然观点的通路。笛卡尔认为,这条道路在于,从方法上对自然的、肯定的存在态度进行否定。然而,否定仍然是态度的一种游戏方式。自然的观点只有通过对态度的**所有**变化的悬搁,即通过中止判断才能得以克服。根据这一见解,当胡塞尔考虑到这一可能性,即一种极度的失望可能会对世界存在有效性置疑,并且在将非世间的意识解释为"世界毁灭的剩余"时,他反驳了自己对笛卡尔的批评。

当胡塞尔很久以后在他的《笛卡尔的沉思》中再次与笛卡尔相联系时,他对笛卡尔在如下的意义上做了批判,即意识在笛卡尔那里仍然是"世界的一个小尾端"①。只要意识仍然是世界的一部分,而世界的存在仍在自然观中被肯定,那么意识在其存在方式上就无法与世间的对象相区别。这个指责也涉及"现象学的基本考察"。因此,在《观念Ⅰ》之后,胡塞尔在方法上首先致力于澄清现象学的意识观。在20年代,胡塞尔设计了一条通向还原之路,这条道路在本书中付印的《不列颠百科全书现象学条目》中可以得到论证。这条道路穿越过"现象学的心理学",它是超越论现象学的前形态,在现象学的心理学中,意识仍被理解为是世间的,即仍然作为心灵而保留着一个在世界之中的存在之物的有效性。整个对象世界已经被还原到它的纯粹意向的如何显现之上,但现象学在这里仍然是世间的,即仍是带有世界信仰的前哲学的科学。它无非是一种非经验的心理学而已,就是说,一门关于通过本质还原而可认识所有体验的——如它们在反思的内在直观中通过中止判断的态度而可以被分析的那样——本质结构的科学。胡塞尔认为,这门内向的本质的心理学有双重功能:首先,它是所有经验心理学的先天基础。人们今天几乎唯独从事一种纯自然科学的心理学,它认为没有内向本质的基础也可以过得去。在胡塞尔看来,它是无基础的,因而必定要失败。其次,现象学的心理学是超越论现象学的前阶段。超越论现象学尽管从现象学的心理学那里获得了全部内容,但这些内容仍在世间性之内。胡塞尔认为,只需进行一种"前符号改变",就

---

① 胡塞尔:《笛卡尔的沉思》,第63页。

《现象学的方法》导言（1985年）

可以使意识不再被理解为世间的，而被理解为超越的，并且把这门新的心理学过渡到超越论哲学。

这种前符号改变是如何进行的呢？我们在前面已经多次提到意识是一条意向体验的河流——因此，胡塞尔也说"**体验流**"。在这条"体验流"中我的所有体验都结合成为一个统一体。当我把我的体验看成"我的"时，我便使自己意识到这个统一。它们是我的，这意味着：它们属于"我"，"我"是进行这体验的人。因此，如胡塞尔所述，我作为"进行的自我"是所有我的体验的相属性的基础。在我的意向体验中，我指向世界中的对象，但我在反思中也可以把我自己的自我作为对象。在这种对象化的过程中，自我在自然观点中重又作为某种世界中的存在之物显现给自身，客观化是一种世界化：我在社会学中将自己理解为角色，在实验心理学中将自己理解为实验者，等等。

然而，在所有这些自身对象化中却有某些东西没有被世界化：我作为进行着的自我。因为，我进行各种对象化体验时仍作为进行者而停留在对象化的此岸。作为如此被理解的进行的自我，我是一个原则上非世间的生物，我是"**纯粹的自我**"，胡塞尔这样说。"纯粹"在此意味着：任何世界化的客观化都是无法达到的。不再将世界理解为世间的，而是理解为超越论的，这是说：思索纯粹的进行的自我。因此，胡塞尔也将它称为"**超越论的自我**"。① 在我们之中的超越论自我无非是世间的自我而已。现象学的反思在这里闭口不谈意识的分裂。它仅仅提醒人们注意，我最终是一个生物，它不会在客观化中被耗尽并因而保存了它的自由和责任。无论胡塞尔在从现象学的心理学向超越论现象学的过渡中是如何在方法上考虑前符号变化的成立，有一点是清楚的，即对他来说，问题最终在于，在我的自由的责任性中思索我自己。②

胡塞尔并没有在最后成问题的方法反思中走上通向还原的具体道路。将对象和世界的存在"还原""回溯"到它们的意向显现上，从显现出发来解释那个存在，还原和回溯才具有意义。对于意识来说，一定的对象作为自在存在的而有效，这个情况必须从对象在相应的被给予方式中的显现出发而得到说明。意识超越了在论证了的方式中的原本的、情况的和主观

---

① 关于这一整个问题请参阅《生活世界现象学》"引论"的第4节。
② 这里参阅《生活世界现象学》"引论"的最后一节。

的被给予，通过这种方式，世界的存在连同它本质上可区分的对象领域得以建立。胡塞尔将世界的这种产生于意识的有动机的超越进行之中的建立称为"构造"。① 超越论现象学的相关性研究的真正任务在于，分析各种对象领域的构造。《生活世界现象学》中选进了一些文章，它们将提供现象学具体研究工作的例子。

作为本质的和超越论的现象学还原方法，现象学发展成为20世纪哲学中少数几个全面系统的设想之一。虽然它仍具有某些问题，正如在前面已经暗示了的那样，但这个设想仍然是德国古典超越论哲学与20世纪所特有的新开端之间的最根本的联结环节，这些新开端是指生存哲学、存在的思维、解释学、科学理论和语言分析，它们都同现象学密切相关。为了系统地"重构"从唯心主义时代向我们这个时代的过渡，有必要探究胡塞尔现象学作为方法所走过的道路，只有以这种方式才能在某种程度上有联系地估价当代哲学之尝试的深度和广度。另一方面，对胡塞尔著作的研究是富有吸引力的，因为它们作为通过具体分析而进行的构造研究，在许多具体特征方面丰富了我们对人的世界经验的哲学理解。我们对胡塞尔的兴趣的这一方面可以依据《生活世界现象学》。

---

① 在《生活世界现象学》的第1节中有对这个概念的进一步说明。

# 《生活世界现象学》导言（1986年）[①]

[德] 克劳斯·黑尔德

## 一、构造的问题

在20世纪的前三十多年中，由胡塞尔创立的现象学以各种方式丰富了哲学和一系列科学，并在某些方面强有力地影响了它们。胡塞尔在1936年，即在他去世前两年所撰写的后期著作《欧洲科学的危机与超越论的现象学》（以下简称《危机》）再次具有了一种新的影响，这种影响至今仍在发挥作用。这部著作本质上是与生活世界概念的引进密切相关的。对走向灾难的周围世界状态的惊骇，对愈来愈彻底的理性化组织和管理的社会的不满——这些和其他一些情况使得一些有识之士在今天去寻找一个世界的样板。在这个世界中，人们能够有居家的感觉并且能够在完整的意义上"生活"。因此，目前由胡塞尔提出的"生活世界"这个用语愈来愈多地出现在公众的讨论中。胡塞尔本人是在特定的思想状况下将"生活世界"这个词提升成为哲学的中心概念的；如果人们更多地回顾一下这些思想状况，那么现今对生活世界这个课题的大多数论著显然就是建立在不那么稳定的基础之上。这册文选为此提供了一个基础。

在胡塞尔对生活世界的思索中包含着对现代科学精神的彻底批判。然而奇特的是，这个批判并不是从根本原则上否定科学。相反，胡塞尔所关心的只是对作为**科学**和作为科学一般基础的哲学的更新。因此，他对生活世界的思索可以有助于防止那种在如今日趋常见的、对科学与文明的厌倦，而不至于转变为某种为年轻人所容易接受的、浪漫主义的、向完全前

---

[①] 这是克劳斯·黑尔德为他选编的胡塞尔文选《生活世界现象学》撰写的导言。德文原文出自 Klaus Held, "Einleitung", in Edmund Husserl, *Phänomenologie der Lebenswelt: Ausgewählte Texte* II, Reclam Verlag, 1986, S. 5-53。中译文首次刊载于 [德] 埃德蒙德·胡塞尔《生活世界现象学》，上海译文出版社2002年版，第1-45页。文中所说"本书"即指该卷《胡塞尔文选》。——译者

科学和前技术世界的回返。此外，在对科学与文明的厌倦中重又产生出现代"两种文化"的对立。关于这种对立，人们自英国浪漫主义者、科学家查理士·斯诺在 60 年代提出这个命题以来就已经一直在讨论着。① 现代的生存似乎已经分裂为在一个带有自然科学技术理性烙印的世界及其组织中的无精神生活和在一个历史的和个人的成长起来的世界及其文化产物中充实的此在。这种分裂也反映在两条传统线索的遗产之间的现代哲学的动摇上。面对现代经验实证主义的以分析与科学为目的的思维，多方面尝试以超越论哲学、辩证法、生存哲学或解释学为出发点与老欧洲传统相连接。

胡塞尔的思维具有对这两个方面的亲和力，因而体现了对这"两种文化"的中介作用。胡塞尔首先是一位处在 19 世纪末的精神状态中的数学家，由于这个原因，他和我们所说的第一种传统非常接近。与他那个时代的实证主义一样，在他的思维中，那种在他后期生活世界理论中达到高峰的对"自然的世界概念"的寻求和对科学进行论证的企图交织在一起。因此，近年来日趋增多的那种将在英美地区占统治地位的分析思维与胡塞尔现象学相结合的尝试并不是偶然的现象。但另一方面，人们也可以把后期生活世界分析的超越论哲学脉络看作防止历史丧失的屏障，至少可以看作防止对古典哲学传统草率从事的屏障，这种草率从事的情况在一部分分析哲学和科学理论哲学中已经很明显了。与胡塞尔著作的这个方面相符合的是，生活世界问题与生存哲学和解释学的思维有密切的联系，这种思维是由海德格尔、萨特和伽达默尔以及其他人在与胡塞尔的不断争论中发展起来的。并且这里同样包括的生活世界的概念，近来在属于黑格尔左派传统的哈贝马斯社会哲学中获得的特殊意义。

《胡塞尔文选》（以下简称《文选》）第一册②的标题涉及现象学最初产生时所提出的要求：它要成为一种彻底新型的、致力于无成见性的哲学方法。然而现象学无论在胡塞尔那里，还是在其他伟大的现象学家那里——最重要的有舍勒、海德格尔、萨特、梅洛-庞蒂——都不仅仅是方法；它成为哲学，按亚里士多德的古老定义即成为对所有存在之物的存

---

① 参阅 H. 克劳依策主编《文学的与自然科学的智慧：关于"两种文化"的对话》，斯图加特 1969 年版。

② ［德］埃德蒙德·胡塞尔著，克劳斯·黑尔德编：《现象学的方法》，上海译文出版社 1994 年版。以下作者将它简称为《文选》第一册。——译者

## 《生活世界现象学》导言（1986年）

的探问。作为哲学，现象学在胡塞尔那里采纳了构造分析的形态；"存在"获得了在意识中被构造的对象的特征。"导言"的后面几节以及这里付印的所有有关构造问题的选文将会对此做进一步说明。

用最简单的公式来表述：所有分析都是对世界以何种方式方法显现给人们的解释性构造分析；现象学构造研究的基本课题是作为显现（Erscheinung）、作为"现象"（Phänomen）的世界。胡塞尔思维的发展导致他在晚年对作为生活世界的现象世界进行规定；"生活世界"无非是胡塞尔的构造思维所始终涉及的那个"世界"——当然，现在这个世界具有日趋重要的意义，关于这一点，我们后面还将进一步论述。

这里所暗示的在"构造"与"生活世界"之间的联系使人们可以赋予这一册《文选》以"生活世界现象学"的标题，尽管最初的三篇文章包含了胡塞尔在引进生活世界概念之前的早期构造分析。因此，《文选》第一册的标题使人们回想起胡塞尔思维历程的出发点，而这一册的标题则将人们的思路带回到这个历程的终点——这个终点之所以至今仍在发挥影响，这是因为生活世界的问题还始终存在着。

胡塞尔通过构造分析表明，他的现象学的最终结果是观念主义的立场①：在**自然观点**中，即在人们进入现象学哲学之前对世界所持的态度中，世界和世界中的对象是作为某种**客观的**、自在存在的，即作为某种自身与意识无关而存在着的东西而有效。人们将如此被理解的与主体无关的对象世界区别于对象世界对人的意识而言的被给予存在，区别于它的"相对于主体的""显现"。胡塞尔的现象学观念主义将被误认为独立于意识的世界存在还原到世界的合乎意识之显现上去。胡塞尔对这个"**还原**"的论证首先并不是以那种在近代哲学史上著名的普遍论据为起点。他更多的是在详细的具体分析中描述性地指明，人的意识通过何种方式在不同类型的对象那里获得各种存在领域中的存在的信仰。

进一步的考察表明，对象的"显现"是这样进行的：任何对象尽管是作为某种同一的东西而被我意识到——作为一个对象，但是它是以杂多的被给予方式而把自身展示给我的，这些被给予方式随情况的不同而在主观上有所变化。如果在意识中只有这种主观的、随情况不同而变化的**被给予**

---

① 为了更好地理解下面简略的论述，可以参阅《文选》第一册"导言"中，尤其是第6节至第8节中对这里提及的基本概念的详细说明。

**方式**之序列，那么就不会有任何保持同一的对象世界显现给我们；而在我们的自然观点中，我们正是以无疑的自明性坚信这个世界的自在存在。对象"自在地存在"，这意味着，它们不只是在主观相对的处境时或性（Jeweiligkeit）中的被给予之物，它们并没有在这种时或性中消失。对象是作为某种存在于杂多的被给予方式之彼岸，并在这个意义上**超越**了这些被给予方式的东西而与我发生联系的。然而，将对象理解为超越，这必定是有原因的；这种理解的**动机**只可能由主观的、处境的显现所引起。对在各种类型的对象那里的各种动机的分析说明被看作构造研究的一般任务。

在自然的观点中，人的兴趣是指向对象的。对象只能通过被给予方式而显示出来，然而这些被给予方式本身却始终未被重视过；它们大都没有成为课题，或者即使成为课题，也只是以散漫的形式出现。为了使它们摆脱这种非课题状态的遮蔽性而展现出来，就需要特殊的现象学**反思**，《文选》第一册便提供了这种反思**方法**的说明。这种反思方法表明，所有被给予方式都可以分为两组：一个对象可以被给予我，以致于我同时具有一种对其他可能的被给予方式的依赖性和指明性的意识，在这些其他的被给予方式中，这个对象对我会以直观的、接近事实的方式当下存在；或者对象就是在这种接近事实的方式中显现给我，这种接近事实的状况被胡塞尔称为**本原性**（Originarität）①。所有非接近事实的、非确定的、或多或少无内容的表象，由于其体验内涵不能满足意识，所以都具有在有关对象的**本原的被给予方式**中"充实"自身的趋向；同时，从现时地被给予的体验内涵来说已经表现出某些可能性，通过对这些可能性的实现，意识可以达到充实。胡塞尔认为，意识是**意向的**，即指向对象。这种指向不可分割地包含着充实的意向；因为只有本原的充实性的体验才能为意识创造出具有确定的实事内涵的原初对象；如果没有充实的可能，也就根本不会有任何对象意识产生。

---

① "originär"一词的原意是"本原的"。在德语的日常用语中，这个词与"original"是基本同义的。但胡塞尔在他的术语中对这两个概念有较为明确的区分："original"一般用于感性感知领域，指对感知对象的直接、当下的把握；而"orginär"则常常被胡塞尔用于交互主体性领域，它主要是指对他人的直接、当下的体验或同感。为了有所区别，我在这里将"original"始终译作"原本的"，而"originär"则译作"本原的"。例如，我"原本地"看到一个他人，但我"本原地"体验到他的痛苦。对此也可以参阅拙著《胡塞尔现象学概念通释》，生活·读书·新知三联书店1999年版。——译者

《生活世界现象学》导言（1986 年）

对构造的分析因而必须以本原的被给予方式为出发点。这些本原的被给予方式赋予意识以动机：与对象相联系。现象学要描述的是，本原体验的意识是怎样在它自己面前建立起对象的存在，这些对象而后又作为自在存在之物显现给它。通过这一分析，意识的建设功能便得以明了。胡塞尔——用一个来自 19 世纪末 20 世纪初的新康德主义中的概念——称此功能为"**构造**"。对构造的分析表明，本原的被给予方式是如何促使意识超越这种被给予方式的时或性而获得对象的确定种类并且获得其存在信仰（"**世界信仰**"）。胡塞尔也把他的现象学标志为**超越论哲学**，因为它作为构造分析解释了这种超越。①

构造分析都与各自的对象区域有关。这里将表明，属于存在之物的一定种或属的对象之存在是如何在相应的意识构造中成立的。分析的"主线"是由这种对象区域的普遍本质结构所构成，如：计数、语言含义、法律规范、伦理的或其他的价值等。本质结构是通过"**本质**（即与'原始形式'或'本质'有关的）**还原**"的方法而被认识的，借助于这种方法我们可以抛开事实而关注于它们的普遍规定。②

为了不停留在对个别分析的非系统组合上，胡塞尔在他生前未发表的《纯粹现象学和现象学哲学的观念》第二卷（以下简称《观念Ⅱ》）中第一次将一般存在之物划分为三个广泛的区域：空间中事物的物质自然，动物的（有灵魂的、活的）自然，精神的、人的世界。它们存在的各自基本规定在各种理论中得到阐明，这些理论规定了有关对象种类的存在。③ 这种"区域的本体论"同时还包含着先天的设定，通过这些设定，具体科学的领域得以相互划分开来。

构造的研究为自己提出了大量的任务，对这些任务的排列来自下列思想，即意向体验的所有类型都由于它们与本原性的联系而相互依赖：如果某个意识缺乏对实事的接近，在这个意识中就存在着对未来的或可能的本原性的前依赖；而且，只要某个意识达到了对实事的接近并因而含有实事，它就会迫不及待地去接近已被体验到的本原性。它从它的实事内涵出

---

① 《文选》第一册"导言"中的第 7 节对"超越论"的概念做了更详尽的说明。

② 对此方法的进一步论述可以参阅《文选》第一册"导言"中第 5 节以及选文中"事实和本质"和"通过本质变更进行的本质直观"这两个部分。

③ 关于各种"区域本体论"的层次划分可以参阅《纯粹现象学与现象学哲学的观念》第 2 卷，《胡塞尔全集》第 4 卷的总体结构。

发回溯到其他的意向体验上去，如果没有这些其他的意向体验，这个意识本身是不可能的。因此，一个体验是"**奠基于**"其他体验之中的。这种**奠基**的思想对于胡塞尔构造分析的系统排列具有决定性作用，并且超出这个范围而在整个现象学运动中获得了根本性的方法意义。

奠基的观念使得胡塞尔产生出这样一种认识：应当把对空间事物的感知看作意向体验的原初例子和基础，因为它在所有体验类型中都被设为前提。无论我是以感觉的，是以期望的，还是以实践行动的方式对待我所涉及事物，我都先设定这事物的存在。如果没有对某种作为可使用或值得爱而显现给我们的东西的经验，那么对一个对象的利用或对另一个人的爱就是根本不可能存在的。这种存在的确定性使我得以根本地获得感性的感知。因而在感性感知和其他意向体验之间存在着一种单向的"奠基关系"：其他的意向体验没有感知是不可能的，而反过来则是可能的。与此同时，《观念Ⅱ》中的那些存在区域（其对象是在感性感知中被给予的），即物质自然，便成为根本性的对象区域。

**奠基关系**的思维导致这样一种观点：意向地被体验的世界在某种程度上具有层次性的构造。这种层次思想以后为尼古拉·哈特曼以独立于现象学的方式进一步发展。在胡塞尔那里，感知作为对现存之物的确定与在感知中被给予的对象一同构成了世界经验的构造中的基础层次。这整个理论在后来受到海德格尔和舍勒的坚决反驳。前者在《存在与时间》中对日常人类实践进行阐述，认为在这种实践中"现存之物"（das Vorhandene，又译："现存在手的存在者"）有别于"在手之物"（das Zuhandene，又译："当下在手的存在者"），它是一种第二性的被给予性；而后者则提出了对同情关系与爱的关系的分析。

对于胡塞尔来说，感知尽管是在构造实在世界过程中的基本体验，但这并不表明，感知的基础不是建立在更深的意向体验中。在这些更深的意向体验中，意识也在构造着对象，尽管它们还没有构造空间中的物质对象或活的和人的世界的"更高层次"的存在区域。下面还会谈到这种在感知层次之下的奠基构造功效。这一册的第二部分和第三部分探讨的便是被胡塞尔视为最重要的、在感知层次之下和感知层次之上的构造层次：时间以及其他的意识。此外，在这里还涉及胡塞尔所作的两个具体分析，它们连同《逻辑研究》第二卷一起，在当时发挥了最强烈的影响。

《生活世界现象学》导言（1986年）

## 二、感知作为构造范型

奠基的序列不是从感性感知开始的，但这并不妨碍胡塞尔把这个体验种类看作对一般意向意识的范例的体现。胡塞尔这样做的原因在于他对本原性的理解。与本原被给予方式有关的不仅仅只是成为现象学认识对象的意向体验。现象学本身也是一种意向体验并因而依赖于本原性。胡塞尔将哲学认识中的本原被给予称为**明见性**（Evidenz）。① 明见性的特征是**直观**，在这种直观中，我以无兴趣的、不参与的考察方式②看到对象，即看到某些普遍的本质关系；这一点也适用于胡塞尔对一般本原性的理解，本原性对他来说意味着直观的被给予。但是，原初在确切意义上进行着直观的那种意向体验是对一个事物的视觉感知。因此，胡塞尔根据视觉感知的范例来收集那些直接或间接地对他的构造分析有决定作用的规定。出于这个原因，这里把对事物感知的描述——胡塞尔在1926年所做的一次讲座——不按历史的顺序而作为第1部分付印。

只要事物是在此时此地的当下显示给我，那么对这事物的感知便是直观。对于胡塞尔来说，直观意味着"**当下拥有**"（Gegenwärtighaben）。"当下拥有"不同于"**当下化**"（Vergegenwärtigung）的各种可能性，例如，回忆或想象表象。感知的直观当下拥有所具备的突出特征在于，事物对于我绝不是在任何方面都当下。这个发现一直使胡塞尔感到惊异，并且以某种方式影响着他所有的具体构造分析。这项观察中令人惊异的地方在于，事物——如这里的这张桌子——向我展示出它的正面，而它的后面和其他方面对于我来说在当下仍然是隐蔽着的；尽管如此，我意识到"这事物"，即感知对象，是一个整体。

因此，如果做进一步的考察，那么，在其中一个事物被给予我的这一个感知中包含着多种被给予方式，胡塞尔将这些在感知事物上出现的多种被给予方式称为"**映射**"。这些映射中的一部分——当下进行着的映射——"真实地"、直观地将事物显示给我，而其他的映射则是作为可能性而被我意识到的，我可以将这些可能性转变为真实的直观。这种可能性

---

① 此处参阅《文选》第一册"导言"中第3节以及选文中"心理主义和逻辑学的超越论基础"这一章。

② 参阅《文选》第一册"导言"中第6节。

作为某种处于我权力范围之内的东西而被我拥有；因此，胡塞尔将它们称为"**权能性**"（Vermöglichkeit）①。现时的映射就其本身的意义内涵而言——例如反面也属于正面——依赖于"权能性"。权能性的关系所为我展示的可感知之物的游戏场被胡塞尔称为"**视域**"（Horizont）。

显然，我只有在运用在视域中一同被给予的权能性时才能说我感知"这个事物"，例如，这里的这张桌子。在此同时，我的注意力却朝向这张桌子而不是朝向这些作为可能的被给予方式的权能性。这些权能性始终是**非课题的**，我的**课题**是对象。我的感知经验通过这种方式而不断得以迈进，即我去把握非课题的权能性并由此又或是了解了课题对象的其他规定，或是了解了其他对象联系["外视域"（Außenhorizont）]。根本性的东西在于，对事物的直观自身始终是对已处于视域中的，即对在当下恰恰是非直观的被给予方式的一种预期。

通过这种预测，事物现在作为某物为我意识到，这个某物的存在**超越**了其现时的被给予性，并且在这个意义上具有"自在的""**客观的**"成分。因此，胡塞尔必须注意到那些在这种预期中起作用的因素。他在其现象学方法的基本著作，即《纯粹现象学和现象学哲学的观念》第 1 卷（以下简称《观念 I》）中区分了这些因素并且发展了有关这些因素的专门术语。

可以说，预期的出发点是由现时的和非课题地进行的映射构成的。它们是非课题的，这就是说：它们不是作为对象与我发生关系的。由于它们不是作为对象与我相对立，胡塞尔得出了一个有问题的结论：它们必定是某种包含在我的主观活动过程的内在性之中的东西。如果这个事物，例如以"棕色"的颜色显现给我，那么这个颜色便是作为某种对象性的东西而属于这个事物；但是在我"之中"，这个对象性的被给予则建立在作为我的意识之"实项因素"的②、非对象性的棕色感觉的基础之上。

胡塞尔起初将这种感觉内涵标志为"素料"（Daten），即内部的被给予性，它们根据印象（英文为"impressions"），即感官受到的外在刺激而

---

① "Vermöglichkeit"是胡塞尔生造的一个概念，它是德文中"Vermögen"（能力、财产）和"Möglichkeit"（可能性）这两个词的复合体。对此也可以参阅拙著《胡塞尔现象学概念通释》，生活·读书·新知三联书店1999年版。——译者

② 此处参阅《文选》第一册"导言"中第 8 节以及选文中"现象学的基本考察"一章。

## 《生活世界现象学》导言（1986年）

出现于意识之中。在这整个观点的背后存在着感觉主义认识论的传统，这个传统最终可以回溯到英国经验主义那里去。然而，"**感觉素料**"（Empfindungsdatum）这个概念之所以会令人产生误解，乃是因为它使人觉得，这里涉及的似乎是类似于内部对象的东西。然而感觉内涵作为一种非对象性被给予方式的组成部分并不是对象性的东西。胡塞尔感知理论中的这种与感觉主义的共鸣在后面一章中还将再次被提及。

感觉作为意识的"实项"因素自身，并不与对象之物发生联系。它们具有非对象性的内涵，但这内涵是非课题地作为基础在"**发挥着作用**"（fungiert），意识可以根据这个基础而朝向对象；只有通过感觉，感知的意识才能获得对象世界的颜色、味道、形状、气味这些财富。因此，对于世界的显现而言，在感觉中已经包含着质料。但是这种质料——胡塞尔采用相应的希腊语表述："**Hyle**"，即德语的"材料"（Stoff）——首先必须用来作为意识显现一定对象的特征和关系。要做到这一点就要将杂多的感觉内涵对象化，并且将它们**立义**（aufgefaßt）为某种从属于对象的统一性的东西。被感觉之物以这样一种方式被解释、"**被统摄**"（apperzipiert），以至于对象之物在它之中"展示"（darstellt）① 出自身。胡塞尔对一个古希腊词"Noesis"——它标志着一种注意和倾听的行为的进行——做了自由发挥，用它来称呼上述对"质料""第一性的立义内容"的构形，或者说，对它们"赋予灵魂"（Beseelung）。通过这种对统觉中质料的意识行为活动上的构形（noetische Formung），被感知的事物构造起自身。

现时地被给予的感觉内涵为统觉提供了一个出发点。但是，意识通过统觉而超越出感觉内涵并使"事物"在这内涵中显现出来。意识预测到将此事物作为整体来经验的可能性。在现时被给予的感觉内涵中，事物永远不会在所有可能为我提供的角度上展示自身；它——如果人们在广义的，即不局限在空间意识的意义上来理解"透视"（Perspektive）这个概念——始终仅仅是在一个单方面的投视中显示自身。由于这种单方面性，任何透视，任何映射都依赖于其他的透视和映射，我尽管在当下没有进行其他的透视或获得其他的映射，但它们作为共同当下的可能性而被我意识到：在对一幢房子正面的直观中，我所能看到的房子的背面对我来说是共同当下的。这种在当下拥有中的共同当下拥有（Mitvergegenwärtigung）被

---

① 此处同样参阅《文选》第一册选文中"现象学的基本考察"一章。

胡塞尔称为"共现"(Appräsentation)。

对于意识来说，在共现中已经包含着更广泛经验的权能性。因此，共现开辟了权能性的游戏场，亦即视域。由于共现属于统觉，所以统觉为意识创造了视界。因此，统觉对一个对象的构造不仅为意识将有关对象变成被给予性，而且统觉使得一个视域得以产生。构造就是视域的构成。

由于对象被置于一个视域之中，所以对于意识来说，对象始终具有相对于它现时显现给意识的那种被给予方式而言在感觉内涵方面的多余成分。这种多余成分是由统觉中的共现所引起的，在这个多余成分的基础上，对象在自然观点中是作为自在存在的、超越的东西而与意识发生联系的。现象学家作为不参与的反思观察者拒绝做出这种超越的理解。这并不是说，他否认这种超越的理解，而是仅仅放弃对存在表态。① 他如此纯粹地观察对象，正如对象在被给予方式中对感知的意识所显现的那样。如此被理解的、"在其意向显现的样式之中的对象"(Gegenstand im Wie seines intentionalen Erscheinens)——区别于自然的、非反思的意识所涉及的、作为自在存在之物的对象——被胡塞尔与意向活动(Noesis)相应地称为**意向相关项**(Noema)。

但"意向相关项"这个概念可以有双重含义。统觉的作用在于将杂多的材料被集中到这一个对象上并与之发生联系。这种统一性的功效被胡塞尔用康德的术语称为"综合"。意向相关项作为对众多被给予方式的联合的焦点不再是一个点状的对立面，也不再是意识将它自己的杂多性与之发生联系并将它们集中于上的一个极。胡塞尔把如此理解的对象称为"意向相关项的核"(noematischer Kern)。它仅仅是一个作为其特有的以及其他的规定性的"承载者"(Träger)的对象，然而它又从这整个设置中抽象出来。意向相关项之核就是对象，它被抽象地看作可规定的统一。但是，在完整词义上的对象包含着它的所有规定性，也就是通过杂多的被给予方式而显现给意识的那些规定性。"核"连同它所有那些丰富的规定性叫作"意向相关项的意义"(noematischer Sinn)，这是在其意向显现的样式之中的具体对象，是通过构造的功效而给予意识的对象。因此，胡塞尔也能够将构造称为意义给予(Sinngebung)或意义创立(Sinnstiftung)。

---

① 有关这种方法上的"悬搁"(Epoché)态度的详细说明参阅《文选》第一册"导言"中第6节以及选文中"现象学的基本考察"一章的第5和第6节。

## 《生活世界现象学》导言（1986 年）

意义给予是统觉。意识解释某个它所掌握的原初内涵并"赋予"它以"灵魂"（beseelt），以至于意识得以坚信，在这些内涵中有一个客观存在的对象表露出来。作为这样一种对杂多材料的加工，构造是一种"功效"。意识带着这种功效超越于它自己本身。它超越于自己的"**实项**"（reell）成分——材料和意向活动理解的进行——朝向作为意向相关项而与它发生关系的"**实在**"（real）对象。

### 三、感知的前阶段

以上对构造的大致描述包含着一个双重的划分：一方面是实项的（reell）、意识内的被给予性和实在的（real）、超越于意识的被给予性之间的区别，另一方面是立义内容（材料）与立义（统觉）之间的区别。随着第一个划分的进行，由笛卡尔提出的意识感官世界和外部世界的二元论又回到了胡塞尔的思维之中，而这种二元论本来在意向体验的现象学中是毫无立足之地的。[①] 胡塞尔对被给予方式中显现的中间维度的基本发现已经在现象学的起点上克服了这种笛卡尔的二元论。上面提到的对感觉的感觉主义解释连同其对内部感觉材料和外部刺激的划分，实际上只是笛卡尔主义后期的一种游戏方式，因此，对于现象学是不足取的。只要第二个关于立义内容和立义之间的划分是以笛卡尔的二元论和感觉主义为前提，那么这种划分对于现象学来说同样是不可取的。但在下面我们将谈到的胡塞尔后期的"发生现象学"中，这个划分将获得一种新的、非笛卡尔的意义。尽管胡塞尔自我批判性地站在与笛卡尔主义相对立的立场上，但他在这种自我批判中并不总是很彻底，因此，他在对立义-立义内容的构造模式的发展中，他执一种模棱两可的态度。有时，他似乎因为在这个模式中所设定的笛卡尔主义和感觉主义而全盘否定这个模式；而后，他又以一种完全独立于任何认识论传统的方式再对这个模式进行研究。

胡塞尔之后明确地放弃了对感觉的感觉主义理解，这主要是借助于他关于**动感**（Kinästhesen）的学说：体验的基本领域、感觉在传统中被看作遭受（Erleiden）的、**被动性**的领域，即感觉的印象、"impressions"在我们无主动行为的情况下侵袭我们。起初胡塞尔仍抱有对笛卡尔主义的成见，认为这些印象作为某种纯粹被动的被接受之物，构成一个内在于意识

---

① 参阅《文选》第一册"导言"中第 8 节。

的、因而尚未与超越的世界发生联系的质料。统觉的主动性使得材料得以包容世界，使意识与世界发生联系。为了摆脱这种非现象学的笛卡尔二元论，胡塞尔必须去除这种在纯粹被动的现有性与建立在此之上的主动性之间的分叉，并且证明感觉从一开始就包含着世界。因为它始终已经包含着行为，包含着基本的主动性。意识在感觉的过程中不是纯粹被动的接受站。如果我反思我自己的感觉，那么我会看到，只有通过我切身的（leiblich）活动，我才能获得我所有的感性印象。为了使在我的对象环境中的颜色、形状、温度、重量等确定的外观对我成为被给予性，我必须相应地运动我的眼睛、脑袋、手等。感觉的感知（"感知"在希腊文中是"aesthesis"）和由我所进行的身体运动（"运动"在希腊文中是"kinesis"）在这里构成了不可分解的统一。"Kinästhese"这个概念便表述了这种统一，胡塞尔从同时代的心理学文献中采纳了这个概念并在他自己的感觉论中赋予它以中心意义。

感觉是以动感的方式进行的，这一点在以往的传统中之所以被忽略是因为动感属于被给予方式，因而它是非课题的进行过程。只有彻底内向的现象学反思才能使它得以明显；同样，感觉通过外部的印象而引起，这种观点只有当人们不是在反思的内向直观中考察感觉时才会产生。于是，感觉便显现为由外部刺激所引起的结果。然而，如果我按照感觉在反思中向我展示的那样来纯粹地描述它，那么上述因果关系是不着边际的。

人们也许会认为，感觉主义传统是正确的，因为这种运动是在我不动作的情况下被动、机械地进行的；通常的情况确实是如此，动感大都是不为人注意地、合乎习惯地进行的。但尽管如此，在感知受到妨碍或干扰的情况中，我会有意识地让我的能力——用胡塞尔的话来说，用我的权能性——去主动地控制它。动感的全部理论仅仅是新型现象学心理学在切身性领域中研究的整个范围内或许是最重要的一个例子，胡塞尔的构造分析以其对被动性中主动性的发现打开了通向这些领域的通道。在这个领域中，梅洛-庞蒂以他的《感知现象学》提供了继胡塞尔之后最丰富的考察。

在感知进行之前，意识就已完成了一系列的构造成就，动感意识是其中之一。胡塞尔和康德一样，在他的超越论哲学中询问"经验可能性的条件"，并且，和康德一样，他也涉及空间意识和因果意识，即关于将被感知事物置于一个与它相连的因果关系之中的意识。然而，除此之外，胡塞尔还发现了康德未看到的，或者说康德仅仅暗示过的各个奠基层次（Fundierungsschichten），现象学可以描述所有这些奠基层次。

在胡塞尔那里，与动感紧密相关的感知的一个特别突出的前阶段是"**感性领域**"的构造。如果感觉仅仅是一种对对象的完全被动的接收，那么人们就几乎可以接受感觉主义的传统看法，即被接收的印象是个别的、自身单纯的材料，可以说是落入意识之中的不可分割的感觉雪花。因此，感觉起初提供了一幅关于世界的点描画：纯粹是彩点、无平面的单位，它们只是通过统觉才被对象性地理解成为一个平面。但由于感觉的被动进行从一开始便渗透了主动性，因而在感觉进行中出现的内涵也必须与感觉的进行相符合。正如在事物感知中统觉的主动性所表明的那样，主动性意味着综合，意味着将多集合为一。因此，在感觉中从一开始就显现出领域和形状，胡塞尔将它们称为造型（Konfiguration）。例如，在对个别事物极其多种特征和变化关系进行的所有统觉之前，人们就已经看到颜色的集合体连同某些轮廓。在这里所进行反感觉主义的自我批判中，胡塞尔所走的道路与塞尚在绘画中所走的道路相类似；在塞尚那里，印象派的点描主义变成了一种对平面颜色形状的新经验。在这里，现象学对感知的设定的解释与我们20世纪的格式塔心理学相汇合。

感知领域所具有的统一性应当归功于意义这种主动的被动性，胡塞尔将它称为——又是用一个取自经验主义传统的概念——"联想"。这标志着感知的另一个构造性设定。针对经验主义的理解，胡塞尔强调：不能把"联想"理解为在意识无行动的情况下所屈从的那种盲目的机械作用——就像在物质自然中某些过程屈从于力学规律一样，应当将这种"联想"理解为感觉构成的过程。从根本上说，联想就在于，某物使我回想起另外一种东西，如我曾在那里做客的一间屋子里的气味，借助于两个被给予性之间的联结成分，这个被给予性的意识就唤醒了关于另外一个被给予性的意识，这种联结成分有可能例如是两个被给予性的相似性，但也可能是另一种"接触点"。通过这种"某物导致对某物的回忆"，这里首先产生出两个意识被给予性之间的"**结对**"（Paarung）。联想不是盲目的机械作用，这一点已经在反思中得到表明，我在这种反思中可以重复地进行这种联想行为，并且理解，在意识中，一个"结对"原初是通过哪些接触点而得以形成的。

## 四、时间意识

在奠基建造中比联想所处的位置更深的是这样一种事件,这种事件不断地以更基本的方式使意识的**形式**联系得以形成。这个综合——"内时间意识"——始终是基础性的构造层次。"时间意识"的词义是指"关于时间的意识"。但是这个"关于"是会引起误解的,因为它给人以一种印象,好像这里涉及的是一种把时间当作对象来研究的意识。确切地说,这样一种对象性朝向的意识只是到了事物感知的层次才产生。可以说,"时间"是前对象地为我们所意识到的。胡塞尔的命题是,时间是——在奠基顺序的意义上——第一个被意识到的东西。意识是一条**体验流**,即一种流动的杂多。但是许多不同的体验都是作为"我的体验"被我意识到的。这些体验都包含在这种属于"我"的所属性中,它们构成统一。体验流的这种杂多的综合统一在胡塞尔看来便是时间性。它构成时间意识存在的形式,并且这种构成十分奇特,以至于意识内部地"知道"它自己的这种形式。这便是"内时间意识"。

胡塞尔的所有构造分析都受一个基本意图的引导,即解释自在存在、客观性是如何对意识成立的。这也适用于时间分析。因此,胡塞尔解决时间问题的方式与我们这个世纪另外两位伟大的时间论者柏格森和海德格尔的方式完全不同。在胡塞尔的眼中,感知事物的存在体现了客观性的范例。物质世界的对象可以出于一系列的原因而作为某种存在之物显现给我们,这种存在之物超越了被给予方式的主观进行。原初的原因在于,所有被给予方式由于受情况的束缚,因而服从于时间的变化;感知对象之所以对意识来说具有客观的成分,首先是因为它们本身摆脱了它们被给予方式的这种变化并且可以在一定的时间中不动地存在着。由于这种不可移动性(Unverrückbarkeit)的缘故,它们存在的持续性是可测和可记录的。它们的自在存在从根本上来说是在一个可确定的时间点上,或者超出这些时间点的序列之外而处于一个"客观的时间"之中。

因此,胡塞尔的时间分析必须以这个问题为出发点:对于意识来说,这个"客观时间"是如何构造自身的?第一个问题是:这种时间本原是如何被意识的?我们将客观时间想象为一条线。这条线上的每一个点都是一个现在、一个当下。同时我们把所有现在都看作同一等级的。但这与本原的时间经验不相符。原初对于我的意识来说始终有**一个现在**具有在先的位置：当下，即我所经历的时、日、年。我们将其他的现在置于与现实的当下联系中：它们或者早一些，即属于过去，或者迟一些，即属于未来。此外，过去的现在或未来的现在根据它们相对于现实的现在所处的或近或远的位置进行排列。这样，本原地被给予的时间始终以作为其关系中心的现实当下来定位。

如此定位了的时间的被给予方式便是回忆和期待。通过回忆与期待，我将过去和未来当下化，即我将现实的、当下的、或近或远的时间性"环境"（Umgebung）当下化。但我之所以能将我的时间视域的这些维度"当下化"，只是因为我或者其他人曾经有一次现实当下地对这些维度有过体验或将要有体验。因此，"回忆"和"期待"的被给予方式被归结到"当下拥有"的被给予方式上。与所有被给予方式一样，时间维度的被给予方式也是某种主观地进行的东西。它们出现在意识流中，但意识流本身是意向体验的一种时间性的先后顺序。如果体验得以进行，那么这个体验的进行便以此在我的**意识流**的过去中获得一个不可移动的位置。以此方式，过去的时间位置对于我的意识来说，获得了第一个自在存在并且首先获得了在客观时间中感知对象的客观性。一个被给予的自在存在的基础在于，这个被给予性被置于权能性的视域之中。随之便可以提出所有构造理论的出发点问题：我的意识流时间位置的基本"客观性"是通过意识的哪种功效而得以成立的？就是说，通过"内时间意识"，我具有进行任何一个体验的权能性，并通过这种体验的进行又具有对它的内容进行回忆的权能性，这种关于我的意识时间视域的前对象性意识，即"内时间意识"是如何构成的。

在回答这个问题时，胡塞尔处于有利的地位，因为对于远离实事的意向体验对本原经验的依赖性来说，时间意识是一个特别有说服力的例子：那种通过回忆与期待对过去和未来的"当下化"根据其意义依赖于这样一些体验，在这些体验中，现在被当下化的东西是直接作为过去当下被给予的，或者说，是直接作为将来当下被给予的东西存在的。"昨天"是一个已流逝了的"今天"，"即将"是一个将要出现的"现在"，如此等等。据此，当下意识是本原的时间意识，而构造分析的首要任务在于，考察某个对于自然观点中的意识来说非课题性的被给予方式，这种被给予方式导致我坚信，有可能将已过去的体验进行当下化并同时将它们列入一个不可回返的时间位置序列。

· 333 ·

如果人们在反思中注意到，当下意识绝不是关于一个在过去和未来之间点状的截面的无广延的"现在"，而是它本身具有某种——根据体验的不同情况而各不相同——广延：我把"当下"具体地作为一场足球赛的时间场，作为起草一封信、听一段音乐的时间场等来经验，那么被寻求的那种被给予方式就会显露出来。在这个广延的当下之内有一个现实性的高潮，胡塞尔将它称为"**原印象**"（Urimpression），但在这个高潮周围有一圈"**晕**"（Hof），它是刚刚过去之物和即刻到来之物的晕。刚刚过去之物对我来说，在它的滑脱中是直接地仍然 - 当下的（noch-gegenwärtig）。**在它的消失中我仍然保留着它**，并且是非课题性地保留着它，就是说，我的注意力并不特别地指向这种在任其滑脱中的持留（Festhalten im Entgleitenlassen）。以相应的方式，在现在中出现的东西是共同当下的（mitgegenwärtig）。只有通过这种方式，例如在谈话的进程中，一个句子的开端和结尾对我们来说才超出了现实被说出的声音而是当前的（präsent），并且我们才可以理解全句的含义。因此，这两个非课题性地发挥着作用的被给予方式：滞留（Retention）和前摄（Protention），使得当下意义可以说是有可能自身具有广延，具有一定的宽度。

这样，在滞留中便形成了将过去之物明确地当下化的能力：我目前的滞留坠入一个最近的过去之中，这是时间的连续"河流"的本原形态。而正在现实之中的现在则成为新的滞留。但是，在这个新的、直接现实地进行的滞留中，前面进行的滞留是直观共同当下的，如此类推。这种滞留的相互交织连续地进行，以至于产生出一种"滞留的彗星尾"。这条滞留链超出当时的当下意识而以下坠的方式保持下来，它使我有可能通过当下化而在过去之物的位置上重新找到它。为了将这种明确的当下化与回忆的直接前形态，即滞留，划清界限，胡塞尔将它称为再回忆（Wiedererinnerung）。当我进行再回忆时，我"唤醒了"已坠落的、在某种程度上积淀下来的当下，并且能够确定它们在过去中的位置，因为我具有一个"沉睡着"、非课题地发挥着作用的意识，它曾追随过那些在滞留链中积淀了的各个当下，直到今天，我可以再回溯到我的这个意识上去。借助于这种权能性，附在我当下意识上的过去视域就构造起自身。而未来视域的构成也与此相符。这样，意识便获得了它的内时间视域，并随之而获得了所有对象客观性的前对象的形式基础。

而后在这个基础上建立起关于感知对象的客观时间的意识，同时这个意识在没有其他已经提到的，以感知为基础的构造功效的贡献的情况下就已经可以成立了。在其他的构造层次上，这个意识使生物的和精神-人的存在区域成为被给予性。所有的构造都是作为综合进行的，就是说，作为对多样性的统一。原初的综合是我在滞留链的不断延续中所进行的当下拥有中非课题地意识到的"过渡综合"：我前对象性地觉察到被滞留之物滑动性的坠落，并且与此互补地觉察到被期待之物的不断上升，并且我的体验是和任何当下通过这种过渡性而向"当前域"（Präsenzfeld）的延伸相符合的。在延伸着的当下这种过渡性中，期待、原印象、滞留是不可分割地联结在一起的，对它们的意识是一个关于多样性的统一性的意识，并因而成为任何一个可由我进行的综合的原初形式。在每一个构造层次上，内时间意识中的这个时间形式的本原构造都不断重复和变异。胡塞尔有时也把时间形式的这种本原构造称为"时间化"（Zeitigung）。在这个意义上，胡塞尔在他的后期著作《危机》中做了纲领性的解释，即"存在之物的任何一种构造和在任何阶段上的构造都是一种时间化"①。因此，对于胡塞尔来说，对原初时间构成的分析具有超越一切的意义。因此，在这一卷《文选》中，与此有关的文字所占的篇幅也最大。

所有的综合功效都是时间意识的原初综合的变化结果，这一点，胡塞尔在后期谈到现象学由于其自身的方法而尤为感兴趣的本质事态时曾明确地加以指明。②

作为一般对象的本质，是以无时间之物、超时间之物而显现给自然观点中的我们的。但如果人们在本质变更中更仔细地考察本质的本原被给予方式（参阅《文选》第一册的最后一部分），那么被误认的超时间性便表明其是一种特殊的时间性。如果人们将本质一般性回溯到时间经验之上，那么这些本质一般性的存在"既是无处不在，又是无处在的"。这意味着，一方面，我们随时可以在我们的意识中创造出关于一般之物的想象，并且可以在任意的一个现在中重复这一创造（"无处不在"）。在这个意义上，本质一般性是"**观念**"对象。因为观念之物的对立面，即实在之物之所以是"**实在**"，是由于它们在客观时间的可记录的当下序列中是一次性永远

---

① 胡塞尔：《危机》，第172页。
② 参阅《文选》第一册"导言"中第5节以及选文中"事实与本质"和"通过本质变更进行的本质直观"这两个部分。

被确定了位置的。另一方面，这个观念性的反面在于，一般对象是"非实在的"，即它在客观时间的可记录的当下序列中不具有任何位置和持续（"无处在"）。因此，甚至所谓一般之物的无时间性也通过它的被给予方式而被回溯到意识的时间性上。①

在对内时间意识分析的第2章中（在这卷《文选》中是第28节至第36节），显露出胡塞尔在一个比上面所描述的内时间视域构造更深的维度中所遇到的一系列问题。这里所涉及的是他现象学中最困难的、但也许是最诱人的问题，这些问题从他早期时间分析开始，直至他晚年都一再地吸引着他。

意识的统一要归因于自我，只有在与自我相联系时，我才能就我的所有经验说，它们是"我"的经验。在反思中我可以——这正是超越论现象学的工作——将注意力指向我自己的自我并使它成为课题，成为对象性的对立面。但同时，进行着反思的我却始终不可取消地留在对象化的此岸。② 这样，便有了一个不通过客体化便可获得的"原-自我"（Ur-Ich）。它的非对象性最终保证了现象学作为超越论哲学的特征。另外，自我能够对自己本身进行反思仅仅是因为它作为原自我先于所有明确的反思已经"知道了"自己本身。但这种前对象性的自我意识无非是在其本原的原初状态中的时间意识而已：我对我本身来说在意识生活的每一刻都滑向过去，但我始终以滞留的方式觉察到我自己本身。这种原初滞留便是原初的综合。在这种综合中，我——先于任何客体化——始终已经确认了我自己，并且与此相一致，我始终已经获得了第一个与我自己之间的距离。通过这种前对象性的自身确认，我的原-自我便是不变的、持久的东西，通过这种前对象的远离，我的原-自我又是某种活的、流动的东西，即某种相对于前面有过的东西而言可以变动的东西。因此，我的自我在它的最深维度中是一个活的存在，在这个存在中，"持久"与"流动"合为一体。

在胡塞尔20世纪30年代所写的、但未发表的关于这个问题的手稿中，胡塞尔将这个维度称为"**活的当下**"。在他20年代所撰写的"内时间意识的现象学"的文字中，他承认，对于自我和时间的最深刻的联系，

---

① 参阅胡塞尔《经验与判断》，第303–305页。
② 以下部分参阅《文选》第一册"导言"中第8节。

他"还缺少名称"①。对这里所表述的活的当下的反问对于胡塞尔来说是"现象学还原"的最后和最彻底的一个步骤,通过这个还原,现象学表明自身是超越论哲学。康德在《纯粹理性批判》中将时间的起源归功于一门隐蔽的、我们无法达到的"人类心灵艺术"。胡塞尔敢于踏上"朝向母亲之路",并且试图用他对活的当下的分析来解开时间之谜。

## 五、交互主体性

尽管在被感知的物质世界中事物的"客体性"已经被获得,但意识却还没有获得在狭义的和通常词义上的客体性。在日常的和科学的语言中,我们用这个概念表达一种对所有人而言的有效性,这种客体性通常——特别是在我们这个相信科学的时代——被看作真正值得追求的认识形式。在这种被强调了意义上的客体之物是这样一种东西:对它们的理解是独立于各种经验主体的主观经验情况的。用胡塞尔的语言来说,它们是在被给予方式的"交互主体的"多样性中始终相同地显现给我们的东西。如此被理解的客体性是以**交互主体性**,亦即主体之间的相互关系为前提的。因此,对这种客体性的解释首先要求对交互主体性的构造进行分析。

如果人们期望从这个构造分析中获得对各种集团形式,如友谊、家庭、社会、国家等的现象学研究,那么人们就误解了这个构造分析的目的所在。在这里,胡塞尔首先感兴趣的是客体性的可能性:尽管各种对象的经验情况不同,但它们如何能够以同样的方式显现给不同的人?其次,更彻底地问:不仅每一个个体的意识与一个它独自固有的经验世界打交道,而且所有意识都具有一个对它们来说共同的经验世界,即具有一个包含着它们主观视域的普遍视域,这种情况如何解释?

这个问题对于胡塞尔来说具有特别突出的意义,因为只有回答了这个问题才能阻止现象学的失败。作为超越论哲学,现象学以方法操作性的反思为依据。但是我只能作为个别的人进行反思。我描述由我经验的世界在由我进行的被给予方式中的显现。这种分析只能由我以第一人称的形式(Ichform)进行陈述,并且,如果不可能通过共同对象的——其中也包括

---

① 参阅本书"内时间意识现象学"选文部分第 2 章的第 30 节。([德] 胡塞尔《内时间意识现象学》,《胡塞尔全集》第 10 卷,马提努斯·奈伊霍夫出版社 1969 年版,第 462 页。——译者)

现象学研究的课题——联系来说明自身,那么接受我陈述的人也就只能是我自己。因此,只要我尚未在对构造的分析中证明,一个对所有人来说共同的、在狭义上的"客观"世界是如何可能的,那么,这门不仅是由我独自一人"本我论"地来从事,而且还应当与许多人一起共同来从事的超越论现象学就始终还悬在空中。

  这个共同世界的对象对我来说,之所以和其他所有在某种意义上自在存在的被给予性一样作为客观的而有效,是因为它们超越了被给予方式的情况的时或性。因此,胡塞尔必须问,严格意义上的客观性是通过一种什么样的超越而构造自身的。这里,情况的时或性就在于个别主体所具有的世界经验的不同性。个别人的各自主观世界经验的局限性是通过客体之物的超越而被取消的。为了考察这种超越是如何原初、本原地对意识成立的,胡塞尔必须在方法上以这样一个鲁滨孙的体验视域为出发点,这个鲁滨孙从未听说过其他的主体和其他主体对世界的看法。

  于是胡塞尔的分析便以一个思维实验为开端:我们的共同经验不只被我意识到,而且也被许多人意识到,这样它便获得许多规定,我在这里抛开这些规定不论。通过这种抽象,经验视域留存下来,在这个经验视域中,显现给我的一切都只带有从我自己的意向体验中所能获得的规定。胡塞尔用一个来自拉丁文"primordium"(起源)一词的"Primordial"(原真)概念①来标志这个被抽象还原了的世界,并且,他把这种使我的"特有领域"得以显现的方法操作标志为"原真的还原"(primordiale Reduktion)。

  从原真的世界来看,对每个人而言的这种客观世界表明自身具有一些附加的规定,这些规定超越了这种原真性,并且我们可以从这些规定中得出:我的世界也可以被其他人经验。胡塞尔将这个超越了原真世界的东西称为"陌生之物"(das Fremde)或者"**异我之物**"(das Ichfremde)。这个他物起初是世界通过他人所获得的特征。但是这些他人本身也超越了我的原真世界。因此,他们也是某种他物,并且,根据胡塞尔的命题,他们

---

  ① 胡塞尔在他所做的许多交互主体性的分析中常常不是用"primordial"一词,而是至少同样多地使用"primordinal"一词。但从这个词的拉丁文词源上看,这种做法是不准确的。因此,在这里被付印的"交互主体性的构造"这部分选文与《胡塞尔全集》第1卷有所偏离。这里始终只用"primordial"一词。

## 《生活世界现象学》导言（1986年）

是在奠基顺序中第一个被体验到的，并且是本原地（originär）被体验到的异我之物。他论证说："我的世界被那些超越出我的原真领域的主体共同经验到，通过这种方式，我的世界获得了一个客观地对所有人都有效的世界的特征。"

这个论证是值得怀疑的。因为现象学的研究更多地表明，一方面，人们可以说是本原地以忘却自身的方式生活在一个共同的自身之中，他们从这种共同性中脱身出来之后才作为他人或者甚至作为他物而相互相遇。这是海德格尔《存在与时间》一书的观点。而另一方面，那些期望从现象学那里得到关于人类共同生活的基础和形式的人则特别注意胡塞尔在这方面的分析。因此，尽管胡塞尔起初对社会关系本身并不感兴趣，但他的出发点却对社会哲学的代表人物起了启发作用。在这方面首先享有盛名的是阿尔弗雷德·舒茨的著作。他对胡塞尔的分析所导致的最初结果是，"生活世界"一词在此期间就被进一步地在"社会生活世界"的意义上得到了解释——胡塞尔原初显然是没有考虑到这个意义的。"生活世界"对他来说是一个科学批判的概念而不是社会哲学的概念，这一点在后面还将得到进一步表明。这个概念在其社会哲学的意义上，近来已经进入约尔根·哈贝马斯思想的中心。

在原真还原的出发点上，胡塞尔为自己提出的任务是解释"**陌生经验**"：是什么促使我在我的原真领域中超越出这个领域而朝向最初的他物，即朝向其他的主体，并且最先是朝向一个他人。为解决这个构造问题，胡塞尔坚定不移地首先回溯到本原意识与非本原意识的区别上，其次回到感知的基础体验上。如前所述，在任何感知中，当下被给予之物、"被体现之物"（Präsentiertes）① 非课题性地向我指明共同当下之物、"被共现之物"（Appräsentiertes），并且它们促使我共同地表象这些共同当下之物和被共现之物。如果我在我的原真的世界中有可能会有超越这个世界的动机的话，那么情况只可能是这样的，即我在某些原真的体现之物中也共现了某些非体现之物。这个体现之物是他人的躯体（Körper），但我在我的原

---

① 在胡塞尔的意识分析中，"Präsentieren"意味着当下的显现，即本真意义上的感知，这里译作"体现"；"Appräsentieren"是指共同当下的显现，即感知中的非本真的部分，这里译作"共现"。胡塞尔还有一个与此相关的概念"Repräsentieren"，它表示一种以感知为基础的，因而是第二性的显现，即想象或当下化，译作"再现"。对此也可以参阅拙著《胡塞尔现象学概念通释》，生活·读书·新知三联书店1999年版。——译者

真性中尚不知这是他人的躯体。它导致我将在其中超越地直接显现的他人共现出来。这样一个躯体便在我的原真世界中被理解为他人的身体（Leib）。这个统觉是交互主体性构造的第一步。胡塞尔认为，在一个共同世界中共同生活的所有经验以及所有社会化的形式都建立在这个步骤的基础上。

根据以上所说，胡塞尔的交互主体性理论的根本任务就在于，将陌生经验的共现与一个通常的、未超越自身固有领域的事物感知范围中的共现划清界限，并由此而确定陌生经验共现的特性。这种极为细微的，然而也是极有问题的分析是如何进行的，读者自己可以在这一册的第三章中了解到。

在这里只要提醒人们注意几个关键点就够了：第一个关键点是胡塞尔向他的联想理论的回溯。超越我的原真领域的动机是以另一个躯体的独特显现方式为出发点的。这个躯体通过它的"举止"而使我回忆起我自己的躯体。"某物引起对某物的回忆"是联想的基本形式，胡塞尔称之为"结对"（Paarung）。

另一个躯体可以使我回忆起我自己的躯体，因为我的躯体同时也是我的"身体"。关于我的身体，我具有——这是第二个关键点——一个前对象的意识，首先是因为我在感知时用这个身体来进行动感的运动。在这时我始终意识到我的身体——身体是某种处在"这里"的东西；在我的身体中我始终存在于"这里"。无论我到哪里，这个身体的"这里"可以说是一直随着我流浪，并因而构成了我始终无法放弃的、我的空间定位的绝对关系点。在与我的身体-躯体的关系中，任何其他躯体都作为"那里"而与我发生联系。①

关于这两个躯体——滞留在"这里"的我的躯体和滞留在"那里"的另一个躯体——的相似性的意识在我之中唤醒了两种表象的可能性，用胡塞尔的话来说，在我之中引起了两种权能性的动机：首先，我可以在实在的期待中表象，即我在**未来**可以运动到另一个躯体现在所处的位置上去，并且我在那里可以表现出它所表现的那些举止；我当下显现的是连同我的身体-躯体处于"这里"，而非"那里"。其次，**我现在**——不是实在地，而是想象地——就可以将自己置于那另一个躯体的举止之中，并且

---

① 关于身体-躯体的整个理论可以参阅《观念Ⅱ》，《胡塞尔全集》第4卷，第143-145页。

设想，我是在那里的。以此方式，我当下就已经处于那里了，尽管只是臆想地以"仿佛"（als ob）的形式处于那里。

在胡塞尔的分析中存在着一个并未十分明确地凸现出来的关节点（neuralgischer Punkt），这个关节点就在于，这两种表象的可能性，即实在的和臆想的表象可能性，可以共同发挥作用。当"那里"确实有一个躯体出现，而且它不仅仅是时而地，还是连续地在它的举止中使我回忆起我自己的身体行为时，这两种权能性便开始相互补充。通过想象，我有可能在那里的那个躯体的举止后面认识我自己的躯体的本质。当然，仅仅靠想象永远不会使我想到，另外一个陌生的意识，即一个不同于我的、并且永远不会与我相同一的自我会在那里显现出来。在臆想中我只能进行我**自己**的其他表象，我只能设想我自己的自我的变化。但由于我同时具有表象的能力，即将我的位置向"那里"的变化描绘成一种实在的未来可能性，因此，通过现有的、在我的身体-躯体的"这里"和那个躯体的"那里"之间的实在区别，我意识到，一方面是我的自我，另一方面是我所想象的我的自我在"那里"的躯体中所显现的变化，在这两者之间有一个实在的区别。于是，对我来说，在那里的躯体中的自我从我自己的纯臆想的变化转变成为另一个实在的、"陌生的"自我，即转变成为与我的本质相同的本质，我尽管可以理解地设想和"**同感**"（Einfühlen）这个本质，但却不能与这本质相同一。

以此方式，通过这个与"这里"和"那里"的区别相连的实在差异性意识的融化，随着我的自我的想象力变化，一个新的统觉便得以成立：首先在两个躯体举止的结对联想的基础上，其次在我的身体意识的基础上。我将这个其他躯体的举止理解为一个陌生的自我的显现，这样，对我而言，他人的存在便本原地构造起了自身。

在作为某种当下之物在"那里"与我发生联系的躯体中，他人——对于他来说，那个躯体是他的身体——对我来说是共同当下的。这个共现与在任何原真感知中的共现的根本区别在于，我从根本上说永远不具有将共同当下的被给予方式变成一个由我自己进行的被给予方式的可能性（权能性）：那里的那个躯体对于那另一个自我来说是作为它的身体而被给予的，这个情况尽管对我来说是共同当下的，但我却永远无法成为那另一个自我。就是说，这另一个躯体永远无法作为我的身体而被给予我，即它对我来说永远无法成为我的绝对的"这里"；它对于我来说始终在"那里"。

因此，胡塞尔交互主体性理论的各个主体最终只是作为"他人"而相互发生联系，因为他们在世界中的此在被束缚在他们身体的绝对"这里"之上，并且也因为这些身体同时作为躯体永远无法同时占据"那里"。这里便是"陌生经验"的本原源泉之所在。

六、发生现象学与现代科学的产生

正如我们至此为止所介绍的那样，构造学说基本上是由许多理论构成的。每一个理论都与一个奠基层次有关，或者说，都与一个存在区域有关。这样一来，现象学作为超越论哲学所要探问的世界之显现、存在之大全便融化为各个对象领域的显现。实际上胡塞尔的目的就在于理解：对世界之存在的自然信仰究竟是如何构造起来的。世界的整体并不是各个独立的对象领域之总和，而是一个对所有视域而言的普全视域。即是说，它是一个绝然全面的我的各种权能性的活动空间，所有这些权能性都通过指明关系而相互联系在一起。在写完《观念Ⅰ》之后，胡塞尔越来越清楚地看到这样一个任务，即在个别的构造理论之间建立起系统的总体联系，这个联系应当可以解释，是什么将意向意识的所有视域结合为一个世界意识。

在第3节中已经提到对所有构造理论之聚合而言的起点。只要胡塞尔以对被动地在先被给予的、意识内在的－无世界的感觉材料的设定为出发点，并且把意识的世界联系的产生留交给一个建立在被动性之上的主动性，他就无法将对象构造的分析有力地扩展为一个世界构造的分析。因此，他不得不放弃那种对意识的两个层次的设想：被动性与主动性。这种设想趋向于康德对接受性和自发性的划分。他指出两点：感知的被动的前提中已经包含主动性——我们曾经谈及这一点；所有主动的、统摄的成就都以主动性为基础。

胡塞尔后期将这种主动的成就称为"**原创立**"（Urstiftung）。当意识——不是个别人，而是一个无论做何定义的语言共同体或文化共同体——超越了它至此为止的对象视域而走向一种新的对象性时，即是说，例如当一个新的工具被发明时，一个"原创立"便形成了。人类文化的所有对象都曾是通过原创立所具有的那种构成对象的成就而构造起自身的。随着每一次的原创立，意识便从此赢得了一种一再地向新的对象回溯的权能性（Vermöglichkeit）；这就意味着，对相关对象的经验逐渐成为习惯。这种"**习性化**"（Habitualisierung），或者也可以说，这种"**积淀**"（Sedimentierung）是一个被动的过程，即不是一个由我作为实行者而启动的过程。原创立的创造行为在这里通常会被遗忘。这种习惯逐渐成为一种亲熟性，即非课题地亲熟了这种对有关对象的经验的权能性。但这就意味着：通过对原创立的被动习性化，一个视域被构造起来，意识便持续地生活在这个视域中，它并不需要在原创立的主动性中一再地重新进行这个视域的原初形成。

带着这个思想，构造理论获得了一个全新的维度。逐渐成为它的基本课题的是视域意识在其中得以形成和丰富的内部历史，它的"**发生学**"（Genesis）。发生构造划分为两个主要区域，并非每一个视域都可以建立在对原创立的习性化基础上；因为如果那样的话，每一个原创立都将预设出，它朝着新的对象性，而超越的那个对象视域最后会回溯到一个原创立上，而这个原创立又可以再接着回溯下去，如此等等。这样，对过去的原创立的回问就会走入无穷，而这是不可能的。必定有某些视域是意识"始终已经"具有的，即是说，不是意识自己通过主动统摄的成就而创造出来的。原创立的主动性因而是以更基本的视域的**被动发生**为前提的。这种发生在意识的内部历史中并没有一个起始的开端，相反，它每时每刻都在进行着，感知层次"以下"的构造发生都参与了这种发生，这首先是指在"活的当下"中的时间构成、"联想"和动感意识；但所有这些持续进行的被动过程都已经贯穿了主动性的前形态。因此，被动发生顺利地过渡到与发生构造理论相关的第二个领域：原创立的**主动发生**。

正是主动和被动发生的现象学才系统地将所有构造发生统合为一个总体联系，并且它坚定地提出这样一个思想：意识不是孤立的对象，而是视域并因而构造着世界。因此，现象学的方法最终是借此才成为超越论哲学的，即成为一种从其对意识的显现方面出发而对存在者总体的探问。

这个通过发生构造理论而完成的对意识史维度的发现，使胡塞尔有可能在他的最晚期再一次以新的方式来概述现象学。他在《危机》中所阐释的超越论现象学是唯一能在一个意义危机中作出确切诊断的机制，这个意义危机是指由那种在现代性中将我们的世界和我们的生活加以科学化的做法所导致的危机。他的这个诊断预设了一个同样彻底的既往病史：胡塞尔将整个现代科学看作一系列科学史与哲学史原创立的结果，它们中间最后一个而且对我们来说至关重要的原创立就是近代数学化的自然科学的创造。

作为对新对象性的主动构造，每一个原创立都超越一个非课题的、亲熟的对象视域。与此同时，在自然观点中现存的意识的存在信仰得以产生。这些对象被赋予一种客观的存在，也就是说，它们显现为与非课题的被给予方式无关，并因而与它们进行于其中的视域意识无关。随着对"哲学与科学"这个文化构成物的原创立，在人类历史中，世界的总体本身才第一次作为某种在这个意义上的客观的东西而成为研究的课题。而后，通过近代自然科学的方法，绝对科学客观性的现代理想才在一个新的原创立中产生出来：科学有效的东西应当摆脱任何在各自的主观的被给予性方面的相对性。科学可认识的世界的自在存在被理解为一种与主观经验视域的彻底无关性。

但这种客观性理想并不是一种不言自明的东西，而是与现代科学的原创立相联系的理解成就之产物。这一点可以通过与古代和中世纪科学家对世界的态度的比较而得到说明。古代科学把自己理解为"**理论**"（theoría），即一种精神的直观，它的出发点在于，不带有任何可用性想法地去观察那些有待认识的东西，就像它们**从自身出发**所表明的那样。康德在《纯粹理性批判》中以一个著名的类比确切地描述了近代科学与它的认识对象（这首先是自然）的关系[①]：现代研究者确实也求教于自然，但不是像一个"学生，只是复述老师愿说的一切东西"，而是像一个"法官，强迫证人们去回答他向他们提出的问题"。在这个形象的说明中被称作"对证人的强迫"的东西，就是现代研究者对观察条件的设定，这是一种在方法上得到调节的设定。这种对观察条件的实验性干预赋予了研究以一种根本性的技术特征。在现代科学中从一开始就有一种技术精神在主宰着，首先是在它的实在技术的可利用方面。这种精神是成功精神，是方法的效应精神。当认识对象被促使去展示比它自发地展示更多的东西时，人们便获得了成功。

由于已经成为方法的现代理论强迫对象去自身展示，它必然会引发一种信心，即原则上没有什么东西可以逃脱研究的干预。但这并不意味着，一切都已经被研究过了，而是意味着，在这种科学乐观主义看来，原则上一切都是**可**研究的。研究过程虽然会导致无限，但它带有这样一个信念：我们**可以**借助于合适的方法而使每一个对象自身展示。在这个意义上，所

---

[①] 参阅康德《纯粹理性批判》，BXIII。

《生活世界现象学》导言（1986年）

有个别科学的统合研究精神关系到所有对象一般的总和。因此，世界成为现代科学之总体的课题，但这个"世界"被理解为对象的总和。而作为超越论现象学课题的世界则是普全视域，即作为指明关系而组织起来的我们所有的经验对象之权能性的游戏场。胡塞尔的命题在于，世界在前近代的理论中虽然与在现代性中一样已经显现为各个对象的总和，但它在此时却同时保持了它的视域特征。

在前现代的科学中的世界仍然被理解为视域，这一点表现在：前现代的科学并不去触犯那些对象自身展示时所处的已有条件。这就是说，它仍然为对象保留其在相关经验视域中的置身状态（Einbettung）。旧科学的规则在于，它们的领域都各自反映了前科学生活的视域。例如，当时之所以有算术，是因为日常生活已经熟悉各种需要在其中进行计数和计算的生活境况以及与之相关的职业，还有几何学、医学、法学的情况也与之相应。这些旧的称号还表述着那种对生活视域的回溯联接：还在所有哲学与科学之前，人们便需要丈量土地，即**土地丈量**（geometrein）；需要寻找对付疾病的治疗手段，即**治疗术**（medicina）；聪明地调整与他人的恰当关系，即**明智**（prudentia）；如此等等。

由于旧科学束缚在视域上，它们与人的前科学的"实践技艺"相联结，如丈量术、治疗术等。希腊人将立足于这种技艺上的知识、熟知称为"技术"（téchne）。随着对视域束缚的彻底扬弃，科学认识的进展方式就必定会作为一个进程而独立出来。由于它与在先被给予的视域无关，所以它就只能从自身之中找到对它的调整。正如胡塞尔在这里付印的关于生活世界问题的选文部分的第一章中所说，在这个意义上，科学认识成为一种"单纯的"技术（téchne）。这个"单纯"（bloß）就意味着，这里所涉及的已经不再是希腊"技术"概念意义上的那种束缚在视域上的熟知（Sich-Auskennen），而是一种内在地以自己的效应性为目的、在现代意义上的"技术"操作。

由于束缚在视域上，前近代的科学只能提出**有限的**认识任务。"视域"一词的意思就是指"界线""边界"。一个视域虽然并不将所有那些实际地作为对象而出现在它之中的东西确定下来，但它却决定着，哪些东西**可以**出现在它之中。在旧科学中，科学认识领域的界限以及相应的有限任务之制定，都是从视域所描画的那些界限中产生出来的。随着视域束缚性的松动以及在最终意图中对此束缚性的完全扬弃，那些从前科学的生活实践

· 345 ·

中在先被给予的界限消失了，这些界限原先是将科学划分为一定数量的学科。因此，今天的人们为无限制的专业化敞开了大门。整个科学的总体领域和任务制定摆脱了视域束缚性给它们造成的限制，摆脱了限制的科学可以为自己制定这样一个目标：在存在者的超越所有局部视域的**无限性**中研究存在者的总体。

在这里付印的"生活世界"选文的第 2 节中，胡塞尔以近代自然认识的数学化为例来说明，现代研究所具有的与视域无关的方法是如何从前近代的束缚在视域上的科学中产生出来的。胡塞尔将这种数学化解释为一种对自然的世界认识直观性的彻底扬弃。但这种扬弃之所以可能，乃是因为在自然的世界认识中已经主宰着一种在直观性和非直观性之间的张力——我们在关于感知的一节中曾谈到过这种张力。

世界经验具有一副双重面孔。在非课题的被给予方式的现时进行中，意向意识信任它的权能性所具有的那个同样是非课题地亲熟的指明关系，因为每一个被给予方式都被置于这个指明关系之中。但在本原的被给予方式的现时进行中，意识却体验到直观性。因此，只要它是在非课题的指明关系中活动，世界就是直观地被给予它。通过视域和被给予方式，世界是**"以透视的方式"**（perspektivisch）——在已经提到的宽泛的词义上——显现给意识的。意识始终在将它的世界经验的透视景观"去除透视"（entperspektiviert），因为它始终向前攫取（vorgreifen）"事物"，即在其被给予方式的完整性中的整个对象。任何对一个同一对象的意识，任何如此理解的客体化都是一种去除透视，这种对事物同一性的去除透视的预测不是直观，因为"事物"永远不会在意识中完整地被给予；因此，作为被预测的同一性之整体的世界是非直观地被经验到的。这种通过对各种同一性预测而进行的持续的去除透视的活动被胡塞尔在《危机》中称作生活的**"归纳性"**（Induktivität）：人们在认识世界的过程中受预测的同一性引导，并因而能够——至少是粗略地——预见和计划他的经验进程。胡塞尔的命题在于，近代自然科学的数学化最终植根于一种对此前科学的归纳性的过度弘扬之中。

在自然观点中，作为视域之视域的世界是绝然的非课题之物；普全视域则摆脱了任何一种客观化的课题化。然而这个普全视域为意识在其世界信仰中所意识到。对世界的自在存在的非课题自明信念具体化为对个别对象之客观存在的信仰，意识便是通过去除透视的同一性预测而将注意力指

《生活世界现象学》导言（1986年）

向这些对象。随着哲学与科学的产生，世界本身成为课题，即是说，绝然的非直观之物被客体化。自在存在的世界，即自然意识在其各种对象认识中只是非课题地所信赖的那个世界，它的同一性现在成为一个预测的对象，这种预测超越了所有自然的归纳性。只要这种被预测的对象和世界的同一性永远不可能实在地在直观中被给予，它就是某种观念的东西。在这个意义上，胡塞尔既可以将对象也可以将世界标识为**观念**。每一个在前科学的世界之熟知意义上的技术（téchne）都关系到特定的对象，并因而受那些对它们的同一性的预测的引导。因此，这种自然的归纳的预见是生活在一种对观念的在先攫取的"实践技艺"中。

只要科学不放弃它对前科学的技术（téchne）的视域的回溯联结，对作为哲学和科学之观念的世界就还没有展开它的全部爆发力。随着科学被去除界限（Entgrenzung），它的对象，即世界，便在其无限性中显现出来。因此，世界对于现代科学来说成为"**无限的观念**"。对作为无限观念的世界的客观化影响到科学对象认识的进程，这个进程"被观念化了"①。自然的预见逐渐变成科学的"归纳"。正是这种在现代科学中对作为观念而浮现出来的对象同一性的归纳式的向前攫取，才挣脱了所有那些束缚在先被给予的视域的限制。正如胡塞尔在这里的生活世界选文的第 3 节中所说，所有预测的可能性"都被看作贯穿始终的"②。在科学的具体实践中便存在着如此理解的在对自然认识的数学化中的"观念化"，它是近代自然科学的标识。

这种方法化了的并且立足于数学基础之上的研究工作，逐渐成为一种永远无法完结的向作为无限观念的世界的接近，就是说，它获得了一种朝向无限进步的特征。这里预设了一个前提：这个为科学在其朝向无限的进步中不断接近的"世界"是先于这个进步而存在着，并且是独立于这个进步而存在着。这样，作为科学的"无限观念"的世界便显现为一个对象，它摆脱了任何在视域中的置身状态。自然的存在信仰在现代科学中上升到了极端：在世界的存在中，与主体的所有联系痕迹以及主体的世界经验的

---

① 原文是"idealisiert"，也可以译作"被理想化了"。对此也可以参阅拙著《胡塞尔现象学概念通释》，生活·读书·新知三联书店 1999 年版。——译者
② 参阅本书"生活世界问题"选文部分第 2 章的第 3 节。（参阅［德］胡塞尔《欧洲科学的危机与超越论的现象学》，马提努斯·奈伊霍夫出版社 1954 年版，第 359 页。——译者）

透视性都被消除了。科学认识彻底摆脱主观－相对的被给予方式之限制，绝对的"客观性"成为最高的规范。

## 七、客观主义批判与生活世界

现代科学原创立的基本特征就在于，世界被理解为一个无限的观念。由于这个观念与每一个根据所有统觉的积淀而进行的原创立一样，逐渐地成为习惯，因而客观性理想的意识史起源便被遗忘了。绝对客观性的规范逐渐变成了自明性，**"客观主义"**的认识态度得以产生。但它导致了现代科学的危机并随之而导致了在科学化了的世界中生活的危机。

这个在其视域性方面彻底中立化了的世界是一种非人性的东西。对于胡塞尔来说，真正人性的东西是自由，它被理解为我作为超越论的原－自我所具有的责任，这种原－自我是无法通过任何对象化来获取的。我对我的行为负有责任，而行为就意味着一种对可能性的把握。这种可能性是在世界之中的可能性，就是说，它们已经作为视域意识的权能性而在此，因而视域是经验的游戏场。这些游戏场是在某人的行为之中并且通过某人的行为而开启自身，它们无法与作为责任行为主体的人分离开来。现代研究企图将世界的存在与它的视域－透视的显现彻底地分隔开来，这种企图会导致这种研究失去它与行为之责任的回溯联结。研究被理解为一个各种方法和技术措施的无限过程，以便强迫作为无限观念的世界无限制地展示自身；这种研究成为一种自由飘浮的、摆脱了责任的行为。因此，现代研究活动发展出了一种令人惊骇的自身规律性。胡塞尔在他后期著作标题中所说的"欧洲科学的危机"就是一种意义的丧失，这种意义丧失之所以产生，乃是因为一个绝然的、与主体无关的世界——如果它真的存在的话——将会放弃人的责任。

在胡塞尔之后，在一个全然科学化世界中生活的不适还有所增长。但同时人们从现代科学的意义危机中却看不到出路，因为客观主义在意识史原创立中的起源被遗忘了。人们没有看透，那个所谓完全与主体无关的世界作为无限的观念，也是一种特殊的、历史形成的认识态度的相关项。胡塞尔在《危机》中发现了这种遗忘并且提醒人们：对一个全然去除透视的、绝对自身存在的世界的信念，也只能是在对一个包罗万象的，即使是非课题的主体相关性视域的超越中被原创立出来。

这个包罗万象的视域在胡塞尔那里有别于那种作为科学研究对象一般

《生活世界现象学》导言（1986 年）

的世界，有别于近代的科学化世界，胡塞尔将它称作**生活世界**。通过现代的科学世界在其原创立时所获得的意义，即它是绝对的与主体无关的世界，现代科学世界回溯地指明了前科学的生活世界。如果不与这个主观-相对的世界相对照，现代科学世界便会悬在空中。在此意义上，科学客观之物的新的超越性始终是与主观的活动进行相联系的。这种超越也不会摆脱对象性与在被给予方式中主观的、境遇的显现之间的普全关系。因此，超越了生活世界视域的主观相对性的科学世界还是会被这种主观相对性所赶上。科学的对象是意义构成物，它们的存在要归功于一种特有的理论-逻辑实践的主观成就，而这种实践本身就包含在生活世界的生活中。

在这里付印的胡塞尔"生活世界问题"选文第 2 章中用两个论证说明，现代的研究实践也置身于生活世界的生活之中，这两个论证都是平凡的观察。但是，如果将它们放到对那种产生于自然归纳性及其观念化的数学化认识实践之再构的背景前面，那么它们便具有不平凡的意义。

第一个观察：为了从事他的科学认识实践，现代研究者需要多种手段，这些手段是以直观的方式被给予他的。例如他总要借助于一些分割线来使用测量仪器，在他读取这些分割线时，他信赖他的直接视觉印象；或者他与其他的研究者交谈，阅读他们的文章。他在此过程中总是相信，他所听到的或看到的是某种现有的存在之物。这种存在信仰和其他存在信仰一样建立在一种无疑地被预设的自明性基础上，以至于研究者知道：我可以相信那些我所直接遭遇到的东西的存在，有可能是通过对相应的本原的被给予性的现时化。但这种视域方面的已有可能性的可现时化始终是非课题的，处在课题之中的仅仅是非直观的被认识物。对直观可能性的支配能力是如此自明的东西，因此，即使刚才列举的观察使人想到这种自明性，它听起来也很平凡。然而这种平凡性[①]只是对这样一个事实的反映：现代研究者活动于其中并且自明地预设的直观世界具有非课题性的特征。[②]

胡塞尔在《危机》中首先是将"生活世界"概念作为这个非课题的

---

① 参阅本书"生活世界问题"选文部分第 2 章的第 4 节，f）。（参阅［德］胡塞尔《欧洲科学的危机与超越论的现象学》，马提努斯·奈伊霍夫出版社 1954 年版，第 135－136 页。——译者）
② 参阅胡塞尔《危机》，第 452－453 页。

直观世界的称号而引入。① 只要研究者连同他的非直观认识实践还无法放弃地处在境遇中，还必须信赖直观的被给予方式，那么在这个被给予方式中被意识到的直观性视域便构成他在其研究中立足于上的基地（Boden）。在这个意义上，如胡塞尔所说，生活世界是"直观基地"。尽管近代科学家所关涉的世界在其无限性中超越了所有自然认识实践的直观视域，但他的有关无限性的认识还是回溯地束缚在一个世界上，这个世界是在科学以外实践的直观视域中显现出来的。这个世界就是生活世界。

现在来看对现代研究实践植根于生活世界的生活之中的第二个论证：尽管我们在前科学的研究实践中确切地说只是根据那些超越直观的同一性预测才拥有我们的所有那些对象，但视域意识却使我们可以如此地运用这些对象，就好像它们是直接直观地被给予我们的一样。这就是说，它们这时属于我们经验可能性所具有的视域性的、非课题的储备。胡塞尔所做的看似平凡的观察表明，这甚至也适用于这样一些对象，它们之所以为我们支配，只是因为我们已经将我们对数学化自然的非直观认识运用于技术产品的工业制造上。我们触动电灯开关和打开电视机，而我们在把握这些行为可能性时并不需要特别地去关注这些对象究竟是怎样的，即从科学－技术上看究竟是怎样的。这在原则上之所以可能，乃是因为所有那些去除透视的、超越直观的同一性预测的结论，因此，也包括所有那些根据科学的观念化而获得的对象，都沉积在非课题的、视域性地在先被给予的我们实践可能性的储备之中。在这里充分地表达出产生于发生的构造理论中的"积淀"（Sedimentierung）思想。通过去除透视而赢得的所有观念化主动性都会自身"再透视化"（reperspektiviert）并成为世界的组成部分，这个世界就是在我们科学以外实践的直观视域中显现出来的世界。胡塞尔在《危机》中将这个过程称作向生活世界之中的"**流入**"（Einströmen）。② 这种"流入"表明：现代化了的认识实践始终还置身于科学以外的实践之中。因为否则它们的结果就不会以一种非课题的亲熟性的形式与它们一同进入科学以外的实践视域中去，并且不会在它之中以此为基础而成为可运

---

① 参阅本书"生活世界问题"选文部分第 2 章的第 4 节，d）。（参阅 ［德］ 胡塞尔《欧洲科学的危机与超越论的现象学》，马提努斯·奈伊霍夫出版社 1954 年版，第 130－131 页。——译者）

② 参阅胡塞尔《危机》，第 115 页，第 141 页注，第 213 页，第 466 页。

用的。

随着这种"流入"理论的提出,一个新的生活世界角度得以揭示出来。在其作为直观世界的基本含义中,"生活世界"可以作为科学的非直观世界的对照概念而被运用。但由于发生的积淀,所有超越直观之实践的对象化结论,包括现代的、建基于观念化之上的技术实践的结论,都会进入科学以外实践的直观视域之中,而在这个视域中非课题地显现的世界就是生活世界。这样,"生活世界"便丧失了它作为对照概念所具有的特征。生活世界既是视域性的,因而束缚在直观上的前科学实践的普全视域,也是现代研究的彻底超越直观认识实践的普全视域。但这就意味着,在这个意义上的生活世界,或者如胡塞尔所说①,在其"普全的具体"中的生活世界,无非就是这一个包罗万象的世界,就是自然观点的存在信仰所关涉的那个普全视域。当然,相对于以往的理解,世界概念现在得到了根本的丰富。自然观点的世界现在是一个历史地通过在它之中进行的实践和积淀、通过"流入"而丰富着自身的世界。这是具体的、历史的世界。

由于近代科学是在方法性的个别研究中探讨作为无限观念,即作为存在者的总体的世界,因而人们会产生这样的印象,就好像哲学已经是多余的了;因为哲学按其传统的自身理解就是关于绝然总体的问题。那些专业化了的个别科学似乎是在把这个问题从哲学那里夺走,并且似乎是在比哲学传统更有效地回答这个问题。胡塞尔在《危机》中为他的最后一个超越论现象学概论选择了一条历经对现代科学态度批判的途径。这个批判表明:哲学的课题是作为主观-相对的、历史丰富的普全视域的世界,作为生活世界的世界。如此理解的世界已经在现代的客观主义研究实践中被遗忘了。超越论哲学建立在反思的基础上,它是对责任主体的思义(Besinnung),这个世界便显现给这个主体。科学化的世界观点在遗忘视域的意识主观性的同时也遗忘了主体。哲学在今天也仍然是必要的,因为行为主体的责任必须保持清醒,而且哲学是可能的,因为人们可以根据发生的视域构造理论来证明客观主义科学对生活世界经验的回溯性和附依性。

对于胡塞尔来说,对近代科学的生活世界遗忘性的扬弃并不意味着对一般科学认识之努力的放弃。毋宁说,随着现象学的"**生活世界科学**"的

---

① 参阅本书"生活世界问题"选文部分第 2 章的第 4 节,e)。(参阅 [德] 胡塞尔《欧洲科学的危机与超越论的现象学》,马提努斯·奈伊霍夫出版社 1954 年版,第 134 页。——译者)

提出，对那种随哲学与科学的产生而一同被原创立的、无成见的世界认识之要求具体地得到了满足。当然，由于近代科学的客观主义，这种要求的变形被历史地相对化了。作为对所有视域之主观发生的遗忘性，即是说，作为一种明显偏向于认识的客观方面的真理理解，① 客观主义违反了原初的无成见性的科学理想。胡塞尔认为，随着科学意向在无成见的世界认识基础上的原创立，一种对整个人类都有效的认识规范就会被提出。以超越论现象学方式运思的哲学家会"作为人类的执行官"而思考：哲学－科学的思维至此为止在何种程度上符合那个在其原创立时便带有的意向。在对科学的原初意向与此意向迄今满足所做的这种历史的－现象学的比较中，人的理性的自身负责便会得到实现。

---

① 参阅《文选》第一册"导言"的第3节。

# 胡塞尔的"Noema"概念（1990年）[①]

[瑞士] 鲁道夫·贝耐特

只有少数几个带有胡塞尔烙印的概念会像"意向相关项"（Noema）概念这样受到如此普遍的关注并且引发如此巨大的期待。意向相关项已经得到这样的评价：它是胡塞尔为补充布伦塔诺意识意向性学说而提供的最原创的贡献；它是对弗雷格语义学的证实，同时也是对它的现象学奠基；它是在关于现象的学说方面区分主体和客体的入门。但也只有少数几个带有胡塞尔烙印的概念会像"意向相关项"概念这样被如此有争议地接受下来。意向相关项被理解为观念的意义，同时也被理解为显现，它被理解为"我手上抓着的东西"，并且也被理解为在"组成它的骨头……肌肉"意义上的手的内容[②]，最后，它理所当然地也被看作一个悖谬的混杂概念。[③]

---

[①] 德文原文出自 R. Bernet, "Husserls Begriff des Noema", in S. Ijsseling (Hrsg.), *Husserl-Ausgabe und Husserl-Forschung*, Phaenomenologica 115, Martinus Nijhoff, 1990. S. 61 – 80。中译文首次刊载于赵汀阳编《论证》，辽海出版社1999年版，第150 – 170页。

由于"Noema"无论是在胡塞尔现象学的意识分析中，还是在其语言分析中都是一个核心范畴，因而它也意味着在英美分析哲学和欧陆现象学之间的一个可能交会点，从一开始便受到双方面的共同关注。

本文作者鲁道夫·贝耐特教授（Rudolf Bernet, 1946—  ）是比利时鲁汶大学胡塞尔文库主任。这里所讨论的"Noema"问题也是他许多年前的博士学位论文研究课题（未发表，存于鲁汶大学胡塞尔文库）。《胡塞尔的"Noema"概念》一文可以看作对他这些年来在此问题上的研究总结。本文的中译经他本人允许，特此致谢！

"Noema"一词在现有的胡塞尔中译文中一直被译作"意向对象"，甚或"意识对象"。译者在《胡塞尔现象学概念通释》中以及在这里均译作"意向相关项"。——译者

[②] 弗雷格（G. Frege）：《思想：一个逻辑的研究》，载《逻辑研究》，由 G. Patzig 主编并加引论, Vandenboeck & Ruprecht, Göttingen 1966，第49页，注。

[③] 参阅阿道尔诺（Th. W. Adorno）《胡塞尔现象学中事物与意向相关项的超越性》，《阿道尔诺全集》第1卷, Suhrkamp, Frankfurt a. M. 1973，第376页，以及《认识论的元批判》，《阿道尔诺全集》第5卷, Suhrkamp, Frankfurt a. M. 1971，第119 – 120页。也可参阅图根特哈特（E. Tugendhat）《现象学与语言分析》，载《诠释学与辩证法》第2卷, R. Bubner 等主编, J. C. B. Mohr, Tübingen 1970，第8页。

意向相关项概念的反对者（从阿道尔诺到萨特①直至图根特哈特）和赞同者的阵营一再地重新分化。而在古尔维奇和弗勒斯塔尔之间②，以及在索可罗夫斯基和古尔维奇-莫汉悌③或施密斯-麦克英泰尔④之间的论战性讨论已经充分表明，赞同者的阵营本身也已经分崩离析。

在胡塞尔意向相关项概念的追随者之间进行的最新讨论的资料产生于1987年10月，索可罗夫斯基和麦克英泰尔的观点在这里再一次十分清晰地相互对峙。⑤ 在这里和在古尔维奇和弗勒斯塔尔的分歧中一样，最重要的讨论点仍然是意向相关项概念的同一性和意识依赖性。这个最新的文献提供了一个极好的讨论环境，在这个环境中，人们争论的虽然是对胡塞尔文字的正确解释，而实际的意图上却是对胡塞尔思想的有益展开。在索可罗夫斯基看来，现象学必须以此为任务，即研究在其所有不同形式中的被给予-存在的可能性条件。这种现象学的本体论必须与那种将被给予方式视作心智内容的**心智论-观念论**（mentalistisch-idealistisch）误释决裂，并且同时抵制那种将存在等同于自在对象的客体-存在的实在论做法。而对弗勒斯塔尔来说则相反，现象学的任务与契机就在于，将弗雷格的语义学从它的过于片面地对观念**对象**和实在**对象**的划分机制中解放出来。现象学所研究的是观念对象和它们与意向意识的联系，以及实在对象与它们在可能世界中的切入状况的联系。

这个关于胡塞尔现象学之未来的争论，或许也可以在与胡塞尔文本解释不发生直接关系的情况下进行。但如果人们使这个争论的出发点独立于对胡塞尔意向相关项概念的正确解释，那么以下三个问题便必须得到决断，索可罗夫斯基和弗勒斯塔尔恰恰是在对这三个问题回答上不相一致：

---

① 参阅 J. P. 萨特：《存在与虚无：关于现象学存在论的论述》，Gallimard，Paris 1943，第16-18页，第28页，第41-42页，第152-513页。

② 对此尤其可以参阅德赖弗斯（H. Dreyfus）《感知性的意向相关项：古尔维奇的决定性贡献》，载《生活世界与意识：阿隆·古尔维奇纪念文集》，由 L. E. Embree 主编，Northwestern University Press，Evanton 1972，第135-170页。

③ 索可罗夫斯基（R. Sokolowski）：《意向分析与意向相关项》，载《辩证法》（*Dialectica*）1984年第38期，第113-129页。

④ 索可罗夫斯基：《胡塞尔与弗雷格》，载《哲学评论》（*Journal of Philosophy*）1987年10月第LXXXIV/10期，第521-528页，以及麦克英泰尔（R. Mcintyre）：《胡塞尔与弗雷格》，载同上，第528-535页。

⑤ 同上。

# 胡塞尔的"Noema"概念（1990年）

第一，是否可以说，意向相关项方面的意义（noematischer Sinn）在概念与对象的关系中起着中介的作用，或者甚至说，它赋予行为以意向性？第二，反思地被给予的意向相关项方面的意义究竟是一个绝对的反思产物，还是一个已经在先隐含地被给予的意识内容？这个意义的观念性是怎样的，它与对象的关系如何？第三，这个意向相关项方面的意义在何种程度上可以同时被标识为受到现象学还原的对象？在意义和对象之间的任何区别难道不会因而消失殆尽吗？

最近发表的胡塞尔 1906—1907 年冬季学期讲座①和 1908 年夏季学期讲座②为这些诠释问题的探讨提供了关键性的推动。对这些文字的研究不仅可以使索可罗夫斯基和弗勒斯塔尔所争论的实事问题得到一个深入的决断，它同时也令人惊异地展示出一个明察：索可罗夫斯基和弗勒斯塔尔对现象学的不同理解早已在胡塞尔自己的文字中得到了预先的表露。即是说，胡塞尔本人已经一方面在与一门现象学**认识论**的联系中，另一方面也在与一门"**含义学**"建构的联系中使用意向相关项。在这两个联系中，意向相关项方面的意义以及它与意向对象的联系得到了不同的规定。只是在《纯粹现象学和现象学哲学的观念》卷Ⅰ③中，这两个观念方式才完全混淆在一起。由于人们（索可罗夫斯基除外）在至此为止关于意向相关项概念的讨论中实际上仅仅诉诸《观念Ⅰ》，因此，他们无法达成一致也就是毫不奇怪的事了。

## 意向相关项作为受到现象学还原的"对象"

将意向相关项引入现象学研究领域，这个做法的最初和最强的动机无疑是在现象学**认识论**的提问中产生的。在胡塞尔著作中，有效认识的可能性问题主要被理解为关于认识行为的"切合性"问题。问题在于，认识行为的意向意指是否达到它们的"目标"，即是说，对实事的规定是"切

---

① 胡塞尔：《逻辑学和认识论引论（1906—1907 年讲座）》，《胡塞尔全集》第 24 卷，U. Melle 主编，M. Nijhoff, Dortrecht/Boston/Lancaster 1987。
② 胡塞尔：《含义学讲座（1908 年夏季）》，《胡塞尔全集》第 26 卷，U. Panzer 主编，M. Nijhoff, Dortrecht-Boston-Lancaster 1987。
③ 胡塞尔：《纯粹现象学与现象学哲学的观念》第 1 卷《纯粹现象学概论》，《胡塞尔全集》第 3 卷，新近由 K. Schuhmann 主编，M. Nijhoff, Den Haag 1976。（引文始终出自第一版并且标明在全集本中以边码方式注明的页码。）（以下简称《观念Ⅰ》。——译者）

中"实事,还是偏离实事。在对这个关于主观认识要求与客观实事状态之间可能的"一致性"问题的探讨中,胡塞尔始终受两个思想的引导:

(1)对认识一般之可能性的澄清,不可以将任何特别的认识不加思考地预设为有效的。只有当一个认识的陈述丝毫不偏离它所涉及的实事的直观被给予性时,这个认识才是无前设的。

(2)如果在认识论中切合性受到威胁,或者说,认识行为和认识对象的一致性受到威胁,那么人们就必须从这样一种考察开始,这种考察所关注的是那些在其中无疑地实现了有关一致性的典范性认识。

前一个对关于认识的无预设性陈述之要求已经踏上了现象学认识论的笛卡尔轨道,这种形态的认识论将意向的认识行为理解为明见的反思被给予性,并使它摆脱所有未兑现的预设,例如,摆脱了对意识的经验-心理学理解。现象学的认识论使认识行为服从于"现象学的还原",它将这些行为视作明见地自身被给予的、"纯粹的""现象"。在第二个要求中隐含着这样的命题:这些纯粹的现象同时也表明了有效认识的情况。即指这样一种情况:主观意指通过一个相应的直观被给予性而被充分证明为是"切合的"。对在直观被给予性基础上进行的对象构造的现象学分析是对研究切合认识之可能性这个纲领的具体实现。

在1906—1907年冬季学期的讲座中(《胡塞尔全集》第24卷的认识论部分),胡塞尔初次引入意向相关项的概念。此时,一门现象学认识论所具有的这两个预设起着决定性的作用。对认识之切合性的现象学研究不能满足于对认识行为明见的和纯粹的被给予性的考察。如果认识行为和认识对象的可能一致性或相关性是问题所在,那么认识对象也就必须被纳入现象学上明见的被给予性的范围中来。一个事物感知的**对象**也是一个纯粹的现象,至少在这样一种情况下是纯粹的现象,即对它作为自然对象的现实性不做判断,而是把显现的事物理解为感知行为的"相关对象性",即是说,"就像它在这个如此类型的意识中被意识到的那样"(第232页)。

因此,意向相关项在这里是受到现象学还原的对象,而且更确切地说,是在一个受到现象学还原的行为中恰恰如此"'直观地'被给予和被意指的"对象(《胡塞尔全集》第24卷,第230页)。作为各种行为的相关者,作为各种思维(cogitatio)的所思(cogitatum),这个意向相关项是一个"本体的(ontisches)现象",它不能被混同于那个在杂多现象中作为统一而构造起自身的对象。因此,作为"受到现象学还原的对象"的意

## 胡塞尔的"Noema"概念（1990年）

向相关项一方面可以标志着一个构造着的、纯粹的"现象"，另一方面也可以标志着一个在这些现象的有序联系中被构造的、统一的、加引号的对象。这个双重含义初次在1907年夏季学期的讲座①中表露出来，并且还将被我们详细地探讨。

如果我们首先继续限制在对作为点状的"本体现象"的意向相关项的考察上，那么在1906年12月对它的初次引入中便产生出一系列的问题，胡塞尔在以后的几年直至在《观念Ⅰ》的文字中都一再地探讨这些问题。本体的现象是受到现象学还原的意识行为的相关者，"并且是'意识对象''本身'，它的存在样式或不存在样式"[《胡塞尔全集》第24卷，第408页（1907年）]。作为"意识对象"，这些本体现象不是独立的自然对象，而是与意向活动的现象不可分离地结合在一起；"意识相关项与意识是不可分的，但却不是实项地包含在意识之中"（《观念Ⅰ》，第128页，第265页）；"……完整的意向相关项……从属于……感知体验的本质……"（《观念Ⅰ》，第97页，第202页；也可参阅第98页，第206页）。

现在最大的困难恰恰在于理解，如何将这两个方面区分开来：一方面是这些在意向相关项方面的相关者②，另一方面是在意向活动方面的行为。前者恰恰是如其在后者中被意识到的那样被给予。在初次引入这个意向相关项方面的相关者时已经清楚地表明，现象学家只能这样来要求这个相关项，即它应当像那些在意向活动方面的行为一样，是一个在现象学反思中的明见的被给予性。如果在意向相关项方面的相关者被规定为"在其被意指状况的如何之中的对象性"或被规定为"被思维的－存在者"，那么实际上也就没有任何理由去怀疑它在反思中的相即被给予性。

但困难仍然在于定义：一个对象性，如果它既不能被理解为行为的一个实项组成部分，又不能被理解为一个从属于经验自然的对象，那么它究竟是什么。当胡塞尔想要强调它与**实项**（reell）内在的区别时，他首先谈

---

① 胡塞尔：《现象学的观念——五次讲座》，《胡塞尔全集》第2卷，W. Biemel 主编，M. Nijhoff，Den Haag 1973。

② 作者在这里和下文一再使用"noematisches Korrelat"这个复合概念。它在胡塞尔本人的术语中并不常见。作者主要想用它来表明：在胡塞尔那里，Noema 意义上的意识对应项不同于对象意义上的意识对应项。由于译者将"Noema"译作"意向相关项"，而在这里若继续将"noematisches Korrelat"相应地译作"意向相关项的相关项"便嫌生硬，所以译作"意向相关项方面的相关者"，以下均同。——译者。

及的是这个在意向相关项方面的相关者的"意项"（ideell）存在，而当他怀疑它与**实在**（real）对象的区别时，他又谈及它的"观念"（ideal）存在。这些术语一直保留到《观念Ⅰ》的文字中，并且制造出诸多混乱。在"被意指之物本身"那里所涉及的是否是一种在本质普遍性意义上的观念性？我们将会看到，甚至在一个个体判断行为的"被判断之物本身"的情况中，胡塞尔也坚定地抵制这样一种解释。另一方面则完全可以将这个"被判断之物本身"理解为这个判断的含义，并因而认为它具有一个同一的和超时间的有效性。但与此相关，"被意指之物本身"，或者说，对一个事物的各种感知的"显现之物本身"又是怎样一种情况呢？将这个"意向相关项方面的显现"定义为某个同一的和超时间的东西并没有很大意义，纵使人们——像胡塞尔以后较少引起误解地所表述的那样——坚持它的"观念性"和"非实在性"。更确切地看，判断和被判断之物间的相互关系与显现和显现之物间的相互关系情况是完全相同的：在某一个判断中被判断的东西、它的被判断之物与判断的行为本身一样在时间上是个体化了的。诚然，对一个判断的被判断之物进行反思的人大都不会关注这个时间的规定，他所感兴趣的是判断的内容，是**被陈说的**东西，而不是它在何时或如何或快或慢地被陈说出来。他对被陈说之物的兴趣是朝向含义的，是朝向含义与实在现实的同一或一致的。

因此，我们要坚持一点：如果完全具体地理解某一个意向行为的意向相关项方面的相关者，那么这个相关者恰恰与这个行为本身一样，在时间上被个体化了。但这个意向相关项方面的相关者之存在方式丝毫不会因而得以明了。恰恰相反，问题重又会是：这个在时间上被个体化了的意向相关项方面的相关者是否作为一个实项的组成部分从属于相应的行为。"我们局限在……'金是黄的'这个判断意指上……这个被意指性，它能够不通过判断，而是以其他的方式被给予吗？它难道不是判断行为的一个实项组成部分吗？人们还是想说：如果我判断，那么它便在这里；这就是我所具有的情况，'金是黄的'。而这个在这里的东西的确具有它的时间。如果我判断得慢或快，那么它就在现象学的时间上延展得长或短。"①

---

① 《胡塞尔全集》第 26 卷，附录 4，第 148 页（1909）。也可参阅胡塞尔《被动综合分析（1918—1926 年讲座和研究手稿）》，《胡塞尔全集》第 11 卷，M. Fleischer 主编，M. Nijhoff, Den Haag 1966，第 334－335 页（约 1918 年）。

# 胡塞尔的"Noema"概念（1990年）

胡塞尔的术语充分表明，尽管如此，他仍然竭力坚持业已受到威胁的对"思维"（cogitationes）和"所思"（cogitata）之存在方式的划分。被对置起来的是行为的"实项内在"与行为相关项的"意向内在"，是"实项的"（reell）被包容性与"意项的"（ideell）从属性，是"现象学的""显像学的"或"显像的"被给予性和"本体的"现象，是意向行为与"意向之物"，是感知与"感知之物"或"现象之物"，是范畴行为与"范畴之物"，是（自1912年起）"意向活动"（Noesis）和"意向相关项"（Noema）①。胡塞尔也将意向相关项方面的相关者的被给予性标识为一种"特殊反思"的对象，以此来突出这种被给予性的特性（《观念Ⅰ》，第89节，第184页）。1910年的一份遗稿还进一步说明："如果考虑到**行为**、体验如何成为对象的方式，以及**意向之物**和显像之物如何成为对象的方式是根本不同的……那么'反思'这个统一的术语便要受到指责。"（手稿，A Ⅵ 81，第148a页）对意向相关项的被给予性之特性的强调导致了意向活动与意向相关项方面的相关者之间关系的某种松动。尽管胡塞尔在《观念Ⅰ》中还坚持，"意识的相关者与意识……是不可分离的"（《观念Ⅰ》，第128节，第265页），因而必须被标识为一个"不独立的对象"（《观念Ⅰ》，第98节，第206页）。但他紧接着便说明："尽管有这种不独立性，意向相关项仍然可以自为地受到考察。"这个陈述与将意向相关项方面的相关者之初次引入时的情况形成鲜明的对照，那时胡塞尔极力强调这个相关项对意向活动的依赖性，以至于他不得不做出这样的结论，"因此，不存在一门特有的本体现象学"（《胡塞尔全集》第24卷，第412页）。

然而，所有这些陈述都只是表明了胡塞尔为坚持在行为的被给予方式与它的各个意向相关项的被给予方式之间的明确区分所做的努力，它们并未提供对这个区分的实事根据的明察，在至此为止的胡塞尔文献中（古尔维奇、弗勒斯塔尔、史密斯、麦克英泰尔等），人们几乎毫无例外地依据于胡塞尔将感知的意向相关项标识为感知意义的做法，以此来做这个区分

---

① 胡塞尔至少是自《逻辑研究》以来便使用"意向活动方面的逻辑学"或"意向活动学"（Noetik）的术语（但含义内涵有所变化）（参阅胡塞尔《逻辑研究》第1卷，《纯粹逻辑学导引》，《胡塞尔全集》第18卷，E. Holenstein 主编，M. Nijhoff, Den Haag 1975，第239-240页）。而据我所知，"意向相关项"概念的第一次出现是在《观念Ⅰ》的所谓"铅笔手稿"中，并且是在一份由编者 K. Schuhmann 确定日期为"1912年10月"的文字中（参阅《胡塞尔全集》第3卷，第2部分，第567页）。

合法化。即是说，感知的意向相关项之所以不是实项的意识内容，乃是因为它作为观念－同一的**意义**超越了各个感知行为。但我们现在恰恰确定，被感知之物，恰如它在各个时间上个体化的感知行为中隐含地被给予的那样，还远远不是一个观念－同一的反思现象，例如不是一个逻辑判断含义类型的反思对象。尽管众所周知，胡塞尔在《观念I》中并不是很仔细地使用"意义"概念，较少费心在它的观念性的不同形式之间做出区分，但他在初次引入意向相关项概念时便已经说明，"意向相关项方面的相关者"与"被感知之物本身"和"被回忆之物本身——恰如它在（回忆中）的'被意指之物''被意识之物'"一样，只能"**在非常扩展的含义上**"叫作"意义"（《观念I》，第88节，第182页）。"感知的意义"就是"被感知之物本身……恰如它'内在地'处在感知体验中那样，或者，如果我们纯粹地询问**这个体验本身**的话，那么我们也可以说，恰如它由这个体验出发所展现给我们的那样。"（《观念I》，第88节，第182页）

看起来不可能对这个被感知之物，即恰如它在这个感知体验中所包含的那样的被感知之物，做出不同于"意识－对象"，亦即**意识方面的对象**或内容的规定。作为在意指的如何之中的被意指之物，它虽然既在规定上也在被给予方式上有别于各个意指行为，但它仍然不是某种超越意识的东西。即使是意向相关项方面的显现，即那个恰如它在一个感知行为中直观地自身被给予的对象，也仍然是一个意识方面的内容，并且作为这样一种对象而从属于"心智"（Mentalen）的领域。人们完全可以理解，为什么像索可罗夫斯基这样的解释者们会拒绝将这种在其各个显现中的如何之中的对象标识为某种主观的东西，甚或某种心智的东西。他们的依据是，显现方式所涉及的是被感知**对象**的存在方式，而不是感知着的意识的存在方式。他们论证说，胡塞尔将显现标识为"**对象的直观自身被给予性**"的做法与他将显现标识为一个意识方面的存在者的做法无法相一致。他们认为，自身被给予性的概念彻底地与那门关于被感知事物在感知行为中的"代现"（Repräsentation）的古老学说分道扬镳。如果这里所涉及的是在显现连续过程中构造起来的、统一的加引号对象的话，那么这种观点肯定是正确的。在连续的感知中构造自身的事物，事实上是一个意向相关项方面的现象学被给予性，它是超越意识的。但这个事物的各个意向相关项方面的显现却不是超越意识的。这些显现的被给予方式是一种直观意指的方式，并且它们作为这种直观意指方式是与一个感知行为直观意指对象的方式"不可分离的"。只要——正如我们在胡塞尔常常看到的那样——在各个意向相关项方面的显现中,对象的自身被给予性被定义为一种各个意向相关项方面的显现的**被意指性**,那么这个自身被给予性就只能是一个心智方面的内容了。

从**实事**上看,胡塞尔的这个观点实际上是十分可疑的。如果人们在后加的反思中朝向刚刚看到的东西,并且朝向它的角度性的显现方式,那么人们感兴趣的是这个对象而不是心智的过程。人们感兴趣的是对象的被给予方式,或者用海德格尔的表述来说,是对象的作为被给予状况(Gegebensein)的**存在**。同一个对象当然可以具有不同的被给予状况的样式,而且对象的被给予状况的样式当然也依赖于不同的主观观点。但是,这种依赖性绝不会迫使人们像胡塞尔那样将这个被给予状况等同于被意指状况(Vermeintsein)的一个特殊样式。

对于胡塞尔来说,自身给予的各个意向相关项方面的事物显现是一个意识内容,并因而是实在事物的一个心智方面的代现者。但如果**这个事物作为在杂多的显现中统一地构造起来的事物**同样被标识为意向相关项方面的被给予性的一个形式,那么问题就在于,它是否同样——就像意向相关项方面的显现一样——可以被标识为一个虽然不是实项-内在的,但却是意识方面的内容。无论如何,很明显,事物作为被构造的事物既在其被给予方式上,也在其存在方式上本质地依赖于构造着它的意识。"经验本身'包含着'事物……:事物无非就是那个从经验中获取的、从经验中观视出来的并且根据经验来规定的统一。它是在一种扩展了的意义上'内在于'经验的东西……:它不是一种并列于和外在于现实的和可能的经验的东西"[手稿,B Ⅳ 6,第91a页(1908年)]。作为意识方面的经验的对象,事物"不是实项地、但作为本质包含的有效性统一被包含在其中,而有效性统一只有在与有效'得以成立'的那个境况发生联系时才是其所是"[手稿,B Ⅳ 6,第94a页(1908年)]。"如果意识流以它的方式存在,那么所有存在着并且能够存在的东西都存在,不再需要其他的存在。但如果存在着某种被我们称作存在着、但又不是意识的东西,那么……这就是处在意识流中、从它之中获取的东西:隐藏在意识流中、植根在意识流中的统一。这个事态说明,我们可以将这个……给予根基的意识标识为绝对意识,它与那种相对的存在相对立,后者只是与意识相关并且本质上从属于意识的对象性"[手稿,B Ⅳ 6,第91a页(1908年)]。这段在

1908年便已产生的遗稿引文对被构造事物的意识依赖性，甚至它的内在性的论述在这里代表了许多例如可以在《观念Ⅰ》中找到的、具有相同说法的段落。但这段文字的后续却比其他文字更清楚地表达了这样一个明察，即被构造事物对构造意识的本质依赖性并不会改变对它作为超越意识的自然对象的定义，"另一方面，'只有绝对的意识'这样一种说法也是不妥的，这就好像是说：所有其他的存在都只是一个显像的存在、一个不现实的显像、一个幻象。这当然是**根本错误的**。自然客体不言而喻是真实的客体，它们的存在是真实的存在……用一个不同于它的范畴所要求的标准来衡量这个存在是根本错误的……"［手稿，B Ⅳ 6，第92a页（1908年）］

尽管如此，许多解释者以及有时也包括胡塞尔本人会屈服于这样一种"根本错误"的休谟式观念主义和现象主义的诱惑。也就是说，如果——这是在胡塞尔那里贯穿于始终的情况——将对象的存在等同于对象的被给予状况，并且将这个被给予状况等同于构造着的意识，那么关于被构造事物的实在的、超越意识的、空间的存在的说法便似乎失去了任何论证的基础。事物作为被构造的事物所标志的就是那个恰如其在杂多显现中被给予的对象。而就这些显现而言，正如我们在意向相关项方面显现的情况下中所指明的那样，它们是意识方面的内容。因此，这个被构造的事物难道不也必须被标识为一个意识方面的对象吗？

回答必须是"不！"，而且这个回答基于两个理由：被构造的事物虽然完全是从杂多显现的综合充实联系出发而得到规定的，但它并不与这些显现中的任何一个相叠合。毋宁说，它是在这个综合的充实联系中形成的**统一**。它是在显现的进程中越来越清楚、越来越切近地规定着自身的对象，它在所有显现中被给予并且不包含在它们的任何一个之中。作为这样一种意向相关项方面的统一结构，被构造的对象——不同于意向活动-意向相关项方面的杂多显现——不再是一个通过意识流而在时间上被个体化的被给予性。作为**现实的事物**，对象也还必须区别刚才所阐述的杂多显现的综合联系。现实的事物是由诸多综合地联结在一起的显现所组成的一个**无限的**、原则上不可结束的系列。如胡塞尔所说，它是"康德意义上的观念"，即是说，一个相即的事物被给予性所具有的形式上明晰的观念，这个观念尽管有规律地制约着显现杂多性的进程，但它无法通过任何有限的显现杂多性而得到实现。现实的事物一次不仅超出了各个意识方面的显现，而且也超出了在杂多显现中直观展示出来的意向相关项方面的统一。

胡塞尔的"Noema"概念（1990年）

因此，事物的现象学构造的想法并不会危及事物的超越意识的存在。毋宁说，统一的事物在杂多的显现联系中恰恰是作为一个超越意识的存在者而构造起自身。胡塞尔的认识论观念主义其所以如此难以理解，首先是因为它一方面将对象的存在等同于借助于意识的被给予状况，并且另一方面将事物定义为无法相即地被给予的存在。同样，在对内在和超越的划分中，胡塞尔的思路也常常绞缠在一起，以至于人们只有费心竭力才能追随它。胡塞尔以在自然观点中常见的对内在和超越的"实在论"划分开始他的思路；而后他试图以"观念论"的方式把超越还原到内在上，但他看到自己不得不将这个内在扩展到意向相关项方面的被给予性领域上。最后，他又以对一个不可扬弃的区别的现象学－超越论确定而结束，这个区别是指在空间对象的超越性和它的内在的、意向活动－意向相关项方面的被给予方式之间的区别。

意向相关项被定义为"受到现象学还原的对象"，在这个定义上也附有双重的含义，它们起先会引起混乱，但更仔细的研究表明，它们不会危及意向相关项概念的凝聚性。造成混乱的首先是将各个意识的意向相关项方面的相关者标识为"意义"的做法。我们在后面还会再回到这个歧义性上来。无论如何，暂时得以清楚的是，某一个意向行为的点状意向相关项方面的相关者虽然具有观念性的某种形式，但它既不具有同一性，也不具有本质普遍性。然而，更危险的是在这个意识—个体化的、意向相关项方面的相关者，以及这个统一的、被构造的对象的意向相关项方面的被给予性之间的歧义性。这个被构造的事物虽然是意向相关项方面的一个形式，但仍然是一个空间的、超越的自然对象的被给予性。相反，各个意向相关项方面的相关者是意识方面被意指性的一个形式，它不具有任何空间的或实在－物理学的特性："这个绝然的树、自然中的这个事物，绝不是这个树的被感知之物本身，后者作为感知意义不可分离地从属于感知。绝然的树可以被烧毁，可以分解为化学因素，如此等等。但意义——这个感知的意义、一个必然从属于感知的本质的东西——不可能烧毁，它不具有化学因素，不具有力量，不具有实在的特性。所有那些对于体验来说是纯粹内在的并且以还原了的方式是特殊的东西……都与所有自然和所有物理学、同样还有所有心理学隔着鸿沟……"（《观念Ⅰ》，第89页，第184页）即使是他自己在二十多年后于《危机》中所做的对这一处的阐释中，胡塞尔仍然坚持，各个意向相关项方面的感知相关者、"这个树的被感知之物

· 363 ·

本身"是不会燃烧的:"……一个被感知的树'本身'是不可能燃烧的;即是说,对它做出这样的陈述是悖谬的;因为这样就是在强求一个纯粹感知的组成部分(它只能被想象为一个自我主体的一个本己本质因素)去做一件只是对一个木质的物体来说才有意义的事:"燃烧。"① 可惜胡塞尔在这两段文字中都没有明确地指出,这个被视作被构造的对象的意向相关项是可以烧毁的,并且它烧毁的可能性必须被理解为这个事物在现象学方面的被构造的实在因果特性。

然而,各个意向相关项方面的相关者和各个被构造的事物并不只是被划分为这个受到现象学还原的对象的意向相关项方面被给予性的两个不同形式,它们在这个事物于连续的-统一的感知中直观被构造的过程中还起着一个根本不同的作用。各个意向相关项方面的相关者是构造着的杂多性,事物是被构造的统一。虽然胡塞尔在他早期对事物的意向相关项方面的统一之构造的分析中大都探讨从意向活动方面理解的显现,但对事物构造的一种意向相关项方面的分析是完全可能的(参阅《观念 I》,第 149 页,第 309 – 310 页),并且它在后期的著作中也初步得到实施。② 无论如何,如果人们说,事物"通过"意向活动方面的显现或意向相关项方面的显现而构造起自身,它"通过"或"在"杂多显现的综合联系"中"成为现象学的—纯粹的自身被给予性,那么事物构造的过程便得到了完全准确的描述。

因此,这里的状况似乎与陈述的情况是相似的,胡塞尔认为,陈述同样是"通过"含义而与它的对象发生联系。意向相关项方面的显现和意向相关项方面的含义都是依赖于意识的意向相关项方面的被给予性,它们超越出自身,并且指明这个对象的统一。然而意向相关项方面的显现和意向相关项方面的含义是通过它们所具有的观念性的形式,并且首先是通过它们的对象关系的形式而相互区分。意向相关项方面的显现是对象的一个虽然不完整,但直观的自身被给予性,它从现象学上规定着并论证着,即是说,"构造着"对象的现实-存在。尽管意向相关项方面的判断含义是通

---

① 胡塞尔:《欧洲科学的危机与超越论的现象学。现象学哲学引论》,《胡塞尔全集》第 6 卷,W. Biemel 主编,M. Nijholff, Den Haag 1962,第 245 页。
② 可能出处的索引可以参阅贝耐特《胡塞尔感知现象学中的有限性和无限性》,载《哲学杂志》1978 年(Tijdschrift voor Filosofie)第 40 期,第 264 页注。

过一个述谓的标志来规定对象的,但它并不必定有利于对这个(相关)对象之现实性的现象学论证。

意向相关项作为观念的判断含义

然而,恰恰是在《观念Ⅰ》中缺少对这个在意向相关项方面的显现和意向相关项方面含义的区别的明确规定。已经提到的三个本质不同的意向相关项概念继续无区别地混杂在一起:意向相关项作为行为相关项,或者说,作为点状的意向相关项方面的显现;意向相关项作为观念的同一的"意义"或"含义";意向相关项作为统一的、被构造的对象。对在《观念Ⅰ》之前不久产生的一段遗稿文字的研究曾对已经探讨过的第一和第三意向相关项概念的区分提供过巨大帮助,与此相似,这个研究也会有助于对第一和第二意向相关项概念的划分。这些相关文字中的许多部分都可以在新近出版的《胡塞尔全集》第26卷中找到。这一卷包含1908年夏季学期的"关于含义学"的讲座,它第一次系统地引入了判断含义的意向相关项概念。

对这个意向相关项方面的含义概念形成的系统语境进行清楚的思考是非常重要的。1908年的"含义学"讲座本质上有别于1906—1907年的"认识论"讲座,并且只要观察一下它们的差异就可以更好地理解这两个意向相关项概念的区别,它们在这些讲座中第一次完全相互独立地得到阐述。在1906—1907年讲座的认识论部分中,意向相关项紧接着对现象学"悬搁"的阐述出现,并且是作为某一个直观认识行为的明见被给予的、现象学纯粹的、对象的相关项。而在1908年含义理论讲座中则相反,这里几乎没有提到对认识真理的澄清或对认识对象之现实性的论证,因而也几乎没有提到现象学的还原。

1908年的"含义学"是对纯粹形式逻辑的现象学研究,并且尤其是对它的首要"任务"的研究,即在分析思维中隐含的"含义范畴"的形式论①。因此,这里所讨论的是形式-逻辑含义形式的被给予方式,尤其是述谓判断含义的被给予方式。现象学家在这个观点中也要研究,一个判断行为如何与判断含义和受到判断的对象联系在一起。他所感兴趣的是在

---

① 参阅《胡塞尔全集》第18卷,第67页;也可参阅胡塞尔《形式逻辑与超越论逻辑:逻辑理性批判的尝试》,《胡塞尔全集》第17卷,P. Janssen主编,M. Nijhoff, Den Haag 1974,第13节。

判断行为和判断含义之间的区别，以及由含义所中介的判断与对象的联系。这个对象是一个被设定为判断方面的对象，而不是那个与它可能"相符的"、现实的实事状态。对这个"相符"的研究不再是一门现象学的含义学事情，而是属于一门现象学的－超越论的真理学的任务。

在《逻辑研究》中，这个观念的判断含义在现象学上被定义为一个在各个判断行为的意向"质料"中个别化的行为种类。① 以后胡塞尔批评了这个定义，因为观念含义在他看来既不是一个对实事状态之（意向活动方面）意指的同一方式，也根本不是一个本质。② 1908年的讲座尽管未加改变地接受了《逻辑研究》的这个意向活动含义概念，但同时也引入了作为它的意向相关项方面的相关者的"本体的"含义概念。意向相关项方面的含义被定义为陈述的"所述之物本身"（《胡塞尔全集》第26卷，第28页），而反思地被给予的对象性有别于"绝然对象"（Gegenstand schlechthin）："如果我们相对于绝然对象来谈论这样一个对象，即以它被意指或被思考的方式而被接受的对象，那么我们便'观视'到了……被思考之物本身的……一种方式。正是因此，才形成……一个新的含义概念，我们通过有关陈述的范畴对象性这样的表述来思考这个概念，它不同于被意指的绝然对象性。"（《胡塞尔全集》第26卷，第38页）在讲座的进程中，这个"范畴对象性"或意向相关项方面的含义也被简称为"范畴之物"或"论题之物"。这个"范畴之物"是一个**反思的**被给予性；胡塞尔谈及"范畴的反思"（《胡塞尔全集》第26卷，第81页等），它在语法上也被定义为"名称化"（《胡塞尔全集》第26卷，第85页）。因此，正如索可罗夫斯基所描述的那样，意向相关项方面的含义实际上是一个以后加的、批判的方式对被言说之物进行思义（besinnend）的"论题性反思"（propositional reflection）的对象。③ 作为一个反思的对象，这个含义在这个后加的思义中不是像索可罗夫斯基所主张的那样初次被唤入生活，而是作为在先已隐含的被给予性而"被课题化"："范畴之物［被定义］为对

---

① 参阅《逻辑研究》，第一研究，第31节（胡塞尔：《逻辑研究》第2卷《现象学与认识论研究》，《胡塞尔全集》第19卷，第1部分，U. Panzer 主编，M. Nijhoff, The Hague-Boston-Lancaster 1984，第105－106页）。

② 参阅贝耐特、I. 凯恩（I. Kern）、马尔巴赫（E. Marbach）《胡塞尔思想阐释》，Felix Meiner Verlag, Hamburg 1989，第159－161页。

③ 参阅索可罗夫斯基（1987），第525页。

象性之物，它可以说是已经被我们**隐含地**意识到，并且通过一个新的目光，通过'范畴反思'，以及通过一个在它之中进行的名称化而成为何所谓的对象（Gegenstand-worüber）。"（《胡塞尔全集》第 26 卷，第 85 页）

因此，意向相关项方面的含义看起来无非就是各个在意识流中于时间上个体化了的判断行为的意向相关项方面的相关者。与"被感知之物本身""被回忆之物本身"以及各个意向相关项方面的相关者的所有其他形式一样，它是"观念的"，因为它不是"实在的"，并且它是"**意项的**"，因为它不"实项地"从属于意识行为。但与"被感知之物本身"相对，意向相关项方面的含义不是实在对象的自身被给予性；一个陈述的意义可以在不被认之为真的情况下得到理解："但是，任何一个判断，即使它是错误的，即使它是悖谬的，即使没有任何真理、没有任何可能性与它相符，它也具有一个内容：每一个判断都有它的含义。"（《胡塞尔全集》第 26 卷，第 119 页）这个意向相关项方面的"被判断之物本身"据此要比"被感知之物本身""更观念"，因为它本质上不与一个被设定为"实在"的现实相联结。而且它此外也"更意项"，因为它更独立于各个意识行为的"实项"内涵。意向相关项方面的显现的局部性本质上取决于感知主体的各个定位状态，而"被言说之物本身"则相反，它必须被理解为是独立于言说者的各个意向关系的："意识是一个时间性的东西，一个流动的东西，但却不是一个什么，即不是作为统一的什么，而且完全就像它在'含义'的世界中被意识到的那样。"[《胡塞尔全集》第 26 卷，第 195 页（1910 年）]

观念性的这个被偏好的形式难道不是还隐含着这样一个命题，即这个被理解为各个陈述的"被言说之物"的意向相关项方面的含义就是一个同一的对象性？一个陈述是否无法重复，如果在每次重复时不产生新的含义的话，不同的陈述是否就不能具有同一个含义？对于胡塞尔来说，回答不言自明地是"是！"，但他花费了许多精力来对这个观念同一性进行确切的现象学规定。在 1908 年的讲座中，他对这个意向相关项方面的含义的观念性的把握有一部分是在与《逻辑研究》中所展开学说的类比中进行的，这个学说将含义理解为行为种类。据此，对观念的 - 同一的含义的把握要求对各个判断行为的意向相关项方面的相关者进行观念的普遍化。胡塞尔将这种从各个意向相关项方面的判断相关项中或从个体的"范畴之物"中进行的"观念化的含义接受"①(《胡塞尔全集》第 26 卷,第 93 页)改写为:"如果我们重复判断'金是黄的',那么毋宁便具有多个判断,但却是多个具有同一逻辑内容的判断……无论如何,人们可以出于逻辑的目的这样来理解**语句**,即它意指一个在现象学上(在本体上)同一的东西,一个可以被认作是意向客观性的,完全就像范畴之物和它的本质。"(《胡塞尔全集》第 26 卷,第 120 页)然而这个意向相关项方面本质并不是在 1908 年讲座中所探究的这个观念的、意向相关项方面的含义的唯一概念。即是说,这个为"逻辑目的"所构成的意向相关项方面的语句本质并不与一个事关内心世界的(而非纯粹的—逻辑的)实事状态的判断所具有的"被言说之物本身"相等同。值得怀疑的是,在对这个"被言说之物"的"范畴反思"中,它的同一性是否是直接明确地被给予的。最后,同样较难令人接受的是,对一个意向相关项方面的含义的反思意识必然会隐含一个观念化的行为,并且以此而与含义的**本质**发生联系。

出于所有这些理由,胡塞尔自 1910 年起开始怀疑将含义的观念同一性定义为一个意向相关项方面的本质的做法(对此参阅《胡塞尔全集》第 26 卷,附录 17-19)。然而在 1908 年的讲座中就已经出现了在我看来是关键性的思想:对一个同一性的意识预设了认同的综合。虽然在对某人所说的东西的理解中,尤其是在对他所说的东西的思义中,隐含着对被言说之物的可能重复意识,甚或新表述的意识。但意向相关项方面的含义的同一性只有通过对这个含义的重复或通过对它的各种被给予方式的比较才明确地被给予:"……在判断'金是黄的'时,我们从一开始便具有一个意识,在其中'金是黄的'这个被意指的实事状态被意识到,或者更确切地说,这个实事状态的被意指性被意识到,并且是如此被意识到,以至于一个新的这样的意识意识到同一个东西:一个真正的认同的可能性。"(《胡塞尔全集》第 26 卷,第 201 页)这同一个可能性当然也处在"被感知之物本身"的情况中。但是,与对被言说之物的反思相反,这种可能性肯定不是自明地隐含在对事物的意向相关项方面的显现的反思之中。因而判断意义不只是比"被感知之物本身……更观念""更意项",而且也更

---

① 胡塞尔这里用的是他复合生造的"Bedeutungsnehmung"一词,它与德文的"Wahrnehmung"(即"感知"或"接受为真")相对应。以此方式,语言分析和意识分析之间的平行性得到一定的暗示。——译者

胡塞尔的"Noema"概念（1990年）

同一，即是说，它从一开始便被预设为可能同一的被给予性。胡塞尔将"被感知之物本身"标识为"感知意义"，这个标识遮蔽了在意向相关项方面的事物显现和意向相关项方面的、观念的同一的陈述含义的本质区别。这是一个术语上的失误。没有理由要像德赖弗斯和他的学生们所做那样，为此去特别地称赞胡塞尔，或者将胡塞尔作为认知心理学今日发展的先驱来加以庆贺。

胡塞尔在**意向相关项方面的陈述含义与陈述的何所谓对象（Gegenstand-worüber）的关系**的规定也为论争提供了契机。无论如何，可以肯定，胡塞尔从未像索可罗夫斯基看起来所认为的那样，将陈述的何所谓对象等同于前反思地被给予的绝然对象。如果像胡塞尔始终所做的那样，将含义定义为意向意指的观念因素①，那么在对含义的后加反思中也必须证明含义与这个意向对象的关系。但是，如果索可罗夫斯基在他对史密斯和麦克英泰尔的批判中坚持，对象，如其在对意向相关项方面的含义的反思中被给予的那样，无论如何不可能是那个实在的、前反思地被给予的绝然对象，那么索可罗夫斯基还是有道理的。我还是相信，这个绝境通过对1908年含义理论讲座的研究可以毫无问题地得到化解。此外，同一个解决方案也可以在《观念Ⅰ》中找到，只是它在那里表现得较不清楚，因为它被放置在对"理性现象学"的认识论解释中。

1908年的"含义学"十分清楚地表述了对意向相关项方面含义的对象关系的现象学定义："如果我们进行一个意指，那么我们所指的是一个对象之物。在某种意义上它意味着，我们意指绝然对象，而在某种意义上它又意味着，我们意指含义。我们难道是看向两个东西？……这当然是不行的。对象在意指中不是某个与含义并列的东西。很明显，只有当我们将对象理解为如此被规定的、如此合乎含义的对象时，我们才能朝向对象。"（第48页）作为"合乎含义地被理解的"，即是说，作为"如此被规定的"对象，它是从属于含义的。但是，作为各个不同的意向相关项方面含义的同一对象，即是说，作为各个不同的合乎含义的规定的对象，它同时

---

① 例如参阅《观念Ⅰ》，第129节，第267页："我们把'意义'理解为内容，关于意义我们说，在意义中或通过意义，意识关系到一个作为'它的'对象之物。我们可以说是将这个语句当作我们阐述的标题和目的：每个意向相关项都有一个'内容'，即它的'意义'，并且通过意义而关系到'它的'对象。"

又超越了对象。因此，被意指对象的情况类似于同一的含义，这个含义虽然隐含在各个意向相关项方面的相关者之中，但对这个相关者的明确把握却要求完成一个认同综合。何所谓对象，就是通过被言说之物而得到如此规定的东西。不同的被言说之物或不同的意向相关项方面的含义还能够以不同规定的形式关系到何所谓对象。但是，这些不同含义所共有的对象的这个同一性是在一个将不同被言说之物联结在一起的"同一性述谓"中才清楚地被给予：这个"同一性述谓""……可以说是使对象关系的意义第一次得到突破……如果我们陈述说：'A 和 B 是同一个（同一个对象）'，那么就有两个表象［或意向相关项方面的含义］结合成为一个完整的论题行为，并且是如此的结合，以至于这个行为意指并且在陈述中说，'（对象）A 与对象 B 是同一个'……随之，对象关系的意义便首先从表象中凸现出来，只要关于 A 和 B 之表象的对象关系同一性的反思话语通过那个表象本身所进入的同一性陈述而获得其意义，并且只要关于对象关系的话语或关于一个表象所表象的对象的话语必然要在说明的过程中回溯到认同上去，在这些认同中，同一个对象之物被意识为同一个。"（第 61－62 页）对象作为被意指的并在对意向相关项方面含义的反思中被把握的对象，是"同一的统一点"（第 72 页）或"在规定的判断联系中为杂多规定所涉及的同一之物……判断就是关于这些和那些实事的陈述"，而在陈述中，实事"作为各个规定的载者，作为同一之……而处于此"（第 80 页）。

　　大约自 1911 年起，胡塞尔将这个"同一的统一点"或杂多的意向相关项方面规定的"载者"称为"X"。而后，这个 X 在《观念 I》中与 1908 年讲座的阐述中完全一致地被称作"意向相关项的一个最内部因素"（第 129 节，第 270 页）。这个因素是"中心统一点……是各个谓项的联结点或'载者'……它必然与这些谓项有所区别，尽管它不是与它们相并列或从它们之中分离出来……"（第 131 节，第 270 页），因此，在反思地把握到的被言说之物中，也就是在意向相关项方面的含义中，在意向相关项方面的"语句"中，在名称化的实事状态中，这个作为不确定的"载者"或"主体"的何所谓对象与它含义方面的规定或"谓项"便相互区别开来。胡塞尔在《观念 I》中有一段话常被引用和讨论："每个意向相关项都有一个'内容'，即它的'意义'，并且通过意义而关系到'它的'对象。"这段话必须被理解为：在各个陈述行为的反思地、名称化地被给予的"被言说之物本身"之中，可以通过与其他意向相关项方面判断相关者

胡塞尔的"Noema"概念（1990年）

的综合比较而区分出或展现出观念的同一的意义以及作为意义方面的规定之载体的对象。"意义"和"对象"因而是与"意向相关项⋯不可分离地"联结在一起的，但各个意向相关项方面的相关者还远远不"是"观念的–同一的意义，只是隐含它或"具有"它。而观念的–同一的意义不"是"那个"X"，而是以它的述谓规定的形式或"通过"它的述谓规定而"关系到""**它的**"各个规定的载者或"对象"。用胡塞尔在1921年遗稿中所写的一段话来说就是："被意指的对象是一个从属于语句本身的意义因素，而不是超越它的东西。在范畴语句中，我们具有一个意义统一，而被意指的对象在其中具有那个由各个被意指的谓项所赋予它的特征，它是在这些谓项中被意指的。但通过它们而确定地被意指的对象⋯⋯"（手稿，B Ⅲ 12，第53b页）

如果这个"通过"意义而被意指的对象如此被标识为一个"意义因素"，那么同样就很明显：这个合乎意义的"通过"是在意向相关项的不同观念因素之间，而不是在含义的观念存在与对象的观念存在之间提供中介。但仍然不清楚的是，对对象的观念性的"规定＝X"，以及"对象＝X"与那个从属于经验世界的现实的实事状态之间的关系。

与意向相关项方面的含义一样，这个X一方面也是被言说之物本身的一个不独立的、仅仅隐含地被给予的因素，另一方面如果它在一个后加的认同综合中明确地作为"同一的统一点"而被把握，那么它就又超越了被言说之物的被给予性。对这个X的同一性的明确意识是从杂多的、观念的同一的意义的综合联系中形成的，因此，胡塞尔在1920—1921年冬季学期的逻辑学讲座中考虑，将这个X标识为一个第二阶段的观念之物。但与此不符的是，意义的观念同一性向这个X的观念同一性的过渡，从逻辑上看并不具有一种总体化的形式，而是具有一种形式化的形式。即使从现象学上看，似乎也很难令人信服地说：这个X要比意义"更同一"。如果这个X是"一个从属于语句本身的意义因素，而不是超越它的东西"，那么意义的同一性和这个X的同一性就不能通过对它们普遍性阶段的指明而得到相互区分。

上面所说的第二个困难在于，从一开始就很清楚，这个被定义为"意义因素"的X绝不可能是前反思地被给予的绝然对象（Gegenstandschlechthin）。这个作为观念的–同一的意义的X的被给予性并不对这个意义的真理或一个与它"相符的"实事状态的现实性做出任何决断。使这个

X 的同一性得到表达的同一性判断并不建基于对一个有效性方面的同等价值的确定,因为在"含义学"范围内"不存在……这样的问题:……这个被陈说的对象性是否为真"(《胡塞尔全集》第 26 卷,第 58 页)。换言之,这个作为意义因素的 X 还不可能是在现象学的构造分析中得到充分证明的现实实事状态,"判断的被意指性……这个语句可以为真和为假。但只有当它为真,即只有当一个具有此内容的判断是正确的,我们才说,在现实性中有一个与此判断相符的实事状态……但现实的实事状态不是这个真实的判断,或者更确切地说,不是这个语句本身"(《胡塞尔全集》第 26 卷,第 148 页)。对实事状态之现实性的证明不再是一门现象学的"含义学"的事情,而是一门现象学的认识论的事情,这门认识论关注言说行为和被言说之物的直观性,并且将现实的实事状态理解为杂多的,在对对象的设定和规定中相互证实的直观陈述含义的统一。

但是,对被理解为意义因素的 X 和现实实事状态进行区分之所以困难,并不仅仅是因为现象学的认识论使含义理论所研究的意义或那个 X 与现实的实事状态发生联系。困难同样产生于并且首先产生于这样一个状况:胡塞尔这个认识论的考察引入了一个新的"X",即被定义为现实实事状态的统一极。"X"因而一方面意味着意向相关项方面的(直观的或非直观的)**意义**的同一极,另一方面意味着杂多的、合乎理性地被论证的存在设定所统一地和一致地关系到的**现实的实事状态**本身。如果这个现实的对象作为在现象学上被构造的或作为受到现象学还原的加引号对象,也被标识为"意义",那么看起来在两个 X 概念之间的混淆便是不可避免的。X 的这两个概念对在《观念 I》中所做阐述的可理解性干扰很大,但下面的一段文字却相当清楚地说明了这两个概念:"对我们来说,'对象'始终是意识本质联系的标题;它首先作为意向相关项的 X,作为意义与语句的不同本质类型的**意义客体**出现。此外,它也作为'现实对象'的标题出现,在这种情况下,它便是某些受到本质考察的类型联系的标题,正是在这些联系中,这个对它们来说在意义上的统一的 X 获得其**合乎理性的设定**。"(《观念 I》,第 145 节,第 302 页)

一方面是对意向相关项的对象关系的含义学考察,另一方面是对这个关系的认识论考察,但这个区分并不意味着一个不可克服的对立。现象学的-超越论的真理学毋宁是现象学考察的一个较高阶段,它以现象学的"含义学"为前提,并且通过对被言说之物和现实实事状态之间"相符状况"的研究来补充现象学的"含义学"。尽管如此,对现象学真理学和现象学含义学的划分仍然有它的合理性以及它的恒久价值。例如,这个区分可以防止人们将两种对象混淆在一起:一方面是那个在对意向相关项方面含义的反思中凸现出来的意义因素,它被称作"对象=X",另一方面是完全确定的并在其现实性上受到现象学-构造方面证明的实事状态的中心因素。这个区分同样还阐明了这样两种关系之间的区别:一方面是意向相关项方面的意义"通过"它的谓项的规定而与从属于它的X的联系,另一方面是陈述"通过"真实存在而与现实实事状态的联系。

在我看来,对含义学与真理逻辑学之区分的恒久价值首先在于,它使一种不关心真理问题的对有意义的言说的分析得以可能。言说的意义在这个现象学观点中独立于这样一个问题:是否有一个语言外的现实与它相符合。人们所言说的对象从属于被言说之物、言谈的领域,它们的统一和同一要归功于所有那些关于它们所言说和曾言说的东西的语境。与这些对象的关系因此,不仅仅是"通过"那些被归属于它们的"述谓规定",而且也是"通过"言说者的共同体以及"通过"它们语言的文化传统而得到中介的。因此,意向相关项方面的"含义学"——胡塞尔曾将它构想为对纯粹逻辑学的现象学的-超越论的澄清的一个前阶段——同时也表明自己是一个日常语言的诠释学理解的成熟起点。

# 胡塞尔与希腊人（1989 年）①

[德] 克劳斯·黑尔德

了解胡塞尔的人通常都会认为，胡塞尔想成为一个彻底的开启者，因此，他对哲学史并不很感兴趣，且在其中也鲜有涉猎。然而在这里还应当有所区分：胡塞尔对传统的经典哲学家文字的认识可能的确比较单薄，尽管如此，对于思想史上那些至关重要的决定，他的感受力要比一般所以为的更强烈。

胡塞尔认为，这些决定中的第一个决定就是世界历史的奠基行为，正是这个行为使哲学与科学——当时还是统一的——在希腊人那里获得了它们的起源意义。胡塞尔坚信，在这个"起源"中包含着一个意向，随此意向的出现，哲学-科学的思维已经预先看到了它们的任务，那些迄今仍然有效的任务。人们至此一直很少关心这样一个问题：穿越了几千年的思想进程，它所带有的原意向（Urintention）是否在胡塞尔那里得到了合乎哲学史的可靠阐释。哲学与科学的历史开端与他所描述的景象相符合吗？

对此问题的这样一种表述还是很幼稚的。并不存在一个仿佛记录在案的哲学和科学的开端。那些作为开端展现给我们的东西，从一开始就是我们的诠释所得出的结论。这种诠释当然必须满足这样一个要求：注意那些已获得的开端的证据。此外它还必须具有这样的属性：它帮助我们昭示许多仅仅作为残篇保留下来的文字所具有的意义和联系。一个诠释在这些方面做得越成功，它同时也就越接近那些在历史上作为开端而实际发生的东西。我所提出的第一个命题是：胡塞尔对哲学与科学之开端的初步阐释，包含着一些比以往更好地理解这个原创造的可能性。与此相关的是我的第二个命题：由于对胡塞尔来说，在他所阐释的希腊人的原创造中，已经含

---

① 德文原文出自 Klaus Held, "Husserl und die Griechen", in *Phänomenologische Forschungen* 22, Bd. 22, Freiburg/München 1989。中译文首次刊载于《世界哲学》2002 年第 3 期，第 56 – 68 页。——译者

# 胡塞尔与希腊人（1989年）

有对他自己的哲学、对超越论现象学纲领的遥远准备，因此，对于胡塞尔意义上的一门现象学来说，它必定将自己理解为对哲学的最古老理念的改造。①

这个最古老的理念是什么？按照他对希腊人原创造的理解，胡塞尔主要是在他的《欧洲科学的危机与超越论的现象学》② 一书，以及与此相邻近的文字中对此做出了许多暗示，但并没有做过系统的阐释。下列思考的第一个意图在于，对胡塞尔的这个陈述进行"再构"。但我在这里将依据对希腊人传统的认识，这个认识是与今天的研究状况相符合的。因为我的目的并不在于以传记的方式标明，胡塞尔曾对古代思想有哪些了解；而是在于检验，他那些初步诠释对我们目前对希腊人原创造的分析具有多少启示的力量。这项研究的第二个意图则在于，以此方式来澄清，一门具有现象学取向的哲学在今天面临着什么任务。

下面的论述分为三个部分。我将先后解释胡塞尔从希腊人思维模式中所接受的对现象学的三个定义：其一，现象学作为哲学科学、作为"知识"（epistéme），意味着一种与自然观点、与"意见"（dóxa）的决裂。其二，这个决裂以及由此而形成的向现象学观点的过渡，建立在"悬搁"（epoché）这样一个意志决定的基础上。其三，现象学为自己提出的历史任务是，克服近代哲学与科学的客观主义危机。然而这个危机的根源在于，近代科学放弃了对"知识"（epistéme）与"技术"（téchne）的古代限制，并且片面地成为"单纯的技术"。——在所有这三个部分中，我都将关注希腊人思想的另外两个动机是如何在胡塞尔那里重现的："前苏格拉底的"动机，即思维朝向"宇宙"（kósmos）；以及苏格拉底的动机，它带有最终负责的说理态度，即带有"给出根据"（lógon didónai）的态度。

---

① 黑尔德的德文原文是"Erneuerung"，意为"复兴""更新"等；但他在这里使用此词显然与胡塞尔后期的一篇文章有关。胡塞尔曾以"Erneuerung"为题为日本的《改造》杂志撰写同名文章，因而在此将它译作"改造"。关于此概念还可以参阅本书下编第七篇文章《意向性与充实》。——译者

② 即《胡塞尔全集》第6卷《欧洲科学的危机与超越论的现象学》，马提努斯·奈伊霍夫出版社1954年版。——译者

一

在《危机》中，胡塞尔对希腊人原创造的改造之出发点，在于区分"意见"（dóxa）和"知识"（epistéme）。这并非巧合，因为胡塞尔在这个区分中重新看到了那个最先开启了作为人类思维之可能性的超越论现象学的步骤：从自然观点向哲学观点的过渡。这个步骤的确是在希腊人思维的早期迈出的。真正意义上的哲学，即作为一种自身认识自身的特殊人类精神运动的哲学，是在公元前6世纪与前5世纪之交随着这样一个认识而开始的：人类精神的这个运动建基于一种彻底的观点变更之上。留存给我们的赫拉克利特箴言的主导思想就是"多数人"（hoi polloí）或"大多数人"在通常的思维和行动中没有哲学明察的能力。① 同样，对于他的同时代人巴曼尼德斯来说，哲学明察的内在开端就在于，它凌驾于"必死者"的思维方式和行为方式之上；这个简单的动机既隐藏在他的教理诗的绪言背后，也隐藏在他引发诸多猜测的两个部分之划分的做法背后，即将教理诗划分为关于真理（Aletheia）和关于意见（dóxa）的两个部分。② 因此，按其最早的自身理解，哲学的定义就在于，它不同于那种自明的、所有人都共有的思维方式和行为方式，我们可以随胡塞尔而将这种思维方式和行为方式称作"自然观点"。柏拉图也接受了这个最古老的哲学观念。通过讽刺家苏格拉底之口，柏拉图思想被看作一种"知识"（epistéme），在突出意义上的知识（Wissen），它是对"意见"、对"单纯的意见"的批判。就这个柏拉图的版本而言，胡塞尔在《危机》中接受了这个最古老的哲学观念。

如果柏拉图用"意见"（dóxa）概念来标示自然观点，那么他——还完全是根据赫拉克利特和巴曼尼德斯的精神——所想到的便是与这个名词相近的表述："dokeî moi"，它大致意味着"我觉得"，"在我看来"。赫拉

---

① 如果在解释赫拉克利特箴言时假定，赫拉克利特始终都考虑到哲学明察将自身批判性地区分于多数人（polloí）的观点，那么，大多数赫拉克利特箴言的意义与联系便可以得到理解。笔者在论述赫拉克利特和巴曼尼德斯的书［黑尔德：《赫拉克利特、巴曼尼德斯与哲学和科学的开端：一个现象学的思索》（*Heraklit, Parmenides und der Anfang von Philosophie und Wissenschaft. Eine phänomenologische Besinnung*），柏林1980年版］中已经通过详尽的解释论证了这个命题。这部书也是这里的阐释的依据。

② 参阅黑尔德上书，Ⅲ. Teil，469 ff.

胡塞尔与希腊人（1989 年）

克利特激烈地抨击"多数人"，因为他们的思维和行为风格的特点就在于，它们局限于它们各自的"我觉得"的见解方式之上。这种拘泥于片面立场的状况，妨碍了自然观点中的人将自己敞开给那些有别于他自己见解的见解。通过对这种局限的克服，人便无所阻碍地获得对总体的目光，这个总体在各种"我觉得"之中始终只是部分地被看到。正如赫拉克利特所表述的那样，这个总体就是"ta pánta"，是"所有的和每一个"。① 但那个总体要比这个表述所说明的更多：不仅仅是一大堆混乱的事件，而且是一个秩序，通过它，各个"我觉得"的见解相互适合地构成一个统一，借助于这种统一，我们意识到自己生活在唯一的共同世界之中。因此，赫拉克利特强调这个统一，并从他那个时代的希腊人日常语言中把捉到"宇宙"（kósmos）这个词（Diels/Kranz，22 B 30，B 89），它非常适合于用来标识那同一个世界的秩序（但我们不在这里阐述有关的理由）。

这样，一种由前一代人在米利都便已开始，正处在开端上的科学所具有的，对"宇宙"中所有的和每一个东西的好奇②，如今便从哲学的意见批判中获得了哲学的论证和赋义。以往对世界的好奇表明自己是一种哲学的、产生于自然观点批判之中的对绝然总体的课题化，对这**同一个**世界的课题化。

这个存在于意见批判和世界课题化之间的联系，重又出现在胡塞尔那里，出现在哲学作为现象学而构造其自身的活动中。哲学观点对自然观点的克服，就在于接受一种与这同一个世界的新型关系：这同一个世界、普全的视域、所有视域的视域，它在自然观点中从来没有作为视域而成为课题。在这个意义上，自然观点与早期希腊人思想所批判的"意见"一样，它们的标志是盲目性。而向哲学观点的彻底转变在这里和在那里一样，意味着一种将会看（Sehendwerden）；它无非就是一种对世界视域的首次自

---

① 迪尔斯、克兰茨（H. Diels，W. Kranz）编：《前苏格拉底哲学家残篇》（*Die Fragmente der Vorsokratiker*）第 1—3 卷，苏黎世 1972—1975 年版，22 B 10，B 50，B 64.（以下作者仅在正文中简称"Diels/Kranz"，并标出相关页码。——译者）

② 最为清晰地是在《危机》的雏形即维也纳讲演中，胡塞尔合理地强调了"好奇"对于科学之产生的积极意义，以及它与"惊奇"（thaumázein）的共属性（《胡塞尔全集》第 6 卷，第 332 页），这一点有别于那种拒斥"好奇"（curiositas）的传统，海德格尔便仍然属于这个传统，他在《存在与时间》（图宾根 1979 年版，第 172 页）的第 36 节中便申言："好奇同叹为观止地考察存在者不是一回事，同 θαυμαζειν［惊奇］不是一回事。"（译文引自［德］海德格尔《存在与时间（修订译本）》，陈嘉映、王庆节译，生活·读书·新知三联书店 2000 年版。——译者）

身敞开。

在早期思想家那里,哲学的意见批判观点中的世界总体,并没有作为**视域**而成为课题。但仍有一些迹象表明,他们有这方面的意向,尽管他们并不明确地知道这一点。赫拉克利特所激烈攻击过的"爱奥尼亚学识"(die jonische historíe)便是一个证据(Diels/Kranz, 22 B 40)。在希罗多德那里可以注意到,这种积聚的"学识"的目的并不仅仅在于收集随意的地理、人种、历史信息。在这后面还含有这样一个信念:存在着一个涵盖世界的统一,它以多种方式显现出来。例如,在埃及的诸神中和在希腊人的诸神中,有"同一个"神祇在宣示着自身。这同一个世界的各种事件是在杂多相互指明的显现方式中发生的。——而这无非就是胡塞尔称之为"视域"的基本结构。

还可以在历史上可确定的第一个反对早期哲学科学思维之突破的运动中找到视域的世界理解的另一个痕迹。这种绝然总体思维的迅速展开,并不只是在今天才被那些对直至胡塞尔仍与之相连的传统的批判者们看作一种自大自夸。普罗塔戈拉这位智者学派的鼻祖就已经发起了尤其是对巴曼尼德斯的攻击,他把巴曼尼德斯所说的"意见"的局限性看作"无尺度"。他的著名"人-尺度"定理,即"人是万物的尺度"(Diels/Kranz, 80 B 1),具有论战的性质并且意味着,想追求一种知识,以便通过它而能够原则性地超越各个"我觉得"(dokeî moi)的局部性,这就是人的自以为是。① 还在对"学识"(historíe)的认识中,即在"宇宙"(Kosmos)中存在着不计其数的相互争执的生活形态和经验的可能性这样一个认识中,已经潜伏着一个危险:面对这些丰富的可能性而听天由命,并且建议人们有意识地局限在他们各自的小世界之中。普罗塔戈拉把这种听天由命变为一种德行,因为他在"人-尺度"定理中提出一个相对主义的命题:根本不存在一个作为个别人或人群的各自的"我觉得"之周遭的普全

---

① 我在《现象学研究》中,已经从现象学的观点详细论述了"人-尺度"定理的哲学史地位,并引证了重要的文献[黑尔德:《胡塞尔向"现象"的回溯与现象学的历史地位》(Husserls Rückgang auf das *phainomenon* und die geschichtliche Stellung der Phänomenologie),载《现象学中的辩证法与发生过程》(《现象学研究》第 10 卷,弗莱堡/慕尼黑 1980 年版,第 108 页以下]。有关从另一角度所做的补充阐述,可以参阅笔者的研究论文《黑格尔眼中的智者学派》(Die Sophistik in Hegels Sicht),发表在 1989 年由 M. Riedel 主编的文集《黑格尔与古代辩证法》(*Hegel und die antike Dialektik*)中。

# 胡塞尔与希腊人(1989年)

世界。

在"人-尺度"定理中谈及的"事物",也就是人在各自的"我觉得"之光中所遭遇的内心世界的事件,被普罗塔戈拉以特征描述的方式称为"chrémata"。但它们并不都是我们在日常使用中所涉及的那些被给予性。与"事物"(chrêma)相关的是"用"(chráomai)。在最宽泛意义上的"用具"(Gebrauchsdinge)① 构成了在通常实践中对我们**有用的**并且也只需是有用的东西的范围。普罗塔戈拉认为,没有必要去费心获取一个超越出这个常见的习惯范围的世界观点。

"某物对我有用"在拉丁文上就意味着"兴趣"(interest)。人们的通常生活范围,即普罗塔戈拉认为最好不要离开的那种生活范围,是由人的各自的兴趣所规定的。由于局限在各自的兴趣之上,视域就变得狭窄,就是说,判断和行动的可能性视野就变得狭窄。这样的可能性自身就有很多,多得不可估量,但人们始终只是在这些可能性的普全视域的某些片段中活动。恰如其分地说,他们各自生活在他们的世界之中:儿童的世界、运动员的世界,如此等等。所有这些世界都是对那同一个世界、对普全视域的限制,这些限制是由兴趣决定的。我们可以用胡塞尔的一个概念将它们称为"特殊世界"(Sonderwelten)。② 普罗塔戈拉对"意见"(dóxa)的偏袒恰恰表明:这种面对绝然总体的封闭性,亦即早期哲学的"意见批判"所试图打破的封闭性,就在于将"我觉得"(dokeî moi)局限于各自

---

① 在前面的脚注里提到的《现象学研究》文章中,我否认普罗塔哥拉的"chrémata"与"事物"有关,因为我们在普罗塔哥拉和柏拉图那里,还不能预设亚里士多德的实体结构与偶性规定[黑尔德:《胡塞尔向"现象"的回溯与现象学的历史地位》,载《现象学中的辩证法与发生过程》(《现象学研究》第10卷),弗莱堡/慕尼黑1980年版,第111-112页];对于包括柏拉图在内的早期思想来说,"事物的特性"是周围世界的生活有益性与无益性的规定状态,而不是一个实体"上面"的属性。我仍然坚持最后一个命题,而且在柏拉图方面我还要附加指出普里斯的研究:《柏拉图与逻辑爱利亚学派》(*Platon und der logische Eleatismus*),柏林1966年版。然而,我关于"chrémata"不是事物的主张是有所透支的。我们并不必要在亚里士多德实体学说的意义上来解释周围世界的有用事物,我们也可以将他们解释为这样一些规定状态的捆索或集晶,他们正是如此地构成早期思想的课题;这可能就是柏拉图和普罗塔戈拉的见解,对此例如可以参阅柏拉图在《泰阿泰德篇》(152 a ff.)中对"人-尺度"定理的解释,或者参阅《斐多篇》(102 b ff.)中对灵魂不死的结尾证明。

② 主要参阅《危机》的"附录"XVIII(《胡塞尔全集》第6卷,第458页以下)以及马克斯《理性与世界:在传统与另一个开端之间》(*Vernunft und Welt. Zwischen Tradition und anderem Anfang*),海牙1970年版,第63页以下("生活世界与诸生活世界")。

· 379 ·

认定的世界之上，即局限于那些由兴趣决定的局部视域之上。

柏拉图对智者学派的批判的一个本质视角在于，他批评他们对特殊世界有限性的辩护是站不住脚的，而且，他也随之改造了原初的哲学自身理解。在《国家篇》（537 c 7）中可以读到，"综观者"（synoptikós），即那种能够将全体放在一起观察的人，是"辩证论者"（dialektikós），或者也可以说，是哲学家；而那些由于局限于特殊世界因而无法纵观（synopsis）的人，则不是辩证论者或哲学家。

作为判断与行动的可能性活动空间，一个有限的视域也开启了对在此视域中的可能性的观看。每一个特殊世界都可以让人看到，他在这个特殊世界中遭遇到什么事件。希腊人将这些可以被看到的东西称为"显现的东西"。因此，柏拉图在《泰阿泰德篇》中可以在解释"人–尺度"定理时说，"我觉得"——对一个特殊世界的观看的各种强调——的意思，与"它如此显现给我"（phaínetai moi）的意思是完全相同的。在这里我们才第一次在哲学史上明确地遇到"phaínesthai"，即受视域束缚的显现，以后的现象学分析便是围绕这个显现进行的。人在其特殊世界中所遭遇的东西虽然是"显现"给他的，却只是在他的各种兴趣之光中显现给他。因此，他的目光并不停留在这个显现者自身之所是的东西上面，而是立即在这个特殊世界以内超越这个显现者，而后走向它可以被用于的目的。

据此，倡导这同一个世界的原初哲学–科学思想的开放性的基础就在于摆脱那些对特殊世界的兴趣。自米利都学派以来，这个思想就以一种无拘无束的好奇开放地面向所有显现者，而且是作为其自身的显现者。"某物显现"就是指"它在其确定性中出现"。由于哲学–科学思维自它的希腊人原创造起便准备让所有显现者都在其规定性中显现出来，因此，它具有在已被强调的意义上的看的特征，即具有无兴趣的直观的特征。这个特征以后被亚里士多德标识为"理论"（theoría）。由于在意见批判的观点变换和世界的课题化之间存在着无法消除的联系，所以对于哲学–科学思维来说，这种对显现者、对"现象"的开放的无兴趣性是建构性的。因此，哲学观点的无兴趣性重又出现在胡塞尔对希腊人原创造的改造之中，而且它在其中是无法回避的东西。

从根本上说，普罗塔戈拉是用他的"人–尺度"定理来指责那种意见批判的和世界开放的观点，这个浅显的指责就在于，人们究竟为什么要无兴趣地对这同一个世界开放自身，而不是满足于那些在受兴趣所限的视野

## 胡塞尔与希腊人(1989年)

中显现给他们的各种特殊世界呢?当柏拉图在这个指责面前维护原创造时,他只能做出以下前预设才能成功:如果对世界的理论取向应当是有意义的,那么必定要有一种兴趣,这种兴趣要高于其他那些将人束缚在特殊世界上的兴趣。这种更高的兴趣只能是对此的兴趣:人成功地驾驭他的整个生活,他的全部此在。

但这样一种兴趣现在可能会踏入虚空,因为无法回避这样一种可能:全部生活的成功根本不取决于人。也许生活的满足(eu zen)与幸福(eudaimonía)根本就不掌握在人的手中。前哲学的希腊人文化便是如此考虑的。而在萌发哲学的时代里,反对这种在命运力量面前逆来顺受态度的是一种简单的明察:生活的成功是否取决于人自己,我们无法在不参与的思考中对此问题作出决断。个别的人、我自己,必须决定着手去做。在这个决定的基础上我才有权利说,对于我的生存的满足而言,问题的关键在于我自己,在于我在本己的责任中赋予我的此在的基本状态,而不在于某个处在这个责任之外的命运决断。

这个对自身负责所做的决定,或许最清楚地表露在赫拉克利特的箴言中:"人的习性就是他的[守护]神灵"("Êthos anthrópo daimon", Diels/Kranz, 22 B 119);"习性"(Êthos)在这里是指生活的自身负责的持续状况。"神灵"(daímon)则是对那个出现在生活的幸运与不幸之中的、无法支配的巨大力量传统称呼。赫拉克利特的箴言可以说是把这个"神灵"世俗化了。这个箴言——与海德格尔的解释相反①——的重点应当在于第一个词,它意味着:生活的幸运与不幸取决于"习性"。这就是说,这里的关键在于自己选择态度和观点,即我在何种态度和观点中"进行"我的生活,而不在于人自己所无法负责的"神灵的",即命运的巨大力量。柏拉图以后在《国家篇》(617 e)的神话中,将这个明察表达为:"不是神灵(daímon)决定你们的命运,是你们自己选择命运。"

人应当对他自己的生活状态负责,这一点具体地表现在共同生活中。在这里,我必须向其他人解释说明我为自己所选择的,以及我可能为其他

---

① 参阅海德格尔《根据律》(Der Satz vom Grund),弗林根1986年版,第118页,以及我对此的态度[黑尔德:《海德格尔与现象学的原则》(Heidegger und das Prinzip der Phänomenologie),载 A. 西弗特与 O. 珀格勒尔编《海德格尔与实践哲学》,美茵河畔的法兰克福1988年版,第130页以下]。

人所建议的那种生活方式。我用这些话语进行说理［论理］。赫拉克利特以及还有苏格拉底，都把这种在相互谈话中提出的理由称为"逻各斯"（lógos）。柏拉图则一再地诉诸他的老师苏格拉底的主导格言"给出根据"（lógon didónai）。对自身负责的合理接受是苏格拉底－柏拉图基本动机，它始终被胡塞尔视为他的哲学思考的源泉。在这个负责动机的关键位置上，刚才所提出的联系得到改造：对这一个世界的理论取向是以对成功的生活的基本兴趣为前提的，而这个成功的生活又是以对合理承担责任的基本决定为前提的。

进行说理就意味着摆出根据。人在自然观点中的就已知道如此理解的"给出根据"（lógon didónai），但他们是在他们生活于其中的特殊世界以内寻找根据。他们始终被固定在他们各自的特殊世界兴趣上。因此，显而易见，他们在进行说理时所做的相互交谈是相互不着边际的。只有通过**一个**世界的共同性，才能保证那些说理者所做的提问和回答真正相互切中。故而，就像赫拉克利特多次强调的那样，在说理、"逻各斯"中包含着"共有的东西"（koinón）（首先参阅 Diels/Kranz，22 B 2 以及 B 114）。

与"共有的东西"相对的概念是"ídion"，即各种本己的和特有的东西。人必须超越他们各自特殊世界的兴趣状态的本己，并在一个共有的世界中相互遭遇，而后才能在说理的过程中通过承担自己的责任认真地对待生活。从这个结论中产生出雅典的城邦——它并非偶然地与哲学同时代，这个世界历史上第一个民主的和在最原初的和真正的词义上的"政治"。①就其希腊人的原创造来看，民主的基本特征就是开辟一个具有自身负责理由的共有世界。因此，在这个民主中，一切都取决于这种变幻不定的、超越出特殊世界性的、并因而是开放的论证，希腊人将它称为"议事"（bouleúein，bouleúesthai）。在由修昔底德（Ⅱ 40）流传下来的关于战死者的名言中，伯里克利强调说：雅典的民主制并不认为，让逻各斯（lógos）——在相互谈话中被感知到的理由——先行于对行动的决定是有害的，情况恰恰相反。

这样，希腊人在发现同一个理论世界（theoría）的同时，也发现了作

---

① 参阅迈耶尔《政治在希腊人中的产生》（*Die Entstehung des Politischen bei den Griechen*），美茵河畔的法兰克福 1983 年版，以及福尔拉特《哲学的政治理论基础》（*Grundlegung einer philosophischen Theorie des Politischen*），维尔茨堡 1987 年版，第 218 页以下。

胡塞尔与希腊人（1989年）

为共有的政治理由的共有者（koinón）。但在这里发生了哲学-科学思维原创史上第一个深层的裂痕。是柏拉图第一个突出了说理动机，以便针对智者学派的谦虚告诫，改造"前苏格拉底哲学家"的、以意见批判方式进行的对绝然-总体的自身开放，但他完全处在对雅典民主制失败的印象之中：它的一连串失误的顶峰是由对苏格拉底这位"给出根据"（lógon didónai）的英雄的法律谋杀构成的。于是柏拉图认为，所有这些恶果的根源都在于，在民主制城邦中进行的说理实践始终还是处在意见的层面。

政治上的说理与亟待做出的共有政治行为决定相关联，并且必定在因而有限的时间压力下满足于最近的理由。它具体地意味着，在每一个政治议事中出现的许多可能的行为展望中，必定在决定时偏好其中的一个展望；人们必定随着这个决定而放弃其余的可能性。所有哲学议事的目的都取向一个行为展望的实施。就此而论，它始终是一个自身限制的过程，它带有有限性的印记。由于政治议事所内含的这种局限性，它与自然观点中的相互交谈具有一种结构相似性，后者同样带有局限性的标记，因为自然观点中的相互交谈始终束缚在特殊世界的兴趣性中。

由于对雅典民主制状况的沮丧印象，柏拉图没有认识到，这种结构相似性并不是一种相同性。他暗中把政治说理的远景的有限性等同于特殊世界的兴趣局限性。他没有看到，政治判断上的意见性的东西本质上不同于对各个特殊世界意见（dóxa）的固守。这种固守的缺陷在于，它没有对这**同一个**世界的共有之物敞开目光。而真正的政治判断却恰恰通过它对这个共有世界的展望，关系到政治的"共有-本质"的共有世界，即关系到"共有之物"（koinón）的共有世界。政治判断的有限前景并不仅仅是特殊世界兴趣的反映。在它之中甚至包含这样一些兴趣，但为政治的议事与判断打上有限性印记的并不是这些兴趣，而是在共同行为时无法消除的有限时间视域。由于这种有限性，每一个对共有政治说理的贡献，事实上都具有"我觉得"（dokeî moi）的特征，亦即具有"意见"（dóxa）的特征。但这种意见不再是赫拉克利特或巴曼尼德斯对政治说理的呼吁所激烈反对的那种意见，而是一种已经通过它的开放的世界联系而变得具有说理性质的"意见"。

存在着这同一个政治世界的共有之物，这个世界恰恰在变得具有说理性质的意见的局部的观看中，向人敞开自身——柏拉图在他对意见的批判中恰恰忽略了这样一个由人的本己政治所发现的政治现象。他始终具有穿

· 383 ·

透力的政治激情遮蔽了一个事实：他完全把那种从意见批判出发自身责任的接受去政治化了（entpolitisiert）。只是他的学生亚里士多德，才在"明智"（phrónesis）① 的标题下为哲学发现了这个已经具有说理性质的"意见"。② 柏拉图只知道"意见"（dóxa）与"知识"（epistéme）之间截然的非此即彼：他反对那种半心半意地停留在最切近的理由旁的做法，认为唯一选择就是彻底地寻找最终根据。他忽略了一个事实，在特殊世界的局限性与理论世界的开放性之间，还存在着一个中间的和中介性的可能性，即那种已经带有说理性质的意见在这同一个政治世界面前所具有的开放性。柏拉图甚至看到了意见成为说理的可能性：在《泰阿泰德篇》（201c）对知识的第三个定义中，他将意见标识为"带有说理的真正意见"（metá lógou alethés dóxa）。但他还是没有想到要将那些以负责态度进行政治行为的人，亦即在《政治家》这篇对话中所讨论的"政治家"（politikós），描述为拥有这种"带有说理的真正意见"的人，尽管在柏拉图看来，这篇对话（连同作为中介的《智者篇》）应当作为《泰阿泰德篇》的续篇来读。

在这种已有说理性质的意见领域所进行的议事中，本质上有多个进行说理的人参与。每一个参与者都需要这个作为论坛的多数，以便在它面前负起自身的责任。柏拉图在他与演说家和智者，亦即与政治家和他们的老师的对话中，只承认一个责任论坛：在"心灵与自己的对话"中面对我而就最终的根据进行说理的我自己。与我在最终论证的说理中所敞开的这一个世界的单数相符合的，是说理者的单数，这个说理者是孤独的、在趋向上唯我的、只对自己负责的。在这个去政治化的形态中，胡塞尔接受了柏拉图自身负责的说理的动机。在"最终负责"中，就是说，在胡塞尔所强调的对"最终"根据的说理中，我发现我的"唯一性"（例如，参阅 *Hua* Ⅵ，S. 188，S. 190，S. 260），它与我在向哲学观点的过渡中首先课题化的世界的唯一性（例如参阅 *Hua* Ⅵ，146）相一致。一个说理、一个不再需

---

① 或者也可以译作"实践认识"或"实践知识"。——译者
② 关于"智慧"的历史以及它对政治现象的意义，可以参阅福尔拉特《哲学的政治理论基础》（*Grundlegung einer philosophischen Theorie des Politischen*），维尔茨堡1987年版，第222页及以下。关于这种被我改写为"已有说理性质的意见"的理性种类，是否可以用"智慧"（亚里士多德）或"反思的判断力"（康德）的旧设想来进行充分的规定的问题，尤其可以参阅该书第257页注10。

胡塞尔与希腊人(1989年)

要多数说理者的论坛的逻各斯,就其趋势而言也不需要语言。并非偶然的是,尽管语言由于"表达与含义"的问题而在《逻辑研究》中得到胡塞尔的探讨,但就他的体系总体而言,语言仍然只具有从属的意义。

同样并非偶然的是,根据欧根·芬克的见证,胡塞尔在他30年代初所计划的系统著作中,打算"从现象学上重新恢复柏拉图的国家思想"(Hua XV, XL)。正如卡尔·舒曼在其专著《胡塞尔的国家哲学》中合理地强调的那样,虽然胡塞尔在这里所关注的肯定不是在许多国家中的一个国家,即不是在此意义上的柏拉图的一个城邦。但却是某种类似哲学家王国的国家。① 柏拉图《国家篇》的精神始终保留在胡塞尔的一个新型人类国家的遥远目标之中,为了这个新型人类国家,至此为止的国家政体的有限性,应当在哲学执政官(Archonten)的领导下得到克服。② "意见"(也包括它的已经具有说理性质的形态)所带有的基本特征是它的有限性,因而各个共同的政治世界,即那个在"我觉得"的自由中,通过市民的相互认可而构造起自身的"共有之物",也是有限的。这种有限性使得这个共有世界政治化。由舒曼所重构的胡塞尔国家理论③承载了无限性的激情,它意味着对政治的哲学异控(Ueberfremdung)和去政治化。正如汉娜·阿伦特④以及将她的基本思路进一步展开的恩斯特·福尔拉特⑤所指出的那样,这种对政治现象的哲学误识和误解的精神,在哲学传统中一直流传至今。人们可以列举许多著名的代表人物,其中包括霍布斯、费希特和叔本华。舒曼将胡塞尔的国家哲学放在他们的近旁并非出于偶然⑥。

这种柏拉图式的对政治现象的盲目性,是胡塞尔在改造希腊人原创造时一并接受下来的一个负担,而且他根本没有注意到这是一个负担。⑦ 我

---

① 舒曼:《胡塞尔的国家哲学》(Husserls Staatsphilosophie),弗莱堡/慕尼黑1988年版,第141页注,第163 – 164页,第176页。
② 尤其参阅同上书第158及以下,第163 – 164页,第170 – 171页。
③ 参阅同上书第152以下。
④ 参阅阿伦特《行动的生命》(Vita Activa-oder vom tätigen Leben),斯图加特1983年版。
⑤ 福尔拉特:《政治判断力的重构》(Die Rekonstruktion der politischen Urteilskraft),斯图加特1977年版;以及《哲学的政治理论基础》(Grundlegung einer philosophischen Theorie des Politischen),维尔茨堡1987年版。
⑥ 参阅舒曼《胡塞尔的国家哲学》,第30 – 31页,第33 – 34页,第159 – 160页。
⑦ 同上书,第18页:"根据相关的统计,'政治'这个词在胡塞尔全集的前十卷中出现还不到十次。"

在这里看到了，在面对政治现象时，现象学在其至此为止的传统中与大部分前现象学哲学一样束手无策的原因究竟是什么。这里只需指出海德格尔与萨特在政治眼光方面令人吃惊的缺陷就足够了。这些缺陷的起因最终还要在哲学的成见中去寻找，是这些成见挡住了他们对政治现象的目光。

一门相应的关于政治世界及其构造基础（即已经具有说理性质的意见）的现象学，之所以长期以来都是众望所归，不仅是因为现象学——它的名字已经表明——有责任忠实于所有现象，也包括政治现象；而且更重要的是，政治现象对于现象学来说要比随便一个与其他现象并列的现象更重要。它对现象学具有关键性的系统意义。如果自然观点和哲学观点的两极对立只处在柏拉图式的"意见"（dóxa）与最终负责的"知识"（epistéme）的对置的形态中，那么，经过现象学改造的哲学便面临一个根本问题：一个被定义为与自然观点处在截然对立之中的思想，原则上不可能让一个处在特殊世界兴趣中的人相信，从事哲学是有意义的。因为每个人生于其中的自然观点的国度中，并没有一条通向哲学之封闭城堡的通道。

这样，现象学便面临这样的任务，即它要指明，在两方面之间还存在着一个提供过渡的中间者：政治意见之构成的说理意见（rechenschaftliche dóxa）。它已经开启了作为政治世界的这同一个世界，但却由于它的有限性而始终回系在特殊世界的局部性上。① 在胡塞尔对希腊人原创造的改造中就缺少这个中介者。而在我看来，现象学思维的未来说服力就取决于：这个缺陷是否并且如何得到克服。

二

在我于第三部分中进一步探讨这个问题线索之前，我先转向引论所提到的胡塞尔对现象学定义的第二个角度：从自然观点向哲学观点过渡的意志决定。核心问题是关于这个意志决定的动机引发问题。最深刻的动机只是在第一部分中已经提到的对幸福生活的基本兴趣，因为对幸福

---

① 我曾详尽地阐述过这个已经具有说理性质的意见的中间位置，以及在近代政治哲学中对它的流行误解的后果。参阅黑尔德《意见的双重含义与现代法制国家的实现》（Die Zweideutigkeit der Doxa und die Verwirklichung des modernen Rechtsstaats），载 J. 施万特兰德和 D. 维罗瓦特编《言论自由——在欧洲和美国的基本思想和历史》（《图宾根大学文集》第 6 卷《人权研究项目》），克尔 1986 年版。

# 胡塞尔与希腊人（1989年）

（eudaimonía）的兴趣要高于所有可以想象的兴趣。在希腊人原创造的展开中，只是到了希腊化时期的伦理学家那里，"幸福"才逐渐成为一个意志决定的目的。那种为幸福提供保证的决断性获得了"悬搁"（epoché）的称号。历史地看，胡塞尔通过重新采纳对"知识"与"意见"的区分，回溯到希腊人思维的"前苏格拉底"和古典时期。通过"悬搁"问题的提出，他从实事层面（并未探讨这个历史起源）与希腊化时期的伦理学发生联系。斯多亚学派和怀疑论向追求幸福的人建议采取"悬搁"的态度，因为它使他摆脱兴趣，而正是这些兴趣在妨碍他达到幸福。与此相似，在胡塞尔那里，"悬搁"使人从自然观点的兴趣中解脱出来。我在本文的第一部分中已经谈及这种兴趣，因为正是它将人束缚在他们的特殊世界之上。

自然意识的兴趣是与其意向状态联系在一起的。在胡塞尔看来，意向意识取向最宽泛词义上的一个对象，就是说，取向一个同一固持的极点，这个极点在可能显现方式的杂多性中与意识相遇。意向意识受一个基本兴趣主宰，它仿佛是聚集在这样一些极点上，以便支配同一性。意向意识构成特殊世界，亦即构成局部的对象视域，因为它需要这些作为同一对象的环境的视域，而它的具体兴趣便可以针对这些对象。在经验这些对象时，我们让自己受那些构成它们视域的指明关系的指引，但我们的课题通常不是这种让其指引，即各个视域，而仅仅是我们正感兴趣的这些对象。

我们作为人所进行的生活只能滞留在某些特殊世界中。但这些特殊世界并不是彼此隔绝的。如果它们真是隔绝的，那么生活在不同特殊世界的人便无法相互交往。而实际情况却并非如此。人们意识到，特殊世界是相互指明的，并因而构成一个唯一的、包罗万象的指明关系：作为普全视域的这一个世界。但正如人的注意力通常并不取向他们各自特殊世界内的指明关系一样，他们更不会将那个普全的、将所有特殊世界相互联结在一起的指明关系当作课题。他们随时都不言自明地活动在这一个世界中，但这个世界本身却从未明确地被他们意识到。自然观点恰恰就处在这种与世界的关系中。但阻止这种观点向**作为**世界的世界、向普全视域开启自身的，是各个特殊世界的兴趣，而在这些兴趣中重又具体地体现出意向意识对对象同一性的基本兴趣。

胡塞尔用他所偏好的特殊世界对象兴趣的例子来回溯地把握一个此在现象，这个现象在古希腊人哲学中已经得到过深入的探讨：作为技术

(téchne）的职业。从事一个职业的前提在于，熟悉那些可能在相关职业的特殊世界范围内出现的对象。通过这种熟悉，人们有能力在职业上完成某件事情。正是这种使人有能力完成某件事情的熟悉，被希腊人称作"技术"（téchne）。在这个古老的意义上，所有职业知识都是某种技术知识。只要一个职业使在相应特殊世界中的熟悉成为可能，它便开启对这个特殊世界中的对象的观看。但这种观看却只是打开了一个有限的视野；因为特殊世界的兴趣遮掩了一些指明关系，通过这些指明关系，一个特定的特殊世界的对象显现方式指明了其他的特殊世界。例如，经济学家必须在他的职业兴趣范围内获得这样一个本质认识：对象不只是作为有价商品出现在供求的指明关系中，而且它们也指明了质量，通过这些质量，它们被纳入其他的指明关系之中。

作为严格的科学、彻底地批判意见的知识，现象学只有在摆脱了所有各种在这类特殊世界上的限制之后，才能成为胡塞尔所主张的真正无成见的和不先入为主的研究。为了能够在古老的"理论"（theoría）态度中对显现一般和显现本身无拘无束地敞开自身，现象学必须超越所有特殊世界的局部视域，走向这同一个世界。但这意味着，它必须摆脱那个将意向意识羁绊在特殊世界之上的兴趣。这便是对同一性的基本兴趣。在克服这个兴趣的意愿之光中，这个基本兴趣自己显现为对意愿的宣告。对这同一个世界的课题化、对自然观点的克服，建立在对此主宰意向意识的同一性意愿的有意搁置的基础上。如前所述，这个意愿行为只有通过那种必定高于所有特殊世界兴趣的兴趣才能被焕发出来：对生活的成功、对幸福（eudaimonía）的基本兴趣。最终引发这个有意搁置的必定是自然的对幸福的追求。在柏拉图和亚里士多德的希腊语中，还没有一个能够恰当地再现这里所说的"意愿"（Wille）的语词。但希腊化时期的思维却创造了一种意愿术语，这是因为，这种思维是围绕对幸福的保证而进行的：人必须采纳一种观点，以便为他的幸福创建一个可靠的基础，而这个观点就取决于他的意愿。

在斯多亚学派看来，并且以不同的方式也在怀疑论看来，人恰恰可以通过对他的同一性意愿的搁置来确保他的幸福：他必须不再把他的心系挂在最宽泛意义的"对象"上。他自以为为了他的幸福就必须拥有这些对象，就是说，他必须将它们作为同一固持的财富来支配。① 人们必须"中止"和"悬搁"（epéchein）如此理解的同一性追求。

但具有双重含义的是，应当如何来理解这个"悬搁"的决定。② 这个决定是一个意愿行为，通过这个行为，作为同一性意愿的意愿恰恰将被放弃。人们因而会认为，意愿在"悬搁"中导致了对它自己的搁置。斯多亚学派就是这样想的。但怀疑论却发现了这个思想的不一致性。如果对同一性意愿的放弃是一种通过一个意愿行为而造出的东西，那么，这种无意愿的态度恰恰便会始终带有这样一个痕迹：它是意愿的一个成就；意愿并没有真正被搁置，因为它还继续作为担保并坚持着同一性意愿的东西而在底层起作用。因此，这种同一性意愿的缺失不可能通过"悬搁"来造出。毋宁说，"悬搁"必须被理解为这样一个意愿行为：它将一种潜在于人与世界的自然关系之中的意愿放弃（Willensgelassenheit）重新揭示出来。

人们起初可能会以为，胡塞尔之所以从斯多亚－怀疑论的传统中接受"悬搁"概念，只是因为他用某个说到底是随意的术语来表达从自然观点到哲学观点的过渡行为。但胡塞尔显然自己也没有注意到他对古代原创造的亲和力有多么强烈。可以从以下事实上发现这一点：产生于怀疑论与斯多亚学派的讨论的"悬搁"的双重含义在他那里又重新出现了。

哲学观点的无兴趣性——与斯多亚学派的"悬搁"理解的起点相符——是通过悬搁才产生的吗？在胡塞尔那里听起来大都是这样的。但这将意味着，世界这个普全视域——哲学观点的课题和相关项——是通过一个兴趣而形成的，即通过哲学家的兴趣而形成的，为了成功的生活而采纳无兴趣的态度。所有自然观点的视域，即那些特殊世界，是在意向意识的对象兴趣的基础上而构造起自身的。与此相符，世界这个普全视域也是通过已经具有哲学性质的意向意识对一个新对象的兴趣、对"世界"的兴趣而构造起自身的。

但这样是行不通的。哲学意识的相关项特征恰恰在于，它并不是一个"对象"。为了成为对象，这个在哲学观点中被课题化的世界必须重又被置

---

① 关于从现象学观点对此所做的进一步阐述，可以参阅黑尔德《胡塞尔向"现象"的回溯与现象学的历史地位》，载《现象学中的辩证法与发生过程》（《现象学研究》第10卷），弗莱堡/慕尼黑1980年版，第119页以下。

② 这里也可以参阅上书，第122－123页。

入一个非课题的视域之中,它从这里出发,作为以视域方式被意识的显现方式的极点而与意识相对峙。但这样一种对这同一个世界的视域是不可能有的,因为它本身就是那个包容所有可想象的视域。因此,它不可能是某个兴趣、某个意志的产物。所以对胡塞尔式的"悬搁"的理解,只能考虑对那种怀疑论"悬搁"概念的解释。

对于世界这个普全视域来说,这意味着,它已经事先面对自然意识敞开给各种兴趣,并且只是被哲学意识在悬搁中重新发现了。前哲学的意识已经活动于一个先行于兴趣的、非意愿的与世界的关系中,但它从一开始就在这个关系上叠加了重重屏障,因为它通过它的对象兴趣而将自己限制在特定的特殊世界上。借助于"悬搁",意识穿透了遮蔽着这同一个世界的这些重重屏障。

### 三

如果人们用符合斯多亚学派的模式来解释"悬搁",那么,意愿特征、自然观点的兴趣束缚性就没有真正被克服,而世界这个哲学的课题就会被理解为对象。但这种对象化是客观主义的根源。在胡塞尔看来,客观主义已经成为近代哲学-科学思维的噩运。通过这种客观主义,思维异化于它在希腊人原创造中所获得的那个意向。由于这种异化,哲学需要从那个原创性的源泉中进行改造。胡塞尔在他的后期著作中便将现象学作为这样一种改造展示给我们。这样,我就涉及在引论中预告过的胡塞尔对现象学的理解的第三个角度。

作为对象,这同一个世界失去了它的视域特征;因为每一个对象都如此地独占了意识的注意力,以至于那种自身的被证明,亦即视域,因而成为自明性。所以在将世界对象化的过程中,哲学-科学的世界意识只能从世界的视域特征中维持这样一个规定:这个指明关系是**普全的**。这样,在客观主义时代中的世界便成为一个包罗万象的对象,它在自身中包含着所有对象,它显现为对象一般的总体领域。

这种忘却视域的、客观主义的思维受同一性意愿主宰,它是带有兴趣的。因此,它认为它的任务就在于包罗万象地通晓它的兴趣对象、通晓所有对象的总体领域。但因此哲学家和科学家便接受了一个对此总体领域的态度,而这个态度就像在第二部分中已经说明的那样,标识着某个特定职业的属员、就一个技术(téchne)而言的师傅与他们的特殊职业世界的关

## 胡塞尔与希腊人（1989年）

系。这些特殊世界，即人的具体兴趣的视域，与我们所说的这一个世界不同，人可以在哲学之前便已经对它们有肯定而明确的意识。哲学－科学的思维在客观主义时期便与这种可能性相联结。它不是在这同一个世界面前采取无兴趣的放弃态度，而是像对待一个特殊的职业世界那样对待它。客观主义在这个意义上意味着哲学与科学的职业化。①

应当从希腊人意义上把这里的"职业"理解为"技术"（téchne）。然而每一个"技术"都具有两个角度：通晓的基础一方面在于，人们具有对有关特殊世界的主要对象的认识，这些认识——胡塞尔会说——是在与这些对象的原本交往中获取的。从现象学上说，这是任何"技术"都需要的直观基础、明见性基础。另一方面，每一种"技术"都与建立某物有关。由于每一种"技术"的基础都在于对其对象的本原直观，所以，柏拉图和亚里士多德都把"技术"解释为一种知识，它通过对精神地直观到的一个对象的规定性的前瞻——用希腊人语来说是"埃多斯"（eîdos）——来引导对相关对象的建立。

由于"技术"意味着，人们精通建立某物，所以它包含着第二个角度，即某种技巧，亦即希腊人主要以普罗米修斯的形象来描述的技巧。为了建立某物，用现代话语来说，为了实现某个计划，人们必须有能力设想使它们得以实现的途径和条件。这便是职业的真正"技术"方面：在设想实现条件方面的技巧。希腊人将这种技巧与诡计多端联系在一起，后者使人有能力克服自然现有的障碍。而对"物理自然"（physis）使诈是与"理论"的基本态度相悖的，这种基本态度在于，惊异地、献身地、无兴趣地直观这个在"宇宙"（kósmos）中起作用的"物理自然"。因此，在当时已经极为奇特的工程工艺中，"技术"在古代的展开始终有别于真正的"知识"（epistéme）。

只要一个对象在意向意识中以突出的方式显现出来，或者，用胡塞尔的其他术语来表述：以本原性的、切身被给予的、明见性的样式显现出来。那么，任何"技术"所依据的本原直观便形成了。在所有显现方式中，也包括通过本原性样式的显现方式中，视域的指明自身呈现出来。因

---

① 我在《胡塞尔的新哲学引论：生活世界概念》["Husserls neue Einführung in die Philosophie: Der Begriff der Lebenswelt", in C. F. Gethmann (Hrsg.), *Lebenswelt und Wissenschaft*, Bonn 1989]的研究论文中，对此做了更为详细的论述。

此，随着对视域特征的客观主义遗忘，这种向直观基础的回溯，也从这个已经成为职业"技术"的关于这一个世界的科学中消失殆尽了。留存下来的仅仅是科学家职业的另一个角度，它在我们已经描述过的意义上是技术的操作，在其基本特征中是工程的操作。虽然科学的原创造目的，即获得对世界总体的观看，仍然保存着，然而这个任务现在已逐渐成为一个技术技巧问题。现在的做法通常是，有计划地找出并制定那些可以强制世界（它已被理解为所有对象的总体领域）将自己显露给研究者观看的观察条件。这意味着，研究已经获得了假设与实验的共同活动的方法形态。对研究成就的评估，仅仅单方面地依据这个通过方法来控制的技术操作的效果。在经过工程化组织的研究活动中，人们不再去探问明见性基础。在这个意义上，胡塞尔在他后期将客观主义科学称作"单纯的技术"。

真正无兴趣的理论的世界直观，变成了一个对制作任务效果感兴趣的职业-技术操作，但它在现代社会的意义上却意味着一种卓有成效的工作，可以通过分工来改进这种工作的成效性。这同一个世界因而受到分工的研究，而分工又是由于客观主义而成为可能的。由于指明关系被遗忘，世界显现为一种对象的集聚，它可以随意地被切割和划分为局部领域。单个科学家的职业研究瓦解为对这些局部领域的处理。在这里，由于一种无限迈进的专业化所具有的指明关系被遮掩，原则上也就没有设定任何界限。今天越来越响亮的对跨学科研究的呼声，便表露出一种对此状况的不满。

由于所有这一切，一种发展得以形成，在此发展中，客观主义职业化的真正可疑之处显露出来。只有作为指明关系，世界才保留了可能的行为活动空间；因为行为只有将自己纳入指明关系之中才会获得意义。随着对这同一个世界的指明关系的专业性解脱的局部化，对行为本身的"进行说理"（Rechenschaftgeben）也被分工了。而这样一来，人对其行为最终负责的基础便被削弱了；因为只有在说理时不气短地停留在暂时的、从原子化的特殊世界中获取的说理根据之上，这种最终负责才能得到认真对待。今天，毫无拘束地进行无限分工的现代研究仍然是，并且比在胡塞尔的时代更为强烈地成为一种行业，它几乎已经是在自动地和自主地继续着，已经没有人再要求加以探问：各种等候处理的局部研究计划所做的对世界的探讨，究竟要将自己纳入何种包罗万象的意义联系中去。就其原创造而言，所有研究都产生于来自最终根据的"进行说理"，然而这种"进行说理"现在看起来像是世界观的事情,但却不再是科学的事情。

因此,可以说,随着对世界总体的研究转变为一种分工的、职业化的技术操作,人丧失了对其行为的最终负责,即丧失了他在希腊人对哲学与科学的原创造中曾为之而做出的决断的最终负责。要想重新获得这种负责,就需要我们今天进行一个与对无限多对象感兴趣的现代研究行业正相反的内心运动。我们应当在一种无兴趣的放弃的态度中对这样一个问题进行思索:世界作为普全的视域究竟意味着什么。但怎样才能解决胡塞尔为今日哲学提出的这个中心任务呢?在我们整个此在都科学化的时代中,如何才能获取这样一种从科学研究特殊世界的局部性过程所具有的分工束缚中挣脱出来的意识呢?而且,为此所需的非客观主义的世界理解又如何可能的呢?

我们必须跟随胡塞尔从这个世界与许多特殊世界的关系出发。在他眼前似乎浮现着这样一种景观:这同一个世界是如此显现在许多特殊世界之中,就像同一个对象通过其显现方式的杂多性显现那样。可以在特定的意义上把意向意识在这种杂多性中的被指明称作"无限的";因为对意识来说,指明经验的不断更新的视域可能性的过程是没有终结的。每一个现时进行的显现方式,都是作为一个无法穷尽的"如此等等"链条上的一个环节而被我们意识到,而恰恰就是在我们相信这个"如此等等"不会断开的地方,存在着对这同一个世界的自然观点的非课题意识;这同一个世界便是以此方式,作为"自然观点总命题"的相关项而处在"终极有效性"中。

如果这个世界在特殊世界中的显现和同一个对象在它的"透视的"显现方式中的显现一样,那么,从中便可以导出这个世界的基本特征。这同一个对象对意向意识而言是各个课题性的对象,而它的视域,这个无限的指明关系则相反,它构成非课题的背景。在哲学取向这同一个世界的过程中,这个背景则恰恰作为自身,即作为无限的指明关系而成为课题。随之,这种联系的无限性便作为世界的基本特征显示出来。

现在,这个无限性就在于,这种指明是不会断开的。如果世界本身构成课题,那么这个指明会在什么之间进行呢?可以考虑的只有:可以说这同一个世界是在其中显现的那些诸多特殊世界。这样一来,与客观主义研究行业的分裂便正相反对地把这同一个世界当作课题,这也就意味着去思索,这个在特殊世界之间的指明关系为什么无法断开。用这个对世界课题化的标识似乎可以避免把世界的客观主义对象化。对于哲学观点来说，这同一个世界不是直接（胡塞尔会说）"直向"地作为一个同一的某物自身被给予，而只是在这个自然观点中间接地通过我们对特殊世界之间指明关系的无限性的觉知而被意识到。这是维尔纳·马克斯一再建议的对胡塞尔世界概念的解释，而且起初是有一些充分理由在支持着这个解释。①

这个解释主要是提供了下列好处，即说明了对这同一个世界的客观主义解释是如何成为可能的。对于持客观主义观点的研究者来说，"这个世界"，如胡塞尔所观察到的那样，是一个无限任务的标题。现代的单个科学家具有这样的意识：他在用对"他的"特殊世界的分工研究，为总体的解释做出"贡献"——总体在这里被理解为所有对象的总和。说明这个总和所需要的所有各种贡献之完整性，仅仅是一个极限想象、一个临界值（limes）。研究者用这种极限想象来预测提供所有贡献的可能性。但这种可能性处在无限之中，它是一个标记，研究过程只是渐进地接近它，却从来无法实际达到它。"世界总体"只是一个标识，它表明，可以假定地把这个无限接近的过程想象成已完成了。因此，这里所涉及的是胡塞尔意义上的一个单纯"观念"，即某种无法通过直观得到证实的东西。

只要这个观念在研究者做出其贡献时引导着他，那么，它对于研究过程来说就是康德意义上的"规整性的"（regulativ）观念。但是，"世界"作为处在无限之中的规整性临界值观念——这个想法在实事上与对那个无限意识的对象化并没有什么不同，而按照维尔纳·马克斯的建议，那种没有受到客观主义异化的、对这同一个世界的哲学思索，就在于这个无限意识。这样，客观主义的世界理解之所以从根本上得以可能，就是因为这个非对象化的思索不能坚持其本己的非对象性，并在对其观念临界值"无限性"外推（Extrapolation）的过程中可以说是缓慢地流于一种对象性的理解。

但这是否就说出了关于真正现象学的世界思索的最终话语呢？在刚才的思考中，我们无须进行复杂的考虑便有可能用"无限性"的临界值观念对这样一种思索进行对象性理解，这个思索是指对在诸多特殊世界之间的普全指明关系的无限性的思索，这一点泄漏了真情。它表明，只有从表面

---

① 主要参阅马克斯《胡塞尔的现象学：一个引论》（*Die Phänomenologie Edmund Husserls. Eine Einführung*），慕尼黑1987年版，第128页以下。

上看来，对世界的对象化才会随着那种思索的进行而消失。作为一个无限研究过程的世界的临界值观念所表达的，恰恰就是人们所说的对特殊世界之间指明关系的无限性的思索。因此，如果人们不是已经偷看到这个临界值观念的构成，就根本无法表述这种思索所涉及的是什么。但这意味着，像马克斯根据胡塞尔精神所尝试的对这同一个世界的非客观主义思索，它的标识始终以不承认的方式附着在客观主义的世界理解之上。它只是否定这个引导着客观主义世界理解的临界值想象的对象性特征，但它作为这样一种否定始终依附于这种世界理解，并且如果不回溯到这种世界理解，它将始终是空乏的。

如何描述这种对这同一个世界的非客观主义思索，使它不再始终依附于客观主义的世界理解呢？作为对象化，"无限世界"这个临界值观念的构成是由对对象同一性的兴趣引发的。在胡塞尔看来，我们是通过将显现方式的内涵立义为、"统摄"为某物而达到关于对象的意识的。每一个统摄都是对一个前对象的内涵、一个"素材"（Hyle）的对象化。在构成"无限世界"这个临界值想象的过程中真正被统摄的对象化的东西是什么呢？什么东西可以作为"前-对象的世界"而被观察呢？答案是：只有那个前意愿的自然世界理解的相关项，它——按照怀疑论的悬搁类型——并非由悬搁所制作，而只是由悬搁所揭示。临界值想象的无限性是一个典型的意愿产物；因为在它之中被对象化的只是那个处在无限之中的目的，它是所有单个科学家的共同研究意愿所一再付出过高代价努力的目的。从这个观察中可以得出一个推论：无限性是一个规定，它是通过对世界的前对象和前意愿的在先被给予的内涵所做的，对世界这个普全对象感兴趣的客观主义的统摄，才被附加给世界的。

因此，这个世界，这个人在所有特殊世界兴趣之前无意愿参与、而是为之敞开的世界，也许是有限的？这个问题将我们引回到希腊人关于宇宙的基本命题上。作为一种对所有显现者在其规定性中的无束缚的让显现（Erscheinenlassen），无兴趣的"理论"（theoría）具有直观的特征，负载着惊异的"看"（Schau）的特征。对于直观来说只存在着有限的东西；因为在无法穷尽的"如此等等"意义上的无限之物缺少这样一种规定性，即希腊人思维称之为"界限"（péras）的东西。希腊人的宇宙论已经把有限的宇宙对象化了。这样一种对象化已经为现代科学所赶超。这同一个世界的有限性已经通过希腊人原创造，以及——就像刚才已经暗示过的那样——对它的现象学改造而被哲学思索所放弃，因此，它在内容上已经无法再以希腊人的方式得到把握。如何对它进行新的思考，在这里我不得不放弃对此问题的回答。① 我只能顺便说明：正是在这里达到了一个点，胡塞尔的思维在这个点上超出自身而指向海德格尔。②

这里所思考的语境包含的另一个问题要更为紧迫：客观主义是一种在今天使哲学显得多余的态度。如果世界总体在单个科学中得到卓有成效的研究，那么对这个总体的传统思索，亦即被称作"哲学"的思索，就显得是一种不必要的双重化。对哲学的需求不再是一个自明性，甚至必须再一次地被唤醒。但对此，当代这种已经客观主义地僵化了的自然意识能够听得进去吗？答案只能是，这只有在保留了这样回忆的地方才是可能的，这个回忆在于，人们不能以分工的方式在最终机制中感知到对他们行为的负责的说理（Rechenschaft）。这样一种分工之所以不可能，是因为所有特殊世界，包括研究的特殊世界，都是相互指明的。关于这个指明关系不能在某处被断开，因而是无限的意识，表露出对这同一个世界的包罗万象的指明关系的揣想。因此，这个为分工的局部研究所需要的无限性的临界值观念，就是作为一种对哲学思索的新需求的联结点而展示出来的。然而，这个思索的途径恰恰必须从那个在指明关系的无限性上的联结点出发，导向对这同一个时间的有限性的明察。

如何能够引发当代自然意识的动机，使它踏上这条道路呢？在这里的思考开始时，就已经针对古代的"意见"（dóxa）提出过这样的问题：是什么促使它接受一种"给出根据"（lógon didónai）的做法。这种做法曾带着柏拉图的极端性略过了一种说理化（Verrechenschaftlichung）的可能性，略过了"意见"本身的可能性，并且要求用心灵与自己本身的对话取而代之。而自然观点要想从特殊世界兴趣的束缚性中解脱出来，就需要那种在通过相互说理构造起来的这同一个政治世界的相互说理的中介经验。

---

① 就胡塞尔的现象学而言，我在以下的文章中继续探讨了这个问题：《家乡世界、陌生世界，同一个世界》（Heimwelt, Fremdwelt, die eine Welt），载 E. W. 奥尔特编《现象学研究》1991 年第 24 卷，以及《胡塞尔的关于人类欧洲化的命题》（Husserls These von der Europäisierung der Menschheit），载 O. 珀格勒尔、Ch. 雅默编《争论中的现象学》，美茵河畔的法兰克福 1989 年版。

② 这里可以参阅黑尔德《海德格尔与现象学的原则》（Heidegger und das Prinzip der Phänomenologie），载 A. 西弗特与 O. 珀格勒尔编《海德格尔与实践哲学》，美茵河畔的法兰克福 1988 年版，第 118 页以下。

每一个人在所有哲学之前都可以理解，对"意见"的说理化是可能的。在这个前提的基础上建立起今天世界范围内（当然尽管常常是口头上的）对由希腊人发明的民主的承认，它被看作公共的共同生活的规范。由此，走向这同一个世界方向的对特殊世界局限性的超越可能性，实际上已被承认为是可能的。对这种承认的证明在于，今天实际上存在着一种论坛（Forum），在这个论坛上，单个科学必须摆脱它们的局部性，必须陈述它们之间的联系，这个论坛就是由民主国家的研究政策和科学政策构成的。单个科学必须通过说理"意见"的公共辩论，论证它们的特殊世界研究行当。在这里原则上不允许以前的说理方式固守在赤裸裸的特殊世界兴趣上（"原则上"：我说的是规范的要求而非可能对此有所违背的实践。）但这种对特殊世界兴趣性和局部性的超越已经包含着这样的机会：特殊世界之间的无限指明关系显露出来。

这样，由柏拉图和他的后继者胡塞尔所略过的人类经验，也就是人类对一个说理"意见"的政治世界之"共有之物"的经验，便表明自己是自然观点与哲学观点之间的中介者。我们已经确定，这种聚合了说理化意见的、事关决断的议事所具有的基本特征是有限的：人类行为的有限时间视域，将每一个说理的政治的"我觉得"（dokeî moi）变成一种局部的看法。但这些看法却是聚合在这同一个政治世界中，它通过这些看法而开启自身。通过这些看法的有限性，这同一个政治世界本身的有限性显露出来。真正哲学思索所涉及的这同一个世界，就是贯穿在所有特殊世界兴趣之中、前意愿地在其有限性中为我们所熟识的世界。对这个有限性的思索途径可以穿越对政治世界之有限性的经验。

# 胡塞尔与海德格尔的"本真"时间现象学（2004 年）[①]

[德] 克劳斯·黑尔德

自从胡塞尔第一次将现象学引上道路并且海德格尔第一次对现象学进行彻底改造以来，时间便处在他们的思考中心。与对原初经验的现象学寻求相符，这两位思想家在时间理解上具有一个共同的基本区分：在所有哲学之前为我们所日常熟悉了的那种时间与一个原初地经验到的时间相对峙，海德格尔在他后期的报告"时间与存在"（1962 年）中将后者称为"本真的时间"。在"转向"后的思想中，他在这里和其他地方用"本真"（eigentlich）一词来标识这样一种"实事"（Sache），即某种构成现象学的一个根本的争执区域的东西，它在那些对它而言原初是"本己的"东西中表明自身。[②]

据此，"本真时间"应当被理解为如其在对它来说是本己的东西中所显现出来的那种时间。在海德格尔的主要著作《存在与时间》（1927 年）中，"本真"这个形容词已经具有了这个基本含义，但它原发地所涉及的"实事"在当时就是人的此在；被标识为"本真"的是那种此在在其中"决断地"接受它的"必死性"（Sterblichkeit）的生存方式。尽管海德格尔自 30 年代以后放弃了对"本真"形容词的这种生存论分析的使用。但即使在"转向"之后它也仍然以隐蔽的方式在他的思想中继续起作用。我在后面还会回到这个问题上来。

无论是在《存在与时间》中，还是在以后的"时间与存在"中，"非

---

[①] 德文原文出自 Klaus Held, "Phänomenologie der 'eigentlichen' Zeit bei Husserl und Heidegger", in G. Figal (Hrsg.), *Internationales Jahrbuch für Hermeneutik*, Bd. 4, Tübingen 2005. 中译文首次刊载于倪梁康等编《中国现象学与哲学评论（第六辑）：艺术现象学·时间意识现象学》，上海译文出版社 2004 年版，第 97 – 115 页。——译者

[②] 对于一个实事原初是"本己"的东西，也可以被称作这个实事"本身"之所是。古希腊语中的"自身"一词叫作"autós"。在这个意义上，"本真"这个形容词在其他语言中有别于德语，是通过像"authentic""autentico"等来再现的。

本真的时间"都在于,时间对我们显现为各个当下、各个现在的次序(Folge)。这些"现在"可以在某些发生事情的时段(Phasen)上——用亚里士多德的话来说,在"各个运动"上——被计数(anzählen),通过这种方式,对时间的自然科学理解也成为可能。自亚里士多德的时间定义以来,流行的——至少在西方文化中——便是这种把时间视为现在次序的观点,海德格尔在《存在与时间》中将这种时间观称作"庸俗的时间理解"。由于现在次序构成一个固定的形式,我们在其中遭遇到所有在时间中个体可定位的客体,因此,这种时间在胡塞尔那里叫作"客观时间"。在由爱迪·施泰因所汇总的哥廷根时期的文字中,他把客观时间与"内意识"相对峙,在30年代的后期手稿中,他把客观时间与"活的当下"相对峙。由于胡塞尔以此来标识时间原初在对它而言是本己的东西中被经验的方式,因此,我们也可以说,在他那里也有本真和非本真时间之间的区别,尽管他并没有使用这些概念。

胡塞尔与海德格尔在实事(Sache)上一致的命题在于,从本真的时间来看,我们所熟悉的那种把时间视为现在次序的时间观应当可以被解释为一种派生的理解。据此,现象学具有一个双重的任务:它不可以局限于对本真时间特征的澄清,而也必须指明非本真的时间是如何受此决定的,或如何因而得以可能的。在胡塞尔那里,这个指明在于,他试图表明客观时间是如何在内时间意识中"构造起"自身的。在这两个思想家之间尽管存在着深刻的差异,他们在这一点上却是一致的:作为现在次序的非本真时间之所以具有这种特征,是由于那个被理解为现在的当下的缘故:现在次序的以前此刻是曾经存在的当下,现在次序的将来此刻是尚未到来的当下。由于这里的问题在于从本真的时间经验出发澄清作为现在次序的时间,这两个哲学家必须特别注意:当下在本真的时间经验中究竟起着什么样的作用。

出于这个原因,胡塞尔将他的时间现象学植根于一种对我们各次当下的时间意识的分析之中,在这里,在感性感知中进行的对一个对象的体现(Präsentation)构成一个范例。胡塞尔在此做出了一个突破性的发现①:具体地经验到的现在不是一个未延展的界限,而是现前域(Präsenzfeld),即当下意识以"前摄"(Protention)和"滞留"(Retention)的形态自身展

---

① 这个发现在奥古斯丁和威廉·詹姆斯那里已经早早地露出苗头。

开到某个——依赖于各个注意力程度的——宽度之中,并且作为具有"原印象"的视域环境,作为体现之核心的视域环境而共同当下地(mitgegenwärtig)具有正在到来的最近将来和正在消失的最近过去。

这样一种关于现前域的意识从本质上不同于作为现在次序的时间的意识,这个区别在于,前者自身是一个发生——用隐喻的方式说是一条"河流"——,而被构造的客观时间作为现在次序却具有一个固定的、不动的形式的特征;在这种形式中,原初的时间方式停滞下来。胡塞尔在所谓《内时间意识现象学讲座》的文字中以及在最近(2001)编辑出版的1917—1918年贝尔瑙手稿中设想了不同的时间图式,他试图在这些图式中尽可能详细地展示现前域-发生,展示在其原初性中被经验到的时间的"原流动"(Urstrom)。

据我所知,在迄今为止的时间现象学中人们还没有注意到,在作为发生的时间和作为不动的形式的时间的对立中,在哲学的时间理解中的第一个重大分歧又回返了。尽管时间对于亚里士多德来说是作为对"运动"(Bewegung, *kínesis*)的"计数"(Anzahl, *arithmós*)而与运动相联结的(*Physik* 219 b 2),因为时间只能在运动上被读出,但对他而言,这样一种说法是荒谬的,即时间本身是某种被运动的东西;时间作为数字毋宁说是不动的。在这个基础上建立起现代自然科学的假设:借助于现在次序的各个位置的可数性,时间可以得到精确的计量。与此相对的是亚里士多德的老师柏拉图在《蒂迈欧篇》中所做的第一个时间定义,在这个定义中,时间被规定为永恒的形象,这个形象被称作"活动的"(*Timaios* 37 d 5)。

时间是由神圣造物主所创造的感性世界的基本秩序要素,按照《蒂迈欧篇》的极端表述,关于这个感性世界的发生不能说:它**存在**(ist),而只能说:它**生成**(wird)(27 d 5/6)。据此,只能承认时间作为感性世界的一个组成部分具有生成的特征,亦即具有运动的特征。存在始终被保留给永恒。亚里士多德决定背离他的老师而赋予时间以一个存在,因此,他在《物理学》中将时间定义为某种**存在着**的东西:它是"根据以前和以后的运动数量"。生成意味着对多个时段的穿越(Durchlaufen)。因此,柏拉图在他对由他引进哲学的"永恒"(Ewigkeit, *aión*)的时间定义中说:永恒固存(beharrt)在"一"之中,即固存在一个排斥多的单数(Singular)之中。将时间理解为固定的形式,理解为一个与现在次序相关的数量的做法,乃是对亚里士多德时间定义的追随;而把时间视作现前域-发生的看法则回溯到柏拉图的时间观上。

在亚里士多德的时间定义中含有"根据以前和以后"的规定,因为在一个运动的时段次序上可计数的现在次序之所以得到整理,是因为某个现在处在与所有其他的或前或后的曾在的现在和将来的现在的关系之中。用一个语法概念来表达:这些现在在它们的这些相互接续中构成各个"时间阶段"。现代语法将时间阶段区别于时间"角度"。① 角度是作为发生的时间所能提供的精神"外观",即"时间流"如何向我们的经验表明自身的方式。这两种基本的、因为在所有其他可能的时间外观中都被预设了的外观就是"到来"和"离去"。胡塞尔在他对现前域-意识的描述中所分析的便是对作为一个发生的时间的这些角度的原初经验。

柏拉图在其《蒂迈欧篇》中第一个谈及时间的角度。源于拉丁文的"角度"(Aspekt)一词无非是对希腊文的"埃多斯"(eíde)的翻译,柏拉图紧接上述时间定义后的一句话中使用了这个概念,他说,时间的"埃多斯"、时间的"外观"就是"它曾是"(es war,在希腊文中是ên)和"它将是"[es wird sein,在希腊文中是éstai(37 e 3)]。尽管柏拉图在同一句中将这种时间外观区别于那些"时间部分(mére)",即时间期(Zeitperioden),我们可以用它们来标明在现在次序中的可计数的位置,即时间阶段,但人们在传统的柏拉图解释中仍然疏漏了这个区别,并且不加讨论地以为,柏拉图在这里所说的"它曾是"和"它将是"就标志着过去和将来的时间阶段。② "它曾是"和"它将是"虽然与这些时间阶段处在一种联系之中。但是它们并不标识这些时间阶段本身,而是将在其产生、在其生成中的它们表达出来:"它曾是"所指的是时间作为一个向过去之中的滑脱(Weggleiten)的时间的发生,而"它将是"所指的则是作为出自将来的到来的发生。在对这个哲学史联系并无所知的情况下,胡塞尔用他对"滞留"和"前摄"的划分所依据的便正是对这个角度的经验。

在这个联系中可以找到对时间这个"实事"的现象学澄清而言关键性的指明。这个指明在于,柏拉图在时间定义之后的几句话中明确地排除了

---

① 在有些语言中,那些能够表达一个发生的语词——在印欧语言中这便是动词——无法构成指示出像过去、当下或将来之时间阶段的表达式。但常常可以改变这样一些语词,以至于用它们可以言说不同的[时间]角度。

② 这个解释的严重不精确性是德国哲学家格诺特·伯姆在1974年的研究论文《时间与数》中才发现的。

这样的可能,即用"是"(ist)这个措辞所指称的东西属于时间的角度。与"它曾是"和"它将是"的外观不同,"是"标志着"当下"这个外观。在柏拉图看来,"它是"被保留给永恒,它无非在于"在一中固存"的当下。所以永恒也向我们提供一个外观、一个"埃多斯",而这就是在"它是"中被表达出来的永恒的当下、理念的当下,除了"理念"(idéa)以外,柏拉图也可以使用在语言史上与之相近的"埃多斯"(eîdos)来称呼它。理念的这一个当下外观是与感性世界的生成相对立的,后者是在两个互补性的外观中表明自身的。

如果我们现在在这个通过柏拉图而获得的视角中来看一下胡塞尔对现前域的分析,那么就可以注意到,胡塞尔在其中有别于柏拉图,除了在前摄和滞留的形态中对时间角度的原初经验以外,他还允许有一个当下的核心,他也把这个核心称为原印象或原体现(Urpräsentation)。关于这个核心,胡塞尔在一份贝尔瑙手稿中明确地说:意识在这里原初地经验到现实性(S.14),而这就叫作"是"。这意味着,胡塞尔把"它是"算作是时间的角度。这与柏拉图的明察是明显相悖的,这个明察是指,作为发生而被经验到的时间仅仅展示两个基本外观:来(Kommen)和去(Gehen)。对于胡塞尔来说,在这些为我们原初通过滞留和前摄所经验到的外观中表明出来的发生联系植根于一个作为其中心的现在核心中,恰恰是从这个中心出发,本真时间才显现为现前域,显现为各个"活的当下"。①

首先,有两点有利于对一个当下核心、一个可以说在现前域中的原现在的设定。一方面,只有不断更新的现在核心的现身(Auftauchen)才适合于回答一个问题;如果作为客观现在次序的时间被解释为在现前域中的本真时间经验的衍生物,那么这个问题是无法回避的:为什么当意识借助于"滞留的彗星尾"而明确地回忆起某个过去的东西时,它能够通过在某个时间位置上的定位来认同这个过去的块片呢?对此的回答似乎只能是这样的一个设定:这对意识来说之所以是可能的,乃是因为所有那些在它之中并且对它而言发生的东西的定位活动原初都是在不断更新的现在核心的现身中准备的。

另一方面,时间的前摄-滞留的原发生似乎不足以说明关于某物的意

---

① 在1966年以这个表达式为书名的书中,笔者本人还追随胡塞尔时间思考中的现在主宰地位。

向意识。意识被指明：它撞到某些内容的规定性上——一个"素材"（Hyle）的各个因素上。这些素材的规定性原初地与意识相遇，先于所有明确的与对象的关联，因为意识觉知到，在感性领域中有某些区别或相似凸显出来。胡塞尔并没有追随经验主义传统的"材料"—点描主义，但只要他从这个传统中接受"印象"（impression）的概念，他便仍然对这个传统承担义务。对于意识来说，素材的原初印象的当下便产生在现前域的现在核心中，胡塞尔就此而将它称作"原印象"（Urimpression）。

但是，这种认定一个在现前域内的原印象的现在核心的做法在现象学上是值得怀疑的，这一点从胡塞尔本人那里可以借助于这样的思考而得以表明，这个思考立足于从《危机》一书的周遭中形成的理念化（Idealisierung）概念：原印象的现在核心标志着现前域内的一个界限。它实际上并不是直观地被经验到的，而只展示着一个思想操作的产物，即作为临界构成（Limesbildung）的理念化产物。现前域的宽度在一个向一个愈来愈"窄细"的现在的前行着的思想过程中被狭隘化了，而这个直至无限的迈进被看作贯穿的（durchlaufen）（参阅 *Krisis* S. 359）。对一个现前域内的原印象界限的合法论证唯有通过这种思想操作才能完成，但却不能通过直观。

对一个原印象界限之设定的实际可疑性在于，以此方式在现前域中所经验到的那种时间的发生中引入了一个主宰的当下外观，即一个瞬间的素材的被给予之物的当下，滞留和前摄从它出发而被规定为［它的］环境：印象的现在作为在滞留和前摄之间的界限而构成现前域的中心，并且将时间的发生、到来和离去集拢在一起。在一些尤为给人以启发的贝尔瑙手稿中，胡塞尔试图一方面颠倒原印象的关系，另一方面试图颠倒滞留－前摄的关系。他不是从现在核－当下出发去解释前摄与滞留，而是从前摄和滞留的关系出发来规定当下核。因此，在现象学中首次开辟了一条道路，这条道路在后期海德格尔那里导向这样一个结局，即在作为"到来"的将来和作为"曾在"之间的"交互运动"（Wechselbewegung）才"端出了"（erbringen）当下（*Zeit und Sein* S. 14）。这样，当下便失去了主导地位，而如果哲学与科学追随了柏拉图的明察，那么当下是永远不应获得这个主宰地位的。

在对产生于前摄和滞留的共同作用中的现在意识进行说明时，胡塞尔依据了一个自《逻辑研究》以来的意向分析的基本概念："充实"。这同时使他能够更深入前摄之中，而在以往的文字中他为了滞留而几乎疏忽了前摄。正如在对"意向"（Intention）的类比中所构成的概念"前摄"（Protention）所已经表明的那样，前摄与意向有某些共同之处，即对充实的朝向。诚然会产生这样的问题：意识在对充实的追求中"前指向"（protendiert）什么？这里可以区分出不同的可能性。① 但对于这里的思考之继续而言，这样一个前问题是决定性的：胡塞尔究竟有什么权利认为，在所有前摄中都有一个朝向充实的趋向？在这里，前摄与滞留的交互关系开始起作用。意识是从它的滞留地形成的过去出发在其前意指过程中受某些对意向生活之继续而言的前标识的引导。②

从这些前标识中产生的前摄是在完全宽泛词义上的直接"期待"；在它们之中可以预觉（antizipiert）将来可经验的对象，但也可以无对象化地预觉将来的素材内容。如此被理解的前摄始终包含在意识之中，即便它们已经充实了自身，因为在滞留中不仅保留了各个充实，也保留了它们（充实）在其中曾被预觉到的前摄。在这个意义上胡塞尔可以说，前摄"作为前摄本身在其充实位置上并不丧失其本质特征"（S. 11）。前摄始终作为前摄保存在滞留中，并因而可以引发新的前摄。在这个背景前面，每一个"当下的充实体验"都显现为"一个关于一个在过去前摄中被预觉之物的当下生成（Gegenwärtig-Werden）的意识"③。

以此方式，意识在其整个时间延展中都为前摄所贯穿。与此相一致的是，它的标志是不断前行的滞留的变更过程的连续统。就像各个现前域一样，整个意识流也在两个互补的角度中显露自身：在每一个位置上，一方面有一个对充实的前摄趋向和这个趋向的一个现时的——至少是局部的——自身充实在主宰着；另一方面，各个自身已经充实（Sich-Erfüllthaben）的滞留保存在继续着。这两个方面构成一个不可分割的统一，因为它们交互地使得对方得以可能：滞留的前摄（retiniertes Protenieren）引发出新的前摄，而这些前摄由于其自身充实以滞留的方式作为一个

---

① 迪特·洛玛是伯尔瑙手稿的两位编者之一，他在一篇即将发表的文章（《前摄"前摄地"做些什么》）中根据这些手稿在这方面做了仔细的研究。

② 这些前标识（Vorzeichnungen）可以关系到对一个个别素材在其个体规定性中的被给予性的感知的继续，或者关系到这些被给予性的风格或类型的继续，或者关系到对它们的视域的维续。洛玛在"H-前摄"的标题下严格区分了这些可能性。

③ 这是伯尔瑙手稿的另一个编者鲁道夫·贝耐特在该卷引论中的恰当表述（S. XLII）。

自身已经充实而被保留下来,所以它们使滞留的蕴含链变得越来越长。

从这里出发,现前域的现在核现在可以得到更详细的标识。它始终还是界限,但这个界限不再被理解为单纯理念化的产物,而被理解为在现前域发生中的这样一个可被经验到的位置,在这个位置上,"滞留变更与前摄变更的连续统相互交切"①;在这个位置上,各个现时地前摄的自身充实活动(Sich-Erfüllen)转变为充实(Erfüllung)。但更确切地看,我们在这里还不能说"充实",一旦说到"充实",我们便会回到一个作为在前摄和滞留之间的中心中介点的原印象的现在核上去;相反,这种转变是直接在一个从一开始便滞留的(retiniert)自身充实中进行的。

这样便获得了一个对现在核的规定,即使没有那种对一个原印象的当下外观的——据说时间的原初发生便是在其中具有其集拢的中心点——无法坚持的设定,这个规定也可以成立。但这个规定如前所述预设了这样一个假定,即在所有前摄中都有一个对无论何种类型的素材充实的趋向在起作用。这个设定看起来是有正当理由的,因为无论我们在哪个位置上找到意识,它都始终已经具有一个提供着各个前标识的过去。由于所有为意识所遭遇的东西、所有原现前的内容都是在这个意义上前摄地"被期待的",故而任何一个这样的内容都不是在完全严格意义上的"新"内容。

诚然,胡塞尔自己在贝尔瑙手稿中以不同的方式提出异议说,还是可以想象在现前域中突然现出某种完全新的东西,一个十足令人惊异的事件。这样一个事件将不可能被任何与滞留组成相关的素材前标识来加以准备。先行于这个事件的前摄将会是一个无所约束的"空乏的"前摄。但胡塞尔在贝尔瑙手稿中也在这样一个极限情况中预设了一个朝向"充实"的前摄。即使在充实趋向完全失败的情况下,胡塞尔也认为,前摄的自身充实向滞留的自身已经充实的将来转变,以及从这里出发的滞留连续统的延长是被前指的(proteniert),②并且随着某种新东西的现出而得以表明,被预觉的充实在这种情况下无非就在于意向生活一般的继续前进。

可以注意到,胡塞尔在贝尔瑙手稿中回避了对这样一个问题的明确回答:在现前域中的意识是否不可能遭遇全新的事件。他之所以这样做,乃是因为他解释说,一个全新的开端只能由"我们"做出,即内时间意识的

---

① 这还是贝耐特在同上书中的说法(S. XLI)。
② 所以洛玛在这里有别于"H-前摄"地使用"R-前摄"一词。

现象学观察者，而不是由意识本身做出，我们始终发现这个意识已经处在"行进中"（im Gange）。现前域-意识永远不会完全重新开始；每一个这样的意识的"起始点"都从一开始就扎根于前摄-滞留的意识流中，而这意味着，"新的东西"从一开始就只是作为对某些前标识的回答而被遭遇到。就此而论，在实事（Sache）上可以相信，胡塞尔实际上并不考虑绝对"新的"事件的可能性。但可以想象，这个可能性一再地使他不安，尽管它在方法上并没有受到考察；因为在这种不安中一再地有一个简单的，但被胡塞尔跳过的问题呈现出来：一个仅仅存在于意向生活一般中的充实是前摄地被预觉的吗？

胡塞尔可能会默默地认可这个回答，因为他从一开始就未加思索地在他对前摄的分析中放弃了那种将人们在自然观点中所具有的对继续生活的原信任作为问题提出来的做法。胡塞尔把现象学理解为与自然观点的彻底决裂，这种自然观点是指那种在过渡到哲学之前始终未被注意的基本态度，在这种态度中有一些原则上未加考问的自明性。尽管有这样的现象学理解，胡塞尔在他对前摄的理解中仍然没有顾及这个与自然的自明性的关键决裂，即对人类生存的动摇，在这些动摇中，通常的信心在本己生存的持续中丧失了它们的自明性。每当我们的必死性在一个相应混乱的情绪中现出自身，这个决裂便会进行。正如在开篇时所说，恰恰是这种由此而得以可能的生存方式被海德格尔在《存在与时间》中称为"本真的生存"。只要现象学顾及这种在"本真生存"中完成的时间经验，那么胡塞尔对那些由各种前摄所控管的充实趋向的基本设定就无法长期得到坚持。

海德格尔在《存在与时间》中提出这样一个命题："源始而本真的时间性的首要现象是将来。"（S. 329）这个发现如今也为胡塞尔所证实；因为看起来对作为现在次序的时间构造的理解而言关键之处在于前摄，即关于在其到来中的将来意识。但海德格尔也在"时间与存在"中谈及作为到来的将来，而更确切地看，即使在这篇后期报告中，如此被理解的将来也仍然具有它在《存在与时间》的时间性分析中所拥有的那种优先地位。这使人能够揣度：对"本真时间"的规定也无法在不向本真性的生存状态理解进行回溯的情况下成立，尽管海德格尔显而易见地有意识避免向这样一种回溯，并且不再想把"本真时间"理解为仅仅那个在其源始本己中被看到的时间。

即使在这篇后期文字中，在对"时间本性"（Eigene der Zeit）进行规定时（S.13），与本真生存的关联也表明自身是在实事上不可避免的，对此的第一标识是这样一个事实：海德格尔走了一条貌似的弯路，并且把人引入思考：人是被某个各次在场者的在场（Anwesen）"直接""关涉着"，但也为不在场（Abwesen）"直接""关涉着"（S.13）。我们人是在"曾在"和"将来"的双重内涵中经验到这种不在场的，而将来被理解为一种"走向我们"（Auf-uns-Zukommen）、一种到达（Ankunft）。

如果"曾在""直接"（unmittelbar）关涉到人，那么以此而在现象学上具体所指的只能是——虽然海德格尔没有说出这一点——一种过去的方式，它不是作为一种唯独必须通过明确回忆的中介（Mittel）才能得以当下化的遥远而与我们相遭遇。我们在作为一个始终活在人的行动之中的遗传的习惯中经验到这样一种过去的方式；行动在这里之所以起作用，乃是因为只有在就人是行动的生物这一点而论时，"某物'关涉到'人"这个说法才能有意义地被说出。与此相符——但以完全不同的方式——也有一种"直接关涉到"我们的"到达"。在现象学的具体化中，这便是在行动中被经验到的"机会"（Gelegenheit）。是否有特定的机会提供给在各个境域中的行动，或者，是否相关的机会不提供给行动着的人，对此，无法消除的将来之混沌始终遮蔽不现，然而机会具有这样一种特性，它处在"伸手可及"之处，亦即"直接"就在面前。

就当下对于本真时间之意义的问题而言，这样一个观察是根本性的：海德格尔在阐释这上述两种不在场的方式的"交互关系"时虽然也谈及当下，但却试图从这个交互关系出发来说明当下。这至少使人在结构上回忆起刚才提到的胡塞尔的贝尔瑙尝试：剥夺现前域中的现在核在作为"原印象"时还具有的那个优先地位，并且纯粹从前摄和滞留的关系出发来说明这个现在核。至于"曾在"与"将来"的交互关系，我们首先考察作为到达的将来与曾在的关系：这个关系在于，到达"递达并端出"曾在。

"递达"（reichen）这个动词是指一种超出一段距离的给出（Geben）。这个距离是无法逾越的深渊，它把将来与当下分离开来。给出（Geben）关系到人在在场的发生中的角色：在场是一种赠礼（Gabe）。这个赠礼的"递达"虽然需要作为收悉者（Adressant）的人，但赠礼并不因为我们的参与就"达及"（er-reichen）我们，相反，我们要依赖于这个给予来自身的发生（S.14），我们从这个给予中获得在场。但被到达所递达的当下，并不直接就是一个具有当下特征的在场，而是一个在"曾在"形态中的不在场。这从现象学上具体地说就是：由于我们在行动时总会有机会提供给我们，这表明，我们人可以说是一直随身背负着习惯。只是因为这样一种直接的到达发生，所以我们"具有"习惯，而在这个意义上，到达"端出"曾在。

正是这个动词"端出"（erbringen）（它听起来完全不同于"做出"［erzeugen］），海德格尔在规定与此相反的关系时避免使用，这个相反的关系是指曾在与到达的关系：曾在"向将来……伸展（zureichen）"（S. 14）。将此翻译为具体的话来说便是：为了能够作为习惯而活跃起来，习惯需要那个以机会的形态在人的行动中开启自身的将来。在这种曾在对到达的依赖性中无可争议地表明，即使在他的"时间与存在"中——用《存在与时间》的语言来说就是——时间还是从将来出发而"被时间化的"。

到达和曾在在这一点上是一致的：它们是不在场的方式并且彼此间有一段为递达所连接的距离。这种递达使它们相互"接近"，使它们进入一个切近中，而这种"接近着的切近"实际上便是——动词地理解的——时间本质，（S. 16）但这两种不在场的方式并不是对称的。在到达时的不在场方式就在于，接近的切近使这个来自将来的到达"保持敞开"，人在行动时在不确定性中具体经验到什么，在各个情景中是否有一个机会，这些问题都还有待回答。因此，这里出现了不确定性：一个机会所提供给我们的东西始终是隐蔽着的，因为它尽管是直接切近的，却并不是当下的；而成为当下的东西则不再是机会了。所以海德格尔可以谈及"切近的接近"：它"在来中扣留当下，从而使处在将来的到达敞开"（S. 16）。

与这种在"扣留"形态中的不在场完全不同的是这样一种不在场，即我们以"曾在"的方式所经验到的不在场。"接近的切近""把曾在的到临（Ankunft）作为当下加以拒绝，从而使曾在敞开"（S. 16）。对此可以做如此理解，即曾在始终被拒绝进入临、到达（Ankommen）的发生之中；因为，到达——形象地说——开启了处在我们"面前"的东西，与到达不同，曾在始终不可消除地处在我们的"背后"。即便我们转过身来，我们也无法改变始终有某物在我们身后这一状况。这恰恰适用于曾在；我们可以说是被阻止"从前面"，即以到达的方式去遭遇习惯。在权衡一个机会时，我们的目光会朝向到达；与此相反，目光所朝向的一个习惯则因而在原则上已经丧失了它的习惯特征。

故而当海德格尔说，曾在"被拒绝"以到临的方式发生时，他对曾在特征的现象学描述是合乎实事的。但随着这个规定，曾在便是从到达出发而得到特征描述的，而这重新表明，海德格尔也在这篇后期文字中坚持将来的优先地位。到达是一种发生，而从这种发生出发，"本真时间"的"本质"（Wesen）便得到规定。由此，这里的各个思考的出发点命题便得到证实，即海德格尔——与胡塞尔连同其对现前域的分析一样——把"本真时间"理解为一个发生，并因而从原则上继承的是柏拉图而非亚里士多德。

另一方面，海德格尔也像胡塞尔一样，由于表明了当下的兴趣，所以对亚里士多德承担义务。因此，在结束时作为第二点提出的是一个问题：在他那里，到达和曾在的交互关系是如何"端出当下"的（S.14）。海德格尔所说的当下不可能是作为在现在次序中，即在非本真时间中的点或时段的现在；因为这样的话，他就离开了对他的报告的"实事"的描述，即对"本真时间"的描述。这里的问题毋宁在于作为维度的"当下"，它是保持敞开的，因为时间作为切近相互接近着"到达"与"曾在"的不在场，这恰恰是由于它通过扣留和拒绝而将这两者不可逾越地远隔开来。①这种接近是与对遥远（Ferne）维持和清除相一致的。

通过"递达"，即通过克服距离的接近，一个空间、一个维度被敞开："时间空间"（Zeitraum），它在德文的日常语言中也出现，并且构成一个"场所"，在时间中出现的东西便在这里找到其"位子"。"空间"或"维度"意味着一种"相互分离"。也许海德格尔尽管没有这样说，却仍然想要伸展出去，即认为通过接近的疏远而递达的时间空间的相互分离便是"本真的当下"。但唯当我们不是在一种可测量的广延的意义上理解这种相互分离时，我们才可以认为，用"时间空间"和"维度"概念所指称的是一个在现在次序中的时间片段的长度，这个现在次序的范围可以通过对一批时段的给明而被给明。

海德格尔不知不觉地跟随了柏拉图的明察，即"实际上"（"本真地"）没有那种作为在时间中的现在的当下外观。从这个明察出发，哲学

---

① 为了在语言上使"接近是作为疏远而发生的"这句话变得优雅，海德格尔在转向后其他的文字中使用了带连结号的"entfernen"这个德文词，并赋予它以"去除遥远"的意义——一个恰恰与这个词在通常用语中的含义正相反对的意义。

家早就必须受这样一个任务的引导,即从哲学地被经验到的时间出发,赋予当下以一个不同于现在时段的意义。由于亚里士多德将时间经验认同为对非本真的现在的经验,哲学通向这个任务提出的道路被切断了。柏拉图回避了这个任务,因为他把出自时间的当下之外观移置到时间的永恒形象之中,移置到永恒之中。

随着对这个通过"现在"而向时间哲学提出的任务的"解决",柏拉图便不再去理会这样一个情况:到达,即作为时间发生的到达,作为互补的外观乃是不可取消地属于滑脱(Weggleiten)的,因而当下无论如何都可以被看作处在无限中的到达目标。通过对"诸理念"的设定以及对它们作为当下的存在方式、永恒外观的规定,柏拉图完成了对哲学史和科学史的第一个基本的"理念化",因为他把到达的无限发生看作"穿越的"(durchlaufen)。自胡塞尔以来,现象学要回问到理念化之后的原初经验。也许可以说,随着在海德格尔后期的本真时间现象学中对当下作为维度的新规定,柏拉图首次提出的对当下的理念化,在两千多年来终于获得了一个回应。

# 对伦理的现象学复原(2004年)[①]

[德] 克劳斯·黑尔德

在大部分论述人类伦理的文献中都充塞着术语上的随意性,摆脱这种随意性的途径只有**一条**:对那些原初在哲学中出现的基本道德哲学概念所带有的含义进行历史的思义。在这里所做思考的第一部分,我想首先阐释希腊的概念以及对它们的拉丁翻译。由此而可以确定在古典希腊的"伦理"(ethos)和近代的"道德"(Moral)之间的一个根本性的历史差异和实事差异。

在第二部分中,我将以一个如今非常流行的印象为出发点,这个印象就是:已经判决"伦理"要让位于"道德"。自阿斯拉戴尔·麦克英泰尔的《德性之后》以来,从有社群主义倾向的哲学家方面针对近代道德所做的对德性伦理的复原尝试,遭遇到了多重的合理批评。我想借助于向原本经验回溯的现象学方法来进行这样一种新的不同的尝试。我的命题将是:"伦理"展示的是生活世界的规范性。近代的"道德"所依据的是这种规范性的临界状况,但却把它提升为正常状况。最后我想对这个历史的发展做一个现象学的解释。

对道德哲学术语的古代起源的思义可以找到的第一个支持在于,这个术语明白无疑地起源于亚里士多德思想中的"伦理学"(Ethik)概念。正如他的伦理论著(ethiké pragmateía)的对象——正如定语"伦理"(ethiké)一词所表明的那样——就是"伦理"(êthos)。在前哲学的希腊文中,êthos最初被理解为生物的长久滞留地。由于我们人类有别于这个地球上的其他生物而能够行动,因此,"êthos"一词可以在涉及我们的情

---

[①] 德文原文出自 Klaus Held, "Zur phänomenologischen Rehabilitierung des Ethos"。该文为黑尔德专门为2004年在广州番禺莲花山举办的中国现象学第十届年会"现象学与伦理"所撰。中译文全文首次刊载于倪梁康等编《中国现象学与哲学评论(第七辑):现象学与伦理》,上海译文出版社2005年版,第1–17页。——译者

况下获得一个超出空间居住地的含义。对行动的现象学考察，亦即对我在行动中所具有的意识的第一人称反思描述，将会表明这个含义是如何产生出来的。

如果我有意识地让自己受某些意图的引导，那么我的做（Tun）就不是一个单纯的行为举止（Verhalten），而是一个行动（Handeln，prâxis）。这个做的第一个基本特征在于，它伴随着对我的决定自由（Entscheidungsfreiheit）的意识。但这个自由意识是受限制的，因为我每次只能支配有限数量的行动可能性。这些可能性通过我的行动的视域而对我预先标示出来，而这些视域则通过相关的习惯以非对象的方式为我所熟悉（ungegenständlich vertraut）。我的行动意识的第二个基本特征在于，我知道：我的行动是在与他人的交往中进行的，他们是与我一样的行动生物。这一点始终有效，无论在某个由我进行的行动过程中是否有他人在场。我与那些因而始终伴随在我的行动中的他人之间有无法逾越的距离，因为他们的习惯和视域不同于我自己的。若非如此，他人就不是"他人"，而是一个我自己的复制品了。因此，我对他人未来行为的期待在原则上是不确定的（Ungewißheit）。

我只能抱着这样的信任来行动，即被意图的我的行动的未来结果通常也会按时出现。但是，由于行动植根于主体间的关系中，所以这些未来结果也一同依赖于他人，并因而是不确定的。这种不确定性只能由此而得到补偿，即他人会以某种可靠性（Verläßlichkeit）来实现我对他们的行动所抱有的期待。由于他人通过他们的习惯而意识到他们从中获得行动可能性的那些视域，我对他们的可靠性的信任就只可能建立在这样一个基础上：某些习惯对他们来说已经成为恒久的自明性，亦即成为一种承载着他们的行动的态度。一些由于其属性而从一开始就有损于对他人行动之可靠性的信任的态度，在这里并不被考虑，而另一些强化这种信任的态度，则在主体间得到特别的鼓励。

对于这些在主体间被赞誉的态度，不仅在古代希腊，而且曾在并且如今仍在东西方的许多民族中，都有"德性"（Tugend）这样的标识，希腊文叫作"areté"。如果人们在一个社会中一般按照德性来行动，或者至少承认德性是在习惯的习性化（Habilitierung）过程中应当追求的东西，那么便会因而产生出一个主体间的可靠性活动空间。这样一个活动空间并不是一个在"êthos"的空间涵义上的固定居留地，但它却为人们在其行动中能够相互交往提供了一个合适的场所，从而使得他们的共同行动得以成功。在这个意义上，它提供了一个特殊的居留地：作为行动生物的人的"伦理"（êthos）。

这个可以从现象学上被指明的联系以醒目的方式通过在古希腊语、德语和拉丁语以内的语言亲缘性而得到证实。亚里士多德便已经在《尼哥马可伦理学》（1103 a 17/18）中观察到了希腊语"伦理"（êthos）与"习惯"（éthos）一词之间的亲缘关系。行动的人的居留地（êthos），就在于作为值得赞誉之习惯的德性态度。德语的情况与之相似：在标识着于一个持续的居留地的生活的"Wohnen"一词中隐含着与"Gewohnheit"（习惯）一词相同的词干"wohn"。在"êthos"与人类居住之间的联系也表现在拉丁文用来表达"态度"（Haltung）的名词"habitus"中，它与动词"habere"（haben，halten）相关联。"Habitus"和"habere"是希腊文"échein"和"héxis"的拉丁文对应词，它们具有同样的含义。"Héxis"在人这里意味着一种持续的占有，并且在此意义上意味着一种拥有（Habe），一种某人在其中持续坚持（hält）和驻留（aufhält）的生活状态。作为"habere"的强化动词，"habitare"意味着"居住"（wohnen）并非偶然。

伦理学涉及人类生活。只要这个生活受行动的指导，并因而是被引领的生活"bíos"，它就可以被看作一个有目的的发生。德语词"善的"（gut）和相应的希腊词"好的"（agathós）在其原初的和宽泛的含义上都标识着那种使一个有目的的发生之成功得以可能并在某种程度上得以保证的东西。因此，在德语中我们可以说，某个东西对某个东西来说"是好的"（gut steht）。例如，一个银行存款对于储户的支付能力来说是好的。如前所述，德性（Tugenden，aretaí）受到赞誉，是因为它们在共同行动中确保了可靠性，并因而确保了"被引领的生活的"的成功。出于相同的原因，它们以及为它们所承载的伦理才可以被标识为"善"。在这个意义上，伦理学在亚里士多德之后从事"对人而言的善"（für den Menschen Guten）。

在西塞罗大气磅礴地将希腊思想移植到拉丁语中的过程里，伦理学在他那里获得了"道德哲学"（philosophia moralis）的标识。"道德"（moralis）这个定语来自"伦常"（单数/复数：mos/mores，Sitte/Sitten）。"道德的"（moralis）的抽象名词构成叫作"moralitas"，德语化后便是"道德性"（Moralität）或"道德"（Moral），或者作为对应的德文抽象名词"伦常性"（Sittlichkeit）。"Moralitas"（道德）成为对"êthos"（伦理）的拉丁文翻译。这个翻译之所以可能，乃是因为，"êthos"是由各种习惯所组成的，而"伦常"（Sittlichkeiten）也就是某些我们习以为常的东西。这些对希腊概念所做的拉丁翻译初看上去或许还显得无伤大雅，但实际上却并非如此。如果我们在现象学的反思中注意到，我们原本是如何将好的习惯意识为德性—态度，以及我们原本是如何意识到在一个文化中被认可为善的伦常（Sittlichkeiten），那么就会有一个差异展示出来。

我们可以把这两种意识的共同之处当作出发点。由于我们的行动是由德性来承载的，并且由于我们习惯上是按照被视作善的伦常来生活的，因此，我们熟悉那些在我们各自的文化中具有束缚效用的行动规范标准。我们意识到这些标准，因为我们在我们的行动中不言自明地应和着这些标准。这种自明性保护着这些值得赞誉的习惯，使它们不至于在生命危机的关头丧失殆尽，并且这种自明性也因而在共同行动的过程中确保了可靠性。

对于我们来说，德性不言自明地是好的习惯，因为我们在通常情况下不会把它们当作我们注意力的对象。尽管我们有可能在进行某个行动时——大都是因为这个行动使我们感到为难——会明确地意识到这个问题：我们究竟是忠实于一个被要求的德性态度，还是逃避它？但这个问题的出现对于我们的德性意识来说是派生的；因为我们之所以具有这样一个意识，恰恰是由于这样一个状况，即我们在通常情况下并不必须向自己提出这样的问题，因为我们已经习惯于按照德性来行动，而这些德性在此同时并不成为课题。

即便是按照德性或按照被视作善的伦常在通过**教育**来最初练习一个习惯行动的过程中，好的习惯通常也不会构成被教育者的注意力对象，相反，对被教育者来说，这些好的习惯是逐渐自明的，因为他们在一个又一个的事例中仿效他们的教育者的行动，以及在他们环境中对他们而言的榜样人格的行动，而且他们在必要的情况下还遵从这些教育者的或强或弱的告诫。这些告诫在常规情况下所涉及的是特殊的境况，涉及此时此地的各个行动，并且只是在例外情况下才涉及一般，即涉及一个随时随地都应当引导行动的态度。

因此可以说，对在我们各自文化中被视作善的"原本经验"及我们对

# 对伦理的现象学复原（2004年）

善的原初"知识"就在于，我们不言自明地习惯于生活在我们的德性中，或在习性上迷失于我们的恶习（Lastern）中。由于我们将普遍规范形式中的善作为课题，并且对象性地意识到它们，这个正常性便会被突破，这种突破是一个次生的经验。但在这个次生经验方面可以在一种按照在一个社会被视作善的**伦常**而进行的生活过程中观察到一个特殊状况。在对一个按照这些伦常标准进行的有目标的生活（Lebensführung）的习性化中，包含着某种将这些伦常作为对象性规范来加以课题化的倾向。一个社会可以在如此的程度上屈从于这种倾向，以至于这种课题化已经失去了作为正常情况之例外的特征。于是伦常便逐渐成为在最宽泛词义上的"法则"（Gesetz），它作为诫令、规范、命令、价值等，逐渐成为规定（Vorschrift），即我们必须在每一次行动中重新依据的而且需要一再地摆在眼前的规定。

拉丁思想对希腊伦理学的接受是在一些有利于这种对象化的历史状况中发生的。因此，"伦常"（Sitten）、"道德"（mores）曾为西塞罗提供了伦理学术语翻译的语言支持实非偶然。我缺少时间来分析所有这些历史状况，但决定性的东西很可能就在于，当时在**哲学**上已经为把善（das Gute）表象为对象性规范的做法开辟了道路，而且是通过斯多亚学派。

斯多亚学派的创始人、季蒂昂的芝诺，能够以此为出发点，即我们为一个按照德性进行的行动而受他人的称赞，并且为一个按照与德性相反的行动，即按照恶习的行动而受到谴责。由此，我们人在习惯上已经熟悉这一点，即我们是在那些我们应当满足的要求、请求中与善相遇的。这使芝诺得以将"kathékon"这个希腊词——它的复数是"kathékonta"——当作他的伦理学的一个主导概念。"kathékonta"就是"要求"（Anforderungen），在拉丁文中则是"officia"，即"义务"（Pflichten），它们告诉我们**应当**如何行动。就人类行动在其伦理学质量上的分类而言，斯多亚学派认为，关键在于将那些对我们的生活之成功来说本质性的要求与那些非本质性的要求区分开来。随着"要求"（kathékonta）概念的引入而开始的是将善（Guten）系统地解释为一个应然之物（Gesollten）的做法。

在拉丁语言对希腊伦理学的接受中，伦理学也始终是哲学的领域，它探讨的是对人而言的善。但随着向伦常的回溯，这个善从根本上改变了它的特征。那种在正常情况中始终未被课题化的习惯生活的善（gelebtes Gute），变成了应然的善（gesolltes Gute），它以伦常规定的形态被对象性地表象出来。伦理学向道德哲学的这一形变（Transformation），或者说，伦理向道德的这一形变，是在近代的康德这里才得到完善的。康德清楚地说明了那些随斯多亚学派对要求的区分而得以开辟出来的东西，因为他——在这方面他是一个尚未封号的（avant la lettre）现象学家——询问：在一个涉及应然之善、涉及"义务"的行动中，这个善是如何能够被意识到的？

康德指出：即便我的行动符合一个为我规定了什么是善的规范，这仍然还不足以让我意识到"我的行动是善的"。这种"合乎义务的行动"（pflichtgemäße Handeln）虽然伴随着这样一个意识，即有善存在，它无条件地赋予我以义务，并且要求为了它本身而行善，但这个意识并不是由善本身所引发的，而是有其他的动因来推动的，所有这些动因都产生于我们对"幸福"的追求之中，产生于我们的禀好之中。因此，需要将这种行动与"出于义务的行动"（Handeln aus Pflicht）区别开来。后一种行动的发生不是出于那种幸福主义的动因，而是为了善。如果为善而行善，那么善本身就必须得到表象，即是说，善作为对象、作为"你应当"的命令出现在行动者的意识面前，而遵从它的动机并不是对禀好的感受，而是"对法则之敬畏"的感受。

随之我便进入我的思考的第二部分，即对古典伦理和近代道德的批判性对置。我从康德在《道德形而上学基础》中对伦理学传统的著名批判开始。禀好具体地表现在愿望中，我们把愿望的实现当作我们行动的意图。只要我们不是为善本身而行善，我们就会觉得这些意图在未来的实现就是善。康德批评古典伦理学倾向于对善的这种理解，并且针锋相对地提出这样一个命题：唯有善的意愿才是真正的善。如果一个人无限地应和一个"定言"命令之要求，那么这个人的意愿便是善的；这个定言命令意味着这样的一个诫令，对它的遵从并不受以下条件限制：我可以因而达成一个与我的禀好相符合的意图。因此，"禀好"因它的这个消极特征而意味着：如果我追随一个禀好，那么我就会允许自己依赖于我愿望的一个可能对象对我所发出的吸引力。我让自己在我的行动动机中受外在于我本己意愿的力量的规定，因而服从于一个陌生的规定。相反，如果我无条件地为了有效地命令本身而去遵从它们，那么我便会因而意识到我的自身规定，意识到我的意志的自由。

在这个意义上，如果对我的自由的经验在对我行动的动机引发（Handlungsmotivation）中可以无限地经验到我的自由，那么我的行动便是善的。

但这样一来，我的行动就不再因为它们产生于作为好习惯的德性之中而是善的；因为这尽管也可能是一个自由的决定，它在我这里导致了一个好习惯的形成，然而恰恰是当它"转移到我的血肉之中"时，它才被标识为是不再依赖于我的自由的。正是这一点才赋予了那些好习惯以上述自明性，主体间的可靠性就建基于这种自明性之上，而伦理正是通过这种主体间的可靠性才成为对人类而言的善。但是，这种对善的资格认定必定会丧失对道德哲学而言的伦理，在道德哲学中，一切都取决于对自由的无限意识，因为德性的习惯特征就意味着一种对自由的限制。这便最终宣判了在道德哲学眼光中的德性的无意义。要解释道德为何在近代逐渐覆盖了伦理，那么对自由的痴迷是原因之一。

另一个原因在于，在道德哲学的眼光中，对象性地被表象的道德规定受到了偏好。这些规定允许提出，甚至要求提出这样一个问题，即它们从何获得其束缚力。一个应然的善始终可以被表述为一个命令，而就这样的一种"法则"而言，基本上可以设想会有人试图证明它的有效性是普全合理的。而在一个非对象的生活习惯那里，则不存在这种可能性。在这个意义上，规范论证是属于道德哲学的。这个特征使得道德哲学家们相信，他们的思维符合我们这个处在所有文化的共同进步成长之标志中的时代的要求。每一个伦理作为各种习惯的交织都是一个特定文化的受历史决定的产物。哪些态度被视作是善，这取决于各个社会。在一门德性伦理学看来，不可避免地要承认所有那些在不同文化中被视作善的习惯都是合法的，而这样一来，哲学就会陷入一种伦理学的相对主义之中。

道德哲学看起来会因为它所研究的规范的对象特征而免受这种威胁。当阿佩尔和哈贝马斯在谈及"约定的道德"并以此来意指伦理的时候，他们所表达的正是道德哲学的精神。他们坚信，长此以往，一种统纳（übergreifen）所有文化的"后约定道德"（postkonventionelle Moral）将会并且必会出现，由于不依赖于所有在传统文化中现存的伦理约定，它具有一种普全的、不可相对化的有效性。这种对一个普全有效性要求的论证的可能性似乎与那种突出的自由意识一起，赋予了现代"道德"以一种强势（Stärke），它宣判了伦理在未来人类历史上的消逝。

但还有一些东西表明，这种做法高估了道德的强势。就道德哲学对普全有效的规范的论证而言，尽管在世界上确实有一大批"欧陆的"或"分析的"倾向的哲学家在试图证明某些道德规范是普全有效的，但是，他们无法就他们各自获得的证明获得统一，而且可以看出，这种统一在未来也是永远无法达到的，因为在道德哲学中不可能有那种可与数学的确定性相比的科学证明——而之所以不可能，恰恰是因为道德哲学植根于自由意识之中；自由是"无法算计的"。然而这就意味着，我们对应然的善的初次认识并不能以这样的方式进行，即我们将它当作一个已被证明的规定来学习，一如我们学习一个定律。这样一来，就只剩下一种可能性了：我们的行动标准首先是通过我们与好习惯的亲熟（vertraut）才为我们所认识，这些好习惯对我们已经成为自明的，因为我们通过教育的指导而将它们习性化为德性。

在这里，伦理相对于道德的一个优先性已经凸现出来。如果我们现在再次回溯到这个事实上来，就其基本含义而言，"善"标志着一种为成功提供保证的东西，那么这个优先性就会变得更清楚。这里的问题在于，善的意志究竟为何是善的，通过善的意志而得到保证的是什么？对此只有一个回答可以考虑，它也是康德本人给出的回答：善的意志保证了我们在与他人的共同行动中不会被滥用为一个用以实现我们的那些受禀好决定的愿望的单纯工具，并且不会因而损害他们由于其自由才获得的人格尊严。那个隐藏在作为真正人类居留地的伦理之理念背后的可靠性动机，在这里带着一种奇异的色彩又返回来了：我们之所以需要他人的可靠性，首先是因为我们猜疑（Mißtrauen）他们；因为他们会为了自己的愿望而把我们当作工具使用。

这个对道德而言建构性的猜疑（Mißtrauen）是以对人的本质的一种个体主义表象为前提的：人的生存首先在与他人的具体关系方面缺少一种主体间状态；生存只是为自己后补了这样一种状态，因为孤立于"自然"而生活的个体自己创建了这样一种状态。在伦理方面，情况则完全不同：在我的行动中，他人从一开始便参与其中；我的行动始终是一种与他们的共同行动，即便在我独自的时候。伦理是对人而言的善，因为它保证了这种共同行动的成功。我与他人的基本关系在这里不具有消极的特征，即我要带着猜疑，在他人对我的可能工具化面前保护自己。由于我信任他人的好习惯的可靠性，所以我对他人的关系更多是积极的，我恰恰是以此而在他们的他在中承认了他们。

只要城邦（Polis）、市民团体的城市生活世界为它的居民提供一种庇护的生活感受，那么上述这种猜疑就不可能对理解伦理起到决定作用。古典伦理学所背靠的历史支撑点便在于此。只是随着古希腊向希腊主义的过渡，信任消失在城邦中，猜疑——古典伦理学当然也了解这种伦理现象，把猜疑视作许多伦理现象中的一个——才从根本上规定了善的意义。这个可能性在早期斯多亚学派的起点上显露出来，同样也在伊壁鸠鲁主义中显露出来，但在拉丁化的斯多亚学派中，猜疑并未能够为所欲为，因为典型的罗马式政治参与的决心在这里再次占了上风。然而，当近代早期霍布斯重构人的本性状态并将它定义为所有人对所有人的战争时，猜疑重又大显身手。

从伦理的视角来看，作为个体的人的孤立是伴随着对他人的猜疑一起出现的，这种孤立表现为一种对我们生存的在先被给予的主体间状况的否认。由于这种状况，人的生活世界的正常性是受共同行动的共同性规定的。如果有人通过他的猜疑而葬送了这种共同性，那么他人就会因而把它看作那种正常性的一个例外，看作一个在共同行动的共同性边缘上的可能性，看作一个临界情况而非正常情况。他人对此的反应不是赞许而是指责，这就迫使猜疑者陷入一种孤立状况中。

对此可以反驳说，一个人有可能不仅仅通过猜疑的态度而陷于孤立状况，也有可能一个人是通过一个行动而孤立了自己，而这个行动最终被他人认为是值得赞誉的，或许甚至被看作具有最高的荣誉。举一个经典的例子：如果有人在暴力独裁中即使身受警察的迫害或甚至在拷问面前也不泄露他的朋友们的藏身处，那么他可能会陷入极端的孤寂之中，但时间一长，他仍然还是可以肯定地得到那些始终正直的人的道德认可，因为他——我们可以用一个典型的源自斯多亚学派的概念来说——遵从了他的"良知"。

毫无疑问，在像刚才所提及的那种临界状况中，我们可以有对善的真实经验，而康德用对出自纯粹敬畏法则的行动的描述，为这种经验提供了一个确切的哲学解释。就像他自己所举的例子所描画的那样，这种行动的特点恰恰是在临界状况中表现得最为明显：行动者在这里放弃了任何禀好的满足，以便纯粹为了义务来行善。这表明，在其最本己和最高的可能性中的道德，是指向临界状况而非正常的生活世界共同行动的。从临界情况的视角来看，生活世界的正常境况显得像是一个在义务与幸福主义的动因之间摇摆不定的状况；一种由禀好和敬畏混合而成的感受成为我们行动的引发动机。我们听到为其本身的缘故而需遵从的应然之善的良知声音，但我们同时又准备追随的我们的禀好，对此声音听而不闻。

然而，在现象学上要提出这样一个问题：这种描述对于正常生活世界的行动意识来说是否合理？我的回答是：康德在这种意识中偷偷塞入了一个它起先并不含有的严峻性（Rigorosität）的要素。对于纯粹道德意识的情况来说，它的"严峻"特征并不是建构性的。这里只有非此即彼：或者我为善而行善，或者我在行动的动机引发中允许幸福主义的动因。在这里我究竟为禀好的影响留出"多少"空间，这是无关紧要的。就定言诫令的善而言，没有什么较多和较少；我不能是"稍微有些善"。康德严峻地确定，即使在正常行动中，我也会随时面临这样的可能：我可以在没有禀好参与的情况下纯粹出于对法则的敬畏来行善。

这种严峻主义为什么会在哲学上一再引起不满呢？从现象学上可以这样来说明：就正常生活世界的行动意识而言，一种较多或较少恰恰在善的方面是建构性的。生活的善是在对德性行动的赞誉或对恶习行动的谴责的主体间相互作用之中被经验到的。这种相互作用并不标志着对某个行动的认可或拒斥的纯粹抉择，相反，存在着评价的渐次性（Gradualität），例如，当有人会为他的行为比以前"更好了"或"更坏了"而受到赞誉或谴责的时候，情况便是如此。但这种"道德上升"或"下降"的现象只能在对伦理的经验范围内出现，在这里存在着这样的可能性：习惯通过新的习性化过程在一个方向上渐次地继续发展，这个方向或是一个收获主体间赞誉的方向，或是一个招致主体间谴责的相反方向。这表明，对善的真正伦理的经验在通常情况下恰恰不包含对一个纯粹的、全然无禀好的行动动机引发之可能性的严峻主义意识。

虽然这样一种意识无疑可以在上述临界情况中被观察到，但现象学的问题在于，究竟是伦理意识还是道德意识才包含着原本的、原初的善的经验。在现象学上，哪些经验是原本的，对此需要通过一些具有衍生、派生特征的经验的对比来决定，这些经验通过它们的意义而指明在一个原本经验中的奠基。从现象学上观察，在康德的严峻主义中可以找到这样一种指明关系：生活世界的道德正常意识倾听着义务的良知呼唤，但又准备跟随禀好的诱惑呼唤，这种意识的模糊性指明了一种纯粹由对法则的敬畏所规定的行动动机引发的明晰性，这种行动的动机引发只是由于幸福主义动机的掺杂才变得含混。因此，正常意识连同其模糊的、在听从义务与屈从禀好之间摇摆不定的动机引发状况看起来是衍生的，而出自义务的行动则显

## 对伦理的现象学复原（2004年）

得是原本的。

可是这样一种对正常意识的描述在现象学上并不令人信服，因为这种意识的被误认的模糊性并不必须被解释为一种在义务和禀好之间的摇摆不定。它更可以毫不牵强地被理解为：在它之中显露出的是伦理经验范围中的赞誉和谴责的相互作用的渐次性。由此可以得出结论，对善的伦理经验才展示着原本的意识。这个结论会通过前面所举的在危险境况中不出卖朋友的例子而得到加强。因为所有这些例子都具有一个共同点：那些纯粹出于对法则的敬畏而行动的人都会因而承受一种孤寂，它在这些人和其他人看来是共同行动的正常性之例外，是临界情况。因此，作为临界情况的无禀好行动动机引发（Handlunsmotivation）指明了正常情况，亦即指明了伦理经验，并且在这个意义上是具有一种衍生的特征。

伦理经验的正常性建基于人类生存的主体间性之上。因此，道德个体主义表明自己是伦理正常性的临界情况。如果近代的道德哲学解释说，相对于道德，伦理处在失落的位置上，那么就会因而出现令人惊异的东西：临界情况逐渐成为正常情况，因为它上升为对善的经验一般的模式。这种上升是如何可能的？我建议借助胡塞尔在《欧洲科学的危机与超越论的现象学》中的"理想化"概念（Konzept der Idealisierung）来解释它。

理想化的操作是在三个步骤中完成的：其一，一种生活世界经验的渐次性在思想上被置入一个上升过程的线形秩序中，这个过程的目标——这个上升所朝向的最佳值——在于无限。其二，尽管这个最佳值不是直观的，而只是在思想上可理解的，因为这个上升过程一直导向无限，这个过程还是"被认作是贯穿性的"，正如胡塞尔在《危机》的"附录"中所说的那样（《危机》，第359页），这样便有可能将这个最佳值作为这个过程的临界点（limies）、临界价值来对象化。其三，随着这种如此被获得的、非直观被给予的、只是被设想的——"观念的"——对象的出现，情况就会不同，它好像与主观被给予的对象处在同一个层面上。事实上，对于自斯多亚学派伦理学以来关于人的善的哲学沉思的发展而言，可以重构出这样一个理想化的操作。

第一个步骤所找到的支撑点在于，在伦理的正常意识中，即便有在赞誉和谴责之间的无规则相互作用也仍然存在着上述渐次性，这种渐次性在于，人们在对本己行动或他人的行动的判断进行主体间交换的过程中比照德性和恶习的上升过程。这种渐次性允许人们设想一个上升至无限的伦理最佳化。这种伦理最佳化就在于，通过被赞誉和被谴责而被我们意识到的那些要求（Anforderungen，kathékonta），不断地被限制在那些最终事关为了生活成功的要求上。这个过程的临界价值只能构成一个义务，它只包含着一个从所有偏差和混杂中纯化出来的"你应当"。但这无非就是通过善本身而完成的严峻的义务约束（Verpflichtung）。

在伦理正常性范围内，顺从这个义务约束的人只是临界情况，这种情况不可避免的结局就是上面所说的孤寂化，因为这种义务约束超出了在赞誉和谴责的主体间形态中可直观把握到的伦理正常意识的可能性，进入单纯被设想的、理想的东西之中。但理想化过程如今所找到的圆满结局恰恰在于，那种理想的义务约束被视作一个诫令，它与那些出于正常的生活世界的行动动机引发而熟悉的要求处在同一个层次上，因为它有可能与这些要求发生争执。这两者被解释为是相互竞争的命令：摆脱了所有幸福主义的混杂的"你应当"作为"定言命令"，以及通过幸福主义条件而被限制了其不仅有效性的正常要求作为"假言命令"。这样，通过这种理想化，一个严峻主义的非此即彼就从伦理正常意识中被蒸馏出来，它成为这样一种抉择：或者我准备听从定言命令，或者我如此行动，就好像所有命令都只具有假言的有效性一样。随之，近代道德便诞生了。

# 意向性与充实（1993年）①

[德] 克劳斯·黑尔德

如今在哲学世界中可以观察到，许多地方都在讨论意向性的概念。究其原因，可能首先是因为这个概念在语言分析和认知主义对人类精神特性所做的讨论中扮演了一个核心的角色。但意识的意向性起初是通过它在埃德蒙德·胡塞尔现象学中的基本意义而变得重要起来的。胡塞尔对其意向性构想的展开首先与他对含义理解和感知所做的那些分析有关。然而，当现象学方法在他的思想发展过程中被扩展为一门包容所有领域的哲学时，我们便看到，现象学不仅是在诠释最宽泛意义的理论行为时才依据意向概念，而且也可以借助于这个概念而将更多的哲学清晰性引入实践和伦理的领域。

虽然现象学伦理学——首先通过马克斯·舍勒——乃是以一种价值论，而非以一种意向性伦理学而闻名于世。然而，只要一种价值理论不是从现象学方法的基本原则出发，不是从显现者与显现的相互关系原则出发而被建造起来，它便是没有根基的空中楼阁：无论人遭遇到什么，这些遭遇到的东西都是在相应的特殊的进行活动中获取其规定性，它们在这些进行活动中被给予人。这些进行活动在"价值"那里就是那些指导着行为的欲求——实践意向，唯有通过这些意向，某些目标才有可能作为"有价值的"而显现给一个行为者。如果对于一门价值伦理学来说的确存在着一个真正的现象学基础，那么据此，这个基础就应当可以在对实践意向性的分析中找到。

意向性不仅标识出人与世界的理论关系，而且还标识出它们之间的实

---

① 德文原文为黑尔德于2001年在中国访问时的讲演稿"Intentionalität und Erfüllung"。原文此前已发表 [Klaus Held, "Intentionalität und Existenzerfüllung", in C. F. Gethmann u. P. L. Oesterreich (Hrsg.): *Person und Sinnerfahrung. Philosophische Grundlagen und interdisziplinäre Perspektiven*, Darmstadt 1993.] 中译文首次刊载于 [德] 黑尔德《世界现象学》，生活·读书·新知三联书店2003年版，第74-93页。——译者

践关系,这一点是由"充实"概念所清楚指明的。要想从现象学上理解"意向"概念,"充实"概念是不可或缺的。在理论语境中,"充实"标志着对那些在感知时或在理解一个含义时意向地"被意指"之物的本原直观——"自身给予"。但是,除了这个原初对胡塞尔来说至关重要的充实含义以外,他也还深知另一个实践的充实概念:他依据德语日常用语而将它理解为一种当一个行为达到了所求目的时所形成的情感满足。

胡塞尔发表的许多文字——尤其是在新发表的几卷本①《胡塞尔全集》中——已经证明,这位"认识论者"在伦理问题的语境中完全是在情感满足的意义上理解"充实"概念的。但根据我的印象,在胡塞尔那里,在原初的理论的充实概念和实践的充实概念之间的内部联系始终是晦暗不明的。然而,如果应当就意向性概念对伦理学的意义做出有束缚力的说明,我们就必须从现象学上澄清在这两个充实概念之间的联系。我认为有可能用海德格尔的思想来澄清这个实践的充实概念。尽管他对现象学进行了深入的改造,我们还是可以将他的许多思想理解为对已在胡塞尔那里显露出来的可能性之展开。

我的思考分三个步骤进行:在第一部分中,我想从胡塞尔原初的理论的充实概念出发去解释,为什么这个概念一方面对整个哲学都具有基本的意义,另一方面却又带有一个困难,胡塞尔并没有继续帮助我们消除这个困难。在第二部分中,我想指明,我们可以用何种方式依靠海德格尔来摆脱这个困难。这里的关键在于,在海德格尔这里,实践的充实概念替代理论的充实概念而成为至关重要的。实践的充实就意味着情感的满足。这就引向第三个部分,我在这里想尝试着使一个借助于海德格尔而获得的对情感满足的理解变得对现象学的意向性伦理学有用。

一

当胡塞尔在《逻辑研究》中找到了他的思想之路时,他在含义分析和感知分析的框架中发展出他的原初的、理论的充实概念。"意向与充实"这对概念在这个语境中除了具有其他的功能以外,还具有一个对哲学本身

---

① 除了《胡塞尔全集》第27卷以外,参阅《胡塞尔全集》第28卷,《伦理学与价值论讲座(1908—1914)》(Vorlesungen über Ethik und Wertlehre 1908—1914),多特莱希特/波士顿/伦敦1988年版。

## 意向性与充实（1993年）

而言基础性的任务：它应当保护哲学，使它不至于因怀疑论而自身毁灭。

怀疑论所讨论的是陈述的主张因素所关涉的那些对象的存在，即我在进行每一个主张时都表达着这样一个信念：在我对现时陈述的进行中，我所陈述的对象的存在并不能够穷尽在它给我的表象之中。我假定，对象的存在要超越出它对我的这种恰恰当下的显现方式：它不具有一个单纯为我的存在的特征，而是具有自在存在的特征。怀疑论原则上怀疑这个信念是否能够被改变。

怀疑论的怀疑预先设定，人们可以将主张因素孤立于陈述，并将它们从陈述中清除出去，而且人们可以将那些被语言分析称为论题内涵的因素保留下来，属于这个内涵的是对象的规定性。在怀疑论看来，我可以表象一个对象的规定性，同时却不必与对它自在存在的主张相联系；这个主张是某种附加的东西。

与此相反，现象学探问，我原初究竟是如何获得关于一个对象之规定性的表象的。我只能在一个体验境况中获取它，在此体验境况中，这个对象是作为相对于我的现时表象而自在存在的东西显现给我的。原初对对象之规定性的理解不可能不带有主张因素。现象学是通过向体验的回溯来克服怀疑论的，这些体验为我们提供了通向对象之规定性第一通道，而且在这些体验中，这些规定性的显现根本无法脱离开对象的自在存在。这个突出的体验境况被胡塞尔称作本原的被给予性或对象的自身给予。

怀疑论者可能会对这样的假设提出指责说，它只是一个为了反驳怀疑论才作出的发明。但现象学的发现使这个指责失效，这个发现在于，在与任何类型对象的交往之意义中都包含着一个对体验境况的指明，这些体验境况为我们本原地提供可通向它们各种规定性和自在存在的通道。对这些境况之本原性的保证在于，它们本身不再含有这种指明。而我们之所以可以回溯到它们之上，乃是因为非本原体验的境况始终以有规则的方式指明着它们。也就是说，它们预告，经验者从非本原的境况出发能够通过何种途径而进入本原的境况。通过对这些指明联系的揭示，现象学使怀疑论丧失了基础。

自胡塞尔以来，这样一个说法已经颇为流行：只要意识是关于某物的意识，即只要意识与各种类型的对象发生关系，意识就是意向的。当人们不假思索地使用这个说法时，下列联系往往会被忽略：对象是带着一个与它们各自的规定性种类相应的自在存在而显现给意向意识的。但它们之所以能够这样，乃是因为意识每次都熟悉这个指明联系，它可以追溯这个联系，从而发现自身给予的本原体验境况。因此，在意识的信念中，即在它是在与自身存在的对象打交道这个信念中，包含着一个趋向：不懈地追溯这个指明联系，直至到达自身给予的层面。因此，意向的"关于某物的意识"并不具有静态的特征，而是从根本上具有一种动力学的标志：要达到这种充实的趋向。

充实，也就是说，到达本原的体验境况，它的标志在于，经验者的意识不能再进一步被指明。当胡塞尔用可误解的直观概念来描述自身给予时，他指的便是对象对意识而言的不再具有指明联系的当下。胡塞尔曾试图指明对每一种对象而言的特殊的自身给予的直观。但各种不同的意向如何充实自身这个问题更为根本的是这样一个问题：究竟如何来思考为胡塞尔所预设的那种充实体验的无指明状态。对这个问题的回答取决于下列假设的合法性，即意向是可充实的。没有可充实性，整个意向性现象学就还建立在沙堆上。

一个体验境况如何能够具有这样一种不再继续被指明的终结属性，对此原则上存在着两种可能性。一个终结只可能存在于这个指明联系的可以说是开端处，亦即存在于对对象的本原经验之境况中。在这个境况中我们原初地遭遇到对象的自在存在。如果对象是"自在"存在的，那么这就意味着，它的实存是以某种方式独立于意识的，并因而也独立于这个意识对更进一步体验境况的指明状态。自身给予的体验就在于，意识在这种对象自立性方面是与指明意识相对而驰的。意识在这个自立性中找到支撑，并使这个进一步被指明的运动得以终结。因此，无指明状态的第一个形式必定处在对象的自在存在的本原经验之中。

指明联系的另一个终结只可能存在于它在某种程度上得以中止的地方。当这个联系完全被穿越并且在一个相应的体验中作为整体而被给予我们之后，这个联系便中止了。现在，个别对象在被意向体验的过程中将自身交织到这些指明联系中，这些联系——它们也被胡塞尔在其《逻辑研究》之后的发展中称为"视域"——并不是毫无联系地并列在一起。恰恰因为视域所涉及的是指明联系，所以视域本身也是彼此指明的。对所有指明联系而言的指明联系、"所有视域的视域"是通过现象学的世界概念而得到标识的。因此，一个体验如何可能无指明地显现出来，对此问题可以想到的第二种可能性就是：世界本身显现出来。

如果我们试图进一步描述无指明状态的这两种形式，我们便会在两方面遇到相同的困难。即使我们本原地在其自在存在中遭遇一个个别对象，这也并不意味着，它是无关联地出现的：它处在其他对象之中，而且此外我们还知道，这同一个对象也能够以自身给予的形式不同地显现给我们。这就给予意识以这样一种可能性：既去追索对象与其他对象的关系，也去追索它与它的其他被给予方式的关系。由于这个对象显现为对象，因而视域便不可避免地显露出来，而且看起来似乎有一个没完没了的继续被指明的运动。

类似的情况也适用于世界的显现，即显现为所有指明联系的总组成。如果这个世界总体应当是在**一个**体验中被给予，那么看上去唯一的可能就是它成为体验的对象。但它作为对象却通过它的对象特征而开启了这样一种可能性：追索那些可以将它的现时显现方式与其他被给予方式和其他对象联系起来的指明。

如果自在存在的对象和世界被经验为对象，那么无指明状态也就随之而丧失，体验也就失去了自身给予的特征，意向意识就是在这种自身给予中得到充实的。据此，如果有可能如此地去体验一个个别对象的自在存在以及作为世界的世界，以至于它们在这里不再显现为对象，那么意识的意向趋向就只能以一种现实满足的方式来充实自身。"作为对象显现"在胡塞尔的语言中就意味着，成为意向意识注意力的"课题"。真正的充实体验的标志必须在于，一个对象的自在存在和作为世界的世界在这个体验中非课题地被给予。

如此被描述的充实体验只是一种现象学在试图彻底克服怀疑论时为消除困难而构想出来的东西吗？或者，这种体验的确是可以被经验的吗？只是在海德格尔那里，他才用《存在与时间》的在世之在分析为回答这个问题提供了工具。

二

海德格尔分析的前设是一个从理论的充实概念向实践的充实概念的转换。在他这里，充实体验之可能性必须原始地得到指明的领域并不是胡塞尔所偏重的感知意向和含义意向，而是行动的区域。

对于这个区域转换，有一个现象学上可信的论据：正如在第一节中所表明的那样，体验的意向性的基本状况在于，它们每次都交织在指明的联系之中。这种在视域中的交织最早是出现在特定类型的行为，即工具行为中，而不是出现在作为胡塞尔起点的感知行为和理论行为中。与这些行为不同的是，在工具行动的行为中不需要后补性的反思来揭示它们在指明联系中的交织状态。每一个我们试图通过使用一个合适手段来实现一个特定目的的行动，都已经在其进行过程中为明确的指明意识所伴随，因为每一个手段作为手段都指明了一个它为之所献身的目的，而每一个目的都指明为实现它自己而所需的手段。

海德格尔将那些在工具行动中作为手段而被使用的对象称作"用具"，将那个通过手段使用而产生的指明联系称作"因缘联系"。[①] 在对用具的使用中包含着关于它的可靠性的意识。这些工具行动的手段是可靠的，因为我们知道，我们能够使用这些手段，同时无须去考虑这些手段本身。在用它们来进行一种特别设计好的活动时，它们明确地是"为我地"存在于此。但构成与对象的为我存在之对立面的是它们的自在存在。因此，在关于用具对象的可靠性意识中，对象的自在存在呈报着自身。[②]

但自在存在的这个显现在恰恰不是这样一种类型，即用具在此时作为对象而成为我们的课题。因为在可靠性中包含着这样的意思：这个用具事物始终是不为人注目的。唯当一个使用对象由于不好使用甚至根本不能使用而妨碍了我们时，即是说，唯当它丧失了它的可靠性并因而丧失它的自在存在时，它才引起我们的注意并成为课题。[③] 借助于这个观察，海德格尔在现象学上开辟了一条指明现实满足的充实体验的道路。真正的体验应当带有一个体验，在这个体验中，我们恰恰是在其不为人注目的可靠性中遭遇一个用具事物，也就是说，这个用具事物是在不被对象化的、课题化的情况下而将它的这个特征展现给我们。

海德格尔的分析也已经含有这样的起点，它可以在具体的体验中确证真正充实的另一个特征，即世界之为世界的非课题显现。工具行动的世界，即这个行动的所有部分所同属的那个视域，就是因缘联系。如此理解的世界在使用用具的过程中也始终是作为世界而隐蔽着的，就像那些用具

---

① 参阅海德格尔《存在与时间》，图宾根1957年第8版，第18节。
② 详细论述可以参阅笔者《海德格尔通向"实事本身"之路》(Heideggers Weg zu den Sachen selbst)，载《论概念之谜：F. W. v. 海尔曼六十五诞辰纪念文集》，弗莱堡1999年版。(中译文载于《浙江学刊》1999年第2期，第81-90页。——译者)
③ 参阅海德格尔《存在与时间》，第16页，第75-76页。

## 意向性与充实（1993年）

事物一样，只要它们可靠，也就始终不为人注目。即是说，只有当这个在一个作为手段被使用的用具事物与一个相应的目的之间的指明联系被这样一个事物的不可使用性或坏的使用性所妨碍时，这个指明关系才会引起我们的注意。

因此，自在存在的用具事物的不为人注目与这个指明联系的不为人注目（即用具事物所处的世界视域的隐蔽性）是并肩而行的。世界之所以能够将这些用具事物为其自在存在，即为其在工具行动的不为人注目的、可靠的可使用性而解放出来，恰恰是因为世界抑制了它的自身显现。世界本身为了用具事物的不为人注目的显现而隐藏自身。带着这个发现，海德格尔在《存在与时间》的第18节中开始准备将现象学深入地改造为他后期所说的"非显现物的现象学"。①

由于用具的不为人注目要归功于世界的隐蔽性，因此，我们可以期待，在一个用具事物以其不为人注目的可靠性而非对象地遭遇我们的体验中，世界作为世界也可以非对象化地从它的隐蔽性中显露出来。但我们如何通过具体的现象学分析来兑现这种期待呢？由于手段处处都指明目的，因此，对于工具行动来说，某种不安具有建构的性质：每一个使用对象都只是"为了"目的才出现，它显现为一种适合用来实现此目的的手段。因此，意识，或用海德格尔的话来说，此在可以不在这些对象上聚集滞留，它在使用时也总是已经超越出每一个这样的用具事物。为了能够使一个用具事物聚集地被遭遇到，此在必须具有克服这种工具行动之不安的可能性。

这种可能性现在的确存在，它是通过工具行动所描述的"为了"（Umwillen）的指明联系而得到标识的：每一个手段的使用都是为了一个目的，而目的则又可以被纳入另一个更高的目的中去。但是，这个"为了"的链条不可能是一个无限的回退（regressus in infinitum）。它可以说是挂在第一个"为了"上面，即挂在此在本身上，在所有工具活动中最终涉及的还是这个此在本身。②

此在可以在它的所有行动可能性中找到这样一个突出的可能性，即它

---

① 参阅海德格尔《讨论课》（Seminare），《海德格尔全集》第15卷，美茵河畔的法兰克福1986年版，第399页。

② 参阅海德格尔《存在与时间》，第18节，第84页。

将自己思考为一个不再可以被附属的"为了",并且使自己不因工具行动的日常进行而偏离开这个自己。人的生存,即所有行动可能性的可能存在,因而改变了它的存在方式。它超越出那个使工具行动可能性得以可能的日常生存模式。新的生存模式的基础在于,此在明确地觉知它的各个本己自身。由于关系到自身的这个不可更换的本己(Eigene),海德格尔将这种生存模式称为本真的(Eigentlichkeit)生存模式。①

由于在本真性中此在所涉及的是不再可以被附属的"为了",它便因而可以获得一种安宁,可以通过这种安宁而聚集地滞留在一个用具事物上。这种滞留不可能在于,这个用具事物被剥夺了那个恰恰使它成为用具事物的特征,即它在世界这个普全视域中的交织。但这种交织现在可以以不同于在显现中的方式出现,即以一种摆脱了工具行动之不安的方式出现。作为使用中的手段,用具事物每次都指明了它为之而被使用的目的,而生存的不安就在于,此在是在追索这些个别的指明,即活动于这个指明联系以内。此在可以在用具事物上滞留,只要它与这个在世界中进行的活动保持距离,并从而使这个指明联系显现为整体,使世界显现为世界。

即是说,即使本真生存的此在滞留于用具事物,事物也保持着它在指明联系中的交织状态。因此,它也保持着不为人注目的可靠性特征。它也就不会作为对象而成为课题。尽管如此,它为在它之中聚集滞留的此在获得了一个新的含义,因为在它之中世界显现为世界。世界可以说是成为燃点,成为世界在其中作为世界而闪亮的"焦点"(focus)。② 作为一个他最终仍然坚持的现象学家③,海德格尔在其后期对事物的阐释中阐明,世界在使用事物中的这种焦点化是如何通过本真性的安宁聚集而成为可能的。④

---

① 参阅海德格尔《存在与时间》,第9节,第42–43页。

② 我从博格曼(Albert Borgmann)那里接受这个形象的说法,他引入了"focal things and practices"这个概念。参阅博格曼《技术与现代生活特征》(*Technology and the Character of Contemporary Life*),芝加哥/伦敦1984年版,第4页以下。

③ 我曾在下列文章中尝试论证这个主张:《海德格尔与现象学的原则》(Heidegger und das Prinzip der Phänomenologie),载A. 西弗特与O. 珀格勒尔编《海德格尔与实践哲学》,美茵河畔的法兰克福1988年版,第111页以下;以及《世界的有限性:现象学从胡塞尔到海德格尔的过渡》(Die Endlichkeit der Welt. Phänomenologie im Übergang von Husserl zu Heidegger),载《有限性哲学:E. Ch. 施罗德六十五诞辰纪念文集》,维尔茨堡1992年版,第130页以下。

④ 首先可以参阅海德格尔的报告《筑、居、思》(Bauen Wohnen Denken)和《物》(Das Ding),载《报告与文章》(*Vorträge und Aufsätze*),图宾根1954年版。

## 意向性与充实（1993年）

据此，海德格尔指明了——如果我们将此译回到胡塞尔的语言中——真正充实体验的意向相关项内涵，并因而迈出了使现象学对怀疑论之反驳得以完善的一步。真正的充实体验只存在于本真性的生存模式之中，而且这些体验的标识在于，工具行动的个别手段成为世界在其中被照亮的燃点。此外，这些手段并不必须是海德格尔所局限于其上的用具事物。我们的本己行动在工具行动中也是作为实现目的的手段在起作用。① 因此，在本真性中，每一个行动都可以成为世界的燃点，并且——用胡塞尔的语言来说——可以作为本真充实的一个"意向相关项"而显现出来。

作为指明联系，即把工具行动的手段以不为人注目的方式解放出来，使其得到不受干扰的使用的指明联系，世界本身始终是不为人注目的，即隐蔽着的。即使手段对世界成为燃点，它们仍然保持手段的特征，即是说，它们的可靠性、它们的自在存在要归功于世界的隐蔽性。如果世界在燃点中作为世界被照亮，那么这种照亮据此便具有一种从隐蔽性中显身的特征。在本真的充实体验中，世界之光并不显现为一种不为任何晦暗性所浑浊的明亮性，而只是显现在与隐蔽性的晦暗性相对的特征之中，这种晦暗性也可以为我们始终保存世界之光。因此，世界的这种显现是一种从隐蔽性中的解脱。

这种解脱不是对象，因此，它本身也无法被对象地经验到。它只能在充实体验的内涵中通过一种情绪而呈报自身，此在带着这个情绪来回报解脱的馈赠。这个情绪具有喜悦的特征；它是一种高兴之情（Hochstimmung）。② 但这种高兴之情的出现是与世界在行动手段中的焦点化相联结的。因此，每一个成为本真生存燃点的手段都会在此在那里释放出一些感情，我们也可以将它们改称为快乐、享受、欢乐或舒适。

通过这些感情，本真的充实便具有一种情感满足的特征。正如我们在本文引论中所说，这个特征标识着实践的充实。胡塞尔原初的理论的充实概念具有一种形式的特征。"充实"意味着意向意识到达了自身给予的无指明状态。实践的充实概念据此而含有一个附加的、质料因素：在到达这

---

① 对此可以参阅笔者《本真的生存与政治世界》（Eigentliche Existenz und politische Welt），载《生存范畴：W. 江克纪念文集》，维尔茨堡1993年版，第395–412页。

② 我曾尝试在对海德格尔一个思想的批判接受中更进一步地确定这种高兴之情。参阅黑尔德《海德格尔哲学中的基本情绪和时间批判》（Grundstimmung und Zeitkritik bei Heidegger），载《海德格尔的哲学现时性》第1卷《哲学与政治》，美茵河畔的法兰克福1991年版。

样一个境况时对引发行动的欲求的满足。这种满足的标志首先在于，这种欲求在到达中得以安宁，这样一种安宁为我们在本真性的聚集中所遭遇，但"满足"除此之外还意指一种感情，由于这种感情，生活被感受为是幸福的。正是这种感情才是在本真的充实体验中出现的快乐的高兴之情。

## 三

带着实践充实及其情感成分，我们踏进了现象学伦理学的领域。属于本真充实的感情的基本特征在于，它们是"在某物上"被引燃。这个"某物"——作为我们行动的手段——对我们显现为"甜蜜的"（hedy），就像古代希腊人所说的那样，因此，以此方式而产生的"快乐"（hedoné）是一种可以说是意向的，即与某个作为其"对象"的燃点有关的感情。但它本身不是对象，而只是一个在对象显现过程中的伴随显现。因此，人并不能通过一个直接朝向它的意向来引出"快乐"。

正如马克斯·舍勒准确地观察到的那样，"快乐"这种幸福的感受始终只是出现在这样一些行为的背后，这些行为必须是朝向那些本身不是感情的对象。① 这些其他的对象总是我们行动的本真地被体验到的手段，即是说，它们或者是原初在使用中出现过的事物，它们为我们带来喜悦和乐趣，或者它们就是我们行动本身的可能性，我们将它们经验为充满欢乐的。如果"快乐"直接地被意指，我们就总是无法得到它。② 但这是可以解释的，因为世界从隐蔽性中的解脱并不是能由人所决定的。因此，他既不能生产本真充实的快乐，也不能生产它的与对象相关的对"快乐"本身之影响。一个"快乐"只能是不被意愿和不被期望地出现。但恰恰是通过这种不可支配性，"快乐"这种幸福的感受才能够为人的生存带来满足并因而带来充实。

如此理解的实践的充实能够对一门现象学的伦理学具有何种意义呢？胡塞尔自 1908 年起就开设伦理学讲座。但在这些文字中，起决定性作用

---

① 参阅舍勒《伦理学中的形式主义与质料的价值伦理学》（*Der Formalismus in der Ethik und die materiale Wertethik*），伯尔尼 1954 年第 4 版，第 56 页以下，第 259 页以下，第 360 页以下，还有其他等等。

② 参阅笔者《非政治化的幸福之实现：伊壁鸠鲁致美诺寇的信》（*Entpolitisierte Verwirklichung des Glücks. Epikurs Brief an Menoikeus*），载恩格哈特编《幸福与有幸的生活》，美茵茨 1985 年版，第 98 页以下。

## 意向性与充实（1993 年）

的是价值概念。直到在 1924 年的一篇文章中，胡塞尔才提出了一门以实践的意向性及其充实为出发点的真正现象学伦理学之构想，这篇文章的标题是"改造（Erneuerung）作为个体伦理学的问题"①。

胡塞尔在这篇文章中以一个本质特征为出发点，这个特征是所有意向都具有的特征，无论它们的本性是理论的还是实践的。意向的意义表明，意向应当"证实"（bewähren）自己。即是说，必须始终保证这些意向得到充实而不致失败，即胡塞尔所说的，不致"失实"（Entäuschung）或"被删除"。因此，实践的意向朝向一种生存充实，这种充实应当是恒久的。如果人放纵他的生活，他就不可避免地会经验到，许多引导他作出行动的期待都会变成失望（Entäuschung）；他的行动的结果不能满足他。

为了防止这种经验的产生，人必须做到，不再听任自己受那些引发他的行动的欲求的指使，而要主动地控制这些欲求。唯有当他的实践意向在他那里是被动地出现时，他才能接受它们。他必须通过意志来全面地调整他的生活。② 只有在意志的主动性主宰了欲求的被动性时，人才明确地承担起对他行动的责任。从这时起，他便有能力去考虑那些引发他的行动的意向，并且以此方式论证他的生活。随着这种考虑（Rechenschaft，在希腊文中就是逻各斯："lógos"），行动被置于理性的统治之下。

但人首先是不加控制地追随他的那些出现在被动性中的实践意向。只要他是如此做法，他就仍然在听任自己受某些生存理想和生活形式的指使，而不去检验这些通常是至关重要的价值是否相互协调。例如，他主要是在财富中、在友谊中、在健康中、在权力中、在研究中或在其他等等之中寻找对他生活而言的充实，但他不去询问他是否不必为这一种满足而去放弃其他种类的实践充实。因此，如果生活的某些充实可能性表明是不可忍受的，并且由于其不可协调性而无法证实自身，他每一次——如胡塞尔所说——都会"苦闷地"（peinlich）③ 感到吃惊。

对实践意向的理性控制可以预防这种苦闷的惊异。在胡塞尔看来，存在着极端形式的控制和较缓和形式的控制。后一种形式的控制结果，例如

---

① 这篇文章刊印在胡塞尔《文章与报告（1922—1937 年）》[Aufsätze und Vorträge (1922—1937)]，《胡塞尔全集》第 27 卷，多特莱希特/波士顿/伦敦 1989 年版，第 20 页以下（以下在脚注中简称《改造》）。
② 参阅《改造》，第 24 页，第 26 - 27 页。
③ 参阅《改造》，第 26 页。

决定从事一个特定的职业。① 带着这样一种决定，我有意识地为许多没有预见到的生活境况而承受这样的事实：在冲突的情况中，某些充实的可能性为了职业所能提供的那些特殊满足而必须退后。

但这种控制并不能为我提供这样的保证，即不能保证有一天在我的生活道路上不会出现一种没有预见到的充实，以及这种充实不会不与职业的满足发生冲突，从而使我的幸福崩溃。这种不可靠只有通过一种极端形式的控制来消除。通过这种控制，人的生存获得一个被胡塞尔称作真正人性的生活方式的内涵。② 这种生活方式所能允准的充实可以抵御危机；因为与职业这类生活形式不同，它不再与其他的生活形式相竞争。它更多是生活形态的一个普遍方式，这种方式提供了一种可能，即在任何一个竞争的生活形式中找到一种始终摆脱了上述苦闷惊异的满足。

只要人还没有达到真正人性的生活形式，他就必须考虑到，在与其他生活形式的比较中，他的生活形式总会在某个时候让他觉得是单一的。他不能确定，他的生存充实是否有一天会失足于不满，即那种由他所选择的生活形式的局限而有可能在他那里引发的不满。在德文中存在着"充实"（Erfüllung）和"充盈"（Fülle）之间的语言联系。"充盈"是一种无贫困的富足。在进入真正人性的生活形式之前，人具有这样一种生活态度，这种态度使他担心，他的生活形式是否有一天会因其贫困而不再能够满足他。

与此相反，真正人性的生活形式建基于这样一种态度之上，这种态度排斥了下列可能性，即人的生活形式的局限性可能会使人觉得是一种充盈的匮缺。但这种排斥是如何可能的呢？胡塞尔在他的文章中既没有提出也没有回答这个问题。但答案是显而易见的，如果生活充实之充盈是通过生活形式的局限性才得以可能的，那么这种局限性从一开始就不可能受那种充盈的影响。我们可以对胡塞尔的意向伦理学构想进行多种批评。但它的基本缺陷在于，人性的伦理［Ethos，或译习俗］始终是一个空乏的形式，因为胡塞尔远没有深入刚才所表述的那些思想中去。唯有本真的充实概念，即可从海德格尔出发来规定的本真充实概念，才可能使这个思想在现象学上得以具体化。

---

① 参阅《改造》，第 28 页以下。
② 参阅《改造》，第 29 页，第 33 以下。

## 意向性与充实（1993 年）

这种由"真正人性生活形式"所应带来的生存充实的充盈，关系到丰富的行动可能性，世界为这些行动可能性开启了游戏空间。每一个行动可能性都是有限的，但是，只要它成为燃点，那么在每一个可能性中，世界都可以作为这样一个向度而闪亮，这个向度隐蔽地准备了生存可能性的充盈。唯有通过限制在行动可能性的一个范围中，亦即唯有通过选择一种生活形式，世界才能够作为隐蔽的充盈而被经验到。但这种经验的前设是本真的生存；因为只有在这种生存中，人才准备将那些通过生活形式而被给予的行动可能性作为出自隐蔽性的馈赠而加以接受。

我这里所涉及的胡塞尔文章《改造作为个体伦理学的问题》，是他于 1924 年在日本《改造》（*Kaizo*）杂志上所发表的一组论"改造"的文章中的第三篇。① 在今天这个时代，由于对共生的人类而言交互文化性问题越来越紧迫，所以我们有必要在本文结束之际将注意力转向这一组文章的标题以及它们的非欧洲发表地点。

首先就标题而论，它表明，一个实践的意向性伦理的基本特征在于"改造"。这种基本特征产生于这样一个思想：被动出现的实践意向要想证实自身，就必须通过理性意志来加以控制。这种控制不可能具有这样的意义，即它是对那种被动地被给予的欲求的消除，因为否则行动便被剥夺了它的动机。但欲求获得了一个新的形态，它被"改造"了。这种改造从根本上改善了持续充实的前景，同时却并不可能每次都对它作出绝对的保证。因此，改造就在于人自身的一种工作，这个工作是没有穷尽的。② 由于这种无限性，改造便具有一个无限的未来领域。因此，在胡塞尔看来，在改造精神中进行的生活是处在规范性的不朽性观念的指导之下。

欧洲的伦理（Ethos）自其在希腊人那里的原初的创立以来便带有改造意志，带有理性的无限主动性的烙印。这是胡塞尔 1936 年在其最后一部著作《欧洲科学的危机与超越论的现象学》以及在这部著作的雏形，即 1935 年在维也纳所做的报告"欧洲人危机中的哲学"中所表达的信念。③ 在由诸"改造"文章所做的对一门改造的伦理学的初次构想中，后期的工

---

① 进一步可以参阅《胡塞尔全集》第 27 卷的编者引论，第 X 页以下。
② 参阅《改造》，第 34 以下。
③ 参阅胡塞尔《欧洲科学的危机与超越论的现象学》，《胡塞尔全集》第 6 卷，比梅尔编，海牙 1954 年版。维也纳报告是以"欧洲人的危机与哲学"（Die Krisis des europäischen Menschentums und die Philosophie）为题刊印在这一卷中，第 314 页以下。

作已经得到准备。胡塞尔能够为非欧洲的公众撰写这些文章,这表明他对一门现象学的改造伦理学有何等的期求。他认为意向生存充实的欧洲伦理应当借助于这个构想而获得一个新的形态和论证,从而可以使它对全人类的普全有效性得以清楚地显露出来。

恰恰是这种期求在今天引起许多知识界人士的反感。不少西方哲学家在1992年的奥林匹克运动中参与了新的社会游戏"欧洲中心主义的自身批判"。在他们眼中,对生活经验之意向主动性的神圣化以及从理性意志出发的无限改造恰恰就属于我们文化传统的刺眼特征,它们已经扮演完了作为我们自己生活之标准的角色,更不能要求它们成为对人类而言的楷模,甚或要求它们成为具有普遍束缚性的东西。作为对这些自身批判的保证,人们喜欢用海德格尔来对抗胡塞尔。但是,正如在前面的思考中所再现的那样,借助于海德格尔的思维方式,我们恰恰可以找到一个比在胡塞尔那里更能得到认可的、通过改造来实施的欧洲的意向性伦理、生存充实伦理的论证。

在本真充实的喜悦情绪中,人经验到世界之光从隐蔽的晦暗中的解脱和现出。这种解脱是在诞生中与人原初地遭遇。通过出生,人的生存,即所有行动可能性的可能存在,便初始地得以可能。这些行动可能性的活动空间是由"世界"这个普全视域所开启的。随着向其行动之手段的每一个本真聚集,人觉察到世界作为世界的显现,并因而觉察到,他的本己生存的可能存在就是一种出自隐蔽性之中的解脱。在这个意义上,人是在真正的充实体验中"重复"他的诞生。用漂亮的德语来说就是:他再一次"看到""世界之光"。

在重复这个诞生时的喜悦是一种启程的情绪,生存的诞生开端便在这种情绪中呈报自身。诞生的高兴之情给人以朝向更新开端的勇往心态,并因而为他开启了一个开放的未来视域。但从这种勇往心态中以及从与此相关的开放未来中,无限改造的激情得以滋生,这种激情从胡塞尔的"改造"文章中表露出来,并且它事实上也是欧洲连同其一再"复兴"的历史所具有的特征。①

--------

① 对此可以参阅笔者《胡塞尔关于人类欧洲化的命题》(Husserls These von der Europäisierung der Menschheit),载O. 珀格勒尔和Ch. 雅默编《争论中的现象学》,美茵河畔的法兰克福1989年版,第26-27页。

## 意向性与充实(1993年)

胡塞尔将这种具有诞生情绪的一再起始的可能解释为一种自由意志的主动性。他把这种主动性说成是对被动性的统治。这样就会产生一种误解,似乎意志的主动性建基于一种态度之上,人在这种态度中会相信他能够支配一切。实际上这种诞生性的启程情绪是从这样一个经验中吸取营养,即人是从一个不可支配的晦暗中被允准获得所有那些生存的可能性。而胡塞尔的意向生存充实的伦理学所负载的过多的欧洲自由激情,就是迸发于一种感激之情:对这种自由的活动空间从隐蔽性之中解脱的感激。

# 真理之争

## ——哲学的起源与未来（1999年）①

[德] 克劳斯·黑尔德

所有那些与我们的思想与行动有关的东西，都可能以如此偏颇的方式显现给我们，以至于由此而产生各种意见的相左。如果每一个参与者都声言，唯有他所把握到的实事**显现**方式才符合于实事本身的**存在**和如何**存在**，因而坚持真理是在自己一边，那么争论便会爆发。这便是在这个讲演的标题中所说的"真理之争"。自从哲学对自己的活动第一次进行反省以来，也就是说，自公元前5世纪末的赫拉克利特与巴曼尼德斯起，哲学便认为自己的任务就在于，克服由这样一种情况而产生的意见之争，即一个实事的存在以不同的显现方式展示自己。在这个意义上，哲学从一开始起便是对真理的寻求。

我们这个世纪的现象学——正如它的名称所示——是一种研究显现（即希腊文中的 phaínesthai 或 phainómenon："现象"）的哲学方法。显现的相对性构成了胡塞尔所创立的现象学的出发点。因此，现象学是以一种新的方式来再次试图克服意见之争。而现象学在方法上所遵循的途径是什么，对此，我将以古代哲学的开端为出发点，以此来加以说明。那么希腊人又是以何种方式通过哲学来超越出前哲学的意见之争呢？

随着最终克服意见之争的努力的实施，哲学与前哲学的和哲学外的人的思维方式便相互区分开来。埃德蒙德·胡塞尔曾追溯到一个对于人类来说完全自明的基本态度上，他将这种基本态度称作"自然观点"。赫拉克利特似乎是第一个提出下列问题的人：哲学思维的观点与自然观点——他所说的"多数人"的观点——的区别究竟何在。哲学是从多数人生活于其

---

① 德文原文为黑尔德于2001年在中国访问时的讲演稿（Klaus Held, "Der Streit um die Wahrheit. Herkunft und Zukunft der Philosophie"），至今尚未发表；中译文首次刊载于《浙江学刊》1999年第1期，第12–18页。——译者

中的私人梦幻世界中的苏醒。梦幻者在这种状态中只能知道私人世界,他与其他的人及其他们的世界不发生联系。

多数人定位于其中的局部"世界"构成了他们思想和行动的视野,亦即他们的视域(Horizonte)。按照赫拉克利特的看法,根据实事的不同显现方式,我们对它们的存在作出偏颇的判断,而这些不同的显现方式之所以产生,乃是因为这个存在始终只是在显现方式中展示给我们,而显现方式则又束缚在一定的视域上。对于赫拉克利特来说,哲学就是这样一种苏醒,它为单个的人开启了一个对所有人而言的共同世界。这同一个世界是存在的,因为局部世界完全是从其他世界中切割下来的;所有视域都各自超出自身而指明着其他的视域,这样,所有这些视域都同属于一个包罗万象的指明联系:这同一个世界。哲学思维的观点便是对于这同一个世界的敞开性,在这个世界之中包含着所有视域。

在此之后约半个世纪,普罗塔哥拉曾针对赫拉克利特所表述的这个原初的哲学自身理解提出反驳。他因而创立了智者学派,这个学派从此而成为哲学的永恒对手。普罗塔哥拉认为,哲学想要并且以为能够对这同一个世界进行陈述,这是一种失当(用希腊文来说是:Hybris)。他声言,对于人类来说,只存在他们的许多私人世界,而不存在一个超越于此的共同的**同一个**世界。对这个观点的确切表达是他的传布甚广的人–尺度–命题(Homo-mensura-Satz):"人是万物的尺度,是存在的事物存在、不存在的事物不存在的尺度。"

这个命题所说的"人"不是抽象的"人之一般",而是许多人和人群连同各自的局部世界,即赫拉克利特的"多数人"。事物的存在与如何存在仅仅取决于它们如何显现给那些处在其私人世界中的人。柏拉图在《泰阿泰德篇》中所用的一个例子可以被用来说明普罗塔哥拉的观点:可能会有两个人站在同样的风中,但却具有不同的感觉,因为他们生活在不同的私人世界中。一个觉得冷,而风便显得冷;另一个感到暖,而风也相应地显得暖。风**是**什么,这是相对于敏感者和强壮者的感觉而言的。因此,一个人会认为,真理在于,风是冷的;另一个人却相反,因为他认为,风是暖的。

如果我们说,这种意见之争事关"真理",那么我们就是在这样一个意义上来理解"真理"概念:一个实事在一个显现方式中如其所**是**地展示自己。我们在意见之争中指责对手违背真理,这里所说的真理之对立面便意味着，实事没有如其本身所**是**地显现给他们，也就是说，对于他们来说，存在或多或少始终是遮蔽着的。据此，"真理"在这个语境中便是指一个实事之**存在**的非遮蔽状态，指实事**本身**在相应的显现方式中展示出来。在这个意义上，古代哲学将真理理解为"不遮蔽"（即希腊文中的"alétheia"）；我们今天将它译作"真理"。很可能"人是万物的尺度"这个命题就出现在一部以"Alétheia"为名的著作的开始。这并非偶然。普罗塔哥拉将真理等同于事物的显现方式，这种显现方式束缚在视域上；事物不具有处在私人世界之彼岸的存在。这便是智者学派的相对主义之路。

巴曼尼德斯，这位与赫拉克利特同时代的伟人，在他的学理诗中将进入哲学描述为选择一条道路，一条"真理"（Alétheia）之路。这条路不同于普罗塔哥拉后来想要恢复的多数人之路。人之所以能选择哲学之路，是因为人具有为一个共同的世界敞开自身的能力：精神（希腊文为"nous"）。这个名词与动词"noeín"联系在一起，而"noeín"通常被译作"思维"，但这种思维实际上是指"关注到或觉察到某个东西"。我们的精神（nous）也能够关注到和觉察到在我们各自私人世界的有限视域中非当前的，因而也是非显然的东西。在这个意义上，不在场的和被遮蔽的东西也可以作为某个在场的东西而展示给我们的精神，亦即显现给我们的精神。因此，他在其学理诗中要求思维着的人，以他们的精神来观看，看到那些非当前的东西也是当前的。

所有以后的哲学和科学都是遵循这个要求的尝试。对此还可以用刚才所提到的冷的例子来说明。在前哲学的生活中，我们不言而喻地相信，在像冷这样一类显现方式中有一个"实事"显现给我们，例如风。显现对自然观点来说就意味着某个东西的显现，意味着一个实事的展示；每一个显现都带有与一个实事之存在的联系，即一个由显现方式所承载的存在。承载者是奠基者，用亚里士多德的希腊文来说都是"hypokeímenon"，翻译成拉丁文便是"subjectum"。对于前科学地生活着的人来说，风是奠基者，它的存在在冷的显现方式得以显然。哲学家和科学家相信，真正的存在始终隐藏在对多数人而言的这种显现方式后面，并且，他们在对真正的存在进行认识，而在那种多数人而言的显现方式中，真正的存在只是局部地和扭曲地展示出来。例如，柏拉图会说，唯有冷的理念才具有真正的存在。而近代认识论自笛卡尔以来便宣称，冷的本真存在无非是一个可以通过数学来表述的分子运动的低下程度。

巴曼尼德斯带着他的以下命题而成为对显现者的所有这些科学解释的先驱：由于在自然观点中，显现始终局限在我们各自决定性的本己视域上，因而存在始终对我们是隐蔽着的，但存在对我们的精神（nous）则始终是敞开的。每一个存在（希腊文为"eínai"）都包含着作为对存在之自身展示的显现："思维"。巴曼尼德斯也曾明确地陈述过思维与存在的这种全面共属性，即在这样一句著名的诗中："关注的观察与存在是一回事。"普罗塔哥拉以后用他相对主义来反驳人类精神的普全敞开性。但值得注意的是，他尽管偏离开哲学，但仍继续坚持巴曼尼德斯的存在和关注的观察是同一的命题；因为，如果说，人带着他们的因受视域所限而产生出差异性成为实事存在的尺度，那么这仍然还意味着，实事对于人的显现被等同于实事的存在。

柏拉图与他的后继者亚里士多德批判了普罗塔哥拉，并且回返到思维观察所具有的对一个共同世界之整体的原初敞开性上。他们同时也坚持巴曼尼德斯的基本信念，即实事本身的存在以及它们的显现是不可分割地共属一体的；存在对他们来说也意味着"真实存在"，只要我们将"无蔽"一词意义上的"真实"理解为实事的存在从相应显现方式中的遮蔽性中凸现出来。这样，我们便可以谈论哲学的第一阶段，它从公元前6世纪中一直延续到公元前4世纪中期，并且，尽管有各种偏离倾向存在，它仍然带有那样一个基本的信念。

公元前4世纪末，希腊化哲学家的各种学派得以形成，伊壁鸠鲁和斯多亚派对这些派别产生了重大的影响，这时，古代哲学中的一个新的历史阶段便得以产生出来。对于我们这里所讨论的问题来说，爱利斯的皮隆的怀疑论具有特别的意义；因为它是一个克服意见之争的彻底新尝试。前希腊化时期的哲学家认定，私人世界共属于同一个世界，以此来缓解意见之争；我们只要对一个共同的世界敞开自身便可以结束争论。在普罗塔哥拉的相对主义中，这个争论则是通过一个相反的前设而得到缓解：由于不存在一个共同的世界，而只存在局部的视域，因而人们应当将每一个显现方式都看作真实的。

与此相反，皮隆的怀疑论则踏上了一条完全崭新的道路。在意见之争中，所有参与者都提出要求，认为他们的陈述是真实的。由于这种要求，我们将这些陈述称作"主张"。在意见之争中，各种主张相互冲撞，因为一个人所赞同的东西受到他的对手的反驳并受到否定。争论便是由这种肯定与否定之间的矛盾而产生。怀疑论试图系统地表明，有充分的理由可以将每一个肯定的主张与一个相应的否定对置起来，反过来也是如此。这样便在所有可想象的肯定与否定之间产生出一种力量的平衡，以至于不可能再坚持任何一个主张。怀疑论通过这种方式而获得了一种面对所有可能的陈述内容的中立态度。

中立的态度使怀疑论有可能第一次作出一个区分，我们今天主要是通过分析哲学才熟悉了这个区分：任何一个随着陈述而提出的主张——正如分析哲学家所指出的那样——都可以在不改变其语义内涵的情况下分解为两个要素，论题的要素和赋予陈述以主张特征的要素。我们再回溯到柏拉图的例子上去，我们想象在一个强壮的人和一个敏感的人之间进行的关于风的争论。"风"这个实事对强壮的人显现为暖的，因此，他作出"风是暖的"陈述。这里论题内涵在于"暖"这个谓词和"风"这个主词之间的联系。这个陈述的真正主张要素是肯定，它意味着："是的，在暖和风之间的联系是真实存在的。"敏感的人觉得风是冷的，他用否定来反驳强壮的人："风不是暖的。"他的主张是："不，这个联系并不真实存在。"

根据这个对意见之争的解释，是与否的说法，肯定与否定，它们是对各种有关陈述的论题内涵的表态。由于怀疑论者引入了在所有这些表态之间的力量平衡，因而他的唯一可能在于彻底地中止所有表态；他在其所有活动方式中都"中止"表态。"中止""退回"在古希腊语中叫作"搁置"（epéchein）。皮隆的怀疑论因此，用一个源于此动词的名词而将对所有表态的彻底中止都称为"悬搁"（epoché）。

对所有表态的中止不是一种正常的、出于前哲学的自然观点的习惯行为，而是建立在一个自己作出的决定的基础上，但这也就意味着：建立在一个我们的意愿行为的基础上。但是，如果主张本身——各种形式的肯定与否定——不是已经具有意愿进行的特征，那么也就不可能进行这样一种与主张有关的意愿行为。将陈述解释为一个包含着意愿表态的主张的做法在古代怀疑论那里成为可能。在今天，通过语言分析的影响，这种解释甚至被我们看作不言而喻的，但它实际上并非如此。

这一点可以很容易得到认清，因为将肯定和否定概念引入思维的亚里士多德并没有将这两种主张的形式看作一个意愿表态的方式。"肯定"

(Affirmation)与"否定"(Negation)是对亚里士多德"katáphasis"与"apóphasis"这两个概念的拉丁文翻译。"katáphasis"意味着"归与"[实事][判定它拥有]:我们主张,一个谓词归属于一个实事。我们也可以将这个谓词"剥离"[实事][即判定它不拥有],这便是"apóphasis"。根据亚里士多德的观点,如果我们在一个关于实事的肯定陈述中一同置入了在实事显现中一同展示出来的东西,那么这个陈述便是真的,而在真正的"apóphasis"(剥离)中,情况则完全相反。

亚里士多德认为,我们用真正的对一个谓词的"归与"和"剥离"只是追随了那种自身展示出来的东西,即一种在显现的事态中所包含的束缚性和非束缚性。以此方式,他对肯定与否定做了与普罗塔哥拉的存在与显现的共属性相应的解释。因此,对他来说,"归与"和"剥离"不可能具有一种表态的特征,也就是说,不可能具有与陈述相关的赞同和拒绝的特征。在这样一种表态中起作用的是我们的意愿。只要在实事本身的存在中包含着显示,并且只要反过来,显现无非就是这个存在的自身展示,那么,判断便不会为这样一种表态提供位置,即我们在有意愿地证实或拒绝一个实事和一个谓词的束缚性或不束缚性时所持有的那种表态。

只有当我们原则上始终不知道实事与它的显现方式之间的联系时,更明确地说,只有当我们甚至无法知道这样一种联系究竟是否存在时,在一个实事本身与它显现给我们并因而可得到谓词陈述的方式之间的束缚性和不束缚性,才取决于我们的决定。只有在这种无知的前提下才需要有一种特别地制作出这种联系的意愿。但这样一种无知意味着,实事的存在在其显现过程中以一种彻底的方式始终对我们隐蔽着,即是说,普罗塔哥拉的存在与显示的共属性不再有效。

由显现的相对性所决定的意见之偏差在关于真理的争论上变得尖锐起来,因为讨论的对手都指责对方为非真理和错误。前希腊化的思想家淡化了这个争论,他们认为,没有一个显现方式可以是绝对不真的;因为每一个显现方式都产生于一个视域世界的联系之中,并且它们都同属于同一个世界。在意见之争中,对手的错误永远不可能走得如此之远,以至于每一个实事都对他是完全隐蔽着的;因为情况如果确是如此的话,那么对手们就不会具有任何可以进行争论的共同实事。实事在错误的显现方式中的显现因而始终还是一个显现。

但这意味着，没有人是完全从实事的存在之中被割裂出来的，即使是那些弄错了的人也不是；没有一个存在是完全隐蔽的，即使是一个错误的陈述也还是显示了什么，用希腊文来说即 délon，它是一个 deloún，一个使之显示出来的活动。确切地说，这是巴曼尼德斯对存在与显现的共属性的基本信念。通过怀疑论的悬搁，这样一种看法得到贯彻：实事的存在是完全被遮蔽的，它具有不显示（á-delon）的特征；这时，巴曼尼德斯的基本信念便被放弃了。在这个时候，一个鸿沟形成了：在彼岸是隐蔽的存在，在此岸是显示（délon），是显示出来的东西，这就是在显现方式中进行的显现。

一旦将显现的显示性与存在的隐蔽性分离开来，对非真理的理解便发生了根本的变化；由于在存在与显现之间隔着一条鸿沟，因而原则上，如果我们相信，一个实事的存在以一种对我们来说显示性的显现方式显示给我们，那么我们有可能每一次都会弄错。普罗塔哥拉所做的对意见之争的相对主义淡化就在于，每一个主张都被解释为真。与此相反，怀疑论的淡化则在于，每一个主张都不能声称自己是在无蔽（aletheia）意义上的真，即一个实事存在在相应显现方式中的自身展示之意义上的真。可以说，不值得进行意见之争，因为任何一个提出主张的人从一开始就不可能在无蔽（aletheia）的意义是合理的。

如前所述，在前哲学生活中包含着一种自明的信念，每一个显现都是关于某个东西的显现，是一个基础性的实事、一个基质（subjectum）的自身展现，这个基质在我们看来是处在显现"之后"的东西。怀疑论是对自然观点的最外在的哲学反驳，因为它完全否认这个基质对我们的精神来说是可及的，实事的存在是在这个可及性的范围之外发生的。这个存在的遮蔽性将人的精神掷回到它仅仅所能及的区域上去：显示性的区域、显现。故而人的可能仅仅在于，不是在这个区域之外、在这个区域的彼岸，而是在这个区域的此岸，在它自己这里，在显现方式为之而显示的人的本己精神之中去寻找基质。

如此一来，个别人的精神，我的精神，便成为显现方式的基质，成为近代意义上的"主体"（Subjekt）。显现方式很快便不再是实事的自身展示，而是成为精神本身的各个特征展现给我的精神的方式。意识的内在性与"外部世界"的二元论虽然是自笛卡尔以来在近代哲学之始才成为成熟的口号，然而在这个方向上的关键一步是随着悬搁以及显现方式之显示性与存在之隐蔽性的二元论而由怀疑论所迈出的。实际上，近代哲学的主体主义不是从笛卡尔才开始，而是随着希腊化时代便已经开始了。

笛卡尔在他的基本著作《沉思》中明确无疑地与怀疑论的悬搁相衔接。他首先用一些源于怀疑论的论证表明，有足够的理由来中止任何一个肯定性的执态，中止任何一个"赞同"（assensio）：assensionem cohibere——这是对"悬搁"的拉丁文翻译。然后他这样来继续他的论证：因为我们人出于自然观点而通常习惯于肯定实事的存在，哪怕我们从不可能确定它们，所以只有一条道路才能使我们获得一个中止任何肯定执态的新习惯，即我们必须认为，每一个对存在的肯定都是一个错误。但这种对所有存在的否定只是为了用来彻底地实施悬搁；它是一种具有纯粹方法作用的怀疑。

胡塞尔曾以对笛卡尔的批判来论证现象学：笛卡尔从悬搁走向否定所有存在的这一步是一个方法上的错误；因为，这个否定的任务在于支持对所有表态的中止，但它恰恰无法做到这一点，因为它自己就是一个主张并因而是一个表态。一门彻底地为了真理、为了克服意见之争而进行努力的哲学方法只能是在于悬搁之中。这样，就像在皮隆的怀疑论中一样，悬搁在现象学中再次成为整个哲学的基础。

由于胡塞尔在历史上对怀疑论知之甚少，故而他从未看到，他对笛卡尔的批判已经可以与皮隆的怀疑论发生联系。这种怀疑论的意图就在于，中止任何一个主张，但它仍然以隐蔽的方式含有一个主张，这个主张便是：在实事的显现方式与实事的存在之间隔着一个鸿沟。怀疑论因而提出了一个关于存在和显现之关系的主张，尽管怀疑论禁止任何主张。由胡塞尔所开创的现象学完全就是一种无限地坚持悬搁的方法。因此，这是一种彻底严肃对待自己的怀疑论方式。胡塞尔的命题在于，怀疑论恰恰因而克服了自身。他以此而用他自己的方式兑现了黑格尔《精神现象学》中的命题，即一个完全彻底的怀疑论将会自己扬弃自身。

哲学的第一条道路是建立在巴曼尼德斯存在与真理之共属性基础上的早期古代希腊思维。哲学的第二条道路是随笛卡尔将意识提升为基质而开始的近代主体主义。现象学是具体实践第三条道路的尝试。这条道路以皮隆怀疑论的自身克服为开端，这门怀疑论在希腊化时期便已为近代主体主义的发展提供了可能。现象学放弃对显现与存在的关系做任何表态，从而完成了怀疑论的自身克服；因为这种放弃意味着，它与怀疑论相反，不把显示者——显现方式——与存在分离开来。

但如果人们认为，现象学只是回到了前希腊化时期的思维，即回到了巴曼尼德斯对存在和关注的观察之等同上去，那么人们便误解了这一点；因为这个等同也是对存在与显现之关系的表态。现象学之所以获得在哲学史上的位置，乃是因为它在前希腊化思想与希腊化思想的分水岭上做了回转，并且对这两条道路所做出的思维决定进行了明确的悬搁；现象学对此问题不做表态，这个问题便是：存在与显现之间的关系究竟是巴曼尼德斯的共属性，还是皮隆的怀疑论鸿沟。

从这个完全彻底的悬搁中自发地产生出在现象学基础上的未来哲学之任务。哲学自赫拉克利特以来便立足于克服自然观点。在自然观点中包含着这样一个信念：所有显现方式都具有这样的意义，即它们是关于某个东西的显现，是一个实事的存在的显现。因此，这个信念预设了显现的结构，我们可以将这个结构用公式来表述："实事在显现方式中的显现。"如果哲学研究与克服意见之争有关，那么这个结构便是哲学研究所必须涉及的事态。但现象学家在进入这个研究中去时却没有对这样一个问题做出事先的决定，即显现方式与实事处在何种关系之中；因为，一旦做出这种事先的决定，他便对自然观点作出了表态。而彻底的悬搁禁止他这样做。但是，悬搁给了他这样的可能，即在他的分析和思考时，他可以以上述显现的结构为出发点。

面对实事在显现方式中的显现，现象学家采取一种中立的观察者的态度，他询问：自然观点中的人如何会将一定的显现方式回涉到一定的实事之上？他们如何不言自明地认为，正是这些实事在这些显现方式中展示出来？人如何能够将那些对他们而言是显示性的显现方式理解为**关于**实事显现？现象学是对这个"**关于**"的具体分析。具体地看，显现是一定的实事在与其相应的显现方式中的自身展示。不存在那样一种普遍的显现，以至于各个显现方式可以在它那里相互替换；相反，每一个实事都只能在一定的、对它来说特征性的显现方式中显示出来。现象学的研究工作就在于描述实事与它们的显现方式之间的具体关系，它彻底地放弃对自然观点归给显现之实事的存在进行表态。

一个实事的显现方式究竟是何种类型的，这要取决于人的各种世界，即取决于人的视域。它们构成了一定显现方式的活动空间，并且构成在其中自身展示的实事之存在的活动空间。据此，现象学的研究主要集中在视域分析之上，并且具体地回答这样一个问题：什么样的显现方式通过什么样的视域而得到开启。我们已经看到，在意见之争中，各种相互偏离的意见是由不同的显现方式所决定的，因而也是由视域所决定的。由于现象学作为一种哲学方法，其目的也在于克服意见之争，所以它的真正问题就在于理解许多世界与这同一个世界的关系。这同一个世界是指明的联系，它之所以产生，是因为所有指明联系、所有视域都在进行着超出自身的指明。作为一个对所有视域而言的同一个指明联系，这同一个世界是同一个包罗万象的世界。在这个意义上，胡塞尔将这同一个世界定义为普全的视域。

这不是错误的，但却是片面的；因为，由于世界作为普全视域是包罗万象的，所以它不再超越出它自身；但一个视域的本质在于，它超越出它自身。这就意味着，这同一个世界在某种程度上不可能是视域。视域作为显现方式的活动空间是那些对我们来说显示性事物的区域，用希腊文来说即 dēlon。只要这同一个世界不是视域，它也就不是显示性的区域，就此而论，它是一个 ádelon，一个隐蔽性的区域。世界可以说是有一个朝向我们人的一面和一个背向我们人的一面：就它是对所有视域的普全视域、是显现的维度而言，它是朝向我们的；而就它具有隐蔽性的特征而论，它是背向我们的。

只要世界是普全视域，那么对于现象学来说，巴曼尼德斯的显现与存在之共属性便始终存在；因为每一个实事的存在都处在与一定的、由视域决定的显现方式的相互关系之中，而所有视域都共属于"世界"这个普全视域。但由于对存在与显现之关系的彻底悬搁，现象学中立地对待巴曼尼德斯。对于巴曼尼德斯来说，存在在 noeín（思维）中得以显然。与此相反，现象学必须把握这样一个可能性，即像怀疑论所主张的那样，存在具有隐蔽性。对于现象学来说，这种隐蔽性当然不再可能是笛卡尔意义上的超越意识的"外部世界"。这里所涉及的必定是作为普全世界之背面的世界之隐蔽性。

但如果这个背面具有隐蔽性的特征，那么究竟如何可能来讨论它呢？对这个问题的回答方式产生在对悬搁的彻底坚持之中。悬搁是一种意愿的决定，我们以此来中止对显现与存在的关系作出表态。但是，唯有当皮隆的怀疑论悬搁超越出了亚里士多德对肯定与否定的解释之后，并且当意愿在提出主张的过程中获得和根本性的作用时，显现与存在的关系才能成为一个表态的对象。但这种悬搁在现象学的眼中显得还不够彻底。由此可以得出结论：一种完全彻底地得到实施的悬搁能够做到，对意愿的含义再次加以限制。意愿的主体主义强权必须有一个界限。这个界限可能就是世界的背面的隐蔽性。马丁·海德格尔，这位开启了现象学的思想家，便曾对此做过思考。但这已经是另一篇报告的题目了。

# 海德格尔与胡塞尔的"现象学"概念(1981年)①

[德] 弗里德里希·W. 海尔曼

## 第一节 关于这个标题的引论

对海德格尔与胡塞尔的"现象学"概念之思索必须以马丁·海德格尔的著作《存在与时间》为出发点,它在主题和方法上论证了他的思维的基本立场,并因而始终对这个立场在后期的转变起着决定作用。思维的基本立场的制定和完成不是指对一个个人哲学的阐明,而是意味着使哲学的传播在一个新的发问和新的问句中发生作用。我们对现象学概念的思索指向这样一个问题:对于海德格尔来说最新的传播——同时也是他的当下——埃德蒙德·胡塞尔的哲学如何在方法上对海德格尔自己的发问和其制定发生作用。胡塞尔的哲学是意识的现象学。海德格尔和这门现象学的思维分歧导致了生存的现象学的产生。这样一来,胡塞尔的思维立场和海德格尔的思维立场的分歧似乎仅在于"意识"和"此在"的实际领域的区别,而在现象学的方法上则有其共同性——前提是,人们能看到在意识和此在之间有一个本质上的、深刻的,并且不仅仅是偶然的区别。下面的思索将表明,根据这个区别,海德格尔对哲学的探讨对象的新规定与胡塞尔完全相反,它导致了在保持共同性的同时,对现象学的方法概念的新设想。

在《存在与时间》的第七节,即在方法的一节里,海德格尔贯彻了现象学概念的新设想。但是,由于他在这里只是间接地、不指明地提出了他与胡塞尔现象学概念的分歧,由于他同时运用了胡塞尔一系列的中心的方法基本概念并将它们归为己有,并且,由于他在方法这一节的最后一段中

---

① 德文原文出自 Friedrich-Wilhelm von Herrmann, *Der Begriff der Phänomenologie bei Heidegger und Husserl*, Vittorio Klostermann, 1981。中译文首次刊载于倪梁康等编《中国现象学与哲学评论》(第四辑):现象学与社会理论》,上海译文出版社2001年版,第185-221页。——译者

以及在与此有关的脚注中对胡塞尔表示感激"下列研究……只是在胡塞尔所奠定了的基础上,并且借助于他的使现象学有所突破的著作《逻辑研究》才成为可能"①——由于所有这些原因,读者会得出这样的看法:海德格尔从胡塞尔那里接受了现象学的方法,至少是在其经过超越论改造的形态上。然而,谁只要看到在方法这一节的字里行间所隐藏着的东西,谁只要听到在某些论述中的有意的双关性:一方面海德格尔在胡塞尔的意义上说话,另一方面则用胡塞尔的话来反驳胡塞尔;那么,他就会认识到,海德格尔尽管与胡塞尔的现象学观念有着紧密联系,然而他却为了获得对现象学方法概念的不同理解而与胡塞尔的现象学理解发生深刻的分歧。

现在,现象学方法的特征究竟是什么?胡塞尔怎样规定这个方法,而海德格尔又怎样规定这个方法?现象学概念对于这两位思想家而言共同的东西是什么,以至于他们都合理地说,他们从事现象学的思维?而使他们分离的又是什么?海德格尔是如何与胡塞尔对现象学的理解紧密相连,而他又是如何获得他自己的现象学概念的?

## 第二节 现象学作为探讨的方式(第一方法原则)

### α) 胡塞尔和海德格尔的形式现象学概念

在方法这一节的开头(单27,全37),海德格尔就强调,现象学首先是一个方法概念,它不是指哲学的探讨对象,而是指哲学研究的如何进行,指探讨的方式。我们很容易倾向于,将胡塞尔的与意识体验的意向分析相关的现象学标题和海德格尔的与此在的存在分析相关的现象学标题等同起来。在这种等同中,我们无法充分地注意到,现象学首先不是探讨的对象,不是"哲学研究对象的实事的何物"(单27,全37),而是仅仅指对此何物的研究方式。现象学不是一种与本体论、认识论或伦理学相并列的哲学,因为它作为方法不具有与本体论、认识论或伦理学的事实领域相

---

① 海德格尔:《存在与时间》单行本,第38页;《海德格尔全集》第2卷,第51页。[以下凡涉及《存在与时间》均用简称在正文中用括号标明,例如(单38,全51)。——译者]

## 海德格尔与胡塞尔的"现象学"概念（1981年）

并列的特有的探讨领域。这些学科中的任何一个都可以将自己标志为现象学，即只要它们愿意在方法上现象学地理解自身。意识行为的意向性的状态不是意识现象学的真正现象学部分，它的现象学部分是特殊的方法，借助于这种方法，哲学的思索发现了意识的意向性状况。与此相同，将此在的存在（生存）作为结构整体构造起来的结构也不是此在现象学的真正现象学部分，在这里，现象学的部分也是方法，它导致了对人的存在结构的分析的澄明。

《存在与时间》的探讨对象，即存在者的存在和一般存在的意义，应当以现象学的方式受到探讨。因为现象学首先是一个方法概念，所以"这项工作既不表述一种'立场'，也不表述一种'方向'，因为现象学既不是前者，也不是后者，并且永远不可能是这两者，只要它自己理解自己本身"（单27，全37）。海德格尔对现象学立场的独立性和方向的自由性的强调是上面所提到的有意识的双关性表述中的一个。"立场"和"方向"这两个词上加了引号，因为海德格尔在这里引用的是胡塞尔的话。在胡塞尔那里，这两个词是在这样一种情况下被运用，即他用它们来表述现象学方法的自明性。海德格尔对立场和方向的拒绝所包含的第一层语义是他与胡塞尔关于现象学方法的自明性的积极联系。在《逻辑研究》第2卷的引论中，胡塞尔将现象学方法的立场和方向的自由性表述为无前提性原则[1]。在《纯粹现象学和现象学哲学的观念》中，胡塞尔这样描述现象学的特殊的基本态度：我们的"出发点先于所有的立场，即以直观的，并且先于所有理论思维的自身被给予之物为出发点，以所有人们可以直接看到的并且可以直接把握到的东西为出发点"[2]。并且在前几页中[3]，他谈到"事实的哲学方向"，对这些方向，现象学的哲学不做任何运用。

关于胡塞尔对现象学的哲学立场的独立性和方向的自由性的理解，我们可以做如下概括：现象学的哲学将自己建立成为一门科学的哲学，它尤其不考虑已有的立场和方向；它作为一门正在形成的哲学科学，在出发点上和在贯彻过程中对已有的立场和方向不做任何运用；在这个意义上它要

---

[1] 胡塞尔：《逻辑研究》第2卷，1923年第3版，第7节，第19页。
[2] 胡塞尔：《纯粹现象学与现象学哲学的观念》第1卷，《胡塞尔全集》第3卷，1950年版，第20节，第46页（以下脚注中简称《观念》——译者）。
[3] 同上书，第18节，第41页。

无前提地获得它的哲学认识，并且仅仅是在精神反思的直观中获得这种认识，这种直观指向在反思直观的目光面前直观地被给予之物，指向那些作为直观地被给予之物在精神上可看到、可把握的东西。

当海德格尔说，他的《存在与时间》之研究是以现象学方式探讨其讨论对象，它不表述任何立场和方向，那么，他首先与胡塞尔对现象学的特征描述达到一致。对于海德格尔来说，与胡塞尔一样，现象学不是一个内容上有轮廓的立场和一个内容上确定了的方向，而是一个方法概念。现象学作为这样一个概念，对于胡塞尔来说也不是指哲学的讲授对象，而是对这对象的探讨的如何。

然而，海德格尔对立场和方向的自由性的强调还包含第二层语义，在这个语义上，他在方法上和课题上相对于胡塞尔的独立性便表露了出来。在这个第二层语义上，海德格尔想告诉读者，《存在与时间》这项研究并不是作为胡塞尔现象学的现象学研究表述自身，既非在方法上，也非在课题上。第二层语义没有回复到第一层语义上。它并不反驳第一层语义，而是对第一层语义的彻底化。在第二层语义上，海德格尔在谈到胡塞尔时说：如果现象学作为方法概念独立于所有内容上的哲学立场和方向，那么它必定也独立于胡塞尔所赋予现象学方法的那种特殊的征象，并且独立于被胡塞尔规定为现象学哲学对象的讨论区域。胡塞尔当然是在摆脱了立场和方向情况下深入地运用了现象学方法，对那些在其中成为直观被给予性之物的东西进行了反思直观的把握。然而，作为现象学哲学的研究领域，胡塞尔所规定的，并且借助于现象学方法所认识到的课题是，自我的意识生活连同它的意向体验，这似乎始终是现象学哲学自明的和唯一的对象。因此，现象学自身此后也成为一个在方法和课题上确定了的立场。现象学作为方法同时又成为一个在课题上有了固定轮廓的哲学：首先是纯粹意识体验的现象学，尔后是超越论意识生活或超越论主体性的现象学。如果海德格尔在《存在与时间》里主张由胡塞尔首先创造出的现象学方法（第一层语义），那么他必定同时也使读者了解，他并不因而表述胡塞尔的已实现了的现象学立场，也不表述其他已有的现象学方向——如马克斯·舍勒的方向——（第二层语义）。正如胡塞尔以现象学的名义，即以他的现象学研究方法的名义，要求对所有传统的立场和方向的独立性一样，海德格尔也在同样的名义上要求对已有的现象学现实的独立性。在这个意义上，海德格尔在方法这一节的结尾说，现象学的本质不在于现实地作为

# 海德格尔与胡塞尔的"现象学"概念（1981年）

"哲学方向"。比现实性更高的是可能性。对现象学的理解仅仅在于把它理解为"可能性"（单38，全51）。正如胡塞尔将现象学方法作为对现存的立场和方向的方法独立性来运用一样，海德格尔也想在对已有的现象学方向的独立性中完成现象学的看。

通过对无立场和无方向的指明的描述作为方法概念的现象学特征，这只是一种消极的改写，它本身还要求一种对现象学方法的积极的标志。当然，这种积极的标志在消极的改写中已有所表露；但是，只有当现象学在他的研究准则中表述自身时，这个积极的标志才无限制地得以形成。这个准则便是："面对实事本身!"海德格尔也给这个准则加了引号（单27，全37），因为他把这个准则也归之于胡塞尔。我们这里引用《逻辑研究》第2卷的引论："我们要回到实事本身上去。在充分展开了的直观过程中，我们要达到这样一种明见性，即这里在现实地进行的抽象中的被给予之物是真实的和现实的，是在规律的表述中语词含义所意指的东西［这里是指纯粹逻辑的观念规律］。"① 而在《纯粹现象学和现象学哲学的观念》第1卷中，胡塞尔说："理性地或科学地对实事做出判断，这是指，面对实事本身，或者说，从语句和意见回到实事本身上去，在其自身被给予性中探讨它们并且摆脱所有非实事的偏见。"②

在《逻辑研究》的引文中除了"回到实事本身"的箴言外，还出现了"明见性"这个术语。这两者是融为一起的。在对实事本身（哲学研究的各个讨论对象）的反思直观的目光中达到直观的被给予性，这无非是指在反思的直观中使它们达到明见性。我们不能把胡塞尔的"明见性"（Evidenz）译成"确然性"（Gewissheit）。胡塞尔是在它的原有的看出和在反思直观意义上的看到，以及在其中被看到之物的含义上运用这个词。在"面对实事本身"这句箴言中所隐含的现象学方法，被胡塞尔在《纯粹现象学和现象学哲学的观念》第1卷中称为所有原则的原则③，在《笛卡尔式的沉思》中称为明见性原则并被规定为第一方法原则④，既然有这个第一方法原则，那么至少还有一个第二方法原则。

---

① 胡塞尔：《逻辑研究》第2卷，第2节，第6页。
② 胡塞尔：《观念》，第42页。
③ 同上书，第24节，第52页。
④ 胡塞尔：《笛卡尔式的沉思》，《胡塞尔全集》第1卷，第5节，第54页。

对于胡塞尔来说,现象学方法的第一原则意味着,"在我的哲学研究的过程中,我不能对任何不是从明见性中,不是从那些对我来说当下的有关实事和事态本身的经验中被我获得的东西做判断或使其有效"①。胡塞尔把明见性理解为在精神上当面地得到实事本身。②

如果海德格尔在他对现象学方法的阐述中强调无立场性和无方向性,并且主张"面对实事本身"的箴言,那么他仅仅是积极地和胡塞尔的第一方法原则相联系,即与仍形式地被理解的明见性原则相联系,胡塞尔把这个明见性理解为直观实事本身。在这个理解中,就相应的明见性和必然的明见性之间的区别而言,它还未得到具体化。除此之外,海德格尔仅仅在一个纯粹方法概念的形式范围中理解这个回到实事本身的方法原则,而不具有胡塞尔的那种课题的隐文。

然而,他也没有在胡塞尔的理解和表述中接受这个形式的方法概念。毋宁说他自己创造了一个特有的现象学的形式概念,这个概念仅仅在形式的基本原则上与胡塞尔的形式明见性原则相一致。

但是,在方法这一节中,海德格尔所追求的不仅仅是形式的,而主要是现象学的现象学概念(单31,全42)。海德格尔将它理解为哲学的具体的现象学概念,它是具体的,因为就现象学哲学的探讨对象应当是什么这一点而言,它是去除了形式的。除了现象学的现象学概念之外,海德格尔还提到通常的现象学概念,对此他的理解是实证科学的现象学概念。这也是一个具体的现象学概念,只要在这个概念中,形式的现象学概念在这一点上去除了形式,即在一门实证科学中,什么是现象学研究的对象。我们将会看到,海德格尔和胡塞尔对现象学的理解的共同之处仅仅在于,在这方面海德格尔是作为形式的现象学概念,对于另一方面而言胡塞尔是去除了形式的形式现象学概念,这时,他们之间的分歧便会显露出来。

为了获得他的形式现象学概念,海德格尔所走的道路是以对"现象-学"(Phänomenologie)这个希腊词的两个组成部分的解释为其出发点的。"现象"(单28,全38)被海德格尔译作:自身表现自身的,并在此意义上启明之物。他不是仅仅根据词典解释为:自身表现的,而是说自身表现自身的(Sich an ihm selbst Zeigende),目的旨在明确地说明,自身显示的

---

① 胡塞尔:《笛卡尔式的沉思》,《胡塞尔全集》第1卷,第5节,第54页。
② 同上书,第52页。

## 海德格尔与胡塞尔的"现象学"概念（1981年）

东西、自身显示的实事是按照它本身所是来显示自身，更确切地说，是按照实事本身所具有的来显示自身。这仅仅是因为，实事本身显示出来的东西，是实事的真实面貌。

海德格尔通过双重的划界来说明这个形式的现象学概念，一方面他将它区别于在假象（Schein）（单28、29，全38、39）形态中的外在(privativ)变化，另一方面则区别于他称之为现象（Erscheinung）的东西（单29、30，全39、40）。自身按照其自身所具有的来显示自身，这种情况也有可能是，自身不按照其自身具有的来显示自身。在后一种情况中，我们说：实事看上去是如此，但不真实是如此。然而，某物要想看上去如此，必须首先能够显示自身。尽管希腊词"phainome"在词典中包含两个含义，即自身显示自身所有和显现物，但海德格尔在术语上仅仅把"现象"一词赋予自身显示的积极的方式，而将它的第二个含义，即消极的方式理解为外在方式，在术语中称为假象。

对于作为自身显示自身所有的现象和作为自身不显示自身所有的假象，海德格尔首先强调他在术语上称之为显现（Erscheinung）的东西。假象是自身显示行为的外在变化，而显现则完全不自身显示之物，显现（Erscheinen）根本不是指自身显示，而只是指自身报到（Sichmelden）。为了区别显现与自身显示，海德格尔举例说，我们所理解的病情显现（Krankheiterscheinung）是指面颊发红，它表明热度的存在，从热度这方面来说，它表明机体的紊乱。在面颊的红色中，疾病本身并没有显示出来，它只是报到自身，即通过自身显现出来的面颊红色。通过这红色的自身显现，它报到了在它自身显现中自身报到的，但不是像面颊的红色那样自身显现出来的疾病。作为自身显示自身的现象和作为自身报到的显现（这显现不仅不像假象那样是一种自身显示的外在方式，而且根本不是自身显示）之间的区别被海德格尔以此方式给予了澄清，即他把现象理解为某物的一种突出的涉及方式，而显现则不是一种相遇的方式（Begegnisart），而是在存在之物中的存在着的指示关系（单31，全41）。

只要在现象的突出事变种类中，在自身显示自身之物的突出种类中被给予的东西尚未确定，问题就涉及形式的现象概念（单31，全42）。

对形式的现象学概念的规定还包括对在现象学中"logos"的含义的标明。海德格尔把"logos"的基本含义称为言谈（Rede），而言谈的本质特征被他表述为对某物的启明，指明性的让看（Sehenlassen）（单32，全

43、44）。

如果现象意味着自身显示自身之物，而学（logos）意味着指明性的让看，那么现象学就是指：对自身显示自身之物的指明性的让看，或者，如海德格尔所说，"从其自身出发，让人看到这个自身显示之物，正如它从自身中显示出来的那样"（单34，全46）。这便是海德格尔对形式现象学概念的理解，关于这个概念，他说，正是在这个概念中，现象学研究的箴言"面对实事本身！"得到表达。如此理解的现象学概念意味着：只把在思维着的直观中成为自身显示自身的被给予性的东西作为一个真正被认识到的事态提供给人们。无论这里涉及什么样的讨论对象，无论在什么情况中，这个讨论对象对于科学的探讨来说都应当在自身显示自身的方式中被涉及和被给予，以便科学的探讨能够使它的对象像它自身从自身出发所显示的那样，即不可假造地被看到。现象不是指讨论的对象本身，而只是它被涉及的方式以及它对于研究来说的被给予方式；现象学的学则指，在自身显示自身的方式中被涉及的讨论对象应当怎样被研究。现象学的学，从其自身出发让看，如海德格尔所强调的那样，是作为直接的指明和直接的证明，即对自身显示自身之物的直接的指明和证明（单35，全46）。"指明"和"证明"也是胡塞尔的方法基本概念，它们属于形式明见性第一方法原则的范围，关于这个原则，我们在此期间已知，它在其形式的区域中与海德格尔提出的形式现象学概念是一致的。

b）形式现象学概念去形式化而成为通俗的（实证科学的）现象学概念

现在让我们来重新理解一下我们在以上思考中对形式现象学概念的去形式化问题所做的概述。去形式化是方法与其对象之间的关系问题，这个问题并不使方法与讨论对象的分离重新倒退回去。去形式化作为具体化是一个对讨论对象做内容规定的问题，这个对象应当在自身显示自身的涉及方式中得到科学的指明和把握。

对于海德格尔来说，这样一种去形式化基本上可以从两个方向进行。对形式现象学概念之具体化所含的两个方向区别的规定是来自他所探讨的哲学基本思想：来自存在与存在者之间的存在论差异。由于在去形式化的问题上涉及自身显示自身的方式中的讨论对象问题，因此，去形式化首先涉及形式的现象概念，要考虑到，现象是讨论对象的涉及方式和被给予

## 海德格尔与胡塞尔的"现象学"概念（1981年）

方式。

形式现象概念可以具体化的第一个方向是朝向存在者的方向。存在者——这首先是在广义上的事物，非人的存在者的总称。这还包括自然事物，无生命的事物和有生命的事物，由人创造的供使用的事物和由人创造的，我们称之为艺术品的艺术事物。但存在者也包括人，包括所有由人构成的社会形式及其机构。如果在自身显示自身的方式中成为被给予性的东西是某个领域的存在者，那么形式的现象学概念便去除了形式而成为通俗的现象概念。通俗的现象概念作为日常的概念指明了一个非日常的现象概念。

重要的问题在于确定，通俗的现象概念不是指那些在前科学的通向存在者的通道中所显示出来的存在者，而是指那些作为科学，即实证科学研究之探讨对象的存在者。海德格尔说得很清楚，"任何对自身显示自身的存在者的指明"都可以称为现象学（单35，全47）。对存在者的任何指明，已不是指通向存在者的自然的、非科学的通道，而仅仅是指通向一个科学研究领域中的存在者的实证科学通道。因为现象学在任何情况下，包括作为通俗现象学，都是一种方法，而这方法本质上是一个科学的通道方式而永远不会是自然的通道方式。我们必须将科学的通向存在之物的通道方式和非科学的、自然的通向存在之物的通道方式区分开来。

显然，在对前科学通道方式的哲学思索中应当对这个通道方式作何理解，这是一个真正的哲学问题。胡塞尔根据他的意识的命题，把前科学和非科学的通道方式理解为他总称为"朴素感性经验"（也称为"生活世界的经验"）的东西。与当下有关的感知和当下化的感知，以及与当下有关的当下回忆，与过去有关的再回忆（Wiedererinnerung），与未来有关的前回忆（Vorerinnerung）（期待）的当下化-变更（Vergegenwärtigung-Modifikationen）。与此相反，海德格尔则根据他的此在命题而将前科学通道方式设定为他在术语上称之为环视的操持（umsichtiges Besorgen）状态的东西——与我们所处的存在者之操持的交往状态。

在前科学的日常生活中不需要用任何方法和任何方法上的指明来使人们的自然日常生活实践的事物得以自身显示。与此相反，以自然科学或精神科学方式进行的实证科学研究则随时需要一种方法。因为它不想把握那些我们在无方法的情况下已经涉及并已被给予的东西，而是要研究存在者的领域，而且这是在这样一些情况下的存在者领域，即它并不对自然的通道方式显示自身。通俗的现象和现象学概念意味着,任何实证科学的研究在方法上都可以现象学地标志自身,只要这种研究在遵循其特殊的与实事有关并实事地建立起来的研究方法的过程中将自己置于这个最一般的箴言之下,并且以指明和证明的方法去把握它想认识的东西。

c) 对形式现象学概念去形式化,从而使其成为现象学的(哲学的)现象学概念

对形式现象和现象学概念的去形式化可以在两个方向上进行,上面所述是两个方面中的一个。它涉及实证科学的现象学方法,并因而尚未涉及哲学的现象学方法。但是,《存在与时间》的方法这一节所涉及的仅仅是对现象学作为哲学方法的规定。哲学的探讨对象对海德格尔来说是存在者的存在,并且,对他来说,对存在者存在的疑问是由对一般存在的意义的问题所引出的。如果形式现象的概念在存在者存在和其意义这个方向上被去形式化,那么我们就获得了哲学的、真正的,并因而是现象学的现象概念和现象学概念。

### 1. 海德格尔在存在者存在的方向上对形式现象概念的非形式化:存在的自身的、绽开的、视域的开放性

形式的现象概念必须去除形式,从而成为在存在者存在之方向上的哲学现象学的现象概念,对于海德格尔来说,这是对四个相互交织的问题的回答(单35,全47)在尚未表述的对存在者之存在的实事性前瞻中,这些问题应当表明,存在,而非存在者,在何种程度上是严格的,即现象学意义上的须指明和证明的现象。

第一个问题在于,形式的现象概念,自身显示自身之物在去除形式而成为现象学的现象概念过程中必须顾及什么,并且,如何区分现象学的现象概念与通俗的现象概念。第二个问题在于,现象学哲学应当让看的是一个什么样的对象。这个让看包含着,通过它,对象、实事首先得到指明并且自身显示出自身。如我们所见,实证科学也是这样来指明它们的研究对象。因此,现象学作为哲学方法所应当让看的东西,必须是某些不仅不在自然的和前科学的存在之物的被给予性中,而且不在存在者的科学的课题中显示自身的东西——是某些永远不能由实证科学,而只能由哲学让看的东西,由哲学指明、由哲学使其自身显示的东西。因此,第三个问题在于

观察，在一种"突出的"，而非通俗的意义上，什么东西必须被称为现象。这样，在问题的形式中已经表明，突出的自身显示自身之物既不是自然的自身显示的存在者，也不是实证科学的自身显示自身的存在者。第四个问题使第三个问题尖锐化："什么东西按其本身而言是一种明确的指明的必然课题？"（单35，全47）。什么实事就其实事性而言必然是一种明确的指明的探讨对象？"明确的"一词原文用了斜体，因为这里涉及相对于在实证科学中的指明而言一种突出的、明确的指明。显然，这里需要一种明确的指明，因为现象学应当指明性地让看到这些既不在自然的通向存在者的通道中，也不在实证科学的通向存在者的通道中显示自身的东西。所有这四个问题都想有步骤地展现这样一个实事，这个实事由于既不对自然的通向存在者的通道，也不对实证科学通向存在者的通道显示自身，因此，从自身出发，它必然要求现象学方法，亦即作为对其课题性研究唯一合适的探讨方式的现象学方法，作出明确的指明。

　　第三个和第四个问题已经为回答做了如此之多的准备，以至于这个回答只需说出来便可以了。对问题的回答是这样进行的，海德格尔在他给现象学所应让看的东西以一个名称之前，先对这个何物在形式上做了特征描述。关键性的问答是："显然，那些首先并且大都不显示自身的东西相对于那些首先并且大都显示自身的东西而言，是隐蔽的，但同时又是某种在实质上属于那些首先并且大都显示自身之物的东西，以至于它构成了前者（自身显示自身之物）的意义和基础。"（单35，全47）实事根据其实事性而需要在一种出色的意义上的明确指明，以便使自己能够成为现象，成为一种自身显示自己本身之物，这个实事是一种"首先并且大都不显示自身"的东西——不是存在者的自然的自身显示，也不是存在者的实证科学的自身显示。它作为一种不是如此自身显示的实事，相对于那种非科学地和实证科学地显示自身的存在者而言是隐蔽的。这个"不"和这个"隐蔽"原文用了斜体字。这个通过斜体而对何物的隐蔽性强调则指明，现象学的何物的隐蔽性并不是一种偶然的东西，而是本质上属于此何物的，并且它一同构成了现象学特有的实事的实事性。由于隐蔽性本质上属于这实事的实事性，因此，这实事必须在一种特殊的让看中从这种隐蔽性中得到去蔽（ent-hüllt）。只有作为这种在现象学的指明性的让看中去蔽了的实事，它才是现象，才是一种自身显示自己本身的东西。尽管如此，现象学在存在者的自然的和实证科学的自身显示中隐蔽的实事并不是与存在者的自然的和实证科学的自身显示无关。毋宁说它们处于一种突出的关系中。现象学作为如此隐蔽的实事是某种"本质上既属于存在者的非科学的,也属于存在者的实证科学的自身显示的东西"。隐蔽的实事如何属于存在者的自身显示的方式,海德格尔称之为"它的意义和基础"。这是指:不需要任何方法上的指明的存在者的非科学的自身显示和存在者的实证科学的、有确定方法的自身显示是建立在隐蔽的实事之中的。

关于存在者的所有自身显示的意义和基础,海德格尔在这一段的开头说,"在特殊的意义上始终隐蔽的东西,或重又被遮蔽的东西",或仅仅是"伪装地"显示自身的东西,"不是这个或那个存在者,而是如前面的考察所指出的那样,是存在者的存在"。(单35,全47)存在者和其自身显示建立于其中的意义和基础便是存在者的存在。"意义"这个标题使我们回想起海德格尔对一般存在的意义的基本问题的表述。

为了使我们获得一种广泛的、急需的、始终是形式上的理解,即存在者之存在与存在者有何区别,以及存在者及其自身显示的意义和基础是怎样的,我们在这里引用《存在与时间》第二节中的两句话,在这两句话中,海德格尔对存在和存在者的区别与联系做了第一次方向上的形式指明。这两句话可以被我们看作对那些在现象学的突出意义上之现象的广泛特征描述的主导线索。第一句话是:"在这个须探讨的问题中的问题对象是存在,它把存在者规定为存在者,根据这个存在,存在者已经被理解,尽管它始终还需要得到解释。"(单6,全8)这意味着:存在在与存在者的关系中是使存在者是存在者并且作为存在者显示自身的东西;作为这样一种东西,存在同时又是这样一种东西,根据这个存在,我们如果想非科学地或科学地研究存在者的话,我们在事先(已经)理解了存在者。

但是,在存在之内,海德格尔还区分了各种存在方式:存在者的特殊的和突出的存在方式。这便是我们自己,生存,以及非人的存在者的存在方式,如现成在手的存在和当下上手的存在,生活和组成(组成是指数学对象的存在方式)。在我们所具有的意向范围内,我们只要限制在非人存在者之存在方式中的现成在手之存在的存在方式就足够了。这个标题表述了我们每天在我们的居家,以及公共的共同存在的各个领域中与之有关、与之交往、与之周旋的存在者的存在方式。这种与之有关、与之交往、与之周旋的方式,以及其他我们日常所为和不为的所有方式,都被海德格尔在术语上理解为环视的操劳的行为。现成在手的存在是我们完全广义地称作使用物件之物的存在方式。如果存在是那种将存在者规定为存在者的东西，那么存在作为现成在手的存在便是那些将存在者规定为现成在手的存在者、现成在手之物的东西。现成在手的使用物件仅仅是某种根据其现成在手的存在而区别于当下在手的自然物件的东西。但同时现成在手的存在又是这样一种东西，我们根据它，可以在我们与现成在手的存在者的活动交往中事先将它们理解为这样或那样现存在手的使用物件。为了使我们理解我们的居家和公共的周围世界的使用物件，我们必须事先理解现成在手的存在。一言以蔽之，我对存在者的理解的行为已经是以对这个存在者之存在的在先的理解为根据，从这里出发，对于我对这个存在者的行为而言，我已经理解了这个存在者。

但是，存在者并不仅仅是某种与我的行为有关的东西，并且也是我这个与它发生联系的行为主体本身。我所特有的存在方式是生存。在第四节中海德格尔提供了生存和关键性的形式上的标志。与其他存在者发生联系的我不是"在其他存在者中出现的"存在者，而是这样一个存在者，对它来说，"在它的存在中，问题与这个存在本身有关"（单 12，全 16）。就是说，对我而言，在我的存在中，问题涉及我的存在，我在我的存在中与我的存在发生联系。生存作为存在方式是一种存在联系（单 12，全 16）。在我的存在中，我与我的存在发生联系，只要我在我的存在中理解我自己（单 12，全 16）。我的存在的存在联系是我的存在理解的方式，是我理解我自己的存在的方式。

我们迄今为止仅就我与之发生联系的非自然存在者而论述了在与存在者的关系中的存在的形式标志，这个标志还包括在与生存的存在者的关系中的作为生存的存在。那么，生存也将我规定为存在者的东西，我就我自己而言是这样一个存在者，并且同时根据这个生存，我已经将我理解为我自己所是的存在者。我在我与现成在手的存在者的联系中也始终与我自己发生联系，尽管我与我自己的联系方式、我与现成在手的存在者的联系方式有所不同，但仍然是以我在我的联系中所采取的那种联系方式与我自己发生联系。为了使我能够在我与现成在手之物的联系中，与作为存在者的我本身发生联系，并且在其中将我自己理解为存在者，我需要事先进行对作为生存的我自己之存在的理解。因为，对我来说，只要当问题在我的存在中涉及我的存在时，只有当我在我的存在中理解我自己时，我才能作为存在者，就是说，将我自己理解为我在我的联系中所是的存在者。正如我们对于现成在手的存在者，即非人的存在者所做的它和它的存在之区分一样，我们对我们自己也可以做这样的区分。在哪一方面我自己就本身而言是一个区别于我的存在的存在者，这个问题已经得到了回答。我们只需将此回答再次明确地表述出来。对我自己来说，我在我对那些我本身不是的存在者的联系方式中是存在者。在这个联系中，我真实地生存着。我的存在着的、存在状态的（ontisch）联系是真实地被把握的，是我真实地从事和与现成在手之物交往的方式。我的联系的真实性从属于这样一种方式，即我如何根据作为生存的我的存在而是一个生存着的存在者。

总的说来，必须注重在与存在者的关系中以及在对存在者之存在的理解中的双重性。我始终与非人的存在者发生联系，在此联系中我本质上也与作为存在者的我自己发生联系。我的存在状态的自身联系在事先被阐明并且通过对作为生存的自己的存在之理解而得以可能，我与现成在手的存在者的存在状态联系在事先得到阐明，并且通过我对现成在手的存在的理解而得以可能。

对在其与存在者关系中的存在的第一个形式标志还包含着第二句话，"存在者的存在本身不'是'一个存在者"（单6，全8）。这是对存在论差异之基本思想的第一个形式标志。我们在此期间已经在现成在手的存在和生存这两个变形中了解了存在。因此，这句话意味着，存在作为生存本身不是生存着的存在者；存在作为现成在手的存在本身不是现成在手的存在者。尽管生存处于与生存者的本质关系中，根据这个本质关系，它把生存者规定为生存者并且是生存者已经得以理解的根据，但生存作为这样一个规定者并且作为理解的根据本质上仍然与生存着的存在者有差异。此外，尽管现成在手的存在处于与现成在手之物的本质关系中，根据这种关系，它把现成在手之物规定为现成在手之物并且是现存在手之物已被理解的根据，但它作为这样一个规定者并且作为理解的根据，本质上仍然区别于现成在手的存在者。

存在，既包括在生存方式中自身的存在，也包括作为现成在手之存在的非人存在者的存在，对于与存在者的理解联系来说在事先已被理解了。作为生存的存在和作为现成在手的存在在我对存在的双重理解中得以启露（erschlossen），即得以开启（aufgeschlossen）。存在在对存在理解中的被理解意味着，作为存在的开启性的启露性。作为开启性的启露性是存在所特有的被给予方式。如果存在者的存在是现象学哲学的探讨对象，那么它只

海德格尔与胡塞尔的"现象学"概念（1981年）

是作为存在的启露性。因此，它也只是作为生存的启露性的生存存在；同样，也只是作为现成在手之存在的启露性的现成在手之存在。

对作为生存的自己的存在的理解（启露性）和对现成在手的存在的理解（启露性）——这两者怎么会并列在一起的呢？这是因为，我的生存在自身中包含着对生存本身的理解和对现成在手之存在的理解。这个对存在的双重理解并列在一起，以至于当问题对我来说，在我在存在中涉及我的存在时，我在作为生存的我的存在中本身是启露的，但我在这个我的存在的自身显露性中延伸到现成在手之存在的启露性中去了。因此，我们将我自己的作为生存的存在所具有的那种启露性称为自身延伸的，或者说自身绽开的（ekstatisch）启露性；而我在我的自身绽开的启露性中所延伸到其中的现成在手之存在的启露性（或者说非人存在者的存在的启露性），则被我们标志为视域的（horizontal）启露性。自身绽开的启露性和视域的启露性构成了一个不可分割的统一和整体。因此，我们也说整体的启露性，并在其中区分自身绽开的启露性和视域的启露性。

存在的这种自身绽开的、视域的启露性的总体，从其实事来看就是海德格尔在"此在"的标题中所思考的东西。当然，我们在《存在与时间》中读到，我们自己所是的存在者在术语上被理解为"此在"①，而存在本身，即此在能够这样或那样与之发生联系并始终以某种方式在与之发生着联系的存在，则被称为生存（单12，全16）。人们对这个术语上的确定做了多种理解，似乎此在作为生存—存在论的探讨对象，首先只是在其生存中生存着的存在者。当然，海德格尔曾说过，"此在"这个标题所标志的是生存着的存在者，而"生存"这个概念则标志着这个存在者的存在。但是他补充说："'此在'这个标题是作为纯粹的存在概念而被选中的。"②我自己所是的存在者不像其他存在者那样现成在手或当下上手，而是生存着。它获得存在论的标志"此在"，因为它在它生存的自身绽开的启露性中启露，并延伸到非此在的存在者之存在方式的视域启露性中去。这个词中的"此-在"，"在"是指作为生存的存在，而"此"则意味着整个启露性，不只是作为生存的存在的启露性，而且连同它也味着所有非此在的

---

① 海德格尔：《存在与时间》单行本，第7页，参阅第11页；全集本，第10页，参阅第16页。
② 胡塞尔：《逻辑研究》第2卷，第3节，第9页。

· 463 ·

存在者存在方式的启露性，整个的启露性是开启的，以至于我在我自身绽开的启露性中（生存）延伸到了视域的启露性中去（非此在的存在者的存在）。

现在我们回到海德格尔现象学的现象概念上去。如果对这个四重性问题，即关于形式的现象概念必须去除形式而成为现象学的现象概念的问题的回答是这样的，即存在者的存在是隐藏在存在者的任何自身显示之中，但作为隐蔽之存在，它是存在者的意义和根据并属于存在者的自身显示；那么，"隐蔽的存在"只是对我们刚刚提出的存在之总体的、在自身中分成自身绽开的和视域的两层启露性所做的术语上的改写而已。在存在者的自身显示中——无论是自然的显示还是实证科学的显示——存在总体的启露性始终是隐蔽的和遮掩的。如果它作为存在的启露性应成为现象的话，那么它必须通过现象学的逻各斯而明确地被去蔽。由于存在只是在它的启露性之中，由于非此在的存在者之存在方式的启露性作为视域而对于我的生存的自身绽开的启露性是开启的，并且由于我的生存（以及其各生存状态）的自身绽开的启露性在与其视域的启露性的统一中构成了此在的完整意义，因此，对存在者之存在和对存在之意义的哲学课题化必须作为对此在的生存分析学而得到说明。这种分析学是作为对存在的自身绽开的和视域的启露性有步骤的去蔽而进行的。

**2. 胡塞尔在纯粹的或者说超越论的意识生活方向上对形式现象概念的去形式化**

在我们思考的前一部分中我们说过，胡塞尔和海德格尔对现象学的理解的共同之处在于海德格尔作为形式的现象学概念所提出的东西，它与胡塞尔的形式明见性概念基本上是一致的——只要海德格尔的形式现象学概念是在"面对实事本身"这个箴言中表述自身。从海德格尔对形式现象的概念向现象学的现象概念的去形式化的确定来看，倘若人们提出这样的问题，即对于胡塞尔来说，形式现象的概念是在哪个方面去形式而成为现象学的现象概念的，那么这里就产生了海德格尔与胡塞尔的差异。胡塞尔现象学的探讨对象是意识生活连同它的体验，或者说行为以及那些在意识活动中对象性地被意识到的东西。如果这些就是现象学，即哲学意义上的、而非仅只是通俗意义上的现象的话，那么它们必定也是某些在存在者自然的和实证科学的自身显示中不显示自身的东西，在其中隐蔽着和遮掩着的

## 海德格尔与胡塞尔的"现象学"概念（1981年）

东西，但它作为这种隐蔽之物也是存在之物自然的和实证科学的自身显示的某种根据。作为这样一种隐蔽之物，它本质必然也需要一种明确的指明和去蔽，它们同样区别于实证科学的指明。

但是，我的自我不是伴随着它的意识生活及其多种体验和感知、回忆、期待或判断的行为的吗？我的体验的对象不是那些无须明确的现象学指明就始终已经显示给我的东西吗？我不是在清醒的意识生活的每一瞬间都在各种意识体验中自身被给予我自身的吗？这些东西不正是已经在我的自然的意识生活中显示自身的我的意识体验的对象吗？对这些问题可以做肯定的答复，但同时也必须做否定的答复，因为我对我自己来说，在我的意识生活中始终是以某种方式开启的，在这种方式中，我的意识生活不应是意识现象学的探讨对象。在《逻辑研究》第2卷的引论中，胡塞尔做过回顾性的说明："所有困难的源泉在于现象学分析所要求的反自然的直观和思维方向。我们不是专注于各种相互混杂的行为的进行并因而把那些在其意指中被意指的对象可以说是幻稚地设定为存在着的……，而是毋宁说要进行'反思'，即使这些行为本身和其内在的意义内涵成为对象。"① 在自然的意识进行中，我们如此生活在我们的行为之中，以至于我们并不将它们作为课题来经历它们，关注它们，而是把课题仅仅对准在行为中被意指的对象。对行为的经历包括我们素朴地将我们的感知、回忆或希望的行为的对象设定为存在着的，即误认为独立于行为而当下在手地存在着。

在我自身的这种自然的自身显示中（在这个自然的自身被给予性中），以及在我体验对象的这种自然的自身显示中，始终有某些东西是被遮蔽的，它只有通过一种特有的反思才能去蔽。在这种反思中，我将自己从我的经历着行为的、被付出给素朴设定为对象的状态中取回，并使我探讨的目光返回到以往始终是非课题性的行为上。现象学的反思所指明的东西，作为素朴的行为进行的被遮蔽之物从而通过现象学的思维方式自身显示自己本身的东西并因而成为现象的东西，就是行为的本质和行为与对象的本质关系。在这种现象学的研究方式中，意识行为在其总体的和特殊的本质中显示自身。行为的总体本质在其意向性之中。它意味着，任何意识行为按其本质，而非根据对象的偶然出现才是一个与某物的关系。行为的特殊本质意味着，任何一种行为根据其种类的本质都与其对象有关：感知的行

---

① 胡塞尔：《逻辑研究》第2卷，第3节，第9页。

为当下地与一个真实地在场之物有关，回忆的行为再现地与一个真实地曾经当下的东西有关。

现象学发现意向性是意识体验的本质状态，这个发现还包括这样一个本质见解，即体验对象并不像人们在自然、素朴的意识生活中所误认为的那样简单。相反，它们作为对我而言被意识到的东西，仅仅存在于意识的意向内在之中。对象在行为中，并且根据其行为各自的种类本质而被意识到，作为这种被意指之物，它们是内在的。感性的经验对象仅仅是像它们在意指它们的行为中那样杂多地表现出来，或者说，像在其中显现出来的那样意向地被意识到，即被感知或被回忆。胡塞尔也把"现象"这个词明确地导回到希腊语"paivoueror"上并且把它译为"显现物"①，但他并不把这个显现物看作在海德格尔意义上的现象，即区别于自身显示之物，而是恰恰在自身显示之物的含义上的行为对象和其显现，或者说，它在意识行为中的显现方式。

### 3. 胡塞尔的现象学现象和海德格尔的现象学现象

胡塞尔的现象学现象是我在现象学的思维方式中被去蔽的、成为课题的主观意识生活和具有意向构造的体验，以及在体验中意向地被意识到的对象。现在，关键的问题就在于，胡塞尔所说的现象学现象和海德格尔的现象学现象之间的关系是怎样的？意识现象学和此在现象学有何关系？

为了获得这个比较性对照的方位，首先必须说，在胡塞尔看来是具有意向构造的意识体验和行为的东西，在海德格尔看来就是此在的联系。从海德格尔的发问来看，胡塞尔对意向行为的课题化是一种对联系的哲学分析。它使行为所具有的隐蔽在前哲学的、素朴的行为进行之中的东西得以去蔽。但对于海德格尔来说，行为作为联系是这样一种东西，在其中我作为自身的存在者对于我自己是被给予的：在忘却自身的经历的方式中前现象学地被给予，在去蔽性的课题化的方式中现象学地被给予。然而，在我的意向联系中的生活作为存在状态的自身被给予性，并不是我本身在与我作为自身的存在者的存在论差异中的存在。在我的意向联系中的我的存在状态之自身被给予性，是以对于现象学的联系之课题化来说尚隐蔽着的我的作为生存的存在之启露性为基础的。因此，海德格尔认为，对我的生存

---

① 胡塞尔：《现象学的观念》，《胡塞尔全集》第 2 卷，1958 年版，第 14 页。

## 海德格尔与胡塞尔的"现象学"概念（1981年）

的自身绽开的启露性的指明性去蔽属于现象学哲学的原初课题。

当海德格尔将胡塞尔称为体验或行为的东西标志为联系时，问题在这里就不仅仅涉及不同的用语。使用另一种术语标志的原因在于对现象的根本不同的阐述和规定。海德格尔与胡塞尔之间最重要的课题联系之一便是他对胡塞尔关于意向性之见解的积极评价。因此，对海德格尔来说，此在的联系、从事某事、与某物交往的方式本质上就是与我所从事的某事，我与之打交道的某物的联系的方式，因此，它们具有意向的构造。在海德格尔看来，意向性学说是走上与主体的"内部"领域学说告别之路的第一个关键性步骤，为了所有与世界的联系，所谓主体内部领域首先必须被跨越。但是，在海德格尔自己积极地指明这一现象后，他却不再谈意识行为了，也不再谈联系的意向性了，他只谈"在内部世界的存在者那里的存在"。如果海德格尔把胡塞尔规定为意向的意识行为的东西理解为意向的联系，并把意向联系理解为在存在者那里的存在，那么他重又把联系的意向性回置于联系的此在的存在筹划之中。但这是此在如何根据它绽开的存在筹划本身在存在者那里存在着的方式，此在本身作为联系着的存在者而与这些存在者发生联系。

联系中的存在根据其存在种类是"操持"。在存在者那里的操持的存在自身是一个双重的现象：一个被确定的现象和一个确定着的现象。至今为止我们仅把目光关注在被确定的现象上，即操持的联系，在此联系中，此在本身是存在着的。操持的联系的"意向性"在绽开的生存中植根，这就是存在状态的操持的联系在某处存在的确定。后者作为生存状态和筹划与被抛性的生存状态一起构成绽开的生存的总体，海德格尔在术语上将之称为操心。此在作为操心在筹划被抛性时，以及在某处的存在的三种绽开（Ekstasen）中，是自身绽开地启露的。从此在的绽开的存在筹划中理解存在状态的意向性，这就意味着，将它理解为在被操持的存在者那里的存在状态的操持的存在，并且将存在状态的操持在其被确定性中去蔽，这种确定性是指绽开的在某处之存在连同与绽开的筹划和绽开的被抛状态相一致的自身绽开的启露性。存在状态之操持的去蔽是现象学的原初课题，因为存在状态的意向的、与存在者的联系只有从绽开的操心筹划的自身绽开的启露性出发才能得以揭示。

胡塞尔将意识行为中的意向对象如何多样地显现出来等问题视为现象学的课题，而现象学的课题在海德格尔看来，是对存在者与联系有关的自身显示的哲学分析。意识行为中的意向对象的显现方式（例如，映射的显现方式和透视的显现方式）是存在者的被哲学课题化了的自身显示，但却不是从存在论的与存在者的差异出发来进行思考的自身显示的存在者的存在。自然的以及现象学的对象化了的行为，或者说，与联系有关的显现和存在者的自身显示是在（对于存在者的与联系有关之显现的现象学课题化而言）显现的存在者之存在的被掩蔽了的启露性的基础上进行的。对存在的这个视域的启露性的去蔽是与对生存（操心）的自身绽开的启露性的去蔽相一致的，它们是此在现象学的原初课题——区别于意识的现象学。

## 第三节　现象学作为向课题的研究领域的接近方法（第二方法原则）

α）海德格尔所做的三个方法道路的指明

对形式的、现象学的现象和现象学概念的思索至今为止只是将现象学方法作为一种探讨的方式来提出，作为对自身显示自己本身并从本身中显示本身之物的明确的指明性的让看。但是，我们尚不知道，这种指明性的让看、现象学的逻各斯必须采取什么方式才能使存在者的存在，确切地说，存在的自身绽开的和视域的启露性自己显示自己本身。关于方式的方法问题是这样一个问题，我们如何才能看到存在者的存在，以至于我们可以将它作为自己的课题——这个存在是将存在者规定为存在者的东西，根据它，我们在与存在者的联系中已经理解了存在，但这个存在作为这样一种规定者和这样一种理解的根据在存在者的自身显示中却是遮蔽着的。

对此，《存在与时间》的方法这一节也表述了关键性的东西，尽管只是在唯一的一句话中。这里是在《海德格尔全集》中发表的马堡讲座《现象学的基本问题》，它对这句话的方法的意义做了明确的说明。在这句话之前还有一句话，它再次表述了在对探讨方式的已有的阐述中的根本性的东西："现象学的对象必须首先获得存在的和在现象的方式中的存在结构之涉及方式。"（单36，全49）尔后我们读到："因此，分析的出发点和通向现象的通道以及对现有的遮蔽的穿越一样，都要求一种方法上的保证。"（单36，全49）在上面提到的马堡讲座中，海德格尔阐述了现象学

# 海德格尔与胡塞尔的"现象学"概念（1981年）

方法的三个基本成分：现象学的还原、现象学的构造和现象学的解构（Destruktion）。① 现在表明，对分析的出发点的现象学保证是现象学的还原的任务，对通向存在现象的通道的现象学保证是现象学构造的任务，对向已有的遮蔽的穿越的现象学保证是现象学解构的任务。

这三个基本成分共同构成——我们可以说——在三个道路指明的形态中的第二方法原则。在此期间我们知道，海德格尔称之为现象学的探讨方式的东西，在胡塞尔看来是在现象学研究箴言意义上的形式明见性的原则，他将它称为第一方法原则。我们以前说过，既然有第一方法原则，也就会有第二方法原则。我们也可以把胡塞尔的第二方法原则用来标志海德格尔在对三个方法道路的指明中所提出的那些东西。胡塞尔在超越论现象学的范围内将他的第二方法原则标志为现象学的，或者说，超越论悬搁和还原的方法②，他也赋予它基本方法的名称③。作为第二方法原则，它是那种现象学反思的超越论改造，在这种反思中，我将自己从素朴的行为进行中取出而反思行为生活本身。对这种反思，我们不能将它与胡塞尔所认为的那种构成在"面对实事本身"箴言意义上的现象学直观的反思等同起来。

悬搁和还原的基本方法与海德格尔的三个方法道路的指明一样，是一个通道方法，它在方法上开辟了通向现象学各自研究领域的通道，并且，它作为通道方法不能与探讨方式的方法相混淆。

正如已表明的那样，胡塞尔和海德格尔是在第二方法原则的范围内谈到还原，但这已经是在根本不同的含义上的还原了。"还原"的两种含义的区别就像意识和此在的区别一样。胡塞尔的超越论还原和海德格尔的现象学还原的共同之处仅仅在于，它们同属于与探讨方式的方法相区别的现象学的通道方法。

现象学的还原对于海德格尔来说意味着什么呢？④ 它是向对作为现象学探讨对象的存在者的存在的指明性道路的第一个指示。由于存在本质上是存在者的存在，因此，现象学的分析必须从存在者出发。同时，它必须

---

① 海德格尔：《海德格尔全集》第24卷，第5节，第26–28页。
② 参阅胡塞尔《观念Ⅱ》，第57、58页，尤其是第33节。
③ 胡塞尔：《笛卡尔式的沉思》，第61页。
④ 海德格尔：《海德格尔全集》第5卷，第28、29页。

对准其存在必须被指明的存在者,以至于这存在者作为受到它自己的存在方式确定了的那样显示自身。同时,这种分析必须避免以在一种遮蔽其真正的存在方式的存在类型中的存在者作为分析的出发点的开端。在这里起作用的批判的警惕性是现象学穿越可能遮蔽的任务。从存在者出发,现象学的目光从以往唯一受到探讨的存在者(在自然的和科学研究的通向存在者的通道中)转回到这个存在者的存在(存在方式)上,以至于从现在起,在现象学哲学的态度中,存在成为课题,而这存在的存在者仅仅是一个伴随的课题。现象学对存在者的存在的分析必须以上述方式从存在者出发,这意味着,从现在起,"通俗的现象概念[存在者]也与现象学有关了"(单37,全49、50)。人们注意到,通俗的现象概念变成现象学的现象概念了,即为了给存在去蔽而与实证科学不发生关系。

在随现象学还原之后进行的现象学的构造中,现象学的目光去蔽地和把握地朝向由现象学还原仅仅对准了的存在上。① 所以这里谈到通向作为自身显示自身之物的存在的通道。

现象学通道的第三个基本成分,即作为对伪装的现象的批判性穿越的现象学解构并不是像第二个基本成分紧随第一个基本成分那样,紧随在第二个基本成分之后。因为在现象学的解构中,现象学通道方法的批判作用发生影响,所以,它既伴随着还原的成就,也伴随着构造的成就。作为现象学对遮蔽了真正存在领域的那些伪装的批判性穿越,现象学的解构并不仅仅是在《存在与时间》的系统结构中的范围内,也不仅仅是在以对存在论历史的现象学解构为任务的第二部分中出现。② 毋宁说,本身仍限制在现象学还原范围内的第12节的具体的现象学分析论的第一步已经伴随着对伪装的批判性穿越,在这种伪装中,此在的在-之中的存在首先显示在自身课题化的目光面前。

在还原和构造的道路上伴随着批判地发挥作用的解构,在《存在与时间》中,我自己所是的存在者的存在一步一步地去蔽,作为我的生存和构成这生存的生存状态的自身绽开的启露性。同样,我作为生存着的存在与之发生联系的那些存在者的存在,也作为非此在的存在者的存在方式的视

---

① 海德格尔:《海德格尔全集》第5卷,第29、30页。
② 参阅海德格尔《存在与时间》单行本,第6节第19、20页,第8节第30、40页;全集本,第27、52页。

域启露性而去蔽。在生存－存在论分析的道路上，自身绽开的启露性作为这样一种启露性而去蔽，这种启露性的生存的意义在于，开启地延伸到所有非此在的存在者的存在的视域启露性中去。

b）胡塞尔的基本方法

与此相对，胡塞尔的与超越论现象学的悬搁相一致的超越论现象学的还原从事些什么呢？悬搁被称为抑止，它也意味着抑止。在胡塞尔看来，我作为现象学者，当我反思地抑止我对具有我的自然意识生活的、暗中已经进行了的当下性的设定时，我便进行了悬搁。在这种规定着我的素朴的意识生活和我的素朴的行为完成的设定中，我把整个世界的现实性，即包括物理的，也包括我的主体心灵生活的心理的现实性都理解为当下存在着的并在此意义上现实地存在着。这种被胡塞尔称为自然意识观的总命题的①、自然的、总体当下存在的设定还包括我的意识行为的自身丧失和自身遮蔽的经历，仅仅以已有的、被误认为独立于意识的、在此意义上已经当下地被设定的我的经验的、行动的、实证科学地被认识的心理生活为目标的直向素朴生活（Hinleben）。

超越论现象学的悬搁作为对这种自然素朴的总命题的反思抑止是我自身反思地对以往遮蔽地被经历的、因而未被注意到的意识生活的回顾。如果我处于在自然的、将世界作为客体、将我作为主体而包含的当下存在之存在基础上的意识生活中，那么，我通过悬搁的完成而反思地离开这个自然的世界基础；在作为从自然的当下性设定中纯化出来的我的意识生活的超越论自我本身之中，我反思地获得立足点。超越论悬搁的反思工作将我的现象学的目光引回（还原到）我的纯粹意识生活上，它们处在其具有意向构造的纯粹意识行为及其意向内在的行为对象的本质联系之中。这个涉及整个超越论意识生活的联系便是与行为相应的显现方式，以及在此显现方式中显现出来的意向对象的联系。

对于胡塞尔来说，超越论悬搁的通道方法和还原所从事的，是对纯粹意识绝对存在的去蔽性的揭示。这个存在被称为绝对的，因为它自身拥有其他的存在类型，拥有作为时、空世界的存在，作为意向意义的实在性的

---

① 胡塞尔：《观念》，第30节。

存在。① 然而从海德格尔的基本观点出发来看，还原性地被启露的意识之绝对存在不是"主体"的真正存在方式。毋宁说，"主体"是在通向绝对存在领域的还原通道中，在作为超越论的我——我思——和我思对象的自身之中建立起来，并且在对它的生存的存在筹划的现象学去蔽之可能性面前，以及在对一般存在的自身绽开的一般视域的启露性的可能性面前，永远地封闭自身。

## 第四节 展望

这里进行的思考可以表明，海德格尔在以及如何在他的此在现象学中（只要此在是一般存在的自身绽开的和视域的显露性）向前思索而达到一个基本的维度，在这个维度中，不仅自然的意识生活，而且超越论的意识生活，都在它们的以主观显现方式显现的对象的意向关系中找到了它的存在论的基础和可能性。当然，"基础"并不意味着，超越论的主体性完全以此在的基本维度为根据。基础一词仅仅表示，由胡塞尔课题化了的自我的行为意向、与行为对象状况、与行为有关的显现着的意向对象的显现方式，在自身绽开的视域的启露性中看到了它的存在论的可能。谁如果得出这样的见解，那么自身显示在它面前的实事便会迫使他放弃意识哲学基本观点。尔后，意向性的课题——哲学认识的一个不可放弃的成果——便不在超越论主体性的基础上受到探讨，而是在此在的基础上受到探讨。

在此在现象学和意识现象学之间始终缺乏一种在实事的最内在之物中进行的相遇和分歧——这是一项任务。当笔者在海德格尔晚年作为他的合作者而每星期在他身旁工作时，他常常对笔者谈到这项任务的必要性和意义。在海德格尔的基本观点中，近代的以及连同胡塞尔的基本观点都被放弃了；使海德格尔的基本观点和胡塞尔的基本观点不仅在哲学和精神史上展示性地相遇，而且甚至在现象学哲学中相遇，这项工作从自 1975 年以来在"马堡讲座"中得到关键性的帮助。"马堡讲座"是根据海德格尔的遗稿整理出版的，它的范围很可能突破遗稿这个概念以往所具有的含义，

---

① 参阅胡塞尔《观念》，第 49 节和第 50 节。

## 海德格尔与胡塞尔的"现象学"概念（1981年）

他在这位哲学家的晚年仍然是"身前遗稿"。因为他最后出版的两卷全集是在他的总体领导下整理完成的。

在这些马堡讲座中，尤其是在已出版的第20、21、24、26卷中，海德格尔的做法与他在《存在与时间》中的做法不同。他明确并且指名道姓地对胡塞尔做了与实事有关的分析。① 从这些讲座中我们可以比以往更清楚地看到，海德格尔是如何积极地与胡塞尔的现象学相联系——无论是在方法上还是在内容上（实事上）——以及他以什么方式批判地对待胡塞尔。尽管如此，这些讲座仍不能取代应由我们从事对此在现象学和意识现象学之间的现象学关系的分析工作。这些哲学研究的出色而生动的文字对理解《存在与时间》以及与它有关的那些著述提供了新的说明。因此，我们不能把这些迅速而连续地出版了的各卷讲座稿看作四十年代和五十年代的哲学史资料，而应将它们看作对共同进行哲学研究的推动。使自己受到从这些讲座中产生的推动，使这种推动在自己的工作中产生效果，这意味着，在海德格尔自己开始建立思维基本态度的地方重新开始把握海德格尔的思维。共同进行哲学研究的新开端必须首先以"此在和意识"的标题进行。在我们这些人中间——一些想通过哲学研究把握住海德格尔所表露的基本态度的人——，谁能自己断言已经在思维中坚定地从意识返回到此在上了？在这方面，海德格尔在和笔者的一次晚间拜访时的谈话中曾表述说："如果算得多些，大概有十个头脑理解了，在此在的基本态度中，意识的基本态度是如何被遗弃的。"因此，对于海德格尔来说，《存在与时间》并不是他在获得对本然（Ereignis）、对四重形（Geviertes）、对形构（Gestells）之思想的过程中所留下的一本书，而是一条思路，这条思路确定了他晚期哲学的思路。因此，任何一个人，只要他想一同思维地进入此在的基本态度中去，都必须经过这条思路。因为，只有从自身绽开的、视域的启露性出发，这条道路才导向作为非遮蔽性的、作为存在之疏明的真理，导向本然，导向形构，导向四重形。

所有至今为止所做的对《存在与时间》的解释——包括笔者的解

---

① 海德格尔：《海德格尔全集》第20卷，《时间概念历史导引》（1925年夏季学期讲座），P. Jaeger主编，1979年；第21卷，《逻辑学：真理问题》（1925—1926年冬季学期讲座），W. Biemel主编，1976年；第24卷，《现象学的基本问题》（1927年冬季学期讲座），F. W. v. Hermann主编，1975年；第26卷，《莱布尼茨出发点上的形而上学开端基础》（1928年夏季学期讲座），K. Held主编，1978年。

释——都始终是勉强的、不充分的。马堡讲座为我们提供了一条通向这本我们这个世纪哲学之主要著作的通道。它们使我们获得了对现象学方法和海德格尔思维方式的更深刻的认识。对《存在与时间》至今为止的阐述尝试的不充分和不足之处在于对海德格尔现象学方法的认识的不足，在于缺乏现象学的看，阐述必须由这种看来引导。《存在与时间》的进程在每一个思维步骤上都进行着现象学的指明，同时，现象学的看，即通过现象学的探讨方式，也通过通道方法的三个基本成分而得以进行。对海德格尔的现象学的指明性分析在其指明意义上的阐明理解的前提在于，解释必须在顾及两个方法原则的情况下现象学地进行。

然而，海德格尔哲学中的现象学成分不是仅仅局限在《存在与时间》的思维中吗？海德格尔后期不是离开了现象学的研究方式吗？可以承认，后期的海德格尔不像他早期那样特别考虑现象学方法，并且不再用"现象学"的标题来标志他的思维。但这并不是因为他放弃了现象学的方法，而是因为此后他仅仅将现象学的看和指明付诸实践。在探讨方式上和道路指明的形态上，他对现象学的基本理解原则仍然保留在他对存在、埃格斯或四重形的非遮蔽性的和疏明的思维实践中，这一点可以通过对他任何一篇后期著作的阐释而得到表明。[①] 其前提是，阐释者必须熟悉现象学的思维方式。因为费希特的一句话在这里仍然以变化了的方式有效："人们选择什么样的哲学，这取决于人们是什么样的人。"[②]

---

① 参阅海德格尔《我的现象学之路》，载《面对思维的实事》，Max Niemeyer 出版社，图宾根 1969 年版，第 81、82 页，尤其是第 90 页最后一段；《在现象学和存在问题的思维中对时间的理解》，载《现象学——活着还是死了》，弗莱堡 1969 年版，第 47 页。

② 费希特：《知识学第一引论》(1797)，《费希特全集》第 1 卷，第 434 页。

# 胡塞尔的"未来"概念(1999年)[1]

[加拿大] 詹姆士·R. 门施

初看起来,对未来的现象学思考好像是一个语词矛盾的说法。现象学所关注的是被给予性或当下。在现象学寻求明见性的过程中,它所注意的是**已经被给予的**东西,这种注意似乎不能处理未来。未来的定义既然是**尚未当下**,那么也就是**尚未被给予**。于是,在生存主义者看来,尤其是在海德格尔看来,现象学忽略了一个事实:我们**此在**的"**此–**"(Da-),在此(thereness)是处在未来之中的。现象学忽略了,未来是内在地处在我们的在世之"此在"(being-there)之中的东西。[2] 现象学忘记了,"价值"作为这个世界的一部分是内在地处在世界之中的。在关注作为通过其视觉特性而已被给予的事物之构造的同时,现象学忽略了这些事物的可想望性(desirability)的性质,忽略了它们是一个价值事物的性质。无论如何,正是这种可想望性才促使我们去占有它们。想望(desire)指引我们去获得我们尚未占有的东西,即尚未被给予的东西。在这个意义上,它们体现了未来。这样,对价值或可想望性的思考就必须根据我们天生的未来指向。

---

[1] 英文原文出自 James R. Mensch, "Husserl's Concept of the Future", in *Husserl Studies*, Vol. 16, No. 1. 1999, pp. 41–64。中译文首次刊载于倪梁康等编《中国现象学与哲学评论(第六辑):艺术现象学·时间意识现象学》,上海译文出版社2004年版,第138–144页。——译者

[2] 与此相反,海德格尔始终强调未来的重要性。他把此在定义为一个关忧其存在的存在,而后将此在的在世之在看作是一个不断在筹划中运作的存在。在此在的筹划中发生争执的不仅仅是它想要做什么,而且还有它想要**是**什么。此在在其计划和筹划中所思考的焦点是它的未来。因此,海德格尔写道:"此在的存在整体性即操心,这等于说:先行于自身的–已经在(–世界)中……的存在"(《存在与时间》,图宾根:马斯科·尼迈耶出版社1967年版,第327页。这篇文章中的所有德文都是我自己的翻译)。海德格尔补充说:"'先行于自身'奠基于将来中。"对未来的指向事实上是对我们作为**此在**的存在的一个存在论特征描述。用他的话来说,"向'为它本身之故'筹划自身建基于将来,而这种自身筹划是生存论状态的本质特征。生存论状态的首要意义就是将来"(同上)。(这里的《存在与时间》中译文引自中译本,即生活·读书·新知三联书店1999年版,译文根据德文版略有改动。下同。——译者)

但是，现象学对此却无能为力。事实上，它对未来的冷漠最明显地表现在它的这一假设中：价值是在我们把握到一个感性显现着的客体**之后**才被构造出来的。一旦把价值当作"附着"在感性显现着的客体上的东西，现象学也就忽略了未来在我们意向生活中的作用。①

本文提出的主张在于，尽管这种海德格尔式的批判初看起来貌似合理，它却仍然需要得到修正。对胡塞尔著作的研究表明，他对未来的关注不断增长。实际上，胡塞尔已经把向着未来的方向看作内在地处在我们的意向形成之中的。胡塞尔对这个方向的分析首先从触发内容的"吸引"方面出发，而后是从我们本能的欲求方面出发，他认为，就我们对存在与价值这两者的设定而言，这是根本性的。

## 1. 滞留与前摄

胡塞尔对未来的探讨在开始时是相当谨慎的。他 1905 年关于内时间意识的讲座几乎没有考虑未来。② 他在一个段落中的确曾断言，期待是回忆的反面。因此，对我们所保留的现在的意向在时间中向着原本的事件**回返**。与此相对，期待则**前行**去意指尚未存在的现在。③ 另一个相当含糊的段落含有插入的一页，这是胡塞尔应埃迪·施泰因的要求而于 1917 年补写的内容。它主张"任何记忆都含有期待意向，它们的充实导向当下"（《全集》10，第 52 页）。这意味着，"回忆虽然不是期待，却具有一个向前指向被回忆之物的未来的视域"（《全集》10，第 53 页）。作为这些说明的一部分，这里还提出了更进一步的主张："任何原本构造的过程都是由前摄［或期待］所引发的，这些前摄空乏地构造着将来之物本身，它们抓住将来之物，并使它得到充实。"（《全集》10，第 52 页）

为了理解最后这个说明，我们需要回到 1917 年的 L 手稿上去，尤其

---

① 正如海德格尔的反驳所表述的那样，如果人们假定，"价值的存在论起源最终只在于把物的现实先行设定为［其］基础层次"，那么价值问题便"从原则上提错了"（《存在与时间》，第 99 页）。惟当我们认识到未来是"生存论状态的本质特征"，这个错误才能被克服。（同上，第 327 页）

② 事实上，这可能即是这个讲座的编者之一海德格尔之所以假定胡塞尔对将来漠不关心的原因。

③ 胡塞尔：《内时间意识现象学》，《胡塞尔全集》第 10 卷，第 26 节，R. 波姆编，海牙：马提努斯·奈伊霍夫出版社 1966 年版，第 29 页。（以下作者在正文中直接简称该书为《全集》10，并给出页码。——译者）

是回到它们对前摄过程的描述上去。这个过程就是我们向自己展示将来之物的过程。既然它被描述为滞留过程的反面,我就来扼要地描述一下滞留过程。滞留过程实际上是连续的。因此,我具有一个感性的印象。这个印象在我体验下一个印象时还被保留着。当我体验下一个印象时,我不仅保留着先前的印象,而且也保留着前一个印象的滞留。用胡塞尔的话来说,作为感性过程之连续的结果就是"滞留的稳定连续,以至于每一个后面的点都是前一个点的滞留"(《全集》10,第29页)。因此,我逐次体验的每一个感性印象都因为这种连续而连续地是当下的。每一个都在他的原本内容的"滞留之滞留的连续链上"得到保留。① 这些滞留并不只是对这些内容的体现。每一个逐次的滞留都将过去的"滞留变异"添加给这些内容。因此,沿着这个延长着的链而延续的纵意向性(Längsintentionalität)就体现着这个作为日益增多的过去的内容。我把这一内容体验为行将结束的东西。

在胡塞尔的描述中,前摄链同样表明一个间接的意向性。② 如果滞留链是一种对已经拥有的已经拥有……直至对原本印象的已经拥有,那么前摄链作为它的反面就是一种对预先拥有的预先拥有……直至对未来印象的预先拥有。滞留链会随时间的推进而**增加**,而前摄链则随着它们所意指的内容对现在的接近而**减少**。它们的不同长度与未来的不同程度相符合。凭借这些前摄链,我们期待一系列有序的内容,例如,一段乐曲的各个声音,每一个声音都带有与其所前摄的未来相符合的不同时间位置。

根据L手稿,我们的前摄产生于我们过去的体验。这些体验的一段滞留具有一个"未来的视域",它穿过被保留的过去而朝向将来的东西延展。这个视域之所以出现,如胡塞尔所说,乃是因为"过去的风格被投射到未

---

① 胡塞尔:《纯粹现象学与现象学哲学的观念》第1卷,《胡塞尔全集》第3卷,R. 舒曼编,海牙:马提努斯·奈伊霍夫出版社1976年版,第183页。
② 胡塞尔这样表述:"任何一个前行的前摄在前摄的连续中都与任何一个接续的前摄相关联,就像任何一个后续的滞留都与这个系列中的任何一个先行的滞留相关联一样。前行的前摄在自身中意向地隐藏着(隐含着)所有较迟的前摄,后续的滞留意向地隐含着所有较早的滞留。"(手稿,L I 16,第6a页)——我在这里要感谢胡塞尔文库主任R. 贝耐特教授允准我引用胡塞尔手稿。

来中去"①。换言之，在我们体验时，我们不断地预期。我们假设，这个新近的体验，在对"过去的风格"的维护中，将会证实那些我们业已体验过的东西。如果新近的体验的确满足了我们的期待，由保留而"形成"的前摄意识就"充实了自身"。② 在胡塞尔看来，在期待与充实之间的关系不仅是在过去的和新近的体验之间的关系。它将我们已经保留下来的素材联结在一起。在时间过程持续时，这个新近的体验本身被保留下来。因此，在过去的和新近的体验之间的原本的前摄关系便成为一种在两个被保留的体验段之间的关系。这个新近体验的滞留是一种**我们的期待得到满足的滞留**。如果这每一个保留下来的片段（stretch）都体验着一个前摄的趋向，而且这每一个片段自己都曾是一个对更早片段的前摄趋向的客体，那么在期待与充实之间的这个关系便将那些曾满足了我们的期待而被保留下来的体验总体统一起来。

2. 新的时间图表

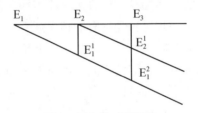

图1　原先的时间图表

为了展示我们的前摄意识的形成，胡塞尔修改了曾在他"内时间意识

---

① "一个事件前行得越远，它自身也就会越多地提供给更具差异的前摄，'过去的风格被投射到未来中去'……滞留的各个分支的进程，或者说，刚刚产生的滞留分支的各个意向内涵以规定内容的方式作用于前摄，并且向它先示出意义"（手稿，L Ⅰ 15，第32b页）。

② 用胡塞尔的话来说："现在我们再来看前摄。每一个垂直片段的到来都是'受欢迎的'，或者说，每一个滞留的瞬间连续都含有一个对下一个瞬间连续的前摄，并且在连续的间接性中含有对进一步的瞬间连续的前摄。从生成论上（genetisch）说，当新的核心素材一再地、持续地出现时，旧的核心素材并不只是以滞留的方式坠落，而是有一个前摄的意识'产生出来'，这个意识迎向新的原素材，并且在与它们相遇的同时充实着自己。"（手稿，L Ⅰ 15，第22a页）

现象学"讲座中出现的时间图表。(见图1)①

在原先的时间图表中,水平线 $E_1E_2$ 代表一个原生(primary)素材的已有系列,垂直线 $E_1^1E_2$ 代表这个素材的滞留,而随后的垂直线 $E_1^2E_2^1$ 则表明这个滞留的滞留。在修改后的时间图表中,代表被保留素材的垂直线 $E_1^2E_2^1$ 得到扩展,超出水平线而包含 $E_2E_2'$。这个新的分割代表着与滞留系列相连的时间前摄片段。$E_2E_3'$ 的期待自身指向沿 $E_2E_3$ 水平片段而展开的原生素材。如果这些素材是作为被期待的出现,那么对前摄片段的意向便得到充实。现在,随着时间的前进,充实着这些前摄的被体验片段自身得到保留。因此,它在 $E_3$ 时间上成为被保留的片段 $E_2^1E_3$。这时的结果便是:在 $E_1^1E_2$ 和 $E_2E_3'$ 之间的原初的前摄关系现在成了一个**在两个被保留的片段之间**的关系。因此,$E_1^2E_3$ 的线段再造着较早的滞留 $E_1^1E_2$ 连同其前摄的趋向 $E_2E_3'$,并且再造出(保留着)充实着这个趋向的素材。胡塞尔对这个关系做了如下的描述:"较早的[被保留的]意识是前摄(即'指向'较后者的意向),而后继的滞留便因而是较早的滞留的滞留,它的特征同时也被描述为前摄。因此,这个新产生的滞留再造出较早的滞留连同其前摄的趋向,并且同时充实着这个趋向,但却是以这样一种方式,即在这种充实中贯穿着一个对最近时段(phase)的前摄。"② 这里所涉及的在下一个体验时段或片段中发生的充实表明了这样一个事实,这个片段也具有它的前摄视域、一个指明了接续的片段的视域。因此,垂直线 $E_1^2E_3$ 也伸展到这个水平线以外,这个伸展就象征着它的前摄趋向或未来视域。这个视域之所以出现,乃是因为,就像我们曾引述胡塞尔所说的那样:"过去的风格被投射到未来中去。"换言之,在体验时,我们不断地预期。我们假定,在对"过去的风格"的维护中,新近的体验将会证实我们业已体验过的东西。

---

① 两个图表都出现在手稿 L Ⅰ 15 的第22b 页上。为了清晰起见,在字母写法上做了少许更动。下列等式恢复了胡塞尔的原本字母写法(我的字母是在每一等式对中的第一个)。就第一个图表而言,$E_1 = E_1$,$E_1^1 = E_2^2$,$E_2^2$ 没有书写在胡塞尔的图表中。出现在这条线末端的反而是 $E_o$。$E_2 = E_2$,$E_2^1$ 没有书写在胡塞尔的图表中。出现在这条线末端的反而是 $E_o$。就第二个图表而言,$E_1 = E_1$,$E_1^1 = E_2^2$,$E_2^2 = E_3^1$,$E_3^3 = E_4^4$。在胡塞尔的图表上,这条线的末端被标明为 $E_1$。$E_3' = E_3'$,$E_3 = E_3$,$E_3^1$ 没有写在胡塞尔的图表上。$E_4 = E_4$。在胡塞尔的图表上,水平线的延伸超出了 $E_4$,它的终点被定在 $E$ 上。(见图2)

② 手稿,L Ⅰ 15,24b。

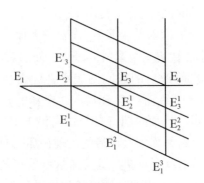

图2　修改后的图表

### 3. 自身意识与意向性

所有这些都只是对那个由内时间意识讲座所提供的简短梗概的完善。这里还没有解释我们为何要进行假定——这是说，我们为何将过去投射到未来中去——这个更深的问题。然而，L手稿为我们对前摄的理解增加了至关重要的两项。第一项所考虑的是它在我们前反思的自身意识中的作用。在讲座中，这种自身意识来自这样一个事实，即滞留保留着滞留活动的**结果**。因此，滞留始终将**它自己**作为它的直接客体来拥有。凡是形成这种自身指涉的地方，都始终会有某种对它自身在其流动中的前反思意识的自身在场。① L手稿将这个论证扩展到前摄过程。我曾说，我们是在**我们**对未来内容的前摄性的在先拥有的一个前摄性的在先拥有……中假定未来。由于前摄在其对未来的系列假定中涉及**它自己**，自身指涉（并因而自身在场）也就标示出它的过程的特征。因此，胡塞尔说："由于它是不断更新的意识，由于它在流动、变化，并且对过去和未来的意识也如此变化，所以，这些［变化的］意识也就是在此。一个具有如此结构的流动的

---

① 用胡塞尔的话来说，"内在时间构造的意识流不仅**存在**，而且还如此奇特、却又仍然可以理解：河流的自身显现发生了，因而这条河流本身在其流动中应该得到必然的把握……。在这意识流的瞬间 - 现实之物中显现出来的东西，就存在于这意识流的同一些过去时段的滞留瞬间系列之中"（《全集》10，第83页）。

意识必然是一个关于自己是流动的意识。"① 换言之，前摄和滞留的形变之结果是一个"意识流在其每一个时段中的自身意识"②。

第二项是对我们的感知意向的变化的一种"发生的"解释。表达这一项的最佳途径就在胡塞尔"感知就是诠释"这个断言的术语中。在胡塞尔看来，感知的客体之所以显现，乃是因为"我以某种方式对现时被体验到的感觉内容进行诠释"③。我给予它以"同一个意义"，我所看到的对象的意义。④ 一旦我在看这个对象时所体验到的内容支持我的诠释，这种"诠释性的意义"便被证实或"被充实"。有一个例子或许可以说明胡塞尔的立场。假设在晴朗的日子，我注意到有个看起来像是一只猫的东西蜷伏在矮树丛中。当我想走过去看清楚一些时，它的特征就显得更加清晰确定了。我看到的一部分显现为它的头，另一部分是它的身体，还有一部分是它的尾巴。我根据我的所见而假定，当我接近时会有进一步的特征显示出来：这个阴影会被看作这只猫的耳朵的一部分，如此等等。如果我的诠释是正确的，那么我的体验就应当构成一个显示出这些特征的发生模式的一个部分，即是说，构成一个以感知的方式展示出我假设为我所见到对象的发生模式的一个部分。然而，如果我弄错了，那么在某些方面，我的体验

---

① 胡塞尔的全文是："在意向性的变化中，总体意识不仅在每一个瞬间都是一个不断更新的意识，……而且，由于它是不断更新的意识，由于它在流动、变化，并且对过去和未来的意识也如此变化，所以，这些［变化的］意识也就是在此。一个具有如此结构的流动的意识必然是一个关于自己是流动的意识。"（手稿，L Ⅰ 15，第37b 页）

② 用德文来说，这个论断就是：意识具有"意识流对其自身的意识（Seiner-selbst-bewußt-Sein des Bewußtseinsstroms），并且是在它的每一个时段中"。在涉及其自身时，它具有"其'全知性'（Allwissenheit）"（手稿，L Ⅰ 15，第37b 页）。

③ 关于"感知就是诠释"的主张，胡塞尔曾写过如下说明："感知意味着，有某物在它之中显现出来；而**诠释则构成我们称之为显现的东西**，无论它正确与否，无论它是忠实地和相即地依据直接被给予之物的范围，还是以假设未来感知的方式超越出这个范围。……它们都叫做'显现'，或者更好是叫做显现的内容，也就是感知诠释的内容。"（胡塞尔：《逻辑研究》，《胡塞尔全集》第 19/2 卷，乌苏拉·潘策编，海牙：马提努斯·奈伊霍夫出版社 1984 年版，第 762 页）（两点说明：①作者在这里所引的是胡塞尔《逻辑研究》的第一版，而不是修改后的第二版。②这里的《逻辑研究》中译文引自中译本，即上海译文出版社 1994—1999 年版，译文根据德文版略有改动，下同。——译者）

④ 因为胡塞尔曾描述过，"在被体验内容的变换过程中，我们以为感知地把握到同一个对象"，"不同的感觉内容被给予，但它们是在'同一个意义上'被立义、被统摄，……**根据此意义，这个立义是一个体验特征，它首先构成"对象的为我的此在"**（《逻辑研究》，《全集》第 19/1 卷，第［396 -］397 页）。

就无法充实我的期待。被我当作猫的东西就化解为一组微弱的阴影。

按照这个例子的说明,诠释就是预期。这是对一个内容系列的前摄,这些内容将会把客体呈现出来。对胡塞尔来说,这种前摄是对我们所体验的内容的一种意向塑造。在前摄的过程中,我们宁可注意某些内容而不注意其他内容。我们关注那些与我们的前摄相配的内容(手稿,L Ⅰ 16,第 2a–2b 页)。我们也把这些内容诠释为充实。因此,胡塞尔在描述我们对一个声音的听时写道:"只要声音还在响……前摄就还在指向将来之物,并且以充实的方式接受它,亦即对它进行意向的构形。因此,每一个原现前(Urpräsenz)都不仅仅是内容,而且还是'被立义的'内容,故而原呈现(Urpräsentation)就是被充实的期待"①。我们在这里所具有的是标示出感知特征的"特殊的意向性模式"。这个意向性将现时被体验的内容"回"指向"先前的东西",即指向形成我们前摄之基础的滞留。② 因此,感知对象之显现的形成是一个动态的形成。显现是一种连续的充实,即在一个新的意识连同其新的印象素材出现时,一个先前意识的前摄指示的连续充实。每一个先前的意识都恰好把我们的看一个被给予对象的诠释意向具体体现为对一个在其保留的内容中的前摄指明的当下拥有。

这个意向在其最基本的层面上是一个预期,即对在被给予的序列中的一个被给予的内容系列的预期。然而这个意向也在预期这个具有特殊特征的对象。这种情况贯穿在内容的"融合"(merging,Verschmelzung)过程中。首先,这种融合既包含我们的瞬间印象,也包含这些印象的滞留,即那些滑回到过去中去的印象之滞留。在一个新印象显现的同时,先前的印象被"挤到后面"并且被保留下来。这两个印象都融合在包含着它们的当下中。因此,胡塞尔对这个过程的描述如下:"从原印象到原印象的过渡实际上意味着,这个新印象与直接滞留的变化相结合,同时与较早的印象的变化相结合,而现在这个同时的结合自身也重又以滞留的方式发生变化,如此等等。但这个同时的结合只有作为内容的融合才是可能的;因此,在原印象与直接原滞留之间发生了一个在两者的同时性中的融合,而

---

① 手稿,L Ⅰ 16,第 4a、4b 页。也可以参阅第 5a、5b 页。
② 用胡塞尔的话来说,"每一个前摄作为原前摄都是通过新的东西的出现而充实自身。只要有一个充实产生,例如一个在诸感知进程中的感知,一个意识就会通过一个意识而在渐次的'相合'中充实自身。但这不就意味着一个特殊的意向性模式,它意向地回指着一个前行的模式?"(手稿,L Ⅰ 15,第 15a、15b 页)。

胡塞尔的"未来"概念（1999年）

这种情况持续地在每一个瞬间发生，并且在每一个瞬间都是作为直接的内容融合。"① 这种融合扩展到这个滞留的滞留上，而且，当一个被给予的印象连续地被挤到后面时，这种融合甚至扩展到这个印象的所有滞留上。② 由于这个缘故，被保留之物的相似性质彼此得以相互加强。在得到加强之后，它们获得这些原素统一的不同特征的突出点。由这类特征所组成的这些统一本身获得一个确定的突出点，一个允许它们从它们的背景中脱出来的突出点。对胡塞尔来说，融合导向"通过特别的、产生出它们特征的同时融合而连合起来并且突显出来的统一"③。在这里至关重要的一点就在于，被融合的内容保持着它们的不同时间标示。因此，被融合的总体内容被当作是**穿过**构造总体内容的诸内容的被保留的时间位置之后**仍然存在**的东西。换言之，它显现为一个持久对象的内容。④ 根据这个内容所做的预期现在便指向这个对象连同其对象特征的连续。更一般地说，我们的前摄指示假设，那些通过对其内容的融合而呈现出一个被给予的客观世界的"过去的风格"将会持续下去。在我们感知意向的构成过程中，我们因而不仅向前投射出保留内容的特殊系列，而且也向前投射出对这些内容的融合，即那种使特殊对象得以产生出来的融合。在预期中，我们希望看到这些对象连同它们的特殊特征。

这整个观点无非意味着，这种融合不仅包含滞留，而且也包含对内容的预期。两者在意识中都是当下的。用胡塞尔的话来说，"因而我们在原真之物（Primordialen）中不仅具有瞬间的现实感知的统一，而且还在与它的统一中具有滞留意识、关于刚才的意识，以及前摄意识、关于刚要到来之物的意识"⑤。用胡塞尔的术语来表达就是：包含着这两者的那个感知意向蕴含着一个指向未来的"横意向性"（Querintentionalität）。沿着胡

---

① 手稿，C 3 Ⅵ，第75a、b 页。胡塞尔在这个语境中也谈及"贯穿显现的东西"（das Durcherscheinende），参阅同上，第79a 页。
② "一个融合的统一在持续的中介中将瞬间的原印象与较早印象的瞬间滞留和连续的不同阶段的变化联结在一起。"（手稿，C 3 Ⅵ，第75b 页）
③ "在印象的瞬间域中，我们现在具有通过特别的同时融合而连合起来并且突显出来的统一，这些统一在流动中、在流动和流逝之间'构建起'、构造起具体维续的、在持续中始终是印象的（感知的）统一，而一个统一的构造就意味着一个在流动中固持的印象当下的构造。"（手稿，C 3 Ⅵ，第76a 页）
④ 参阅前注以及手稿，C 3 Ⅵ，第166 页。
⑤ 手稿，C 7 Ⅰ，第20b 页。

塞尔时间图表的垂直线上行，它"横"切图表的滞留链和前摄链。因此，它意向性地呈现出这个统一，使它通过我们所保留和预期的内容之融合而凸现出来。当然，这并**不意味着**，这种被预期的内容具有一个原本的原素当下。被融合的东西就是对这种当下的预期。构成这种融合之基础的内容是一个被保留的内容，它的原本当下已经在过去发生过。这是我们在预期时向前投射的内容。

4. 触发性与时间化

就其分析的所有细节而言，胡塞尔在 L 手稿中并没有超出休谟。正如他指出的那样，休谟已经看到，我们是在我们过去体验的基础上进行预期。我们预期"这个系列在同一个风格中的连续"①。这里的深层问题在于，这种预期的起源是什么？我们的那些被保留的、将我们引向未来的体验之性质是什么？

在其《被动综合分析》中，胡塞尔转而用体验的触发性来回答这个问题。他将触发定义为"意识方面的刺激（stimulus, Reiz），一个被把握的对象对自我所发出的特殊吸引（pull, Zug）。这是一种吸引，它是在自我的朝向中释放出来，并且由此而持续地追求……对对象的进一步考察"②。对象的这种吸引力实际上就是印象的吸引力，这些印象的并存与融合使得这种吸引力呈现出来。用胡塞尔的话来说，"所有触发的原起源都处在、并且都只能处在原印象以及它自己的更大的或更小的触发性之中"（《全

---

① 在总结他的立场时，胡塞尔提到了休谟。原文中扩展了的段落为："……；如果原素素材（而后是所有其他原体验）的一个原序列的块片（Stück）流逝了，那么就必定会构成一个滞留的联系，但不仅仅是如此，——休谟已经看到了——意识始终在行进之中，并且进行进一步的期待；即是说，一个前摄'指向'在同一个风格中的序列的继续，而这是在那些作为核心素材起作用的原素材之进程方面的前摄，同样是在滞留连同其在它们之中起作用的映射的进程方面的前摄。"（手稿，L I 16，第 8a 页）

② 原文的全文为："……标题触发。意识方面的刺激（stimulus, Reiz）、一个被意识的对象对自我所发出的特殊吸引（pull, Zug）——这是一种吸引，它是在自我的朝向中释放出来，并且由此而持续地追求自身给予的、不断揭示着对象性自我的直观——亦即持续追求认知、持续追求对对象的进一步考察。"《胡塞尔全集》第 11 卷（胡塞尔：《被动综合分析》, M. 弗莱舍尔编，海牙：马提努斯·奈伊霍夫出版社 1966 年版），第 148－149 页。（以下作者在正文及脚注中直接简称该书为《全集》11，并给出页码。——译者）关于《被动综合分析》对"触发"之处理的总体概括，可以参阅安娜·蒙特丰（Anne Montavont）《〈被动综合分析〉中的触发现象》，载阿尔特《现象学评论》1994 年第 2 辑，第 119－139 页。

# 胡塞尔的"未来"概念（1999年）

集》11，第168页）。根据《被动综合分析》，这种触发性的吸引就是把意识引向未来的东西。作为这样一种东西，它对指向未来的**横意向性**负有责任。在看到这一点的同时，我们要随胡塞尔一起留意：被保留的内容的触发力会随着这些内容的滞留链的延长而减少，就是说，会随着它们在被体验过程中向过去的进一步坠落而减少。① 反过来，这种吸引力会随着滞留的清新度的递增而增多。在此刻，即在"原印象的发生"的瞬间，它是处在它的最高点。触发内容的这种递增的吸引（draw or pull）就是使内在于被保留内容中的前摄的意向性得以产生的东西。用胡塞尔的话来说，"在同等条件下（ceteris paribus），原印象地出现的东西在活的当下中比已经滞留的东西具有更强的触发趋向。正因为此，就增殖方向而言的触发具有一个统一的未来趋向，这个意向性主要是指向未来的"（《全集》11，第156页）②。

在触发和意向性之间的联结是发生在作为意向（intentio）的意向性的基础层面上，intentio 这个拉丁词标示着向着某物的"伸展"（stretching out）或"拉伸"（straining）。在这个概念中隐含的"张力"（tension）是由触发内容的"吸引"（pull, Zug）所引发的。③ 这种吸引引导自我（ego）朝向这个内容。自我向这个内容的"伸展"乃是在一种对未来的指向中显示出自身，这个未来**穿过各个滞留**而走向将要到来的东西。④

从这个分析中得出两个要点：第一个要点是，对于我们的时间化而言，触发性是一个必要的条件。触发所引起的努力是一种占有、拥有和牢牢持有其对象的努力。⑤ 在原本的层次上，它在滞留与前摄的形成中显示自身。因此，滞留就产生于对牢牢持有或保留触发内容的追求之中。这些

---

① "在原印象之物的持续滞留变异的同时，它把它的触发力保持为那个作为同一的而被构造起来的素材，但这个触发力不是没有削弱。……显然，属于它们和这个整体的触发力在这个过程中不断削弱。"（《全集》11，第169页）

② 同一个立场也在手稿 C 4，第5a页上出现。

③ "伸展"（stretching out）、"拉伸"（straining）和"张力"（tension）是在刘易斯和肖特那里读到的"意向"（intentio）一词的三个基本涵义。从那时起，它的涵义就是"心智对某物的向前指向"（C. 刘易斯和 C. 肖特编：《拉丁文词典》，伦敦：牛津大学出版社1966年版，第976页）。

④ 正如胡塞尔所指出的那样，就这个吸引是在滞留中变小而言，"未来的视域与过去的视域相比具有一个触发性的优先地位"（手稿，C 4，第5a页）。

⑤ 这个特征描述适用于构造性生活的所有层次，用胡塞尔的话来说，"追求着的生活……所有行为生活都是追求着的生活，朝向拥有……"（手稿，A Ⅵ 34，第34a页）

内容作为新的印象瞬间相互接续，逐次地释放出它们的触发力。然而，只要这种力是当下的，它们就牢牢地被持有在滞留之中（《全集》11，第173页）。正如刚才所指出的那样，同一个触发力就处在我们的前摄性的预先拥有（having-in-advance）背后。这种拥有是与那种超出当下印象瞬间的努力相关联的。

假如这种构造是一个时间过程，那么第二个要点就是：这种构造也是依赖于触发的。从触发中产生的滞留与前摄——如我们所说——是一个持久对象之构造的要素。原印象内容和被保留内容的并存与融合使得一个业已持续的对象之当下产生出来。借助于我们的前摄，我们具有诠释的意向，即将这个对象当作一个会连续持久的对象。因此，我们具有一条依存线，它从新的印象瞬间的触发力开始，进一步穿过在触发过程中被引发的滞留和前摄，并且结束于那个建基在综合上的构造。因此，胡塞尔写道，"每一个活的当下都带出……新的触发力的新的起源……它们能够使［对内容的］融合、联结、对比的综合在每一个并存中都成为可能"（《全集》11，第172页）。带着恰当的内容，每一个这样的综合都可以发生。这里的基本必须是触发。再引胡塞尔的一句话："对于自我来说，惟当意识的被构造之物在触发着，它才是在此的。"① 这乃是因为，"现实的联结、现实的统一性构成始终地和必然地以触发力为前提，或者说，以触发的差异为前提"（《全集》11，第172页）。这些差异来源于这样一个事实，即触发力随被保留内容的清新度而增加。如前所述，这种增加就是将自我指向未来的东西。②

胡塞尔把关于触发力与融合的想法结合在一起来说明，我们为何在我们体验的基础上来进行预期。例如，假设我们观察 p、q 的序列。当 p 再次作为 p′ 出现时，一个对相应的 q′ 的预期便会发生。在胡塞尔看来，"统一化的、通过共同体而联结起来的素材必定是［预期的］基础"。因此，他对此描述说，随着新的 p′ 的显现，"以滞留的方式已经坠落的" p "获得一个附加的触发力"。换言之，p 与 p′ 的融合**包含着它们的触发力**，结

---

① 《全集》11，第162页。这种触发含有在未来方面的吸引："显然，［指向对象方面的］联想的唤醒也向前进入到未来中。……从此唤醒处出发，这个唤醒也随着对象性融合的线索向前伸展"（同上书，第157页）。

② 当然，这种指向的风格是由过去设定的。

胡塞尔的"未来"概念（1999年）

果便是一个在被保留的 p 的触发力上的增加。这个触发力溢向在时间上邻近 p 的 q，而后作为其直接继承者被保留下来。用胡塞尔的话来说，当 p "获得一个触发力的增加，这个增加过渡到 q″"（《全集》11，第187页）。结果是一个在这两者之间的原联想。被保留的 p 现在是带着被保留的 q′ 的触发吸引力的增加而被体验到。它是带着 q 对它自己增加了的"吸引"而被体验到。一个意向，这就是，某种张力或某种从一个到另一个的伸展在发生。导致这个对于被保留的 p 和 q 而言的结果的融合，对刚刚发生的素材 p′ 和 q′ 具有同样的效应。因此，p′ 对下一个印象瞬间的固有指向便通过对被保留的 p′ 对 q 的指向而得以融合并且得以成形。胡塞尔总结说，"与此相一致［与对 p 的触发力的增加相一致］，q′ 也接着刚刚出现的 p′ 而被期待"（《全集》11，第187页）。换言之，被保留的 p 与刚刚发生的 p′ 的预期性意向的融合之结果在于 p′ 向一个新的 q′ 的"伸展"。重复加强着这种效应。由于 p 连续地为 q 所跟随，所以触发力从新印象到相应的被保留内容的"伸展"便会增强在这些内容之间的触发性结合。既然这些内容在行进中已被融合，这个结合便将自己显示为一种在我们期待中的增强，这个期待是指：我们当下体验着的 p 会再次为一个 q 所跟随。

5. 目的论与自身构造

在《被动综合分析》之后，胡塞尔的未来思考便集中于它对我们自身构造所起的作用上。触发的想法再次起着一个中心作用。我们的自身构造是随着那些联合我们流动生活的滞留和前摄而开始的。我们的生存穿过由它们所引起的时间综合。我们的个性本身依赖于使此综合得以可能的触发。因此，时间化对触发的依赖被看作一种自我对触发内容的依赖。这种内容"唤醒"自我。它们带来作为"触发与行动之中心"的自我具体存在。①

胡塞尔对这个过程的描述开始于对自我作为时间体验中心的思考。在我的所有体验中，我始终处于现在，始终位于正在离开的过去与被预期的未来之间。因此，在胡塞尔看来，"自我中心化的第一个概念"是这样一个"中心，它提供时间当下的感觉（sense，Sinn），它处在时间当下之中，

---

① "具体的自我存在（清醒自我的自我存在）是带有自我极、带有触发与行动之中心的活的时间化……"（手稿，C 3 Ⅲ，第38a 页）

而且它在感觉上（sensibly，sinnhaft）为过去的和未来的时间所涉及"①。滞留为我提供了我对过去时间的感觉，而未来则通过我的前摄而是当下的。但这两者都在为我提供我对作为一个时间中心的我自己的感觉，这个中心就位于我保留的和前摄的体验之间的边缘。这个体验流动着，但是，相对于我自己，我保持着现在。因此，我对现在和流动的体验将把我定位为一个时间通道的点。用胡塞尔的话来说，我把我自己体验为"一个持续的和逗留的原现在"，即是说，体验为这样一个点，时间流**穿过它**，而且时间的承载内容的瞬间就**在它之中**作为当下的和现时的涌现出来。只要滞留的和前摄的过程持续着，自我就会持续地被设定为这样一个中心。按照胡塞尔的表述，它的中心现在持续地被构造为"对一个穿越流动着的内涵而言的凝固形式，以及所有被构造的变异的原起源点"②。自我在其现在中显现为这种中心的起源点，这意味着，与这种流动内容相关联的触发看起来像是在影响着它。这些触发所引起的努力看起来像是**它的**努力。无论如何，从生成的角度来看，这些看似来自自我的触发和行动实际上就是它的构造要素。这种看起来标示出自我特征的构造力实际上就是它所建基于上的过程的结果。因此，作为时间中心和起源点的自我之显现乃是建基于触发所引起的滞留的和前摄的过程之上。而后，对于胡塞尔来说，在唤醒这个过程时，亦即在唤醒那个为其作为"体验中心"的存在奠基的过程

---

① 原文的全文为："在这里我们具有自我中心化的第一个概念，……即作为自我中心，它提供时间当下的意义，它处在时间当下之中，而且它在意义上被过去和未来的时间所涉及"。（手稿，C 3 Ⅲ，第45b 页）胡塞尔也写道："……自我是意识的'主体'。主体在这里只是对中心化而言的另一个词，这种中心化能够把所有生活都体验为、意识为自我生活，并因而能够生活着地体验某物、意识某物。"（手稿，C 3 Ⅲ，第 26a 页）

② 在这里扩展了的陈述是："而在这种流动中，有一个固着的和持存的原现在被构造为对一个穿越流动着的内涵而言的凝固形式，以及被构造为所有被构造的变异的原泉点。但与原源泉的原现在的凝固形式相一致而被构造的是同样如此凝固的形式的一种双方面的连续性；因而在总体上，被构造的是一个凝固的形式连续，在这个形式连续中，原现在是对两个作为变化模式的分支的连续而言的原源泉的中心点，这两个连续是：刚刚曾在的连续和未来的连续。"（手稿，C 2 Ⅰ，第 11a 页）这种将原现在［或当下］等同于原自我的做法出现在胡塞尔思考对揭示它的还原的前一页上："如果我在超越论的观点中、即带着理论的兴趣并且主动地回归到我的这个超越论原自我上、回归到我的超越论原当下上……"（手稿，第 10a、b 页）。这个原当下是我们的主体存在的"原形式"，它是某种构造着自身的东西："原现象的、具体的当下流、在其存在的原构形中的超越论主体性，是原流动着的当下，但在流动着流逝的存在形式中还是当下、并且一再地是当下；一个持续的变化并且恰恰在其中持续构造着自身的当下。"（手稿，第 10a 页）。这个构造贯穿在滞留的和前摄的"变化模式"中，它们将它定位为一个"中心点"。

胡塞尔的"未来"概念（1999 年）

时，触发内容也在"唤醒"自我。①

因为一个指向未来的**横意向性**穿过为自我定位的滞留和前摄，所以自我必然是转向未来的。换言之，它的作为"一个触发和行动之中心"的存在本质上是目的论的或指向未来的。因此，胡塞尔写道："每一个超越论自我都具有其天生的东西——它自身天生地承载着对它的流动的、构造的超越论生活而言的'目的论基础'，在这个超越论生活中，超越论自我在对世界时间化的同时也将自己作为人而时间化。超越论自我在其奠基性的构造中、在其不带有自我参与而开始的（作为时间化的）本质形式中内在地承载着流动的、纯粹联想的下自我的（sub-egological, unterichliche）时间化。"② 在这个陈述中隐含着几个论断。第一个论断在于，自我的"唯一奠基"贯穿在一个"下自我"的时间化中。这是一个贯穿在滞留和前摄的过程中的时间化。启动这个过程的是触发内容的连续输入。只要时间化是随着由触发内容带来的向着未来的"吸引"开始的，那么它就生来便是指向未来的。这就是为什么时间过程会作为自我的"目的论基础"而先于自我起作用。当胡塞尔将它称作"联想的"时，它是指原素素材的并存与融合。它们带来这样的特殊意向或"向前伸展"（stretching forths），**它们构成联想的基础**。因此，回到胡塞尔的例子上，由 q 所跟随的 p 的连续体验通过融合而导致它们之间触发结合的增加。这个结合将它们统一在一个原联想中。这个联想引导我们，当我们具有一个清新的 p 的体验时，我们会预期 q。而后，这个联想的时间化的结果就是一个"联想的、时间化的意向性"。将它带来的真正融合同样也产生出——用胡塞尔的话来说——一个"自我意向成就的一个新的本质形式中，这种成就在于，用触发性和行动性构造起有效性的统一"③。

---

① 这个唤醒**贯穿**在滞留的和前摄的过程中。它们就是自我的首要构成。娜塔丽·德普拉在撰写她的出色研究时忽略了这一点"正是在触发中、在它所激起的张力中以及在它所给予并引发的推动中，自我首先得到被动的构造"［《胡塞尔晚期关于时间性的手稿（1929—1935）中的时间性与触发问题》，载阿尔特《现象学评论》1994 年第 2 辑，第 73 页］。

② 手稿，E Ⅲ 9，第 7a 页。

③ 这里的段落紧接在前面所引述的段落之后，它的完整内容是："本质上与此相一致的是特殊的自我存在，在其本质形式中、在其虽然也是联想的自身时间化的意向性中、但却是在自我意向成就的一个新的本质形式中，这种成就在于，用触发性和行动性构造起有效性的统一。但这是在始终一同进行着的、一同参与所有有效性构成物的联想的持久基础上进行的。"（手稿，E Ⅲ 9，第 7a 页）

· 489 ·

最后的这个论断为我们提供了自我对未来之指向的确定意义。这是一个对构造的指向。创建着自我的时间化表现为在指向统一的构造过程中的"自我的目的论基础"。用胡塞尔的话来说,这种时间化所引发的融合与突出标志着"各个触发与行动已经对准了(directed towards, abgestellt auf)本体论的构造"。因此,导致自我中心的自我之存在的真正同一个时间过程也启动着目的论的构造,它为自我提供了一个周围的、中心的世界。事实上,它的作为一个自我——作为触发和行动之中心——的构造在本质上是与"联想的、自身时间化的意向性"相一致,这种意向性导致自我去构造一个客体的周围世界。① 而后,借助于它的时间基础,我们可以说,它的在此世界中的此在本质上是定向于未来的。它不仅仅做出预期,而且也在构造它所预期的东西。

### 6. 本能

剩下的最后一个要素将会完成这个关于胡塞尔对未来之思考的概要论述。它只能通过在《被动综合分析》中所思考的一个确定问题来引入。我曾引述胡塞尔说,在"原印象发生"的瞬间,即在现在点,触发内容的吸引处在其最高点。设果如此,我们怎么能说这种吸引并不随原印象而结束,而是继续超出它呢?换言之,如果当下被体验的现在内容的确就是吸引的源泉,为什么我们的前摄性的预先拥有(having-in-advance)会超出现在?在20世纪30年代早期达到顶峰的一系列手稿中,胡塞尔用"我们对**新的、尚未被体验**的内容的本能追求"这样的说法来重新定义这种朝向未来的吸引。这时,我们的未来指向并不只是由我们当下的印象所引发,而且也是由这样一个事实所引发,即"所有生活都是不间断的追求,所有

---

① 在这里扩展了的段落为:"各个触发与行动已经对准了本体论的构造。目的论的东西。联想的时间化成就的进程就已经具有目的论的意义,它已经是'有指向的'(angelegt-auf)。出现的原素统一的种类和分配、它们在感性领域中的分配——以及不同感性领域之统一的共同作用——,**以便'自然'连同自然的空间形式、时间形式能够构造起自身**。"(手稿, E Ⅲ 9, 第5a页) 在这些说明之后,胡塞尔还增加了一点,即这种目的论有其本能方面的基础。对此我们会在下一节中继续讨论。胡塞尔写道:"但这只是动力(Dynamis)的一个抽象组元、趋向在这里实际上已经被抽象掉了(当然,这种抽象是危险的)。在自我方面:本能、本欲……"(同上)这里被省略的是我们的"对躯体的本能朝向——对躯体构造的本能的、意向活动-意向相关项的趋向……"的目的论。

满足都是暂时的满足"①。对于胡塞尔来说,这种"追求是本能的"。在我们构造生活的真正开端上,"追求是本能地(因此,首先是隐秘地)'指向'那些在'未来'才被揭示为自身构造着的世界统一"②。我们可以说,这种努力为这些世界统一的构造提供动能。与此相似,构造本身被看作一个以本能为基础的功能。③

对触发性的"吸引"概念的修正可以依据这样一个事实:并非所有内容都触发我们,并非所有内容都引发我们这方面的努力。事实上,我们对有些内容是很冷漠的。一切都取决于一个特殊的内容是否能够实现一个本能的需求。如果它能够满足,就会有一个特殊的努力与它相配,这个努力在寻求通过获得内容来满足这个需求。这样,对于胡塞尔来说,特殊的内容之所以触发我们,乃是因为"存在着各种特定的追求方式,这些方式'在本能上'与[它们的]原素补充物原本地相一致"。在这两者之间存在着一个"原联想"。这不是一个"通过相合的联想"④。换言之,这不是由上面讨论过的触发力之并存与融合所引发的联想。毋宁说,胡塞尔关注的焦点在于,是什么才引发使融合得以可能的触发力。在追求与内容之间的"原联想"停留在一种"非客体化的本能"上,它推动着我们去寻找这个内容。用胡塞尔的话来说,这种本能指明"对感觉素材和感觉领域的兴趣——先于感觉素材的客体化",这就是说,先于"一个在课题上可被现实化的客体"的此在。⑤ 因此,以"原联想"为基础的追求简直就是由本能的、天生的对特殊素材的兴趣所组成的。这些素材的触发力就来自我们对于它们的先天依附。

触发力的这种本能起源允许胡塞尔将我们在前面段落的主张表达为关

---

① 手稿,A Ⅵ 26,第42a页。
② 手稿,A Ⅵ 34,第34b页。
③ 关于作为本能驱动之构造的更为扩展的讨论参阅笔者《本能:一个胡塞尔式的思考》,载《胡塞尔研究》1998年第14辑,第219-237页。
④ 原文的全文为:"触发才释放出活动触发,或者,触发的确带有在各个做或追求状态的模式中作为做的朝向追求(Hinstreben)。而这是所有广义和狭义的'动感'(Kinaesthesen)的领域。这是具有不同确定性和具有原初本能确定性的追求方式,原初'本能地'与原素的陪伴相一致。因此,这是一种原联想的形式,但它并不是通过'相合'的联想。"(手稿,E Ⅲ 9,第23a、24b页)
⑤ 手稿,C 13 Ⅰ,第11b页。李南麟写道,这种"非客体化的本能"是这样一种本能,它们"作为特别兴趣指向感觉素材,因为它们的特别内容的缘故,即因为它们的美、甜、暖等等的缘故"(李南麟:《胡塞尔的本能现象学》,多特雷赫特:克鲁威尔出版社1993年版,第109页。

于我们生命之本能基础的要求。时间综合的过程全都被视为本能的作用。在它们后面便是那些拥有和牢牢持有内容的本能"欲求"（drives，Triebe）。因此，滞留的和前摄的过程被理解为一个"普全的欲求意向性"（Triebintentionalität）的部分。他写道，这种意向性"统一地构成每一个作为固持的时间化的原当下，并且具体地从一个当下推进到另一个当下……"①这种推进可以被看作一种在我们的前摄意向性中表达出自身的本能的预先拥有（having-in-advance）的功能。如此看来，这种预先拥有含有一种欲求，即在当下中拥有，也就是说，现实地体验那些将会充实我们前摄的内容。在《被动综合分析》中，这种前摄的趋向被看作触发内容的触发"吸引"的结果。如上所述，它在当下印象的瞬间达到它的最高点。在以后的手稿中，向着未来的吸引被看作对**获得**新内容的本能欲求的结果。这就是它**穿过当下瞬间**去包容未来的原因。就过去而言，这种"普全的欲求意向性"的效应是滞留与滞留的连接，这个结果是被保留的当下与进行着的当下的统一。内容的触发吸引又再次被看作拥有和牢牢持有内容的欲求，而后，这个前摄的和滞留的欲求的结果便是被我们体验为时间之"厚度"的"持久的时间化"。它是由当下瞬间及其被保留和被前摄的内容之联想视域所组成的。

前面已经指明，在对构造的思考中出现了一个类似的形变。在《被动综合分析》中，构造被看作内容的并存和融合的结果。贯穿在这个过程中的原素统一的触发吸引被当作自我朝向它们的吸引。因此，与这种融合同时出现一个指向未来的**横意向性**，它意向地呈现着这些统一，即是说，构造着这些统一。与此相平行的一个描述隐含在"客体化的原初本能"②的说法中。"对素材的"本能"兴趣"便建立在它的基础上。这些素材的融合将这种非客体化的本能改变为一个客体化的本能。因此，**横意向性**成为朝向客体构造的本能欲求的一种功能。同样，导致这种"横意向性"的"触发内容"之融合被看作一个"对于本能意向而言的开端［出发点］"，

---

① 手稿，E Ⅲ 5，载胡塞尔《交互主体性现象学》第三部分（1929—1935），《胡塞尔全集》第15卷，I. 凯恩编，海牙：马提努斯·奈伊霍夫出版社 1973 年版，第 595 页。

② 手稿，C 13 I，第 10a 页。这个说法表现在一些修辞性的问题中。胡塞尔问道："人们可以谈论一个原初的'客体化'本能吗？"（同上）在 5 行之后，他在考虑了非客体化的本能之后问道："我们应当把客体化的本能……设定为第二原本能吗？"（同上，第 11b 页）手稿的第 11b 页紧接第 10a 页。参阅鲁汶保存的打字稿第 9 页。

胡塞尔的"未来"概念（1999年）

胡塞尔写道，这些本能意向"最终在'视觉事物'（visual things, Sehdingen）的构造中充实自身"①。

与"唤醒"自我这一概念相对，出现了一个相应的再诠释。我们曾以感觉的触发吸引的说法来描述它。正如我们所指出的那样，这种吸引开启了使自我成为时间中心的过程。我们再次将这个吸引翻译为一种本能的关系，这种苏醒可以用我们对触发性感觉的身体反应的说法来加以描述。用胡塞尔的话来说，"自我通过非自我之物的触发而苏醒，并且它之所以苏醒，是因为非自我之物是'有趣的'，它本能地告示出来，如此等等，而自我以动感的、直接的方式做出反应"②。通过触发内容而"本能地"被告示的东西，乃是使我们身体的所需得到充实的客体。我们本能地将它们当作是一种朝着这些客体的指向。因此，这里所说的动感的（或身体的）反应之所以出现，乃是因为我们的本能欲求就是指向对我们身体之所需的满足。身体通过其各个肢体的运动对触发内容做出反应，试图满足它们。③结果便是，"苏醒的"自我不仅仅是作为一个时间中心而苏醒，它的苏醒也包含着它的身体表现，因为它的动感反应引发了对它自己身体因素的各种感觉。在任何一个对感性客体的把握中，这种"动感"（kinesthesia）都是当下的，我们目光的集中、我们脑袋的转动、为看得更清楚而做出的移动，所有这些都是"为了更贴近的观察客体……而做的努力"的例子。按照胡塞尔的说法，这种结果动感与由客体所提供的视觉素材混合在一

---

① 手稿，C 16 Ⅳ，第40a页。扩展了的段落为："我们在此具有视觉领域，其中被突出的素材——联想的。即是说，现在这并不意味着，一个原兴趣指向它们，而是它们在触发，这就是说，它们是对于本能意向而言的开端（terminus a quo）。这些素材最终在'视觉事物'的构造中充实自身，如果我们抽象地忽略那些一同融合的本能趋向。现在这里还包含着眼动力动感（okulomotorischen Kinästhese）的本能激动——但不仅仅是自为的，而且还有其他动感系统也一同被激动，对这些系统我们首先不得不忽略不计。"

② 手稿，B Ⅲ 3，第5a页。

③ 对此，胡塞尔做了这样的描述："作为首要的、最普遍的日常需求，它们是直接身体的和借助于身体性的关涉外身体的－世俗的（weltlich）需求和充实的满足。身体的器官是由自我在行动中设定的（身体行动），并且行动间接地继续前行，在身体上，自我与世俗的东西、外身体的东西相关。"（手稿，A Ⅴ 5，第135a页）

起。一个"意向性的统一"将这两者结合为我们所构造的这个客体。①

而后,这个"苏醒的"自我就必然会被身体化。它的苏醒——或构造——是特殊内容的作用。这些从本能上决定优选出来的内容,是满足其身体需求的内容。相同的观点也对客体一般有效。当我们抓住客体时,我们将它们作为可以满足一种特殊需求的客体接受下来。它们不被理解为仅仅是当下的。它们在这里为我们回应一个被感受到的需求。胡塞尔写道,这暗示着,"单纯的感觉素材以及在最高阶段上的感性对象,如对主体而言是在此的、但又是'价值无涉的'(wertfrei)事物,乃是抽象。不可能有什么东西是与情感无涉的"②。这里的暗示在于,这个苏醒的自我是一个感受着的(或追求着的)自我。它的被唤醒、它的追求以及触动着它的触发内容,所有这些都是一起被给予的。单独的每一个都仅仅是抽象。胡塞尔对它们的关系做了这样的描述:"内容就是非我(non-ego, Ichfremdes),感受已经是自我的了。内容的'招呼'(Ansprechen)不是对某物的呼唤(Anruf),而是自我的一种感受着的在旁-存在(Dabei-Sein),而且它不是一种通过走去和到达的在旁存在(Dabeisein)。自我并不是某种自为的东西,非我并不是一个与自我相分离的东西,在这两者之间并没有一个转向的空间。相反,自我与它的非我是不可分离的,自我在内容联系中的每一个内容那里以及在这整个联系中都是感受着的自我……"③ 事实上,在两者之间存在着某种同一。就这种同一,我们可以说,"从原素素材方面而言对自我的触发就意味从自我方面而言的趋向(tending towards, Hintendieren)、追求(striving towards, Hinstreben)"④。只要这种追求产生出滞留的和前摄的过程,苏醒的自我——如前所述——就必然会带有一个时间中心的形式。它成为一个**被身体化的**、**以本能为基础的**"触发和行动的中心"。

---

① 用胡塞尔的话来说,"这个素材在动感的进程中发生变化,不是以动感-原素感觉的一同行进的方式,相反,这是本能的、欲求的过程……视觉的和动感的变化不是并列进行的,而是在一个意向性的统一中进行的,这个意向性从视觉的素材过渡到动感中并且穿过动感而导向视觉的东西,如此这般,以至于每一个视觉的东西都是终点(terminus ad quem),但同时又作为起点(terminus a quo)在起作用"(手稿,A Ⅵ 26,第40b页)。
② 手稿,A Ⅵ 26,第42a页。
③ 手稿,C 16 Ⅴ,第68a页。
④ 手稿,B Ⅲ 9,第70a、70b页。

## 7. 总结

如果回顾一下，那么胡塞尔对未来之思考的这个最后阶段可以被看作对我们开始时所提到的两个异议的回答。第一个异议在于，现象学方法连同其对明见性和被给予性的关注，疏忽了未来在我们意向生活中所起的作用。现象学方法忽略了我们在一个世界中的"此在"的"在此"的未来。第二个异议在于，现象学方法忘记了，"价值"是内在于这个世界的。就事物的构造乃是作为业已通过它的可见特征才被给予的而论，现象学方法没有考虑事物的可想望性的性质及事物是一个价值事物的性质。

胡塞尔把构造描述为一种具有本能基础的功能，这些描述适合用来反驳上述异议。事实上，无论是《被动综合分析》还是随后的手稿都没有假设：客体首先只是作为事物而被给予，价值是此后附加给事物的。只要原本的被给予性与我们的本能追求相关，价值就必须被视为来自这个起始的当下。它是与作为触发着和触动着自我的事物的最初当下一同被给予的。对于胡塞尔来说，上述本能追求为我们提供了对未来的定向。而后，胡塞尔的最终立场在于，我们天生地、本能地指向未来。我们不是脱离身体的笛卡尔式旁观者，而是被定位在我们的在世之在中的参与者。

最后一点或许可以用在胡塞尔时间化思考中的**世界**作用的变化来表述。在他早期的《内时间意识现象学讲座》中，世界的作用仅仅是提供"原印象"。无论如何，这个作用是根本性的。"原印象……不是"由意识"创造的"，这个事实意味着，"如果没有印象，意识就是无"。没有印象，滞留的过程就无法启动。(《全集》10，第 100 页) 随着《被动综合分析》，胡塞尔的注意力转移到由印象所提供的触发上。这个转移立即产生出世界的作用。它所提供的印象不再被看作一个对我们的滞留和前摄的过程而言本质上被动的素材的供给。印象所唤醒的触发引动了这些过程。触发力的"吸引"使它们得以启动。与此相应，自己（the self）被看作是**向着这个世界而被吸引的**。它成为一个向着世界客体而被吸引的自己。如果胡塞尔将这个吸引回溯到我们天生的本能欲求上，那么自己从一个脱离身体的旁观者向一个完全得到定位的参与者的形变就得以完成。时间化本身成为一个本能的功能，一个完全依靠我们的身体需要、并因而依靠我们的在世之在的本能的功能。

由此看来，胡塞尔对时间化的发展思考可以被视为自我之必然身体化的一种累进实现。这是一个以"自我与非我是不可分"的要求来告终的思考,我们确实无法将苏醒的自己从唤醒它的内容中区分出来。在这个语境中,"自我的'目的论基础'就在它自身中"这个主张恰恰是强调了这些内容。它们所唤醒的时间化正是那种赋予自己以其总是先于自身存在的性质的东西。这同一个时间化为这个自己的此在的此(Da-)提供它的未来。在向着一个将会满足它需求的世界而被吸引的同时,自己始终先于它自己。先天的、本能的欲求始终将它们的"在此"定位为尚未(not-yet)。

# 胡塞尔与国家哲学(1988年)①

[德] 卡尔·舒曼

## 一、现象学与政治哲学

在现象学的第二次浪潮,即法国现象学浪潮中,现象学家们多方面地深入探讨他们这个时代的社会问题,无论是以理论反思的方式,还是以实践参与的方式——走在所有人前面的是梅洛-庞蒂与萨特。然而对于原初的现象学运动而言,"国家"与"政治"却差不多就是一些具有拉丁语和希腊语起源的外来词。在此未确定领域中最敢于前行的可能还是马克斯·舍勒,无论是在其匆忙抛出并理当遭到忘却的战时著述中,还是在第一次世界大战期间的半官方外交式布道中。这类偏差的状况几乎没有对舍勒的哲学史形象造成任何后果。相反,看起来人们还不得不说:"在马克斯·舍勒那里至今……没有一门法律学说和国家学说;他自己既没有在一定的关联中阐释这样一门学说,他的整个事业也没有在这个视角上得到令人满意的研究。"② 与此截然相反的状况是马丁·海德格尔一时的政治越轨行为。可是在这里也存在着一个对立:一方面是相比较而言品种繁多的、常

---

① 本文为卡尔·舒曼《胡塞尔的国家哲学》(Karl Schuhmann, *Husserls Staatsphilosophie*, Freiburg/München: Verlag Karl Alber, 1988) 一书的"前言"以及"引论"的第一、二部分,它们构成对全书的导引和内容概括。其中有所删减,但删去的仅仅是与本书的结构、撰写过程以及技术交待、答谢辞等方面的内容。引论原有的总标题"胡塞尔思想中的国家问题"也被删去。本文的第一节为前言内容,小标题为译者所加;第二、三节为引论的第一、二部分内容,并保留了原来的标题。中译文首次刊载于倪梁康等编《中国现象学与哲学评论(第十辑):现象学与政治哲学》,上海译文出版社2008年版,第3-25页。——译者

② E. 邓宁格(Erhard Denninger):《法人与团结》,美茵河畔的法兰克福/柏林1967年版,第6页。邓宁格的工作恰恰就是要协助克服这个缺陷。

常充满了情绪而非认知的研究文献,① 另一方面是政治与国家在海德格尔"道路－作品"② 中所具有的相对微薄的价值。在他的整个著述中所包含的几乎只是一些对此问题组的"大致暗示"③。无论如何,莫里兹·盖格曾做过唯一的一次关于"国家哲学"的讲座,他甚至还对此讲座做了加工,可能是为了发表。但不管是出于何种原因,这个讲稿最终还是没有出版。④ 最后,就亚历山大·普凡德尔和尼古拉·哈特曼而言,可以认为他们未曾在其著述中讨论过他们时代的精神处境,甚或物质处境。⑤ 即便是在关于他们的研究文献中,相关论述的数量也几乎不值一提。

那么埃德蒙德·胡塞尔在此方面的状况又如何呢? 在他这样一位具有最普全要求和最广泛意图的现象学家那里,或许人们最有理由期待一门普遍的国家学说。但是,至少在关于胡塞尔的浩瀚无际的研究文献⑥中,对此问题的论述还引人注目地存在着一块空白。在1973年《胡塞尔全集》中的三卷本《交互主体性现象学》出版之前,这个空白在一定程度上还可以用缺乏足够文献基础的理由来解释。然而在此之后,难道我们还没有受到这样一个尝试的诱惑:比至今为止更深入地打探一下胡塞尔的所谓"实践"的底细。多年来对胡塞尔未发表著述与文稿的接触,给笔者以勇气来从事这里的研究,即对胡塞尔散见于三十年中的相关表述做一个纵览。但与此同时始终要留意的是:这样一个大胆之举的基础主要还是在于胡塞尔

---

① 在 O. 珀格勒的较早著作《海德格尔的哲学与政治》(弗莱堡/慕尼黑1974年版)之后,值得称道的例外是胡戈·奥托(Hugo Ott)的两篇出色地提供了资料并经过仔细斟酌的文章:《马丁·海德格尔在1933—1934年作为布莱斯高地区弗莱堡大学的校长》,载《布莱斯高历史学会杂志》1983年第102期,第121－136页;以及《马丁·海德格尔在1933—1934年作为弗莱堡大学的校长》,载《上莱茵地区历史杂志》1984年第132期,第343－358页。现在还可以参阅珀格勒:《引领元首? 海德格尔和没完没了》,载《哲学评论》1985年第32期,第26－27页。

② "道路－作品"(Weg-Werk) 这个复合词显然是借用了海德格尔在其著述与讲稿全集前所列出的一个警句:"道路——而非作品。"(Wege－nicht Werke)——译者

③ A. 施万(Alexander Schwan):《海德格尔思想中的政治哲学》,科隆/奥普拉登1965年版。

④ 参阅 E. 阿维－拉勒芒(Eberhard Avé-Lallemant)《巴伐利亚国家图书馆中的慕尼黑现象学家遗稿》,韦斯巴登1975年版。

⑤ 普凡德尔在1927年曾做过两个电台讲演,题为"当今时代向哲学提出了哪些问题?"它们一方面包含对"人类历史最终目标"的形而上学确定,另一方面也包含对时代特征的一个评述,他把"男女露天共浴"这类事情以及"更多纯洁的、穿着整齐的有教养年青人"重又转向宗教的状况都看作是时代的特征。

⑥ 参阅在 H. 施皮格伯格《现象学运动——一个历史的导引》(海牙/波士顿/伦敦1982年版)中提到的各种不同的参考书目。然而现在始终还缺少一份真正全面可靠的参考书目。

的研究文稿连同其往往大相径庭的各种（如胡塞尔自己常常所说的）"启动阶段的思考"（Anhieben）。这里丝毫没有将他的相关陈述和笔记中的任何一个与其他陈述和笔记毫无线索地组凑为一个相关整体的想法。如果这里的研究宣告自己是对胡塞尔的"国家哲学"的一个论述，那么也就应当始终留意这个限制。

从总体上看，胡塞尔的遗留文稿仍然可以组合成一幅充分确定的马赛克图像。胡塞尔的国家观念在很大程度上与他思想的许多核心命题联系在一起。从中可以剥离出一个国家概念。在从柏拉图到黑格尔的政治哲学框架中，胡塞尔的国家概念带有本己意愿的印记。它并不是处在那些经典的风景画中的一块整石，甚至不是其中的一块散石。相反，作为对交互主体性思想伟大而严肃的探讨者，胡塞尔对国家之态度的矛盾心理在一定程度上类似于费希特，众所周知，后者恰恰被视作这个交互主体性问题的发现者。[①] 尽管大奥地利人胡塞尔在其思想发展过程中有可能学会了认同俾斯麦的国家，他作为仅仅大致了解法学或社会学和经济学的思想家，仍然不会直截了当地在特赖奇克[②]的"国家、国家、国家！"呼声中向国家本身突进。正是因为某种犹豫和疑虑的缘故，这也意味着，由于他的相关思想的发展能力，无论在过去还是现在，看起来都值得对胡塞尔的国家观念做进一步的深入探讨。但为了能够恰当地把握这个观念，我们需要一再地顾及胡塞尔思想的时代背景和一般哲学史背景。

## 二、胡塞尔与国家问题

一位德国社会学大师曾在1933年写下这样一段苦涩的认知："即便是那些有现实感、非激情、不轻信以及无臆想的人，在谈及国家时也大都会失去他们惯有的镇定。……人们常常会看到在这些理论中折射出的自私与

---

① 参阅 J. 费希特《自然权利基础》，达姆斯塔特1962年版，第84页："对哲学的一个质疑在我看来还从未得到过解答：我们何以会将理性的概念转用到感性世界的几个对象、而非其他对象上？"
② H. 特赖奇克（Heinrich Treitschke，1834—1896），德国历史学家和政治学家。普鲁士学派的主要代表之一，主张沙文主义和对外扩张。——译者

嗜权、怨恨与奴性。"① 建立一门关于政治的科学乃至科学的政治学的困难是另一种困难，全然不同于例如在有关几何学的立体（Körper）或物理学的物体（Körper）那里以其他方式为人所知的那些困难。显然霍布斯就已经用干巴巴的一句话表达了这些困难的原因："每当理性反对人，人就会反对理性。"② 可是，如果人的激情与理性是如此这般地相互敌对，那么——仅举一例——斯宾诺莎在《神学政治论》中的尝试若不是自相矛盾，便是从一开始就不着边际。他的这个尝试在于，对待人的行动，"不是嘲笑，不是悲哀，也不是蔑视，而是领会"③，完全就像对待"线、面、体"一样。④ 政治社团（politischen Körperschaft）与自然物体（Naturkörper）显然是不可同日而语的！甚至还可以更进一步说，一旦提出这样一种方法意图：在政治事物中不带好恶地（sine ira et studio）向前走——用胡塞尔的术语来说，努力遵循无前提性原则——就必定会引发这样的怀疑：这里还是在用一种甚至不能说是特别精致的花招来贯彻自己的嗜权与怨恨。尼采不是在一百年前就已经揭示过：对所谓纯粹全然之真理的意志也应当被看穿为纷繁杂多的意志的一种，我们这个世界就是由这些意志的相互争吵和权力饥渴所构成的。甚至可用斯宾诺莎的《神学政治论》本身为例来做测试。众所周知，它不仅可以被理解为斯宾诺莎哲学所具有的永恒趋向的展示，而且同样可以被理解为维护当时荷兰约翰·德·维特（Johan de Witt）及其"理事会养老金"（Raad-pensionaris）政策的一篇党派著述。类似的情况也适用于霍布斯。他的那三部使政治哲学得以作为科学而启动的巨著《法律要义》《论公民》和《利维坦》，全都是由英国当时的政治状况所引发的。

---

① L. 封·韦泽（Leopold von Wiese）：《普遍社会学体系作为人的社会过程和社会过程的学说（关系论）》第3卷，《伦理原则与伦理生活领域》，斯图加特，第538页。几年前凯尔森（Hans Kelsen）就已有类似的抱怨："但在科学领域内，'国家'一词的含义至今为止还未得到哪怕是较为贴近的确定，其原因大概主要在于，它的对象比其他任何一个社会科学考察的客体都更多地建基于研究者的个人兴趣之上，因而与其他对象相比，对这个对象的本质认识面临更多的危险，即从本质认识偏离为价值判断的危险。"（《普遍国家论》，柏林/海德堡/纽约1925年版，第3页）。

② 霍布斯：《论人性》，献辞。这句话堪称经典，因为除此之外莱布尼茨、爱尔维修、J. St. 斯密都曾使用过它。在胡塞尔那里也可以找到一个短句："政治理性与个体激情的争吵。"（手稿，B Ⅳ 5/17b）

③ 斯宾诺莎：《神学政治论》，第一章，第1节。

④ 斯宾诺莎：《伦理学》，第三部分，序言。

## 胡塞尔与国家哲学（1988年）

情况如此糟糕，就哲学家的特殊兴趣、他的认识意愿而言，大概就只还存在两种可能性了，或者他仍然建构他的政治哲学大厦，并且借助它而作用于现有的社会境况。在一门法哲学的入口处并没有挂着"这里就是罗德斯岛，就在这里跳吧"（hic Rhodus，hic saltus）的牌子，关于这门哲学的政治评价和划归的争论还远远没有得到缓解，甚至都没有沉寂下来。但这样一来，哲学家们的徒然纯粹的科学不也只是由意见的软材料所构成的吗？因而对国家的思考差不多也就是演说家宽袍上一个偶然的装饰性皱褶。而自赫拉克利特放弃官职和尊贵以来，尤其是自柏拉图的西西里冒险以来，这类事物几乎已经失去了吸引力。因此，看起来思想者必须沮丧地把哲学家的外衣裹得更紧。只有在公共事物中保持沉默，他才仍然是哲学家。政治之歌——一首令人作呕的歌。

在这个意义上，胡塞尔能够声言自己是哲学家。让人诧异的是，在胡塞尔去世二十年后有位作者居然还认为要做出这样一个确认：胡塞尔及其学派的整个社会哲学用三句话便可以概括殆尽。① 胡塞尔自己在《观念Ⅰ》中不就早已明确声明，从纯粹现象学的领域中"当然（！）也要排斥国家、习俗、法律、宗教这类现实，它们应当始终处在纯粹现象学的领域之外"（Hua Ⅲ/1，S. 122）。② 这种排斥对他来说越是显而易见，他也就越是毕生严守这种排斥。甚至在卷帙浩繁的《胡塞尔全集》中的三卷本《交互主体性现象学》中，这个形象也未能有根本的变化。可以提供对此状况的一个证据：根据大致的统计，在《胡塞尔全集》前二十卷中，"政治"一词的出现连十次都不到。在危难时期［即纳粹执政时期］，胡塞尔曾对他儿子说，他的整个事业"本身都完全是非政治的"③，这就像是对此事态加盖了一个确认的印章。而且此前很久，当德国为另一次生存危机所震撼，而许多诗人和思想家还在将他们的连篇累牍的呼吁倾注给世人

---

① H. 内瑟尔（Hans Neisser）：《现象学进入社会科学的路径》，载《哲学与现象学研究》1959年第20期，第199页："在其著述中，胡塞尔将自己限定在对现象学方法原则的说明以及对认识论和逻辑学问题之澄清的使用上。即便是他的学派在社会科学方面的应用也是如此稀少，以至于我用三句话便可以再现其主要内容。"

② 在指出这点的同时，A. 布莱希特（Arnold Brecht）也谈到胡塞尔现象学对"政治理论"的极为"有限的用处"。（A. 布莱希特：《政治理论——20世纪政治思想的基础》，图宾根1961年版，第457—460页）

③ 1935年7月5日致格尔哈特·胡塞尔的信。

时，胡塞尔已然对他自己的人格得出了结论："我没有受到召唤去成为追求'极乐生活'的人类的领袖——我在战争年代的苦难冲动中不得不认识到了这一点，我的守护神**告诫了我**。我会完全有意识地并且决然而然地纯粹作为科学的哲学家而生活（因此，我没有撰写战争论文，我的确可以将此视为一种对哲学的自命不凡的忠诚）。"① 胡塞尔的科学从一开始便被构想为"纯粹的"现象学，而且他懂得如何纯粹地持守它：声言放弃社会有效性，声言放弃对利益集团和各种权力间争斗的表态。这不正让人想起尼采对已无生命力的科学之"宦官"的恶意话语："当然，纯粹的客观性正好配得上他们。"②

然而，在胡塞尔那里，这种看似缺少一门国家哲学或法哲学的状况，却与他这样一个原则信念是正相对立的："没有任何一个以往哲学可以想象到的有意义问题，没有任何一个可以想象到的存在问题一般，是超越论的现象学在它的道路上必定不会有一天达到的。"（Hua Ⅵ，S. 192）胡塞尔在这个语境中特别提到，"从在社会性中、在更高层次的人格性中的人类存在之本质形式出发，向它们的超越论的，并因而是绝对的含义进行超越论的回问"的问题。（Hua Ⅵ，S. 191 f.）难道我们真的不得不从中得出结论说，在自柏拉图的《法律篇》以来便使哲学家紧张不已的那些问题中，根本就不包含任何有意义的东西，因而国家与法律并不是真正的实事问题的标题？向这样一个命题的逃遁就其本身而言是无法进行的，因为它既不可能与西方哲学史的现实相一致，而众所周知，胡塞尔将自己视为西方哲学历史的普全传人，而且它例如也不可能与生活世界的行动与承受的现实相一致。

这样就显而易见需要借助于一个区分而从这个窘境中脱身出来。即使胡塞尔本人没有处理过国家、法律或政治的问题，这却并不会影响到他的现象学的原则上的成就可能性。即是说，这类问题的确在他圈子中通过现象学的手段而被提出来。例如，首位在胡塞尔那里通过教授资格论文的阿道夫·莱纳赫③便是如此，他的弗莱堡学生戈尔达·瓦尔特

---

① 1919 年 11 月 4 日致阿诺德·麦茨格的信。
② 尼采：《不合时宜的考察》第 2 卷，柏林/纽约 1972 年版，第 277 页。
③ 莱纳赫的教授资格论文题为《市民权利的先天基础》，载《哲学与现象学研究年刊》1913 年第 1 卷，第 685 – 847 页。

(Gerda Walther)①、他的私人助手埃迪·施泰因②，以及胡塞尔的儿子格尔哈特③——他与莱纳赫一样是训练有素的法学家——也都是如此。

同样不要忽略更为宽泛的现象学圈。完全一般地说，当时在社会学家中，阿尔弗雷德·菲尔坎特（Alfred Vierkandt）④和汉斯·菲莱耶尔（Hans Freyer）⑤便以运用现象学的方法为荣。从萨科·阿尔塔拉兹（Isaak Altaraz）的情况来看，现象学还更深入地影响了社会学。在1918年于柏林完成的博士学位论文中，倡导一门独立的"现象学的社会学"，将它视为纯粹的和本真的社会学的基础。⑥在他看来，这门"仅仅是现象学—进化论的社会学"⑦，亦即"人类团体的现象学与进化论"⑧的作用就在于，它所进行的是那些暂时性的奠基工作，而后可以从中引出纯粹的、阐述着共同生活之法律的社会科学的实事。初看起来，这个构想与胡塞尔学生西格弗里德·克拉考尔（Siegfried Kracauer）的构想是一致的，因为后者在阿尔塔拉兹之后四年致力于"将丰富的社会学认识建立在纯粹现象学直观的基础上"⑨。菲尔坎特在他对克拉考尔著作所写的书评中也认为可以用一把梳子来梳理两个作者。⑩但这样一来，克拉考尔之意图的特性

---

① 瓦尔特著有《论社会共同体的本体论》，载《哲学与现象学研究年刊》1923年第6卷，第1-158页。

② 施泰因著有《对国家的研究》，载《哲学与现象学研究年刊》1925年第7卷，第1-283页。

③ 格尔哈特著有《法的力量与法的效用》第1卷，《法的效用之发生与界限》，柏林1925年版。关于这本书，胡塞尔在1925年6月27日致罗曼·英加尔登的信中写到："我的儿子格尔哈特……为我们现象学写了一本重要的书。"

④ 菲尔坎特：《社会学说》，斯图加特1928年第二版，第19页："在研究最终的社会现象以及与其相应的概念过程中所运用的方法……是现象学的方法。"

⑤ 在1930年的《社会学作为现实科学——社会学体系的逻辑基础》（莱比锡）一书中，他一再强调其现象学的出发点（第12、20、110页）。

⑥ 菲莱耶尔：《纯粹社会学——对为创建一门哲学的社会科学而作的各种典型尝试的阐释与批判》，博士学位论文，柏林，1918年。

⑦ 菲莱耶尔：《纯粹社会学——对为创建一门哲学的社会科学而作的各种典型尝试的阐释与批判》，博士学位论文，柏林，1918年。

⑧ 菲莱耶尔：《纯粹社会学——对为创建一门哲学的社会科学而作的各种典型尝试的阐释与批判》，博士学位论文，柏林，1918年，第5页。

⑨ 克拉考尔：《作为科学的社会学——一个认识论的研究》，德累斯顿1922年版，第5页。完全是在克拉考尔明确回溯的胡塞尔《观念Ⅱ》的意义上，"通过对在自然观点中被给予的世界的加括号……来获取纯粹现象学的层面"（同上，第70页）。因而克拉考尔恰恰是在实施一种加括号的方法，看起来可以通过它而一劳永逸地开辟一条通向社会现象的道路。

⑩ 《康德研究》1925年第30期，第220-222页。

便显然遭到了误解。他远远超出了当时的其他社会学家，因为他恰恰将两门科学的对象认同为一。"因而社会学的领域实际上无异于现象学的领域，它的内涵就是在现象学上可直接直观到的完型－单位的聚集体与组合体，只是它们往往是相当复杂的聚集体与组合体。"① 在这点上，人们似乎就不得问：对于现象学来说，推动一门有关各种社会化形式之学说的发展是否差不多就是一件顺理成章的事情了？

用胡塞尔的术语来说，这里所关涉的是本质现象学向一门经验现象学的转变，众所周知，他将这种经验现象学理解为"实证科学之大全"（*Hua* Ⅸ，S. 298）。这样就可以猜测，在对这些问题圈的具体研究中证明他的方法的效用与范围，这是现象学创立者本身要做的事情。是不是以上所简述的他的学生们在这一领域的频繁活动，也一并促使他给予社会学的问题以最大的关注？除此之外的原因是否还在于，甚至首先在于，对于胡塞尔当时的经验而言，国家与政治具有特殊的地位，并迫使他对它们进行反思？尽管现象学由于缺乏实在的被给予性而不得不常常为自己保留这样的权利，即向想象构造回溯并在臆构中寻找其生命要素。但在这里所给出的难道不是根本无法回避的事实性吗？

具体地说，这意味着，胡塞尔一生都充满了民族志向。在他年轻时尤为甚之，以至于他需要在 17 岁时于第一学期遇到日后成为捷克斯洛伐克总统的托马斯·马塞里克之后——用胡塞尔自己的话来说——才得以被其治愈。② 博士毕业后不久，24 岁的胡塞尔曾在皇家野战炮兵部队作为志愿者服役一年。③

在此后的几十年中，关于胡塞尔的政治态度、他对某些党派的好感等等，没有什么可靠的信息为人所知。尽管如此，却不能说这是一种彻底的隐居（λαθε βιώσας）。因为众所周知，胡塞尔像所有其他的现象学家一样全部经历、也亲身忍受了第一次世界大战。不仅阿道夫·莱纳赫或约翰纳斯·道伯特从一开始就"参与其中"（莱纳赫战死于 1917 年，道伯特活着返回），而且胡塞尔的两个儿子格尔哈特和沃尔夫冈在 1914 年就立即报

---

① 克拉考尔：《作为科学的社会学》，第 114 页。
② 在一份翻译为英文的信中，胡塞尔就其在 1936 年与马塞里克的会面写到："首先，是他治愈了我的错误的、非伦理的民族主义。"（转引自 K. 舒曼《胡塞尔年谱——埃德蒙德·胡塞尔的思想道路与生活道路》，海牙 1977 年版，第 5 页）。
③ 参阅舒曼《胡塞尔年谱》，第 11 页。

名参加志愿军，而他的女儿伊丽莎白像他的女学生埃迪·施泰因一样报名参加救护服务。尽管沃尔夫冈·胡塞尔在1915年受了重伤，他在大致复原后立即又于1916年重返战场。他于1916年3月阵亡，如讣告所说，"在凡尔登前的一次冲锋中战死在他的队伍的最前列"。① 他的长子格尔哈特在1917年7月因脑部中弹而生命垂危，最后还是活了下来。胡塞尔能够在危难的1933年里回顾地确认："我想，我不是最坏的德国人（在旧风格和旧国度意义上的德国人），而我的家确实是一个具有民族志向的场所。"② 1915年1月29日，胡塞尔给在美洲落户的胡戈·明斯特贝格（Hugo Münsterberg）写信，报告德国人向往胜利的民族意愿以及指引他们进行战争的精神。③ 俾斯麦-威廉帝国的"可怕崩溃"也给胡塞尔——他认购了许多战争公债——在志向上以沉重的打击。他在一封信中报告说："我当时的痛苦难以名状，我曾一度像是瘫痪了一般。"④ 而在另一封信中他补充道："您可以想象，我过去和现在都在为我们这个伟大而骄傲的民族的可怕崩溃而痛苦。"⑤ 因而当德国皇帝在1918年授予他普鲁士战争服务功勋十字勋章时，对他来说只是有了一个小小的安慰而已。授此勋章是为了奖励他在战争期间为参战者做费希特人类理想的讲演。根据英加尔登的见证，在这些报告中无可否认地散发出"教授的激情"（Professorenpathos）。⑥

越是如此，一个国家对胡塞尔所做的打击也就越是来得惨烈。这个国家用一支笔宣告他为没落者（Unperson）、"非雅利安人"。根据1933年4月7日的国家社会主义公务员法，早已退休的胡塞尔再次——当时就是这

---

① 参阅舒曼《胡塞尔年谱》，第200页。
② 参阅舒曼《胡塞尔年谱》，第428页。[这里所说的"旧国度"，是指包含胡塞尔的故乡"摩拉维亚地区"（今属捷克共和国）在内的德国。这个地区原为日尔曼人居住地，曾属奥匈帝国。其首府先为奥洛穆克（胡塞尔的出生地），后为布尔诺（胡塞尔上中学的城市）。——译者]
③ 在一份仅作为英译文保留下来的致H.明斯特贝格的信中有这样一段话："我们几乎不会较长时间地作为私人而生活。每个人在自身中关注地体验到的，乃是整个民族的生活，而这使得每个人都可以体验到其极大的动力……一个民族大潮决意要取得胜利，它穿流过我们每一个人，并在此重大的民族寂寞中赋予我们以一种梦想不到的意志力。"也可以将此视为对意识形态的震耳欲聋之力量的精确描述。
④ 舒曼：《胡塞尔年谱》，第227页。
⑤ 舒曼：《胡塞尔年谱》，第227页。
⑥ R.英加尔登：《回忆胡塞尔》，载胡塞尔《致罗曼·英加尔登的书信》，海牙1968年版，第111页。

样说的——"被休假"。对于胡塞尔来说,这是"对我一生的最大侮辱"①。当所谓"纽伦堡法"在 1935 年被颁布时,他需要用好多天来"克服恶心"②。从 1936 夏季学期之后,胡塞尔的名字便不再出现于弗莱堡的阿尔贝特·路德维希大学的讲座目录上。这个大学在 1916 年聘请胡塞尔,并且直至 1923 年还在竭尽全力将他留在弗莱堡。扬·帕托契卡(Jan Patočka),这最后一位国外的朋友和知己,在 1937 年年初与完全健康的胡塞尔相见时报告说:"他对这个国家本身不抱任何希望了。"③

对这个国家不抱希望,但并不因而对自己不抱希望,更不会对他的现象学不抱希望。与他的人格一样,他的思想也是不可分离地与德意志民族一起历史地生长起来的。关于他的大量手稿,他当时写道:"只要它们能在纽约或布拉格得到研究,并成为文字作品,我就仍然还是德国哲学家。"④ 即便他的现象学始终提出最普全的要求,既在客观上(exparte objecti),也在主观上(exparte subjecti),因而不会使自己禁锢和局限在任何历史的时间和任何特定的文化圈上,但这仍然有一个无可辩驳的事实:这门现象学是在一个可记载的发展中发生的,而且这个思想带有欧洲这个历史名称;更确切地说,它只能在一个特定的局势中发生于德国。因此,在后期的胡塞尔那里,对国家的绝望与对自己哲学在成就能力方面的必胜把握保持着一个平衡,完全就像他对德国——对欧洲——的信任与他个人的沉沦情绪在保持着平衡一样。1935 年 4 月 9 日,胡塞尔从他正在短暂停留的黑森林中的卡珀尔写信给他的儿子格尔哈特,在感谢其对自己 76 岁的生日祝福的同时,他写道:"也许我们所有人都可以在那里占领一小块友好美丽的家园——德国的家园。而我则为自己占领一块美丽的墓地角落。"⑤

这位在生活中受到国家和政治如此厄运般干预的思想家,始终对那些使其生活日趋阴暗的政治事件有所反应,这种反应就是:带着一种几乎是

---

① 舒曼:《胡塞尔年谱》,第 428 页。
② 舒曼:《胡塞尔年谱》,第 467 页。
③ 帕托契卡:《回忆胡塞尔》,载《人的世界——哲学的世界:扬·帕托契卡纪念文集》,海牙 1976 年版,第 XVIII 页。
④ 1935 年 3 月 18 日致格尔哈特·胡塞尔的信。
⑤ 信中所说的"那里",是指胡塞尔计划搬去居住的黑森林中的卡珀尔地区。——译者

胡塞尔与国家哲学（1988年）

英雄般的意志力，将国家、习俗和权利从其现象学的工作领域中排斥出去，就像他在《观念Ⅰ》中所欢欣宣告的那样。因此，对他来说，"对世界的完全封闭状态"① 曾经是成功的科学工作的不可或缺之前提，而如今则进一步意味着，胡塞尔必须"在**邪恶**世界面前封闭自己"②，以便能够"在观念世界中寻找寄托"③。对此显然应当这样来理解：看起来不仅是政治和国家的现实不具有在那个观念的背后世界中的居住权，而且甚至连对它们的可能意义以及它们与现实的基本观念之关系的普遍反思，都不能从［这个观念的背后世界］中产生出来。这样的话，难道国家对胡塞尔来说就只是"邪恶"世界的一个经验－实际的被给予性，类似于箭、锤或镰刀？或者它还是会以某种方式，尽管也许是以难以把握的方式构成一个现象学的合法问题？至少有两个现有的事实不容置疑：首先可以确定的是，胡塞尔并不是简单地赋予他的现象学以一种非国家的——无论是国家之前的，还是国家以外的——规定与含义，而是明确地赋予它以一种超民族的规定与含义。而后还可以确定，无论他如何顽强地对国家这个现象学特殊研究的问题名称保持沉默，他还是深深地感到和看到，一门政治现象学的缺失是一种缺陷："完全还缺少一门关于人和人的共同体的理性科学，它将论证一种在社会行动、政治行动中的合理性以及一种合理的政治技术。"④

只是在国外，亦即于1923年在日本发表的一篇文字中，胡塞尔才切入过这个论题，这难道是个偶然吗？这至少证明，他对相关问题是有所关注的。除此之外，这篇文章本身含有对此问题的一个重要指明：究竟应当如何从现象学的立足点出发来处理国家和政治的问题。从这篇文字可以得出：国家与政治是被奠基的问题，对它们的研究要回溯地依据对人的共同体一般的研究，甚至回溯地依据对它们的构造的研究。因此，如果下面试图根据那些没有为他系统加工过、更多是顺带给出的各种提示来对胡塞尔

---

① 舒曼：《胡塞尔年谱》，第422页。
② 舒曼：《胡塞尔年谱》，第426页；黑体着重格式为笔者所加。
③ 舒曼：《胡塞尔年谱》，第227页。也可参考胡塞尔的话："我**必须**进行哲学思考，否则我无法在**这个世界**中活下去。"（参阅 R. 英加尔登对胡塞尔《致罗曼·英加尔登的书信》的说明，载舒曼《胡塞尔年谱》，第161页）
④ 胡塞尔：《改造：它的问题与它的方法》，载《改造》，东京1923年版，第90页。

的国家思想做一个较为切近的勾画，那么这在方法上就要求对在胡塞尔现象学总体中的国家哲学做一个宽泛的确定，因为它完全一般说来就是关于交互主体性的学说。

### 三、胡塞尔国家学说的背景

随着具体论述的展开，将会有一个完全原创的国家观念被剥离出来。但由于它建基于交互主体性理论之上，因而会使人清楚地联想到首先是17、18世纪的思想进路，亦即使人联想到社会契约论，因为这两者都是以国家的非原本性为出发点的。面对一个坚持国家优先的传统——也许可以将它称作亚里士多德—黑格尔传统，并在可能情况下将它归入有组织的（organizistisch）国家模式中，对它的最极端的表达就是奥特马·斯潘的声名狼藉的格言："国家配得上共同体，就像皮毛配得上狮子。"① ——面对这样一个传统，胡塞尔宁可将自己归入霍布斯传人的行列。他在1880年，即在他还未满20岁时，便获得了霍布斯的《论公民》一书。②

这里无法对胡塞尔与霍布斯的关系做深入的分析。也可以完全泛泛地怀疑，此类研究究竟会提供多少东西。③ 但引人注目的是胡塞尔在其1920年夏季的伦理学讲座中讨论霍布斯时所具有的强烈口吻：他毫不犹豫地将霍布斯置于"近代伦理学的顶尖"④。虽然胡塞尔完全与当时在德国学者圈中流行的情况一样，对有空谈家之嫌疑的霍布斯持有反感，并且他因此，只是将霍布斯的实践哲学当作"一个富于教益的病例"来进行分析。但即使拒绝其内容，胡塞尔却仍然承认霍布斯的国家哲学具有示范性的意义。如果说他意识到自己的思想在一定程度上与霍布斯相近，那么这只是对同一事态的不同表达而已。"首先就霍布斯的伦理学和国家学说而言，"胡塞尔说，"就像你们所注意到的那样，我曾带着某种爱来探讨它们，并且已经隐约地表达出了它们的特殊价值。"⑤ ——进一步说，在他看来，

---

① 斯潘（Othmar Spann）：《社会学说》，莱比锡1923年第三版，第464页。
② 参阅舒曼《胡塞尔年谱》，第8页。
③ 在《算术哲学》（Hua XI，第129页和第139页）中所引两处霍布斯语录，均出自一本普通的数学史著作，这或许可以说明一些问题。
④ 手稿，F I 28/49a。
⑤ 手稿，F I 28/54b。

这个价值就在于，它"是第一个尝试，在最原始的基础上首先将一个社会共同体观念构建为纯粹理性的观念"①。消极地看，可以从中得出结论：胡塞尔认为社会性的观念完全就在展示着这样一个理性观念，而且他显然还坚信自己掌握了那个理性观念。而就积极的方面而言，从这些话语中可以看出，胡塞尔希望能够在霍布斯那里发掘出一个"至此为止未被注意到的"宝藏。②"我会冒险指明，即使是那个在霍布斯的国家学说中引发了如此多反感的契约观念，也具有重要的先天内涵；但是，"胡塞尔在这里自己打住了话头，"我在这里不想滞留太久。"③

在这个更多是顺便说出的说明背后究竟隐含着什么？或许可以在这里寻找契约观念的先天内涵：在胡塞尔看来，虽然在单个的单子中有一种对共同体化的原初趋向在起作用，但这种共同体化本身还需要建构在自主的自身意识的层面上。这是一个与主体性和交互主体性的普遍合理性特征相符合的过程。但胡塞尔现在是在哪些人面前维护这样一个契约观念呢？这个观念在哪些人那里引起"如此多反感"呢？在其论文《论流行格言》④针对霍布斯的一个段落中，康德将原初契约的思想称为一个关于实践现实的理性观念，它因霍布斯引入幸福原则（Glückseligkeitsprinzip）而被混同于经验因素。就此而论，在这里显然可以联想到康德。但要指出格奥尔格·耶利内克（Georg Jellinek）对契约理论的批判可能会更为恰当；至少看到这一点会有助于说明胡塞尔本人观点的推动方向。耶利内克的出发点是一个胡塞尔会毫不犹豫签名认同的确定："契约论的重大意义与几百年的声誉是建立在它的理性主义基本思想上，即向个体指明：国家是他的本己意愿的理性产物。"⑤ 这样，在胡塞尔的眼中，这个产物的合理性就在于他将致力于指明的东西：在共同体生活的发展进程中构建国家的必然性。而耶利内克则相反，他认为这个合理性更多地在于，这个产物可以毫无剩余地还原为它的各要素之总和。然而在他看来，国家的存在因而便变得是

---

① 手稿，F Ⅰ 28/55a。
② 手稿，F Ⅰ 28/37a。
③ 手稿，F Ⅰ 28/58a。
④ 即康德写于1793年的论文《论流行格言：虽然理论上说得通，实践中却行不通》。——译者
⑤ 耶利内克：《国家概论》，柏林1914年第4版，第214页。

依赖于个人的任意想法的,至少是依赖于个体的明察能力的。与此相应的是他的结论:"所以契约论从逻辑上想到底就不是在论证国家,而是在消解国家。"它因而"偏离了它的目标"①。但在胡塞尔看来,偏差却恰恰在于,国家完全被耶利内克解释为一个个别理性活动的目标,但它却根本就应当是理性展开的一个手段。此外,这也就隐含地承认了,一门契约论从一开始就偷袭了所有神权政治将国家提升为一种不可侵犯者和不可怀疑者的企图,因此,也将国家想象为非中介的和不可中介的。胡塞尔的目的恰恰就在这一点上。如果国家不是第一要素,那么它也就不可能是高不可攀的最终总体。

也许胡塞尔距离叔本华的国家哲学要比霍布斯的国家哲学更近些。像叔本华的《论公民》一样,叔本华的全集自 1880 年起就已经处在胡塞尔的书库里,②而且显而易见,他遵照业已养成的习惯和他那个时代的好风气,不只是草草地阅读过它们。几乎还没有人估量过叔本华对胡塞尔的影响程度——这个影响主要发生在、即便不仅仅发生在 1900 年前——,而且无论如何也不应当过高地估量这个影响。但不仅是胡塞尔将实在世界回缚在意识上的做法看起来非常泛泛地(如果我们撇开贝克莱不论③)让人想到叔本华的"作为表象的世界"(此外也让人想到霍布斯的第一哲学)。值得注意的是,胡塞尔关于"意志自由"的(下落不明的)讲座,自身也可能包含着对叔本华关于动机、智性特征和意志的无根据性和统一性之学说的分析。这个讲座他在 1892 年至 1904 年期间共讲了十一次,预告了十二次。④ 无论如何,有证据表明,在胡塞尔第一次做此讲座的同时,他还开设了一门关于"世界作为意志与表象"的讨论课,并且明确强调是"紧接着"讲座。⑤ 但对于胡塞尔与叔本华的关系而言,具有标志性的一点在于,胡塞尔最后一次做此讲座的时间是 1904—1905 年冬季学期,亦即在他发现"现象学还原的概念和具体运用"⑥ 之后不久。实际上,在完

---

① 耶利内克:《国家概论》,柏林 1914 年第 4 版,第 217 页。
② 参阅舒曼《胡塞尔年谱》,第 9 页。
③ 参阅同上书,第 5 页:贝克莱是胡塞尔(作为大学生)阅读过的第一位哲学家。
④ 参阅舒曼《胡塞尔论普凡德尔》,海牙 1973 年版,第 30 页注 2。
⑤ 参阅舒曼《胡塞尔年谱》,第 34 页,以及同上书,关于 1897 年夏季学期的第 51 页。
⑥ 参阅舒曼《胡塞尔论普凡德尔》,第 162 页及以下。

全展开了的现象学的框架内,胡塞尔已经不再进行对叔本华(此外还有对霍布斯)的讨论。因此,他的国家观念离叔本华的国家观念相对较近这一状况,肯定不是有意识的分析和吸收的结果。如果这里还能谈得上真正的影响,那么更应当将这种影响设想为:胡塞尔直至其后期都或多或少地保留了他早期形成的、受到霍布斯和叔本华一同启发的国家思想。这里很少能够注意到有一种继续的发展,其原因之一有可能在于,与叔本华不同,胡塞尔从未将国家问题提升为他哲学思考的一个范围确定的课题。国家问题属于"最高的和最终的"问题,只有在那些为它们奠基的、大范围的详细分析得以充分实施之后,这些问题才能得到有效的处理。因此,至少要将这些奠基性的、大范围的详细分析"启动"(Anhieb)起来,乃是胡塞尔在其自下而上的研究工作中的最迫切愿望。所以他一生也从未能以一种在方法上得到辩护的形式来着手讨论国家问题,遑论将这个问题连同其所有分支最终付诸解决。

如前所述,在胡塞尔看来,国家具有一个须进一步阐释的在共同体的范围内的功能。主张国家是某种还必须得以实现的东西,这是一个无论对霍布斯还是对叔本华而言都陌生的观点。此外,在这两个思想家以及其他一大批思想家看来,国家一旦形成,就具有自身确定的、不变的本性。而胡塞尔则相反,他把国家作为要素织入一个总体发展之中。带着这个具有至关重要的发展——在胡塞尔的时代,人们更偏向于说:进化——特征的思想,胡塞尔现在站到了赫伯特·斯宾塞的思维模式的近旁,后者不仅在其"综合哲学"(Synthetic Philosophy)的范围内运用这个模式,而且也在其《人与国家之对立》(*The Man versus the State*,1884)一书中将它尖锐地集中在国家问题上。此前几乎没有人尝试从那个时代的进化哲学和过程思维的背景出发来理解胡塞尔的哲学,尤其是其中如此重要的万有目的论思想。在这里可以提及的除了斯宾塞以外,还有孔德、埃德华·封·哈特曼、费希纳和其他许多人。但恰恰是在国家这类未曾被胡塞尔付诸全部思考力量来推进的问题上可以看出,胡塞尔的哲学思考,乃是在一个他与19

世纪下半叶许多思想家所共有的普遍背景前面进行的。①

相反，令人诧异的是，胡塞尔的国家学说与他老师弗里德利希·保尔森和弗兰茨·布伦塔诺的国家观鲜有共同之处。在胡塞尔那里找不到与布伦塔诺的集体学说或与迈农的更高次第的对象理论的关联。在新康德主义方面，则可以发现与 P. 纳托尔普"社会观念论"（Sozialidealismus）的几个接触点。在相关的现象学研究工作中，首先是马克斯·舍勒的工作在不同方面与胡塞尔的构想相接近。值得一提的还有，在较后的思想家那里，首先是在 R. G. 柯林武德的《新利维坦》中，常常会显露出一些与胡塞尔的相似之处。

需要注意一点，胡塞尔用来勾画法律现象学的几个开端论点②完全可以在汉斯·凯尔森（Hans Kelsen）的"纯粹法学"中找到相似之处。因此，这里可以提出对这两位哲学家的历史联系的问题。胡塞尔的《逻辑研究》肯定对凯尔森有所影响，这首先表现在，凯尔森将"从主体主义区域向逻辑—客观主义有效性领域的上升"纳入他的法律理论研究的"关键主旨"中。③ 胡塞尔在多大程度上了解，凯尔森很早便积极地接受了他的思想启发，对此问题还无法给出答案。如今在他的书库中只能找到一本未曾开封的凯尔森1928年的讲演稿：《自然法学说与法律实证主义的哲学基础》。④ 但在文献上几乎无法看到凯尔森曾对胡塞尔有过直接的回返影响。此外，看起来胡塞尔首先是通过借助凯尔森的一些学生的迂回途径才接触到凯尔森的法律学说。在胡塞尔面前，凯尔森可以毫不隐讳地承认——如他在1931年给胡塞尔的信中所说——，自己"多年来便将他看作德国最

---

① 就笔者所知，唯有施特凡·施特拉塞尔曾指出过胡塞尔与"较老的进化论者们"的关系（《埃德蒙德·胡塞尔的社会本体论基本思想》，载《哲学研究杂志》1975年第29期，第25页及以下）。

② 关于这个论题的一些资料也可以在胡塞尔手稿 A II 1 中找到。

③ 凯尔森：《普遍国家论》，第VIII页。

④ 胡塞尔可能是作为会员而从康德协会那里得到了这个发表在该协会的一个出版系列中的小册子，而不是从作者本人那里。——本文避免根据胡塞尔私人书库尤其是在法哲学和国家哲学方面的藏书情况（这些藏书现存于鲁汶胡塞尔文库）来进行推论。因为不能排除在胡塞尔和他儿子格尔哈特之间进行相关图书交换的可能性。所以，凯尔森的著作有可能被放到了格尔哈特·胡塞尔的书库中，而相反的情况也是可以猜想的，例如尤利乌斯·宾德（Julius Binder）的巨著《法哲学》（柏林1925年版）越过格尔哈特而进入了胡塞尔的书橱。胡塞尔显然只阅读了宾德在该书中论及现象学的部分；相关处（第142、144-147页）留有笔划痕迹。

## 胡塞尔与国家哲学（1988 年）

重要的哲学家"。① 就此而论，这些维也纳人显然是主动地与胡塞尔建立起了直接的联系。这个联系一直可以追溯到 1922 年。此外对于胡塞尔本人来说，这一年也是一个现象学"体系的主要思想"在他那里得以结晶的一年。② 弗里茨·施莱尔首先于 1922 年夏季学期在弗莱堡随胡塞尔学习。在同一时期，菲利克斯·考夫曼给胡塞尔寄去了他的著作《逻辑学与法学》。③ 他与尾高朝雄（Tomoo Otaka）一起构成通晓现象学的凯尔森学生之小组的核心，这个小组尝试着将凯尔森对法律的存在和法律命题的应当所做的严格区分，与胡塞尔对经验事实和观念本质的划分联结在一起。马克斯·舍勒能够在 1927 年的一份手稿中确认："今天已有一个完整的现象学法哲学学派，尤其是在维也纳。"④ 考夫曼将他的几部著作寄给胡塞尔，尾高则寄给他 1931 年凯尔森的纪念文集——只是胡塞尔并未读过它——，其中有尾高自己的、施莱尔的以及菲利克斯·考夫曼的文章。考夫曼自己收到胡塞尔寄给他的论分析概念的手稿，⑤ 而尾高则能够于 1930 年在胡塞尔那里完成某种私塾的结业。因此，总的看来，胡塞尔在这个关系中所做的事情是付出。然而他在凯尔森的法律观念方面必定也曾是接受者，这一点从他遗留下来的手稿中可以得到印证，虽然这个印证是残缺不全的，但仍然是比较清晰的。

---

① 这封信显然是两人之间唯一的一次书信交流；信中也谈到凯尔森在不久前对胡塞尔的一次拜访。
② 舒曼：《胡塞尔年谱》，第 257 页。
③ 舒曼：《胡塞尔年谱》，第 259 页及后页。
④ 舍勒：《舍勒全集》第 7 卷，柏林/慕尼黑 1973 年第 6 版，第 328 页。
⑤ 舒曼：《胡塞尔年谱》，第 264、269 页。也可以参阅 F. 考夫曼，《法律的标准——法学原则研究》，图宾根 1924 年版，第 8 页注："当然，相对于康德，胡塞尔（尤其是在他新近的逻辑学讲座中）强调，认识的首要问题恰恰在于分析判断的明晰有效性。"对施莱尔和考夫曼作为胡塞尔与凯尔森立场之中介者的说明例如可以在 J. 宾德的《法哲学》的第 136-195 页中找到；还可以在 V. 费尔德罗斯的《西方法哲学——对其基础和主要问题的历史考察》（维也纳 1963 年第二版）的第 193 页找到（"他们的结论在本质上是与凯尔森的法律命题学相一致的，但他们用来获得其认识的方法则产生于伟大的哲学家 E. 胡塞尔的本质直观。"——几乎是逐字逐句地接受了考夫曼的说法：《刑法罪学说的哲学基本问题》，莱比锡与维也纳 1929 年版，第 V 页）；甚至 J. 莎普（《法律构成物的存在与场所》，海牙 1968 年版，第 31 页）也知道，考夫曼和施莱尔"试图在现象学方法与凯尔森的纯粹法学之间建立起一个合题"。施莱尔本人则把凯尔森和胡塞尔看作他的两位"极为尊崇的老师"，同时他尤其感谢胡塞尔"允许他研究其未发表的手稿"。（《法律的基本观念与基本形式》，第Ⅳ页）

这个简短的纵观证明，胡塞尔在其国家哲学中也与他前后时代的思想家处在一定的联系中。这并不是说他研究并接纳了他们的著述与立论的所有部分和细节。但也表明，应当脱开他的时代来理解胡塞尔，而这同时就意味着不能仅仅从他的同时代人出发来理解他。起作用的更多是普遍的时代意识，即是说，是当时传承的观点和思路。所有这些构成了一个背景，正是在此背景前，胡塞尔的思想才得以凸显。他的这种哲学思考以一种特殊的形态展示给世人；另一方面，在其独一无二的结构中，它也为我们把握胡塞尔的特殊国家哲学观念提供了一条不可或缺的线索。

# 陌生经验与时间意识

## ——交互主体性的现象学（1984年）[①]

[德] 曼弗雷德·索默尔

1920—1921年冬季学期，胡塞尔以这样一句话来开始他的讲座："外感知是一种不断的伪称，即伪称自己做了一些根据其本己的本质来说无法做到的事情。因此，在某种程度上，在外感知的本质中包含着一个矛盾。"[②] 在我所做的思考的第一部分中，我想在这样一个方向上展开胡塞尔上述命题的意义，这个方向使我们将这种伪称理解为一种自身过分要求（Selbstüerforderung）。在这里，陌生性将作为一种在感知主体的自我经验中出现的东西而得以明了。我想指出，一个主体的自身过分要求如何从自身出发指明了一种众多主体的结合。而我的其他思考则受这样一个问题的规定，即如果人们在看到胡塞尔所开创的那条通向提出交互主体性的道路不会将他们引向死胡同之前，不想踏上这条道的话，那么人们可以做什么。在我的文章的第二部分，我将回溯到阿尔弗雷德·舒茨（Alfred Schütz）那里，并且研究，如果一个人把自己理解为他人，那么，在这个人的意识中会发生些什么。最后我试图从胡塞尔的时间意识的理论中获得建造一座在描述关系之间桥梁的砖石，这些关系将在前面两个部分得到展开，这些描述关系是指这两者之间的关系：一方面是一个主体在自身中经验到的陌生性，另一方面是在社会的生活世界的具体环境中所产生的陌生性之间的关系。通过对时间意识结构的分析，我试图以迂回的方式而达到胡塞尔的交互主体性现象学所具有的那种意向。

我的阐述分三个部分：

---

[①] 德文原文出自 Manfred Sommer, "Fremderfahrung und Zeitbewusstsein. Zur Phänomenologie der Intersubjektivität", in *Zeitschrift für Philosophische Forschung* 38（1）：3 – 18（1984）。中译文首次刊载于吴根友等编《场与有——中外哲学的比较与融通（四）》，武汉大学出版社1997年版，第384 – 402页。——译者

[②] E. Husserl, *Analysen zur passiven Synthesis*, Husserliana XI, Den Haag 1966, S. 3.

(1) 在我之中的陌生之物；
(2) 在陌生者之中的陌生者；
(3) 我们共同的时间。

一

在我之中的陌生之物，或者说，即超越论意识的异质性（Heteronomie）。现象学是一门启蒙哲学。它探讨的是不为人注意的偏见、生活的自明性；它努力寻求一门特殊的光学，寻求一种观察方式，通过这种观察方式，那些自明的东西成为有疑问的东西，这样我们便可以理解，为了使自明的东西真正名副其实，还需要哪些条件。

我们是在许多这种或那种形态的事物的包围之中，对我们来说，似乎没有什么比这更自明的了。它们是冷的或热的、平滑的或粗糙的、绿的或红的、或其他颜色的，即它们具有所有的质。当然，人们今天在学生的教科书中便可以读到，这些是一种主观的错觉（臆想）。人们大都早已知道，没有暖，而只有分子运动；没有红，而只有某种频率的波；没有旋律，只有声的振荡的排列次序。

至于这种关于一个所谓"真实的现实"的断言是不是仍然建立在错觉的基础上的问题，我们要先搁置一下。如果人们将这个问题搁置起来——这种搁置可以说是作为现象学还原的最小形式——那么还会有一样东西会留存下来：主观感觉。它们现在是对我来说唯一的东西和我所具有的第一性的东西。我感到温暖，我看到一个绿色，我觉得粗糙。当然这只是主观的断定。我的意识是一个内部世界，它充满了体验，这些体验完全是属于我的并且是直接当下的。在这个领域中我完全在我之中，不接触其他所有的东西：一个纯粹的感性存在。

这个感性的主观主义的景色简直可以构成一首田园诗，如果不是从后面有一股特殊的、从内部产生的压力体现出来的话；这个压力迫使人们将所有这些在我之中的感觉理解为在我之外的对象的质的体现。如果我愿意，我可以进行反抗；我的感觉在我的手下变成了对我来说的感性印象，这些印象是我从一个客体那里获得的。它们也仍然是属于我的；现在它们仅仅是我从一个外部事物那里借来的东西。不把体验看作第一性的，而是看作第二性的，即理解为外部因素的影响的结果。恰恰是这种做法被胡塞尔称之为"客体化的统觉"。借助于这种统觉，我成为实在论者，我们在

## 陌生经验与时间意识——交互主体性的现象学（1984年）

日常的生活世界中始终就已经是这种实在论者。

这种实在论的实在对于感觉的主体来说无非是一个颠倒了的世界，那么这种实在论是如何形成的呢？在我之中，除了感觉之外，还有一些对我来说陌生的东西，因为它与我原先具有的东西有关，无论我是否愿意。这个陌生的、在自我的内部中的活动者把我看到的红变成了对象所具有的红；把我所感到的粗糙变成了一个事物的表面状况。我们不得不做出这样的论断：如果我们闭上眼睛并且缩回手，这个事物也仍然是红的和粗糙的。这种使被体验之物对象化、使主体之物客体化的活动是一个在哲学中为我们所熟知的主管机构（Instanz）的所作所为：超越论意识；如果它作为行为的主体出现，它也叫作超越论自我。这个统觉的自我始终在出让着感性感觉的自我所固有的东西。但一个既是感性的（不是感受的！）又是统摄的主体则作为持续的自身剥夺（Selbstenteignung）的过程而存在。

但这还不够！此外我还必须赞同我的自身剥夺的结果，并且在我们称为逻辑判断的判断中明确地表达出这个赞同：首先，感性，我只感到绿；尔后，统觉，感知到一本绿的书；最后，在判断中，我还要说："这本书是绿的。"在这个"经验判断"中我确认了我的自身剥夺。

在这里，自身剥夺所指有二：我作为感觉的主体是从这个主体那里获得主观体验的；并且，我作为知性的主体却又在进行着这种对主体之物的客体化，它感知到质，并且说出谓词。我不仅是被迫的，而且还自己强迫着自己。胡塞尔在外感知中确定为矛盾的东西，虽然不能用康德的话来加以描述，但却可以用一条从康德那里得出的主线来加以描述：它是一个在感知的主体之中的矛盾，作为自身剥夺的主体，它在自身之中经验到了陌生者的因素。

对最初是纯粹主体感觉的客体化统觉——胡塞尔也把它称为对这种感觉的"客观解释"——不仅包含着一种自身剥夺，而且还导向自身的过分要求。这一点可以在判断那里得以确定，只要人们对我们通常随判断所提出的那种要求进行分析。但我却想用一个事态为例来解释隐藏在判断中的客体性的因素，这个事态处于一个更根本的阶段上，因此，如我所希望的那样，这个事态也就更为直观和明显。——存在着具有这样或那样状态的事物，这是自明的，与此同样自明的是另一点：每一个事物，如人们所说都有其两个方面。但我确实对此有把握吗？我从何得知，在我面前的这个事物，除了我看到的正面以外，还有一个我不曾看到的反面呢？

众所周知，用来确定这一事实的最简单的措施似乎就在于把对象转一个方向。只是，如果这样做了，那会发生些什么？人们不是具有人们想看到的反面，而是重又具有一个正面，即使是另一个正面。人们看到：每个事物都有两面，这个自明性不仅是一个关于事物的陈述，而且还是一个关于它和作为观察者的主体的局限性之间的关系的陈述。

由于这种局限性，即使镜子也对我毫无帮助。因为当我在我面前的对象后面放上一面镜子时，我所看到的恰恰是镜子的正面以及在其中的镜子的图像，而不是对象的反面。我要么感知一个对象，那么这便是镜子和它的正面；要么我想看到一个反面，那么我必须就用这个纯粹的反射来凑合。

让我们记住在这个开端上的老生常谈：这里询问的不是反面看起来是如何的，而是询问，如果我们设定有一个反面存在，那么这种设定的理由是什么。把事物转一个面或走到事物的后面去或在它们后面放一面镜子：这一切都已经是用来补偿这个第一性的局限性，用来抵销原初的缺陷而采取的第二性的措施。这个缺陷是从何而来的呢？它产生于那种自身的过分要求中，当胡塞尔在谈到与外感知相联系的体现时，他所指的便是这种自身的过分要求。我看到了两者：看到了事物，但只是它的正面；看到了整体，但只是一个角度。这个分离贯穿在观察者的自我的始终：一方面是这个自我连同他有限的观察角度（Perspektive），另一方面是把这个观察角度过分提高到可能的总体性上去的自我。一个这里的自我，它偶然地看到了这个方面而不是那个方面；一个是这样的自我，在它之中这种偶然性被扬弃了，因为它把事物理解为可能的观察角度的无限性。这个是有限的和定额的自我，另一个是无限的和绝对的自我。

在这一情况中包含着的自身的过分要求是由于什么原因引起的呢？并不是有一个别的人向我透露了一个秘密，他对我说："你所感知的，是一个整体，它仅仅直接地对你显现它的一个部分。"这是我自己所知道的！过分的要求仍然存在着：我可以说是一瘸一拐地跟在我自己的论断后面；我从一个单面性奔向另一个单面性，但我的目的在于全面性。我在每个感知中都在向我自己要求比我自己所能做到的更多的东西，这就表明了在我自身之中的一个陌生性（Fremdheit）的因素。

我们把握住哪些东西是这个陌生的、却属于我们的主管机构对我们所提出的过分要求。自身剥夺是其中的一个：我们的主观感觉被转让为客观

## 陌生经验与时间意识——交互主体性的现象学（1984年）

的质并且被转译为判断中的谓词。自身的过分要求是另一个：我们声称整体的对象，却始终只能指明部分的角度。——这个寓于自我之中的自我的要求和成就之间的分歧正是在这一点上超越出了自身，向它要求一种自身的超越。我离开这里，尔后从那边来看这同一事物；我留在这里，却在那里竖一面镜子。这些都是建立在一个共同的基本思想之上的措施，即这个思想：我如果不在这里，而在那里，那么我怎样看这个对象？一个自我，当它不是在直陈式的这里，而是在虚拟式的那里时，这已是另一个自我了。反面是对一个可能的其他主体来说被给予的正面。就此看来，每个事物都有两面，这个自明性不仅是一个关于事物和他的观察者的局限性的陈述，而且是一个关于许多可能的观察者连同它们各自的局限性的关系的陈述。

但我们不要把两个他人相混淆，即可能的他人和现实的他人。我想象一个别的自我在一个我本人不在那里的地方。这个想象的他人已足以使我理解，对象这个概念所指的是什么。但如果一个大的自明性，即有对象存在，这个自明性应当是自明的话，那就迫切需要一个现实的人；但我有什么权利设定这个他人的现实性呢？我从何知道，他和我一样为自己，并且自己向自己提出过分要求呢？并且，对此过分要求负有责任的人，超越论自我，是否对于他和对于我来说是完全一样的，并且因而对于我们中间的任何一个人都不完全是本己的和亲身的呢？是否有一个超越论的自我，并且与它以特殊的方式相联系，有许多数量的主体，它们偶然在此时此地伴随着它们的肉体，因而不仅忍受着这些主体的局限性，而且还忍受着这些主体的限额？

随着这个问题的提出，就划定了这个系统的位置，胡塞尔在这个位置上确定了交互主体性的问题。如果我通过现象学的还原而回到了我的意识之上，并且还回到了我的本己性的领域中，那么我在这个领域中就需要那些由这个领域从内部出发重新阐述的东西：一个其他的自我。然而是一个现实地可经验到的自我。我所想象、虚构、假设的他人永远不会把我从"对象"这个表达的含义引向对象本身的存在。必须有一个现实的、其他的自我。

这便是胡塞尔想用他的陌生经验学说来加以充实的地方。我在这里不想继续讨论这个理论，而只想说明它的基本样式。对胡塞尔来说，陌生经验意味着，我感知到，一个躯体是与我的躯体相类似的；这种相似性使我做出这样的行为,即把一个与我自己的意识相类似的东西放到那个躯体之中去,这样,那个躯体就成为他人的肉体。但是,如果一个"亦为主体"(Auch-Subjekt)以这种方式被经验到,那么这也适用于所有对我自己来说无法拒绝的东西,其中包括,这个那里的自我对自己来说是一个这里的自我,并且把我作为一个那里的自我、作为他人来经验。胡塞尔当然要忙于证明这条通向他人的通道是真正的经验,并且不让它堕落为纯粹的假说。

因此,反对胡塞尔的陌生经验之设想的最常用的论据之一是,根据胡塞尔自己的证据,现象学家由于进行现象学的还原而陷入孤独性之中,没有任何道路能引导他走出这种孤独性。现在——人们几乎要说,幸运的是——胡塞尔哲学中还有另一个巨大的困难,这便是现象学还原本身。把世界的存在搁置起来,把我们的"存在信仰"加上括号:这对于胡塞尔的第一批学生来说已经是无法进行的了。如果人们不知道如何运用现象学还原——无论是人们无法做他们应做的事,或者是人们甚至不理解,这个还原究竟要求些什么——,那么唯我论的问题也就自然不会出现。我不能肯定,是否这两个困难,即还原的进行和唯我论的克服,确实是无法解决的。但为了我的进一步思考,我可以说是把这两个问题本身加括号。即我不运用现象学的还原,而想在生活世界的自然交互主体性那里,即在我们日常的交互行为的关系中指明一个因素,这个因素可以重新使我们与胡塞尔的意向发生联系。这是一个企图,即通过时间意识理论的迂回道路重新回到交互主体性的现象学上去。

二

在陌生者之中的陌生者。我的论述在下面涉及胡塞尔的学生阿尔弗雷德·舒茨①的分析,他于1939年流亡美国,直至1959年去世一直在纽约的新社会科学学院任教。这些经历对于舒茨所描述的那些东西的真实性并非无关紧要,但对于在这些描述中包含着的错误的歪曲(但仍以其真实性的方式)也并不是无足轻重的。

对于胡塞尔来说,他人作为一门超越论的构造理论的拱顶石是必需的,而舒茨则首先感兴趣的是,使一种生活世界的行为联系得以可能并持

---

① 主要参阅 A. Schütz, "Über Fremde", in Schütz, *Gesammelte Aufsätze* II, Den Haag 1972, S. 53 – 69, 以及 "Über Heimkehrer", in a. a. O., S. 70 – 84.

## 陌生经验与时间意识——交互主体性的现象学（1984年）

续下去的那些条件，是如何进入主体的意识之中去的。一旦另一个自我、陌生的主体不再受那种在理论的环境中被指派给他的功能的规定，那么他盲目的同一性也就崩溃了。舒茨与胡塞尔不同，对他来说，他人和陌生者绝不具有同一形态。毋宁说，我们是在近或远、熟悉或陌生的程度上体验着各个他人。

我们可以想象一个连续的统一体——舒茨尽管没有把它当作课题，但却显然把目标朝向它——一个熟悉的连续统一性，它在一个最大的价值和一个最小价值之间伸展。但是近和熟悉可以通过什么来"衡量"呢？人们愈是共同地经验，并且被经验之物愈是重要，那么经验它们的东西便愈近。对于我在舒茨回到自我内部中的他物这个课题上所想构造的那座桥梁来说，这些并非无意义的，即舒茨尽管把互相的看、面对面的关系描述为交互主体性的基本开端，但从来没有忽视，这样一种在空间中的当下使下列事情得以可能，即那些相互在看的人与一个同一的对象有关。相互的看首先叫作：可以共同看到某种东西。

这样，自身的过分要求便被推回到自明性的背景之中。自身过分要求是说：一个客体，相反却有几个角度，这些角度中始终只有一个是被给予的，但却提出一个要求，一个非常困难地提出的要求，即要求体现整体。舒茨在对日常的现实的关注的分析中始终一贯地把这个要求看作确定无疑地已满足了的。我们每天与之打交道的事物对我们来说不会引起我们的痛苦，即我们永远无法同时从所有方面看到它们。即使有时单面性成为一种缺陷——如证人是从各自不同的视角来叙述一次交通事故——使这时，问题也只是这样来提：如果人们不是从这里，而是从那里观察，那么这个事件看起来会是怎样的？这个问题是以另一个完全不同的已解决了的问题为前提的，即我如何知道，对于这个那里来说，究竟有没有可以看到的东西，它与人们在这里看到的东西是一个同一的整体？——这种自然实在论还导致舒茨抹去了体验和经验的区别。我们能够具有共同的体验——这对于胡塞尔来说是不可能的事情。

我们看到，对舒茨来说，他人不是一个固定的明显的形象，而是一个与自我在熟悉或陌生的程度上相遇的形象。熟悉却意味着，有过共同的经验，并且与此相同，可以回溯到同样的回忆上去。这种积累下来的经验构成了知识的储备，从中可以获得编排新经验的范式，但也可获得克服新问题的解决模式。就这点来看，过去的东西就对我们如何能够与将来的东西

· 521 ·

相匹配的方式发生影响。

现在，这个由于与我有最大程度上共同的过去而显示出来的他人是谁呢？这个能够回忆我所能回忆的一切，并且不能回忆对我来说不可能的东西的人是谁呢？这个他人是我自己。这不仅是一个同一的意识，而且是一个同一的主体。因为，由于我的有机体对空间的一个部分的占领，这就排除了在同一地点的另一个有机体的同时的当下。尽管两个主体可以感知同一客体——但永远不会以同样的方式，永远不会从同一个观察角度来感知。但是，他们的视域愈接近，共同被感知的对象的数量愈大，那么我和这个与我一同体验的人就愈接近。

各种主体的意识随时间的流逝而具备了同一的或类似的内容，舒茨对此方式的最常用的表达，叫作"共同衰老"（gemeinsam altern）①。共同衰老是——为此我把它当作楷模——直接直观的和明晰的，却具有巨大的理论解释力量和系统的影响。使这个思想成为对社会科学的哲学奠基的原则，这是一个幸运的做法。但在这里，它不是我们的课题。

还有另一个问题悬而未决：熟悉的最低程度是在何处实现的？那个与我没有任何共同体验过的东西的人物是谁？这个人不仅是我从未面对面见过的人；而且还是与我没有任何共同回忆的人。这个他人便是陌生者。

舒茨在"陌生者"标题下所做的所有描述，都不是指向这个问题，即他人对我来说，以及我对他人来说如何能够成为认识对象；毋宁说，它们可以归入这样一个问题：一个从外面来的人如何能够与他走向的那些人共同存在。舒茨把陌生者描述为一个不断亲近的人，英语叫作"approaching"。如果陌生者把自己理解为陌生者，那么亲近的第一步就完成了。由于共同的过去广泛地影响着行为和一组对立的行为期待，因此，没有参与这个过去但在那里逗留过的人，即在那些其他人以早以熟练的交互行为方式活动过的地方逗留过的人，就必然会感到自己被置身于另一个世界之中。陌生者就是在这个世界中的陌生者。这不是笼统的描述，而是对在陌生者的体验中所发生的事情的理论阐释；或者更确切说，对在那些通过这

---

① 参阅 A. Schütz, "Schelers Theorie der Intersubjektivität und die Generalthese des alten Ego", in Schütz, *Gesammelte Aufsätze* Ⅰ, Den Haag 1971, S. 174 – 206, bes. S. 199ff.; "Über die mannigfaltigen Wirklichkeiten", in a. a. O., S. 237 – 298, bes. 252; "Gemeinsam musizieren", in a. a. O., S. 129 – 150。

## 陌生经验与时间意识——交互主体性的现象学（1984年）

些体现而成为陌生者的那些人的体验中发生的事情的理论阐述。他现在不再把自己理解为一个不久前还属于他所熟悉的那些人中的一个，而是理解为一个还不属于这些由于其话语和行为而使他感到陌生的人中的一个。这种借助于对其他人的了解而进行的自身定义便是亲近过程的开端。

但他怎样继续往前走呢？人们通常称之为社会顺应的过程便发生了。文化的"模式"便一步步地以其作用方式被认识、被补充到本身带有的理解范式和行为范式中去，并且最后带着这些范式而被包括到一个新的有关的经验风格和行为风格之中。舒茨用这样的话来结束他对陌生者的研究："尔后这些模式和要素"，即开始时陌生的这一组模式和要素，"对于新来的人不说便成为自明性，成为无可疑问的生活风格、归宿和保护。但这时陌生者便不是陌生者了，而他的特殊问题便解决了"。①

现在，我觉得这个结果绝非处于舒茨在开始时所处的那种水平上。"墓穴和回忆，"他在那里写道，"是既不能转移也不能夺取的。"因此，陌生者完全有能力"在生动和直接的经验中用他所接近的群组来划分当下和未来。他却在所有情况下都被过去的经验所排斥。从他亲近的那个群组的观点出发，他是一个无历史的"。②

对于陌生者来说，共同的历史有一个可规定的开端：到达的这一瞬间。从这里出发便是未来的东西，刚刚就已是当下并且重又作为过去而处于共同体验的基础中，但是，在到达的瞬间只是他人的过去的东西，却不能被占为己有；可能的最外部之物便是这种缺陷的补偿。已经做出顺应的陌生者不是一个停止了是陌生者的人，而是一个结束了亲近的人。

并不是说，自身给予和自身活动的自明性对陌生者来说永远不起作用；并不是说，生活风格对他必定始终是分崩离析的。但是这个自明性不是在一个文化中已熟悉了的东西的自明性，而是一个从开端上的陌生性中吃力地产生出来的自明性；经过许多苦思冥想并且不顾许多感情上的负担而获得的生活风格绝不是"无可置疑的"——这是舒茨的形容词——而恰恰是容易受到怀疑的，这种容易性要求陌生者采取预防措施，以便缩小与引起这些问题的人相遇的或然律。如果提出这个理论的这位流亡者把陌生状态的结束等同于亲近的结束，那么这本身就属于这些预防措施的宝库。

---

① A. Schütz, "Der Fremde", in a. a. O., S. 69.
② A. a. O., S. 60.

对事态做这样的歪曲就意味着坚持一种错觉,因此,是这里所描述的东西的真实性的标志。我认为,这一点是人们用舒茨来反对舒茨所必须利用的一点:陌生者不能摆脱他的陌生性。但我现在要谈的第二点是,陌生者从未,即使在亲近的开端上也从未受纯粹陌生性的规定。

这不能理解为,陌生者在亲近那些把他看作陌生者的人之前已经了解了那些人。当然,他对他们有所了解。但这种了解——舒茨仔细地分析了这种了解——不是能够为了与这些其他人交往并且在交互行为中与他们打交道。毋宁说,这种了解只是在我们陌生者至今为止所处的社会群组之内有作用。对那些其他人做这样或那样的思考,这只是那个群组所需要的工具,以便确定它们的同一性。这还与成见无关。毋宁说,这种前了解由于他自身中的联结功能而被这样构造起来,以至于从它之中无法推导出对理解的帮助和对行为的依赖。认为这是可能的这种假定在亲近的进行中表明是明显的臆造,这本质上属于作为陌生者的自身经验。因此,这种先于所有陌生性的,破坏着所有陌生性的熟悉性是不可理解的。

不,现在我们可以停留在这个原则上了,即把熟悉性建立在过去的体验的共同性上——而在前面所说的那种前了解那里,情况则并非如此。为了探索陌生者与他刚刚接近的那些人已有哪些共同之处,我们必须联系时间意识的分析来统一"共同衰老"这个基本思想。这样,我就过渡到我的考察的第三阶段,即最后一节上去。

## 三

看到意识的时间结构,这不仅是指确切地理解,共同衰老意味着什么,而且是指,说明在我的自身过分要求中作为在我之中的陌生之物被经验的东西与作为陌生者的他人之间的联系。时间意识:这里不是指关于客观流逝的时间的意识,而是意识本身在自身之中的时间上的创作性。这种内部的时间性包含着,我所体验的每一个当下的瞬间并不是孤立的并与其他瞬间相分离的;毋宁说,从它之中产生出对与它立即相联结的东西的期望。因此,后者虽然还不是当下,但在这个当下中已经有了一种特殊的在场性:不是作为被规定之物,而是作为未被规定之物;不是作为唯一现实之物,而作为许多可能之物。胡塞尔把意识的这种向前的努力称作前摄

# 陌生经验与时间意识——交互主体性的现象学（1984年）

（protention）①。它必须与以后的意识内容的想象的预先动作仔细地区分开来。因为在这种预期的想象中，被想象的对象不是未被规定的，而是已被规定的；它的样式不是可能性，而是假定的现实性。

但对于我们这里的问题更重要的是，不仅在前摄的过程中，尚未出现之物已经被当下化了，而且那些刚刚离开了意识的突出的"现在点"的东西，在它之中也具有一种"仍然当下"。如果我们的意识是点的和原子的，如果我们只能够体验当下的瞬间，那么我们就不能听音乐和理解句子。因此，我们的当下具有某种绵延，在这种绵延中，任何一个正好现在被体验到的内容，在它尚未被一个新的内容挤出现在的位置时，仍然始终连续地与排挤它的内容相联系。例如，人们的耳朵里可以说是还有刚才说过的东西，在此同时，后面的东西已说出来了。作为这个刚才已有之物的仍然保存的基础的结构，在现象学中叫作滞留（retention）。②

因此，意识具有一个前摄和滞留地绵延着的当下，但这个当下是有局限的。人们可以轻易地直观到这种情况。如果人们开始说一个句子，这个句子由于所有说明性的副句和注释性的插入句，由于一句复杂的句法，如我们在科学语言中时而发现的那样，或者由于烦琐的预防误解的措施而拖得过长，我是说，如果人们开始说这样一个句子，那么人们必须重复一下这个开端，因为否则这个句子便会离开意识的当下的狭窄领域。这个"仍然当下"在何处中止，这个界限是很难描述的，是不清晰的。这里没有什么被切断，也没有什么被扯开，毋宁说，是一团模糊。

在时间深处的这种不清晰和我们在我们的视域的边缘所能观察到的那种不清晰是同一类型。在那里，我们正在看的东西和我们已看不到的东西之间没有明确的分界线。两个因素搅在一起，尔后产生出这种界限标志的不清晰。第二个是有限性，即我们的意识的狭窄；但第一个则是在我们意识之中所有过渡的连续性：在我们视域中的一个点无论它如何接近边缘，它也不会是终点：每个点都始终有一个近邻，人们可以无跳跃地滑向这个点。因此，我们的空间直观是无限的——尽管我们的视域是有限的。时间意识的情况也是如此。没有一个滞留地当下的意识内容不是与它的前驱连

---

① E. Husserl, *Phänomenologie des inneren Zeitbewußtseins*, in Husserliana Ⅹ, Den Haag 1966, S. 52 以及其他各处；尤其参阅 S. 211, Anm. 1。

② A. a. O., S. 24ff.

续地联结的；对这个前驱来说也是如此。因此，我们的时间意识是无限的，尽管我们的当下是有限的。

在我们可直接把握的东西那一方面的滞留继续前进着，这一点我们也可以在我们的回忆的特殊被给予方式上发现。我们如果回忆过去被感知之物，那么我们对当时被体验之物的当下化始终是这样进行的，即它伴随着它的滞留的和前摄的边缘域；它被包含在一个连续统一体之中，当然我们在回忆过程中只能把这个统一性中的一个片段当下化。过去的可能性是作为过去的，但当时却还是可实现的；并且在对一个危险情况的回忆中，我们的注意力甚至首先朝向当时未成为现实的那些可能性。同样，当时已经过渡到"仍然在场"的滞留形式中去的东西，作为当时刚过去的、在现在则是当下的。

如果我现在可以说是回过来沿着滞留这条线向回走，同时向愈来愈早的东西回忆，那么我就会接近一个最有意义的点，它之所以有意义，是因为在这个点上，在我之中的陌生之物的课题范围与作为陌生者的他人的题目范围相一致。在有一个点上，滞留还继续前进着，但却不再是内容了；有一个界限，我的时间意识仍然连续地滑过这一界限，但我的回忆却达不到这一界限。最早的、还可以想象的回忆始终还指向当时的——在真正的"开端"上——被感知之物，还指向一个过去的当下。但这个当下已经包含着滞留。因为在意识的连续中没有一处是无"先前"的。这个在最早的回忆之前的先前显然是一个空泛的滞留，一个无任何感觉的意识，一个无任何体验的结构，一个无任何内容的功能构造。就是说，我有一个过去，它当时是我的当下。

为了理解这个空泛的时间的深远意义，我们要注意在我们当下的意识中滞留与前摄的联系。刚刚听到的东西，如一个句子的开端、一段音乐；刚刚看到的东西——某人伸了一下手，或有一次闪电——即刚过去的我们意识的内容一同规定了体验的即刻的新内容将是什么。不是一切都可能，而是只有几个是可能的，它不是随意之物，而是有意义之物。甚至惊讶本身也必须是可认同的（identifizierbar），过去的内容限定并整理未来的可能性。

但在我们最早的感知之前就已有了的滞留的状况是如何呢？一个无内容的过去能做些什么呢？现在，人们必须说，做得很少。在真正的开端上，在第一个体验之前，一切都是可能的。纯粹意识完全不限制未来的可

## 陌生经验与时间意识——交互主体性的现象学（1984年）

能性。这是一个关于所有可能之物，或者——用更哲学化的表达——关于所有可能世界的意识。

如果当时一切都可能，那么我根本不存在也是可能的。如果所有世界都是可能的，那么一个我在其中未出现的世界也可能是现实的。——但是，如果我在这个世界中不仅无任何体验，而且甚至连我是否有过一个当下，是否生活并且是否体验过还不能决定，那么谈论我的过去难道不是愚蠢的吗？不，我的过去不会是这样的。这个较早的意识，或者，换言之，这个先天的意识不是我自己的意识，而是一个对我来说陌生的意识。我是在当我看到世界之光的一瞬间时而将这个意识获为已有的。只有当我感知时，即当我从我有限的视域和我偶然的位置出发把握了现实时，我才是我，尔后我才能把这个陌生的过去借给我的自我，并且以此方式将它占为己有。所以从这个对我来说陌生的过去产生出了我的过去。它是在我之中的陌生之物，并且也作为一个自我，在我之中的陌生者。当胡塞尔说下列话时，他眼里看到的不是这个过程，而仅仅是这过程最后的结果："因此，超越论的生活和超越论的自我是不可能被生出来的，只有在世界中的人才能被生出来。我作为超越论的自我是永恒的；我是现在的，这个现在包含着一个过去的边缘域，它可以导向无限。"①

无内容的、先天的意识不是个体的意识。每个具有时间意识的人，无论他愿意不愿意，必须把这个过去称为自己的——无论他对他来说是多么陌生。这个意识和那个人的意识的区别在于不同的内容。而内容的不同性则取决于，没有一个人能够完全进入另一个人正在占据的位置。而这些位置和道路以及这些道路所占用的时间的互相距离越远，个体之间就愈陌生。使每个人自为地成为一个自我的东西——他的体验——，使其他人对他感到陌生。但使他们所有人感到陌生的——他们的前过去——则是他们所共同具有的。对此，鉴于每个自我的存在的偶然性，人们也可以这样来表达：所有人的此在的限额的基础和他们的社会性的第一基础是同一的。陌生人，无论他从哪个世界而来，也从不会是无历史的人。但他与他正接近的人所先天共同具有的历史，对于他和对于他所接近的那些人来说是同样陌生的——但它却属于他们所有人。他们都具有一个同一的过去——但由于它是空泛的，他们都没有关于它的回忆。

---

① E. Husserl, *Ananlysen zur passiven Synthesis*, S. 379.

但现在绝对不是这种情况,即绝不是我们所有人都互相感到陌生。我们通过比每个人所具有的感到陌生的更多东西而联结在一起,也存在着超越出这个联系的空泛基础的共同性。每个人尽管有他自为的体验,每个人都仅仅在他的意识中具有他的感觉,这些感觉对于任何一个其他人来说都无法理解。但每个人都能够把他的感觉置于一个把握中(Fassung),这个把握使这些感觉中的某些东西成为许多人共同具有的东西。

当我们在判断中将感觉转译为谓词时,便出现了这种情况。我们可以想一下看花瓶瓶口时的情况:有那么多观察它的眼睛——有那么多显现在它们面前的不同的椭圆形。但观察者在判断中则是一致的:瓶口是圆形的。甚至于,他们不需要再次被讯问就说出了他们的判断,这已经包含在他们的感知之中了:每个人都看到,恰恰因为这个椭圆的显现方式,瓶口是圆的。这根本不须花费特殊的努力——相反,吃力的是弄清意识中现象的差异和对象的特征。将主观被体验之物转化为一个判断的谓词并且转化为一个对象的质,这种转化发生在唯一的一次行为中。并且这个转化并没有经过我们的帮助;它的发生是属于自明的那一类东西的。

这样,我的思考又达到了我在开端上已达到的地方,即自身剥夺的过程:在我之中有某些东西迫使我——并且作为强迫者,它对我来说是陌生的——将我的主观感觉理解为客观的质的体现。但要进行反抗得花费多么大的努力啊!这种自身剥夺,由于它产生出共同性,所以是一种社会化的过程——在这个词的所有意义上。一旦这个自身剥夺完善了,感觉也就完全转化成质并且在谓词中可传达,那么没有一个认识着的自我能够声称他与自身的同一性和他相对于他人的陌生性。自身剥夺永远不能完全成功,体验始终是比客观可确定的东西更丰富多彩、更具有杂多形态、更可以变化,这些便拯救了每一个人的意识,使它不至于和一个其他人的意识相重合。但是,要求这种重合的,或者,从正面说,使共同性成为可能的,恰恰是属于我的但我却无法理解的过去:我利用它,但同样,它也利用我,为的是建立一座通向他人的桥梁,它也是这些他人的过去。就此来看,我们是用我们共同具有的陌生性来克服我们各自具有的陌生性。这自然包含着这样一个结论——对此的解释就是对康德的现象学解释——:这个对我们来说陌生的意识尽管是一个无内容的,但在自身中根据功能划分的和把可能的内容与对象相联结的意识:一个超越论的意识。

从一开始就表明,对象和判断是自身剥夺的结果。但自身的过分要求则是对象化的第一个结果。每个感知都声称比它能履行的更多的东西,即理解一个事物但却只当下地具有关于它的一个角度,这就表明,超越论自我对有限的、超越论地被束缚在各自的一个位置上的自我的过分的使用。这个超越论自我由于想具有全面性,便驱使那个自我从一个单面性跑到另一个单面性。如果我们被驱向的这个目标——同时从所有方面来看所有的东西——能够达到的活,那么所有人的意识就仅仅是唯一的一个意识。至今为止,只对空泛的过去有效的东西,对于任何被体验的当下也就现实地有效:自我和他人的无差别。所有人都融化在一个唯一的、巨大的超主体(Über-Subjekt)之中。

如果这就是我们的意向,如果我们的认识和意愿的确倾向于此,那么,几乎重又会令人感到安慰的便是:我们不能始终做到我们想做的事。所以我们离我们愈来愈近,但还不是太近;并且我们始终对我们自己是陌生的,但不完全陌生。

# 论道德的概念与论证（1992年）①

[德] 恩斯特·图根特哈特

近年来我就道德论证的问题进行了若干尝试，并逐一摈弃了它们。最近我试图更清晰地把握住我在《伦理学问题》（*Probleme der Ethik*，雷克拉姆出版社 1984 年版）的"重审"（Retraktationen）一章中所概述的立场，但至今仍未获得满意的结果。下面我尝试着对我的思索的目前状况作一个解释。

首先，是什么使得"如何论证道德"这一问题变得如此重要又如此困难？之所以如此重要，是因为它并非一个学术性的问题，而是一个突出的实践问题。我们——尤其在政治生活中——不断地面对道德问题，对它们的回答各式各样，甚至正相反对。这叫人不得不怀疑本己道德判断的客观性。我们只是在表达主观感觉吗？或许吧，但是，我们的道德判断和道德感受出场时所带有的要求却是客观性的。如果我们不是隐含地预设了我们的道德义愤的合法性（berechtigt），即合理性（begründet），我们就不可能有对一种行为方式的道德义愤。没有了合理性意识，也就没有了义愤，随之道德意识本身也便没有了。我们不再能要求别人**应当**如此行动。

因此，对于主体间的道德实践而言，找到道德之论证的问题的答案就至关重要。另一方面，对于使得它变得如此困难的东西，可以先做这样的解释。一方面，一种经验的论证是无效的；而由于我在此不加论辩就排除向一种宗教启示回溯的可能性，于是我的出发点便在于，与先前时代或其他社群不同，对我们来说，宗教论证也是被排斥的。倘若还留存下一种先

---

① 德文原文出自 Ernst Tugendhat, "Zum Begriff und zur Begründung von Moral", in Ernst Tugendhat, *Philosophische Aufsätze*, Suhrkamp, 1992, S. 315 - 333. 本文是笔者于 2006 年第一学期在中山大学哲学系开设的"西方哲学德语原著选读"课所选用的教材。开课的时间为每周一下午。几个年级的博士、硕士研究生参与了这门课程的讨论，并最终共同完成了本文的中文翻译。笔者对译稿做了最后做统一修改校对。中译文署名"辛启义"首次刊载于《南京大学学报》2007 年第 3 期，第 103 - 112 页。——译者

# 论道德的概念与论证（1992年）

天论证，我也会认为可以不经论辩就将这样的论证排除掉。但这就意味着，如果我们拒绝使用宗教的或形而上学的前提，那么在真正的、无限的意义上的论证根本就是不可能的。因此，我们不能对道德之论证有太多的期待。另一方面，我们至少还必须有所希望，这样我们才可以理解，一定程度上的客观要求是如何可能的，没有这一要求，诸如道德义愤之类的东西就不能存在。

自启蒙以来，我们历史境域的一个特色就是论证问题既重要又困难。这一历史境域正是由以下这一点所标示的：恰恰因为宗教传统和形而上学传统不再有效，所以一种绝对的论证看起来也就不再是可能的了。正是在这种启蒙的历史境域中提出了这样的问题：什么样的部分论证在一定情况下还是可能的？或者，是否必须要完全地放弃道德？或者，或许是否只还剩下一种道德的替代品？这是一个抉择：是以较弱的论证来保有道德如今的通常含义，或是最终诉诸一种道德替代品。要想理解这个抉择，我们显然首先必须弄清：我们是如何理解道德一般的。我们需要关于道德一般的一个形式的前概念，它足够全面，可以涵盖人们今天对道德的习常理解，也可以涵盖在以往传统中被归入这一概念的东西。因此，我需要一个足够宽泛的，从而也可以令社会学家与民族学家满意的道德概念。我甚至可以最简单而直截了当地以民族学上所理解的道德为出发点，即在一个社群中基于社会压力而存在的一个规范系统。但这种社会压力的说法是很不确定的。我们必须弄清：这里所涉及的是何种规范。

规范这个词一般用来表示行为规则，而对最一般范围中的、实践意义上的关于规则之说法，我们可以通过以下方面辨认出来：它以命题的方式表达自己，在这些命题中说出了人们应该或必须这样或那样行动，也就是说不可以或不能够做这做那。为了完全理解道德论证可能意味着什么，看起来不可避免地要在每个探问道德规范内容的问题之前就弄清：如果规范应当是道德规范，那么规范之为规范就会具有什么样的含义。而这恰恰就是说，如何理解这里所说的**应当**或**必须**。

首先，我只是重述我已在雷克拉姆小册子中说过的东西。规范的类型各种各样，并且为了理解各个类型，在我看来就必须思考：它是什么，如果人们没有像应当或必须做的那样去做，将会发生什么。规范的一种重要类型是理性规范。如果人们不遵循这一类规则，他们的行为就是非理性的。在我看来，把道德规范理解为理性规范是康德和康德式传统的一个错误。行为不道德的人并非其行为就是非理性的。当人们损害了一种道德规范时，会发生的毋宁说是人们会经历一种社会裁定。我知道，这有可能是引起争议的第一点，但我不想长时间滞留在这一点上，并立即过渡到下一个问题：它涉及社会裁定的方式。法律规范也是规范，在法律规范这里，应该和必须是建基于一种社会裁定之上的。但这里的社会裁定是一种外在裁定、一种惩罚。与此相对，对道德的定义似乎在于，裁定是一种内在裁定。

自在自为地看，这个标识尚未表明任何确定的东西。它所指的东西只能通过更进一步的分析来加以说明。这里的关键仅仅在于，对随着道德规范的被违反而出现的社会裁定做出正确的描述。此处我们首先发现了赞扬和指责的事实存在，它们向我们指明：不道德的行为将被标示为坏的行为。因此，道德规范与某种"好"和"坏"的说法显而易见是联系在一起的。

其次，同样与此相关的是，引起义愤和怨恨、罪责和羞愧的道德感受是损害道德规范的行为之特征。施特劳森在其著名论文《自由与怨恨》中，将义愤、怨恨和罪责三者描述为特征性的感受，人们带着这些感受来对不道德行为做出反应，或是以第三人称，或是以第二人称，或是以第一人称。由于有些文化并不知晓罪责感的概念，而在说罪责感的地方只说羞愧，我觉得在第一人称中至关重要的基本概念是羞愧概念，尽管羞愧概念要比不道德的范围更为宽泛。因在他人眼中任何形式的自我价值丧失而获得的特征性感受就是羞愧。① 我首先可以不那么精确地将道德羞愧标示为中心自我价值的丧失，这个标示含有这样的意思：对于我们的人格存在（Personsein）而言，与道德赞扬和指责有关的价值是处于中心地位的。

在继续探究之前，我可以给出区分道德的羞愧概念与一般羞愧的两个标记。一个标记是语言上的。唯有当我们想说某人缺乏道德羞愧能力的时候，我们才以我所熟悉的语言否定地把某人称为无羞耻的（如希腊语中的anaischyntos，英语中的 shameless）。然而，决定性的标准是第二个标记，它是这种核心羞愧与义愤的关联。就义愤来说，它具有如下特征：它只与道德的坏相关，而且，只有当羞愧是对于义愤的相应物的时候，才会涉及

---

① 关于羞愧概念可以参阅加布里埃尔·泰勒（Gabriele Taylor）《骄傲、羞愧和罪责》，牛津大学出版社 1985 年版。

道德羞愧。现在我们在义愤或道德羞愧中具有特殊的道德裁定，而且惟当我们正确地把握这种意义，即有关赞扬和谴责的这些感受或与此相关的那些反应的意义，我们才可以澄清，应当如何理解道德的必须（Müssen），就是说，如何理解一种道德。

无论羞愧还是赞扬与谴责，都向我们指明了某种评价，指明了对语词"好"与"坏"的一种特定用法。同样，现在不仅存在那些由赞扬与批评组成的道德以外的形式，而且还有那些由羞愧组成的道德以外的形式，所有这些形式都与语词"好"与"坏"的某种特殊的定语应用有关。人或好或坏地做这事或那事，而后人才是一个好的或者坏的某某人；而如果一个人在这种能力上是坏的，那么这个人一方面是一个批评的对象，另一方面是一个羞愧的对象。当一个小孩被社会化时，他会学会各种不同的能力：首先是那些躯体上的能力，如走、跑、游泳、跳舞；其次是手艺、理智以及艺术方面的能力；此外——首先在游戏形式中——还学会社会的角色，一个售货员、一位母亲、一位律师等角色。对所有这些能力的运用始终依据一个较好与较坏的标度。只有当一个人形成这样的能力时，他才获得了一种自身价值感受。具有一种自身价值感受并不单单是在与其他人相处时的一种自身关涉方式，相反，人们有可能会说，像自身意识这样的东西，乃是在这种得到社会评价的能力之行使的样式中才本质地构造起自身。我们在德语前哲学的用语中称之为自身意识的东西，在关于坚定的自身意识或微弱的自身意识的说法中便涉及这种自身价值感受。而且在他者（或者，甚至潜在的他者）面前，被急剧感觉到的本已价值的丧失，就是被体验为羞愧的东西（尽管羞愧概念还延展得更远，但是对此我在这里不需要深入探讨）。

我现在认为，只有当我们成功地处在这些多重能力的领域中，我们才能够把握道德上的好与坏以及如此理解的道德的意义。当然，这取决于：在这些众多的能力中，哪些能力对一个人的自身理解是重要的；对这种能力的好的和坏的行使是否就是一个自身价值感受或羞愧的源泉。例如，我棋下不好，或饭菜做不好，这是不需要感到羞愧的，如果这些能力对我的自身理解或我的社会地位来说是次要的。几乎可以说，在社会化范围内存在着一种能力，这种能力并不以此方式取决于自身理解或社会地位的偶然性，因为这种能力就在于学会什么叫作成为共同体的一员（或者，在较原始的文化中，成为这个共同体的一员）。这会意味着，如果某人坏地［糟糕地]行使这种中心能力，即成为共同体成员的能力，那么他不但是一个坏的某某、一个坏棋手、一个坏厨师，而且干脆就是坏。即使这种坏也应该从属性上来理解，这里所说的坏，不是多个功能中的某个功能的坏，相反，这个坏是指在对共同体所有成员的根本性的功能中的坏，即成为共同体成员功能的坏。人们也可以说，如此说来，人作为人格（或人）是坏的，而由于这是如此根本，因此，人们甚至可以干脆删去关系名词，干脆谈论坏。我现在认为，在这种根本的意义上，将某人判定为坏的（或好的）所依据的准则之总和，就是应当理解为道德的东西，这恰恰就是相关共同体的道德。

我当然想要避免这被看作人为建构的。我的确是以此为出发点，即道德的应当（Sollen）建基于一种社会裁定之上。而始终还不清楚的是，这种裁定在何种程度上是一种内部裁定。在得到社会评价的能力之宽泛领域中一般地立足，这一点暂且只具有这种意义：在通过羞愧和义愤而被确定的社会裁定之关联中，赋予那种被我当作现象学事实来运用的关于"好"与"坏"说法以一种特殊的意义。现在的问题在于，把特殊的道德能力与其他得到社会评价的能力更清晰地区分开来。这种区分可以用一种尽可能现象学的、尽可能避免构造的方式最好地进行，以至于人们可以反思这些在道德中，但不在其他能力中被给予的因素。尽管我们既在道德上又在其他能力上谈及赞扬，但我们只在道德上谈及义愤，以及在可能的情况下谈及罪责。

我们只在道德上进行谴责，在其他能力方面则只进行批评，这一点仅仅证实：在道德问题上所涉及的不是一种随意的能够（Können），而是涉及一个被所有共同体成员所要求的能够。批评意味着，相对一个确定了的标准，一个行为是缺乏的；反之，谴责则意味着，行为干脆是缺乏的，是坏的。谴责针对人格本身。

如果我们现在也探问，在中心社会能力不足时，谴责便与义愤相联结意味着什么，我们便前进了一步。与单纯的谴责不同，在义愤中所表达的是对道德上的坏行为做出反应的人格本身的一种震撼。面对另一人的坏行为，在我们自身中怎么会有震撼发生呢？他人的坏行为显然置疑了共同的基础。坏行为是对共同体自身（或者说共同体一般）的基础的一种违背，而带着上述感受做出反应的人则认同该基础。他自己的社会理解的同一性遭到道德秩序违背者的质疑。由此可以理解，我首先将道德外在地标示为

# 论道德的概念与论证（1992年）

与其他能力相对的某种中心能力，这个做法的含义是什么；同样也会理解，作为中心羞愧的道德羞愧究竟指的是什么。一个共同体成员的社会同一性是在道德中构建起来的。人们在价值上与共同体相认同，对于本己的同一性而言，对共同体的从属性是构建性的，且在义愤中表达出的正是一种价值认同。进而便可以理解，作为义愤相关项的羞愧如何会与一种罪责意识相关联。在羞愧中所表达出来的仅仅是本己的无价值意识，而在罪欠意识中所表达的却是双重现象：其一，我伤害了他人；其二，我违背了对我而言至关重要的权威的诫令。对我而言的至关重要的权威恰恰是我将自己理解为其成员的共同体，或者更确切地说是在某些情况下支撑这个共同体的神性权威。

我回忆一下弗洛伊德的相关理论，或许可以以此说明这些关联。通常被忽视的是，对于弗洛伊德来说，他称作"超我"的否定责罚的内在法庭预设了一种对此法庭的肯定的评价认同，用弗洛伊德的术语说，这个法庭就是自我理想。只是因为人格认同这种理想（因为人格想成为某某），对这个出自法庭的规范的违背才能被体验为内在否定性、体验为引发羞愧及罪责的东西。

现在我们便可以理解，关于内在裁定的说法究竟意味着什么。并不是先有关于内在裁定的一般种类，尔后道德的种类也被归属于它，毋宁说道德种类就是这个种类的唯一元素。内在裁定不仅一方面有别于外在裁定，而且另一方面同样有别于单纯的批评。我此前已经对批评与谴责先行做出区分。批评只是使人理解，被批评者没有达到对某个实践有效的标准。相反，谴责则是在共同实践范围以内的一种批评，这种实践预设了，它既对被批评者而言，也对批评者而言，都同样是在根本上塑造同一性的。因此，指责或义愤所击中的是在其核心中的人格。

人格事实上被如此地切中，这无疑应当具备两个基本前提：其一，人格具有这个核心；其二，它也恰恰是这样来解释这个核心的。当某人由于我违反规则——这一规则被视为是道德的，也就是说，被视为建构共同体的——而对我产生义愤，但我却未将此规则视为构建共同体的，那么这个义愤就没能切中我，它就不会产生羞愧。但如果这个社群性的人格性核心根本还没有形成，即是说，如果基于社会化的特殊状况，人格没有对于羞愧、罪责和义愤的感受力，那么即便在更为根本的情况中，义愤也不会击中我。在此情况下，人们会在心理学中谈及一种"道德感觉的缺乏"。这里特别清楚地表明，在何种程度上裁定是一种内部的裁定。它只能涉及那些将自己理解为是从属于道德共同体的人。在趋向上，义愤会导致道德共同体将其开除，而这就是构成这种裁定的可怕之处的东西；但对于那些从一开始就根本不将自己理解为道德共同体之成员的人来说，这却可以是不可怕的。

随之，我现在便结束这个问题：我们应该如何理解道德？我有意撇开所有内容方面的问题，而局限在对此问题的澄清上：道德的应当指的是什么？这一应当的意义存在于内部裁定之中。我不得不搁置内容方面的问题，因为倘若我们将普遍的道德概念固定在特定种类的要求（比如，相互顾及）上，那么我们将会做出一个依我所见不被允许的限制。道德包含着所有可能的东西，而只有当我们现在过渡到道德论证的问题上时，内容限定的问题才会提出。因为这样的问题只能具有这样的意义，即如何来论证，恰恰是这些和那些行为是坏的或者说是令人义愤的。

假定有一个在传统论社会中的孩子提出了这个问题，那么他会得到如下回答：这些规范正是本质上从属于作为这一共同体成员的我们的同一性。如果这个孩子继续追问并想知道"人们是从哪儿知道这些的"，那么他将被指引到传统和某个宗教的起源上。要是这个孩子对此还是不满意的话，人们干脆就让他闭嘴了。因此，这就是说，传统论的道德被建基在一种不能再被寻根究底的信仰之上。在我的雷克拉姆小册子中，我曾将这样的信仰命题标识为更高的真理。

如果现在不再有更高的真理被信仰，或者即使在那些更高真理仍被某些群体信仰的地方，但更高的真理却不再能提出普遍性要求时，论证的问题才会真正急迫地被提出。在我们所处的这个现代启蒙的境况以内，业已存在着各种不同的经典尝试，它们不再在某个更高真理的基础上，而可以说是从一个自然的基础出发来论证道德系统，尤其是康德主义、功利主义和契约论的尝试。但是，姑且不管"他们是否成功地进行了论证"的问题，从我的思路的视角出发会产生出这样一个疑问：他们所论证的东西究竟还能否被标识为道德？

借助于在现有的尝试中被我视作最有说服力的契约论，我可以毫不费力地把这个疑问解说清楚。契约论所论证的是，为什么服从某个相互间的规范系统是合理性的，前提是其他人同样地服从这个规范系统。因此，这里有一个规范的系统被论证，并且就此而言，论证就有了一个在此关系上

## 论道德的概念与论证（1992年）

特别昭示性的意义。这个意义在于，论证说明了我们中的每个人都从他的自然的、前道德的兴趣出发而具有一个接受这种彼此间顾及的系统的实践理由。但人们应当将这样的系统称作道德吗？这取决于我们对道德的定义。如果人们把道德定义为有助于对兴趣的彼此顾及的规范系统，那么它就是道德。与此相反，如果人们把道德定义为一种建基于内部裁定之上的规范系统，那么它就不是道德。因为契约论并没有获得将一个行为称为坏的根据。因此，契约论既无法谈论指责，也尤其无法谈论义愤、罪责和羞愧这些道德感受。人们如何定义"道德"，这并不重要，这只是纯粹的语词问题。因此，当我说契约论没有论证道德时，如果用这还只是要取决于对"道德"的定义来反驳我，那么这几乎是无意义的，因为这根本不是问题所在。这里所说的意思是，契约论并不论证某些行为是坏的或令人义愤的，这并不是因为契约论在这方面还没有充分的根据，而是因为"坏的"和"令人义愤的"等这些概念在契约论那里不再出现了。

当我在开始时说，如果我们无法再以某种传统论的方式，借助于更高的真理来论证道德的话，或许就仅仅还剩下一种道德的替代品，我指的就是这个意思。契约论的道德就是一种单纯的替代品，因为它缺失这样一些概念，我们一般将这些概念与一种道德联结在一起，而且所有这些概念都与内部裁定的概念相关联。即便是类似功利主义或叔本华伦理学这样建立在同情感之事实基础上的体系，也都只是一个替代品而已。从概念上看，它们与一种通过内部裁定来规定的规范系统的意义上的道德的距离，甚至比契约论还要更远一步。因为在一种仅仅建基于感受上的道德那里，如果人们应当这样称呼它的话，是根本不能再谈论一种规范和一种彼此间要求的。人们要么有感受要么没有感受，要么多一些感受要么少一些感受，但这里没有应当。相反，契约论将其规范系统理解为一种彼此间要求的系统。因此，这里所涉及的完全是社会规范，也就是说，所涉及的是通过裁定来维持的规范。只是它们恰恰是外部的裁定，与此同时我们不仅需要考虑到惩罚，而且需要考虑到他人那一方面对协作的撤销，即违犯了协作规范的人所必须担心的那种撤销。

如果我现在主张，在这两种情况（契约论和同情道德）中所涉及的都是道德替代品，那么我并不是指，它们是人为的发明。相反，在这两种情况中都涉及事实的、自然的被给予性，关于这种被给予性，我们可以假定它们也曾作为组元而包含在所有传统论的道德中。只有当那些如此被论证的规范的或准规范的系统应当**取代**在通常意义上的一种道德时，即是说，如果——仍以契约论为重要例子——人们只还说这样一个体系的双方的有用性而不再说"好"和"坏"时，我们才会涉及道德替代品。也许最重要的当今契约论的代表麦基（Mackie）就是这样做的。他在其《伦理学》一书的前言中写到（*Ethics*，第 10 页及后页）："也许真正的道德哲学老师是那些罪犯和强盗，他们相互信任并且遵守正义规则，但把这些规则当作便利的规则来实践。"

在这里诉诸一个类似强盗帮实践的具体道德实践，实际上是有些危险的，因为人们可能会指责说：在我们大家所经历的、内部裁定仍起决定作用的社会化中，即便是强盗帮也不会仅仅在有用性的术语中进行感受，即便在强盗帮中也完全有那些以责备、指责、义愤的行为方式做出的反应。因此，与麦基这样一种立场的分歧并不涉及这个问题：我们是否能够在强盗帮实践的意义上来理解我们所有的准道德实践。相反，这个难题是一个概念性的难题。它涉及这样一个问题：如果在我所定义的意义上的道德还能够渡过更高真理之没落的难关而存活下来，那么究竟是以何种方式存活。麦基本人现在认为，契约论可以通过道德羞愧的机制而得以丰富，这不是问题（参阅第 108 页、第 113 页及后页）。对他而言，道德羞愧是作为一种手段在起作用，即借助于内化的裁定来补充外部裁定的手段。但在这里我觉得麦基没能做到位。羞愧并不单单是一个可以出于合目的性的理由而随意附加装入的、自身封闭的感受；相反，它就是我刚刚描述的内部裁定，作为这种内部裁定，它指向义愤、指责、中心的社会的自身价值感，以及一种在行为评判中的客观要求。而这就是说，人们用道德羞愧买入了一个完整的关系系统，这些关系并不是随意可以起作用的，甚至与契约论的基本概念，与还原到相互有用性上的做法相矛盾。如果我们反过来不像麦基那样行事，那么情况看起来会如何呢？即是说，不是先做一块白板，然后把契约论作为替代品引进来，而后试图使它越过羞愧去接近道德；而是留在通常意义上的道德旁，并且问自己：如果无法再用更高的真理来摧毁它，那么它会怎么样？无论如何，这也是对我们现实当下的历史实在的较为恰当的描述。契约论是一个相反的设想，而历史实在则存在于一些对道德而言具有建设性意义的要素的维续之中，却不带有通过更高真理来完成的论证性摧毁。当然可以想象，这种维续仅仅表明自己是某个东西的残余，这个残余不再能够获得任何意义，而且说实话即使有意义也会

## 论道德的概念与论证（1992年）

是令人厌恶的，而正是在这个背景下应当提出这样的问题：在我所定义的意义上的道德是否能够以及如何能够还保留下一个内容，这个内容而后可以同时作为已得到论证的内容起作用。

我曾声言，道德羞愧就是我们对在中心的社会能力中的无能力做出反应时所带有的感受。它并不是我们在社会化中所获得的其他各种能力中的一个，而就是社会化本身。它是我们学习"什么叫做从属于这个共同体或从属于一个共同体"的过程。我在开端上不得不使用这个烦琐的表述："从属于这个共同体或从属于一个共同体。"这样，我才可以兼顾到双重的可能性：一方面是民族中心的道德，另一方面是普遍主义的道德。每个民族中心的道德都包含一批规范，它们对局外人来说是含糊不清的，而它们的功能在于创建同一性意识，即［对自己］恰恰从属于这个特别的共同体的意识。在它们之中尤其包含这样的规范，我们在这些规范上无法想象，它们如何能够不通过更高的真理而得到论证。

倘若我无须顾及这些较原始的道德，那么从一开始更自然的做法就在于不去讨论在特殊共同体中的一种社会化，而是讨论在一个共同体一般中的社会化。无论如何，更高的真理的退场带来了这样的后果：在社会化中仅仅包含着规范的核心，它使得相互共在成为可能。人们现在恰恰可以为此而依据契约论，因为这样一个核心是存在的，而且我们在这里不会陷入相对主义。就规范的内容而言，这种建基于羞愧和社会同一性之上的、被启蒙的社会化，也可以对孩子们的追问"为什么刚好这些规范被认可"做出与契约论者完全类似的回答。人们可以诉诸一种自然的、合理的兴趣，只要人们还对一种相互的共在感兴趣，这种兴趣便存在着。但与契约论的区别在于，契约论者把对这种规范的遵守作为交易来推荐，而一个在其社会化中的道德家则向孩子们展示一个共同体的观念，在这个共同体里，每一个成员都将他自己的自身价值感受等同于与对这些使共同体得以可能的规范的遵守，并且对所有他者都提出相同的要求。因此，这种相互关系在这里并不在于一种交易，而在于以一种确定的方法来进行相互间的理解，并且相互要求这样的自身理解。

从形式上看，这个"如此相互理解"在所有前启蒙的道德中便已存在，只要一个个体违反了它，它就会在自己身上导致羞愧，同时在他人那里导致义愤。可是，根据规范的内容，这个"如此相互理解"现在并不涉及对某一些规范的遵守，而是涉及那些对契约论者也至关重要的规范的持

· 539 ·

守。只是现在遵守规范的根据不仅仅在于，人想要所有的他人遵守规范，而且也在于，他也同时这样理解自己的同一性，即把自己看作如此定义的共同体的一个成员。从正面说，人期望成为如此定义的共同体的一员，而从负面说，人害怕失去这种地位，就是说，人害怕相应的义愤和羞愧。因此，人们相互之间所要求的，在结论中仅仅是某些行动和放弃，但首先却是这种把自己理解为共同体的一个成员的地位。

如何能够定义这些被相互要求的地位、自身理解、相互关系呢？在这里人们只能引入敬重他人或者尊重他人的中心概念；在这里，尊重意味着：人们将承认被尊重的人的权利，即向作为共同体的一员的他索取规范性的成就。这种对成就的权利也为契约论所承认，但在契约论中，它是对人根据其隐秘的契约而应有的成就之权利，在道德中，这是对人根据其共同体成员之地位而应有的成就的权利。在这里，这个人（作为人格）从一开始就被公认为权利的承载者。由此而产生的共同体观念，是一些彼此间相互尊重的成员的共同体观念，这就大体上和康德的王国的观念相一致。即使契约论者也必须尊重他人，但是他只是因为外部的裁定而被迫如此，因而他的尊重只是外部的，而从道德观来看，人的本己的自身理解就在于，尊重他人，在这里有他的本己价值意识，也就是那种一旦失去就会做出羞愧反应的价值。

我现在所做的这些扼要陈述，在何种程度上展示了对道德的论证呢？在何种程度上可以如此论证：内容上如此被规定的道德是有效的（这就是说，对它的损害会引发指责与义愤），而其他的道德就不是有效的吗？论证在很大程度上是否定性的，它本质上在于证明：传统论道德连同其更高真理包含着无法论证的前提，因而所有道德的可坚守的核心必须还原到规范的自然的或合理的基本存在之上，这个基本存在也是契约论所追溯的，并且没有它就根本不可能有一个共同体。

有这样一个规范的基本存在，对此的肯定性论证只能如此进行，就像契约论也曾做的那样，即通过使每个个别人反思，他是否愿意这些规范存在。同时，与契约论相反，道德立场继续坚持，这样一种东西，即社会地被构造起来的、我们所有人的同一性，而这种同一性恰恰是通过对这个规定性的剩余存在的遵守才构造起来的，换言之，这些规范构造起一个道德共同体，一个同时为每个个别人创造同一性的共同体。这表明，这种道德立场不仅要在传统论道德面前论证自己，而且还要在契约论的更极端立场

## 论道德的概念与论证（1992 年）

面前论证自己。在契约论面前要论证的不再是：如果有人违反了这些规范，他就是坏的；而是要论证好和坏这种说法一般还是合法的（berechtigt）。我在这点上曾一度认为，只要指出中心羞愧是一个人类学的事实就够了。但从一个最终得到澄清的角度来看，即从对一个人来说只有被赞同的东西才可能是规定性的这个角度来看，必须指出：人们之所以宁愿能够羞愧和义愤，是因为否则也可以想象人们可以不去羞愧和义愤，而是使它们从自己和孩子身上退化掉。斯特拉森在他的论文《自由与怨恨》中对这个问题的回答是：唯当人们以此方式对待自己和他人，他才会将自己和他人作为人格来对待。可是无论这里进行怎样的操作，道德的基础已经不再能够得到普遍有效的论证；谁能够从道德中脱身出来，即是说，从羞愧与义愤的向度中脱身出来，那么在道德上也就没有什么东西能够说服他，而后留存下来的也就只有契约论立场的道德替代品了。

这里所丧失的东西，在政治道德领域中要比在个体道德领域显得更为清晰。因为契约论不仅需要放弃道德评价，不仅需要放弃特殊的道德动机引发，它也并非自在、自为地是平等的和普遍的。可是这些道德规定在政治基本权利的关系中是尤为急迫的。

随之，我便来到实际上被看作在道德论证中最重要的内容要点上。我们如何论证：道德规范具有普遍的有效性；并且对正义必须做平等的理解；每个个人的效用都同样多。康德和处在康德传统中的现代哲学家如哈贝马斯预设了：在诉诸理性的情况下，但出于理性本身是无法论证任何道德内容的，而对道德规范的普遍的和相同的使用本身就是一个道德内容。黑尔（Hare）则又相信，可以从语义学来论证普遍化原则。但如麦基所指出的那样（第 4 章），从道德陈述的语义学中获得的东西，无法满足道德哲学家的需要。而且道德并不从其意义来看，就已经可以被理解为普遍主义的和平等的，这表现在传统论道德上，也表现在现代道德意识——这对我们来说尤为急迫——容易回落到人种中心的和不平等的观念中去的事实上。在与这个问题的关联中我也看到，我称作被启蒙的道德的东西处在两条阵线中，一方面是与传统论道德的分歧，另一方面是与契约论的分歧。肯定有一些传统论基础上的，亦即宗教基础上的道德，它们尽管还是普遍主义的和平等的，例如基督教的道德，但传统论的奠基却自在自为地将此予以搁置。传统论道德在许多方面都具有一个非平等的正义概念，而且它们大都是人种中心的。现在我认为，如果社会同一性的定向点不再是某个共同体,而是这个共同体、这个相互共存,那么普遍和平等就不可避免是简单的,因为人们不得不提出特殊的理由来说明,为什么被要求的敬重在与不同的社群组相关时应当有层次之分,以及为什么它应当限定在一个特定的共同体上。但这些特殊的理由是以更高的真理为前提的。因此,如果道德规范是共同体一般可能性,平等与普遍就会自行产生;需要得到补充论证的不是无限制,而是限制。

　　契约论中的情况完全不同。麦基的强盗帮例子表明,契约论自在自为地不是普遍主义的。它取决于目的考虑,究竟要把哪些人一同拉入道德契约之中。我没有与之达成契约的人,也无权对我提出要求。

　　此外,契约论也并不必然是平等的。这一点常常被忽略了,因为近代的政治契约理论的出发点是一个教义,即所有人在本性上是大致相同的。但是,例如男人与女人是不相同的,而女人也未被承认具有相同的权利;如果今天在许多人看来明见的是,女人必须具有相同的权利,那么这个直觉恰恰指明了不同于契约论的另一个基础。这个难题在残疾人权利的问题上会更为刺眼地得到表明。从原则上看,契约论仅仅受那些它处于利己主义的有用性考虑才不予拒绝的几个规范的约束。因此,人们在一个契约论的立场上根本无法谈论正义,既不能谈论一种平等的正义,也不能谈论一种非平等的正义,除非是在一种缩减了的意义上,即如果人们将某些根据契约归属某人的东西扣留下来不给他,那么人们就是在非正义地对待他。这里的关键在于,在契约论以内根本没有这样一个基础,即人们可以由此出发而将实际有效的规则判断为非正义的基础。因为对此需要能够说,某些个人或群组受到了亏待。但在契约论的基础上不可能有这样一种概念,即一个人不仅相对于一个现存的规则,而且是自在自为地受到了亏待。在这里人们可以弄清,一个贯彻到底的契约论距离我们的基本道德直觉究竟有多远。自然,在契约论中人们无法谈论对一个的亏待,这一点直接与我刚才所指出的事实相关联,即个人作为个人是不具有权利的,他只根据达成的契约才有权利。

　　为何人们通常不会注意到契约论的这种非平等的蕴涵呢?在我看来,一个原因就在于,我们现有的道德意识强烈地偏好所谓消极权利,而非积极权利,即是说,不伤害的权利具有比帮助的权利更高的位置价值。或许这也有好的原则理由,但人们必须弄清,广泛地限制在消极权利上的做法的原因在于受优待者的利益。以此方式,一种貌似平等的道德得以可能,

# 论道德的概念与论证（1992年）

可是这种道德会成为受亏待者的负担。这个难题会在这样的问题中变得尤为致命：除了古典的、消极的人权以外，是否还有积极的人权。即便只是以此为论题，也预设了：人们可以从对每个人的相同尊重出发，而这个角度在契约论中是缺失的。

如果我称之为被启蒙的道德的东西即使在内容上也导向了不同于契约论的结果，那么问题就在于，为什么我而后能够主张，这种道德限制在恰恰同一类准自然规范之上，即那些产生于契约论之中的规范：为什么一方面是同一性，另一方面是这种分歧呢？在我看来答案就在于，契约论向个体指明这些规范，个体应当在此思考它自己的立义，与此同时，出于对共同体的道德认同的角度，个体在原则上被指明了同一些规范，但却作为使相互共存成为可能的规范，从而不会将自己的立场看作一个更多被优待或亏待的立场。如果我说，一种情况所涉及的是这样一个共同体，它是通过一些规范而构造起来的，这些规范被用于相互间的利用；另一种情况所涉及的则是这样一个共同体，它是通过在很大程度上相同的规范构造起来的，但这些规范的意义现在在于，在它们之中所表达的是相互间的尊重。这些规范的有用性因人而异，但尊重却不是因人而异的。

在这篇文字中得到展开的观点是：一种没有更高真理的道德只可能在于，本质上将自己理解为一个共同体一般的环节，而与此相关的是普遍尊重的观念。借助于这个观点和这个观念，我采纳了我的雷克拉姆小册子的思想，"本质上将自己"理解为"所有人中的一个"（第162也及后页）。但在这个新的领悟上所黏附的疑点并不比老的领悟（第171页）更少。既未对"共同体一般"的概念进行值得期待的准确阐明，也没有足够明晰地说明，是什么使得这种自身理解实际地成为必要。

如果开始时所表述的设想是正确的，即道德根本不能强制性地被论证，那么这些问题所指明的匮缺就不在于对论证的完善，而在于对需待论证者所必然具有的假设特征进行准确的阐明。为了强调这种假设特征，人们可以说：普遍尊重的道德只是一个实际的建议，而且只有通过说明所有那些对我们而言是依赖于它的东西，才可以澄清：为什么说，我们同时要将这个建议看作一种相互间的要求。

# 海德格尔的存在问题 (1992年)*①

[德] 恩斯特·图根特哈特

一、关于存在意义的问题
二、"存在意味着存在者的存在"
三、存在问题
四、是否会有一种拯救的尝试
五、存在作为世界
六、此在的存在，时间性的存在
七、时间与存在
    1. 希腊的存在概念和时间
    2. 时间性作为此在之存在的意义
    3. 关于作为存在意义的时间的命题
八、在所谓转向之后的"时间与存在"

## 一、关于存在意义的问题

海德格尔在《存在与时间》的第一页上便引入了作为存在之**意义**的存在问题。尔后，在《存在与时间》中，也在之后的著述中，他一再以新的变化方式声称，以往的哲学家——"形而上学"——只探问**存在者的存在**，也就是说，只探问作为存在者的存在者，但没有去探问存在的意义 (S.2)，或者像他之后也曾表述的那样，没有去探问存在本身。这当然就隐含着这样的意思：存在始终是存在者的存在，而这个意思——如果人们

---

\* 德文原文出自 Ernst Tugendhat, "Heideggers Seinsfrage", in Ernst Tugendhat, *Philosophische Aufsätze*, Suhrkamp, 1992, S. 108 –135。中译文首次刊载于倪梁康等编《中国现象学与哲学评论（第八辑）：发生现象学研究》，上海译文出版社 2006 年版，第211 –245 页。——译者

① 这份文字是我于1991年5月在东京大学所做的一个讲演的完成稿（关于时间性和时间的最后一节是新做的补充）。

## 海德格尔的存在问题（1992年）

像海德格尔那样将"存在"看作某个"是"的动词不定式的话——并不是不言自明的。这样会立即出现两个问题：存在的意义指的是什么？为什么会不言自明地预设了存在始终是存在者的存在？海德格尔在《存在与时间》的第2节中还明确地预设了这个三重的层次划分：存在者—存在者的存在—存在的意义。海德格尔在这一节中以一种费心竭力却又难以服人的方式首先企图用一种所谓对所有问题的一般现象学分析来指明，所有的问题都始终与一个三重的东西有关：被探问的东西（Gefragtes：问之所问的东西）、被询问的东西（Befragtes：被问及的东西）、被追问的东西（Erfragtes：问之何所问的东西）。只是当海德格尔将这三者具体地与存在者、存在者的存在、存在的意义相联系时，**在这里所做的**这个划分才能得到理解，而**理解的前提**是，人们首先承认，只有在询问存在者时才会达及存在［命题：存在始终是存在者的存在（S. 9）］。其次，人们还要理解，在存在后面仿佛还有一个存在的意义。我先朝向这里的第二个问题。在《存在与时间》的第1页上，海德格尔写道："所以现在要重新提出**存在的意义**问题。我们今天也只是处在不理解'存在'这一表述的尴尬境地之中吗？"海德格尔对引号的运用并不统一。例如他在两句话之后便又一次使用加引号的"存在"，但在这里就已经可以争论，以此所指的是否为表述（语词）。但在前面所引的文字的第二句中所说的明白无疑的是表述，这是海德格尔本人所说。而在这里显然不难理解关于表述之意义的问题。关于X意义的问题具有一个明白的意义，只要这里的"X"是指表述。因此，海德格尔的存在问题实际上也不会有困难，如果它所指的是"存在"之意义的问题，而这也是在第一页上的柏拉图引文所说的意思（海德格尔对它的翻译是正确的："当你们用'存在着'这个表述的时候，显然你们早就很熟悉这究竟是什么意思。"）。但海德格尔立即便开始不使用引号，并且说："现在要重新提出存在的意义问题。"而每一个行家都会明白，海德格尔在这里说的不是这个表述的意义。

那么他说的是什么呢？我们在此书第一段就已经面临一个典型的海德格尔式的拖延。在这里，一个起初并无妨碍的陈述让我们以为自己理解了什么，然而在后面的陈述中又不再是这个意思，同时并不向我们说明现在在这里究竟说的是什么。如果形而上学受到指责：它只是探问存在者的存在，而没有探问存在——显然就是**这个**存在——的意义。那么用这个词所指的不可能是这个词本身——"存在"，因为谈论存在者的"存在"是没有意义的。真是不可思议，如果读者不愿意只是一味地相信海德格尔所说，而是想进行清楚的追思，那么他在这里就已经被作者丢弃不顾了。对我现在在这里所想做的一切解释，人们会回答说，"但海德格尔根本没有这样说呀"。确实如此，因为他对此什么也没有说。

由于海德格尔本人在第一段中是从表述出发，所以最接近的解释始终还是：当海德格尔谈到不带引号的存在时，他指的就是我们在说"是"时所指的东西的意义［即存在者的意义］。但这样一来，在存在问题上——倘若存在问题被理解为关于存在者存在的意义的问题——被探问的便是一个意义的意义。

可惜我必须一再地预测一些幼稚的反驳。"不，"人们会说，"海德格尔所指的并不是一个语词的意义，而是存在者的存在，也就是当我们谈到一个存在者的存有［Exstenz］时所指的那个东西。"我只能在这里反问：那么，当我们谈到存有时，我们不指"存有"这个语词的意义又会指什么呢？"当然不，"有人会回答，"一个存在者的存有并不是一个语词的意义！"但它又会是什么呢？只要我们对此不能获得其他的清楚回答——而在海德格尔那里我们肯定无法找到这样的回答——，那么最简单的办法就是说：如果海德格尔说到存在，那么他指的是"存在"这个词的意义。

因此，我只能区分出"存在"的双重含义。当海德格尔探问存在的意义时，他所探问的是一个语词的意义$_1$的意义$_2$。如果有人觉得这种说法过于带有语言分析的色彩，那么可以换一种说法：海德格尔探问的是某个东西的意义$_2$（这个意义无论如何也不是一个语词的意义）。而这个东西是我们在谈论一个存在者的存在时所指的东西，至于这个东西究竟是什么，海德格尔没有作出回答。如果读者想尽可能地非语言地来看待这一切，那么他在后面始终可以采纳后面一种说法；这种说法只是用某些似懂非懂的东西（"存在"这个词的意义）来替代一些不可理喻的东西（悬而未决的东西）；而海德格尔用意义$_2$——我们可以将它称作意义的特殊意义——所指的是什么，这个问题的困难性并不因而会有所改变。海德格尔在《存在与时间》的两个地方（第 151 页和第 324 页）试图说明，他用"意义"所指的是什么。这两处再次表明，海德格尔是如何满足于将那些对他来说甚至必定是最重要的语词处于含糊不清的状态。在第 151 页上他说："意义就是筹划的何所向（Woraufhin），从这种筹划出发，某物才作为某物而被领会。"因而这里要求提出一个进一步的问题："筹划的何所向"指的是

## 海德格尔的存在问题（1992 年）

什么。对此，第 18 节最可能提供帮助，海德格尔在那里说，理解的"何所向"是世界（第 86 页）。而海德格尔将世界理解为是与此在的何所要（Worumwillen）密切相关的。此在的何所要就是此在自己的存在，它以这种或那种方式被筹划，而后内心世界的存在者也据此而得到理解。这样便可以明白，为什么海德格尔在第 151 页上可以说，"只有此在才有意义"，并且他还进一步阐释说：此在具有意义，只要它被展开。某物的确可以通过展开而成为有意义的或与意义相关联吗？而我们所涉及的某个东西究竟又在何种程度上不是有意义的呢？我相信，海德格尔在这里又在悄悄地使用"意义"一词的另一含义。事实上我们会说，人的生活可能具有意义。但这里的意思就类似于当我们谈论一个行为的意义时所指的那个意思。当我们谈及意义时，我们通常所涉及的实在一方面是行为（并因而还有人的生活），另一方面是语词（人们在这里当然也可以谈及说话行为），而关于一个行为或一个人的意义的说法与关于一个目的的说法很接近。因此，可以理解，海德格尔为什么要将意义的说法如此密切地去凑近关于何所要的说法，但他没有看到，人们虽然可以谈论一个人的生活的意义，却不能谈论存在的意义。海德格尔以此来伪装，他认为，只要某个东西"被展开"，它便会是有意义的。

所以海德格尔在同一处的第 152 页忽然也谈论起存在的意义："而如果我们探问存在的意义，那么这个研究却不会因而变得深邃，不会因而揣摩出任何藏在存在后面的东西，而是在探问存在本身，只要存在进入到此在的可理解性之中。"海德格尔在这里所做的区分是否可以理解为是对"进入到此在的可理解性之中"的存在和没有进行这种进入的存在的区分呢？这里所要暗示我们的是：同一个存在可以是展开的，也可以是不展开的，而如果它展开了，我们所谈论的便是存在的意义。但这个存在，只要它是某种我们可以谈论的东西，或者，如果这种说法还是过于语言化，那么也可以说，只要我们能够与它发生联系，难道不始终是展开的吗？在现在所做的这个区分中所确定的不展开的存在又是什么呢？而这整个区分又有什么用？难道海德格尔在指责形而上学没有探问存在的意义时所指的是：它没有探问作为某种展开的东西的存在吗？显然，对于每一个熟悉自巴曼尼德斯和柏拉图的太阳喻①以来传统的行家来说，这都是一个荒谬的指责。

相比之下，第 324 页上的第二处未提供任何新的东西。因此，我们要选择，或是按照这里所引入的对存在问题的说法来分而论之（意义$_1$和意义$_2$），或是应当明察到，"存在的意义"所指的干脆就是存在，只是这个存在是**作为**被展开的存在，而这又实在又过于平凡。

如此抽象是无法再向前行的。直到海德格尔解释说，他想表明存在的意义就是时间，这时，对存在者—存在—意义的三重划分以及因而产生的意义$_1$和意义$_2$的区分才得到理解。这里同时也可以理解，这些东西如何与他的形而上学不探问存在的意义的命题联系在一起。因为海德格尔在这里告诉我们，自希腊人以来存在被理解为"在场""当前"，而"当前"只有从时间的视域出发才能得到理解。

因此，三重结构在这里似乎是正确的。也就是说，我们在这里并不像在第 151－152 页和第 324－325 页上所暗示的那样，两次所具有的同一个东西，只是在第二次"进入到此在的可理解性之中"：当前并不是因为在时间的视域中被看见才得到展开。作为当前，它毋宁是在本质上并且从一开始便处在这个视域之中，而这一点至多只会被一个完全陷入到在场之中的人所忽略。而这恰恰就是海德格尔对古代哲学的指责。因此，我们看起来在这里始终找到了一条真正的线索。

我在最后会回到这样一个问题上来，即将时间说成是存在的意义（而且不仅是在《存在与时间》的前两篇中局限于将时间性说成是此在存在的意义），这种说法是否真的有意义。我现在只想作出两点说明：

（1）人们自然要问，为什么在前面对意义$_1$和意义$_2$的区分是那么奇怪，而现在——在涉及当前和时间时——便一下子显得那么自然。回答很简单。有些语词的意义只能在与其他语词的关联中才能为我们所理解。所以人们可以说，"当前"只有在"时间"的视域中才能为我们所理解，或者说得更清楚些：只有当我们同时理解"先前"和"以后"，或者"过

---

① 太阳喻是柏拉图在《理想国》中用来说明他的理念论而作的三个著名比喻之一。太阳被比喻为理念领域中的善："太阳不仅使看见的对象能被看见，并且还使它们产生、成长和得到营养，虽然太阳本身不是产生。"与此相同，"知识的对象不仅从善中得到它们的可知性，而且从善得到它们自己的存在和实在，虽然善本身不是实在，而是在地位和能力上都高于实在的东西"（参阅［古希腊］柏拉图《理想国》509B）。——译者

去"和"将来"这些词（即 McTaggart 的 B 序列和 A 序列词）① 时，我们才能理解"现在"这个词。这样，海德格尔常常使用的"在……的视域之中"的表述也就得到了解释。在对意义$_1$和意义$_2$的区分时，海德格尔所看到的正是这样一种现象：只有当我们同时也理解其他语词时，我们常常（或者我们应当说：始终）才会理解一个语词。这便赋予这个划分以一个好的，但显然已是一个近乎平凡的意义：一个语词的意义只有在与其他语词意义的联系中才能得到理解。

（2）刚才所做的阐述在"当前"与"时间"的关系或"现在"与"过去"和"将来"的关系上显得尤为醒目。而这个阐述如何能够转用到那个独立于这个特殊回答的问题上去，即关于存在本身意义的问题上去呢？我们是否应当说："存在"一词的情况也是如此，它的意义只有在与其他语词的联系中才能得到理解？这是确定无疑的，尽管我们在这里马上就会遭遇到关于"存在"的不同含义和不同运用方式的问题，我在后面还会谈及这个问题。但"存在"这个词显然指明着许多语词和语言结构。我们却无法指称某个确定的东西，它在涉及存在时具有一个看起来明白的地位，就像时间在涉及当前时所具有的那种地位。因此，我得出结论，海德格尔是在这样一种形式中提出他的存在**问题**（恰恰是作为关于存在的意义的问题），**只有**当人们事先已经了解时间是存在的意义这样一个答案，这种形式才能提供一个可理解的意义。也就是说，海德格尔是以这样一种方式方法来表述他的问题，他使他的问题在独立于他所已看到的答案的情况下便不具有意义。海德格尔的思维风格在这里得到一定的显露。如果他注意到这个情况的话，他甚至能够从这个情况中获得特别的深意。

## 二、"存在意味着存在者的存在"

在结束时我会回到时间是存在的意义这个命题上来。现在我先将此看作已经被证明的，即在海德格尔那里，关于存在之意义的说法并不具有突出的意义。因此，我在后面只谈论存在。如果关于存在意义的探问已经不具有意义，那么人们是否至少可以有意义地像海德格尔不言而喻地所确定的那样谈论**那个**存在问题呢？我在后面会讨论这个问题。在此问题之前还有一个问题：将存在理解为存在者的存在是否有意义？

---

① 对此参阅 P. Bieri, *Zeit und Zeiterfahrung*, Frankfurt 1972, S. 15 f.

对于这个问题,《存在与时间》的第 2 节最富于启示。这里首先可以看出,海德格尔之所以得出这个观点,首先是因为他认为自己接受了古老的亚里士多德关于"作为存在者的存在者"的问题,其次是因为他不言自明地预设,存在是"将存在者规定为存在者"的那个东西(第 6 页)。随后他便可以说:"存在**意味着**存在者的存在。"(第 6 页,此处黑体着重格式系译者所加标识)在几行之后,海德格尔便列举出所有的存在者是什么,而接下来的一句便是所有可以被理解为存在的东西是什么。他在这里说:"存在就处在就是存在(Daßsein)与如此存在(Sosein)之中,处在实在性、现存性、组成、有效性、存在和'有'之中。"这一段话非常奇怪,因为海德格尔此后在任何地方都没有进一步讨论"存在"的这些和其他运用方式(Verwendungs-weisen)之间的联系。但我们现在必须要问:这些杂多的运用方式与存在始终是存在者的存在这个命题的关系何在?让我们举最后一个含义"有"为例!"有独角兽"这样一个句子会与存在者发生联系吗?哪些存在者?

从《存在与时间》第 2 节的几处提示中可以看出,海德格尔所依据的绝不是关于作为存在者的存在者之说法,而恰恰是关于"是"这个词的随意杂多的运用(参阅第 2 节的第 4 段)。人们甚至可以在海德格尔的整个著述中发现这样一个散乱地陈述出来的信念:所有的人类理解原本都是一种存在理解。

这个命题可以通过两步而得到阐释。海德格尔特别地从被杂多运用的"是"出发,因此,在这里表露出这样一个观点:在所有语言理解中,尤其是在所有语句中都包含着一个对"是"的理解。[海德格尔以此而在某种程度上采纳了亚里士多德的步骤,后者在《形而上学》第七卷中解释说,在每一个动词中都包含着一个"是";当然,亚里士多德所看到命题绝没有像海德格尔所看到的那样宽泛,因为他的目的仅仅在于表明,在所有谓语陈述中都表述出一个存在状态(Seiendsein);亚里士多德的确是一个以作为存在者的存在者之公式为依据的哲学家。]现在海德格尔也认为,理解要超越出语言的理解之外,或者他至少在这点上没有说明确。让我们来接受一个不利于语言分析的解释,即他主张,存在要比语言伸展得更远。但这样一个事实仍然成立,即他始终依据的并且也必须始终依据的"是"这个词(因为,否则他在探问存在时还能依据什么呢?)**首先**必定要承载着所有语言的理解,现在在这里又必定承载着对所有个别语句的理解。这时，我们也就可以迈出第二步并且说：可以明显地看出，所有非语言的理解都应当被理解为对存在的理解，尽管这时人们不再知道这里说的是什么，因为人们在这里已经不再依据"是"了。但这并不一定会妨碍我们。如果人们仍想涉及语言，那么有效的便是那个受到限制的命题，如果不想涉及，那么那个受到扩展的命题总还有效，但那个狭窄的命题是始终有效的。

但我们难道不能看出，海德格尔实际上处在一个没有得到裁决的张力之中：一方面，存在应当是存在者的存在；另一方面，他依据于"是"并且将"是"与这样一个命题联结在一起：所有理解都是一种存在理解。

在这里，糟糕的地方还是在于，海德格尔并没有看到这个张力。如果绝对有必要的话，人们当然可以试图建立这样一个人为的结构，在这个结构中，虽然在"是"的运用方式中没有表达出存在者的存在，但这种运用方式仍然在与存在者发生联系。这样人们便可以说：在"是这样的，下雨了"这样一个语句中，"是"关系到下雨这个事态或事实，而这恰恰也是存在者。在"有独角兽""独角兽存在着"这个语句中，情况看起来已经会更困难些。但人们究竟为了什么目的要这样自己折磨自己呢？相反，与希腊语不同，德语中的"存在者"难道不是一个给人以奇特、古怪感觉的人造表述吗？"存在者的存在"究竟应当是指什么，这难道是明确的吗？最切近的可能是指一个事物的存在，但这样人们所谈论的除了就是存在（Daß-Sein）以外还有何物存在（Was-Sein）。但情况的确如此吗？让我们来看海德格尔本人在第 4 页上所举的例子："天是蓝的。"这个"是"涉及什么样的存在者呢？涉及天，还是涉及用"蓝"所指的东西？或者涉及两者？但这时，**这个存在者的存在之命题还合适吗？**

因此，我们可以总结说：至少不能自然而然地认为，所有"是"都在为存在者的存在提供保证。这里无疑存在着一个张力。如果有人出于我所不知的理由一定要想坚持存在者，他尽管可以这样做；但这种做法已经于事无补。因为我们现在会看到，关于存在之说法所负载的一部分多义性也可以在关于"存在者"的含糊说法中找到。

三、存在问题

如果认为存在问题具有一个意义，那么这种看法便预设了：存在问题具有一个统一的对象，也就是说，谈论**那种**存在是有意义的。但此后是否还必须表明"是"是一个统一的含义呢?"是"带有一系列的含义,人们早已对它们作出过区分:存有、系词和同一性。然后还要加上真言的"是",例如人们说:"情况是,下雨了。"现在没有人表明,这四个含义是包容在一个统一的概念中,并且没有人表明,这里所涉及的并不只是印欧语言的一个偶然情况。海德格尔提出存在问题之方式的一个最为奇特之处就在于,他从未认真地关心过这个问题。人们在这里或许会举亚里士多德的一句话为证:人们在许多含义中谈及存在者和存在。但首先,这里与亚里士多德的联系是错误的,因为如我在其他地方所指出的那样,亚里士多德根本没有区分"是"的多种运用方式,而只是从不同的角度来观察同一个运用方式——"系词"的运用方式。而且,对亚里士多德的举证从原则上来说也是错误的。亚里士多德合理地进行了一个非常重要的对多义性的语义学区分:有些语词(例如"健康":健康的苹果、健康的身体状况)具有不同的含义,但这些含义不能被总括在一个统一的属中,尽管如此,它们却具有一个语义学的联系,具有一个统一的联系点。这种具有语义学内涵的多义性(Momonymie)被区别于单纯的多义性(《形而上学》1003a 33 f.)。亚里士多德可以认为他的那些密切共属的存在含义具有一个统一的联系点。而我们能够这样做吗?如果不能,那么关于**那个**存在的说法便失去了它的意义。

如果我们现在顾及这样一个命题:所有理解——我们在这里局限在那个较为容易仿效的命题上——都由一个"是"承载着,那么问题还会变得更困难。因为它包含着这样的意思:我们可以将所有**不带有**一个(以某种方式变动的)"是"的语句都翻译成为一个**带有**这样一个"是"的语句。

这便是我在《对存在论的语言分析批判》一文中所讨论的问题。也许人们还是应当较宽容地说:在不得已的情况下可以勉强进行这种翻译,但人们可以怀疑,在翻译时,语言中的本质差异是否会丧失(例如,西班牙语中"ser"和"estar"之间的区别,在简单的述谓句和关系句之间的区别)。

即使在接受了这种翻译之后,还会有这样一个问题留存下来:前面所给明的四个存在含义是否能够得到统一的理解(在统一的关系点的意义上)。我本人①以及查尔斯·卡恩②曾以各种方式进行过这种退却战。我认为,我们的这两个尝试都是失败的,并且可以在这里为 Kahn 指出我的书评。③ 因此,可以得出结论:关于**那个**存在的问题的说法——如果人们将"是"看作对"是"的各种运用的集合词(并且无论如何,如果人们将此与这样一个命题结合起来:所有理解都是"是"的理解)——是无意义的。

### 四、是否会有一种拯救的尝试

在前面所提到的文章中我有这样一个想法:也许"不"这个词具有"是"这个词所不具有的广度和统一性。所以我提出这样一个命题:海德格尔所说的那个"普全思义的课题"是有的,但它"在语言中只有在否定的反像中才能达及"(第492页)。我相信以此不仅考虑到了海德格尔的本真意向,而且也考虑到了整个存在论传统的本真意向,因为这个从巴曼尼德斯经黑格尔到海德格尔的传统始终将"存在"与"虚无"放在一起考察。人们认为(尤其是在康德那里,参阅拙文第490页),存在就意味着态度,而态度是在与否定的对置中表明自身的。人们针对那种对简单句的人为存在论还原做法所做的批判并不适用于这样一种新的观点:所有基本语句都仍然是它们所是,所指明的只是,所有这些命题都是可以被否定的。这个情况也适用于那些很难被还原为系词句或者很难与系词句置于一个关系点中的存有句。

我当时由于对弗雷格的无知而无法看到,这个尝试是完全失败的。在这里回溯到语义学分析的一个范式上是很有意义的,这个范式可以在 Searle 的《说话行为》(2.1)中找到:人们可以将一门语言的大部分构造为,所有语句都具有 M(P)的形式(间接的话语——"专注的语境"——会导致一种复杂的情况,但它不会改变这里所关涉的东西)。例如,"是亮的"这个语句可以被分析为陈述因素 M(它似乎在所谓的真言存在中动词地得到表述:"是如此,……""是真的,……")加上论题内

---

① E. Tugendhat, "Die sprachanalytische Kritik der Ontologie", in *Das Problem der Sprache*, hrsg. v. H.-G. Gadamer, München 1967, S. 492.
② C. Kahn, *The Verb 'be' in Ancient Greek*, Dordrecht 1973, 8. Kap.
③ E. Tugendhat, "Die Seinsfrage und ihre sprachliche Grundlage", in *Philosophische Rundschau* 24 (1977), S. 161–176.

涵"亮的"（我这样来表述它，使它可以被读作"是如此，……"的补遗）。而"要亮起来"这个语句则可以相应地被分析为命令因素 M（它似乎可以通过"要如此"而得到表述）加上（在此情况中）同一个论题内涵（运动变化对我们来说当然不起作用）。

而弗雷格现在强制性地指明——我在这里不想讨论得太细①——否定的位置始终是处在 M 和 P 之间，也就是说：被否定的始终是论题内涵，而不是肯定因素（无论我们怎样指称 M：陈述、命令、愿望、疑问）。②据此，我在1967年论文中所主张的那个观点，即可以将否定理解为肯定的反像，并因而可以被理解为用"存在"所指的东西的动词代表，便被证明为是站不住脚的。

现在可以将那个由"M（P）"所形成的语句结构描述为：M +（可能的）否定 + P。我用"（可能的）否定"所指的是，在用于 P 的表述之前始终可以有、但不必定一个否定的表述，而这就是说：论题本质上是可以否定的。

在我的《语言分析哲学引论讲座》中，我在第 518 页上表明，人类语言的论题内涵始终是可以被否定的，这个状况本质上与我在那里所说的我们语句的"投影特征"以及在这个"M"中所隐含的含义相关。在我看来，要想接近海德格尔的那个命题：所有理解都是存在理解并且存在与虚无本质相关，那么以上便是人们至此为止所能说出的最宽泛的东西。

为了弄清这一点，这里还缺少一个进一步的步骤。现在人们在这里必须探问：在 M 和 P 这两个因素中，我们在哪一个因素中可以找到不同的存在含义？很清楚，系词、同一性和存有这些古典含义属于 P，但我们现在也知道，我们既不能认为它们表明了某种统一的东西，也不能认为所有的 P 都包含着这些含义中的一种。人们现在可以建议说：真言存在属于 M，而这就是我在《语言分析哲学引论讲座》中所持的观点。无论真言存在是否属于 M（我们很快便会肯定，它不属于 M），它都在语法上和语义上突出于那些单纯属于 P 的存在含义。我们先进一步假定，真言存在属于

---

① Vgl. Tugendhat/Wolf, *Logisch-semantische Propädeutik*, Stuttgart 1983.

② 所谓外在否定的特殊情况（Searle,《说话行为》2.4）并不是一个指责，因为最简单的断言句和命令句都不是外在的否定，而可以进行外在否定的特性表述在其语义学上依赖于句法学上的相应语句，而这些句法学的语句又不能进行否定。

M，那么最可以理解的说法便是，由于包含在 M 中的态度肯定是广博的，因此，它最接近海德格尔所说的"存在"；**这个**（恰恰也是一个特别的）"存在"的广博性还突出地表现在，我们可以想象"是如此"能够通过所有样式而发生变化：是如此、要如此等。现在人们恰恰可以说，虽然"不"不是存在的反像，但是，在肯定因素（M）中表述出的存在（即真言存在）本质上是与论题内涵的可否定性相关的。

安东尼·肯尼在我的《语言分析哲学引论讲座》发表后不久便已经指出，将真言存在看作属 M 是错误的，而实际上已经足够明显：如果否定不能涉及这个 M，那么人们将不能将 M 理解为真言存在。因为每一个"是如此"等显然都是可否定的，就像在每一个语句之前进行的"是真的"一样（真言存在之所以获得它的名称，是因为这两个表述，如亚里士多德在《形而上学》第 7 篇中已经说过的那样，相互应合）。当然，Kenny 当时还对我保留了另一个论据："是真的"和"是如此"一样，它们可以随一个论题的语句部分一起出现在一些不包含肯定因素的语境中（例如在一个如果—那么句中）。因此，与 1967 年的那个更为接近海德格尔的尝试一样，我用来从海德格尔"存在问题"中拯救出某些东西的最后一个尝试也不得不被看作失败的。人们必须将"是如此"和"是真的"这些表述看作用来加强语气的论题内涵扩展，它们在语义上并无任何贡献。这当然不会有碍于前面所提出的主张，即这个真言存在不属于通常的论题内涵；但它也根本不会属于 M。这当然也不会改变我在《语言分析哲学引论讲座》中所提出的那个命题的本质：在受"投影规则"制约并因而具有一个 M 组元的语言那里，论题的内涵必定是可以被否定的。错误之处只是在于，由此而产生出某个有利于一个所谓在 M 中包含着的存在的结论。

我不得不明察到，我在这场为赋予海德格尔存在问题以一个可证明的意义的战斗中失败了。这是一场——只撇开查尔斯·卡恩不论——孤独的战斗。所有其他人都只是简单地仿效海德格尔的说法，或者根本不关心这个问题，后一种做法或许是有道理的。

五、存在作为世界

但我们不应该过快地放弃。尽管海德格尔能够用修辞的方法赋予他的思路以无情的假象（它使不包括在内的许多人受到迷惑），尽管需要有巨大的能力来进行系统的总合观察（人们只需比较一下《存在与时间》的构建便可），人们仍然必定会明察到，海德格尔虽然看到了许多新的东西，但他对清楚性、对某个一次性地被直观到的东西进行真正透彻思考的能力和意愿是微小的。他对意义概念的处理（前面第一节）便是一个例子。他关于存在的说法无疑具有极为丰富的多棱发光的表面。而他所作的尝试，即把关于**那个**存在的说法阐释为这些问题的普全的定位点，以及他所提出的命题，即在那个"是"中可以找到所有那些使我们的理解得以可能的东西——这个尝试和这个命题都已经表明自身是站不住脚的，也是无法通过修正来更新改造的。但情况也有可能是这样的：海德格尔在他的存在问题上一同看到了许多课题，其中有些课题是新的，它们可以被称作特殊的存在现象，并且它们看起来是值得保留的。我在这里想指出这样的两个课题。第一个课题与他早期所做之努力中的中心问题相应，即与他称作此在的存在的东西相应。我在后面再回到这个问题上来，因为它可以将我们回引到时间与存在的所谓联系上去。在较后期的著述中，这个出发点上的兴趣已经在相当大的程度上退缩了。但早期和后期海德格尔的一个持恒信念在于，所谓的此在本质上是在世之在，而这意味着，它本质上将自己理解为是在一个世界中存在着的。而在《存在与时间》中，世界被理解为是原初实践的①，出于这种观点，海德格尔认为，他在《论根据的本质》一文中所出色勾画的世界概念简史也从历史上证实了他的说法。诚然，这里很难确切地说，海德格尔以此指的是什么，以及例如不同的人各个世界相互间的关系如何（当然，如果人们只说单数的"那个此在"，这个问题便不会被提出）。海德格尔在《什么是形而上学》中以及在后期常常作出对"存在者的总体"和"总体中的存在者"的有趣划分。前者指存在者的总体性，而这是传统的、非实践、非此在中心的世界概念，而后者则被用来表明，我们之中的每一个人都在一定程度上处在一个须作实践理解的空间之中。如果人们想说明，这里所说的世界是指什么，那么对空间的指明是最为接近的。我们中间的每一个人都既可以说是处在**一个**空间中，也可以说是处在空间中，因为，例如我的视野的有限空间被自然地感知为那个广博的空间的一部分，而仅仅处在背景中的是这样一个状况：我的直接空间扩展到这个广博空间之中，这个空间包容着空间存在者的总体性。

---

① 后期不再如此理解，参阅拙著《胡塞尔与海德格尔的真理概念》，柏林1967年版，第399–402页。

## 海德格尔的存在问题（1992 年）

我的周围世界与广博的客观世界的关系也是如此。其一，周围世界是受到限制的；其二，它是实践的和历史的，它所保证的是被海德格尔在《存在与时间》中称为因缘整体（Bewandtnisganzheit）的整体性（第 18 节），而它是敞开的。海德格尔的目的首先在于表明：我们永远不会仅仅涉及一批单个的对象，我们大都以实践的方式，有时也以理论的方式所涉及的那些对象，包括我们的周围的人，始终已经处在一个联系之中。我们不只是与"存在者"有关，而是事先始终已经与"总体中的存在者"有关。

是否有一种确定的通达方式可以达到这个"在整体中"的存在者呢？《存在与时间》中的一个重大的和可估价的命题就在于，我们与这个"在整体中"的存在者相关联的原初方式应当是我们的情绪。而相反的命题更为清楚（这也是海德格尔在第 29 节所引入的一个命题）：情绪始终已经将"在世存在作为整体展开了"。情绪显然不是一种简单的感觉，一种内部的状态。另一方面，情绪有别于那种被称作感受（Affekt）的东西，它确实与感受相近，因为它不具有确定的意向对象，它是无朝向的。这是否意味着它根本不具有关涉性呢？人们会说，不是，在情绪中，我感受到自己，但恰恰是"我自己"、我的存在，而不是一个内部的状态。在这个"我自己"中一同被意指的是，我在世界中过得怎样。而这便意味着，世界被展开了。

如果人们现在要问，这种"在整体中"的被展开性是如何表达自己的，那么海德格尔会指明类似在《形而上学导论》第 1 页上的语句："究竟为什么存在者在而虚无不在？"当我们绝望时，当我们极度幸福时，但也当我们感到无聊时，我们的整个世界始终存在，它不仅进入这种情绪的光之中，而且也作为它本身，在它的事实性中为我们所注意到。故而，在《什么是形而上学》中，畏也被阐释为"在脱离中（Entzug）"对"在整体中的存在者"的觉知。

我在《存在与虚无》一文中试图表明，在这里可以看出将"那个"存在与"那个"虚无奇怪地放置在一起的做法的原因。之所以奇怪是因为"存在"的否定对应项实际上是"不存在"，而"虚无"的否定对应项是"某物"。我在那里也试图证明，尽管海德格尔采用了一种对象化的表达方式，我们仍然可以从他的文字中清楚地看出他所看到的实际上是一个否定的存有语句："没有什么是我所能坚持的"，"一切都脱离开我"。

但在这里还需要再迈出一步。因为海德格尔在《存在与时间》中阐释的存在概念的一个特征在于,"存在"这个概念是一同从与"虚无"的对立出发而得到理解的。而这意味着,如果我在"存在与虚无"一文中所做的解释是正确的,那么这个解释不仅可以用在一个肯定的广博存有语句上("有某物在""有存在者在"),同样也可以用在对这个存有语句的否定上。

由此可以理解,为什么在较后期的海德格尔那里,存在虽然始终从属于存在者,但仍然被称为"区别于所有存在者的东西""绝然不同于其他存在者的东西"。① 在《存在与时间》中比可能有这种说法,而且这种说法也不能从那个所谓承载着所有理解的"是"出发而得到理解。存在现在是那个用来说明世界的语词。② 但这从语言上解释便意味着,"存在"已不再被用来保证一般的"是",而只是保证这个在"有"(es gibt)里表述出来的特殊的"是",它所涉及的是"在整体中的存在者",是世界。

由于这里事关"是"的一个唯一的含义(存有),并且事关诸存有语句的唯一类型,因此,这里自然也就不会提出多义性的指责。我认为,人们也应当坚持,海德格尔借助于**这个**存在概念——既是借助于**这个**存在概念本身,也是借助于情绪的世界相关性命题——看到了某些重要的东西。在这里当然也要作出两个限制。我看不出那个随之飘荡的命题有什么根据,这个命题就是:所有理解(即一般的"是")都可以从这个存在出发而得到理解。关于世界的说法以及所有关于这些突出的存有语句的说法都绝不是清楚的。

我们现在局限在这些存有语句上。维特根斯坦在他《关于伦理学的报告》(1929—1930 年)中说:"这是在我的本己情况中发生给我的,一再地发生给我,以至于我会意识到一个完全确定的体验,因此,在某种程度上这是我的特别(par excellence)体验……我相信,用这些语词来描述这个体验最妥当,即当我有这个体验时,**我惊异世界的存在**。然后我会趋向于用以下这种表述:'某物存有,这是多么奇特。'或者'世界存有,这是多么奇怪'。"

---

① 参阅海德格尔《路标》,第 101 页。
② 关于海德格尔的世界概念以及与存在-世界的联系可以参阅拙著《胡塞尔与海德格尔的真理概念》,第 274—275 页,连同注 11 和在那里所引用的几处海德格尔文字。

维特根斯坦而后声明，他必须坚持，"对这种体验的语言表达是荒谬的！如果我说，'我惊异世界的存有'，那么我是在滥用语言，并且他以此来进行论证：人们只能惊异某个人们能想象的东西，即使它并不存有"。①我不知道，这是否就是要害之处（neuralgischer Punkt）。并不是一个与此相关的惊异之说法看起来才是在滥用语言，而是这个存有语句本身就已经显得是在滥用语言。因为，与维特根斯坦对惊异所说的相似，人们也可以认为，当我们说"F存有"时，我们必须知道如何确定这个语句是真还是假。我们在卡尔纳普所说的内部句那里可以做到，这些内部句关系到这样的问题：某个种类的东西在一个领域中存有。例如，独角兽是否存有，也就是说，在时空对象中是否存有几只独角兽。但如果说时空对象是否存有，或者例如说数字是否存有，这会意味着什么呢？卡尔纳普曾将它们称作外部的存有语句。

但海德格尔和卡尔纳普在这里所考察的语句还会让我们再进一步：这里确定的不是一个对象的存有，而是世界的存有。

维特根斯坦说这些语句是荒谬的，这样的迅速判断表明，这个报告与《逻辑哲学论》时期相接近。但人们还是会说，当然，它们不具有通常的存有语句的意义，但如果它们根本不具有任何意义的话，为什么维特根斯坦能够将那个体验称作"特别的体验"呢？维特根斯坦简单地声明它们是荒谬的，海德格尔则根本不认为有探问它们的意义的必要，他们的做法都显得令人无法满意。

### 六、此在的存在，时间性的存在

海德格尔相信，用作为虚无之对应概念的存在概念恰恰可以深化他在《存在与时间》中所说的存在。但如果从语言上涉及这个课题，那么人们可以轻易地看出，这个存在概念所标识的只是那个在《存在与时间》中占主导位置的"是"的各个方面所具有的一个特定的、当然也是很有意思的**残篇**，通过刚才所描述的更高阶段上的外部存有语句，这个残篇可以得到理解。在《存在与时间》中，甚至在此之前，带着他的此在之存在的问题，海德格尔自己涉及"是"的第二个、至少同样有意思的残篇。我猜想，在这里包含着海德格尔最早的一个直观。首先，他很早便坚信，在

---

① 维特根斯坦：《关于伦理学的报告》，法兰克福1989年版，第14页。

"我在"（ich bin）中——他称作"生存"——包含着一个与"它在"（es ist）之中——他称作"现存"——根本不同的存在意义；其次，他（在此同时已经？）坚信，必定有可能从"我在"出发去重新理解整体的存在的意义。我在后面还会回到这第二个命题上来，它具有作为中介概念的时间性概念和时间概念。我们现在还是停留在第一点上！

海德格尔在《存在与时间》中虽然引入了"存在问题"，但却对这个问题说得很少，其原因当然在于，《存在与时间》的前两篇（以及所有海德格尔实际写下的文字）都仅仅是献给这个此在的存在。在第 2 节的一个的确令人绞尽脑汁的段落中，海德格尔完成了从存在问题本身向此在之存在问题的过渡。出发点的问题是这样的：如何在方法上正确地将存在问题启动起来？人们一般会认为：要澄清"存在"或"是"是指什么，也就是说，要回溯到一个特定的此在理解上去，而在这里人们肯定对涉及此在对它本身存在的理解，而它本身的存在只是许多存在中的一个。但海德格尔并不这样做！因为，如我们所见，他并不需要回答"'存在'和'是'指的是什么"这个前问题，对他来说，对这个问题的回答已经确定了：存在是存在者的存在。而第 2 节的方法思考便在这里切入：如果存在始终已经是存在者的存在，那么当我们探问存在时，被询问的东西［被问及的东西］始终首先是**存在者**，我们必须对它的存在进行询问，因此，这是在开始时要从方法上加以澄清的唯一的东西，无论我们应当在哪一种存在者那里开始提问。这里所预设的另一个前提是：在关于存在的问题上——在关于作为存在者之存在者的一般问题上——我们必须以关于一个确定的存在者的问题为出发点；然而海德格尔对这个前提只字不提，更不用说去论证它了。

但我们当然可以将这一切忽略不计，并且根据它自己的理由来接受关于此在存在的问题。海德格尔在这里提出的命题主要是为了指明：这个存在（作为存在？）可以被理解为不同于其他存在者的存在，这个命题在我看来是错误的，它也没有得到过任何论证。海德格尔所指明的唯一的东西就在于，这个存在者具有一种与它的存在的关系（并因而同时也具有与其他的存在者以及与世界的关系），因此，在传统上被理解为自身意识的东西可以得到新的理解。我在拙著《自身意识和自身认识》中便追寻了这个我始终认为富于教益的思路。但我无法看到从中可以得出这样的结论，即这个存在者的存在作为存在是另一个存在。

无论我们在这里是否追随海德格尔，我们至少可以说，当海德格尔以此方式探讨此在的存在，即此在的生存（在传统的意义上，而不是在海德格尔的意义上）时，他涉及一般的"是"的一种用法，但在至此为止的理解中，这个存在完全没有得到澄清。① 我在这里简单地以此为出发点（并非所有读者都会随我走到这里）：生存概念已经在生存活动者的一般意义上得到了澄清，并且当然也存在着与个体有关的生存命题（例如，"我的妻子不存在"，这是一个教授对一个请他将鲜花转交给他妻子的女来访者所说的话），它们完全可以得到理解。② 但有一个说法是关于这样一种个体生存的，这种个体生存不能被还原到生存活动者之上，而且我们还不能没有这种说法。我指的是像"他生存于此时至彼时"这样一类语句。这种语句并不能简单地回归为带有"生活"的语句。因为人们也可以就一个无生命的对象说，它从那时或那时开始存有，然后在这时或这时停止存有。这种"生存"的意义是值得澄清的，并且它尤其需要得到澄清，只要人们愿意接受和发挥海德格尔命题中的那个无疑是可以成立的部分，即人与他的存在有关——因为这个存在是个体生存或生活的一个情况。如果我将这个存在称为时间性的存在，那么这显然与海德格尔关于存在的"时间性"命题无关，它只是意味着，这里所涉及的是生存的意义，它像生活那样（从何时—至何时）被理解。我在拙文《空间和时间中的生存》中便试图澄清这个存在概念，但我走进了一条死胡同。

## 七、时间与存在

最后我们来谈一谈海德格尔的主要命题，即可以将存在的意义理解为时间。我已经在第一篇中指出，关于一个"存在的意义"的说法只能从这个命题出发来理解。我们应当如何来评价这个命题本身呢？

### 1. 希腊的存在概念和时间

海德格尔在早期便相信可以提出这样一个命题：希腊的存在起点已经

---

① 海德格尔当然会反对这种解释。由于他提出区分生存（在他的特别意义上）和现存的命题，因此他必须否认这一点，即我们有可能谈论一种个体的生存（在传统意义上）属，人的生存是这种属中的一个特别种类。对于海德格尔来说，不仅生存，而且述谓陈述，它们在（在海德格尔的意义上）生存领域中都完全不同于在现存领域中。

② 参阅图根特哈特、沃尔夫《逻辑学–语义学概论》，斯图加特1986年版，第11节。

指明了一种时间性的解释,而这是因为在他看来柏拉图和亚里士多德将存在理解为"parousia"和"ousia",这意味着"在场";而当前则可以理解为"时态"(第25页)。我不想否认,在希腊哲学中,包括在巴曼尼德斯那里,有一些地方确实表明,存在可以被理解为当前存在。但完全可以肯定,"ousia"这个概念不能证明这一点。这是最笨拙的海德格尔口袋戏法之一,在这里人们只能自问,海德格尔自己是否真的没有意识到这个骗局。"ousia"这个词属于"einai"的词干,因而它被希腊哲学家大致理解为我们今天所说的"存在状态"(Seiendheit)。它在前哲学的用语中基本是指"自己的东西"(Eigentum)。由于农夫的私有财产也可以包括"房子和院子",因此,在某些希腊语—德语辞典中,这个词的含义也包含德文的"在场",而在前哲学的德语中同样可以包含"院子"。海德格尔知道这个特殊含义,但他立即联想地跳跃到"在场"一词上,考虑如何可以在哲学上运用它,然后将它回指到"ousia"上面。但是,如果农夫的院子被称作"ousia",那么它只能是指财产,它与当前没有任何关系。这个戏法通过《存在与时间》第25页的一处主张而得以完成:"parousia,或者说,ousia"。"pareinai"实际上意味着"在……旁的存在",并且在此意义上可以被翻译为在场,但把"ousia"等同于"parousia"是根本错误的。

但即使可以表明,在希腊人那里,"当前"是"存在"的一个本质视角,我们也很难看出,如何从这里得出海德格尔的命题。这个命题必须直接得到证实,而海德格尔在《存在与时间》中是通过穿过关于此在存在的时间性命题来进行考虑的。而这个命题必须首先得到认同。

### 2. 时间性作为此在之存在的意义

关于时间性作为此在存在的意义的命题是《存在与时间》第二篇的主要命题。但如果想正确地判断它,我们必须从一开始就理清,它是为一个进一步的命题服务的,这个命题而后应当在第三篇中提出,即时间是存在一般的意义。因为这也是海德格尔为什么要将关于此在时间性的命题与另一个极强的命题联系在一起的原因,这后一个命题是指:所谓此在的时间性要比海德格尔称作"庸俗的"时间更原初。我或许可以将这种时间更简单地称作自然时间,即人们通常理解的时间:处在先后关系中的瞬间系列(McTaggart 的 B 系列)。并且,在每一个时间点上,这些瞬间中所有后的瞬间都可以被称作将来的瞬间,所有先的瞬间都可以被称作过去的瞬间

# 海德格尔的存在问题（1992 年）

（McTaggart 的 A 系列）。海德格尔之所以重视这个"时间性比自然时间更原初"的命题，其原因至少在于，只有这样他才能期望以后（在第三篇中）可以证实从时间性出发来理解的时间是存在一般的意义。

关键的部分是第 65 节连同第 66－71 节中的进一步阐述，海德格尔在这里描述性地指明，他所说的此在的时间性是指什么，而在第 78－81 节中，他试图实施他的原初性命题。在这里不能进行个别解释，只想总体地提出我的理解。

只要限制在海德格尔对将来的阐释上也就够了，因为他对"曾在性"的解释实在太弱。在将来方面，海德格尔提出这样的命题：必须将那种与本己存在的自身关系看作一种与未来的联系。在生存中，此在走向自身（第 325 页）。一旦理解了海德格尔在第一篇中关于生存所说的东西，即它是一种与各个**存有的**本己存在的自身关系，那么这个解释几乎就是平凡的。但海德格尔现在将他的阐释的这个描述性部分与两个命题联结起来，他没有明确地区分这两个命题，其中第一个命题是无害的，而第二个命题已经预设了原初性命题。由于他在一些不必要的动词游戏中将未来联系本身称作向－来（Zu-kunft），因此，他也必须区分如此被理解的向－来和通常意义上的将来。这便是那个无害的命题。

与此相联结的深入命题是：向－来比将来更原初。这是一个实际上应当在第 78 节和以后各节中所应证实的命题。但人们在这里实际上一眼便可以看出，这个命题是错误的。因为如果我不设定，我还会继续活着，在我的生活中还有继续的自然时间，即还有一个通常意义上的将来，一个还不是现在的生活，那么便不存有任何可以为我在走向之中关系到的东西。以此便反驳了原初性命题，而海德格尔对此在之时间性的分析便还原为这样一个无害的命题：人是一个存在者，他不只是——像所有时间性的存在者那样——实际地贯穿在一个时间系列中，而且他也在他的清醒生活的每一个时间点中都涉及面临的时间。如此理解的话，关于此在时间性的说法具有其好的意义，并且海德格尔完全合理地说，**这个**时间性**不**是在另一种意义上的时间性，根据这另一种意义，某个贯穿在一个时间之中的东西是会消逝的（vergänglich）。

## 3. 关于作为存在意义的时间的命题

我觉得，原初性命题已经受到了清晰的反驳。但在下面我们甚至可以将此置而不论。为了对那个计划在第三篇中提出的"时间作为**那个存在之意义**"的命题进行估价,我们只需自问,从对此在之时间性方面所做的示明中可以得出哪些关于存在一般之意义的论点。初看起来,什么也没有;因为,如此理解的时间性恰恰使人的存在有别于所有其他的存在者。但海德格尔会对此回答说:当然,存在者只能具有其自然时间,但只要它的存在就是那个"站入到此在的决心中去"的东西,那么它的存在就必定会为这个决心的时间性所涉及,甚至为它所规定,以至于我们而后可以说:存在的意义是时间。

让我们来完全理清这个出发点状况。我们一方面具有此在的特殊"动变"(Bewegheit),此在统一地关系到(向－来)它的将来,关系到它的曾在并且关系到当前,而另一方面我们还具有其他的存在者,在那里我们只有一种客观的从－到运动。而现在,除了这些以外,这个存在者的存在据说具有一种与此在的动变相符合的动变。

我猜想,当海德格尔在开始进行那些导向《存在与时间》的研究时,并且也包括他在撰写前两篇时,他只具有一种模糊的信念,即相信事情总会进行下去的,尽管只要清楚地看上一眼便可以明白,这是不可能的。将一个本质上是意识的或此在的结构转用到某个其他的东西上去——哪怕它也是存在——,这是不会有意义的。这样便可以得出,海德格尔为什么从未写出《存在与时间》的第三篇,是出于一个完全没有深意的原因。行外人可以轻易地看出,海德格尔的幻象不仅是很难实现的,而且是荒谬的,并且海德格尔必定是以某种方式意识到了这一点。他之所以具有那个事先的信念,原因必定在于,他将时间性尤其看作此在的**理解**的视域;他必定会想:从这里不也就可以得出作为可理解性的存在之可理解性吗?

## 八、在所谓转向之后的"时间与存在"

海德格尔在《存在与时间》之后的年代中完成的著名"转向"可以被理解为一种对此问题作出回应的尝试,这种回应在于,他把在此在时间性中的"动变"投入存在本身之中,或者说,他现在将同一个动变看作称作两个方面的。在这里,有两个概念起着中介的作用:已阐述的世界概念和"无－蔽"(Un-Verborgenheit)概念(它是所谓原初的真理概念)。后一个概念对时间问题是决定性的。这里的思路是这样的:如果我们先以此为出发点,即在存在者的存在中包含着"被揭示状态",也就是海德格尔

# 海德格尔的存在问题（1992年）

在《存在与时间》中所说的，在某种程度上的平坦的、静态的无蔽，并且，这种静态的无蔽（单纯的现前）深入一种动变的无-蔽之中，这样，存在者便被如此地经验到，它出有蔽入无蔽而走向我们，又再回到这个无蔽之中——那么，通过这种方式似乎便做到了，此在的时间性动变伸展到了存在者存在的开放性上，而根据"转向"，人们甚至必须说，此在只有从存在的动变中，即从如此被理解的作为存在意义的时间中获得它的动变。①

从这里出发，人们现在也可以理解，当海德格尔继续说，"形而上学"只朝向作为存在者的存在者，而不朝向存在本身和它的意义，它处在"存在遗忘状态"之中，这时他为什么要特别地一再指出，形而上学对"存在真理"是盲目的，即对这个存在的"无-蔽"是盲目的。② 除此之外现在也可以说，出自有蔽的存在者从中脱出并又回到其中的那个开放维度也就是世界。这样，海德格尔便可以在**世界**、**无-蔽**和**时间**之间建立起一种联系。这种联系为在《存在与时间》中连同存在意义问题一起被考察的存在提供了保证，而这个存在没有被"形而上学"所看到，并且"被遗忘"了。

这个观点的关节点当然在于这样一个命题：被指明为此在之动变的东西（此在的时间性）也可以被理解为存在的动变。我觉得，这一点只能被否定。此在的关涉（Sich-beziehen-auf）是一个特殊的现象。海德格尔阐述这个现象的方式可以被理解为是对胡塞尔意向性思想的扩展（海德格尔本人也看到了这一点），既是在世界方向上，也是在时间性方向上的扩展。但我们不可能在存在者存在方面看到一种某种程度上镜像符合。这在海德格尔为了描述这些所谓的镜像符合而不得不使用的那些语词中表现得最为明白。他不得不使用像"走出"（Hervorgehen）、"走向我们"（Auf uns Zukommen）等表述，所有这些语词都明确地保证了一个进程、一个过程，即某种在海德格尔称作流俗时间的时间中演绎的东西。

对此，海德格尔也有可能声称：这里所涉及的是一种不在时间"中"，而是在某种程度上于眼下（Augenblick）进行的走出和走回。但这是一个

---

① 参阅"时间与存在"的报告，载于《面对思的实事》，以及《林中路》中的阿那克西曼德文。总结性的文字可以参阅拙著《胡塞尔和海德格尔的真理概念》，第389页以下。

② 我只指出《路标》（第199页）而不再顾及其他许多地方。

不可解的问题。在此在的时间性那里所涉及的的确是一个时间性的，但又不是过程性的现象（当然，正如我必须反驳海德格尔的原初性命题一样，这一点之所以可能，只是因为此在与一个过程相关），而在存在者之中却不具有这种东西；而如果人们声称：虽然不在存在者中，但在存在之中，那么这就是一种欺瞒了。没有一个走出不是在（通常的、"庸俗的"）时间中的走出。①

海德格尔——先撇开关于存在意义的理论问题不论——提出无–蔽之命题的用意在于祈求一种人的态度，这种态度不只意味着与存在者打交道和算计存在者，而是也去领会存在者，就像我们例如在观看一件艺术作品时可以领会它一样。这样，他便可以与我们这个时代在一种拟–宗教的态度（它似乎还得到哲学上的提升和论证）之需求针锋相对。如果有人以此方式在生存状态上受到海德格尔后期著述的影响，他通常就不会去顾及这个分析是错误的。作为这种对无–蔽的开放性态度的实践对应项，海德格尔谈及泰然处之（Gelassenheit）。我在拙著《胡塞尔和海德格尔的真理概念》的结尾解释了这些联系。我在那里也试图指明，海德格尔用他的新的人类态度的设想为那样一些人提供一种保障，这些人——用弗罗姆的一本书的标题来说——"处在逃避自由的途中"。新的"向–自由"（Freiheit-zu）是一种倒置的、封闭的自由，无–蔽的概念是对理性的真理问题的替代品，而泰然处之的习性则自在自为地就是一件美好的事情，只要它不去取代责任的位置。

对于伦理和社会问题，后期的海德格尔与早期海德格尔一样无动于衷。海德格尔在《关于人文主义的书信》（第 109 页）中写道："如果按照 ethos 这个词的基本含义来看，伦理学这个名字说的是它深思人的居留，那么，那种把存在真理思为一个绽出的生存着的人的原初要素的思想，本身就已经是原始的伦理学了。"不可能说得更清楚了：存在问题取代了伦理学的**位置**，是伦理学的替代品。纵使后期的海德格尔，这个祈求对存在

---

① 这是**关键性的**指责。第二个较弱的指责则在于，海德格尔在这里为存在所设想的**那个**动变根本不是对他《存在与时间》中所指明的**那个**此在动变（自身与本己未来的关系）的镜像符合。对此，海德格尔可能会带有一定道理地回答说，"转折"的意义恰恰在于，就是此在的动变也重新得到了考虑。因此在《存在与时间》的阶段上根本不可能将存在一般看作是动变的。对于海德格尔来说，这只有在转折的基础上才能进行，在这里，无–蔽的思想是指导性的。第二个指责因而行不得，但那个基本的指责却可以更清楚地进行。

## 海德格尔的存在问题（1992年）

真理柔和地泰然处之的海德格尔，又远离了法西斯，但这样一种立场必定还始终具有法西斯倾向，这种立场不仅排除责任、自由和真理，而且还用其他的东西来替代它们。但这个人的－生存状态的角度不是这篇文章的课题。这里的目的只在从理论内澄清所谓的存在问题。尽管如此，在这里更重要的问题在于，是什么样的动机将一个如此强大而又如此不洁的思想引导到这条道路上，并且它任何能够在全世界的范围产生如此强大的影响？但只有当这种文化批判性的背景探问（Hinterfragung）不是（常常有这种情况）从外部进行，而是把握到了内部的理论可疑性时，它才可能是适当的，因为必须受到理解并且受到背景探问的是这种内部的脆弱性（而不单单是一种对形而上学和神秘论的一般趋向）。

# 后　记

　　这里首次集结出版的是笔者在大学毕业后翻译发表的哲学方面的部分译文，最早的可以追溯到 20 世纪 80 年代。这些译文大都散见于各个文集和期刊，难以见到。七年前便有计划将它们编辑出版，当时便将这些译文找出、录入、修订、补正，整理成集。

　　整个译文集分为上、下编。上编为现象学家和哲学家的著述原典，下编为现象学家和哲学家的研究文献。这个上、下编的分类是根据文章的内容性质而非按照原作者的重要程度来编排。事实上，本译文集中的所有作者都已是现象学和哲学的经典作家了。

　　在最初译本中出现的一些重要概念如"transzendental""Evidenz""Besinnung"等，在此期间已随时代的变迁和译者理解的深入而被译者赋予了不同的中译名，这次在译文集的编辑期间译者也对以前的译名做了统一的修改。

　　七年前的出版计划始终未果。直到此次借中山大学哲学系"思想摆渡"系列文集之邀，对原先的译文集做了修改编辑，同时在下编中补加了克劳斯·黑尔德的两篇关于现象学方法和现象学哲学的导言。时至今日，它们仍然是我读到过的最清晰扼要的现象学概述。

　　除了这些译文以外，还有多篇在此期间翻译的关于胡塞尔的回忆文章的中译文以及耿宁文章的中译文已经分别在译者主编的《心的现象：耿宁心性现象学文集》（商务印书馆 2012 年版）和《回忆埃德蒙德·胡塞尔》（商务印书馆 2018 年版）的译文集中出版，这里便不再收入。此外，还有一些近年来的零碎译文也不再收入这个译文集，有待日后择机另行结集出版。

　　末了还需要特别说明一下：译者为这两册书的标题颇费了些心思。原先想在"西学东渐"和"思想摆渡"中挑选一个，但因"思想摆渡"被用作了这个系列的名称，因此，就打算将它们命名为"西学东渐"，这也可以让人联想到译者于 2006 年在中山大学建立的文献馆。但它的含义实在过于宽泛，因此，后来也不再考虑将其当作必选。其间还想到"观念迁移""西学证义"乃至"正眼法藏"等，其实也都是不错的名称。但最终确定的现在这个标题"西学中取"实为别有用意：它是张志扬许多年前对中山大学西学东渐文献馆所用名称的一个建议，当时并未用上，现在却正好可以补作书名。选择这个书名主要是为了向志扬致意！记得他常说，他看我们的书要多于我们看他的书。我心目中这两册书的首要读者应当是他，即使其中很多文章他已经看过，即使他如今也许不再想看这类文章。无论如何，这两册书可以算是献给他的！

最后要感谢王知飞同学对这两册书所做的最后校读和校改！

倪梁康

2020年2月